普通高等教育“十一五”国家级规划教材

面 向 21 世 纪 课 程 教 材
Textbook Series for 21st Century

“大国三农”系列规划教材

普通高等教育“十四五”规划教材

生物化学

第 4 版

杨海莲　刘国琴　主编

中国农业大学出版社
· 北京 ·

内容简介

生物化学是在分子水平上研究生命体的化学组成与结构、化学变化，并用化学术语解释生命本质的生命科学基础学科。本教材包括3部分内容：①分子结构与特性部分主要介绍氨基酸、蛋白质、核苷酸、核酸、酶、糖类等生物大分子及其构件分子和脂类分子的结构、功能以及这些分子结构与功能之间的关系；同时介绍这些生物分子的重要生物化学特性及相关分离、分析技术的基本原理和应用特点；②代谢部分讲解生物能学与氧化磷酸化——能量代谢，以及糖类、脂类、氨基酸、核苷酸的物质代谢及其代谢调节；③以原核生物为主，讨论从DNA到RNA再到蛋白质的遗传信息流的分子机制。

本次修订，增加了围绕学科新知识和研究技术以及人类健康与疾病治疗药物等内容的知识拓展框，插入到了相应章节，为读者呈现学科发展的新进展及其应用，体现内容的新颖性、趣味性。为了不增加教材篇幅，将第3版教材中的一些知识拓展框以二维码的形式展示，放到了相应章节的最后。

本教材面向生物科学专业本科生编写，也适合农学、医学、营养学等专业本科生学习使用。

图书在版编目(CIP)数据

生物化学 / 杨海莲，刘国琴主编. -- 4版. -- 北京：中国农业大学出版社，2025. 6. -- ISBN 978-7-5655-3447-8

Ⅰ. Q5

中国国家版本馆CIP数据核字第202554R451号

书　名　生物化学　第4版
Shengwu Huaxue

作　者　杨海莲　刘国琴　主编

策划编辑　赵　艳　　责任编辑　赵　艳
封面设计　郑　川　中通世奥图文设计中心
出版发行　中国农业大学出版社
社　　址　北京市海淀区圆明园西路2号　　邮政编码　100193
电　　话　发行部 010-62733489,1190　　读者服务部 010-62732336
　　　　　编辑部 010-62732617,2618　　出　版　部 010-62733440
网　　址　http://www.caupress.cn　　**E-mail** cbsszs@cau.edu.cn
经　　销　新华书店
印　　刷　北京溢漾印刷有限公司
版　　次　2025年6月第4版　　2025年6月第1次印刷
规　　格　185 mm×260 mm　　16开本　　26.5印张　　674千字
定　　价　88.00元

第4版编审人员

主　编　杨海莲　刘国琴

副主编　韩海棠　董江丽　朱素娟　任东涛

编　者（按姓氏笔画排序）

王　勃（烟台大学）
朱素娟（扬州大学）
任东涛（中国农业大学）
刘国琴（中国农业大学）
李　媛（中国农业大学）
杨光辉（中国农业大学）
杨海莲（中国农业大学）
徐　娟（浙江大学）
董江丽（中国农业大学）
韩海棠（中国农业大学）
雷　蕾（兰州大学）

主　审　徐云远（中国科学院植物研究所）

第 3 版编写人员

主　编　刘国琴　杨海莲

副主编　韩海棠　董江丽　马静芳　李　菡

编　者　刘国琴（中国农业大学）
杨海莲（中国农业大学）
韩海棠（中国农业大学）
董江丽（中国农业大学）
马静芳（甘肃农业大学）
李　菡（山东农业大学）
艾晓杰（上海交通大学）
张少斌（沈阳农业大学）
赵国芬（内蒙古农业大学）
朱素娟（扬州大学）
李今煜（福建农林大学）
李　燕（上海水产大学）

第 2 版编写人员　　第 1 版编写人员

第4版前言

党的二十大报告提出，实施科教兴国战略，强化现代化建设人才支撑。生命相关科学发展迅猛，学科之间交叉融合更加紧密。生物化学是生命科学、农学、医学、营养学等诸多学科的基础课程。及时更新生物化学原有教材的内容，突出学科交叉，对学生后续课程的学习、进一步深造和科研工作以及学生创新思维和科学精神的培养至关重要。

本教材以工作在教学和科研一线的教师为主要编者，在第3版教材的基础上进行修订。全书共十八章，第一章、第四章和第五章由任东涛和刘国琴编写；第二章和第三章由杨光辉编写；第六章和第七章由王勃编写；第八章由董江丽编写；第九章和第十章由朱素娟编写；第十一章由韩海棠编写；第十二章和第十八章由杨海莲编写；第十三章和第十四章由李媛编写；第十五章和第十六章由雷蕾编写；第十七章由徐娟编写。

本教材在保持原基本知识框架的基础上，全面修订并更新了各章节内容。例如：在第二章中，增加了非天然氨基酸的研究及应用；在第三章中，增加了蛋白质三维结构解析技术；在第八章中，增加了非编码RNA、DNA三代测序技术、DNA-蛋白质互作技术；在第九章中，重新编写了细胞信号跨膜转导；在第十六章中，增加了启动子序列的确定、真核生物不同RNA聚合酶启动子的特点；在第十七章中，增加了蛋白质翻译后的泛素化修饰等内容。同时，基于生命科学及生物技术的飞速发展和生物化学研究在人类健康方面发挥的巨大作用，编者阅读了大量学术期刊，结合自身多年的教学经验，认真选择相关内容，编写成文并附有出处，以32个知识拓展框的形式呈现出来，主要围绕新知识和研究技术以及人类健康和疾病治疗药物等内容，为读者呈现学科发展的新进展及其应用，显著提升了本教材的新颖性、趣味性和实用性。例如：知识拓展框有《蛋白质结构预测与分子对接》《NAD^+与人类寿命》《复合维生素与记忆力》《Na^+/K^+-ATPase的功能与疾病》《辅酶Q10(CoQ10)与心血管疾病》《丝氨酸-甘氨酸平衡对肝脏健康的影响》《靶向蛋白质降解与药物开发》《PAK4参与的脂肪降解调节》和《蛋白质翻译后修饰与人类疾病靶向药物研发》等。

为了不增加教材篇幅，第3版教材中的一些知识拓展框做成了二维码放在相应章节的最后。本教材适合作为生物科学专业教材，同时也适合医学和农学类相关专业本科生使用。

本教材从第1版发展到第4版，得益于教育部、北京市教委、中国农业大学教务处和生物学院等多方支持，得益于多所大学生物化学教师的参与，还得益于过去 10 多年中许多读者对书中错误的指正，在此深表感谢。由于能力有限，书中难免会存在不足和错误，真诚希望广大读者批评指正。

编 者
2025 年 2 月于北京

第 3 版前言　　第 2 版前言　　第 1 版前言

小提示

电脑端登录“中农 De 学堂”(https://xy.caupress.cn/course/3181/tasks)可下载本教材配套思考题和参考答案。

本教材主编及主要编者所在中国农业大学生物化学团队，在智慧树网建设了依托本教材的智慧课程，有兴趣的读者可以登录智慧树网，搜索“生物化学-结构与功能”“生物化学-代谢与调节”在线学习。

目　录

目　　录

目　　录

第一章　绪　论

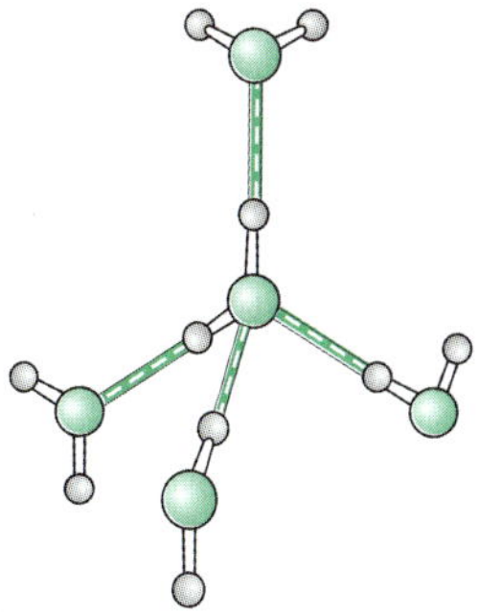

生物化学是研究生命体化学组成及化学变化规律的一门科学，主要利用化学、物理学和生物学的原理、方法来研究生物学问题。什么是生命呢？从古至今，从哲学家到生物学家，都对答案非常感兴趣，也有过多种解释。概括而言，生命是物质运动的高级形式，它建立在物理、化学规律之上，但又不完全归结为物理、化学范畴；生命是以蛋白质和核酸为主的高度有序的多分子体系，是能进行新陈代谢和自我繁殖的开放系统。

生物化学是一门现代交叉学科，于 19 世纪末兴起，到 20 世纪初屹立于科学界。生物化学在建立初期，以天然有机化合物的分离、鉴定为主要研究内容，而今已发展成为探索复杂生命过程分子基础的一门科学，其主要任务是研究蛋白质、核酸、酶、糖类、脂类等生物大分子结构与功能、物质代谢、能量代谢以及遗传信息流。

迄今为止，生物化学取得了一系列的辉煌成就，对多种学科的发展产生了重要影响。为更好地理解这些影响，我们一起回顾一下生物化学学科的建立、发展及其历史性贡献。

一、生物化学发展简史

(一)生物化学于 19 世纪末建立

18 世纪下半叶，化学成就被大量报道。学者们开始思考一个深层次问题：有机化合物与无机化合物的根本区别是什么？当时的德国生理学家提出，二者的根本区别在于有无“生命活力”。

19 世纪前半叶，许多化学家开始从事生命体的研究，有机化学很快发展成为一门研究生物体有机成分的化学。此阶段有两位德国化学家工作卓著：①F. Wöhler 于 1828 年发现无机化合物氰化铵经过加热能合成生物分子——尿素。尿素本来是一种仅存在于动物机体的有机物质，尿素的体外合成意味着有机化学与无机化学之间并没有鸿沟存在，生命的性质可以用化学术语来解释。该发现对“生命活力论”是一个致命冲击。②J. von Liebig 认为动物体的热能是由食物燃烧产生的，提出“物质代谢”这个概念，指出代谢是生物体内物质的合成与分解过程，并于 1840 年出版了《有机化学在农业和生理学中的应用》一书。这些观点对用化学原理认识生命过程起到了重要作用。

19 世纪 40 年代，细胞学说的建立大大促进了生理学的发展，同时加速了生物化学学科的建立。许多化学家开始分离、鉴定细胞中的各种化学成分，其中最为突出的是德国化学家 F. Hoppe-Seyler。他广泛研究血液、软骨及其他体液的化学组分，从血液中分离出血红蛋白，提出生物化学的概念，并于 1877 年创办了《生理化学杂志》，将生物化学从生理化学中独立出来，成为一门新的学科。

随着细胞有机物质分子结构知识的不断积累，细胞中化学反应的研究也随之展开。首先得到阐明的是降解代谢途径，即有机化合物分解的一系列化学反应。早在 19 世纪初人们就认识到酵母菌是乙醇发酵的主要微生物，但它如何将葡萄糖分解成乙醇和二氧化碳并不清楚。

法国微生物学家L. Pasteur认为发酵因子(酵素,后来称"酶")只存在于活的酵母细胞中,这引起了不小的争议。直到1897年E. Büchner用酵母无细胞提取物完成了乙醇发酵,才彻底否定了上述观点。至此,人们清晰地认识到,活的机体是由特定的化学物质组成的,这些物质在化学过程中是可以发生相互作用的。

19世纪末期,另一位著名的生物化学家是德国的E. Fischer。他用化学方法确定了许多单糖和二糖的结构和构型,证明酶有专一性,于1894年提出了用于揭示底物与酶关系的"锁钥学说",完成了氨基酸之间的缩合反应,提出了蛋白质肽键理论。由于他对生物化学的杰出贡献,被公认为"生物化学之父",并于1902年获得诺贝尔化学奖。

(二)20世纪生物化学作为一门独立学科迅速发展

进入20世纪后,由于德国生物化学处于领先地位,大量学生到德国留学,由此带动了美、英、法等多个国家的生物化学发展。随着生物化学研究领域的不断拓展,涌现出了一大批优秀的生物化学家,在物质分离和研究上取得了很多成果。例如,从动物组织中分离到胰岛素、甲状腺素和肾上腺素作为药用;英国剑桥大学F. G. Hopkins发现维生素,大大促进了食品营养学的发展;德国生物化学家O. F. Meyerhof由于在肌肉代谢上的成就于1922年获得诺贝尔生理学或医学奖;O. H. Warburg由于在细胞呼吸方面的贡献于1931年获得诺贝尔生理学或医学奖;等等。

20世纪前半叶,生物化学有3个重大发现:激素、维生素和酶。关于酶本质的讨论持续了多年,有学者认为"酶是蛋白质",而以R. Willstatter为代表的学者则认为"酶不是蛋白质"。J. B. Sumner(1926)第一次获得了脲酶晶体,证明其化学本质是蛋白质,成为20世纪初期的突出成就(1946年获得诺贝尔化学奖)。随后J. H. Northrop(1930)得到胃蛋白酶和胰蛋白酶的晶体(1946年获得诺贝尔化学奖)。至此,"酶是蛋白质"的观点被普遍接受,这促进了更多酶的分离分析,酶学成为生物化学不断增长的重要研究领域。随着酶学的研究进展,更多代谢途径被解析,如糖酵解、乙醇发酵、尿素循环以及H. A. Krebs(1953年获得诺贝尔生理学或医学奖)的三羧酸循环等。因此,人们开始相信生物化学研究能够为揭示细胞功能提供强有力的手段。

20世纪中叶,生物化学已成为一门独立的学科,而且它在代谢方面的深入研究促使了生物能学的诞生。生物能学主要研究细胞如何将营养物质中的化学能转变成为生物可以利用的一种"通货"——三磷酸腺苷(ATP),并将糖类、脂肪、氨基酸及核苷酸的代谢途径联系起来,使各代谢途径之间的内在联系和调控关系更加明确。

(三)20世纪后半叶生物化学带动了多个新兴学科

20世纪中叶以后,由于各领域科学家跨学科的有效合作,以及许多研究技术改进,如色谱技术、电泳技术、离心技术、荧光技术、同位素示踪技术、X射线衍射技术等,生物化学得以迅猛发展。这期间的代表性成果有:①阐明了物质合成代谢途径。例如,M. Calvin等利用放射性同位素(^{14}C)研究植物光合作用的化学反应过程,提出了卡尔文循环,揭开了光合作用的奥秘,于1961年获得诺贝尔化学奖。②蛋白质一级结构的精确测定。英国剑桥大学的F. Sanger发明了一种标记蛋白质N端氨基酸的DNP法,以此为基础并结合电泳和层析技术,经过15年的努力于1952年将胰岛素A链及B链中氨基酸的顺序准确无误地测定出来,证明蛋白质一级结构是由特定数量的氨基酸按特定的顺序排列而成的,由此获得1958年诺贝尔化学奖。之后,分子质量更大的核糖核酸酶也完成氨基酸顺序测定。③人工合成活性蛋白质。在实验室里最先人工合成的是由 8 个氨基酸组成的多肽——催产素，是由美国化学家 V. du Vigneaud 完成的（1955 年获得诺贝尔化学奖）。多肽分子小，还不算是真正的蛋白质。当 F. Sanger 测定出牛胰岛素氨基酸顺序以后，许多实验室试图合成这种蛋白质，但都失败了。1959 年在国家科学技术委员会的组织下，由北京大学化学系、中国科学院生物化学研究所和上海有机化学研究所组织了一支研究队伍，经过多年合作研究，于 1965 年用人工合成方法得到结晶牛胰岛素。它的结构、生物活性、物理化学性质、结晶形状都和天然的牛胰岛素完全一样，这引起了世界科学界的极大关注，标志着中国科学家在蛋白质合成化学领域已经处于世界领先地位。④蛋白质构象的解析。美国化学家 L. Pauling 于 20 世纪 40 年代末开始利用 X 射线衍射技术研究蛋白质的三维结构，推断广泛分布于毛发、指甲中的蛋白质纤维是以一种 *α*-螺旋的空间结构形式存在，这是人类认识到的第一个蛋白质空间结构。L. Pauling 因此获得 1954 年诺贝尔化学奖。1958 年，英国剑桥大学的 J. C. Kendrew 和 M. F. Perutz 用 X 射线衍射技术解析出抹香鲸肌红蛋白和马血红蛋白的晶体结构，开创了蛋白质三级结构和四级结构的研究，二人共同获得 1962 年诺贝尔化学奖。随后，蛋白质晶体结构和功能的研究成为生物化学的一门重要分支学科——结构生物学。蛋白质空间结构的阐明不仅使我们对蛋白质结构的认识达到原子水平，而且为揭示蛋白质功能和蛋白质互作机理提供了精确数据。

1944 年，美国微生物学家 O. Avery 等通过肺炎球菌转化实验，证明了遗传物质是 DNA。J. Watson 与 F. Crick 根据 M. Wilkins 与 R. Franklin 获得的 DNA X 射线衍射图以及 Chargaff 提出的 DNA 碱基组成规律，于 1953 年创造性地提出了 DNA 双螺旋结构模型，引发了生命科学的革命性变化，随之诞生了分子生物学。J. Watson、F. Crick 和 M. Wilkins 于 1962 年获得诺贝尔生理学或医学奖。随后，F. Crick（1958）提出了分子生物学的中心法则，明确指出在生物体中遗传信息是从 DNA 传递到 RNA，再从 RNA 传递到蛋白质。中心法则很快得到证实，现已成为分子生物学的指导思想。1966 年，M. W. Nirenberg 等破译了遗传密码（genetic code），三联体密码激发了学者们测定 DNA 核苷酸序列的热情。1975 年 F. Sanger 等建立了 DNA 酶法测序。随后，A. M. Maxam 与 W. Gilbert（1976）用化学法解决了 DNA 碱基序列测定，他们 3 人同时获得了 1980 年的诺贝尔化学奖，其中 F. Sanger 是继 1958 年以后再次获此奖项。

20 世纪 70 年代后期，核酸序列的准确测定和限制性内切酶的发现，使 DNA 重组获得成功，由此开创了基因工程（genetic engineering）新时代，并促进了分子生物学、分子医学、分子农业的发展。人们可以利用生物反应器生产干扰素，利用 DNA 重组技术获得抗虫棉。生物信息学、量子生物学、结构生物学、分子发育学、分子生理学、分子免疫学等许多边缘性学科相继诞生。20 世纪 80 年代初，T. Cech 发现核酶，RNA 研究出现一个新高潮，“酶是蛋白质”等传统观点被打破，RNA 成为当今非常活跃的研究领域之一。

（四）21 世纪生物化学的新发展

进入 21 世纪，生命科学发展更加迅猛。基因组学、合成生物学的兴起，细胞和基因疗法的突破，mRNA 疫苗的开发利用以及生物信息学和计算生物学的快速发展，进一步推动了生物化学学科的进步及与其他学科的深度融合。

1. 基因组计划的崛起

2001 年，由美国、英国、法国、德国、日本和中国科学家共同完成了人类基因组计划。2002 年，我国宣布独立完成水稻全基因组测序。随后，多种生物的基因组测序也陆续完成了。2017 年 2 月，由美国加州大学戴维斯分校的基因组学家 H. A. Lewin 等首次提出地球生物基因组计划(Earth BioGenome Project,EBP)。该计划由六大洲 28 个国家的科学家参与,是一个全球计划,旨在用 10 年时间完成地球上所有已知的约 167 万种生物(包括植物、动物、真菌和其他微生物)的基因组测序、编目和表征的任务。这个计划的完成将对生物多样性保护、生命科学基础研究提供强有力的支持。所获得的丰富的基因资源,将有助于开发更高效的育种技术,提高作物产量和作物抗病虫害能力;同时也有助于发现新的疾病相关基因,促进医学研究、新药物开发和新治疗方法的发展,从而有益于改善人类健康;还有助于高效推动全球科学家的合作,普及和共享基因组学技术,缩小不同国家和地区之间的技术差距。

2. 合成生物学的诞生与兴起

2000 年,美国科学家 J. Collins 等在大肠杆菌中构建了基因开关(toggle switch),美国科学家 M. B. Elowitz 等在大肠杆菌中构建了首个基因振荡器(repressilator)。这些研究标志着合成生物学作为一门独立学科的正式诞生。2003 年,麻省理工学院(MIT)的 T. Knight 教授开发了 BioBricks,使生物组件的标准化装配成为可能,进一步推动了合成生物学的发展。新技术的出现和发展对学科的进步有着深远的意义。2012 年,CRISPR/Cas9 基因编辑技术的出现为合成生物学提供了更强大的工具,使得基因组编辑更加高效和精确。2023 年,Ansa Biotechnologies 公司成功从头合成出世界上最长的 DNA 寡核苷酸,这对开发新型基因治疗药物具有重要意义。同年,英国 3D Bio-Tissues 公司研发出全球首款 100% 人工培养肉排,这种人工培养肉排完全由细胞培养而成,不依赖于传统畜牧业,具有可持续的特点,不仅有助于减少畜牧业对环境的影响,而且能够满足人们对肉类的需求,有利于推动食品行业的可持续发展。

生物化学是合成生物学的基础,生物化学研究的新成果必将会促进和带动合成生物学的进一步发展。

此外,生物化学为生物信息学和计算生物学提供了基础数据和理论支持,而生物信息学和计算生物学则为生物化学的研究提供了新的工具和方法。随着高通量测序技术的发展,生物数据的规模和复杂性不断增加;随着人工智能和机器学习技术的发展,生物信息学和计算生物学在基因预测、蛋白质结构预测、酶的从头设计和疾病诊断等方面更为有效。这些技术的进步也为生物化学、医学、环境科学等领域带来了新的机遇。学科交叉融合能够促进生物化学学科的理论发展和技术突破,也必将为人类健康和可持续发展做出更大贡献。

二、生物分子的特性

地球上的生命形式多种多样,从低等生物到高等生物,从单细胞生物到多细胞生物,从耐冷的极地生物到近 100 ℃温泉中的嗜热生物,它们形态不一,但都具备如下特征:①无时无刻不在进行着新陈代谢;②能够自我繁殖;③在生物化学组成上具有同一性;④细胞具有高度组织化结构;⑤能保持一个稳定的内环境;⑥对外环境具有感应性和适应性。新陈代谢和自我繁殖是生物体的最基本特征。在生物化学水平上解释生物体的特征是生物化学的重要任务。在学习生物化学内容之前,我们先来认识一下生物分子的基本特性。

(一)生物分子由轻元素组成

自然界中有 100 多种化学元素,但构成生物体的元素只有约 30 种,其中大量元素为 H、O、C、N、Ca、P、Cl、K。按原子总数的百分比计算,生物体含量最多的是 C、H、O、N 4 种元素,占细胞总物质的 99% 以上。它们相对原子质量较小,都属于轻元素(light element),较轻的元素容易形成较强的化学键。在海水中含量最多的 9 种元素(H、O、Cl、Na、Mg、S、Ca、K、C)中,有 6 种(H、O、C、Ca、Cl、K)属于人体大量元素,而地壳中含量最多的元素(O、Si、Al、Fe、Ca、

Na、K、Mg)中，仅 O、Ca、K 为人体大量元素，可见生命起源于海洋的化学根据是充分的。

(二)生物分子是含碳化合物

细胞干重的一半是碳元素。C 可与 H、O 和 N 形成多种形式的共价键，与 H 形成单键，与 O 或 N 形成单、双键，更有生物学意义的是碳-碳之间可以单、双、三键多种形式相互连接，从而形成线状链、分支链、环形链以及笼状结构，这些丰富的碳骨架(carbon skeleton)结合上各种功能基团，如羟基、氨基、羧基、巯基、磷酸基等，便形成了具有特殊化学性质和生物功能的生物分子。含有碳骨架的分子称为有机化合物，几乎所有的生物分子都是有机化合物。所有生物体都是由无生命的化学分子组成的，这些化学分子在体外都遵循一般的物理和化学规律。

(三)生物大分子为多聚体

细胞中含有蛋白质、核酸、多糖等生物大分子，它们都是由小的单体分子聚集成的。蛋白质多肽链由氨基酸按一定顺序以肽键连接而成，核酸由 4 种核苷酸单体按一定顺序以 3′,5′-磷酸二酯键连接而成，而多糖则由单糖以糖苷键连接而成。更有趣的是这些多聚体都是极性的，即各单体之间的连接具有方向性。蛋白质有两个末端，一个是氨基末端，另一个是羧基末端；核酸的 5′端为磷酸基团，3′端为羟基；多糖的两端糖基一个具有还原性半缩醛，另一个则没有。

(四)生物分子具有三维结构特征

碳原子呈四面体，碳原子参与形成的单键可以自由旋转。每种生物分子理论上都具有多种构象或称三维结构，但在细胞的水环境中往往只采用天然构象，此时它们的能量最低，结构也最稳定。例如，细胞中存在成千上万种蛋白质，它们都有各自特定的三维结构，这是它们实现生物学功能的基础。

(五)生物分子之间的互作具有立体特异性

生物分子在细胞内不是孤立存在，它们相互识别、相互结合、相互作用，这些互作不仅具有严格选择性，而且作用部位是特定的，具有立体特异性。例如，抗原与抗体的互作发生在抗原决定簇与抗体“臂”端可变区之间，酶与其反应底物的互作发生在酶活性中心，蛋白质与核酸的互作发生在蛋白质的核酸结合位点等。

三、水——生命的介质

水占地球表面的 70%，有趣的是在人体内水也占 70%。“水是生命之源”，没有水就没有生命。有观点认为人体衰老过程是一个失水的过程：胎儿含水量为 90%，刚出生婴儿为 80%，青壮年为 70%，老年人为 60%以下。从地球出现生命的第一天起，水在生命体的生长和繁衍中就一直起着重要作用。

(一)水在生命体中的重要作用

(1)水是生命的溶剂。水是化学活性液体，是许多生物分子和无机离子的良好溶剂。各种营养物的吸收、生物分子的合成和分解反应、代谢物的转运、废物的排出等都需要水作为介质。

(2)水是许多生物化学反应的底物或产物。植物在光合作用过程中将水裂解，然后才能将 CO_2 固定成碳水化合物。生物大分子的水解反应需要水直接参与，而有机物彻底氧化的产物中一定有水。

(3)水有利于生物大分子结构的形成。生物大分子都具有特定的三维空间结构，这是生物分子与环境水相互作用的结果。大多数功能蛋白质分子为球状，其内部多为疏水性氨基酸残基，分子表面含有更多的亲水性氨基酸残基。

(4)水有助于调节体温。与分子质量相似的有机化合物相比，水具有热容量大、蒸发热高等性质。因此，水环境不易随环境温度升降而发生剧烈变化，这非常有利于维持生命体的正常体温。水是生命的“热缓冲剂”。

(二)水是极性分子

水的特殊物理性质取决于它的分子结构。水分子由 2 个 H 和 1 个 O 组成。2 个 H 和 O 的共价连接不是共线性结构，而是以 104.5°的夹角伸出(图 1-1)。水分子的电荷分布不对称，O 呈电负性，H 呈电正性，整个分子为偶极结构。水分子的这种极性形式对生命系统非常重要。

与其他分子质量相当的有机分子相比，由于水分子之间能通过氢键(hydrogen bond)发生相互作用，所以水的热容量大、蒸发热高。氢键具有方向性和饱和性。对于液态水来说，每个水分子可以与 3～5 个水分子发生瞬间作用，水分子重排速度很快，每 10^{-12} s 重排一次。水分子之间的密度随温度而变化，这既与氢键的解离有关，也与分子热运动有关。

非常有趣的是水不同于其他物质，它在 4 ℃时密度最大，而 0 ℃时冻结成的冰密度最小，这对于保护生命非常重要。在结冰状态下，1 个水分子和 4 个邻近水分子以氢键相连，形成正四面体结构(图 1-2)。4 个氢键位点中 2 个为氢的供体，2 个为氢的受体。全部水分子借助氢键形成定向有序排列的四面体冰晶，而冰晶是一个开放式的疏松结构(图 1-3)，5 个水分子不能把四面体的全部体积占完，因此，冰的密度反而小，能够漂浮在水面上。冰层不仅能作为隔热层阻止水温的进一步降低，而且还允许空气中的氧气分子顺利透过，及时为水下生物提供氧气。可见，正是由于水的特殊性质，才稳定了水下环境，保障了水生生物的生存与繁衍。

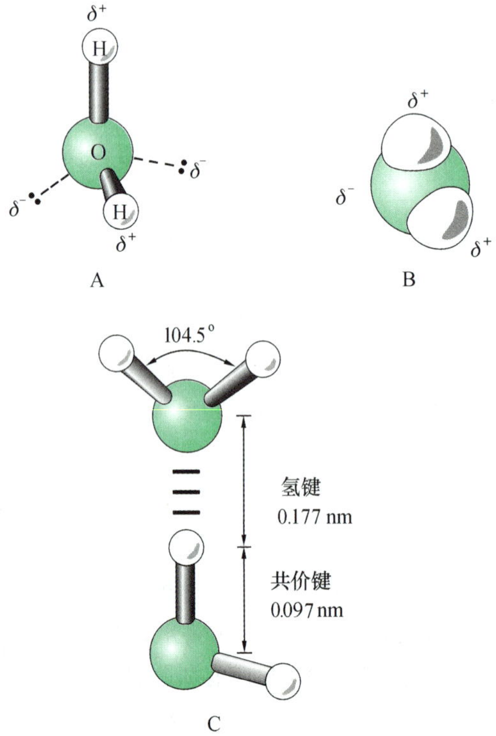

图 1-1 水分子结构与氢键

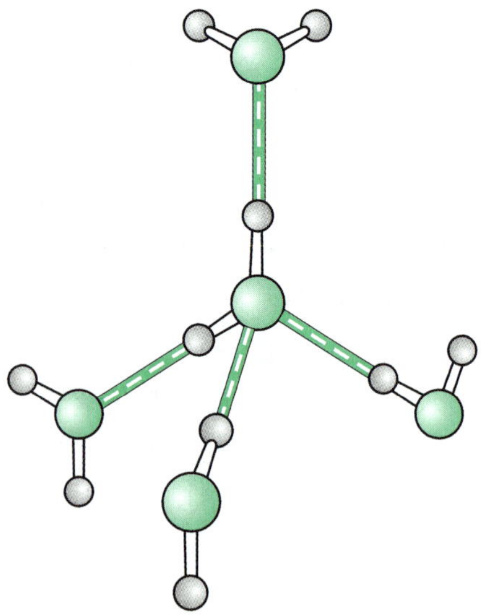

图 1-2 水分子靠氢键形成的正四面体结构

(三)水是很好的溶剂

与其他溶剂相比,水可以溶解更多的物质,这与它的极性有关。先来看一下盐是如何溶解于水的。NaCl 中的 Cl^- 和 Na^+ 靠离子键结合,2 个离子的吸引力 F 与电荷电量的乘积(Q_1Q_2)成正比,与电荷质点间的距离平方(R^2)成反比,在溶液中此吸引力随周围介质的介电常数 ε 增大而降低。

$$F=\frac{Q_1Q_2}{\varepsilon R^2}$$

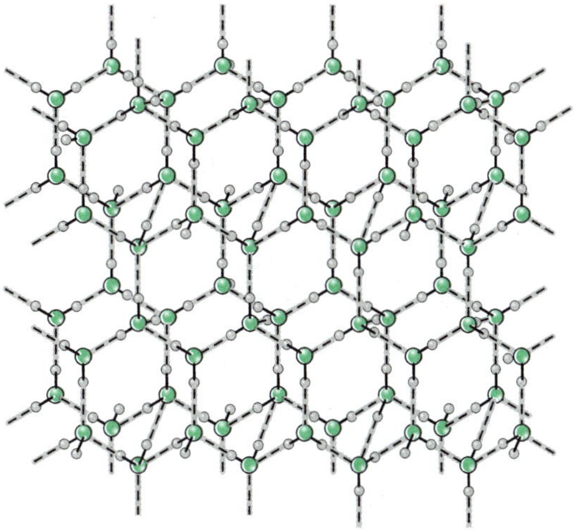

图 1-3 冰晶的开放式疏松结构

介电常数是溶剂中偶极数量的一种物理特性参数。从表 1-1 可以看出,水的介电常数为 78.5,比大多数有机溶剂高许多。当 NaCl 溶于水时,Na^+ 吸引水分子的负电性端,Cl^- 吸引水分子的正电性端,两种离子周围均形成了有序排列的水分子层(图 1-4)。水溶解盐是通过水化(hydration)和电荷屏蔽(charge screening)作用实现的。

表 1-1 一些常见溶剂的介电常数

物质	介电常数	物质	介电常数	物质	介电常数
甲酰胺	110.0	乙醇	24.3	苯	2.3
水	78.5	丙酮	20.7	四氯化碳	2.2
二甲基亚砜	48.9	氨	16.9	己烷	1.9
甲醇	32.6	氯仿	4.8		

不带电荷的极性分子能与水形成氢键,因此在水中也有很好的溶解度。糖、蛋白质、核酸等许多生物大分子,因含有氨基、羧基、磷酸基带电基团或羟基等极性基团,不仅可以通过水化层、电荷屏蔽效应在水中呈溶解状态,还可以通过与水分子之间的氢键以及生物大分子内部有关基团之间的氢键、离子键(ionic bond)和范德瓦耳斯力(van der Waals force)在水溶液中保持稳定的构象。

(四)双亲性分子在水中形成微团或双分子层

大多数生物分子都含有极性部分和非极性部分,即具有亲水和疏水双亲性。对于双亲性分子,水倾向于水化亲水性部分,同时排开疏水部分,使这些分子形成分散于水中的聚集体——微团(micelle)(图 1-5)或双分子层(bilayered sheet)。稳定微团或双分子层的作用力来自疏水相用(hydrophobic interaction)。与氢键相比,疏水作用很弱,而且没有方向性,但其生物学意义很大。许多生物分子是双亲性分子,如蛋白质、色素、某些维生素。生物大分子结构的形成离不开疏水作用,生物膜复合体的形成更是与膜组分之间的疏水作用直接相关。

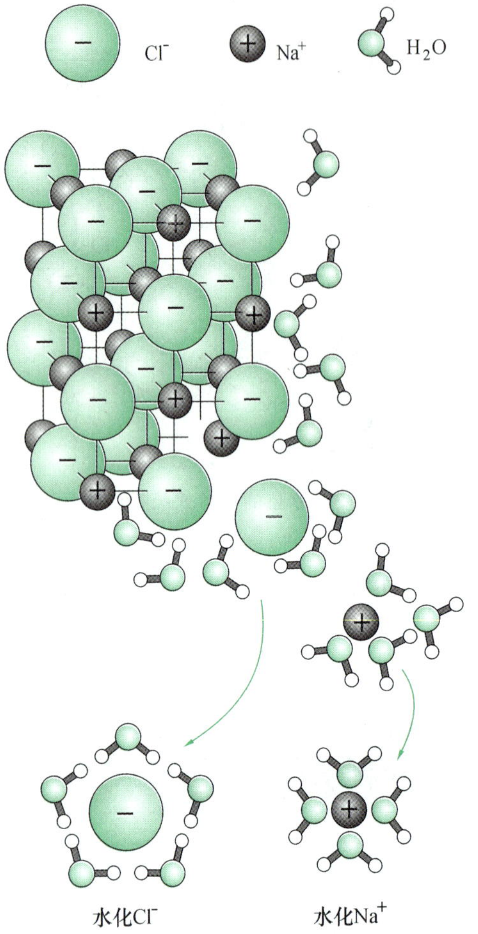

图 1-4 NaCl 在水中的溶解

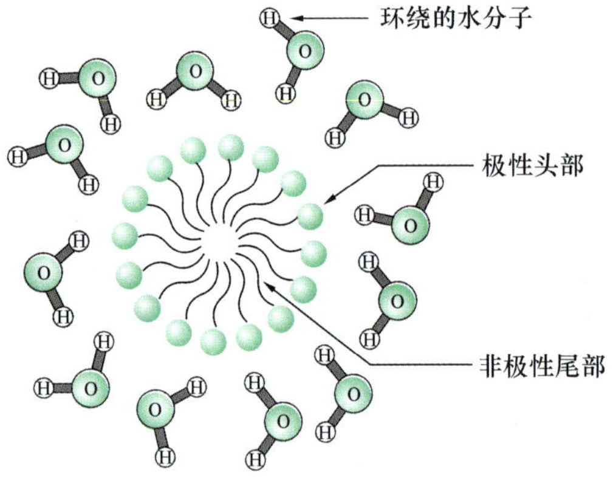

图 1-5 微团结构

(五)水分子的可解离性质有利于缓冲生理 pH

液态水分子能有限地解离成 H^+ 和 OH^-。H^+ 并不实际存在于水中,而是与一个水分子结合形成水合氢离子 H_3O^+,通常用 H^+ 表示。

$$H_2O \longrightarrow H^+ + OH^-$$

根据计算,纯水的$[H^+]=[OH^-]=10^{-7}$ mol/L(25 ℃)。当溶液中$[H^+]>10^{-7}$ mol/L 时为酸性,当$[H^+]<10^{-7}$ mol/L 时为碱性。绝大多数溶液中,质子浓度都很低,为方便起见,取质子浓度的负对数 pH 表示一个物质的酸度:$pH=-\lg[H^+]$。纯水的 pH=7.0。根据广义酸碱理论,凡是能提供质子的物质就是酸,凡是能接受质子的物质就是碱。因此每一个酸碱反应都可以表示为:

$$HA + H_2O \longleftrightarrow H_3O^+ + A^- \tag{1-1}$$

通常缩写为酸解离反应:

$$HA \longleftrightarrow H^+ + A^- \tag{1-2}$$

对于式(1-1):平衡常数 $K_{eq}=\dfrac{[H_3O^+][A^-]}{[HA][H_2O]}$

即：

$$K_{eq}\times[H_2O]=\frac{[H_3O^+][A^-]}{[HA]} \tag{1-3}$$

在一个非常稀的水溶液中，水的浓度基本保持在 55.5 mol/L(1 000 g/L，即 18.015 g/mol)，是一个定值，因此，式(1-3)可写为：$K_{eq}=[H^+][A^-]/[HA]$。可见，对于一个酸解离反应，其平衡常数 K_{eq} 就是其解离常数 K(dissociation constant)。甲酸的解离常数 K 为 1.78×10^{-4}，其 pK=3.75；NH_4^+ 的解离常数 K 为 5.62×10^{-10}，其 pK=9.25。

酸碱物质溶于水时会改变水中 H^+ 和 OH^- 的相对数量，溶液的 pH 会发生相应变化，生物分子的解离状态、分子结构及理化性质会随着溶液酸度的变化而改变。剧烈的 pH 变化还会导致生物分子的变性，因此，在体外制备生物分子时多采用缓冲系统。当缓冲对物质溶于水时，其 pK 值越接近环境 pH，其缓冲能力就越强。有趣的是，所有的生理溶液都具有很强的缓冲能力。比如，正常人的血液生理 pH 总是保持在 7.4 左右。磷酸和碳酸离子的 pK 值接近生理 pH 范围，因此，是生物体最常见的缓冲剂。蛋白质、核酸、脂类等生物分子都带有酸碱基团，在生理 pH 范围内都是很好的缓冲剂。总之，水除了作为生命的介质参与生物化学反应，促进生物大分子及膜复合物天然结构形成，以及帮助调节体温外，水提供质子和接受质子的能力还对生物分子结构的正常维持以及缓冲细胞的生理 pH 具有重要意义。

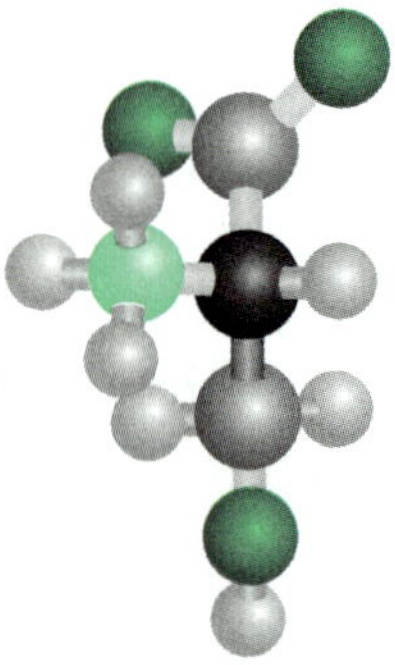

第二章　蛋白质构件分子——氨基酸

氨基酸(amino acid)是蛋白质的基本结构单元，为深入揭示蛋白质的结构和功能，需要对氨基酸的结构、性质以及常见研究技术有深刻了解。在本章中，我们将重点介绍氨基酸的结构特点、酸碱性质、常见化学反应和分离分析技术。在之后的两章中分别讨论蛋白质结构与功能的关系以及有关蛋白质研究技术。

第一节　氨　基　酸

一、蛋白质的基本结构单元是氨基酸

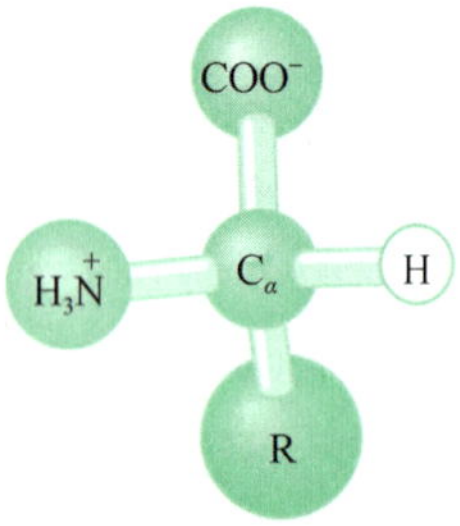

从细菌到人类细胞，所有蛋白质都由 *L*-*α*-氨基酸组成，其分子结构通式如左：

氨基酸分子中的 4 个基团——氨基、羧基、氢原子和 R 基团都连在同一个 *α*-碳原子上。R 基团称为侧链(side chain)。不同氨基酸的侧链在大小、形状、电荷、形成氢键能力以及化学反应性上均不同。氨基酸的基本结构决定了氨基酸的共性，而侧链则决定了每种氨基酸的特性。深入理解蛋白质的结构与功能，就要弄清氨基酸的结构特征和基本性质。

二、蛋白质中的天然氨基酸

(一)标准氨基酸

在自然界中已经发现 700 多种氨基酸，参与构成蛋白质的氨基酸称为蛋白质氨基酸，其他属于非蛋白质氨基酸。在蛋白质氨基酸中，有 20 种氨基酸出现频率高，直接作为合成蛋白质的构件分子，有与其对应的密码子(详见第十七章)，这类氨基酸称为标准氨基酸(standard amino acid)或常见氨基酸。

为方便分析，一般按照氨基酸侧链的极性和电荷情况将 20 种蛋白质标准氨基酸分为 5 组：

1. 非极性、脂肪族侧链氨基酸组(nonpolar, aliphatic R group)

包括甘氨酸、丙氨酸、缬氨酸、亮氨酸、异亮氨酸、甲硫氨酸和脯氨酸 7 种。它们的侧链都是非极性脂肪族，在生理 pH 下不带电荷。其中，最简单的氨基酸是甘氨酸，侧链为氢原子，不含手性碳原子。丙氨酸的侧链是一个甲基。缬氨酸的侧链含 3 个碳原子。亮氨酸和异亮氨酸侧链更大，二者碳原子数相同，互为异构体。甲硫氨酸含有以硫醚键形式存在的硫原子，比较特殊，在原核细胞生物合成蛋白质时作为起始氨基酸(详见第十七章)。脯氨酸为亚氨基氨基酸，侧链以环状形式(四氢吡咯环)连接在 *α*-碳原子上。

非极性、脂肪族侧链

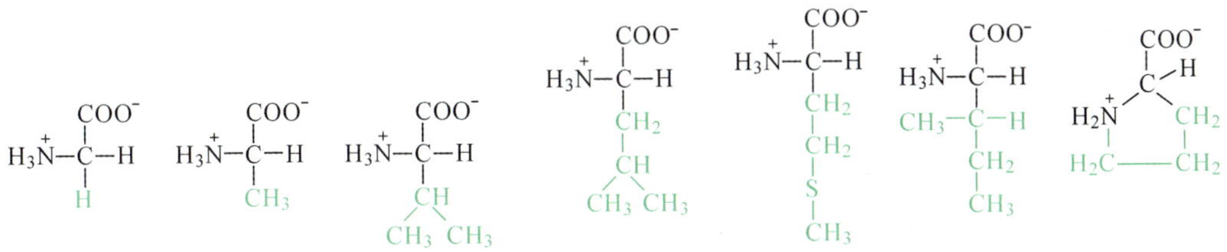

甘氨酸　　丙氨酸　　缬氨酸　　亮氨酸　　甲硫氨酸　　异亮氨酸　　脯氨酸

2. 芳香族侧链氨基酸组(aromatic R group)

包括苯丙氨酸、酪氨酸和色氨酸 3 种。其中,苯丙氨酸侧链含有苯环,酪氨酸侧链含有酚基(酚羟基有一定极性和碱性),色氨酸侧链含有吲哚基,这 3 类基团都有共轭双键,因此,都属于芳香族氨基酸。芳香族氨基酸疏水性强,其侧链在生理 pH 下不带电荷。

非极性、芳香族侧链

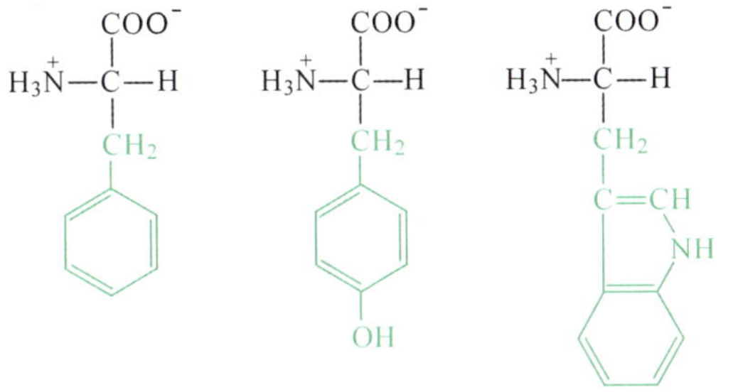

苯丙氨酸　　酪氨酸　　色氨酸

3. 极性、不带电荷 R 侧链组(polar,uncharged R group)

包括丝氨酸、苏氨酸、半胱氨酸、天冬酰胺和谷氨酰胺 5 种。它们的共性是侧链具有一定极性,但在生理 pH 下不会发生解离。其中,丝氨酸、苏氨酸侧链都含有脂肪族羟基,使得这 2 种氨基酸更亲水,比相同碳原子数的丙氨酸和缬氨酸更活跃。半胱氨酸含有高反应活性的巯基(sulfhydryl group,—SH),在某些蛋白质分子中可以形成二硫键,对维持蛋白质三维结构有特殊作用。天冬酰胺和谷氨酰胺都含有酰胺基团,后者侧链比前者多 1 个碳原子。

极性、不带电侧链

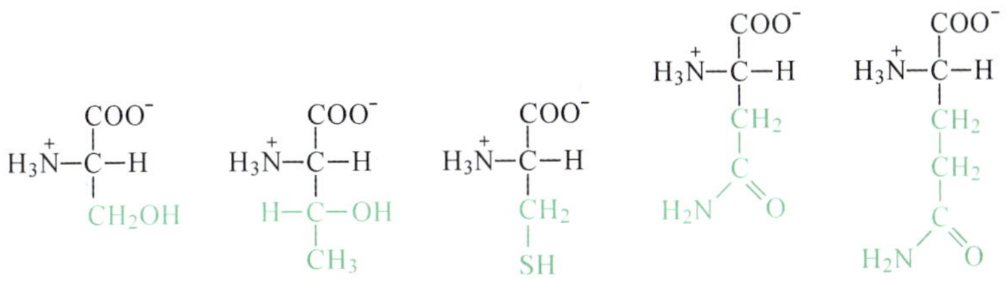

丝氨酸　　苏氨酸　　半胱氨酸　　天冬酰胺　　谷氨酰胺

4. 带负电荷 R 侧链组(negatively charged R group)

包括天冬氨酸、谷氨酸 2 种。它们的侧链都带有 1 个羧基,在生理 pH 下带负电荷。天冬氨酸侧链有 2 个碳原子,比谷氨酸侧链少 1 个碳原子。这 2 种氨基酸在生理 pH 下具有释放质子的能力,因此又叫酸性氨基酸(acidic amino acid)。前面提到的天冬酰胺和谷氨酰胺分别是天冬氨酸和谷氨酸的衍生物。

5. 带正电荷R侧链组(positively charged R group)

包括赖氨酸、精氨酸和组氨酸3种。赖氨酸侧链含有ε-氨基，精氨酸侧链含有胍基，这两种基团在生理pH下发生质子化而带正电荷。组氨酸含有咪唑基，在生理pH下可以接受一个质子而带正电荷，也可以给出一个质子，这取决于它的局部微环境。组氨酸常存在于酶分子的活性部位，在酸碱催化中发挥重要作用(详见第五章)。这3种氨基酸在生理pH下具有获得质子的能力，又叫碱性氨基酸(alkaline amino acid)。

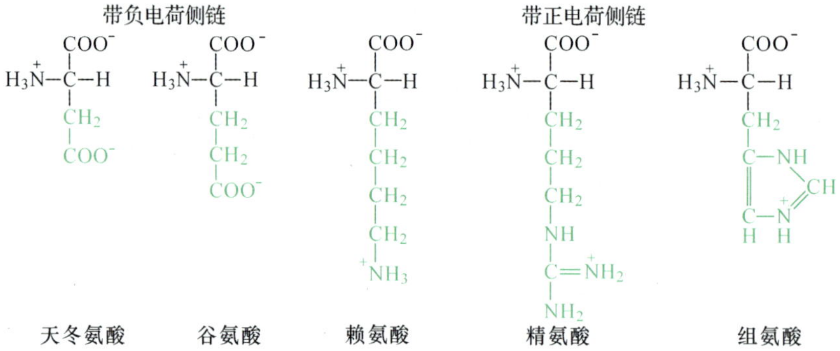

上述20种氨基酸作为蛋白质的基本构成单元至少在地球上已经存在2 000万年。为揭示生命的奥秘，科学家们不断深入研究各种氨基酸在蛋白质结构和功能中的作用。为方便起见，在描述中常采用氨基酸的三字母缩写符号或单字母符号，见表2-1。三字母缩写符号，一般为各氨基酸英文名称的前3个字母，第一个字母为大写，后两个为小写，如甘氨酸为“Gly”。单字母符号为大写，其中有的和三字母符号的第一个字母相同，如甘氨酸，为“G”；有的不相同，如赖氨酸的三字母符号为“Lys”，单字母符号为“K”。

(二)非标准氨基酸

除了20种蛋白质标准氨基酸外，生物体中还发现300多种不同的氨基酸，这些氨基酸被称为非标准氨基酸(non-standard amino acid)(图2-1)。

有一类非标准氨基酸称为蛋白质稀有氨基酸，它们虽构成蛋白质，但出现频率小，大多为标准氨基酸的衍生物。这类氨基酸没有自己的密码子，是在蛋白质合成后经氨基酸修饰形成的，具有重要的生物学意义。例如，哺乳动物皮肤和骨骼中富含胶原蛋白，胶原蛋白之所以能作为纤维蛋白起保护和支撑作用，就是因为它含有丰富的4-羟脯氨酸。又如，γ-羧基谷氨酸是凝血蛋白的重要组分，如果谷氨酸羧基化不完全，会导致出血症。因此，蛋白质合成后氨基酸修饰的生物功能越来越引起人们重视。

令人惊讶的是，20世纪80年代科学家们又在某些蛋白质中发现了两种新型氨基酸——硒代半胱氨酸(selenocysteine)和吡咯赖氨酸(pyrrolysine)。它们不仅参与构成蛋白质，而且有自己的密码子，被分别排在20种标准氨基酸之后，标注为第21、第22种氨基酸。已经证实许多生物含有这两种氨基酸。

D-氨基酸属于非标准氨基酸。许多种细菌和真菌都能合成*D*-氨基酸并用于构建细胞壁或作为某些抗生素的组分。细菌细胞壁的肽聚糖中有*D*-谷氨酸和*D*-丙氨酸(详见第七章)，其生物学意义尚不十分清楚，可能有防止细胞壁受肽酶(一类专门水解肽键的酶)攻击的作用。一些抗生素如缬氨霉素、放线菌素D等都含有*D*-氨基酸。

在非标准氨基酸中，还有一大类以游离状态存在的氨基酸，它们有的是合成标准氨基酸的前体(precursor)，有的是某些生物化学代谢途径的中间物(intermediate)。如鸟氨酸(ornithine)、瓜氨酸(citrulline)等是尿素循环的中间物(详见第十三章)。

表 2-1　**20 种常见氨基酸特性**

中文名称	英文名称	三字符	单字符	pK_1	pK_2	pK_R	pI	侧链分类	侧链极性	亲水指数	分子量	蛋白质中出现频率/%
甘氨酸	glycine	Gly	G	2.34	9.60		5.97	脂肪族	非极性	−0.4	75.067	7.03
丙氨酸	alanine	Ala	A	2.34	9.69		6.01	脂肪族	非极性	1.8	89.094	8.76
缬氨酸	valine	Val	V	2.32	9.62		5.97	脂肪族	非极性	4.2	117.148	6.73
亮氨酸	leucine	Leu	L	2.36	9.60		5.98	脂肪族	非极性	3.8	131.175	9.68
异亮氨酸	isoleucine	Ile	I	2.36	9.68		6.02	脂肪族	非极性	4.5	131.175	5.49
甲硫氨酸	methionine	Met	M	2.28	9.21		5.75	含硫	非极性	1.9	149.208	2.32
脯氨酸	proline	Pro	P	1.99	10.96		6.30	环式	非极性	−1.6	115.132	5.02
苯丙氨酸	phenylalanine	Phe	F	1.83	9.13		5.48	芳香族	非极性	2.8	165.192	3.87
色氨酸	tryptophan	Trp	W	2.38	9.39		5.89	芳香族	非极性	−0.9	204.228	1.25
丝氨酸	serine	Ser	S	2.21	9.15		5.68	含羟基	极性	−0.8	105.093	7.14
苏氨酸	threonine	Thr	T	2.11	9.62		5.87	含羟基	极性	−0.7	119.119	5.53
天冬酰胺	asparagine	Asn	N	2.02	8.80		5.41	酰胺	极性	−3.5	132.119	3.93
谷氨酰胺	glutamine	Gln	Q	2.17	9.13		5.65	酰胺	极性	−3.5	146.146	3.90
酪氨酸	tyrosine	Tyr	Y	2.20	9.11	10.07	5.66	芳香族	极性	−1.3	181.191	2.91
半胱氨酸	cysteine	Cys	C	1.96	10.28	8.18	5.07	含硫	极性	2.5	121.154	1.38
赖氨酸	lysine	Lys	K	2.18	8.95	10.53	9.74	碱性	极性	−3.9	146.189	5.19
精氨酸	arginine	Arg	R	2.17	9.04	12.48	10.76	碱性	极性	−4.5	174.203	5.78
组氨酸	histidine	His	H	1.82	9.17	6.00	7.59	芳香族	极性	−3.2	155.156	2.26
天冬氨酸	aspartic acid	Asp	D	1.88	9.60	3.65	2.77	酸性	极性	−3.5	133.104	5.49
谷氨酸	glutamic acid	Glu	E	2.19	9.67	4.25	3.22	酸性	极性	−3.5	147.131	6.32

注：亲水指数(hydropathy index)是对氨基酸侧链亲水性或者疏水性程度的度量，数值越大，疏水性越强。

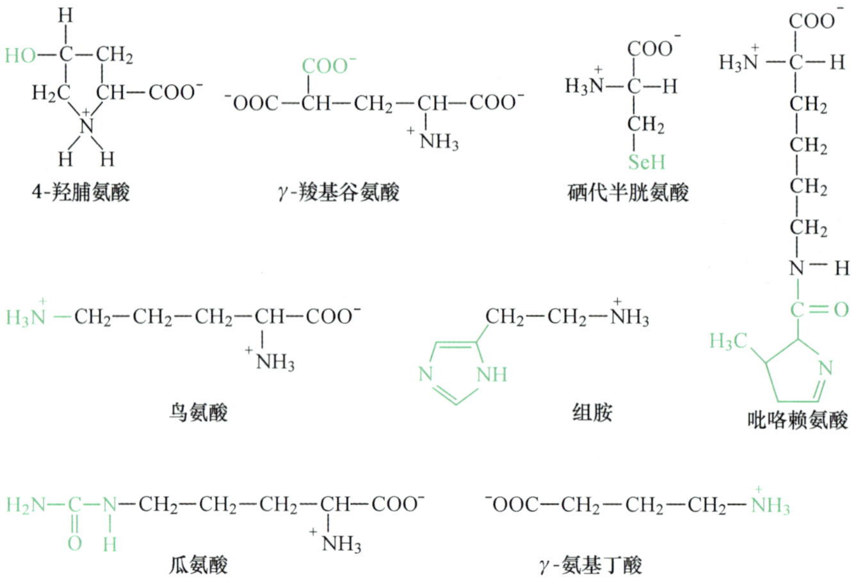

图 2-1　非标准氨基酸

标准氨基酸经酶促反应脱羧、脱氨可产生具有重要生物学作用的物质。例如，在哺乳动物脑中，谷氨酸的脱羧产物——γ-氨基丁酸(GABA)能作为神经递质来改变神经细胞的行为；组氨酸的脱羧基产物——组胺(histamine)可用来控制血管的收缩和胃酸的分泌。

知识拓展框

必需氨基酸和肿瘤代谢

必需氨基酸(essential amino acid)指人(或其他脊椎动物)不能合成或合成速度远不能满足机体的需要，必须由食物蛋白质供给的氨基酸。成人必需氨基酸的需要量为蛋白质需要量的 20%～37%，分别是赖氨酸、色氨酸、苯丙氨酸、甲硫氨酸、苏氨酸、异亮氨酸、亮氨酸和缬氨酸。

人体虽能够合成精氨酸和组氨酸，但通常不能满足正常的需要，因此，两者又被称为半必需氨基酸或条件必需氨基酸，而在幼儿生长期这两种是必需氨基酸。人体对半必需氨基酸的需要量随着年龄增加而下降，成人比婴儿显著下降。非必需氨基酸(nonessential amino acid)指人(或其他脊椎动物)自身能由简单的前体合成，不需要从食物中获得的氨基酸，如甘氨酸、丙氨酸等。

相对正常细胞来讲，肿瘤细胞常常表现出大量摄取必需氨基酸这一重要特征。2017 年武汉大学一课题组报道了 MYC-SLC7A5/SLC43A1 正反馈环路通过重编程必需氨基酸代谢从而促进肿瘤恶性发展的分子机制。前人研究表明，许多 SLC(solute carrier family)家族成员蛋白参与调控必需氨基酸的摄入。MYC 是肿瘤代谢调控的关键蛋白。MYC 通过直接激活的方式调控了 SLC7A5 和 SLC43A1 的表达，并形成了 MYC-SLC7A5/SLC43A1 正反馈环路，增强肿瘤细胞对必需氨基酸的摄取，最终促进肿瘤的恶性发展。

该环路的持续性激活不仅保证了必需氨基酸的摄取，而且级联放大了 MYC 介导的整个转录调控网络，促进葡萄糖、谷氨酰胺、核苷酸和脂肪酸等关键营养物质的代谢重编程。干预 SLC7A5/SLC43A1 的功能可打断这一正反馈信号环路，选择性诱导 MYC 过表达的肿瘤细胞发生凋亡。上述结果提示我们，靶向 SLC7A5/SLC43A1 的单克隆抗体可作为 MYC 高表达肿瘤病人的潜在治疗手段。

Yue M, Jiang J, Gao P, et al. Oncogenic MYC activates a feedforward regulatory loop promoting essential amino acid metabolism and tumorigenesis. Cell Rep, 2017, 21(13): 3819-3832.

三、蛋白质中的非天然氨基酸

蛋白质在细胞生理过程中发挥着重要作用。生命体中的蛋白质通常由 20 种天然氨基酸组成。然而，天然氨基酸数量有限、结构保守，极大限制了蛋白质的种类和功能应用，无法满足生物科学、化学和医药等领域的研究需求。作为天然氨基酸的衍生物，非天然氨基酸(unnatural amino acid, UAA)(图 2-2)可以被人为赋予多样性功能基团，在蛋白质修饰中表现出色。20 世纪中叶，研究者首次将非天然氨基酸掺入细菌蛋白质中，开启了利用非天然氨基

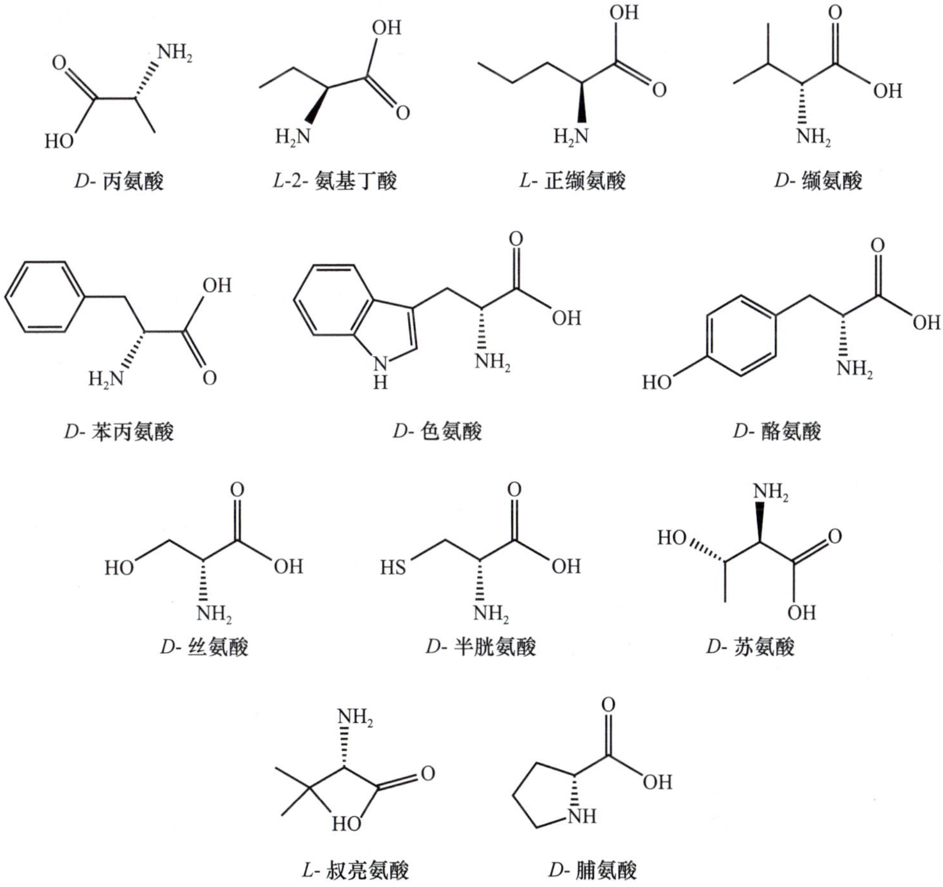

图 2-2　非天然氨基酸

酸改变蛋白质结构和功能的新时代。迄今为止,已有超过 200 种非天然氨基酸被掺入蛋白质中。

非天然氨基酸的合成目前常依赖于化学合成法,主要分为化学拆分法和不对称转化法。化学拆分法利用化学拆分剂拆分外消旋的 *D*、*L* 混合氨基酸,生成两种非对映异构体,利用非对映异构体物理化学性质的差异,而分离获得 *D*-氨基酸和 *L*-氨基酸。不对称转化法则是使用特定反应前体作为底物,添加手性化学试剂进行选择性反应,使产物仅生成 *D* 型氨基酸,或者直接使用单一手性前体物质通过化学反应制备 *D* 型氨基酸。此外,UAA 的化学合成还包括诱导拆分法、氧化酶法和脱氢酶法等方法。然而,化学合成法存在反应条件苛刻、产物纯度不高、费用高昂和环境不友好的缺点。随着代谢工程、酶工程和合成生物学的发展,微生物"细胞工厂"为非天然氨基酸的绿色高效合成提供了新思路,通过重构细胞内天然代谢途径实现 UAA 的合成。

与天然氨基酸结构相似的 UAA 可以通过压力掺入法整合进蛋白质。压力掺入法通过利用氨酰-tRNA 合成酶对底物选择的宽泛性,适用于对 20 种经典氨基酸中某一种存在营养缺陷的菌株,在培养过程中向培养基中添加该氨基酸的结构类似的非天然氨基酸,从而在活细胞内实现 UAA 的整合。另外,科学家们研发出一种遗传密码子扩充技术,可将设计的非天然氨基酸整合到蛋白质多肽链上。

UAA 已应用于蛋白质探针以研究蛋白质结构和功能,提高酶催化活性和稳定性,构建抗体药物偶联物(antibody-drug conjugate,ADC)以增强药物靶向性和治疗效果,开发抗菌肽(antimicrobial peptide,AMP)应对细菌抗药性问题,并在药物前体、病毒疫苗、生物传感器等其他领域发挥作用。UAA 的生物合成提供了一种绿色、高效、低成本的生产方式,通过代谢工程和合成生物学技术,实现了在微生物细胞中的高效生产,推动了 UAA 在医药、农药、食品、材料等领域的广泛应用。

第二节　氨基酸性质

氨基酸具有多种物理、化学性质。这里重点讨论在蛋白质化学中具有重要意义的氨基酸的化学性质,同时介绍几种常见的氨基酸化学反应。

一、氨基酸的酸碱性质

酸碱性质是氨基酸的重要性质之一。在中性水溶液中,氨基酸分子完全离子化。对于一氨基、一羧基氨基酸,在完全解离时,*α*-氨基质子化带一个正电荷($—NH_3^+$),*α*-羧基处于解离状态而带一个负电荷($—COO^-$),整个分子为偶极离子(dipolarion)或称兼性离子(zwitterion)。静电荷为零的氨基酸可用"A^0"表示。

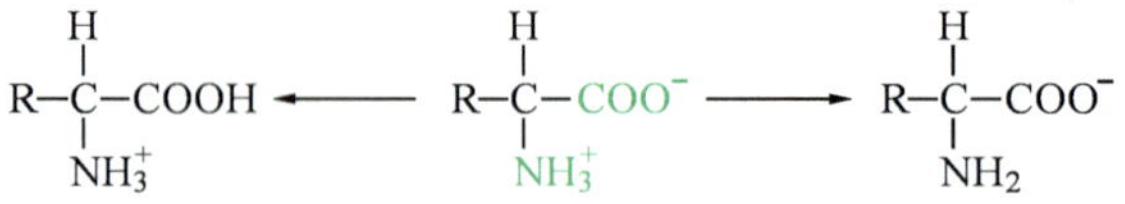

pH=1　　中性pH　　pH=11

A^+　　A^0　　A^-

氨基酸在不同 pH 下,表现出不同的解离状态。在 pH=1 时,*α*-氨基发生质子化,*α*-羧基不解离,整个分子带正电荷,用"A^+"表示;在 pH=11 时,*α*-羧基解离出一个质子,*α*-氨基去质子化，整个分子带负电荷，用“A^-”表示。可见，氨基酸的解离状态是 pH 的一个函数，可以随环境 pH 的变化而变化。

(一)氨基酸的解离

α-羧基的解离常数以 K_1 表示，α-氨基的解离常数以 K_2 表示。从氨基酸的解离反应可知氨基酸解离常数与 pH 的关系。以甘氨酸为例，其解离反应分两步：

第一步是 α-羧基的解离：

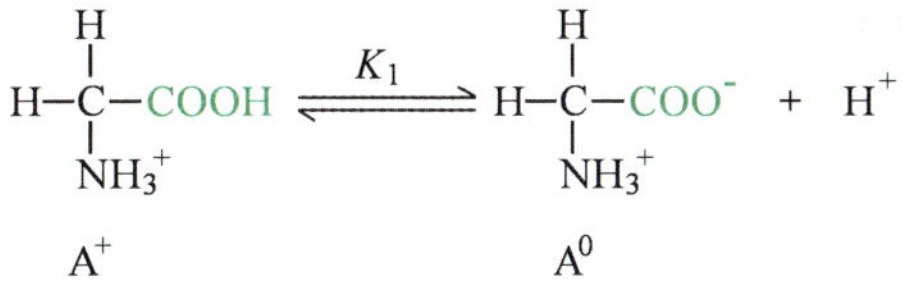

那么，$K_1=\dfrac{[A^0][H^+]}{[A^+]}$ (2-1)

第二步是 α-氨基的解离：

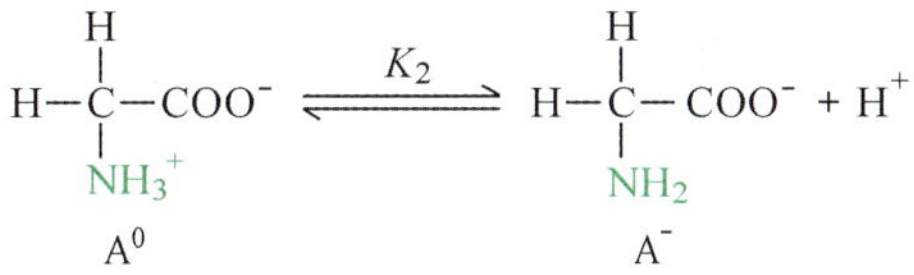

那么，$K_2=\dfrac{[A^-][H^+]}{[A^0]}$ (2-2)

K_1 和 K_2 的具体数值可通过测定氨基酸的滴定曲线获得。图 2-3 是甘氨酸的滴定曲线。甘氨酸溶于中性水时，大多数分子为兼性离子：氨基质子化($—NH_3^+$)，羧基处于解离状态($—COO^-$)。对甘氨酸溶液进行酸(如 HCl)滴定，曲线显示溶液 pH 不随酸的等量加入而呈线性降低，而是出现一个缓冲区段(buffering zone)，表明甘氨酸对酸有缓冲作用，其实质是解离状态的 α-羧基可以接受质子。到酸滴定终点，所有甘氨酸的羧基质子化，分子带一个正电荷(A^+)。反过来，如果对甘氨酸溶液进行碱(如 NaOH)滴定，曲线显示溶液 pH 也不随碱的等量加入而呈线性增加，而是出现另一个缓冲区段，表明甘氨酸对碱也有缓冲作用，其实质是质子化的 α-氨基在碱性环境中解离出了质子。到碱滴定终点，所有甘氨酸的 α-氨基解离，分子带一个负电荷(A^-)。

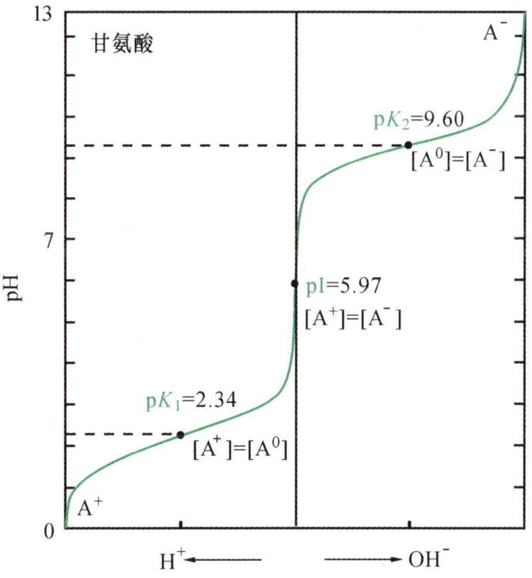

图 2-3　甘氨酸滴定曲线

(二)氨基酸的等电点

从滴定曲线可以看出，甘氨酸在酸碱滴定过程中出现了两个缓冲区段，这是一氨基、一羧基氨基酸酸碱滴定的一个特征，说明氨基酸具有酸-碱两性性质。在酸滴定缓冲区段的中点是甘氨酸的 α-羧基缓冲能力最强的时刻，此时有一半 α-羧基发生了解离，即 $A^+=A^0$；同理，在碱滴定缓冲区段的中点，甘氨酸的 α-氨基有一半为质子化状态，即 $A^0=A^-$。

我们来分析一下甘氨酸的 K_1 和 K_2 与溶液 pH 的关系：

根据式(2-1)，当$[A^+]=[A^0]$时，

$$K_1=[H^+]$$

取负对数，即 $pK_1=pH$。

可见，测定出酸滴定缓冲区段中点所对应的 pH，即 pK_1。pK_1 是甘氨酸 α-羧基解离一半时溶液的 pH。大多数氨基酸的 pK_1 在 2.2 左右。

根据式(2-2)，当$[A^-]=[A^0]$时，

$$K_2=[H^+]$$

取负对数，即 $pK_2=pH$。

可见，测定出碱滴定缓冲区段中点所对应的 pH，即 pK_2。pK_2 是甘氨酸 α-氨基解离一半时溶液的 pH。大多数氨基酸的 pK_2 在 9.4 左右。

如果我们将式(2-1)和式(2-2)相乘，得：$K_1\times K_2=\dfrac{[A^0][H^+]}{[A^+]}\times\dfrac{[A^-][H^+]}{[A^0]}$

当所有甘氨酸分子静电荷为零时，即$[A^+]=[A^-]$时，$K_1\times K_2=[H^+]^2$，则$[H^+]=\sqrt[2]{K_1\times K_2}$。

取负对数后为：$pH=\dfrac{1}{2}(pK_1+pK_2)$。

我们将氨基酸分子静电荷为零时的 pH 定义为氨基酸等电点(isoelectric point，pI)。换句话说，氨基酸分子所带正电荷和负电荷数相等时溶液的 pH 即为该氨基酸的 pI。从一个氨基酸的 pK_1 和 pK_2 可以直接计算出 pI。

在甘氨酸酸滴定和碱滴定曲线上各有一个拐点，分别为 pK_1 和 pK_2，从整个滴定曲线可以发现，还存在第 3 个拐点，即甘氨酸的等电点 pI 值。

对于一氨基、一羧基氨基酸：$pI=\dfrac{1}{2}(pK_1+pK_2)$。

对于碱性氨基酸或酸性氨基酸，因为侧链也能发生解离，因此除了 pK_1 和 pK_2 外，还有 pK_R，即侧链基团解离一半时所对应的 pH。下面我们以组氨酸为代表，分析一下碱性氨基酸的酸碱滴定曲线(图 2-4)。在 pH 从酸性到碱性的变化中，首先是 α-羧基解离，紧跟着是侧链咪唑基团的解离，最后是 α-氨基的解离。分子的等电点状态位于 R 基团解离和 α-氨基解离之间，按上述方法可以推导出：

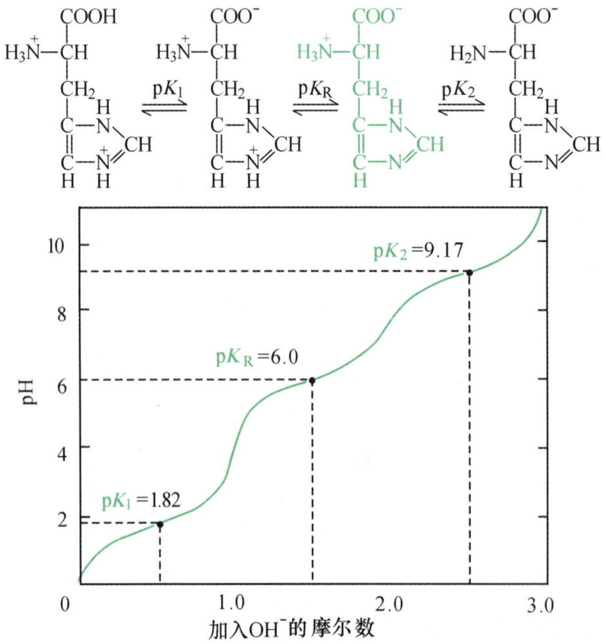

图 2-4　组氨酸的酸碱滴定曲线

对于碱性氨基酸：$pI=\frac{1}{2}(pK_2+pK_R)$。

同理，从谷氨酸的酸碱滴定曲线（图 2-5）可知，对于酸性氨基酸：

$$pI=\frac{1}{2}(pK_1+pK_R)$$

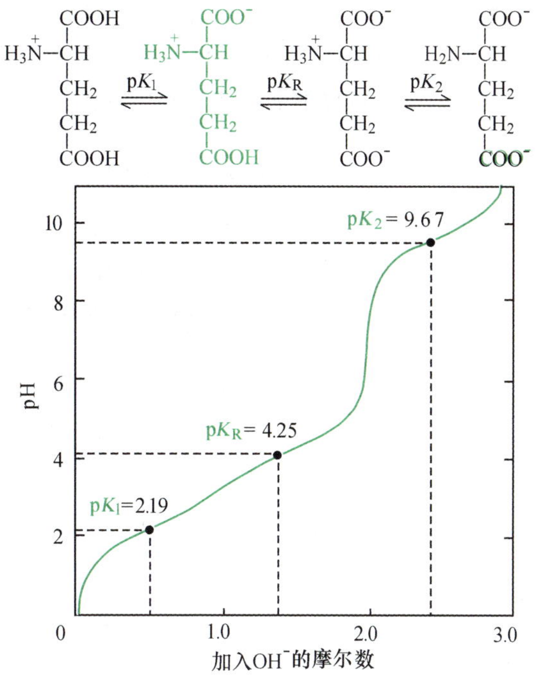

图 2-5　谷氨酸的酸碱滴定曲线

根据氨基酸 pI 值和溶液 pH，很容易判断氨基酸分子的带电情况：

当 pH＝pI 时，氨基酸净电荷为零，在电场中不移动。

当 pH＞pI 时，氨基酸分子带负电荷，在电场中向正极移动。

当 pH＜pI 时，氨基酸分子带正电荷，在电场中向负极移动。

不同氨基酸有不同的 pI 值（表 2-1）。在同一个 pH 环境中，不同氨基酸所带电荷是有区别的。普通氨基酸的 pI 值大约为 6，在生理 pH 下（pH＝7 左右）大多呈兼性离子形式；酸性氨基酸的 pI 值在 3.0 左右，在生理 pH 下带负电；赖氨酸和精氨酸的 pI 值偏高，在生理 pH 下整个分子带正电。在碱性氨基酸中，组氨酸很特殊，它的 pK_R 为 6.04，在生理 pH 时几乎有一半侧链为质子化形式，既能接受质子又能提供质子。酶活性中心的组氨酸残基能很好地发挥酸碱催化作用（详见第五章），原因在此。

总之，氨基酸具有酸碱性质，在水中呈解离状态；其解离状态与溶液 pH 有关；通过测定氨基酸的滴定曲线可以测出 pK_1、pK_2 和 pK_R 值；从氨基酸的 pK 值可以计算出氨基酸 pI 值；从氨基酸 pI 值和环境 pH 可以推测出氨基酸分子带电情况和在电场中的行为。

二、氨基酸的化学反应

氨基酸由于含有氨基、羧基、羟基、巯基等基团，可以发生烃基化、脱羧和脱氨等化学反应，这里重点介绍：

1. 桑格反应（Sanger reaction）

这个反应首先被英国科学家 F. Sanger 用来鉴定氨基酸，故称为桑格反应（图 2-6）。这是一个烷基化反应，主要试剂为 1-氟-2，4-二硝基苯（FDNB）或称 2，4-二硝基氟苯（2，4-dinitrofluorobenzene，DNFB）。在弱碱性反应条件下，DNFB 与氨基酸的 α-氨基反应生成黄色 2，4-二硝基苯基氨基酸，即 DNP-氨基酸。

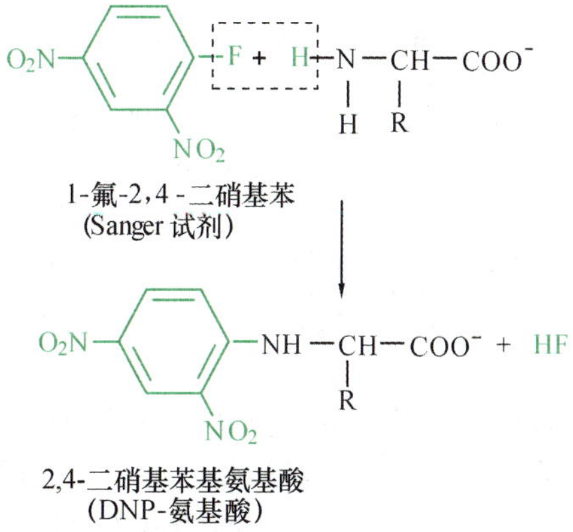

图 2-6　桑格反应

2. 埃德曼反应（Edman reaction）

该反应首先被 P. Edman 用于鉴定氨基酸，故称为埃德曼反应（图 2-7A），也是一个烷基化反应，主要试剂为异硫氰酸苯酯(phenylisothiocyanate，PITC)。在弱碱性条件下，PITC 使多肽链 N 端氨基酸的 α-氨基发生烷基化，形成苯氨基硫甲酰衍生物——PTC-氨基酸(图 2-7A)，在酸性条件下，PTC-氨基酸可以继而生成较稳定的无色苯乙内酰硫脲氨基酸(PTH-AA)(图 2-7B)。

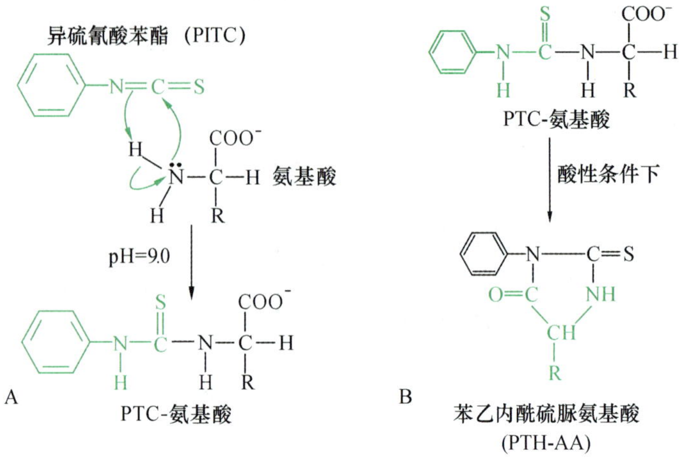

图 2-7 埃德曼反应

3. 茚三酮反应

这是一个氨基酸 α-氨基和 α-羧基都参与的反应。在弱酸性溶液中，氨基酸和水合茚三酮共热，氨基酸发生氧化脱氨、脱羧反应，产生蓝紫色物质。脯氨酸显色特殊，生成产物颜色为黄色。在一定浓度范围内，显色溶液的吸光率与氨基酸的含量成正比，通过用分光光度计比色可以测定氨基酸的含量。

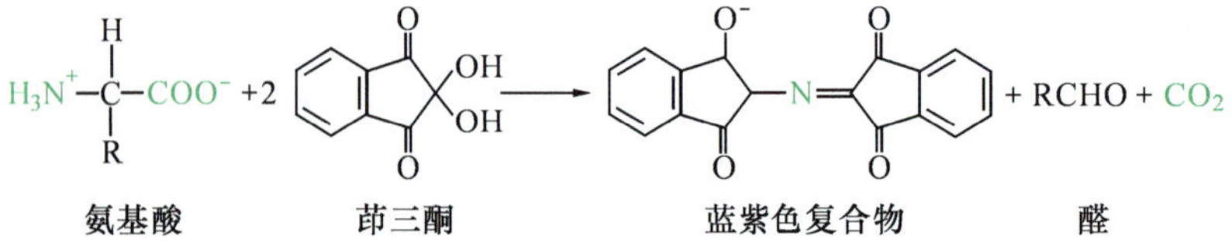

4. 巯基反应

半胱氨酸是唯一含有巯基的氨基酸。巯基反应活性很高。

(1)在氧化环境中，两个半胱氨酸的巯基靠近，以二硫键相连形成胱氨酸。

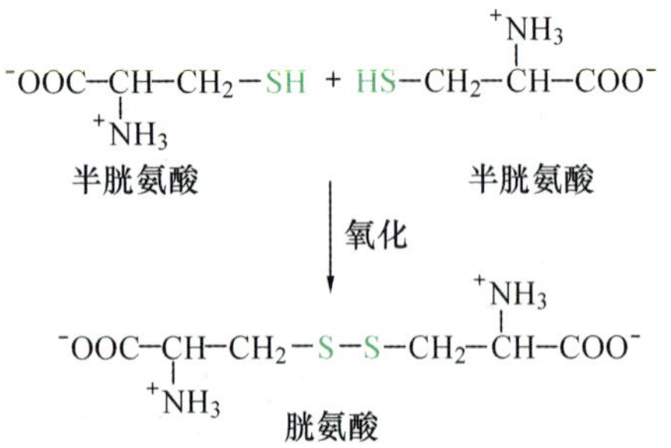

二硫键在维持蛋白质分子构象中发挥重要作用，但并非所有蛋白质半胱氨酸都参与形成二硫键(详见第三章)，自由巯基往往与蛋白质活性有关，因此，在蛋白质提取过程中，为了防止巯基氧化，需要在溶液中加入含有巯基的还原性试剂，如二硫苏糖醇(dithiothreitol，DTT)。

(2)蛋白质分子中的二硫键可以用氧化法或还原法打开。对蛋白质进行适当处理，可以打开二硫键，从而有利于蛋白质结构分析(详见第三章)。氧化法断裂二硫键常用试剂为过甲酸。如图 2-8 所示，二硫键在断裂时，硫原子被氧化成磺酸基团。

还原法断裂二硫键常用还原性试剂 β-巯基乙醇(β-mercaptoethanol)，反应如下：

$$\text{Cys—S—S—Cys} + \beta\text{-巯基乙醇} \longrightarrow 2\ \text{Cys—SH}$$

(3)蛋白质二硫键还原后，所产生的两个巯基容易再形成二硫键，为了对此类巯基进行暂时性保护，可以用烷基化试剂(如碘乙酸)处理(图 2-8)。

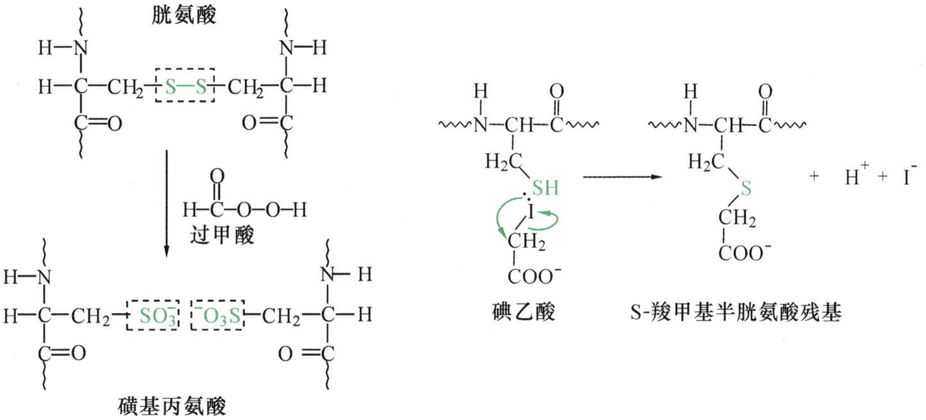

图 2-8 过甲酸断裂二硫键

此外，巯基还可与重金属反应形成沉淀。

三、氨基酸的光学活性与构型

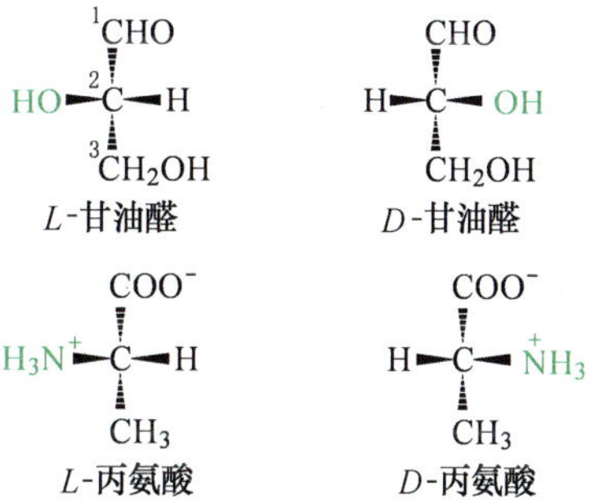

具有光活性的分子一般都含有不对称中心(asymmetric center)或称手性中心(chiral center)。氨基酸的 C_α 原子为手性碳原子，因此具有光学活性(optical activity)。20 种标准氨基酸中，除甘氨酸外都具有光学活性，能够使平面偏振光(plane-polarized light)旋转。具有一个手性碳原子的化合物，存在一对互为镜像对称的立体异构体，称为对映体(enantiomer)。通过测定平面偏振光的旋转可以将对映体区分开来。

光活性分子的立体异构体命名系统有多种，有机化学中已有详细介绍。在生物化学中，一般采用 *L*-系统和 *D*-系统。以 *D*-甘油醛为参照，氨基酸羧基在上，侧链在下时，如果 α-氨基位于左侧为 *L*-构型，位于右侧则为 *D*-构型。

除了细菌能利用 *D*-氨基酸合成细胞壁结构中的寡肽外，几乎所有的蛋白质氨基酸都为 *L*-构型，即 *L*-α-氨基酸。生命体在合成不对称生物分子时往往采用一致的立体异构体，这是一种非常有趣的生命分子特征。对外星生命的探索中曾经发现过 α-氨基酸，但它们是不同构型氨基酸的混合物，被认为来自化学合成而非生物合成。生命体为何选择 *L*-氨基酸而非 *D*-氨基酸合成蛋白质，其生物学意义迄今仍是一个谜。

四、氨基酸的紫外光谱性质

氨基酸在可见光区没有吸收，在红外区和远紫外区(<200 nm)都有光吸收。在近紫外区(200～400 nm)，3 个芳香族氨基酸——酪氨酸、色氨酸和苯丙氨酸都有特征吸收峰。酪氨酸的最大吸收波长是 275 nm(图 2-9)，色氨酸的最大吸收波长是 280 nm，苯丙氨酸的最大吸收波长稍微

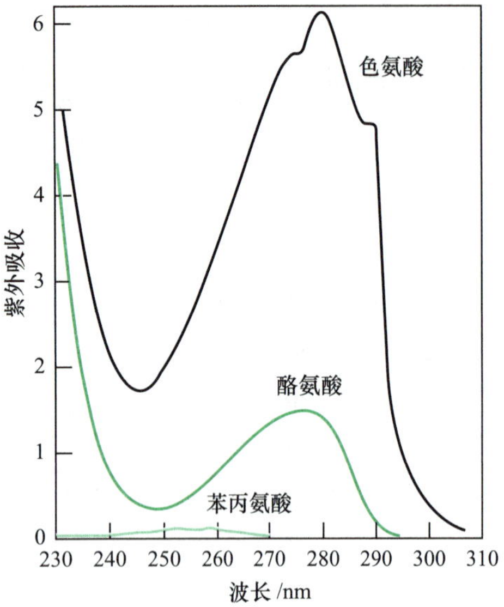

图 2-9 芳香族氨基酸的紫外吸收光谱

短一些，为 257 nm。

溶液中氨基酸浓度越高，光吸收值越高，在一定浓度范围内二者成正比关系，符合比尔定律(Beer's Law)：

$$A=\varepsilon bc$$

式中，ε 为摩尔吸光系数，单位为 L/(mol · cm)；b 为比色杯的光径，单位为 cm；c 为溶液浓度，单位为 mol/L。不同氨基酸在不同波长下摩尔吸光系数不同。吸光值又称光密度值(optical density，OD)。

通过分光光度计测得 280 nm 下的吸光值 A_{280}，即可求出氨基酸的浓度。一般蛋白质都含有色氨酸、酪氨酸和苯丙氨酸，故对于蛋白质溶液也可通过测定 A_{280} 获得蛋白质浓度，即所谓的紫外分光光度法(详见第四章)。

第三节　氨基酸的分离分析

为了解蛋白质的氨基酸组成或制备某种氨基酸产品，需要将氨基酸从混合物中分离出来并进行鉴定。层析技术，原称色谱技术(chromatography)，是氨基酸分离分析最有效的常见技术，包括分配层析、纸层析、薄层层析、离子交换层析。

除离子交换层析外，其他 3 种层析原理均相同，都是基于氨基酸的溶解度差异。一种氨基酸在某种溶剂中溶解度越大，那么，它在同等体积溶剂中被“分配”的数量也就越大。在一定温度下，当一种溶质在互不相溶的溶剂中分配达到平衡时，溶质在 A、B 两相中的浓度(c)比值称为分配系数(distribution cofficient)，即：

$$K_d=\frac{c_A}{c_B}$$

不同氨基酸有不同分配系数，分配系数差异大的物质更容易得到分离。利用溶质分配系数差别进行的层析称为分配层析(partition chromatography)。进行分配层析时，增加 A 相体积(V_A)可以有效提高分配到 A 相的溶质总量，此时的分配系数称为有效分配系数(K_{eff})：

$$K_{eff}=\frac{c_AV_A}{c_BV_B}=K_d\times R_V$$

式中，R_V 为 A、B 两相的体积之比。层析技术常使用大量溶剂，就是为了提高有效分配系数。

所有层析系统由流动相(mobile phase)和固定相(stationary phase)组成。流动相指穿过支持介质的流动溶液，相当于 A 相；固定相指结合在支持介质(或填料)亲水基团上的不流动的水，相当于 B 相。习惯上，人们将吸附着水的凝胶状支持介质泛称为固定相。

不同层析技术支持介质不同，用于分离的溶剂不同，下面分别进行简要介绍。

一、分配层析

分配层析(partition chromatography)是利用待分离的不同组分在流动相和固定相之间分配系数的差异而进行分离的方法。在玻璃管(或不锈钢管)中填充一种兼有亲水性和一定机械力的介质,如纤维素、淀粉、硅胶等,使其在溶剂中下沉形成一定高度,即层析柱(chromatographic column)。将氨基酸样品加到柱床表面,然后用一个溶剂系统作为洗脱剂(eluent)自上而下洗脱,氨基酸便随流动相按照有效分配系数被分离(图 2-10)。分步收集洗脱液(eluate),结合茚三酮显色可定量氨基酸;结合纸层析或薄层层析,可定性氨基酸。

二、纸层析

纸层析(filter-paper chromatography)是利用滤纸作为支持介质进行的分配层析。在滤纸靠近某角的位置点上氨基酸混合液样品,这个点称为“原点”(图 2-11)。将点样后的滤纸放入密闭容器中,使点样一侧与一个溶剂系统(如丁醇-乙酸)接触。此时,溶剂便沿滤纸进行快速展层,并带动“原点”的氨基酸一起前移。氨基酸按照溶解度大小被推展,溶解度越大,被推得越远,因而被分离。将茚三酮溶液喷洒在滤纸上,蓝紫色的氨基酸点(脯氨酸为黄色)便可呈现出来。在同样条件下,对标准氨基酸(已知氨基酸)进行纸层析,通过氨基酸斑点位置的比较,即可获悉未知氨基酸的种类。不同氨基酸相对迁移率(R_f 值)不同。R_f 值即氨基酸离开原点的迁移距离(X)与溶剂前沿的距离(Y)之比。在一定条件下,每种氨基酸的 R_f 值是恒定的。

三、薄层层析

薄层层析(thin-layer chromatography)属于分配层析。将精制粉状介质(如纤维素粉、硅胶粉、氧化铝粉)制成糊状涂在玻璃板上形成均匀薄层,晾干后将氨基酸样品点在一侧,然后放入层析缸中,使点样一端靠近溶剂,氨基酸便按照溶解度不同被推展、分离(图 2-12),即薄层层析。氨基酸经过薄层层析后,同样用茚三酮显色出各氨基酸位点。在有标准样品作为对照的情况下,可使未知氨基酸得到鉴定。与纸层析相比,薄层层析点样量少、分辨率高、速度快。

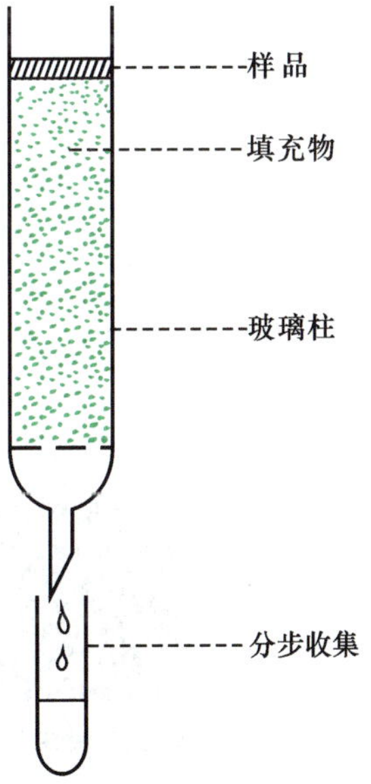

图 2-10　柱层析系统

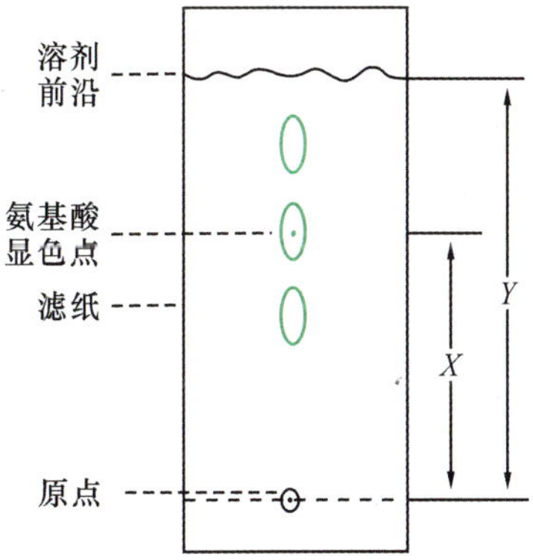

图 2-11　氨基酸纸层析

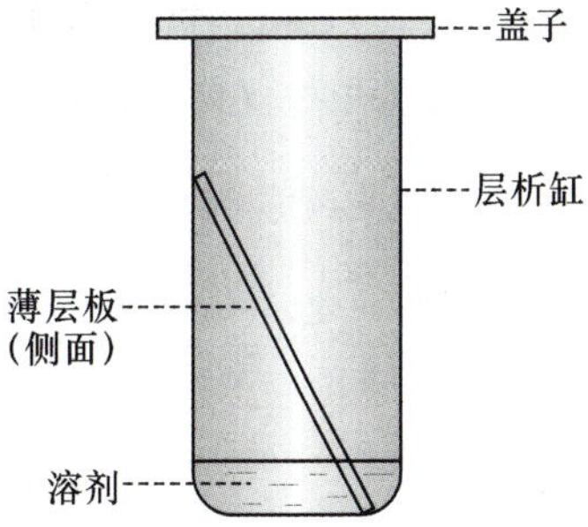

图 2-12　薄层层析

四、离子交换层析

离子交换层析(ion-exchange chromatography),就是利用键合在固定相表面的具有交换能力的离子基团与流动相待分离组分的离子可逆结合能力的差异,进行物质分离的一类柱层析技术。以离子交换树脂(ion-exchange resin)作为介质,氨基酸可以按照电荷不同得以分离。离子交换树脂是人工合成的聚苯乙烯-苯二乙烯不溶性化合物,为具网状结构的颗粒性高聚物,上面引入某种带电基团。如引入的是酸性基团,如—SO_3H(图 2-13)、—COOH,则可解离出 H^+,能和溶液中的阳离子交换,称为阳离子交换树脂;如引入的是碱性基团,如—NH_3OH,则可解离出 OH^-,能和溶液中的阴离子交换,则称为阴离子交换树脂。

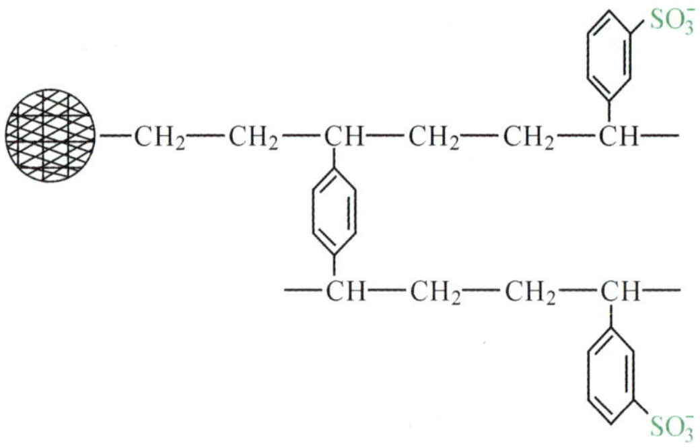

图 2-13　带磺酸基团的阳离子交换树脂结构

氨基酸与离子交换树脂的作用力主要有两个电荷间相互作用和疏水作用。电荷间相互作用是首要因素,与氨基酸的解离状态直接相关。在解离状态相近的氨基酸中,侧链疏水性越高,与树脂的作用力越大,在层析柱中停留的时间越长,出峰需要的洗脱液体积越大。

分离氨基酸通常用阳离子交换剂。将氨基酸样品 pH 调至等电点以下(如 pH 2～3),各种氨基酸带正电荷;当样品流经阳离子交换柱,各种氨基酸便与树脂阳离子发生交换而“挂”在交换剂上;当用具有 pH 梯度和盐梯度的缓冲液自上而下洗脱时,随着 pH 升高,氨基酸所带正电荷数减少,与树脂的结合力降低;随着盐浓度升高,氨基酸进一步减小与树脂的结合力。由此,混合液中氨基酸便按照正电荷从少到多、侧链疏水作用从弱到强的顺序被洗脱、分离。酸性氨基酸与碱性氨基酸相比,侧链为极性不带电荷的氨基酸与芳香族氨基酸相比,疏水性弱的氨基酸与疏水性强的氨基酸相比,在经过阳离子交换柱以后都是前者先于后者被洗脱。

离子交换层析既可以在常压下进行,也可以在高压下进行。借助于高压装置,高效、快速分离物质的层析技术,被称为高效液相色谱(high performance liquid chromatography, HPLC)。HPLC 所采用的层析柱有的基于分配原理,有的基于离子交换或其他原理。HPLC 通常适合氨基酸等生物有机小分子的分离、分析。

层析系统的流动相可以是液体,也可以是气体。以流体为流动相的称为液相层析(liquid chromatography);以气体为流动相、液体为固定相的称为气液层析,又称气相层析(gas chromatography)。由于被分离样品必须经过气化,气相层析对分离装置要求比较高。气相色谱仪就是这样一种仪器,它自动化程度高,能够快速分离、分析微量小分子样品。

第二章思考题

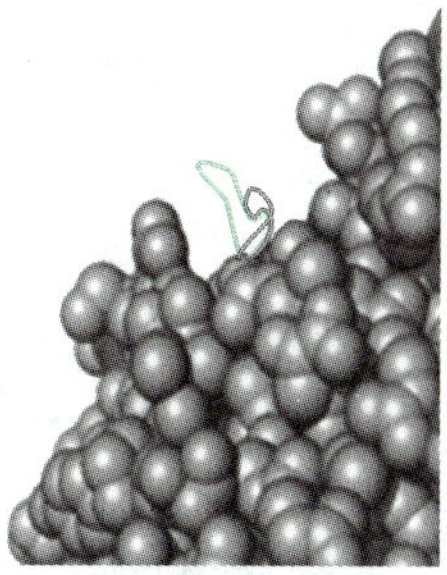

第三章 蛋白质结构与功能

在蛋白质、核酸、脂类、多糖的功能研究中，人们最先认识的是蛋白质。蛋白质被认为是最重要的生物物质，其英文名“protein”即来自希腊文“protos”，意指“第一重要的”。

蛋白质主要由 C、H、O、N、S 元素组成，有些含 P、Fe、Cu、I、Zn、Mo 等元素。含有机氮，而且氮含量平均为 16%，是蛋白质元素组成的一个突出特点，也是凯氏定氮法测定蛋白质含量的计算基础。

蛋白质种类繁多。按照组成可以分为单纯蛋白质（simple protein）和结合蛋白质（conjugated protein），两者也分别被称为简单蛋白质和缀合蛋白质。单纯蛋白质完全由氨基酸组成，如胰岛素；结合蛋白质除氨基酸组成的蛋白质部分外，还有非蛋白质成分——辅基（prosthetic group），如核蛋白、糖蛋白、脂蛋白、磷蛋白、血红素蛋白、黄素蛋白、金属蛋白等。不同蛋白质具有不同生物功能，通常分为以下 6 个方面：

1. 酶催化作用

酶是一类生物催化剂，绝大多数为蛋白质。生命活动离不开化学反应，无论是 CO_2 水合这样的简单化学反应，还是 DNA 精确复制一类的复杂反应，都由酶催化完成。蛋白质在生物系统的化学转化过程中处于中心位置。

2. 运输和储存

机体中许多小分子、离子是通过蛋白质运输的。例如血红蛋白能将氧气从肺部运输到身体的各组织，并将组织代谢产生的 CO_2 运输到肺以便排出体外。又如，在血液中，铁的运输由转铁蛋白（transferrin）完成。在肝脏中，铁离子以铁蛋白形式储存。植物种子中的谷蛋白、鸡蛋中的卵清蛋白以及牛奶中的酪蛋白等都是后代成长发育所需氨基酸的储存库。

3. 细胞运动

生命和运动紧密相连。无论个体运动，还是细胞运动，甚或胞内运动，都需要蛋白质完成。负责肌肉收缩的主要蛋白质是肌动蛋白和肌球蛋白；细菌鞭毛的运动则需要微管蛋白和动力蛋白（dynein）的互作。

4. 机械支撑作用

有些蛋白质具有很强的抗张力作用，对机体组织和细胞具有机械支撑作用。动物皮肤和骨骼中广泛存在的胶原蛋白（collagen）以及动物的毛、发、角、爪中的角蛋白（keratin）都有这类功能。

5. 免疫保护

脊椎动物免疫反应的主要产物是抗体，抗体的本质是蛋白质。抗体能特异识别并排除外来入侵物。此外，像蛇蝎毒液中的小分子毒蛋白，植物产生的防止虫咬的毒蛋白等，都是生命体自我保护的武器。

6. 调控作用

许多激素是蛋白质或多肽，它们通过与靶细胞上的受体蛋白（receptor）特异结合，把胞外信号传递到胞内，引起细胞一系列化学反应，最后导致机体产生相应的生理变化。如胰岛素可以调节血糖水平；阻遏蛋白可以阻止某基因的表达。

实际上，每种蛋白质都有自己独特的功能。如淀粉酶、蛋白酶和脂肪酶，虽然都是水解酶，但作用对象不同。蛋白质如此神奇多样的功能依赖于它们各自不同的分子结构。要揭示生命规律，必须对蛋白质的结构与功能有深刻的理解。在本章中，我们将从不同层次上认识蛋白质的基本结构，并结合实例讨论蛋白质结构与功能的关系。

蛋白质结构通常分为4个层次：一级结构(primary structure)、二级结构(secondary structure)、三级结构(tertiary structure)和四级结构(quaternary structure)。其中一级结构属于初级结构，指连接多肽链中氨基酸残基的所有共价键(主要是肽键和二硫键)，氨基酸的顺序是蛋白质初级结构的最基本要素；二、三、四级结构属于蛋白质高级结构。蛋白质一级结构是构成高级结构的基础，高级结构决定蛋白质功能。

第一节 蛋白质一级结构

一、氨基酸以肽键连接形成蛋白质

蛋白质由许多氨基酸按一定顺序连接而成，各氨基酸之间以肽键(peptide bond)相连。肽键是由一个氨基酸的α-羧基与另一个氨基酸的α-氨基发生缩合反应，脱去一分子水形成的酰胺键(图3-1)。

实际上，该反应的逆反应更容易进行。在细胞中，肽键的形成是一个复杂的生物化学过程，需要能量输入(详见第十七章)。

肽键连同与之相连的4个原子(羰基氧、氨基氢和2个α-碳原子)称为肽基(peptide group)(图3-2A)。

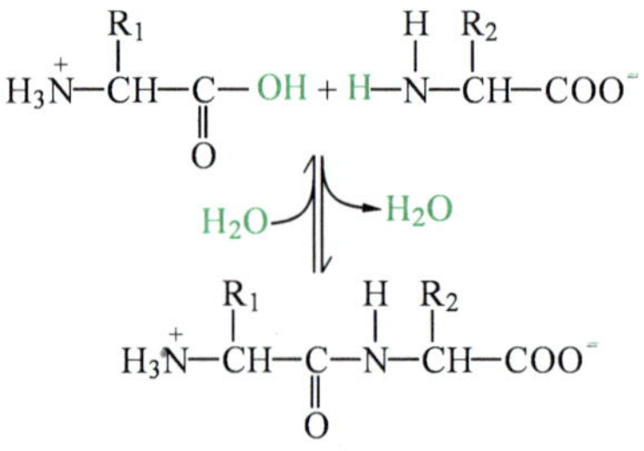

图 3-1 氨基酸的缩合反应

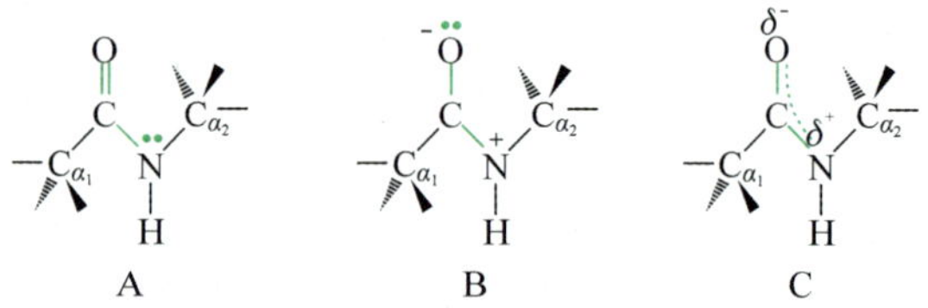

图 3-2 肽基与肽键

肽基有3个基本特征：①肽基呈刚性平面结构。20世纪30年代末，L. Pauling和R. Corey研究多肽的键距和键角，测得肽键长度为0.132 nm，比C—N之间的单键(0.149 nm)短，比C—N之间的双键(0.127 nm)长。换句话说，肽键并非典型的单键(图3-2B)，也不是典型的双键，而是具有部分双键性质(图3-2C)。这是由于酰胺氮上的孤电子对与羰基之间发生了共振相互作用，使肽键呈共振杂化体结构。部分双键性质使得肽键不能自由旋转，导致肽基上的所有原子共处于一个平面上，即所谓肽平面(peptide plane)或称酰胺平面。这里需要指出的是C—C_α 和 N—C_α 之间的连键是可以旋转的。②肽基具有极性。羰基氧带有部分负电荷，可以在形成氢键时作为氢的受体；氨基氮具有部分正电荷，氨基可以在形成氢键时作为氢的供体。③大多数肽基为反式构象(*trans* conformation)。2个 C_α 分处于肽平面的两侧，羰基氧和氨基氢位于肽键两侧，这种反式构象有利于结构的稳定。Pro 形成肽键时，由于四氢吡咯环引起空间位阻，消除了反式构象的优势，顺式(*cis*)、反式(*trans*)2 种结构形式均会出现。

二、多肽链的方向性及大小

多个氨基酸通过肽键按顺序连在一起就形成了多肽链(polypeptide chain)，其中每个氨基酸单位称为残基(residue)。除特殊的环状多肽外，多肽链一般为线性结构，具有方向性，也就是说它的两个末端是不同的：一端为游离的 α-NH_3^+，称为氨基端或 N 端(N-terminus)；另一端为游离的 α-COO^-，称为羧基端或 C 端(C-terminus)。

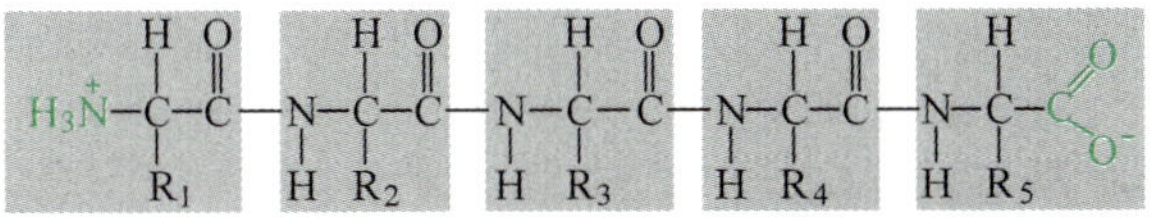

书写多肽链时，习惯上将 N 端氨基酸残基作为起始端，按从左到右的方向写出多肽链中氨基酸的排列顺序，可以三字母形式表示，如 AlaGlyTyrGlyTyr，也可以单字母形式表示，如 AGYGY。

多肽链由一条主链(main chain)和多个 R 基侧链(side chain)组成。主链由“α-碳原子-羰基碳-氨基氮”重复单位构成。不同主链，长度差别很大。由 2 个氨基酸残基组成的称为二肽(dipeptide)，由 3 个氨基酸残基组成的称为三肽，依此类推。一般把含有几个至十几个氨基酸残基的肽称为寡肽(oligopeptide)，把更长的称为多肽(polypeptide)。

生物体内有些寡肽或多肽含量虽然很少，但具有重要的生物学活性，称为活性肽(active peptide)，如谷胱甘肽(glutathione，GSH)、缬氨霉素(valinomycin)、脑啡肽、抗菌肽等。下面简单介绍前两种。

谷胱甘肽(GSH)广泛存在于植物、动物及某些微生物中，其分子是由谷氨酸、半胱氨酸和甘氨酸组成的三肽，活性基团为巯基。在谷胱甘肽分子中，谷氨酸和半胱氨酸之间的肽键为异肽键，成键的羰基来自谷氨酸的 γ-羧基，而不是 α-羧基。为了突出这一点，谷胱甘肽常表示为 γ-谷胱甘肽。在红细胞中，谷胱甘肽不仅可以作为巯基缓冲剂，维持血红蛋白或其他巯基酶 Cys 残基处于还原状态，而且还可以用于消除脂质过氧化物对细胞膜的破坏，是生物体很好的氧化还原缓冲剂。

谷胱甘肽(GSH)
还原型

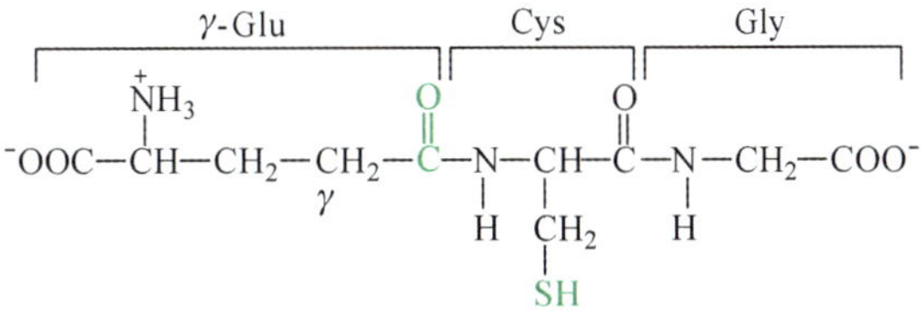

缬氨霉素是一种常见抗生素，人们常把它看作环形肽。实际上，它含有 3 次重复排列的 *L*-缬氨酸、*D*-羟基异戊酸、*D*-缬氨酸和 *L*-乳酸序列，属于特殊的寡肽(图 3-3A)。缬氨霉素是钾离子(K^+)载体(图 3-3B)，能协助 K^+ 跨膜扩散，破坏细胞膜两侧的 K^+ 浓度，因而有杀菌作用。

大多数天然多肽链含有 50～2 000 个氨基酸残基。氨基酸平均分子量为 110 Da。在国际上通常以道尔顿(dalton，Da)、千道尔顿(kilodalton，kDa)为单位来表示蛋白质分子质量。一个道尔顿相当于 1 个原子质量单位(u)。一个分子量为 50 000 的蛋白质即 50 000 Da 或 50 kDa(国内出版物以“u”表示分子质量，1 u=1 Da)。值得注意的是，蛋白质和多肽链含义不同，蛋白质更强调结构和功能上的完整性。对于结合蛋白质来讲，多肽链是蛋白质的主要结构成分，而不是唯一成分；另外，一个蛋白质可能由一条多肽链组成，也可能包含多条相同或不同的多肽链。

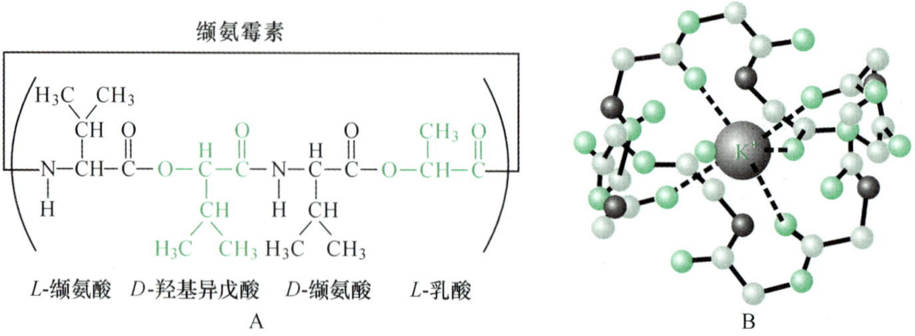

图 3-3　缬氨霉素

三、蛋白质的氨基酸顺序具有特异性

牛胰岛素(insulin)是世界上首个被测定氨基酸顺序的蛋白质。英国生物化学家 F. Sanger 历时十多年,通过 2,4-二硝基氟苯(DNFB)和多肽链氨基末端反应(桑格反应)并结合纸层析等方法,于 1953 年测定出牛胰岛素的氨基酸顺序(图 3-4)。胰岛素由 2 条多肽链组成:A 链含 21 个氨基酸残基,B 链含 30 个氨基酸残基,各氨基酸残基有严格的顺序。整个蛋白质含有 2 个链间二硫键,1 个链内二硫键。

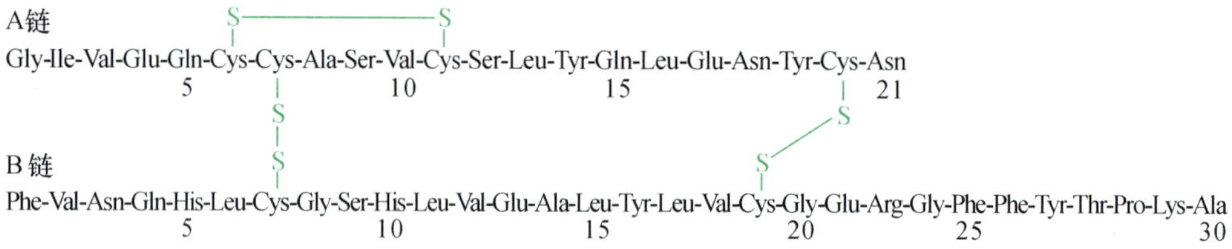

图 3-4　牛胰岛素分子一级结构

胰岛素是第一个被阐明一级结构的蛋白质,该成果首次揭示出蛋白质具有特定氨基酸顺序,这在生物化学领域具有重要的里程碑意义,Sanger 也因此获得 1956 年的诺贝尔化学奖。20 世纪 50 年代末至 60 年代初,人们意识到蛋白质的氨基酸顺序是由遗传决定的:DNA 核苷酸顺序决定 mRNA 的核苷酸顺序,mRNA 的核苷酸顺序又决定蛋白质的氨基酸顺序(详见第十六章和第十七章)。

四、蛋白质序列测定

测定蛋白质氨基酸顺序具有重要意义,不仅有利于揭示蛋白质生物活性的分子基础、多肽链的折叠规律以及在分子水平揭示物种进化关系,还有利于揭示分子遗传病的分子机理,为药物设计提供依据。蛋白质序列测定技术发展很快,除目前普遍使用蛋白质自动测序仪(protein sequencer)外,还有其他方法。下面介绍几种方法的要点和应用特点。

(一)直接测序法

基于 Edman 反应原理对蛋白质进行测序是最传统也最直接的蛋白质测序方法。基本策略分以下 3 步:

(1)制备测序用蛋白质样品　首先获得蛋白质纯品,测定出蛋白质由几条多肽链组成;然后分离出不同多肽链,并将每一条多肽链测定出氨基酸组成。

(2)对多肽链进行分段测序 为了保证测序结果的准确性,对于比较长的多肽链,需要进行特异水解,获得一套大小适中的肽段(fragment),然后利用 Edman 降解法(Edman degradation)对各肽段进行氨基酸顺序测定。为明确各肽段之间的先后顺序,需要用两种以上的有限水解方法(limited proteolysis)对多肽链进行处理,获得多套肽段并测序。

(3)拼凑完整多肽链的一级结构 根据每套肽段中各肽段的氨基酸顺序以及多套肽段之间的重叠区(overlap),拼凑出整个多肽链的氨基酸顺序。如果有二硫键,还要确定其位置。

上述策略看起来简单,但在实际蛋白质测序工作中,要涉及许多生物化学技术,主要有:

1. 多肽链末端氨基酸残基分析

用于测序的蛋白质样品,不仅要求高纯度,而且要有同质性。如果一个蛋白质由多条不同多肽链组成,显然不能直接用于测序。通过鉴定蛋白质多肽链末端氨基酸可以确定多肽链的数量。如胰岛素,N 端氨基酸残基分析显示有 Phe 和 Gly 两种,且等量存在,说明胰岛素至少含有 2 条不同的多肽链。多肽链末端氨基酸残基的鉴定方法有以下 2 类:

(1)N 端氨基酸残基分析 用于鉴定 N 端氨基酸的方法有多种,常见有氨肽酶(amino peptidase)法、桑格法、丹磺酰氯(dansyl chloride)法和 Edman 降解法。

氨肽酶是一类肽链外切酶(exopeptidase),简称外肽酶,专门从 N 末端开始逐个水解肽键。通过控制酶反应速率,可以分离、鉴定出 N 端氨基酸。酶反应速率很难严格控制,因此,该法在实际应用中有较大局限性。

桑格反应原理在第二章已经介绍。DNFB 在弱碱性反应条件下与多肽链 N 端氨基酸残基的 α-氨基反应生成 DNP-肽;新形成的共价键比肽键稳定,进行酸水解时,黄色的 DNP-氨基酸释放下来,其他则水解为游离氨基酸。结合层析即可鉴定出多肽链 N 端氨基酸残基(图 3-5)。

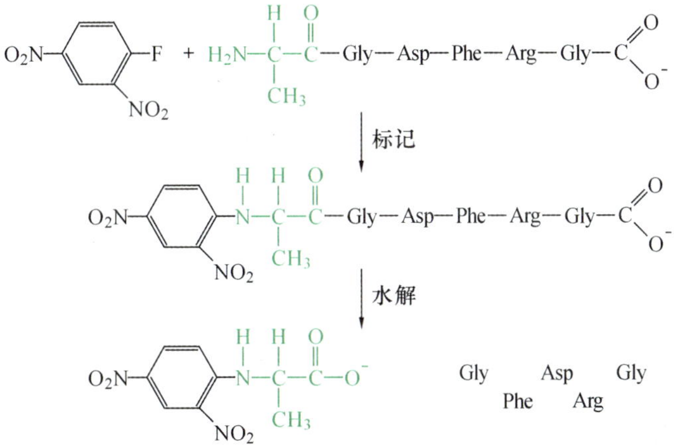

图 3-5 桑格法测定多肽链 N 末端氨基酸残基

丹磺酰氯是一种荧光试剂,能专一性地与多肽链 N 端的 α-氨基反应,生成稳定的丹磺酰蛋白质(DNS-肽);肽键经酸水解释放出游离氨基酸,结合层析或电泳技术,即可鉴定出带荧光的 DNS-氨基酸(图 3-6)。

比起前几种方法来,Edman 降解法更有效(图 3-7)。在弱碱条件下,多肽链 N 端 α-氨基与 PITC 反应,标记为苯氨基硫代甲酰蛋白质;肽链中第一个肽键变弱,在无水酸(酸酐,如三氟乙酸)存在下发生降解,第一个氨基酸(AA_1)转变为氨基酸噻唑衍生物;氨基酸噻唑衍生物经抽提、分子重排等反应,生成无色的苯乙内酰硫脲氨基酸(PTH-AA_1),结合层析技术可快速确定出氨基酸的种类。

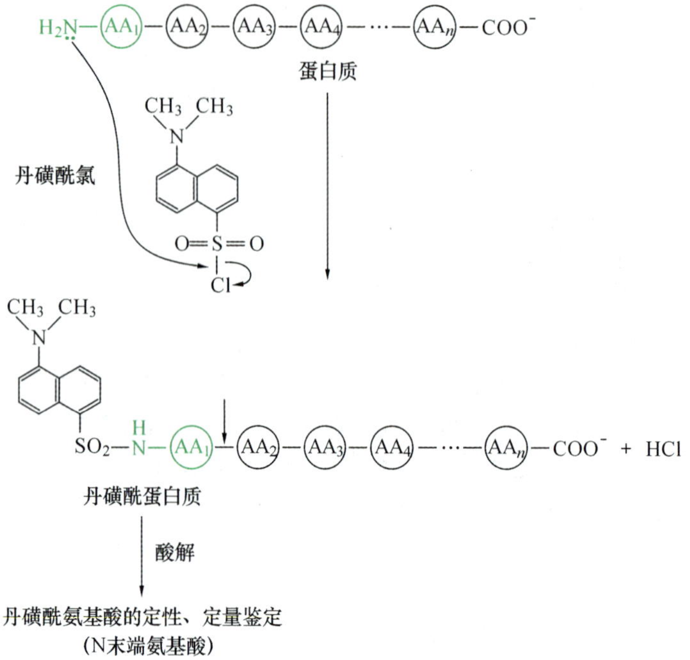

图 3-6　丹磺酰氯在多肽链末端分析中的应用

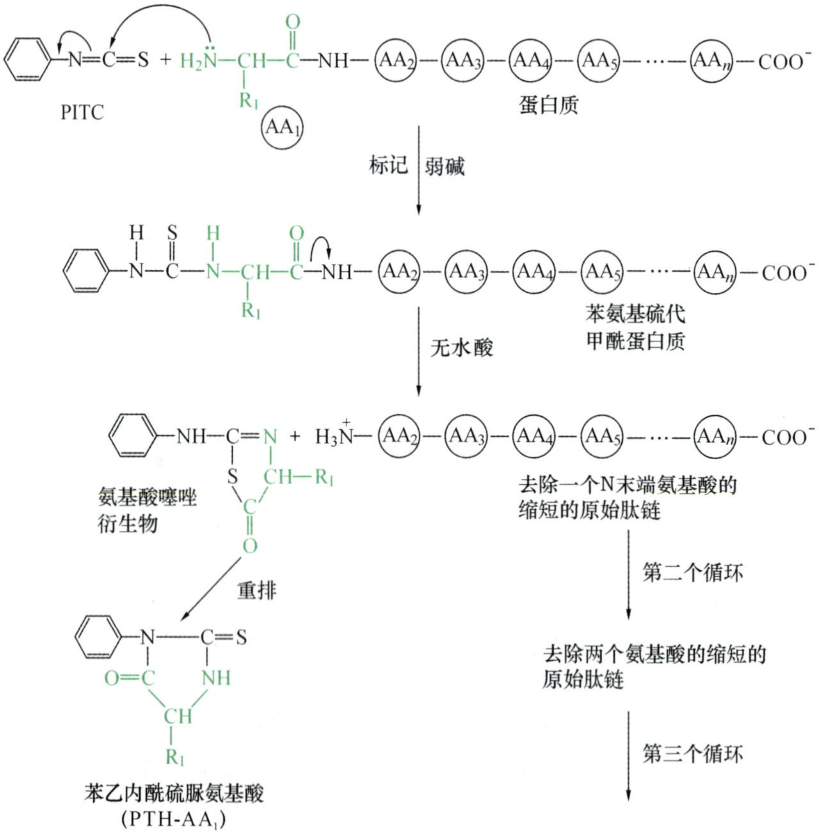

图 3-7　Edman 降解法原理

Edman 降解法有一个突出特点，就是不仅可以用来测定多肽链 N 端氨基酸，还可以通过循环反应、重复抽提和氨基酸层析分析，将剩余多肽链的氨基酸按顺序一一测定出来。

(2)C 端氨基酸残基分析　常用方法有羧肽酶法和肼解法。羧肽酶(carboxypeptidase)也属于外肽酶，专门水解羧基末端肽键，释放出 C 端氨基酸。如果羧基末端是脯氨酸时，羧肽酶无法作用，可采用一种特殊的化学法——肼解法(hydrazinolysis)，即在 100 ℃、弱酸性条件下，多肽链与肼反应 20 h，此时所有肽键发生肼解，羰基与肼以酰胺键连接，各种氨基酸残基生成酰肼，只有 C 端氨基酸残基除外，结合层析即可鉴定出该氨基酸(图 3-8)。

2. 多肽链的分离

如果确定出蛋白质由多条不同的多肽链组成，那么将它们分离，需要先打断多肽链之间或多肽链内部的二硫键。最常用的断裂方法是用 β-巯基乙醇(β-mercaptoethanol)或二硫苏糖醇(dithiothreitol，DTT)处理。由此形成的自由巯基，容易再氧化成二硫键，为防止这种情况产生，常采用碘乙酸进行保护。多肽链的分离可采用多种技术手段，具体原理和技术要点将在第四章中介绍。

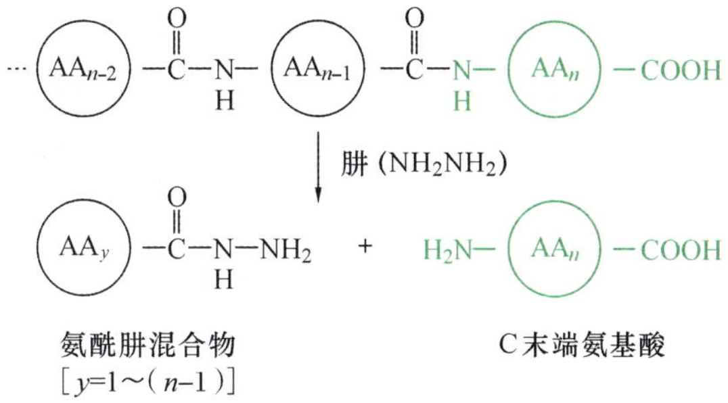

图 3-8　肼解法测定羧基末端氨基酸

3. 多肽链氨基酸组分分析

为利于多肽链的进一步处理和分析，最好对多肽链进行氨基酸组分分析，就是测定出含有哪些氨基酸？每种氨基酸占比多少？这需要首先将多肽链进行彻底水解，释放出游离氨基酸。

蛋白质的彻底水解常用两种方法：酸水解(6 mol/L HCl，回流煮沸 20 h)和碱水解(5 mol/L NaOH，回流煮沸 20 h)。酸水解的优点是产物仍为 L-氨基酸，缺点是色氨酸被破坏，羟基氨基酸和酰胺类氨基酸受到不同程度破坏；碱水解的优点是色氨酸稳定，缺点是产物中除 L-氨基酸外，还有 D-氨基酸，有消旋现象，而且大多数氨基酸被破坏。

多肽链彻底水解后，可利用层析技术对氨基酸进行鉴定。蛋白质氨基酸组分分析已经实现自动化，所用仪器叫作氨基酸自动分析仪(amino acid analyzer)。这是一种将氨基酸标记反应(如生成 PTC-氨基酸)和离子交换层析相结合的技术，通过测定洗脱峰的位置定性氨基酸，通过测定紫外吸收值(来自标记的 PTC)定量氨基酸。

4. 多肽链的专一性裂解

用于测序的多肽链长度一般不宜超过 50 个氨基酸残基。对于一个分子群体，假定反应正确率为 98%，那么，测定 60 个反应循环后，$0.98^{60}=0.3$。此时，能正确发生反应的分子不到 1/3。可见，如果多肽链太长，会影响结果的可靠性。对这样的多肽链需要进行专一性有限水解，分离出小肽段。专一性切割蛋白质位点的方法有酶法和化学法。

胰蛋白酶(trypsin)专门水解由赖氨酸或精氨酸的羧基形成的肽键，胰凝乳蛋白酶(chymotrypsin)专门水解由芳香族(或具有大的疏水侧链)氨基酸的羧基形成的肽键，具体分子机理详见第五章。

最常用的化学裂解药物是溴化氰(CNBr)，可专一性水解 Met 的羧基形成的肽键(图 3-9)。具体反应如下：

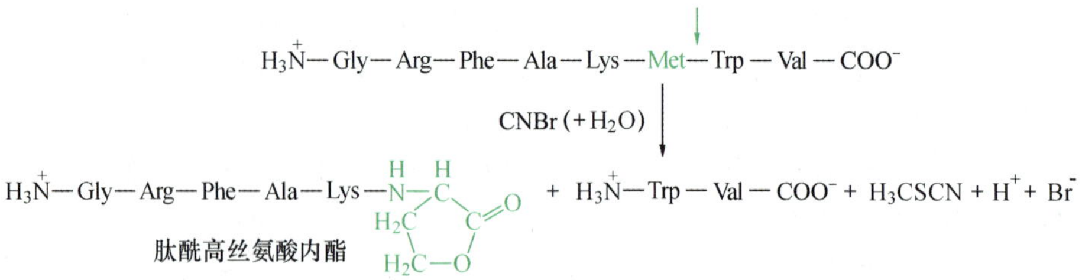

图 3-9　溴化氰裂解 Met 的羧基形成的肽键

5. 肽段氨基酸序列测定(sequence determination)

肽段氨基酸序列的测定一般基于 Edman 降解原理。为了保证对同一个样品的可控连续反应,通常将样品吸附在聚偏氟乙烯(polyvinylidine difluoride,PVDF)膜上,循环进行降解反应(图 3-7)。每一个循环反应需要 30～50 min。对每一次反应液的 PTH-氨基酸进行分析,即可测得氨基酸顺序。这个过程已实现自动化,由蛋白质自动测序仪(protein sequencer)完成,这不仅加快了测序速度,而且提高了测序长度(可达上百个氨基酸残基)。

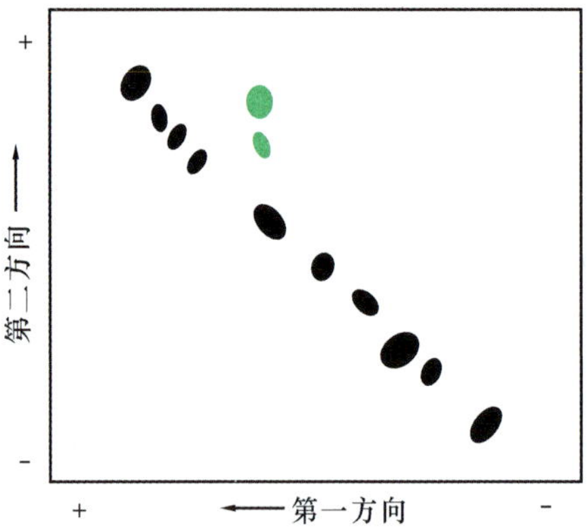

图 3-10　对角线电泳

6. 蛋白质中氨基酸顺序的拼接与二硫键的确定

根据一套肽段中每个肽段的序列,并结合另一套肽段中重叠肽的氨基酸顺序,很容易拼接出整个多肽链的氨基酸顺序。如果蛋白质中存在二硫键,还需要测定二硫键的位置。传统的测定方法是进行对角线电泳(diagonal eletrophoresis)分析(图 3-10)。选取一种特殊的水解方式,如用胃蛋白酶使天然蛋白质肽键发生不完全水解,但二硫键依然保持完整。取一块方形滤纸,将样品点在滤纸中央进行纸电泳,此时,各氨基酸或寡肽在一维方向上将按各自的迁移率移动而被分离"排队"。对第一向电泳后的滤纸进行过甲酸蒸气处理,使二硫键氧化成磺基丙氨酸,然后将滤纸旋转 90°在同样条件下进行第二向电泳。此时,除含有磺基丙氨酸的肽段外,其他氨基酸和肽段仍以各自的迁移率移动,并保持着整个"队列",最后在滤纸上形成"对角线"排列。之前含有二硫键的肽段在过甲酸蒸气处理后,形成两个分别带有磺基丙氨酸的肽段,这两个肽段分子小于原有的肽段,并且还分别多带 1 个负电荷,因此在第二向电泳时表现出较快的迁移速度,会脱离对角线"队列"。对"脱队"肽段进行氨基酸组分分析,便可确定出二硫键的位置。

直接测序法获得的数据直接,说服力强,灵敏度较高,皮摩尔蛋白质样品(10^{-12} mol/L)即可。该法需要高纯度样品,对于含量低、难纯化的蛋白质不适用;另外,操作步骤多,耗时耗力,价格昂贵。近些年来,质谱法(MS)得到发展,方便了微量蛋白质的准确测定。

(二)串联质谱法

质谱(mass spectrometry,MS)是根据带电粒子的质荷比"m/z"(mass-to-charge ratio)不同而对物质进行鉴定的一种技术,原理比较复杂,这里只简单介绍基本应用原理。质谱和串联质谱应用不同,质谱法可用来测定多肽链的分子质量,而串联质谱能用于多肽链测序。

1. 质谱法测定多肽链分子质量

自 20 世纪 80 年代以来,随着质谱技术的发展,质谱不仅可用于分析具有热稳定性的小分子,而且也可用于大分子蛋白质的鉴定,是目前蛋白质组学(proteomics)研究中的重要技术之一。常见有 2 种蛋白质质谱技术：

(1)MALDI-TOF MS　即基质辅助激光解吸离子化-飞行时间质谱(matrix-assisted laser desorption ionization-time of flight MS)。MALDI-TOF MS 基本工作原理如图 3-11 所示，先将蛋白质样品与某种小分子有机物(称为基质，如 2,5-二羟基苯甲酸或者肉桂酸)混合，点在一块金属底板上，然后自然风干或加热除去溶剂，此时多肽链便被包埋在基质中并与其共结晶；在激光脉冲作用下，基质吸收激光能量并升华，携带多肽分子进入气态；同时酸性的基质将质子转移给多肽链，使其带上单个正电荷(H^+)。多肽离子在经过电极激发(如 10 kV)后带上同样大小的动能(E_k)，便快速通过真空飞行管。m/z 越小，飞行速度越快，反之越慢，故先后在检测器中被检测。根据动能与质量(m)、速度(v)的关系式：$E_k=1/2m\times v^2$，便可依据其在飞行管中的飞行时间计算出多肽链的分子质量。

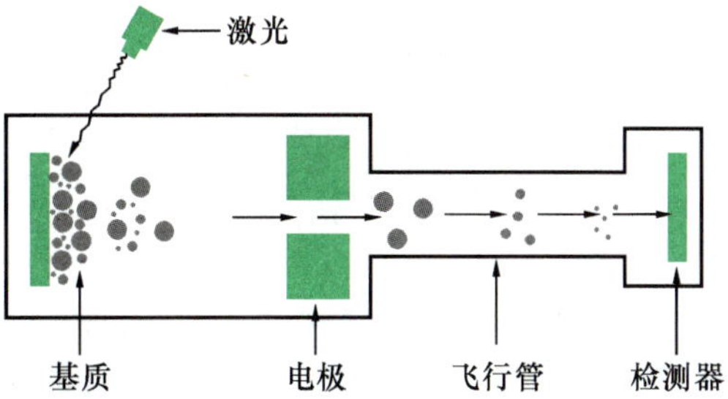

图 3-11　MALDI-TOF MS 基本原理

(2)ESI-MS　即电喷雾电离质谱(electrospray ionization-MS)。蛋白质或多肽溶液先在几千伏高压下微滴化并汽化，同时蛋白质或多肽分子在微量有机酸存在下被电离而随机携带上若干正电荷。由于属于弱电离，蛋白质分子不会产生多肽碎片。因此，对于同一种蛋白质分子，各分子将因电荷数不同表现为不同的 m/z，在质谱图上就是一系列独立峰线(图 3-12)。峰高代表 m/z 相同的多肽离子的数量，峰越高，该类离子数越多。在这个质谱峰中，相邻峰的多肽离子之间只差一个正电荷，故可精确计算出多肽链分子质量。

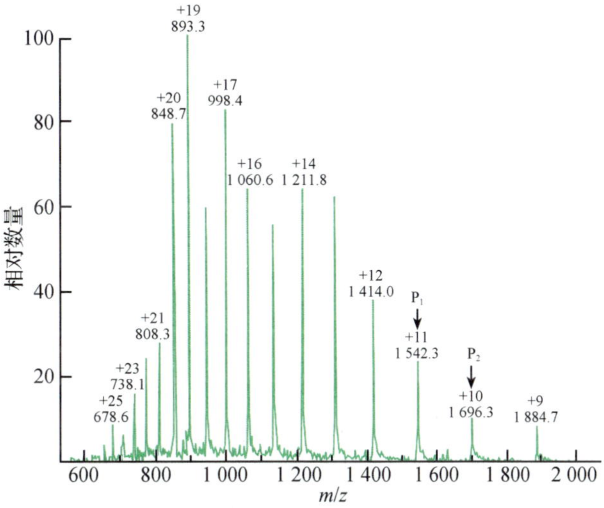

图 3-12　肌红蛋白质谱图

(引自：Voet et al.，2024)

例如：在肌红蛋白质谱图上任意取两个相邻的峰，P_1 峰的 m/z 为 1 542.3，P_2 峰的 m/z 为 1 696.3。设定 P_1 的正电荷数为 z_1，那么，P_2 正电荷数就为(z_1-1)。列出两个相邻分子的质荷比与分子质量 m 的关系，即：

对于 P_1：$1\,542.3=(m+z_1)/z_1$

对于 P_2：$1\,696.3=[m+(z_1-1)]/(z_1-1)$

解这个二元一次方程，不难计算出肌红蛋白的分子量 $m=16\,951$。用质谱法分析蛋白质分子质量已经实现自动化。质谱法测定多肽链分子质量灵敏度很高，达皮摩尔(pmol，10^{-12} mol/L)甚至飞摩尔(fmol，10^{-15} mol/L)微量样品。

2. 串联质谱用于多肽链测序

将两个质谱(MS-1，MS-2)串联起来，即串联质谱(tandem mass spectrometry，MS/MS)。串联质谱由离子源、MS-1、碰撞池(collision cell)、MS-2 和检测器(detector)5 部分组成，如图 3-13 所示。

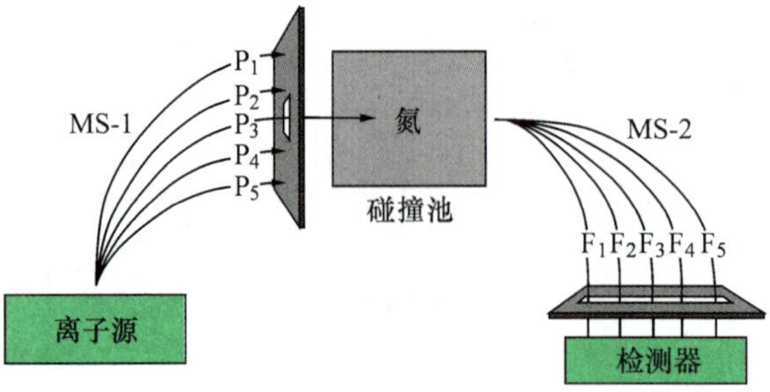

图 3-13　串联质谱

用串联质谱测定多肽链氨基酸顺序，基本原理是：借助离子源产生的能量，MS-1先分离、选出多肽链的酶解肽段（P_1，P_2，P_3...）；各肽段分别进入碰撞池中被惰性原子（如氮、氩、氦）随机裂解成碎片，一个肽段产生一套碎片（F_1，F_2，F_3...）；接着由MS-2分析出各碎片的精确质量。各相邻碎片之间只差一个氨基酸残基，质量差别为56（NH—CH—CO），加上各种氨基酸R基质量（如Gly＝1，Trp＝130），因此，根据整套离子碎片的质量差可推测出氨基酸顺序。

串联质谱测序有如下优点：①快速。小于25个氨基酸残基的多肽链只需几分钟即可完成测序。②灵敏度高。亚皮摩尔量级（小于 10^{-12} mol/L）蛋白质样品即可。③氨基酸残基的修饰基团能够得到鉴定。

（三）推定法

蛋白质的氨基酸顺序是由翻译它的模板——mRNA的碱基顺序决定的，通过测定cDNA（complementary DNA，与mRNA序列互补的DNA）的碱基顺序可以推测出蛋白质的氨基酸顺序（详见第十七章）。DNA序列的测定比氨基酸序列分析简便快捷，对于多肽链长、生物体内含量低的蛋白质，从基因入手利用推定法获知蛋白质氨基酸顺序十分有效。但推定法有一定缺陷，并非所有的推定都是正确的，另外也不能确定功能蛋白质是否有翻译后加工和修饰。

五、蛋白质数据库与蛋白质序列比对分析

从胰岛素序列测定以来，已经有几十万条蛋白质序列被测定出来。为了方便国际同行对测序结果的共享，科学家们将这些数据收集起来，建立了蛋白质信息库（protein information resource）或蛋白质数据库（protein database）。通过网上操作，可以随时进入“库”中提取所需要的数据。常见数据库有 http://www.ncbi.nih.gov，http://www.expasy.org，http://www.rcsb.org 等。

一级结构是蛋白质的重要结构。常常是蛋白质一级结构相同，生物功能就相同；但生物功能相同，一级结构并非完全相同。一类蛋白质中往往只要具备了一定的“同源序列”（homologous sequence），表现出一定的结构相似性，就能执行同样的生物功能。相关计算机软件与数据库为多肽序列比对（sequence alignment）提供了方便。存在于不同生物中的一组序列和功能相似的蛋白质互称同源蛋白质（homologous protein）。同源蛋白质之间在进化上有亲缘关系。序列相似性越高，进化关系越近；反之，进化关系越远。在同源蛋白质中，有些位点的氨基酸残基在进化上比较保守，称为不变残基（invariable residue）或保守残基，它们对蛋白质特定结构和功能非常重要，如果发生突变，蛋白质极易丧失正常功能；有些位点的氨基酸残基可以发生改变，称为可变残基（variable residue）。在可变残基中，有些只能在同类氨基酸之间发生保守性置换（conservative substitution），如Glu→Asp、Leu→Ile等。可变残基对蛋白质的结构和功能没有特殊影响，一般只在物种进化中起作用，与免疫性有关。例如猪与人的胰岛素相比只差一个可变残基，故临床上有时用猪胰岛素来治疗人的糖尿病。可见，蛋白质的一级结构与生物功能的关系是辩证的，既具有保守、严格的对应关系，又有一定变异性，以适应进化的需要。

同源蛋白质之间可能长度有差别，但局部特征序列是一致的。通过比较蛋白质的保守序列，可以推测蛋白质的功能。把蛋白质（或DNA）序列中重复出现的一小段特征序列称为特征

基序(signature motif)或基序。特征基序长度从几个到十几个氨基酸残基不等,特征基序中个别氨基酸残基可有变化。根据同源蛋白质的序列相似性绘制出的分子系统树(phylogenetic tree)或称进化树(evolutionary tree),可以在分子水平显示同源蛋白质之间的进化关系。如细胞色素 c(cytochrome c,Cyt c),它是一类在真核生物中普遍存在的保守蛋白质,在呼吸链中起电子传递体作用(详见第十章)。对 40 多种生物的细胞色素 c 序列进行比对分析,结果显示它们具有很高的相似性。人与黑猩猩相比,序列完全相同;人与鲤鱼相比相差 18 个氨基酸残基,与啤酒酵母相比则相差 47 个氨基酸残基。在全长 102～108 个氨基酸中,有 28 个位点属于保守氨基酸。过去,人们对生物亲缘关系的描述都是通过形态比较,现在有了大量蛋白质分子数据,依据保守蛋白质的氨基酸顺序很容易绘制出更科学的进化树。

第二节　蛋白质二级结构

细胞中的天然蛋白质并非以伸展的一级结构形式存在,而是形成特定空间构象(conformation)或称高级结构。构象和构型是两个不同的概念。构象是指分子中各原子的空间排列,构象的变化不涉及共价键的断裂。蛋白质的功能不仅取决于它的一级结构,还取决于它的天然构象。已经发现有 10 多种人类疾病与蛋白质构象的失常有关,被称为构象病,突出的例子是"疯牛病",即由一种糖蛋白——朊病毒的异常构象引起的致死性神经变性疾病。

蛋白质分子中原子间的距离在 0.1 nm 的数量级,用光学显微镜和电子显微镜都无法直接观察分子构象。X 射线衍射技术(X-ray diffraction)可以在原子水平解析蛋白质的三维结构。

一、X 射线衍射技术

X 射线是一种高能电子波,其波长和蛋白质分子中原子间距处于相同数量级。用 X 射线衍射技术分析蛋白质的构象,需要蛋白质首先形成晶体。晶体是众多分子在三维空间中的有序排列。蛋白质晶体和其他化合物晶体的形成类似,是在过饱和溶液中慢慢产生的。构成晶体的最小重复单位称为晶胞。当一束单色的 X 射线平行光束通过一个单晶体时,其中一部分射线遇到原子产生电子散射波,同相位散射波相互干涉形成衍射波(图 3-14A)。用 X 射线感光胶片(或仪器)记录衍射图(图 3-14B)。衍射图包括了衍射点的分布和强度信息,其中衍射点的分布取决于每个晶胞中原子的分布,而衍射点的强度主要取决于晶体中所有晶胞的数量。将衍射数据转变为电子密度图(图 3-14C),便可在原子水平解析出蛋白质的三维结构。

蛋白质三维结构解析精确度与衍射信号强度成正比。晶体越大,晶胞数越多,衍射信号越强;入射光波长越短,强度越高,衍射信号越强。虽然 X 射线照射溶液中的单个蛋白质分子时也可发生衍射,但信号太弱,无法记录。晶体像一个光栅,是 X 光射线衍射的放大器。因此,X 射线衍射技术用于蛋白质构象分析时,被测样品必须是一定大小的晶体。晶体直径为 0.5 mm 时,大约含有 10^{12} 个蛋白质分子。通常用高能电子快速轰击 Cu 靶,产生波长为 1.54 Å 的 X 射线,近年来新发展的同步辐射(synchrotron radiation)使 X 射线强度提高了 100 多倍,而且波长更短,大大提高了分辨率。

除了 X 射线衍射技术外,用核磁共振(nuclear magnetic resonance,NMR)以及冷冻电子显微术(cryoelectron microscopy,cryo-EM)也可分析蛋白质构象。NMR 对蛋白质样品没有晶体要求,只需高浓度和高纯度的蛋白质溶液,但对于分子质量比较大的蛋白质不易获得清晰构象。冷冻电镜是近些年得以快速发展的研究蛋白质结构的方法,多用于分子质量比较大

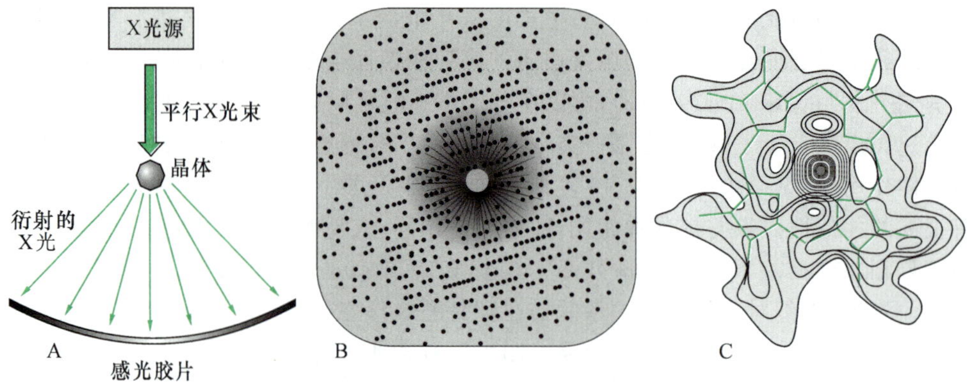

图 3-14 X 射线衍射原理(A)、肌红蛋白 X 射线衍射图(B)和血红素电子密度图(C)

的蛋白质结构解析。此外，圆二色(circular dichroism)、荧光偏振(fluorescence polarization)、拉曼光谱(Raman spectroscopy)等技术都曾用于蛋白质的局部构象分析。

二、多肽链折叠的空间限制

多肽链主链结构实际上由一个个肽基平面组成，各平面之间通过 C_α 连接。在多肽链折叠为高级结构时，肽基的 6 个原子始终保持在一个平面上。尽管如此，与 C_α 相连的两个化学键($N—C_\alpha$，$C—C_\alpha$)是典型的单键，可以绕键轴旋转(图 3-15)。$N—C_\alpha$ 单键旋转角度定义为 φ(phi)角，$C—C_\alpha$ 单键旋转角度定义为 ψ(psi)角。ψ 和 φ 这两个构象角称为二面角(dihedral angle)。规定相邻两个肽基处于某一空间构象时二面角为 0°，顺时针旋转为正值，逆时针旋转为负值，那么，ψ 和 φ 的大小分别在 −180°～+180°。大多数多肽链主链构象可以用二面角表示，一对二面角决定了相邻两个肽基平面的空间位置。实际上，并非任意成对二面角都存在，主要限制来自主链原子和相邻氨基酸残基侧链之间发生的空间干扰。1963 年印度科学家 G. N. Ramachandran 等研究了多肽链的立体化学，以非键合原子之间的接触距离为理论依据，用蛋白质二面角 φ 作为横坐标，ψ 作为纵坐标，作图推测哪些成对二面角所规定的构象是立体化学所允许的，哪些是不允许的。这个 φ-ψ 图称作拉氏构象图，如图 3-16 所示。

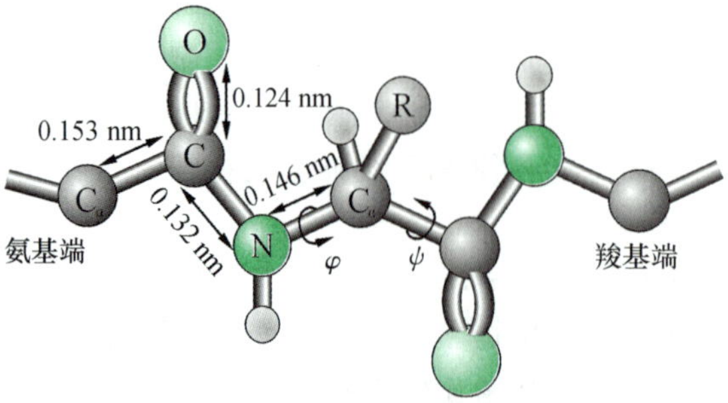

图 3-15 肽平面的旋转与二面角模型

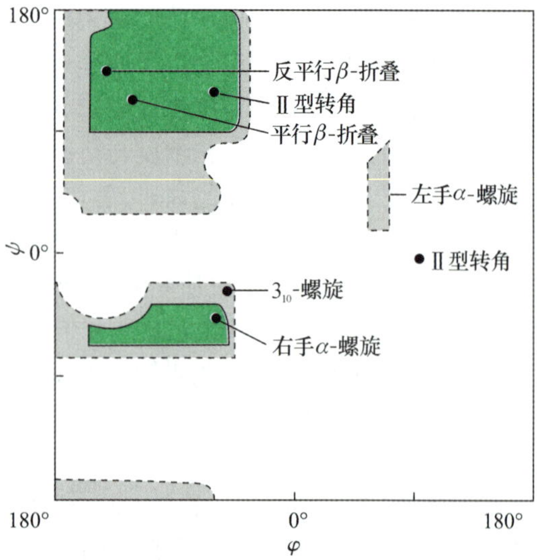

图 3-16 拉氏构象图

在图中实线范围，非键合原子之间的距离不小于范德瓦耳斯距离，由此二面角形成的构象能量低，结构稳定，是立体化学所允许的；实线与虚线之间为临界限制区，此类构象可以存在，但不稳定。虚线以外是不允许区，即非键合原子之间的距离小于范德瓦耳斯距离，构象能量高，极不稳定。上述推测被后来的 X 衍射实测结果所证实。从允许区占很小比例可以看出，蛋白质多肽链在形成构象时具有很大的局限性，主要受限于相邻氨基酸残基 R 侧链产生的空间位阻。

三、蛋白质二级结构

多肽链借助氢键沿一维方向所形成的周期性结构称为蛋白质二级结构。1951 年，Pauling 和 Corey 根据大量研究结果，推测多肽链能够形成两种周期性结构，分别命名为 α-螺旋（α-helix）和 β-折叠（β-sheet）。该推测很快得到 X 射线衍射结果的支持。α-螺旋和 β-折叠是蛋白质分子中两种主要的二级结构类型。

（一）α-螺旋

α-螺旋指多肽主链借助氢键紧密卷曲而成的周期性螺旋状构象（图 3-17）。每个 α-螺旋含有 3.6 个氨基酸残基，螺距为 0.54 nm，相邻氨基酸轴向距离为 0.15 nm；α-螺旋为右手螺旋，其中每一个氨基酸的 C═O 和它后面第 4 个氨基酸残基的 N—H 形成氢键，氢键方向和螺旋轴的方向基本一致；由每一个氢键闭合形成的环包含 13 个原子，因此，α-螺旋又叫 3.6_{13}-螺旋。在 α-螺旋中，氨基酸侧链以螺旋形式向外伸展，特征二面角为：$\varphi=-57°$，$\psi=-48°$。

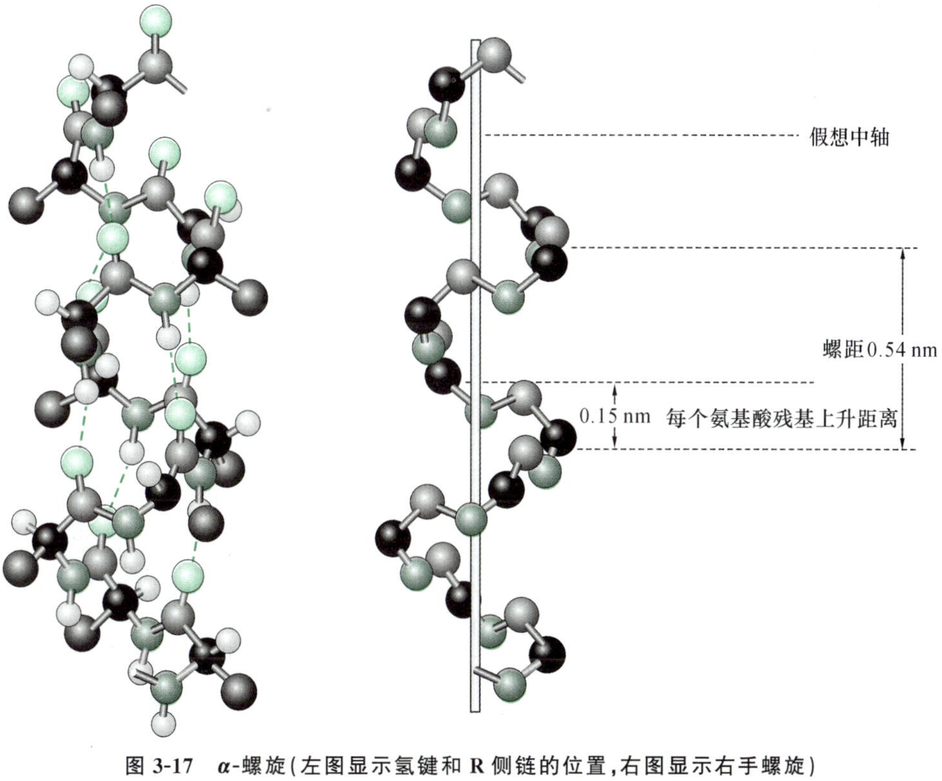

图 3-17　α-螺旋（左图显示氢键和 R 侧链的位置，右图显示右手螺旋）

总体而言，有以下 5 个方面会影响 α-螺旋的稳定性：①氨基酸本身有形成 α-螺旋的倾向。其中 Ala 具有较强形成 α-螺旋倾向性。②R 基团之间的相互作用。如相邻连续的酸性或碱性氨基酸在中性 pH 条件下，侧链会因负电或者正电排斥作用而难以形成 α-螺旋；另外，Cys 间

距离太近也会影响 α-螺旋的形成。③相邻氨基酸残基 R 基团的体积。α-螺旋的扭曲使相距 3 或 4 个氨基酸残基的侧链产生相互作用，相隔 3 个氨基酸残基的酸性和碱性氨基酸以及 2 个非极性氨基酸之间产生的离子键以及疏水作用会加强 α-螺旋的稳定性。④Pro 和 Gly 的出现会影响 α-螺旋的形成。Pro 由于无内酰胺氢，不能形成链内氢键，而 Gly 具有较强的构象灵活性，因此 Pro 和 Gly 在 α-螺旋中出现频率很低。⑤螺旋段末端氨基酸残基与 α-螺旋固有的电偶极之间的相互作用。

不同蛋白质中，α-螺旋含量变化很大。肌红蛋白、血红蛋白分子中 α-螺旋是主体结构。胰凝乳蛋白酶不含 α-螺旋。α-螺旋以单股形式存在时往往很短，一般不超过 4 nm。蛋白质构象中存在着多种螺旋结构，α-螺旋是最常见的一种。

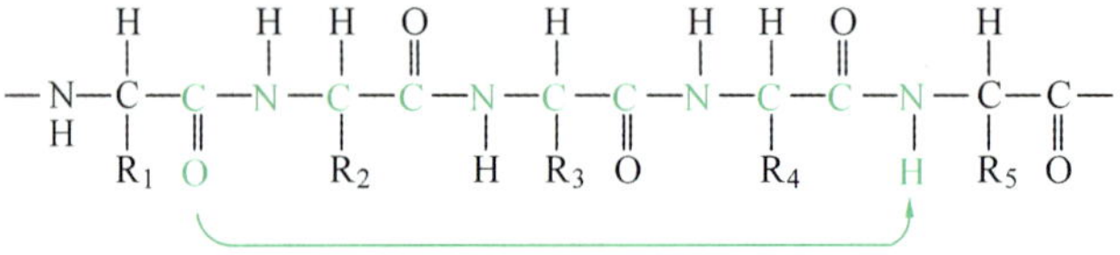

氢键闭合环含13个原子

(二)β-折叠片

β 构象是一种多肽链呈锯齿状延伸排列的结构，通过不同肽段之间的主链原子之间的氢键稳定，侧向聚集在一起形成的片状结构，这些肽段可以来自同一条或不同的多肽链。在 β 构象中，多个 β-链(β-strand)组成 β-折叠片(β-sheet)。Val 和 Ile 最易形成 β-折叠片。在 β-折叠片中，多肽主链为锯齿状折叠构象，氨基酸侧链交替分布在片层平面的两侧，相邻氨基酸的轴向距离为 0.35 nm。如果相邻多肽链的走向是相同的(即每个氨基酸都是从氨基末端到羧基末端)，就称为平行 β-折叠片，如图 3-18A 所示；如果是反向排列的，就称为反平行 β-折叠片，如图 3-18B 所示。

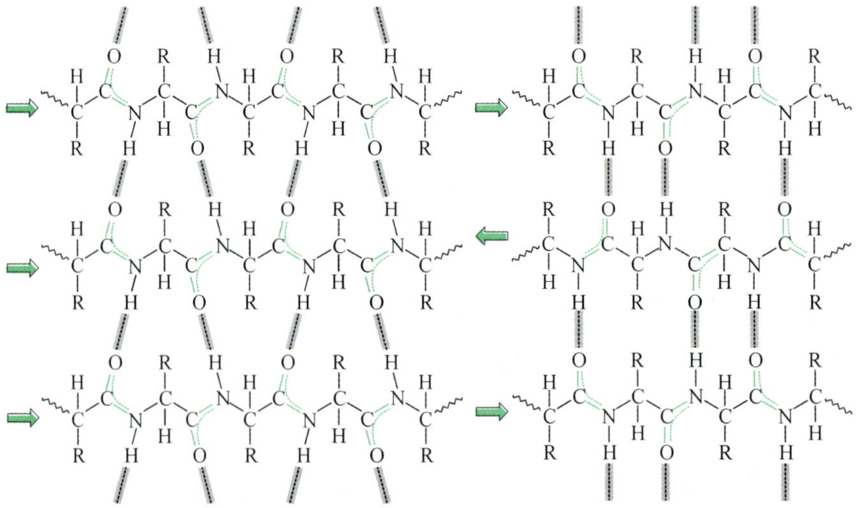

A.平行β-折叠片　　B.反平行β-折叠片

图 3-18　β-折叠片

(三)非重复性二级结构(nonrepetitive secondary structure)

在一个球状蛋白质中，α-螺旋和 β-折叠片占一半左右。其他的多肽链片段以转角(turn)、卷曲(coil)或环(loop)等构象形式出现。这些结构不呈现重复性结构，而是单独存在，形式多样。球状蛋白质中可能没有 α-螺旋或 β-折叠片，但一般离不开此类非重复性结构。

连接 β-折叠片的一类回折结构称为 β-转角（β-turn）。β-转角由 4 个氨基酸残基组成，其中第 1 个氨基酸残基的 C═O 和第 4 个氨基酸残基的—NH 之间借助氢键，使主链结构以 180°角回转。β 转角有多种形式，图 3-19 表示 β-转角的 2 种主要类型。Pro 具有环状结构，有利于 β-转角的形成。Gly 侧链很小，侧链仅一个 H，在 β-转角中能很好地调整其他残基的空间位阻，因此也常出现在 β-转角中。β-转角常存在于球状蛋白质分子的表面。

蛋白质构象中存在着各类卷曲，它们不同于变性蛋白质（见下文）中的自由卷曲。对于一个特定蛋白质来讲，每一个卷曲具有明确而稳定的结构，常构成蛋白质的功能部位。大于 60 个氨基酸残基的蛋白质一般含有一个以上环状结构。由 6～16 个残基组成的环状结构外形很像希腊字母 Ω，称为 Ω 环。Ω 环总是位于蛋白质表面，在分子识别过程中有重要作用。

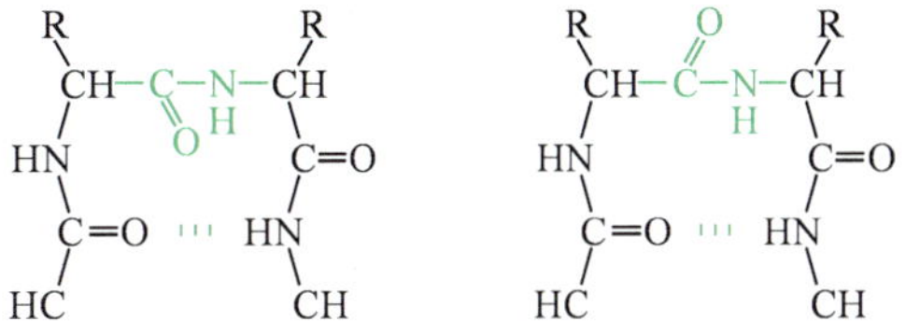

图 3-19　两种类型 β-转角

四、蛋白质超二级结构

在蛋白质中，特别是球状蛋白质中，经常可以看到若干相邻的二级结构单元彼此相互作用，形成有规则的组合体，如图 3-20 所示的螺旋-环-螺旋（helix-loop-helix）、卷曲螺旋（coiled coil）、螺旋束（helix bundle）、βαβ 单元（βαβ unit）、β-发夹（β-hairpin）、β-曲折（β-meander）、希腊钥匙拓扑结构（Greek key topology）、β-三明治（β-sandwich）等。这些由若干个相邻二级结构形成的具有一定规律的组合体通称为超二级结构（super secondary structure），也被称作模体（motif）。

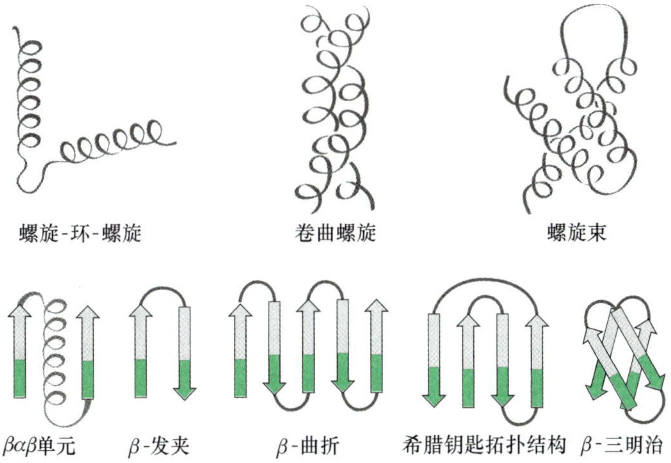

图 3-20　蛋白质超二级结构

超二级结构广泛存在于各类球状蛋白质结构中。在许多纤维状蛋白质分子中，如角蛋白（keratin）、胶原蛋白（collagen）和丝心蛋白（fibroin）等，均以超二级结构为基本结构形式，这赋予纤维蛋白特殊的功能。为深刻理解超二级结构，下面分别讨论这几种蛋白质的结构与功能。

1. 角蛋白

角蛋白是组成动物皮肤和皮肤衍生物的结构蛋白质，有多种，其中由 α-螺旋结构组成的

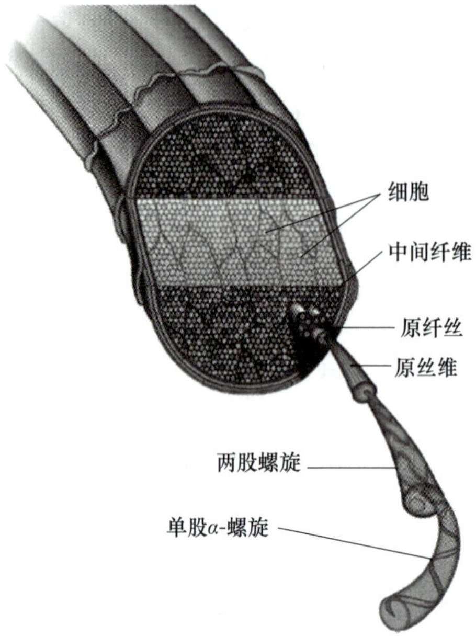

图 3-21　毛发横切面及 α-角蛋白结构

（引自：Nelson and Cox，2021）

称为 α-角蛋白。α-角蛋白伸缩性好，构成毛发、鳞、角、蹄、爪等。如图 3-21 所示，毛发 α-角蛋白首先由两股右手 α-螺旋相互缠绕形成左手螺旋，属于 α 组合的超二级结构，随即两个 α 结构平行排列形成所谓的原纤维（protofilament），直径为 2～3 nm；之后经历两股原纤维平行排列形成原纤丝（protofibril），四股原纤丝组合成中间纤维（intermediate filament）等组装过程，最终与皮层细胞和鳞状细胞等组合成一根毛发，直径大约为 20 μm。皮层细胞中填充着无数个纵向排列的中间纤维。

毛发能够抗一定张力，还可以抗拉伸，这一方面源于它的紧密螺旋结构，另一方面源于螺旋间存在的一些二硫键。α-角蛋白在湿热条件下可以转化为 β-角蛋白——一种更为伸展的构象（图 3-22）。我们熟知的烫发过程不仅涉及这类构象变化，还伴随着二硫键的断裂和再形成（图 3-23）。卷发后涂上还原剂并加热，这个过程二硫键将被破坏；洗去还原剂，涂上氧化剂，二硫键按卷曲后的位置重新组合。正是因为相邻多肽链的半胱氨酸残基对在卷曲处发生了“错位”，从而形成了卷发。大多数动物不能消化、利用角蛋白。衣蛾的幼虫能咬坏毛料衣服是因为其消化道中含有丰富的硫醇，可以还原角蛋白的二硫键。

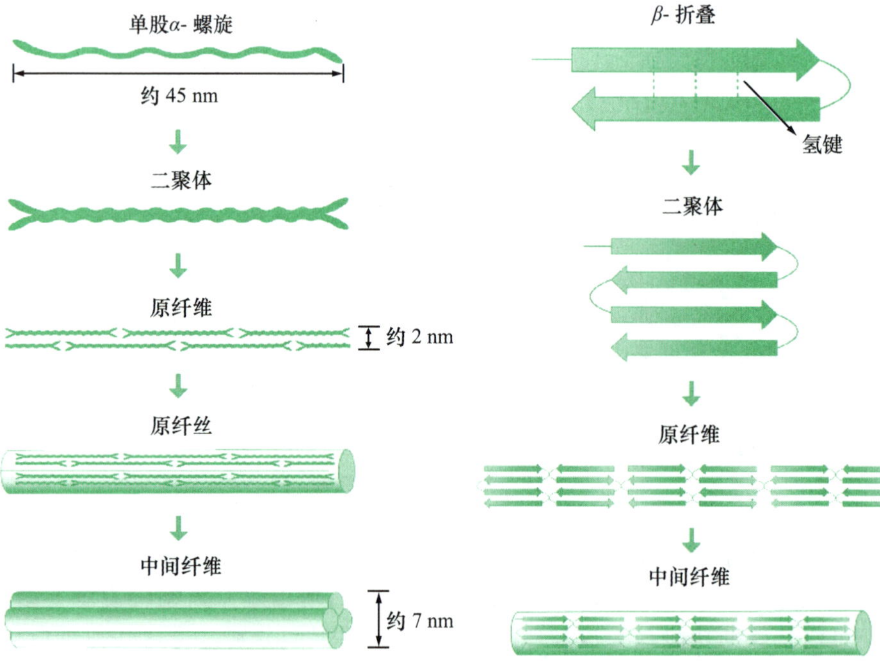

图 3-22　α-角蛋白(左)及 β-角蛋白(右)的结构

（引自：de Q Souza et al.，2023）

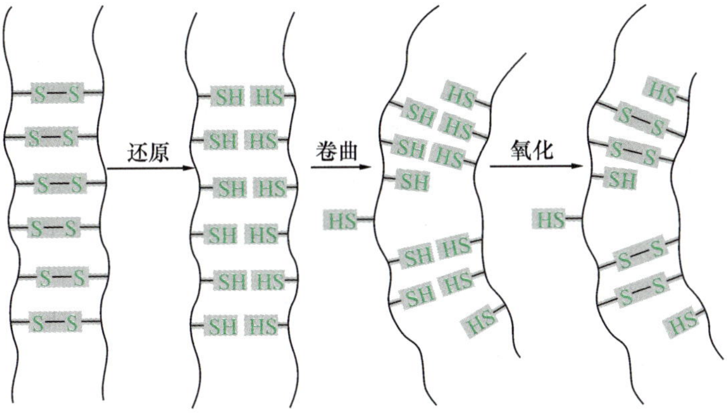

图 3-23 烫发过程中二硫键的断裂和再形成

知识拓展框

生物医学新材料——头发

开发多功能的生物材料对医学工程领域来说具有重大意义。随着生物医学工程迅猛发展,生物相容性高、功能多样的材料成为迫切需要。2018 年,科学家们首次将人类头发分解成微米材料(hierarchicalmicro particle, HMP)和纳米材料(hierarchicalnano particle,HNP),研究发现,在红外光照下,这些材料能够消融血栓、破坏肿瘤、预防白内障的发生,甚至还能够被用来做成防晒霜抵御紫外线。

研究人员发现,在电子显微镜下,头发的无定形基质是由卵圆形的微米粒子构成的,而这些微米粒子又是由直径约 80 nm 的纳米球组装而成的。通过碱性溶液加热以及超声波处理,可以将这些微/纳米级别组装结构分离出来。这一系列从纳米到微米尺寸的新材料具备很好的生物相容性和多功能性,将被广泛应用于生物医学领域的研究与生产。

头发主要由黑色素和角蛋白组成,而黑色素具有优良的氧化还原平衡能力。研究人员发现,这些头发制成的微/纳米材料也可通过清除自由基维持细胞内氧化还原平衡,有望治疗白内障,因为白内障的主要诱因之一就是自由基过剩导致的晶状体氧化。头发可以吸收可见光产生的热量,这种现象在炎热夏天尤为明显。因此,研究人员想到这种光热转换效应或许能使头发制成的材料在肿瘤以及血栓的热消融方面得到应用。此假设在随后的动物实验中得到了证实。

自然条件下头发可以吸收紫外线继而保护头皮。受此启迪,研究人员探究了这些源自头发的材料对紫外线的高效吸收能力并努力拓展其应用,成功将这种材料做成了一款防晒霜。在小鼠动物模型中,这种材料和透明质酸共混的凝胶可以很好地保护小鼠皮肤免受紫外线的伤害。

Zheng D W, Hong S, Xu L, et al. Hierarchical micro-/nanostructures from human hair for biomedical applications. Adv Mater. 2018,30(27):e1800836.

2. 胶原蛋白

胶原蛋白存在于多细胞动物，在脊椎动物中含量尤为丰富，是组成骨、腱、软骨、牙齿和血管等组织的结构蛋白。其基本结构是三股螺旋（triple helix）或称胶原螺旋（collagen helix）。哺乳动物至少有 20 种不同的胶原蛋白类型，最典型的胶原蛋白Ⅰ是由三股平行而伸展的左手螺旋靠范德瓦耳斯力和氢键拧成的右手三股螺旋，分子为杆状，长约 300 nm，直径约 1.4 nm。其氨基酸组成具有特异性，由（Gly—X—Y）重复连接而成；其中 X 多为 Pro，Y 多为羟脯氨酸（Hyp）或羟赖氨酸，这两种稀有氨基酸分别由 Pro 和 Lys 经羟基化修饰转变而来，二者含量占 15%～30%。Gly 侧链只是一个氢原子，其大量出现便于形成紧实的螺旋结构。多条胶原螺旋纵向、横向排列在一起，便形成直径为 10～200 nm 的胶原纤维（collagen fiber）。胶原纤维实际上是由胶原螺旋组成的缆状结构，因而沿着中轴方向具有很高的抗张强度，这非常适合在骨骼、牙齿、血管等组织中承受和传送力或起保护作用。不同组织中胶原蛋白排列有所区别，抗张强度不同，肌腱的胶原纤维可以抵抗 20～30 kg/mm^2 的压力。

在某些酶的作用下，胶原纤维中胶原蛋白分子内部或分子之间的一些氨基酸可以形成共价键。这种共价交联随着动物年龄增长有所增加，这将降低胶原纤维的弹性和承受力，使肌腱、韧带、软骨、血管越来越硬而脆。许多疾病与胶原蛋白分子缺陷有关，如 Gly 突变成 Ser 会严重破坏胶原蛋白螺旋，导致婴儿软骨病。

3. 丝心蛋白

丝心蛋白是蚕丝、蜘蛛丝的主要成分，由 β-折叠结构组成。丝心蛋白一级结构含有 6 个残基的重复序列：Gly—Ser—Gly—Ala—Gly—Ala，其中 Gly 高频率间隔出现。多肽链首先靠氢键形成紧实的反平行 β-折叠，众多的 β-折叠再靠范德瓦耳斯力堆积在一起。虽然丝心蛋白因多肽链充分伸展而不耐拉伸，但 β-折叠的层层堆集却赋予丝心蛋白一定的柔性和抗张能力。蚕丝柔滑纤细，是加工真丝面料的原材料。

第三节　蛋白质三级结构

蛋白质中所有原子的总体三维排列称为蛋白质的三级结构。多种次级键维持蛋白质三级结构的稳定，次级键包括疏水作用、氢键、离子键、范德瓦耳斯力，其中以疏水作用最为突出。多肽链折叠为三级结构后，疏水氨基酸残基多集中于分子内部，而亲水氨基酸残基多分布在分子表面。在有些蛋白质三级结构中，二硫键也常出现。

在比较大（含 200 个以上氨基酸残基）的蛋白质三级结构中，往往出现一个以上相对独立的紧密结构区域，称为结构域（domain）。结构域可含 40～400 个残基，甚至更多。不同的结构域具有专一性的作用，如 3-磷酸甘油醛脱氢酶的每个亚基中有两个明显的结构域，辅酶 NAD^+（详见第六章）特异结合在比较紧凑的一个结构域上（图 3-24）。

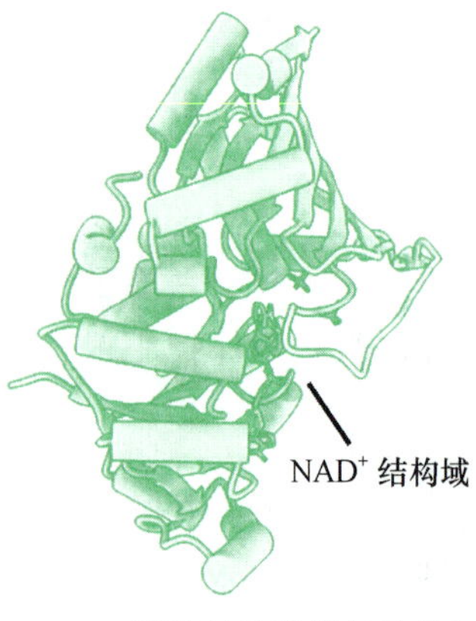

图 3-24　3-磷酸甘油醛脱氢酶的三级结构及其结构域（PDB:2CZC,2005）

结构域之间的肽链称为铰链区（hinge region），具有一定柔性。铰链的存在不仅有助于蛋白质与其他分子的互作，而且有利于分子内两个结构域之间的互作。在体外，铰链区更容易被水解，水解后原有的结构域在一定程度上依然能保持其自身活性。

一、多肽链的折叠与蛋白质变性

可溶性球状蛋白质有自己特定的天然构象。在细胞内，蛋白质生物合成过程中即伴随多肽链的自发折叠（folding）。多肽链折叠有的为快速自发过程，有的则需要由一类称为分子伴侣（molecular chaperone）的蛋白质辅助完成，或有异构酶参与。在体外，多肽链的折叠要慢得多。

多肽链中的疏水氨基酸残基相互挤在一起排斥水分子，大多亲水氨基酸残基位于分子表面，从而形成比较稳定的天然构象。形成蛋白质特定天然构象的信息来自蛋白质的一级结构，一级结构决定高级结构，这可从蛋白质的变性和复性得到证明。

天然蛋白质分子当受到某些过激的物理因素或化学因素的影响时，次级键会被破坏，导致天然构象解体，生物活性丧失，这个过程称为蛋白质变性（denaturation）。常见物理因素有高热、高压、紫外线、X 射线、超声波、过度搅拌等；化学因素有强酸、强碱、重金属盐、三氯乙酸等。蛋白质变性后，理化性质有明显改变，如溶解度降低、扩散系数降低、黏度增加、对蛋白酶的水解更敏感等。进食大量蛋白质的同时吃大量涩柿子（富含单宁酸），容易使胃肠中蛋白质凝固成不被消化的“柿石”。误食重金属盐后，给患者服用大量牛奶，使之成为变性不溶物，可阻止有毒金属离子进入细胞。

对于单一蛋白质，如果变性条件不剧烈，除去变性因素后，蛋白质还可恢复其天然构象和生物学活性，这种现象称为蛋白质的复性（renaturation）。蛋白质的复性程度与本身结构的复杂性有关，也与变性过程有关。蛋白质结构越复杂，变性越剧烈，复性也就越困难。蛋白质天然构象处于能量最低状态，理论上变性是可逆的，但实际操作中由于复性所需条件复杂，往往不能尽如人意。细胞或组织蛋白质变性后不能复性，煮熟的鸡蛋无法孵出小鸡来即是此原因。

实验室常用的蛋白质变性剂有十二烷基硫酸钠（sodium dodecyl sulfate，SDS）、盐酸胍（guanidine hydrochloride）、尿素等（图 3-25）。8 mol 尿素和 6 mol 盐酸胍能破坏蛋白质的非共价键，尤其氢键。SDS 为表面活性剂，能破坏蛋白质之间的疏水作用，使非极性基团暴露。

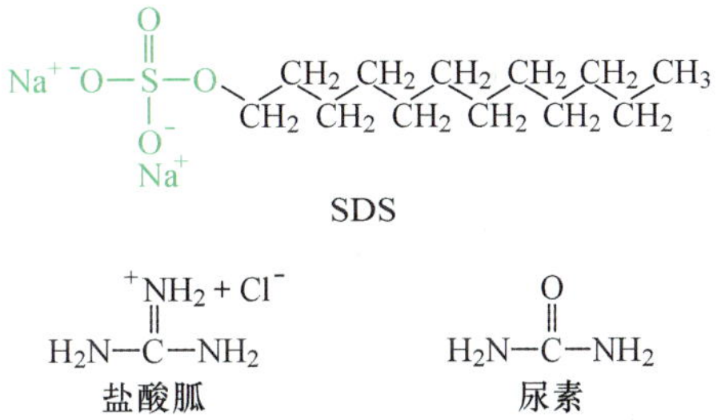

图 3-25　几种蛋白质变性剂

最典型的蛋白质变性-复性实验是 C. B. Anfinsen 对牛胰核糖核酸酶的深入研究，见图 3-26。

牛胰核糖核酸酶为单条多肽链折叠成的球状构象，含有 124 个氨基酸残基，分子中有 4 个二硫键。在 8 mmol/L 尿素和巯基乙醇存在时，牛胰核糖核酸酶所有的二硫键断裂，多肽链自由伸展呈无规则卷曲，酶变性失活。当用透析法除去变性剂和巯基乙醇后，多肽链会自发折叠成原来的构象，4 个二硫键又在特定半胱氨酸之间形成。酶活性得到恢复，各项物理、化学性质和天然酶的完全一致。

在复性过程中有一个有趣的现象，就是如果完全除去巯基乙醇，酶的活性往往很低；只有残留微量巯基乙醇时，才表现出高活性。其原因是：4 个二硫键断裂后形成了 8 个自由巯基，理论上，它们在多肽链复性过程中相互之间可形成 105 种二硫键组合形式，但只有一种是具有完全活性的天然形式。在复性的反应系统中保持微量巯基乙醇可以为错配的二硫键提供纠错机会，最终形成稳定的天然构象。变性酶的复性过程靠体系中自由能的减少来驱动，是一个自发过程。

C. B. Anfinsen 对牛胰核糖核酸酶的变性-复性实验说明，决定蛋白质天然构象的信息来源于多肽链氨基酸的顺序，换句话说，蛋白质的一级结构决定高级结构，这是分子生物学的重

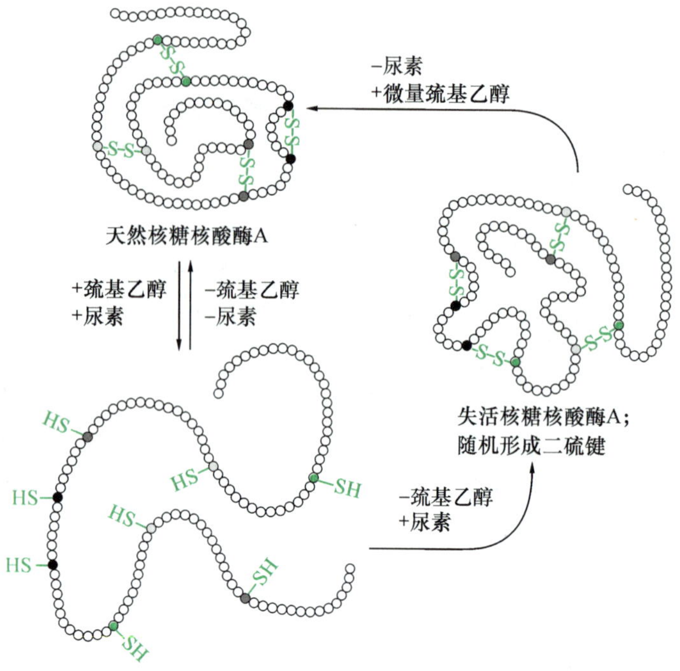

图 3-26 牛胰核糖核酸酶的变性与复性

要原则之一。因此,如果知道了一个蛋白质的氨基酸顺序,就可预测出它的高级结构。利用有关网站和软件预测蛋白质构象已成为目前生物信息学研究的重要内容之一。

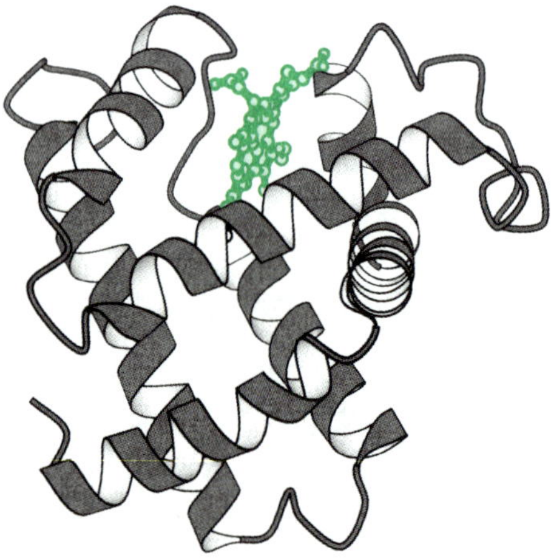

图 3-27 肌红蛋白

(引自:Berg et al. ,2019)

二、肌红蛋白的结构与功能

肌红蛋白(myoglobin,Mb)的生物功能是在肌肉中储存和供应氧。肌肉中氧浓度一般为 0~10 mmHg,肌红蛋白必须具备在低氧环境中可逆结合氧的能力,这对深水动物如鲸鱼、海豹等尤为重要。肌红蛋白呈现怎样的空间结构才能具备可逆结合氧的能力呢?下面以肌红蛋白为例,讨论蛋白质三级结构与功能的关系。

肌红蛋白分子量为 16 700,由一条含有 153 个氨基酸残基的多肽链和一个血红素(heme)组成。肌红蛋白的空间构象于 20 世纪 50 年代末由 J. Kendrew 及其同事完成,结果如图 3-27 所示。整个分子致密结实,呈扁平状,分子大小为 4.5 nm×3.5 nm×2.5 nm;含有 8 段 α-螺旋(分别命名为 A,B,C,. . . ,H),占多肽链的 75%;分子内部和外表面氨基酸残基有严格限定:外表面既有亲水性氨基酸残基,又有疏水性氨基酸残基,但分子内部多为疏水性氨基酸残基或极性氨基酸残基的疏水部分。肌红蛋白最突出的特点是分子表面有一个由多肽链折叠成的疏水裂缝(或凹穴),主要由 Val_{68} 和 Phe_{43} 的侧链组成,还有两个 His:一个离血红素近的称为近端(proximal)His;远一些的称为远端(distal)His;裂缝中嵌有血红素。

血红素由一个有机分子和一个 Fe 原子组成。有机分子是原卟啉(protoporphyrin),由 4 个吡咯(pyrrole)环通过亚甲基桥联而成,四吡咯环上面连着 4 个甲基、2 个乙烯基和 2 个丙酸基团。这些基团的连接方式有 15 种,但在生物系统中仅以原卟啉Ⅸ排布方式存在。Fe 原子位于原卟啉环的中央,以 4 个配位键分别与吡咯氮原子相连(图 3-28)。

实际上,铁原子不能完全进入卟啉环,而是离开卟啉环平面约 0.4 Å。通常情况下,血红素中的铁原子为二价,铁原子两侧有两个位点能分别形成配位键,称为第 5、第 6 个配位键。在肌红蛋白中,第 5 个配位键被多肽链的近端 His_{93} 的咪唑环占据。在脱氧肌红蛋白中,第 6 个配位键空着,可用于氧合位点(图 3-29)。氧的结合诱导 Fe^{2+} 移进环平面。非常有趣的是远端 His_{64} 的咪唑环像一扇栅栏门盖在氧结合位点上面。铁原子只有在二价时才有结合氧的能力,高铁血红蛋白(metmyoglobin)不能结合氧。

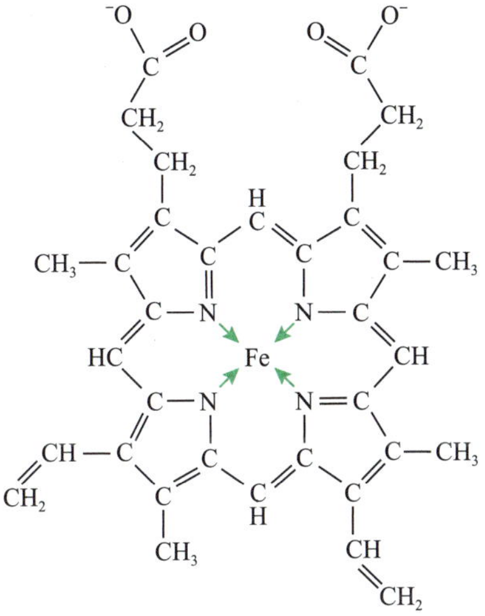

图 3-28　血红素

(引自:Nelson and Cox,2021)

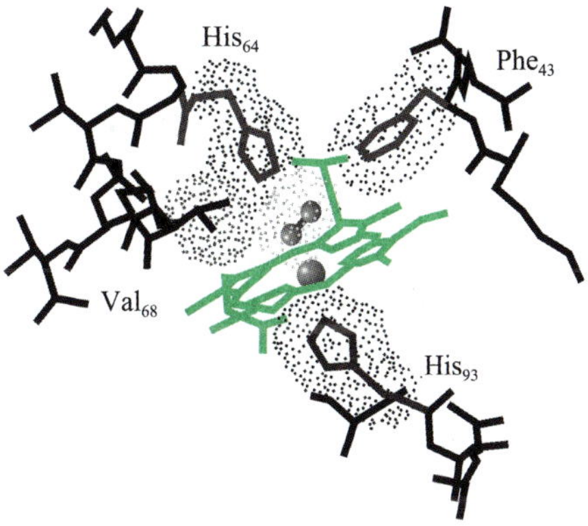

图 3-29　肌红蛋白中血红素与氧结合的微环境

(引自:Moran et al. ,2014)

血红素对肌红蛋白可逆结合氧的能力贡献很大,除去血红素辅基后的肌红蛋白,即珠蛋白(globin),是没有氧结合能力的。反过来讲,多肽链的作用也很重要,如果没有多肽链折叠成的疏水还原性的微环境,血红素也不会可逆结合氧。原因有二:①血红素分子自由存在时将相互靠近,这极易引起 Fe^{2+} 自氧化为 Fe^{3+};②血红素中的 Fe^{2+} 与氧形成配位键(O—O—Fe)时,3 个原子在一条直线上,这会导致氧结合力过强而不利于氧的释放。肌红蛋白多肽链通过巧妙折叠,形成特定的微环境包裹住血红素,可以有效地防止 Fe^{2+} 的自氧化。蛋白质工程实验证明,如果将远端 His 突变为 Asp,肌红蛋白的自氧化能力将增加 350 倍。此外,多肽链中 His64 的“栅栏门”为氧的结合限定了空间,使氧分子只能以约 60°倾角与 Fe 结合,这会减弱氧亲和力,肌红蛋白的多肽链部分控制着血红素可逆结合氧的能力。可见,多肽链折叠成天然构象是蛋白质执行独特功能的保证,蛋白质的高级结构决定蛋白质的功能。

我们都知道 CO 毒性很强,这是因为血红素的氧结合位点也可以被 CO 占据。空气中的 CO 含量达 0.06%～0.08%时,即有中毒的危险,达到 0.1%时则能使人窒息死亡。CO 是偶极分子,在溶液中与血红素呈线性结合(C—O—Fe),其亲和力是氧亲和力的 25 000 倍。生物在代谢过程中会产生少量 CO,如果它们抢先占据了血红素的第 6 个配位键,这对细胞显然是有害的。在肌红蛋白中,由于 His64 的位阻效应,不仅降低了氧的亲和力,而且使 CO 的结合力下降更明显，由 25 000 倍变成了 250 倍，这对肌红蛋白在细胞代谢环境中正常执行功能显然有利。

三、蛋白质三维结构解析技术

蛋白质的高级结构与其功能密切相关。解析蛋白质的高分辨率结构有助于深入理解其功能、蛋白质间及蛋白质与底物间的相互作用关系，以及蛋白质之间的进化关系。目前，蛋白质三维结构解析主要依赖于 3 种技术：X 射线衍射、核磁共振波谱法（NMR spectroscopy）和冷冻电子显微术（cryo-EM）。X 射线衍射技术在第三章第二节已详细介绍，此处将重点讨论核磁共振波谱法和冷冻电子显微术在解析蛋白质三维结构中的应用。

（一）核磁共振波谱法

核磁共振波谱法适用于研究溶液状态下小分子量蛋白质的三维结构。自旋量子数不为零的原子核（如^{1}H、^{13}C、^{14}N、^{31}P）能够与外加磁场相互作用，产生核磁共振。当没有外磁场时，磁核的自旋是随机分布的。在外加磁场的作用下，磁核的自旋会分为与磁场平行和反平行的两种取向，其中平行取向的能量较低，因此这种自旋态的数量稍多。当用特定频率的射频电磁波照射样品时，磁核发生共振跃迁，记录下共振信号的峰位置和强度，得到核磁共振波谱。该波谱的共振信号反映了分子结构中的官能团和构象信息。

通常情况下，^{1}H 由于其高丰度和高灵敏度而被广泛应用于 NMR 实验。然而，^{1}H 的高自然丰度也使得一维 NMR 波谱过于复杂，影响了对蛋白质高级结构的分析。随着二维 NMR 技术的发展，蛋白质结构的分析变得可能。二维核奥氏增强波谱法（nuclear overhauser effect spectroscopy，NOESY）可以测量邻近原子核自旋之间的空间相关耦合，而总相关谱（total correlation spectroscopy，TOCSY）可以得到共价键连接的原子核自旋之间的耦合。通过大量这种相邻与相连关系的测量，能够重建蛋白质的三维结构。

（二）冷冻电子显微术

与 X 射线衍射法和核磁共振波谱法相比，冷冻电子显微术在解析蛋白质三维结构方面具有显著优势。它不需要结晶，可以获得接近生理条件下的结构及构象变化，适用于解析较大蛋白质分子的结构。在 cryo-EM 技术中，蛋白质在毫秒时间尺度内被快速冷冻并包埋在玻璃态冰中。透射电子显微镜使用高度相干的电子束作为光源，通过 80～300 kV 的加速电压将电子束加速，透过样品和周围的冰层。样品散射的电子信号通过探测器和透镜系统被记录下来，收集生物大分子在不同方向上的二维投影。通过图像处理和三维重构方法，最终可以计算并得到大分子的三维精细结构（图 3-30）。

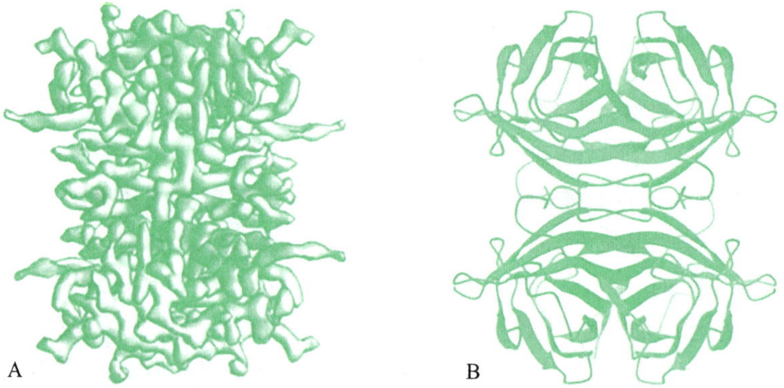

图 3-30　链霉亲和素三维重构电子密度图（A）和三维结构图（B）（PDB：6J6K）

知识拓展框

蛋白质结构预测与分子对接

在20世纪70年代，科学家提出了蛋白质一级序列决定其三维结构的概念，开启了科学家们通过计算生物学方法预测蛋白质三维结构的新时代。然而，由于当时已解析的蛋白质三维结构较少，目标蛋白质的同源结构信息匮乏，蛋白质结构预测进展缓慢。自20世纪90年代以来，随着X射线衍射技术、核磁共振技术和冷冻电子显微镜技术的日益成熟，越来越多蛋白质的三维结构通过实验手段得以解析，极大推动了蛋白质结构预测领域的发展。2020年，在第14届国际蛋白质结构预测竞赛中，谷歌公司旗下DeepMind团队的人工智能系统AlphaFold2成功预测了90余个蛋白质的结构，其中2/3的预测结构全局整体距离测试-总分(GDT-TS)超过90分。这一突破被《科学》(*Science*)杂志评为2020年十大科学突破之一，标志着人类预测蛋白质三维结构精度的显著提升，同时拓宽了分子对接技术在基于结构的药物设计和筛选中的应用。分子对接技术最早可追溯到19世纪末，由Fisher提出的“锁钥模型”描述了生理活性分子与体内蛋白质大分子受体的识别关系，依赖于两者的空间匹配。随着受体学说的发展，人们对配体与受体识别过程有了更深入的理解。在分子对接过程中，受体与配体的构象可能发生变化，因此需要同时满足空间和能量匹配的要求。优化受体与配体模型及计算机技术的进步共同促进了分子对接技术的发展，广泛应用于酶发现、药物设计等领域。酪蛋白激酶2(CK2)是抗肿瘤药物和抗感染药物的靶点，参与了许多细胞功能的调控。Cozza等使用分子对接技术对包含几个家族的多酚类化合物，如儿茶素、香豆素类等约2 000种化合物进行分子对接，以识别CK2的强效抑制剂。最终成功识别出了纳摩尔级别的CK2抑制剂，如鞣花酸(IC_{50}=40 nmol/L)和苦参碱(IC_{50}=50 nmol/L)。

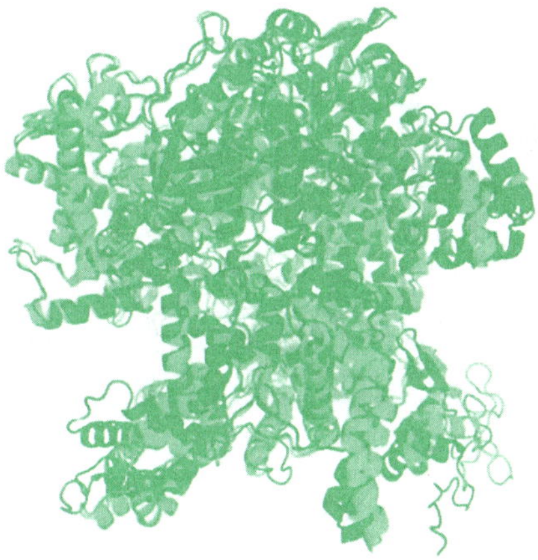

AlphaFold　Experiment (PDB:6YJ1)

[1] Huang P S, Boyken S, Baker D. The coming of age of *de novo* protein design. Nature, 2016, 537: 320-327.

[2] 徐甲强，崔倩倩．蛋白质三维结构解析的方法．河南师范大学学报(自然科学版)，2023，51(4)：116-124.

第四节　蛋白质四级结构

自然界中有许多蛋白质不是由一条多肽链形成，而是由多个多肽链以球状亚单位形式缔结在一起，形成一个有功能的聚集体形式，这种聚集体形式称为四级结构。血红蛋白(hemoglobin)、免疫球蛋白 G(immunoglobulin G,IgG)都具有四级结构形式。四级结构中的每个亚单位称为亚基(subunit)或单体(monomer),每个亚基有自己的一级、二级、三级结构。由相同亚基组成的蛋白质称为同源多聚体(homomultimer),由不同亚基组成的蛋白质称为异源多聚体(hetero-multimer)。我们知道,组成蛋白质氨基酸的 α-碳原子是不对称的,由极性多肽链折叠成的亚基也是手性分子,但具有四级结构的蛋白质分子往往具有对称性,呈点对称、轴对称或面对称。四级结构中各亚基之间主要通过非共价键缔结在一起,其中疏水作用贡献最大,范德瓦耳斯力最小,氢键和离子键则提供了亚基间特异结合的作用力。此外,不同亚基之间也可以通过不同亚基之间的 Cys 形成的二硫键稳定四级结构。

蛋白质的四级结构形式对细胞高效行使功能具有重要意义,不仅有利于蛋白质的稳定,提高遗传经济性和效率,使编码 DNA 减少,还有利于催化基团汇集在一起,从而产生协同效应(cooperation),以提高细胞快速应对复杂反应的能力。下面以血红蛋白为例讨论蛋白质四级结构与生物功能的关系,深入理解亚基间协同效应所产生的微妙效果,进一步认识“蛋白质结构决定蛋白质功能”这个重要的生物化学原则。

一、血红蛋白的四级结构

血红蛋白存在于红细胞内,作为载体将氧从肺部经血液运送给各代谢组织。它的存在能将每升血液的 5 mL 运氧能力提高到 250 mL。奇特的是,血红蛋白不是简单的氧库,而是一个能向各种组织输运氧的“智能机器”。它能够在肺部高氧分压下结合氧、释放出 CO_2,然后载着氧通过循环系统长距离运输,当到达代谢器官时根据需要将氧释放出来,并将组织中产生的 CO_2 带走。那么,血红蛋白具有怎样的分子结构才能行使这样复杂的功能呢?

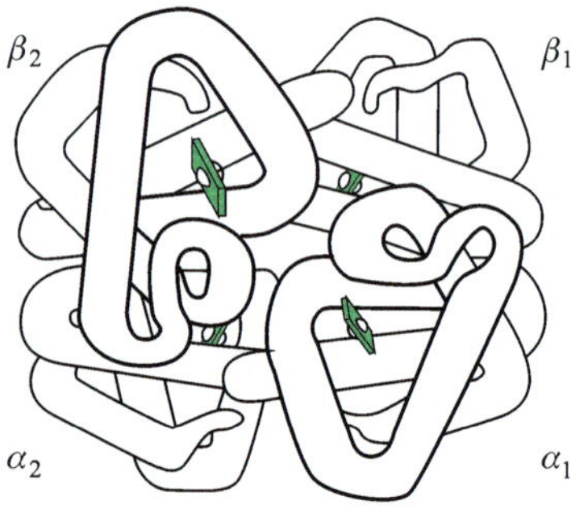

图 3-31　血红蛋白

血红蛋白由 2 个 α 亚基和 2 个 β 亚基组成,为 $\alpha_2\beta_2$ 异四聚体(heterotetramer),如图 3-31 所示。4 个亚基间并非均等接触,α 亚基和 β 亚基之间接触面更大一些,可以看作 $\alpha\beta$ 二聚体。2 个 $\alpha\beta$ 二聚体呈二折旋转对称(two-fold symmetry)。整个分子大小为 6.4 nm×5.5 nm×5.0 nm。α 链为 141 个氨基酸残基,β 链为 146 个氨基酸残基,它们在一级结构上与肌红蛋白只有 20%左右的序列一致性,其中近端 His 和远端 His 非常保守。尽管这些同源蛋白亚基在一级结构上有很大差异,但三级结构却惊人地相似。可见,三级结构在进化上比一级结构更保守。血红蛋白多肽链的折叠、血红素结合微环境以及氧结合位点都与肌红蛋白相似,这里不做赘述。

和肌红蛋白一样,血红蛋白亚基可逆结合氧的能力也是通过多肽链的折叠和血红素实现的。血红蛋白有了血红素,我们的血液才呈现红色。一些小分子,如 CO、NO、H_2S 能与氧发生竞争,结合到血红蛋白(也包括肌红蛋白、细胞色素等)中的血红素第 6 个配位键上,而且亲和力远远高于氧,这就不难理解这些分子为什么对需氧生物是高毒性物质了。最近有研究证明,细胞中产生的 NO 可作为信号分子,当完成信号传递后,必须对它进行清除。氧合血红蛋白能够促使 NO 氧化形成 NO_3^-,从而避免了 NO 积累引起的毒性。可见,血红蛋白不仅有长距离运送氧的功能,还有酶的催化作用。

二、氧合血红蛋白和脱氧血红蛋白构象不同

血红蛋白与氧结合的可逆反应如下：

$$Hb + O_2 \rightleftharpoons HbO_2$$

结合氧的血红蛋白称为氧合血红蛋白(oxyhemoglobin)，去掉氧的血红蛋白称为脱氧血红蛋白(deoxyhemoglobin)。氧合能改变血红素辅基的电子状态，从而改变血液颜色。从静脉抽出的血为暗红色，而从手指采出的血呈现鲜红色，原因就在此。当血红蛋白中的 Fe^{2+} 氧化为 Fe^{3+} 后称为高铁血红蛋白(methemoglobin)，此时，氧结合位点被水占有，使血红蛋白变为褐色，这就是血迹变为褐色的原因。

血红蛋白是别构蛋白(allosteric protein)，它在结合氧前后构象不同。主要包括两大变化：一个是血红素中 Fe^{2+} 的移动；另一个是 2 个 $\alpha\beta$ 二聚体之间的滑动。脱氧时，整个分子各亚基之间被离子键约束，血红素第 6 个配位键空位。由于近端 His 的作用，Fe^{2+} 移出血红素平面 0.055 nm；远端 His 离 Fe^{2+} 太远，不能发挥协助作用。这种紧张型的构象称为 T-态(T-form；tense)。T-态构象对底物的亲和力比较低。当氧与血红蛋白分子中的一个亚基结合时，诱导 Fe^{2+} 移进血红素平面，这使得亚基之间的部分盐键破坏，导致每个 $\alpha\beta$ 二聚体相对于对称轴有 15°的扭动，这就驱动了整个分子各亚基从紧张态转变为松弛态(relaxed)，即 R-态(R-form)。R-态构象对底物的亲和力比较高。在生物化学中，“R-态”和“T-态”常用来指各种别构蛋白的两种构象状态。

三、血红蛋白亚基间有协同效应

下面我们结合肌红蛋白和血红蛋白的氧结合特征，讨论血红蛋白四级结构与功能的关系。请比较二者的氧合曲线(图 3-32)。

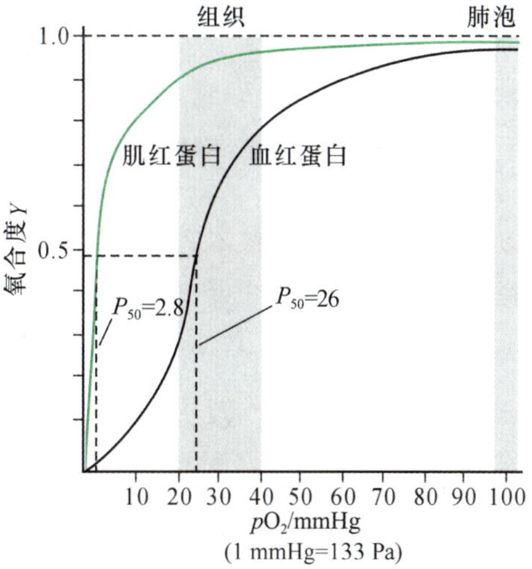

图 3-32 肌红蛋白(Mb)、血红蛋白(Hb)氧合曲线

曲线纵坐标为氧饱和度(Y)，即结合的氧分子占蛋白质氧合位点的比例；横坐标为氧分压 pO_2。P_{50} 即达到最大氧饱和度一半时需要的氧分压，或称半饱和度。氧合曲线显示两种蛋白质都有氧结合能力，但结合规律不同：红细胞中的血红蛋白的氧合曲线是 S 形，而肌红蛋白氧合曲线是双曲线型。

从肌红蛋白的双曲线型氧合曲线可知，氧合肌红蛋白的比例随氧分压增加急剧上升；肌红蛋白 P_{50} 很低，只有 373 Pa，表明在低氧分压下肌红蛋白和氧气有较强亲和力，能在低氧环境中(肌肉细胞氧分压在 0～1 330 Pa)对氧浓度变化做出敏感反应，这完全适合肌红蛋白在肌肉中储氧、供氧作用。而血红蛋白不一样，在低氧分压时氧饱和度很低，容易卸载氧；而在一般代谢组织正常氧分压内(2.66～5.32 kPa)，氧结合量几乎呈线性关系，表明在此分压范围内血红蛋白的氧合对氧浓度变化非常敏感，这适合血红蛋白在肺区(约 13.3 kPa)结合氧、通过血液系统运输氧，到边缘组织又卸载氧的功能。

血红蛋白呈 S 形曲线的氧结合特征主要源于亚基间的别构效应(allosteric effect)，具体

来讲是协同效应。别构效应是指多亚基蛋白(或酶)因某效应物(effector)与之结合而导致自身构象和活性发生变化的现象。血红蛋白的4个亚基在结合氧时不是独立进行的,其中一个亚基与氧结合可触发其他亚基由T-态(紧张态)构象转变为R-态(松弛态)构象,从而增加血红蛋白与氧的亲和力。脱氧血红蛋白是一个紧凑的分子,4个亚基之间有8个离子键存在;氧合作用时,铁原子要移动到血红素辅基的平面内,这需要分子构象发生变化,其中包括拆断部分离子键;最先结合氧的亚基需要拆断的离子键多,表现为与氧的结合慢一些;最后结合氧的亚基需要拆断的离子键少,便表现出与氧的高亲和,好比从一个四联邮票上按顺序撕下每一联时越来越容易一样。血红蛋白分子中亚基间的别构效应存在促进关系,因而称为协同效应。协同效应是血红蛋白呈现S形氧合曲线的重要原因之一。

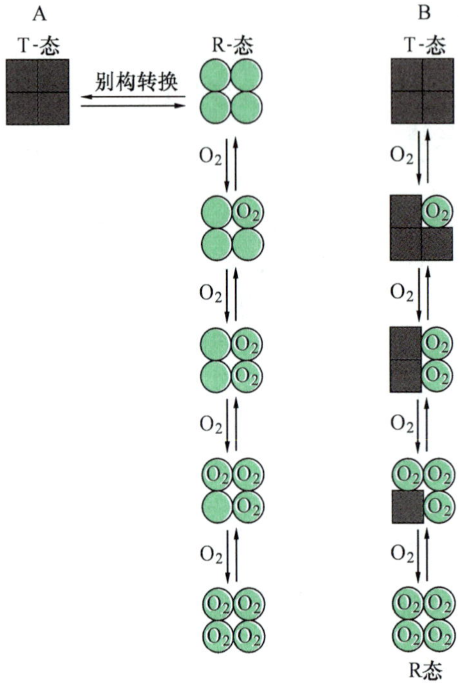

图 3-33 齐变模型(A)和序变模型(B)

用两种模型来解释血红蛋白亚基之间的协同机制(图3-33)。齐变模型(concerted model)认为,在血红蛋白四级结构中,各亚基或者都是T-态,或者都是R-态,这两种状态为一平衡;随着R-态血红蛋白与氧的结合,整个平衡将向R-态方向移动(图3-33A)。序变模型(sequential model)认为,T-态亚基与氧结合后,促使其他亚基按顺序转变为R-态,从而提高其他亚基与氧的亲和力(图3-33B)。

实际上,T-态血红蛋白高度不稳定,更倾向于R-态。上述关于血红蛋白亚基之间的协同效应可以在一定程度上解释不同亚基按照氧结合先后表现出的对氧亲和力增加的现象,但无法解释为什么提纯的血红蛋白在体外氧结合能力很强,而只有在红细胞中才呈现出S形氧合特征曲线。可见,还有其他分子在调节着血红蛋白的功能。

四、H^+、CO_2 以及 BPG 对血红蛋白结合氧的影响

血红蛋白氧亲和力不仅与亚基间协同作用有关,还受到 H^+、CO_2 以及 2,3-BPG 的调节。

(一)低 pH 和高浓度 CO_2 降低血红蛋白的氧亲和力

机体组织在呼吸过程中有大量 CO_2 生成,多数 CO_2 与血红蛋白氨基末端共价结合,以 $Hb\text{-}NHCOO^-$ 形式向外(肺部)运送;有些 CO_2 在碳酸酐酶作用下水合为 HCO_3^-,以 HCO_3^- 的形式直接外运。这两个过程都产生 H^+,使组织 pH 下降。1904 年,C. Bohr 发现,在生理 pH 范围内,pH 的下降和 CO_2 浓度增加会降低血红蛋白对氧的亲和力。pH 和 CO_2 对血红蛋白氧亲和力的影响称为波尔效应(Bohr effect)。简单表示如下:

$$HbO_2 + H^+ + CO_2 \underset{\text{在肺部 (pH 7.6)}}{\overset{\text{在肌肉中 (pH 7.2)}}{\rightleftharpoons}} Hb\begin{matrix} H^+ \\ CO_2 \end{matrix} + O_2$$

在波尔效应中,血红蛋白接受和释放 H^+ 由 β 亚基 His146 通过质子化和去质子化完成。

氧合血红蛋白 His146 大多数是去质子化的，在组织中释放氧后再发生质子化。波尔效应具有重要的生理意义。代谢旺盛的组织（如收缩的肌肉）产生高水平的 CO_2，pH 约 7.2，有利于血红蛋白释放氧，结合 CO_2；在肺部血中，pH 约 7.6，有利于血红蛋白与氧结合，卸载 CO_2。

（二）2,3-二磷酸甘油酸降低血红蛋白的氧亲和力

早年的研究数据显示，血红蛋白在红细胞中比在溶液中对氧的亲和力低。有人推测红细胞中可能有一种特殊物质起了抑制作用。1967 年，R. Benesch 和 R. E. Benesch 发现了这种物质，即 2,3-二磷酸甘油酸（2,3-bisphosphoglycerate，2,3-BPG）。

2,3-BPG 由糖代谢产生，正常人血液中的 2,3-BPG 与血红蛋白等摩尔存在。在红细胞中，BPG 以 1∶1 的比例结合在脱氧血红蛋白的中央空穴，具体结合位点是由 β-链的 α-氨基、赖氨酸及组氨酸等提供的带正电基团。2,3-BPG 在血红蛋白上的结合位点不同于氧的结合位点，因此属于别构效应物（allosteric effector）。在生理条件下 2,3-BPG 带 4 个负电荷，为多阴离子化合物，它与血红蛋白的 2 个 β-链形成交联后，使血红蛋白四级结构趋向 T-态，不利于氧的结合。2,3-BPG 的结合会降低血红蛋白的氧亲和力，使 P_{50} 增加。

2,3-BPG 对血红蛋白氧亲和力的调控，使血红蛋白具有恰当的可逆结合氧的能力，不仅具有重要的生理意义，还在输血医疗过程中具有临床指导作用。胎儿的血红蛋白 F 有独特的结构组成（$\alpha_2\gamma_2$），与成人血红蛋白 A（$\alpha_2\beta_2$）相比，它与 2,3-BPG 的结合力明显减弱，这显然有利于胎儿从母亲血液获得自身生长发育所需要的氧气。一个人从海平面到达 4 500 m 高度时，在 2 d 内红细胞中的 2,3-BPG 浓度从 4.5 mmol 增到 7.0 mmol，血红蛋白氧合能力下降，导致血红蛋白在毛细血管中释放氧能力相应提高，即在低氧环境下血红蛋白实际运载的氧气量增加了。人们很早发现，血液在储存后与氧的亲和力明显增加。如果一个危重病人输入大量陈旧血液，会因氧载量不足造成危险。后来发现红细胞在储存过程中 2,3-BPG 下降，找到了根本原因。理论上增加 2,3-BPG 可以解决这个问题，但由于高度荷电的 2,3-BPG 不能通过细胞膜进入红细胞，实际工作中使用次黄苷保持存血的功能。次黄苷能透过红细胞膜，在红细胞中经过一系列复杂反应可以转化为 2,3-BPG。

五、镰状细胞贫血的分子基础

1904 年，美国芝加哥一位医生发现一个病人不仅红细胞少，而且有许多红细胞呈现镰刀形，提出“红细胞本身的组成中某些尚未认识的变化可能是决定因素”。黑人中约有 0.4% 的人患镰状细胞贫血（sickle cell anemia），病人的血红蛋白在脱氧时容易形成纤维状沉淀，为遗传病，往往在 30 岁以前死亡。通常将正常的血红蛋白表示为 HbA，镰状细胞血红蛋白表示为 HbS（sickle-cell hemoglobin）。

对血红蛋白进行电泳分析，发现两种蛋白质在向正极移动时，HbS 比 HbA 慢，表明 HbS 带负电荷少。利用指纹图谱（finger print）用特定酶将蛋白质裂解成小肽段，然后用纸电泳或纸层析将小肽段先后在二维方向上进行分离，从所获得的肽段斑点分布图，发现 β 亚基 N 末端的肽段出现异常，第 6 位 Glu 变成了 Val。

HbA　Val—His—Leu—Thr—Pro—Glu—Lys

HbS　Val—His—Leu—Thr—Pro—Val—Lys

Val 的侧链是一个非极性基团，Glu 在生理条件下带负电荷，Val 对 Glu 的替代不仅导致 β 亚基电荷性质发生变化，且在 HbS 分子表面形成了一个疏水性凸起，恰好插入相邻血红蛋

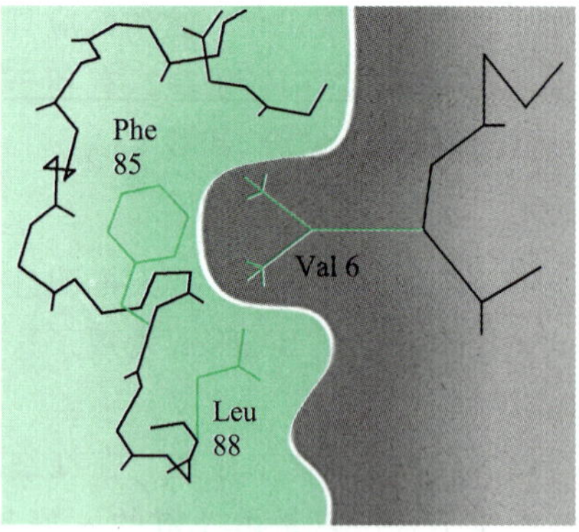

图 3-34　血红蛋白形成纤维时的粘连位点

（引自：Voet et al.，2024）

白分子的 β 亚基疏水凹穴中（图 3-34），从而形成刚性纤维束。血红蛋白这种高级结构的变化，致使红细胞变形成为长而薄的镰刀形而失去原有的平滑与弹性，在毛细血管处形成栓塞，造成细胞缺血受伤，引起炎症和疼痛，甚至红细胞本身碎裂溶血。镰状细胞贫血的分子机理充分说明，蛋白质结构决定蛋白质功能，蛋白质一级结构的变化，有时甚至是一个氨基酸残基的改变也有可能引起蛋白质分子构象的改变，从而使蛋白质失去正常功能。

血红蛋白 β 亚基上的疏水凹穴只出现于脱氧 HbS 中，氧合 HbS 并不形成纤维聚合体。因此，通过某种药物提高病人血红蛋白对氧的亲和力，有望缓解镰状细胞贫血病人的病症。用氢氰酸修饰血红蛋白 N 端氨基酸，破坏 T-态亚基的离子键，可有效提高血红蛋白与氧的亲和力。但由于氢氰酸在体内具有过强的毒副作用，限制了它的临床应用。

本章讨论了蛋白质的结构层次以及蛋白质结构与功能的关系，实际上，蛋白质在生物体内具体行使功能时情况要复杂得多。例如，有些蛋白质具有 2 种以上乃至 10 多项功能，而且各种功能之间未发现有某种直接相关性，这类蛋白质称为兼职蛋白质（moonlighting protein）。兼职蛋白质由常规功能转换为兼职功能时，通常受环境因素的影响，如蛋白质在细胞内定位的改变、定位细胞类型的改变、蛋白质寡聚结构的改变以及细胞中某种因子的改变等。蛋白质的兼职作用被认为是生物体在进化过程中实现增加蛋白质功能的一种普遍策略。

二维码 3-1
镰状细胞贫血的分子基础

二维码 3-2
冷冻电镜技术和膜蛋白结构解析

第三章思考题

第四章　蛋白质的分离与鉴定

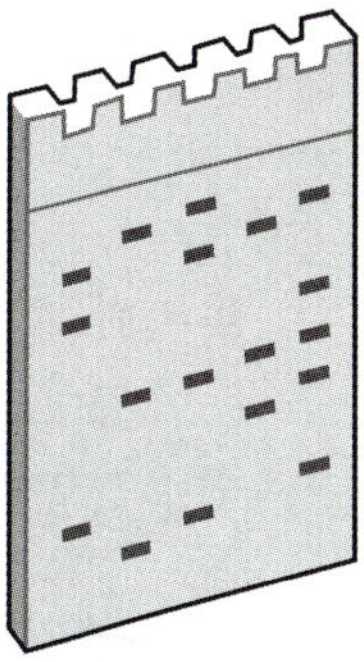

细胞中的蛋白质种类多样，利用不同蛋白质在物理、化学及生物学特性上的差异，可将目标蛋白质分离出来，用于理论研究或实践应用。实践中，要获得高纯度、高活性的蛋白质并非易事，往往需要多种技术的综合运用。本章首先讨论蛋白质的性质，然后介绍蛋白质分离鉴定的方法、原理及应用。

第一节　蛋白质性质

根据蛋白质分离、鉴定的需要，重点讨论蛋白质的如下理化性质。

一、蛋白质酸碱性质

蛋白质分子通常具有游离的 N 末端 α-氨基、C 末端 α-羧基和不同氨基酸侧链上的羧基、氨基、咪唑基、胍基、羟基、巯基等功能基团，这些基团在一定条件下可发生解离。因此，蛋白质和氨基酸一样也是两性电解质，蛋白质分子所带电荷的性质和数量既与其分子中氨基酸残基的种类和数量有关，也与溶液的 pH 有关。例如：溶菌酶含碱性氨基酸残基较多，pI 为 11.0；胃蛋白酶含酸性氨基酸残基较多，pI 为 1.0；酸性和碱性氨基酸比例接近的蛋白质其等电点大多为中性或稍偏酸，pI 为 5.0～6.0。依据酸碱解离的原理，当溶液 pH 高于 pI 时，蛋白质酸性基团解离占优势，即蛋白分子易给出质子，整个蛋白质分子会带负电；当溶液 pH 低于 pI 时，蛋白质酸性基团质子化占优势，即蛋白分子易获得质子，整个蛋白质分子会带正电。因此，在相同 pH 条件下，等电点不同的蛋白质所带电荷的性质和数目不同。

二、蛋白质溶解度

根据溶解度不同，蛋白质可以分为清蛋白、球蛋白、醇溶谷蛋白、谷蛋白、组蛋白、精蛋白和硬蛋白等。这些蛋白质在不同溶剂中溶解度差别很大。其中清蛋白溶解度最高，不仅溶于稀盐、稀酸、稀碱，还溶于水；谷蛋白（即通常说的面筋）溶于稀酸、稀碱，但不溶于水；硬蛋白，如角蛋白、胶原蛋白，溶解度最差。

三、蛋白质大小和形状

蛋白质分子大小不一。有的蛋白质是单亚基，有的是由多亚基组成的寡聚蛋白（oligomeric protein），有的还以超分子复合物形式存在（supramolecular complex）。大多数蛋白质的分子量为 6～1 000 kDa。研究人员发现人类蛋白质的大小从 12 个氨基酸到 35 991 个氨基酸不等，平均是 431 个氨基酸，其中肌联蛋白（titin），含有 35 991 个氨基酸，是人体最大的蛋白质，该蛋白在肌肉基本结构维持、力的产生、传导与调节方面发挥重要作用。

蛋白质形状也有不同，有球形、椭球形、细棒状或纤维状等。球形蛋白因表面含有较多的亲水氨基酸残基，溶解度高；纤维状蛋白不对称性高，黏度高，一般溶解度差。

四、蛋白质胶体性质

蛋白质分子直径一般为 1～100 nm，正好处于胶体颗粒大小范围，因此，蛋白质溶液属于胶体溶液。胶体溶液中的蛋白质分子具有一定的稳定性，一般不会发生聚集而形成沉淀，这是因为：①蛋白质分子表面有许多极性基团，可以吸附水分子，使水分子在蛋白质分子表面形成一个连续的水化层，从而阻止蛋白质分子彼此靠近形成沉淀；②在 pH 远离蛋白质 pI 的溶液中，同种蛋白质分子带有同种电荷，这会增加分子间的彼此排斥，阻止蛋白质发生聚集；③蛋白质表面所带电荷可以吸附溶液中一定量的带相反电荷的离子，形成稳定的双电层。如果破坏了蛋白质胶体颗粒的水化层、双电层或者使蛋白质溶液处于等电点，蛋白质均会发生沉淀。

五、蛋白质免疫化学性质

蛋白质可以作为抗原(antigen)。抗原是具有免疫原性的物质，可以是蛋白质、核酸、多糖等大分子，也可以是细菌、病毒甚至人工合成物。抗原刺激脊椎动物机体后，机体的免疫系统会产生专门结合抗原的抗体(antibody)。蛋白质既是引起免疫反应的主要抗原物质，又是免疫反应中产生的抗体物质。

(一)抗原

抗原具有异源性、大分子性等特点。异源性是指进入动物组织内的抗原物质是外来的，该机体不含此物质，其分子量大于 10^4 且具有特定结构，具有较强的免疫原性。蛋白质分子较大，通常具有复杂的结构，因此是一类主要的抗原物质。一般含有大量芳香族氨基酸尤其酪氨酸的蛋白质免疫原性较强，聚合体蛋白比简单蛋白免疫原性强。分子量小于 5×10^3 的分子一般没有抗原性，如果要针对这类小分子制备抗体，必须首先将其共价连接到蛋白质大分子上。这种本身无抗原性但与大分子结合后才具抗原性的物质称为半抗原(hapten)。

抗原上可能存在多个诱发产生抗体的位点，每一个位点称为抗原决定簇(antigen determinant)或表位(epitope)。抗原决定簇实际上是蛋白质分子表面上一些氨基酸的侧链基团。具有多个决定簇的抗原被认为是“多价”的，即与抗体有多个结合部位。

(二)抗体

抗体是由抗原刺激动物免疫系统后产生的能与抗原发生特异结合的糖蛋白，又称免疫球蛋白(immunoglobulin)。抗体存在于血液或体液中，是构成体液免疫的主要物质。抗体具有 3 个基本特性：①特异性。某一种抗体只能与相应的抗原发生结合。②多样性。抗原不同，产生的抗体就不同；有多个抗原决定簇的抗原产生的抗体也不相同。③不均一性。由同一个抗原决定簇产生的抗体有多种类型。人体主要有 5 类抗体：IgA、IgD、IgE、IgG 和 IgM。此外，抗体还具有双重性，既可以作为抗体与相应抗原结合，也可以作为抗原再制备相应抗体，即常说的第二抗体，简称二抗(secondary antibody)。

IgG 是血液中免疫球蛋白的主要成分，占血清免疫球蛋白总量的 75%～80%，在抗感染过程中起重要作用。IgG 由 4 条多肽链组成，其中 2 条大的肽链称为重链(heavy chain，H

链），2 条小的肽链称为轻链（light chain，L 链），它们通过 4 对二硫键和一些非共价键连接形成 150 kDa 的复合体。2 条重链在 C 端一侧彼此组合在一起形成分子的基部，中部通过 2 个链间二硫键形成铰链区，整个分子呈 Y 形结构（图 4-1）。在每条多肽链的 N 端区域有 1 个可变区（variable domain），其中许多氨基酸残基为可变残基。可变结构域是抗原结合部位，抗体的特异性即来源于此。通常说 IgG 分子是二价的，即指每个 IgG 能结合 2 个抗原分子。多肽链中还存在序列保守区，且相互之间具有高度同源性，称为恒定区（constant domain）。每条轻链含有 1 个恒定区，每条重链含有 3 个恒定区。无论可变区还是恒定区，它们在形成高级结构时都独立为 1 个结构域。IgG 共有 12 个结构域。

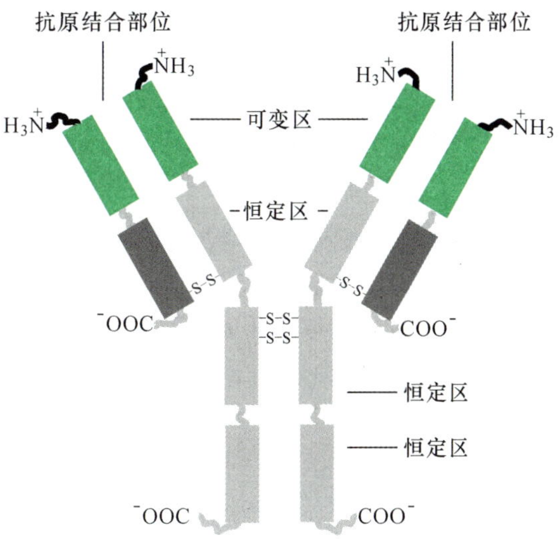

图 4-1　IgG 分子 Y 形结构示意图

抗原与抗体相互结合形成抗原-抗体交联晶格从而发生沉淀。在接近等价浓度（抗体上的抗原结合部位与抗原数目接近）时，抗原和抗体发生最大程度的交联。抗原-抗体互作是脊椎动物免疫防御机制中最重要的反应，也是蛋白质互作的典型代表，在现代生命科学研究中具有广泛用途。将抗体分子（通常用二抗）共价连接上荧光基团，可用来定位细胞中某种微量存在的抗原，即免疫荧光标记（immunofluorescent labeling）；将酶（如辣根过氧化物酶）共价连接于抗体上，可用来测定溶液中微量存在的抗原，即酶联免疫吸附测定（enzyme-linked immunosorbent assay，ELISA；详见本章第三节）；利用酶标抗体对电泳分离的蛋白质条带进行鉴定，即蛋白质印迹法（Western blotting；详见本章第三节）；用抗体去"垂钓"、富集混合蛋白质溶液中的某种蛋白，即免疫沉淀（immunoprecipitation）。

第二节　蛋白质分离纯化

为了研究某一蛋白质的结构与功能，需要将其从生物材料的众多生物大分子中分离出来，达到一定纯度。习惯上将被分离的蛋白质称为目标蛋白质，其他成分称为杂质。分离、纯化蛋白质的基本原则是：在提高目标蛋白质纯度的同时，也注重提高蛋白质产量，并尽可能保持蛋白质活性。为避免蛋白质变性或降解，整个分离纯化过程一般要求低温操作，使用合适的缓冲液，并加入合适的蛋白酶抑制剂、含巯基试剂等。可根据蛋白质溶解度、分子大小、电荷差异及其他特定性质对蛋白质进行分离。绝大多数情况下，利用一种方法很难从蛋白质粗提液中纯化得到高纯度目标蛋白质。因此，在一种蛋白质的分离过程中，通常会组合使用多种分离方法。例如先用中性盐硫酸铵进行分级沉淀，再用离子交换层析分离，最后用凝胶过滤的方法分离。收集每一步目标蛋白质富集的部分用于下一个步骤分离，最后会得到纯的目标蛋白质供深入研究使用。常见技术如下：

一、根据溶解度差异分离蛋白质

（一）等电沉淀

当溶液的 pH 等于某蛋白质等电点时，该蛋白质分子所带的净电荷为零，蛋白质分子间失去了同种电荷的排斥作用，极易聚集而发生沉淀。蛋白质在等电点时溶解度最小。通过调节 pH 到某一蛋白质的等电点，可以将该蛋白沉淀，离心后即可分离出来。很多蛋白质的等电点相近或相同，因此，利用等电沉淀方法得到的蛋白质往往是一类而不是一种。等电沉淀是粗分离蛋白质的方法之一。

（二）盐溶与盐析

许多球蛋白在水中的溶解度并不高，但当往水中加入少量无机盐时，溶解度会明显增加。低浓度中性盐增加蛋白质溶解度的现象称为盐溶（salting in）。盐溶作用主要是由于蛋白质分子从溶液中吸附了与其自身电荷相反的盐离子后形成了双电层，使同种蛋白质分子彼此排斥力增强，加上蛋白质分子的水化层，从而增加了蛋白质的溶解度。用含适量盐离子的缓冲液能从生物样品中提取出更多蛋白质就是此原因。

如果在蛋白质溶液中加入大量中性盐，溶液中的蛋白质会沉淀下来，这种现象称为盐析（salting out）。盐析作用主要是由于大量中性盐的加入使水的活度降低，不仅原来溶液中的大部分水用于水化盐离子，而且也能破坏蛋白质分子表面的水化层，使蛋白质分子表面的疏水残基充分暴露，从而发生聚集而沉淀下来。不同蛋白质分子表面疏水基团含量不同，溶解度不同，被沉淀下来所需的中性盐浓度也就不同。蛋白质溶解度越高，沉淀所用的中性盐浓度越高。因此，选定某浓度中性盐，可以使目标蛋白质得到初级分离。

最常用的中性盐是硫酸铵。中性盐影响蛋白质溶解度的能力是其离子强度的函数。与 KCl、NaCl 等相比，硫酸铵的优点是：二价离子，同样浓度时离子强度高，降低蛋白质溶解度更有效；溶解度大，温度系数小，在低温下（4 ℃）仍可以高浓度存在，这不仅能有效争夺溶液中的水以及蛋白质水化水，还满足了低温下沉淀蛋白质的需要，使蛋白质在保持活性的情况下很容易被分离出来。通常在蛋白质纯化的开始步骤就会用到硫酸铵浓度梯度沉淀，对溶液中蛋白质进行初分级，使目标蛋白质在特定硫酸铵浓度时集中沉淀。

与等电沉淀类似，通过盐析获得的沉淀往往也含有多种蛋白质，需要进一步纯化。另外，盐析除用于蛋白质初级分离外，也可用于蛋白质浓缩。

（三）有机溶剂沉淀

甲醇、乙醇、丙酮等极性有机溶剂可以溶于水。加入高浓度的这类极性有机溶剂，可使溶液中的蛋白质产生沉淀。极性有机溶剂的介电常数比水低（如 20 ℃时，丙酮为 21.4，水为 78.5），加入大量这类试剂时，介质的介电常数发生改变，蛋白质表面水化层被破坏。大多数蛋白质在有机溶剂作用下容易变性，因此，有机溶剂沉淀法仅适用于结构比较稳定的蛋白质。通常情况下，有机溶剂沉淀蛋白质需要在低温下进行（如 −20 ℃保存的丙酮），有利于保持蛋白质的活性。另外，有机溶剂在沉淀蛋白质的同时还可以溶解去除蛋白质提取液中的色素及脂类。例如从植物花粉中提取蛋白质时，常用冷丙酮沉淀蛋白质和去除色素及脂类。

（四）蛋白质变性沉淀

在一定温度范围内，随温度上升，蛋白质溶解度增加；当达到一定温度时，维持蛋白质高级结构的次级键将被破坏，蛋白质会发生变性。变性蛋白质多肽链趋于伸展，疏水基团外露，容易相互聚集而沉淀。蛋白质结构不同，能够耐受的温度也不同。因此，利用加热可使溶液中某些蛋白质变性沉淀，而另一些蛋白质仍处于可溶状态。

有机酸沉淀是另一种常见的使蛋白质变性沉淀的方法，如三氯乙酸沉淀。在酸性条件下，蛋白质分子带正电荷，很容易与有机酸的酸根负离子结合形成不溶性沉淀。在酶促反应后，加入高浓度的三氯乙酸不仅能破坏酶蛋白的分子构象，终止酶反应，而且还能使酶沉淀下来，方便清除。

二、根据分子大小差异分离蛋白质

（一）透析和超滤

透析（dialysis）是根据分子大小，利用半透膜（semipermeable membrane）选择性地除去某些小分子物质的技术。常见半透膜由醋酸纤维素制成。如图 4-2 所示为透析装置。将蛋白质溶液装入用半透膜制作的透析袋，悬于大量透析液中，在搅拌条件下，透析袋内的小分子或离子通过半透膜扩散出去，而蛋白质分子滞留在透析袋里面。透析法常用于除去蛋白质溶液的盐组分。

利用半透膜还可以实现对蛋白质的浓缩和缓冲液的更换。利用干燥的吸水剂（用蔗糖、聚乙二醇）包埋透析袋，可以将蛋白质溶液中的水吸出，缩小透析袋内溶液的体积，达到浓缩其中蛋白质的目的。如果在透析时，透析袋外的大量透析液是另外一种缓冲液，经过透析后，透析袋里的缓冲液组分便被更换成新的缓冲液了。

如将蛋白质溶液装入带有半透膜的超滤（ultrafiltration）装置（图 4-3），通过加压、减压或离心，水分子便穿过半透膜快速离开，溶液中小于半透膜限制分子量的物质（缓冲液组分、小分子量蛋白质等）也随水分子穿过半透膜，大分子蛋白质被截留浓缩。利用可截留分子质量范围不同的超滤膜，选择合适的超滤装置能将目标蛋白质截留并浓缩。超滤法操作简便，能较好地保存生物大分子的活性，回收率高。目前已有多种商业化的可离心超滤管，可根据目标蛋白质分子大小选择使用。

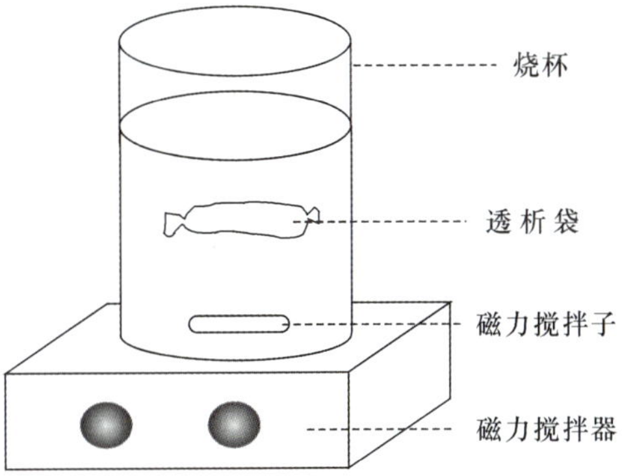

图 4-2　透析装置

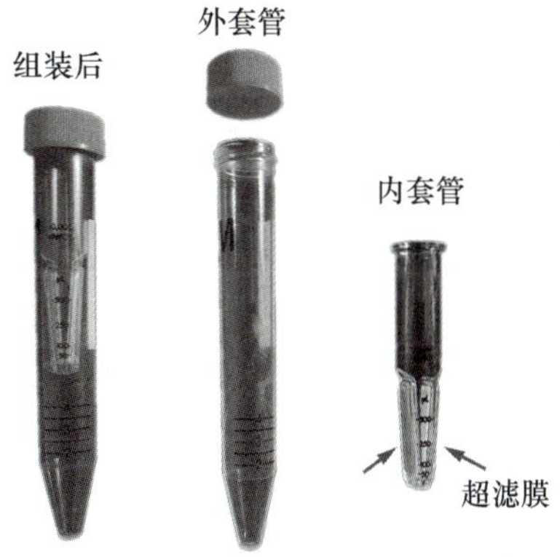

图 4-3　超滤装置

图 4-3 彩图

（二）密度梯度离心

不同蛋白质颗粒在质量、密度和形状上存在差异，在一定的强离心力场中表现出不同的下沉速度——沉降速度（sedimentation velocity）。超速离心机能够提供强离心力，可以达几万到几十万重力加速度（g）。在超离心下，蛋白质颗粒的质量和密度越大，沉降速度越快，反之越慢。不同蛋白质颗粒各自形成“差速区带”，随超离心的进行不断下移，从而逐渐分开。蛋白质之间的超离心分离常采用的离心介质是蔗糖密度梯度（density gradient），即在离心管中按一定操作装入蔗糖溶液，使蔗糖浓度从离心管底部到顶端渐渐降低，然后将蛋白质溶液加在梯度介质顶端进行超离心。上述先制备密度梯度介质，然后通过超离心使不同颗粒以不同速度往下沉降的技术称为沉降速度超离心。

离心介质必须满足两个基本条件：一是化学性质稳定，不会影响蛋白质结构和性质；二是密度和黏度合适，在一定密度梯度范围内和离心力场下，允许不同蛋白质颗粒以不同速度下沉。蔗糖密度很适合蛋白质密度梯度离心分离。此外,还有聚蔗糖(商品名称为 Ficoll)、氯化铯或其他合成材料。

在蛋白质或蛋白质复合体超离心分析时常用到分析型超速离心机,该类离心机装有特殊的检测系统,在整个离心期间都能检测离心管中沉降着的物质。从重颗粒和轻颗粒检测峰移动的速度可以获得颗粒的各种沉降参数。

(三)凝胶过滤层析

凝胶过滤层析(gel filtration chromatography)又称为分子筛层析或分子排阻色谱法(molecular exclusion chromatography),是利用固定相内一定大小的网孔对分子量不同的组分的阻滞程度不同而进行蛋白质分离的层析技术。

凝胶过滤层析柱的填料为不溶于水但又能高度水化的珠状碳水化合物聚合体,如交联葡聚糖(商品名称为 Sephadex)。典型的凝胶珠直径为 0.1 mm,内部为充满水的网孔。不同型号的凝胶珠内部网孔大小不同。

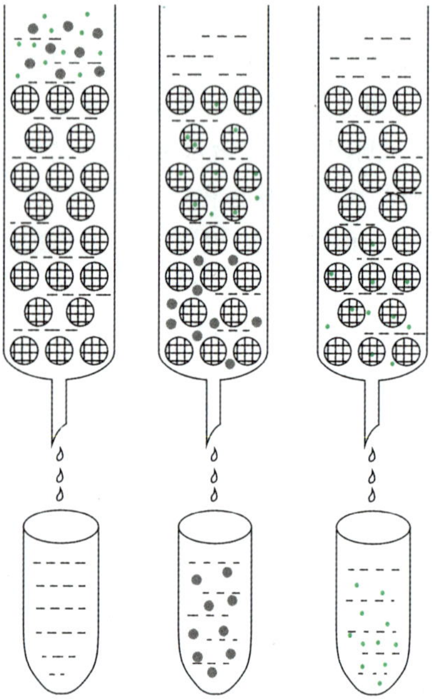

图 4-4 凝胶过滤层析示意图

如图 4-4 所示,将蛋白质样品加在柱床表面,当用缓冲液洗脱时,比凝胶珠网孔大的蛋白质不能进入凝胶珠内部,只从凝胶珠的间隙里通过,受到的阻滞作用小,经过的路径短,先被洗脱下来;比凝胶珠网孔小的蛋白质则容易进入凝胶颗粒内部,受到的阻滞作用大,经过的路径长,后被洗脱下来。

凝胶过滤层析不仅用于蛋白质的分离纯化,如果有不同分子量大小的蛋白质作为标准样品,凝胶过滤层析也可以用来测定目标蛋白质的分子量。另外,当使用网孔较小的凝胶种类时,凝胶过滤层析还常用来除去蛋白质溶液中的无机盐等小分子物质。

三、根据电荷不同分离蛋白质

(一)电泳

在溶液中,蛋白质分子由于其氨基酸残基的解离而带电荷;在电场中,带电荷的蛋白质分子会向与自身电荷相反的电极泳动,这便是电泳(electrophoresis)。在一定电场和电泳介质中,蛋白质的迁移速度与其分子质量、分子形状以及所带电荷性质有关。

电泳有多种类型:在电场中没有固体支持物、只有水溶液的称为自由界面电泳;有固体支持物的称为区带电泳。区带电泳中根据固体支持物不同,又可分为纸电泳、薄膜电泳及各种凝胶电泳。根据电泳装置不同来分,有水平板电泳、垂直板电泳、圆盘电泳及毛细管电泳等,以下重点介绍几种常用的电泳技术。

1. 聚丙烯酰胺凝胶电泳

丙烯酰胺(acrylamide)和亚甲基双丙烯酰胺(N,N-methylene-bisacrylamide,Bis)在自由基引发剂(如过硫酸铵,ammonium persulfate)和催化剂(如四甲基乙二胺,tetramethylethylenediamine,TEMED)作用下能聚合交联成网状凝胶(图 4-5),聚合反应需要无氧条件。以聚丙烯酰胺凝胶为支持介质进行电泳，即聚丙烯酰胺凝胶电泳（polyacrylamide gel electrophoresis，PAGE）。通过调节丙烯酰胺和 Bis 的浓度可以获得网孔大小不同的凝胶。丙烯酰胺浓度越高，凝胶网孔越小。

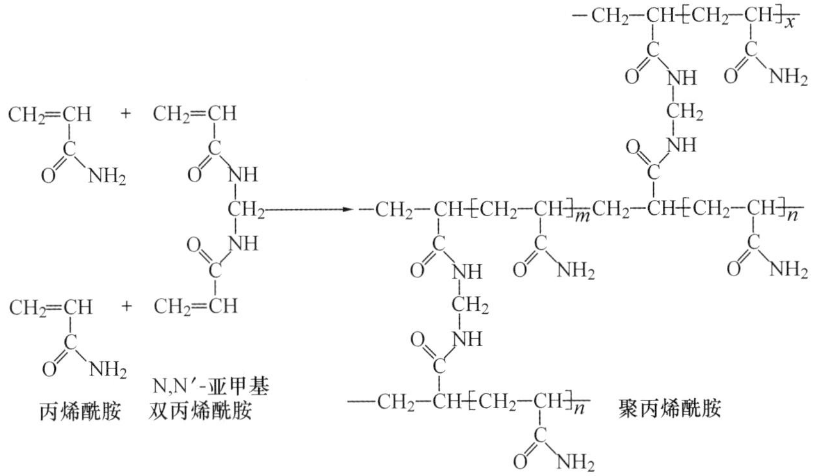

图 4-5　聚丙烯酰胺凝胶形成过程示意图

聚丙烯酰胺凝胶电泳多采用垂直板、不连续系统（图 4-6）。所谓垂直板，就是在垂直放置的两个玻璃板之间倒入丙烯酰胺液态胶，使其在空气隔离条件下尽快形成很薄的凝胶片。不连续系统是指凝胶分上、下两层，两层凝胶在浓度、缓冲液 pH 和缓冲液组分上不同，上层为大孔径的浓缩胶（stacking gel），丙烯酰胺浓度一般小于 5%；下层为小孔径的分离胶（separating gel），丙烯酰胺浓度一般大于 7%。蛋白质样品点样孔位于浓缩胶上端（图 4-6A）。外加电场后，蛋白质按照分子大小、形状和电荷特性以各自的迁移速度下行从而被分离（图 4-6B）。

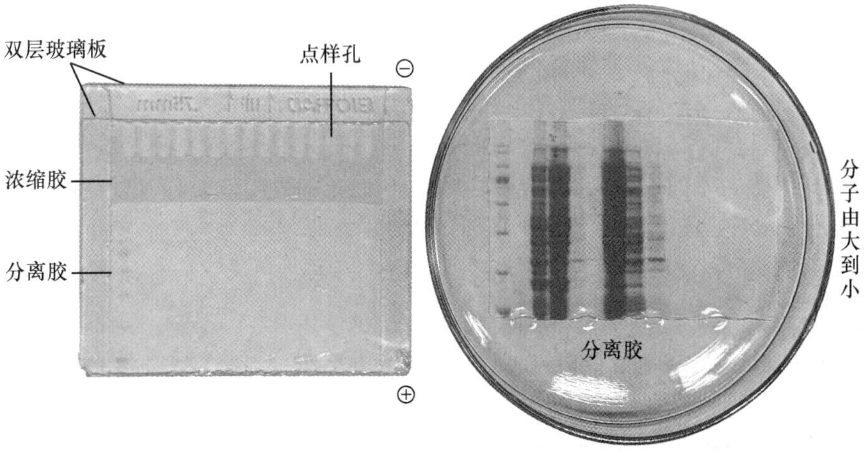

A. 垂直板凝胶侧面观　　B. 染色后的电泳凝胶

图 4-6　垂直板电泳原理示意图

图 4-6 彩图

不连续聚丙烯酰胺凝胶电泳对蛋白质分离效果好，主要基于 3 种物理效应：①浓缩效应。点样孔中的样品液中蛋白质分散存在，通电后，它们在大网孔浓缩胶中快速前行，当接触到分离胶后被阻滞、压缩成一薄层，从而使所有蛋白质公平地位于同一个“起跑线”上，再进入分离胶。②电荷效应。在较高 pH 下，所有蛋白质都带负电，在同一电场中可向正极移动；带负电荷越多，移动速度越快。③分子筛效应。蛋白质分子越大，不对称性越高，在网状凝胶中受到的阻力越大，就越靠近凝胶上端；反之，则更靠近凝胶下端。

电泳过程中通常加入溴酚蓝试剂指示电泳前沿。溴酚蓝分子带负电，比蛋白质小，迁移速度快，总是位于蛋白质前面。当前沿指示剂接近凝胶底边时，及时停止电泳，取出凝胶进行考马斯亮蓝染色（详见本章第三节），蛋白质条带便清晰显示出来。

较为常用的聚丙烯酰胺凝胶电泳包括 SDS-PAGE（原理见本章第三节）和非变性凝胶电泳，可以分别用于变性和非变性蛋白质的纯化、分子量测定等。

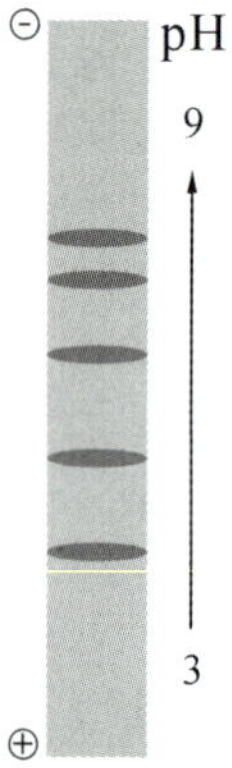

图 4-7　等电聚焦电泳示意图

2. 等电聚焦电泳

等电聚焦电泳（isoelectric focusing electrophoresis，IEF）是根据蛋白质等电点不同而分离、鉴定蛋白质的一种电泳技术。在电泳凝胶中加入两性电解质（ampholyte）（一类带有氨基和羧基、pI 分布在一定范围的低分子寡聚体混合物），施加电场后，各组分移动并停留在各自的等电点位置；等电点低的靠近阳极，等电点高的靠近阴极，由此形成一个连续 pH 梯度。蛋白质也属于两性电解质，在电场中各蛋白质分子依据其电荷性质在凝胶中移动，当移动到等电点区域时便停留在那里形成很窄的区带（图 4-7）。用等电聚焦电泳既可分离蛋白质，也可进行蛋白质等电点的测定。

3. 双向电泳

双向电泳（two-dimensional electrophoresis，2-DE）是一种在二维方向上对同一蛋白质样品先后进行两种不同性质的电泳，目的是高分辨率地分离蛋白质。最常见的双向电泳有 IEF/SDS-PAGE，即先将蛋白质样品在一维方向上进行等电聚焦凝胶电泳，使蛋白质按等电点分离成条带；然后换用 SDS-PAGE 在二维方向上电泳，使位于同一条带中的蛋白质再按分子质量展开。由此得到的电泳凝胶经考马斯亮蓝或银染后，组成蛋白质的所有肽链便在一个平面上呈斑点状分布（图 4-8）。成功的双向电泳可以将 2 000～3 000 种蛋白质进行分离，是蛋白质组学（proteomics）研究中非常有用的技术。一个细胞或一种生物在特定生理或病理状态下表达的所有种类的蛋白质称为蛋白质组（proteome）。蛋白质组学就是专门研究一个细胞或一种生物所有蛋白质的新兴学科，可以研究蛋白质在不同条件、不同发育时期的时空表达规律或蛋白质结构修饰变化等。通过比较 2-DE 胶上蛋白质斑点的分布和强度差异，分析细胞在不同生理及病理条件下蛋白质表达的异同，对相关蛋白质进行分类、鉴定，从而获得蛋白质功能信息。已有公开化的蛋白质组学数据库（如 http://www.expasy.ch/ch2d/2d-index.html），可以查询不同生物材料的蛋白质双向电泳图谱。

（二）离子交换层析

蛋白质的离子交换层析（ion-exchange chromatography）和氨基酸的离子交换层析基本原理相似（详见第二章），也是流动相中的离子与固定相上可解离基团的可逆交换。所不同的是层析介质。蛋白质离子交换层析介质主要由两部分组成：一部分是亲水性强且能够形成较大网孔的惰性固体支持物，如纤维素、葡聚糖及琼脂糖等；另一部分是与之共价连接的可解离基团。能解离出阳离子（如 H^+、Na^+）而带有负电荷的介质，可与带正电荷的蛋白质结合，这样的层析介质称为阳离子交换剂，如羧甲基-纤维素（CM-cellulose）、羧甲基琼脂糖（CM-agarose）（图 4-9A）；能解离出阴离子（如 OH^-、Cl^-）而带正电荷的介质，可与带负电荷的蛋白质结合，这样的层析介质称为阴离子交换剂，如二乙基氨基乙基-纤维素（DEAE-cellulose）（图 4-9B）。

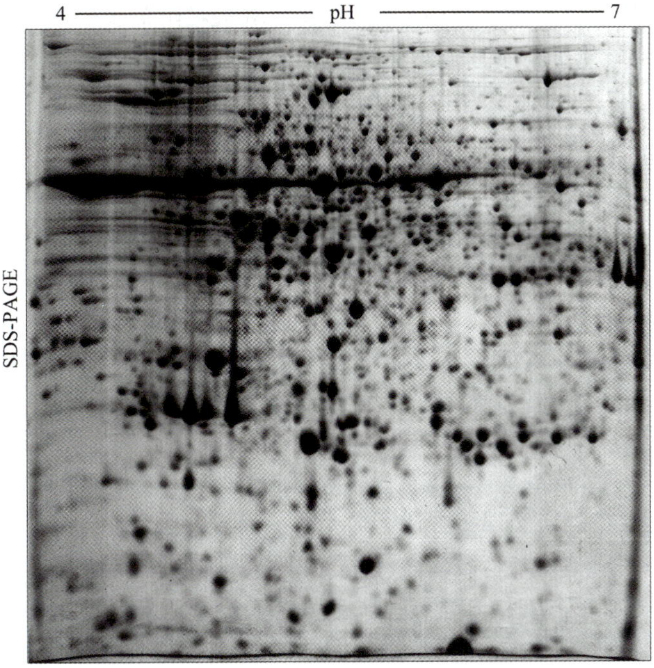

图 4-8　拟南芥叶片全蛋白双向电泳分析

（中国农业大学任东涛博士实验室馈赠）

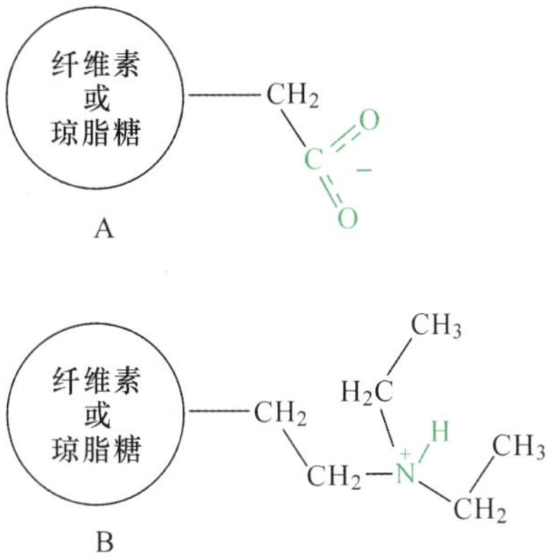

A. 为阳离子交换剂　B. 为阴离子交换剂

图 4-9　离子交换层析介质

蛋白质所带电荷的种类和数目不同，与层析介质的结合力不同。首先用大量洗脱液洗出未结合的杂蛋白，然后逐步提高洗脱液离子强度（或改变 pH），结合在凝胶上的蛋白质便按照结合力从弱到强的顺序依次洗脱下来。分别收集洗脱液，目标蛋白质会集中在某个离子强度的洗脱液中，可获得分离的蛋白质。

四、根据蛋白质吸附特性分离蛋白质

利用层析介质表面的活性基团对流动相中不同组分吸附性能差异进行分离的方法，被称为吸附层析（absorption chromatography）。当蛋白质颗粒接触到比表面积大的固体颗粒物质时，会受到表面基团的吸引而停留下来。不同蛋白质分子表面的极性及非极性氨基酸残基的数目、比例及分布不同，与固体颗粒物质的吸附作用力也就不同。选用合适的吸附剂能将蛋白质分离开来。常见的吸附层析方法有：

（一）羟基磷灰石层析（hydroxyapatite chromatography）

羟基磷灰石的主要成分是结晶磷酸钙[$Ca_{10}(PO_4)_6(OH)_2$]。以羟基磷灰石作为吸附剂，在低浓度磷酸缓冲液及低 pH 条件下，大多数蛋白质通过静电、氢键以及范德瓦耳斯力等综合作用与羟基磷灰石结合。通过提高洗脱剂磷酸根浓度或 pH，能依据蛋白质与层析介质吸附力由弱到强依次洗脱下来。

（二）疏水作用层析（hydrophobic interaction chromatography）

使用带有较强疏水基团（苯基、辛基、丁基等）的吸附剂进行的层析即为疏水作用层析。常用的吸附剂有苯基琼脂糖（phenyl-sephadex）、辛基琼脂糖（octa-sephadex）等。不同蛋白质与吸附剂的疏水作用强弱不同，因而可以被分离。

大多数球状蛋白质的疏水性氨基酸残基包埋在分子内部，不易与疏水吸附剂结合。分离这类蛋白质时，通常先在一定条件下促使蛋白质疏水基团外露，使其与疏水吸附剂紧密结合，然后改变洗脱条件（如加入非离子去污剂）使蛋白质被依次洗脱分离。疏水作用层析的实验条件通常会导致蛋白质变性，因此，此方法仅适用于易复性蛋白质的分离。

五、根据生物分子特异亲和力分离蛋白质

利用生物分子与特异配基（ligand）专一、可逆结合的特性分离大分子的层析技术称为亲和层析（affinity chromatography）。首先将特异配基共价连接到惰性凝胶（如葡聚糖、琼脂糖等）颗粒上，制成亲和层析介质。当蛋白质混合物流经亲和层析介质时，只有目标蛋白质能与配基结合；用缓冲液洗脱除去未结合的杂蛋白，最后改变洗脱条件（如缓冲液中加入较高浓度的游离配基），把目标蛋白质洗脱下来。

亲和层析快速、高效，用较少的实验步骤便可获得高纯度的目标蛋白质。以抗原为配基纯化抗体、以底物为配基分离酶、以糖为配基分离凝集素、以核酸为配基分离核蛋白和以激素信号分子为配基分离受体蛋白质等，都是常见的亲和层析方法。

近些年来，科学工作者们经常首先利用基因工程技术将待分离的蛋白质带上某种“标签”（tag），获得融合蛋白质（fusion protein），然后以含有相应配基的亲和层析介质进行纯化，从而获得大量目标蛋白质。如果所使用的配基是螯合在层析介质上的金属离子，那么这类亲和层析又称为金属螯合层析（metal chelating chromatography）。目前普遍使用的 Ni-亲和柱，就是用来分离组氨酸标签（His-tag）融合蛋白质的金属螯合层析。

第三节　蛋白质鉴定

在蛋白质分离过程中或分离后，常常需要对蛋白质的分子质量、性质、纯度、含量、等电点以及末端氨基酸等进行测定。下面重点讨论蛋白质分子质量的测定以及如何利用抗原-抗体的专一性来定性蛋白质。

一、蛋白质分子质量鉴定

（一）SDS-聚丙烯酰胺凝胶电泳（SDS-PAGE）

在普通聚丙烯酰胺凝胶电泳中，蛋白质的移动速度与蛋白质所带电荷、蛋白质分子大小和分子形状有关。如果在电泳系统中加入十二烷基硫酸钠（sodium dodecyl sulphate，SDS），即进行 SDS-PAGE，那么，蛋白质的迁移速度则只与分子质量有关。这是因为：SDS 是蛋白质变性剂，它可以破坏蛋白质分子中的氢键和疏水作用，使蛋白质发生变性；在 β-巯基乙醇存在下，蛋白质的肽链内、链间的二硫键均断裂，多肽链完全拆分、充分伸展，SDS 以其烃链与肽链分子中氨基酸残基的侧链通过疏水作用结合成复合体。在一定条件下，SDS 与大多数蛋白质的结合比（质量比）为 1.4∶1，SDS 与蛋白质的结合带来了两个后果：第一，由于 SDS 是阴离子，大量 SDS 分子的引入导致蛋白质肽链分子带上大量负电荷，使得蛋白质肽链分子原有电荷较之可以忽略，如此就消除了不同肽链原有电荷差异；第二，蛋白质肽链结合 SDS 后天然构象发生变化，通常转化为椭棒状，如此就消除了不同肽链在形状上的差异。因此，在 SDS 存在下，蛋白质肽链在电场中泳动时其迁移率仅与肽链分子质量有关。二者关系式为：

$$\lg M = a - b\mu$$

式中，M 为分子质量，a 和 b 为常数，μ 为相对迁移率——蛋白质的肽链分子在凝胶中的迁移距离与指示剂前沿距离的比值。从上式可知，蛋白质分子质量的对数与蛋白质迁移率呈线性负相关关系。

在同一块电泳凝胶上对一组已知分子质量的标准蛋白质和蛋白质样品分别进行 SDS-PAGE 分析；以标准蛋白质的迁移率为横坐标，以分子质量对数为纵坐标绘制标准曲线（图 4-10）；从未知蛋白质肽链的迁移率即可求出蛋白质该肽链的分子质量。

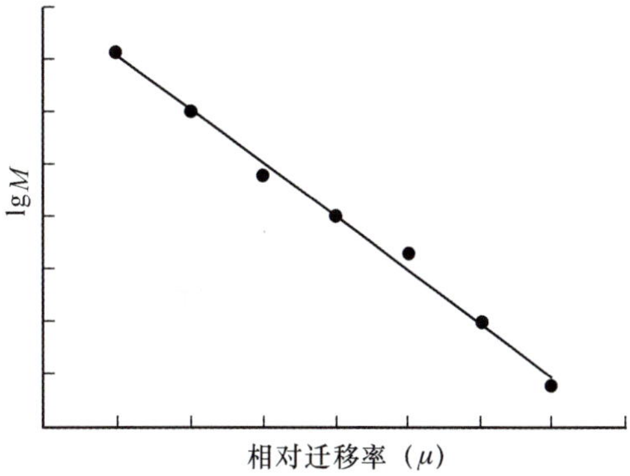

图 4-10 SDS-PAGE 分子质量测定标准曲线

用 SDS-PAGE 分析蛋白质肽链分子质量，灵敏度高，所用样品微量；用考马斯亮蓝染色可分析微克级蛋白质，用银染法可分析纳克级样品；SDS-PAGE 的另一个特点是它属于变性电泳，结果显示的是蛋白质的肽链分子质量。如果目标蛋白质由多条肽链组成，则还需要结合其他方法才能获得该蛋白质全蛋白的分子质量。

（二）凝胶过滤法

凝胶过滤原理如前文所述。葡聚糖凝胶对大于凝胶网孔的分子（如蓝色葡聚糖）完全没有阻力，洗脱这类完全被排阻的大分子所需要的体积用 V_o 表示，称为外水体积（outer volume），即从样品进入柱床凝胶到该大分子被洗脱离开层析柱所用的洗脱液体积。如果某蛋白质的洗脱体积（elution volume）用 V_e 表示，那么，该蛋白质分子质量的对数值与 V_e/V_o 值的关系如下：

$$\lg M = K_1 - K_2 V_e/V_o$$

式中，K_1、K_2 为常数，可见蛋白质分子质量的对数与 V_e/V_o 值呈线性负相关。以标准蛋白质的 V_e/V_o 值为横坐标、以分子质量对数值为纵坐标绘制一条直线；利用未知蛋白质的 V_e/V_o 值，可在标准曲线上查出分子质量。用凝胶过滤鉴定蛋白质分子质量时，蛋白质分子形状对结果有明显影响，因此，凝胶过滤法测定分子量仅适合球状蛋白质。与 SDS-PAGE 不同，凝胶过滤法测定的是天然蛋白质分子质量。

（三）沉降速度法

利用蛋白质沉降速度的差别不仅可以分离蛋白质，还可以分析蛋白质大小。蛋白质沉降速度与其分子大小、形状、密度有关，此外也与环境温度、溶剂密度及黏度等有关。在一定的离心条件下，每一种蛋白质分子将形成一条特定的区带，以一定速度向下沉降。每单位离心力场的沉降速度称为沉降系数（sedimentation coefficient）。为了表示方便，把 1×10^{-13} s（秒）作为一个斯韦德贝里单位（Svedberg unit），用“S”表示。人血红蛋白的沉降系数为 4.46×10^{-13} s，可表示为 4.46S。

Svedberg 方程描述了蛋白质分子质量与沉降系数的关系：

$$M = \frac{RTS}{D(1-\bar{\upsilon}\rho)}$$

式中，M 为蛋白质分子质量，R 为气体常数[8.314 J/(mol・K)]，T 为绝对温度，S 为沉降系数，D 为扩散系数，ρ 为溶剂密度，υ 为蛋白质分子的微分比体积（即向无限大体积的溶剂中加入 1 g 蛋白质时，溶液体积的增量；蛋白质在水中约为 0.74 cm^3/g)。由该方程可以看出，蛋白质沉降系数越大，分子质量越大。

对于比较大的多亚基蛋白质分子，常直接用沉降系数描述分子的大小。此外，沉降系数也被用于描述核酸、核糖体和病毒颗粒的大小。

上述几种方法只是鉴定蛋白质分子质量的常见方法，还有许多其他方法，如质谱法（详见第三章）。用质谱法测定蛋白质分子质量不仅灵敏度高，准确度也高，只是目前质谱能测定的分子质量上限还不高。

二、蛋白质免疫印迹分析

免疫印迹分析是一种利用凝胶电泳分离和抗原-抗体特异结合原理对蛋白质进行定性分析的现代生物化学技术。如图 4-11 所示，先将蛋白质样品进行凝胶电泳分离获得电泳胶（图 4-11A）；在凝胶上平铺一层硝酸纤维素滤膜，而后在凝胶一侧加负极，在滤膜一侧加正极，将蛋白质从凝胶上转移到滤膜上（图 4-11B）；将完成转移的滤膜置于容器中，先加入特异性抗体（一抗）进行孵育结合，再清洗除去非特异结合的一抗；与酶标二抗孵育结合后，清洗除去非特异结合的二抗（图 4-11C）；利用二抗上结合的标记分子（如辣根过氧化物酶）在特定底物中进行反应（图 4-11D），呈色底物可在膜上显出目标蛋白质条带，发光底物可以用特定扫描仪或用 X-光片曝光显示目标蛋白质条带（图 4-11E）。由于抗原-抗体反应的专一性、与二抗连接的酶反应的高效性，利用免疫印迹技术可以有效鉴定出样品中目标蛋白质是否存在，从而使蛋白质得到定性分析。

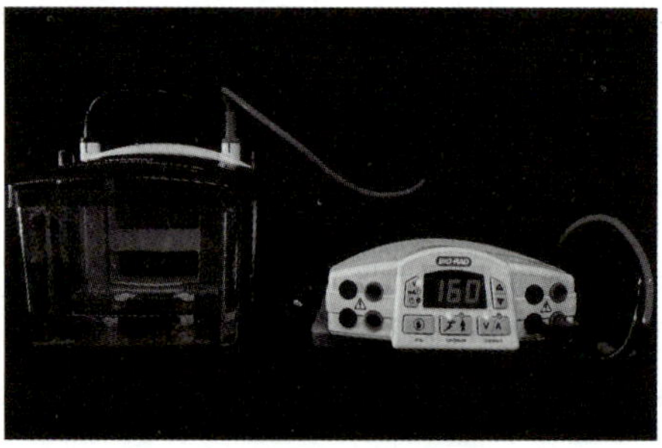

A. 蛋白质凝胶电泳

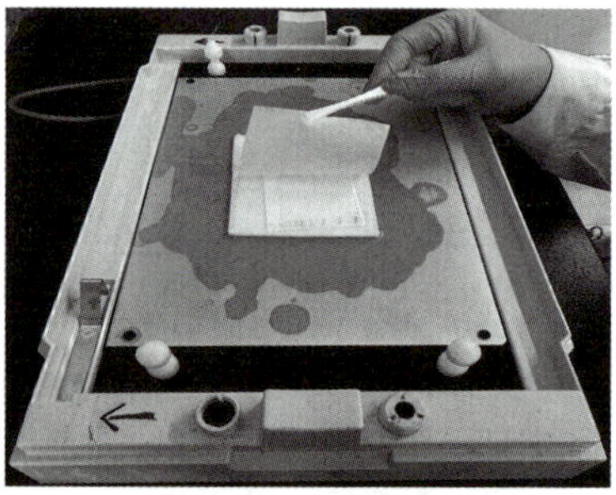

B. 蛋白质电转膜

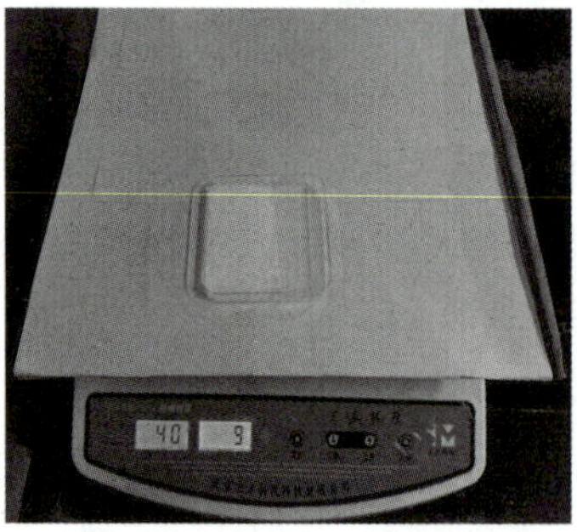

C. 封闭、一抗及二抗反应

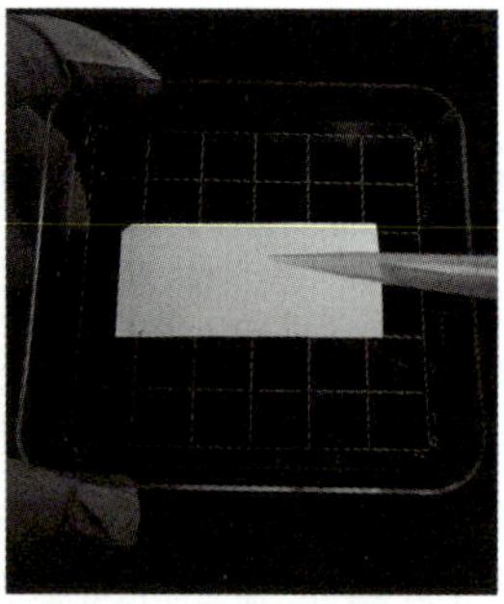

D. 二抗所标酶与底物反应

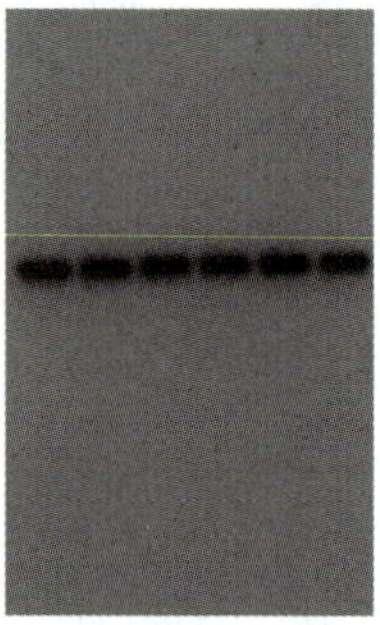

E. X- 光片显影

图 4-11　蛋白质免疫印迹原理

（拍摄者：李泽晨　吴　霜）

图 4-11 彩图

免疫印迹不仅用于定性蛋白质，通过比较不同组织、不同细胞的蛋白质条带的有无和粗细，还可以对不同生物材料的目标蛋白质表达量进行对比分析，其灵敏度很高，检测极限可以低至皮克量级蛋白质。

除免疫印迹分析外，用酶联免疫吸附测定(ELISA)也可以对溶液中微量存在的蛋白质样品进行定性或定量分析。ELISA 依据的是蛋白质的吸附能力和抗原-抗体特异性结合原理。基本过程是：首先将某种蛋白质(抗原)溶液加到塑料点滴板孔中，使蛋白质吸附到孔壁上；然后用特异抗体(一抗)与之结合，再用酶标二抗与一抗结合，最后进行显色。由于酶的催化具有高效性，微弱的抗原信号也能被检测出来。

三、蛋白质定量分析

蛋白质可与许多试剂发生显色反应。在一定浓度范围内，颜色深浅与蛋白质浓度成正比。因此，利用分光光度计比色法可对蛋白质进行定量分析。常见的显色反应有：

(一)双缩脲反应

双缩脲是由两分子尿素缩合成的化合物，分子中的两个(CO—NH)在碱性溶液中能与 Cu^{2+} 反应生成红紫色络合物，此反应为双缩脲反应(biuret reaction)(图 4-12)。多肽和蛋白质含有两个以上肽键，因此可发生双缩脲反应。该反应稳定，操作简便，但灵敏度较低，适于测定蛋白质浓度较高的样品(1～10 mg/mL)。

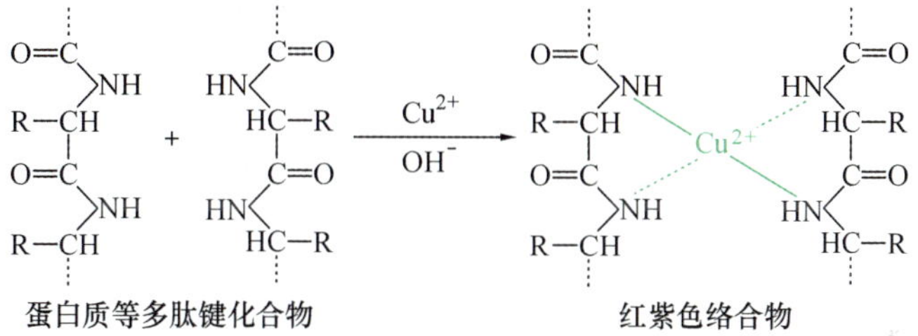

图 4-12 双缩脲反应

(二)Folin-酚反应

Folin-酚试剂法(Lorry 法)是测定可溶性蛋白质的标准方法。该方法是在双缩脲反应基础上再加入酚试剂(含磷钼酸及磷钨酸)进一步反应。蛋白质酪氨酸酚羟基将酚试剂还原成蓝色化合物(钼蓝和钨蓝的混合物)，因而可使反应灵敏度提高一个数量级。

(三)考马斯亮蓝结合反应

考马斯亮蓝(Coomassie brilliant blue)分子含有 6 个苯环和 2 个负电荷基团(图 4-13)，能够通过范德瓦耳斯力、疏水作用和静电作用与蛋白质进行结合。结合后的考马斯亮蓝颜色发生变化，故通过比色可定量蛋白质。此法操作简单，反应灵敏，可测出微克量级蛋白质样品。常用的考马斯亮蓝有两种类型：考马斯亮蓝 R-250(三甲基甲烷衍生物)和考马斯亮蓝 G-250，后者比 R-250 多 2 个甲基。由于 R-250 比 G-250 灵敏度高，而且在蛋白质浓度高时显色不符合 Beer 定律，因此，R-250 常用于电泳凝胶上的蛋白质染色，而 G-250 常用于定量溶液中的蛋白质含量。利用考马斯亮蓝 G-250 结合法定量蛋白质含量是目前常用的蛋白质定量方法，也被称为 Bradford 法。

除利用显色反应定量分析蛋白质外，还有两种简便易行的方法——凯氏定氮法和紫外吸收法，其原理在第二章、第三章已经介绍。在应用上，凯氏定氮法是通过测定总有机氮完成的，所以测定值比实际蛋白质含量要高。尽管如此，由于该法简便快捷，适合成分复杂以及不溶性

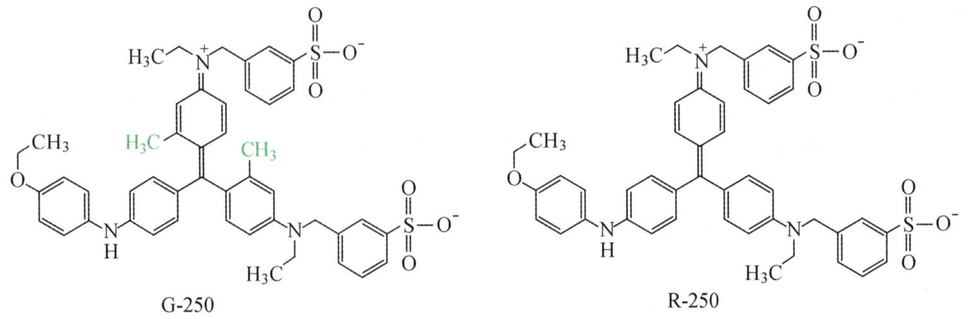

图 4-13 两种考马斯亮蓝分子

蛋白质的样品,常用于种子、牛奶等蛋白质含量测定。紫外吸收法是通过测定 280 nm 光吸收值完成的,易受其他紫外吸收物质的干扰,但由于该法测定快速,而且测定后样品不损失,常用于蛋白质纯化过程中洗脱峰的检测。测定蛋白质含量的方法很多,新方法也不断涌现。

四、蛋白质纯度测定

蛋白质纯度鉴定有多种方法,如沉降、电泳、高效液相色谱(HPLC)以及蛋白质末端分析等。最方便的方法是 SDS-PAGE。电泳胶染色后仅一条带,说明蛋白质多肽链样品达到了 SDS-PAGE 纯度。如果有多条带,通过对电泳凝胶扫描和软件分析,可以计算出目标蛋白质的纯度。

需要强调的是,由于 SDS-PAGE 是变性电泳,对于由不同多肽链组成的多聚体蛋白质,即便是纯样品也会出现多条带。另外,即使 SDS-PAGE 电泳胶上仅出现一条带,也并不意味着该样品只含一种蛋白质,如果对该条带进行二维电泳,有可能分离出多个多肽链。双向电泳能在更高水平上鉴定蛋白质纯度。

蛋白质只有在高纯度(95%以上)、天然构象一致情况下才容易结晶。因此,一个结晶纯蛋白质产品,不仅意味着纯度高,还说明活性好。在蛋白质研究中,有时特别需要获得结晶纯蛋白质。

知识拓展框

带有标签的目标蛋白质在大肠杆菌中的表达、纯化及免疫印迹鉴定

在很多生物化学试验中都会用到高纯度、大量的特定目标蛋白质(如酶等)。通常在大肠杆菌中高效表达目标蛋白质并加以纯化就成了有效而常用的方法。研究者一般会利用乳糖操纵子的原理(详见第十八章),将目标蛋白质编码基因构建在可原核表达的工具质粒中。工具质粒带有 Lac 启动子,目标蛋白质编码基因置于 Lac 启动子之后,其转录由 Lac 启动子控制。为了将来目标蛋白质纯化和检测方便,绝大多数情况下会在目标基因前或后对框(in frame)插入一段序列,这段序列可以编码特定的蛋白质或肽,如谷胱甘肽 S-转移酶(GST)和 6×His 等,这些蛋白质或肽称为标签(tag)。将构建好的质粒转化至表达用的细菌细胞(如大肠杆菌 BL21 菌株等),使细菌细胞在液体培养基中生长到一定量,加入乳糖模拟物异丙基硫代-β-D-半乳糖苷(isopropylthio-β-D-galactoside,IPTG),诱导目标蛋白质表达。目标蛋白质表达时连同标签一起表达出来。目标蛋白质是否成功表达,可以用标签抗体进行免疫印迹鉴定。如连接的是 GST 标签,免疫印迹鉴定中使用抗 GST 的抗体作为一抗;

连接的是 6×His 标签，则免疫印迹鉴定中使用抗 6×His 的抗体作为一抗。细菌中表达的目标蛋白质可能会出现在胞质的可溶性组分中，也可能出现于包涵体(inclusion body)，或是两者皆有。大多研究者喜欢可溶性表达的蛋白质，因为其常折叠完好且易提取纯化。

如图 4-14 所示，目标蛋白质连接 6×His 标签的表达、纯化和鉴定。等转化有原核表达质粒的大肠杆菌 BL21 菌株在液体培养基中生长密度达到 OD_{600} =0.4～0.6 时，加入一定浓度的 IPTG，在一定温度、一定转速(视蛋白质可溶性需要有所不同)诱导一定时间。离心收集，并悬浮于蛋白质提取液中，置于冰浴中超声破碎细胞。将诱导前样、诱导后样、诱导后上清样(可溶性)与沉淀样(包涵体)取少部分制成 SDS-PAGE 样品。含有目标蛋白质的上清液上样至 Ni^{2+} 螯合的琼脂糖凝胶柱进行亲和层析，用含低浓度咪唑的缓冲液洗去结合柱子的杂蛋白，再用含高浓度咪唑的缓冲液洗脱目标蛋白质。取少量纯化的目标蛋白质制成 SDS-PAGE 样品。这些样品经过 SDS-PAGE 后，利用抗 6×His 抗体作为一抗进行免疫印迹检测。

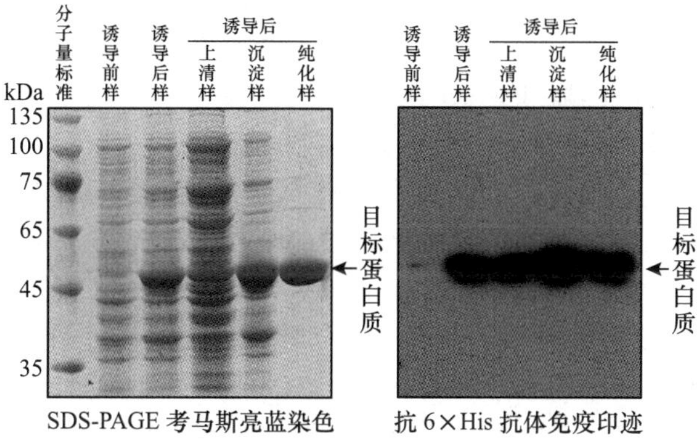

图 4-14　连有 6×His 标签的目标蛋白质的原核表达、Ni^{2+} 螯合琼脂糖凝胶柱纯化及免疫印迹鉴定

二维码 4-1
电泳技术

二维码 4-2
凝胶过滤层析

二维码 4-3
基因工程产生人血清白蛋白之路

第四章思考题

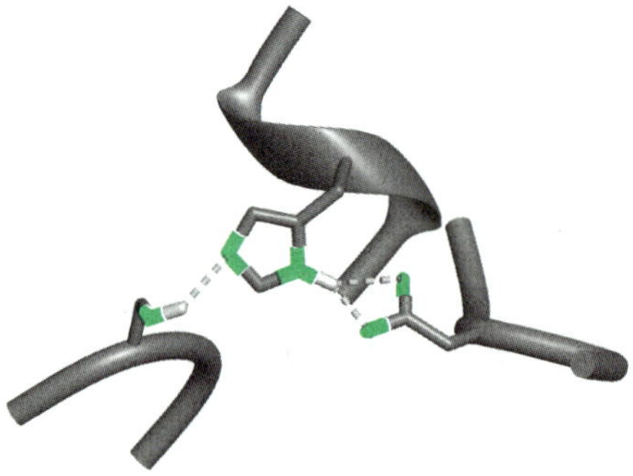

第五章　酶

第一节　导　论

生命活动依赖于细胞一系列有序的生物化学反应和这些系列反应间的“网络化”(network)互动。所有的生物化学反应都离不开一类具有催化作用的生物大分子——酶(enzyme)。

人们对酶的认识起源于生产与生活实践。我国人民在远古时代就能有意识地利用酶进行酿酒、制酱、制醋等,但人类对酶的科学认识仅始于 19 世纪。在 19 世纪初,人们认识到酵母能使糖发酵生成乙醇和 CO_2;1857 年,L. Pasteur 提出乙醇发酵必须在活细胞中由酵素“ferment”催化;1878 年 W. Kühne 提出酶“enzyme”(意指“in yeast”)的概念;1897 年 E. Büchner 用酵母提取物完成了乙醇发酵,证明发酵过程并非必须在活细胞中进行,这大大激发了人们寻找酶的热情。20 世纪上半叶,酶的发现成为生物化学领域三大发现之一。E. Büchner 于 1907 年获得诺贝尔化学奖。

随着多种酶的分离与纯化,酶的作用特点、作用规律及催化机制相继得到深入研究。L. Michaelis 和 M. Menten 在前人工作基础上,于 1913 年推导出米氏方程,定量描述了酶促反应动力学特征。J. Sumner 于 1926 年第一次从刀豆中分离出脲酶并制成结晶,证明了“酶是蛋白质”,因此获得 1946 年诺贝尔化学奖。目前,数千种酶已经通过结晶后的晶体结构解析,冷冻电镜对蛋白质结构的直接解析,获得大量的三维结构信息,使得酶学理论不断深入发展。

在 20 世纪 30 年代发现酶是蛋白质之后的半个多世纪中,人们一直认为所有酶都是蛋白质。但在 20 世纪 80 年代初期,科学家们发现有些 RNA 分子也具有酶活性。核酶(ribozyme)的发现是生物化学和分子遗传学领域的一项重大突破(详见第八章)。本章重点讨论蛋白质类酶,它们是酶的主体,有关酶学基本理论大多来自对这类酶的研究。

随着分子生物学理论和技术的快速发展,细胞中各种微量酶的研究已成为可能。从基因入手,通过基因扩增、基因过表达可以获取大量有活性的酶,这极大方便了对酶的深入研究。基因敲除与表型观察相结合,蛋白质工程与酶活性测定相结合,基因重组与蛋白质三维结构解析相结合等,这些现代生命科学技术将酶学研究推进到一个新的阶段。随着人工智能和机器学习的不断发展,酶的结构预测和设计精度极大提高,甚至酶的从头设计和应用成为可能,这为未来酶学研究的深入及应用提供了无限前景。

对酶进行深入研究不仅有利于揭示细胞内的生化反应,还具有重要的应用价值。酶学理论和酶制品已经广泛用于疾病诊断、药物设计、作物育种、病虫害防治、食品加工、工业发酵、纺织印染、日用化工等各方面。本章首先介绍酶的特征和酶促反应动力学,然后对酶催化作用的机理及酶活性的调节进行讨论。

一、酶催化作用的特点

酶是由活细胞产生的一类有催化活性的生物大分子。酶所催化的反应物称为底物(substrate,S),反应后产生的物质称为产物(product,P)。酶具有一般催化剂的作用特点:能加快反应速率,不影响反应的平衡常数,反应前后自身不发生变化,催化本质是降低反应的活化能。除此之外,作为生物催化剂,酶还有自身的作用特点:

(一)催化效率高

酶催化的高效性是酶的最大特点。酶催化反应通常比无机催化剂催化反应快 10^7～10^{12} 倍,比非催化反应效率高 10^8～10^{20} 倍。例如,绿色植物光合作用所需要的 CO_2 能快速被叶片吸收,是因为细胞中存在碳酸酐酶。该酶催化 CO_2 的水合反应:$CO_2+H_2O \rightarrow HCO_3^-+H^+$。一个碳酸酐酶分子每秒能够催化 10^6 个 CO_2 分子水合,比非催化反应快 10^7 倍。磷酸葡萄糖变位酶催化葡萄糖-1-磷酸转变为葡萄糖-6-磷酸,反应速率比非催化反应快 10^{12} 倍。过氧化氢酶催化 H_2O_2 分解为 H_2O 和 O_2 的反应速率比无机催化剂 Fe^{3+} 快 10^{10} 倍,也就是说,用过氧化氢酶在 1 s 内催化的反应,用 Fe^{3+} 作为催化剂需要 300 年才能完成。

(二)具有高度专一性

通常情况下,酶只能催化一种或一类相似的化学反应,具有高度专一性(specificity)。酶的专一性不仅表现在对底物的选择上,而且反应产物也是专一的。例如,DNA 聚合酶执行 DNA 模板指令非常精确,合成多核苷酸链的出错率不到百万分之一。

(三)酶活力受到严格调节

细胞的内外环境无时无刻不在发生变化,细胞必须做出适当反应。细胞除了对酶量(通过基因表达)进行控制外,还可以通过激活或抑制来改变酶的催化能力,及时对酶活力进行调节。细胞中存在不同的系列反应,或称代谢途径(pathway)。每个系列反应由多个酶按先后顺序进行催化,前一个酶的产物是后一个酶的底物。在一个系列反应中,第一步反应速率往往最慢,为限速步骤(rate-limiting step);整个系列反应的速率取决于限速步骤酶(限速酶)的活力。当终产物积累过多时,终产物便会对限速酶产生反馈抑制(feedback inhibition)。酶活力的调节有多种方式,详见本章第五节。

(四)反应条件温和

酶促反应能在常温、常压、中性 pH 等温和条件下进行,而无机催化剂控制的反应通常要求高温、高压。例如在几百个大气压的压力和 500 ℃左右的高温下,才能实现由氮气工业合成氨,而固氮菌中的固氮酶则能在正常生理条件下完成无机氮的固定。据统计,地球上每年生物固氮量约为 2×10^8 t。

二、酶的化学本质

(一)酶的化学本质

除了少数具有催化活性的 RNA 分子(见核酶部分)外,所有的酶都以蛋白质为主要成分,主要有以下几方面依据:

(1)酶与蛋白质有类似的元素组成,酶的分子量范围与其他蛋白质一样,在 10^4～10^6。

(2)酶和蛋白质一样有胶体性质,不能透过半透膜,有相似的沉降速率。

(3)酶具有两性解离性质,不同 pH 条件下呈现不同的离子状态,可进行电泳分离。

(4)酶经过酸碱水解后的产物是氨基酸。酶能被蛋白酶水解失活,也具有蛋白质的各种颜色反应。

(5)酶的催化活性依赖其天然构象的完整性,凡能使蛋白质变性的因素(高温、X 射线、超声波及化学试剂)也会使酶失活。

由于酶的化学本质是蛋白质,蛋白质的一级结构及空间结构均为酶的催化活性所必需。因此,在酶分离、纯化过程中应注意避开不利因素,保持酶活性是酶分离过程中应当遵循的重要原则。

(二)酶的辅因子

根据组成酶分子成分的不同,可将酶分为单成分酶和双成分酶两类。仅由蛋白质组成而不含其他物质的酶为单成分酶,主要包括一些水解酶类,如蛋白酶、脲酶、淀粉酶、脂酶和核糖核酸酶等。而其他种类的酶如转移酶、氧化还原酶等,其催化活性物质除了蛋白质外,尚需要非蛋白质成分参与,故称为双成分酶。其中蛋白质部分称为酶蛋白(apoprotein),非蛋白质部分称为辅助因子(cofactor)或者辅因子,两者结合后称为“全酶”(holoenzyme)。

在全酶的催化反应中,酶蛋白与辅助因子所起的作用不同。酶蛋白本身决定酶促反应的专一性及高效性。辅助因子有不同作用:或用于维持酶分子的活性构象,或作为电子及特殊功能基团的载体,或在酶与底物之间起连接作用,或中和离子、降低反应中的静电斥力等。酶蛋白与辅助因子单独存在时均无催化活力,只有在结合状态时才表现出完全的酶活力。

酶的辅助因子有如下 3 类:

(1)无机离子,如碳酸酐酶的 Zn^{2+}、精氨酸酶的 Mn^{2+}。

(2)金属有机化合物,如细胞色素氧化酶的铁卟啉。

(3)小分子有机化合物,如许多 B 族维生素及其衍生物。

根据与酶的结合程度,辅助因子分为辅酶(coenzyme)和辅基(prosthetic group)。辅酶与酶蛋白结合疏松,可通过透析等物理方法除去,如苹果酸脱氢酶的辅酶 NAD^+。去掉辅助因子的酶蛋白称为脱辅酶(apoenzyme)。辅基与酶蛋白结合紧密,不能通过透析方法除去,如细胞色素氧化酶的辅基铁卟啉。

酶蛋白的种类远远多于辅酶和辅基。因为一种酶蛋白只能专一地与一种辅酶(或辅基)结合,成为一种特异的酶,但一种辅酶(或辅基)往往能与不同的酶蛋白结合构成反应性质相似的酶,如各种转氨酶的辅酶均为磷酸吡哆醛。

(三)酶组成形式

根据酶的蛋白质组成形式,可将酶分为以下几种:

1. 单体酶

由一条肽链组成,如牛胰核糖核酸酶。单体酶种类比较少,一般为水解酶类,分子量为 13×10^3~15×10^3。有时,一条多肽链在形成酶的过程中因活性需要而发生了肽键断裂,但各肽段之间有共价键连接(如二硫键),这样的酶可以看作单体酶(monomeric enzyme),如胰凝乳蛋白酶(详见本章第五节)。

2. 寡聚酶

由 2 个或 2 个以上亚基组成。亚基可以相同,也可以不同。如 3-磷酸甘油醛脱氢酶由 4 个相同亚基组成,原核生物 RNA 聚合酶由 5 种不同亚基组成。亚基游离时无活性,聚合后才有活性。绝大多数寡聚酶(oligomeric enzyme)含有偶数亚基,以对称形式排列。

3. 多酶体系

由2个以上功能相关的酶组成,酶成员之间分工合作,依次催化一个系列反应。在这样的反应中,前一个酶的反应产物往往是后一个酶的反应底物。在多酶体系(multienzyme system)中,有的酶以游离状态存在,只是功能上有联系;有的酶则靠非共价键紧密结合在一起,构成多酶复合体(multienzyme complex)。多酶复合体可以通过降低底物和产物的扩散限制,提高反应效率。如细菌的脂肪酸合酶复合体,由6个酶和1个酰基载体蛋白组成(详见第十二章)。

除了上述形式的酶外,人们还发现,有些酶在一条肽链上同时表现出多种酶活性,这类酶称为多功能酶(multifunctional enzyme)。例如:哺乳动物脂肪酸合酶(fatty acid synthase)的每一条多肽链都包含酰基转移、水合、还原等多个酶活性,该酶以二聚体形式发挥功能(详见第十二章)。

三、酶的命名和分类

(一)酶的习惯命名

1961年以前,酶的名称都是采用习惯命名法。有的根据底物命名,如水解淀粉、蛋白质和脂肪的酶分别称为淀粉酶、蛋白酶和脂酶;有的根据催化反应性质命名,如转氨酶、水解酶、脱氢酶等;有的将底物和催化性质同时考虑,如乳酸脱氢酶、柠檬酸合酶等;还有的在名称中显示出酶的来源或特点,如胃蛋白酶、胰蛋白酶、碱性磷酸酯酶等。习惯命名比较简单,应用历史较长,但缺乏系统性,有时出现一酶数名或一名数酶情况。尽管如此,许多常见酶的习惯名称至今仍普遍使用。

(二)酶的系统命名

为适应酶学发展需要,避免命名重复,国际酶学委员会(Enzyme Commission,EC)于1961年制定了一套系统命名规则:一种酶用一个系统名称和一个酶分类号表示。其中,系统名称须明确表明底物及催化反应性质,多底物时底物之间以":"隔开,若底物之一是水可略去不写(表5-1)。

表5-1 习惯名称和系统名称的比较

习惯名称	系统名称	催化反应
转氨酶	丙氨酸:α-酮戊二酸氨基转移酶	丙氨酸+α-酮戊二酸⇌谷氨酸+丙酮酸
己糖激酶	ATP:己糖磷酸转移酶	ATP+*D*-葡萄糖⇌ADP+*D*-葡萄糖-6-磷酸

1961年,酶学委员会按照酶促反应的类型将酶分成:氧化还原酶、转移酶、水解酶、裂合酶、异构酶、合成酶六大类。在2018年酶学委员会又宣布增加了一类:易位酶。目前酶的类型总共包括7类。分别用数字1~7表示(表5-2);根据底物中被作用的基团或键的特点,将每一大类分为若干个亚类,每个亚类又分为若干个亚亚类,均用编号1、2、3……表示。一个酶的编号由4个数字组成,中间以"."隔开,前面冠以EC。第1个数字表示大类,第2个数字表示亚类,第3个数字表示亚亚类,第4个数字是该酶在亚亚类中的排序。如羧肽酶(EC 3.4.17.1)、胰蛋白酶(EC 3.4.21.4)和脲酶(EC 3.5.1.5)分类号的具体含义见表5-3。要了解某种酶的系统名称和分类号,可查阅《酶学实验手册》,也可访问酶学委员会网站(https://iubmb.qmul.ac.uk/enzyme/)。

表 5-2 酶的国际系统分类

编号	种类	反应类型	反应式	举例(习惯命名)
1	氧化还原酶类 (oxidoreductase)	转移电子或氢原子	$AH_2+B \rightleftharpoons A+BH_2$	乳酸脱氢酶
2	转移酶类 (transferase)	基团转移	$AR+B \rightleftharpoons A+BR$	谷丙转氨酶
3	水解酶类 (hydrolase)	水解反应	$AB+H_2O \longrightarrow AOH+BH$	淀粉酶
4	裂合酶类 (lyase)	向双键引入基团或逆反应	$AB \rightleftharpoons A+B$	脱羧酶
5	异构酶类 (isomerase)	基团在分子内部重排形成异构体	$A \rightleftharpoons B$	酮醛异构酶
6	连接酶类 (ligase)	通过偶联 ATP 水解发生缩合反应形成 C—C、C—S、C—O、C—N 键	$A+B+ATP \longrightarrow AB+ADP+P_i$	谷氨酰胺合成酶
7	易位酶类 (translocase)	催化离子或分子跨膜转运的反应或者在细胞膜内从面 1 转移到面 2 的反应	ATP+ H_2O + *L*-Tyr-[Tyr 结合蛋白]$_{[面1]}$ = ADP + PO_4^{3-} + *L*-Tyr$_{[面2]}$ + [Tyr 结合蛋白]$_{[面1]}$	ABC 型酪氨酸转运体

表 5-3 几种水解酶的分类编号含义

名称	酶编号		分类	类型
羧肽酶 A	EC 3.4.17.1	3	第 3 大类	水解酶类
		4	第 4 亚类	作用于肽键
		17	第 17 亚亚类	金属羧肽酶
		1	顺序号	1
胰蛋白酶	EC 3.4.21.4	3	第 3 大类	水解酶类
		4	第 4 亚类	作用于肽键
		21	第 21 亚亚类	丝氨酸蛋白酶
		4	顺序号	4
脲酶	EC 3.5.1.5	3	第 3 大类	水解酶类
		5	第 5 亚类	作用于非肽键 C—N
		1	第 1 亚亚类	内链酰胺
		5	顺序号	5

随着分子生物学研究的快速进展，有些酶的发现滞后于基因鉴定，也就是说先发现一个基因并命名，后来才证明它的产物是一种酶，学者们在论文中习惯直接将基因名称转写为酶的名称。转写时，只需要将其中的小写字母改为大写字母即可(如 Tkp 转写为 TKP)。这种名称只是暂时的，随着酶学性质和作用机制的明晰，它的系统名称和分类号将得到确定。

第二节　酶活力测定

一、酶活力

酶活力(enzyme activity)也称酶活性，是指酶催化某一化学反应的能力。测定酶活力，就要测定酶促反应速率。酶反应速率越大，酶活力越高。

酶促反应速率是用单位时间内底物的消耗量或产物的生成量来表示。与底物相比，产物从无到有，浓度变化大，容易检测，所以多数情况下是通过产物的生成量来测定酶促反应速率。

二、酶活力测定的基本原则

图 5-1 是一个典型的酶促反应进程曲线，显示不同时间反应体系中产物积累的规律。在反应初期，产物浓度随反应进程成正比例增加；随着时间的延长，曲线逐渐平坦，反应速率逐步下降；到一定时间，产物浓度趋向平衡。呈现此种规律的可能原因主要有 3 个：①随着底物减少，产物浓度增加，逆反应速率加快；②产物对酶的反馈抑制作用；③部分酶分子失活。因此，要准确获得酶的催化活力，必须测定初速度(initial velocity)，即 v_0。从理论上来讲，v_0 是 $t_0=0$ 时的反应速率，但实际上，在最初短时间内(t_1)，底物浓度远高于产物，此时产物生成量几乎与时间成正比，因此可以理解为初速度。只有初速度能反映酶的真实催化能力。测定初速度是测定酶活力需要坚持的一个重要原则。

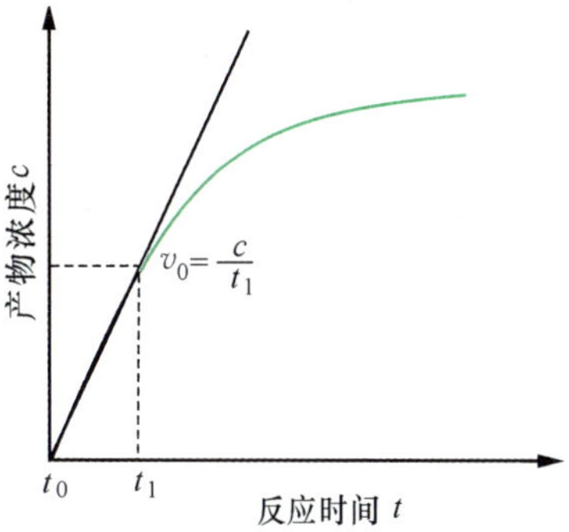

图 5-1　酶促反应进程曲线

测定酶活力还要坚持另外两个原则：一个是反应体系中的底物浓度要大大超过酶量，因为酶促反应速率很快，如果底物浓度不够，将限制酶活力的发挥；另一个是要在最适条件下进行酶活力测定，即适宜的反应温度、pH 和离子强度等。

通常在测定产物浓度前需要先终止酶促反应，以保证酶反应初速度测定的准确性。

终止酶反应有多种方法，最常用的体系是在反应中加入 10%三氯乙酸使酶失活沉淀。然后根据产物特定的物理或化学特性，选用合适的方法对产物浓度进行测定，如化学滴定法、分光光度法、电化学法、同位素测定法等。

三、酶活力的表示

酶活力可直接用反应速率表示，但应用最多的是酶的活力单位和酶比活。

(一)酶活力单位

1961 年国际酶学委员会规定：一个酶活力国际单位(international unit，IU)是指在最适反应条件(温度 25 ℃)下，1 min 能催化 1 μmol 底物转化为产物所需的酶量。不过，在实际应用过程中，常常测定的是反应产物的量，因此人们通常将 1 min 能催化生成 1 μmol 产物的酶量作为 1 个酶活力单位。例如，1 μg 酶制剂用 1 min 能催化生成 1 μmol 产物，那么，对这种酶来讲，1 μg 酶就相当于 1 IU。一般用酶活力单位数表示酶量。在购买酶制剂时不是要看有多少克酶，而是要看有多少酶活力单位数。

虽然用酶活力国际单位是规范用法，但实际工作中，也还有不少人采用习惯用法的活力单位(U)进行酶活力的相对比较，有时甚至直接用测得的物理量，如单位时间内光吸收的变化($\Delta A/\Delta t$)表示。因此，在比较酶活力单位数时，一定注意酶活力单位的具体定义。

(二)酶的比活力

酶的比活力(specific activity)是指每毫克酶制剂中所含的酶活力单位数(U/mg)。也可用每克或每毫升酶制剂含有的活力单位数表示(U/g 或 U/mL)，或直接用“μmol/(min · mg)”表示。

通过比较同种酶、不同剂型产品的酶的比活力，不仅可以了解单位质量酶的催化能力，还可以了解活性酶的纯度。一般来讲，不同样品中所含同一种酶的比活力越大，表示活性酶的纯度越高。需要强调的是，如果没有活性，一个酶制剂的酶蛋白质再纯也没有意义。因此，在酶的分离纯化过程中，不仅要追求酶的纯度，更要注重保持酶的活力。

四、酶活力追踪

无论是酶的基础研究还是应用性生产，常需要从各种生物材料中分离纯化酶，所用技术与蛋白质分离纯化技术相同，而且也需要经过多个步骤才能完成。所不同的是，在酶分离纯化过程中，为了获得有活力、高纯度的酶制剂，需要在经历每一个纯化步骤后追踪酶活力。一般用“总活力”“纯化倍数”“回收率”鉴别纯化效果，它们的具体含义是：

总活力＝U/mL×总体积

或总活力＝U/mg×总蛋白质量

纯化倍数＝酶制剂的比活力/粗提酶的比活力

回收率＝酶制剂总活力/粗提酶总活力

例如，一个 100 mg 的酶粗提液，测定比活力为 1 IU/mg，此时，酶总活力为 100 IU；经过亲和柱层析进行纯化后，获得 2 mg 的样品，测定酶比活力为 35 IU/mg，此时酶总活力为 70 IU。那么，酶的纯化倍数为 35，酶的回收率为 70%。

一般来说，如果操作正确，随着纯化步骤的进行，酶纯度不断增加，比活力也随之升高。但酶的总活力会有所降低，这是因为操作步骤越多，酶量损失越大。如果在原始酶液中存在某种酶活性抑制因素，也会出现随纯化步骤增加酶总活力升高的现象。总活力损失越少，表明酶的回收率越高。

在溶液系统中，酶完成催化反应后很难再回收利用。为了节约酶制品，一般采用微量反应系统。在现代化酶催化的产品生产中，为了提高酶的利用效率，通常将酶与惰性载体(如纤维素、葡聚糖)共价结合或包埋在薄膜微囊中，制备成不溶性的固定化酶(immobilized enzyme)。固定化酶的主要优点是反应产物容易移走，但不减少酶，这不仅可以提高酶的使用效率，还利于实现生产自动化，提高产品质量和产率。

第三节　酶促反应动力学

酶促反应动力学(kinetics of enzyme-catalyzed reaction)是研究酶促反应速率及各种因素对酶促反应速率影响规律的科学。影响因素主要有底物浓度、pH、温度、酶浓度、抑制剂和激活剂等。研究酶促反应动力学规律，不仅有利于酶功能及酶作用机理的阐明，而且在疾病诊断与治疗、药物设计与开发、食品工业以及农业病虫害防治等方面具有重要的实际意义。

一、底物浓度对酶促反应速率的影响

（一）酶促反应速率与底物浓度的关系

对许多单底物酶促反应，酶促反应速率 v_0 与底物浓度[S]的关系如图 5-2 所示。在底物浓度较低时，反应速率随底物浓度增加成正比升高，为一级反应；随着底物浓度继续增加，反应速度不再按正比例升高，呈现混合级反应；当底物浓度增高到一定值时，反应速率达到最大值（V_{max}），此时，反应速率与底物浓度无关，为零级反应。v_0 对[S]的曲线为双曲线。

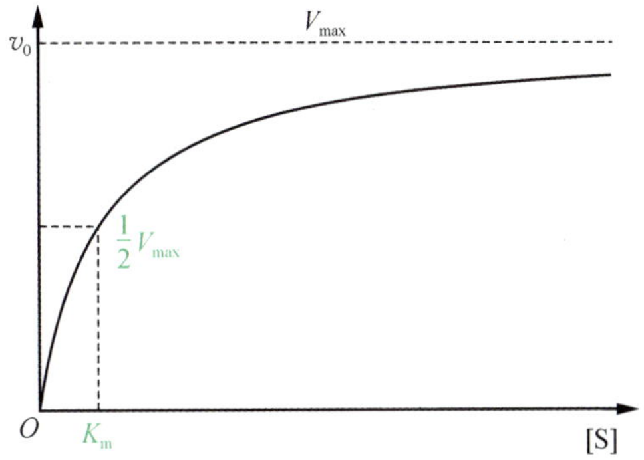

图 5-2　酶促反应初速率与底物浓度的关系曲线

反应速率随底物浓度变化呈现双曲线型（hyperbolic curve），说明酶促反应具有“底物饱和效应”，这是酶促反应的一个鲜明特征。为解释底物饱和效应，V. Henri 等提出“酶-底物中间复合物”假说，认为底物在转变为产物以前，先与酶（E）形成中间复合物（intermediate complex），后者再转化为产物。中间复合物假说后来得到许多实验证据的支持，如 E 和 S 能发生共沉降，ES 复合物晶体结构被解析等。

1913 年，L. Michaelis 和 M. Menten 发展了前人有关酶学的理论，提出一个简单模型用于解释酶促反应动力学特征，即：

$$E+S \longleftrightarrow ES \longrightarrow E+P$$

这个模型基于多个假设，其中两个重要假设是：①酶与底物的结合非常快，快速达到平衡，为可逆反应；②ES 形成产物（P）是限速步骤，在测定时间内所形成产物量不可能引起明显的可逆变化。L. Michaelis 和 M. Menten 就此推导出最初的“米氏方程”，用于定量描述底物浓度与酶促反应速率的关系。为了更科学地阐述这个问题，G. E. Briggs 和 J. B. S. Haldane 于 1925 年提出稳态假说（steady state assumption）（图 5-3），认为酶促反应开始后，产物浓度[P]递增，底物浓度[S]递减，但中间复合物[ES]会在极短时间内浓度达到一定值，即进入稳态，而且在之后相当一段反应时间内保持[ES]浓度不变；此时，反应系统中 ES 的形成速率和分解速率（包括解离为 E+S 和产生 E+P）接近相等。稳态理论的提出使米氏方程得到进一步完善。

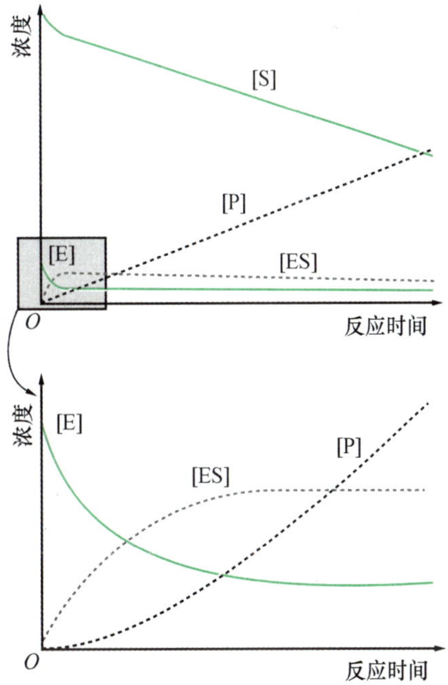

图 5-3　酶促反应稳态假说

为了纪念 L. Michaelis 和 M. Menten 在酶学研究领域的贡献，修饰后的米氏方程仍称为米氏方程，即：

$$v_0=\frac{V_{max}[S]}{K_m+[S]}$$

(二)米氏方程的推导与米氏常数 K_m

在酶促反应中,E、S 形成 ES 的正向反应速率常数设为 k_1,逆向反应速率常数设为 k_{-1},ES 形成产物的速率常数设为 k_2。按照化学反应规律,在给定条件下,一个反应的速率与各反应物浓度的乘积成正比,比例常数用 k 表示,即反应速率常数。反应速率常数的物理意义是反应物浓度为单位浓度时的反应速率。

$$E+S \underset{k_{-1}}{\overset{k_1}{\rightleftharpoons}} ES \xrightarrow{k_2} E+P$$

米氏方程的推导基于多个假设,其中有 3 个基本假设:①ES 中间产物的形成是一个可逆反应,并能快速达到平衡;②ES 转变为产物速率很慢,为限速步骤;③反应在稳态下进行,ES 的生成速率与分解速度相等。

米氏方程具体推导过程如下:

ES 形成速率为:$d[ES]/dt=k_1([E_t]-[ES])([S]-[ES])$

式中,$[E_t]$表示酶的总浓度。因为在反应系统中$[S]\gg[E]$,所以,相对于$[S]$,$[ES]$可以忽略不计,故上式简写为:

$$d[ES]/dt=k_1([E_t]-[ES])[S] \tag{5-1}$$

ES 分解速率为:

$$-d[ES]/dt=k_{-1}[ES]+k_2[ES] \tag{5-2}$$

在稳态时,$k_1([E_t]-[ES])[S]=k_{-1}[ES]+k_2[ES]$

将上式移项整理得:

$$([E_t]-[ES])[S]=\frac{k_{-1}+k_2}{k_1}[ES] \tag{5-3}$$

令

$$\frac{k_{-1}+k_2}{k_1}=K_m$$

代入式(5-3),得:

$$([E_t]-[ES])[S]=K_m[ES] \tag{5-4}$$

整理得:

$$[ES]=\frac{[E_t][S]}{K_m+[S]} \tag{5-5}$$

由于限速步骤的存在,整个反应的速率(v_0)与稳态时中间产物的浓度[ES]成正比,即:

$$v_0=k_2[ES] \tag{5-6}$$

将式(5-5)代入式(5-6)得:

$$v_0=k_2\frac{[E_t][S]}{K_m+[S]} \tag{5-7}$$

在反应系统中,当所有酶分子都与底物结合时,$[E_t]=[ES]$,反应速率达到最大值(V_{max}),故:

$$V_{max}=k_2[E_t] \tag{5-8}$$

将式(5-8)转写为 $k_2=V_{max}/[E_t]$,并代入式(5-7),整理后即得米氏方程:

$$v_0=\frac{V_{max}[S]}{K_m+[S]}$$

式中，V_{max} 为最大反应速率，是酶在完全被底物饱和情况下所能达到的速率。K_m 为米氏常数(Michaelis constant)。V_{max} 和 K_m 是两个重要的酶学常数。米氏方程定量描述了酶促反应初速率与底物浓度的关系。

从米氏方程可以看出，v_0 是底物浓度[S]的函数。当$[S]\ll K_m$ 时，分母中的[S]可以忽略，方程可改写为：$v_0=\frac{V_{max}}{K_m}[S]$，此时 v_0 与[S]成正比，酶促反应为一级反应；当$[S]\gg K_m$ 时，式中的 K_m 可以忽略，方程可改写为：$v_0=V_{max}$，此时 v_0 达到最大，反应速率与底物浓度无关，酶促反应为零级反应。该规律和实际测得的 v_0-[S]曲线所显示的酶促动力学特征是一致的。

从米氏方程可以推出 K_m 的物理意义：

当 $v_0=\frac{1}{2}V_{max}$ 时，代入米氏方程得 $\frac{V_{max}}{2}=\frac{V_{max}[S]}{K_m+[S]}$

上式重排得： $K_m=[S]$

可见，K_m 的物理意义是指酶促反应达到最大速度一半时的底物浓度。K_m 的单位与底物浓度单位一致，为 mol/L(或 M)。

K_m 有多种应用：

(1)K_m 是鉴别酶的一个指标　在特定条件下，K_m 只与酶的性质有关，与酶的浓度无关，K_m 是酶的一个特征常数。大多数酶的 K_m 值为 $10^{-6}\sim10^{-1}$ mol/L。

酶的 K_m 值如果发生变化将导致相应的生理变化。酒精过敏者一喝酒就骤然脸红，并伴随心跳加快，这与乙醛脱氢酶的 K_m 值有关。乙醇进入体内需要在肝脏中完成代谢：首先在乙醇脱氢酶作用下生成乙醛，再由乙醛脱氢酶氧化成无害物质乙酸。大多数人有两种形式的乙醛脱氢酶，线粒体形式的 K_m 比较低，细胞质形式的 K_m 比较高。酒精过敏者的线粒体乙醛脱氢酶因发生一个氨基酸的代换而缺乏酶活性，只有细胞质乙醛脱氢酶起作用。该酶 K_m 高，需要乙醛积累到一定浓度时才有催化作用，过敏症状就是由乙醛的大量积累引发的。

(2)K_m 值反映酶与底物的亲和力，K_m 值越大，亲和力越小　米氏方程推导中有一个设定：$K_m=(k_{-1}+k_2)/k_1$，因为 k_1 是 ES 形成的速率常数，k_{-1} 为 ES 解离为 E 和 S 的逆向速率常数，k_2 为 ES 分解为 P 的速率常数，因此，从这个方程式可以看出，K_m 实际上反映的是 ES 的相对解离情况；如果将方程两侧取倒数，即 $1/K_m=k_1/(k_{-1}+k_2)$，可以看出，$1/K_m$ 实际上是酶的一个亲和常数，反映的是酶与底物的亲和力。$1/K_m$ 越大，表示酶与底物的亲和力越大。但对于催化多底物、多步骤反应的酶，K_m 可以看成是结合有底物、中间产物的酶的整体解离常数，即表观解离常数，在这些情况下，不宜用 K_m 表示酶与底物的亲和力。

(3)从 K_m 值判断酶的最适底物　如果一种酶有多种底物，K_m 值最小的底物为该酶的最适底物。例如，蔗糖酶以蔗糖或棉子糖为底物时，K_m 值分别为 28 mmol/L 和 320 mmol/L，表明蔗糖酶与蔗糖的亲和力远大于棉子糖，蔗糖是该酶的天然底物。

(4)从 K_m 值判断反应方向和代谢方向　在一个可逆反应中，酶对正向和逆向反应底物的 K_m 值不同，K_m 越小，此方向的反应越容易进行。当同一底物被多种酶催化时，K_m 值小的酶决定代谢方向，如丙酮酸可以被乳酸脱氢酶、丙酮酸脱氢酶和丙酮酸脱羧酶 3 种酶催化，分别形成乳酸、乙酰-CoA 和乙醛；3 种酶的 K_m 值分别为 1.7×10^{-5}、1.3×10^{-3} 和 1.0×10^{-3} mol/L。当体内丙酮酸浓度明显低于 10^{-3} mol/L 时，乳酸脱氢酶优先催化丙酮酸生成乳酸。

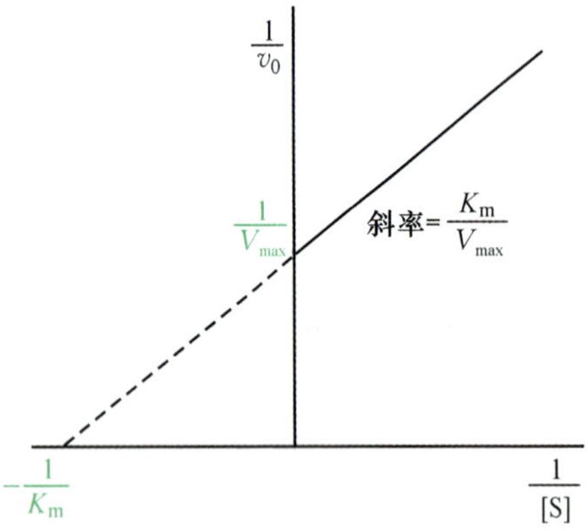

图 5-4　双倒数作图法

(三) K_m 和 V_{max} 的求法

测定 K_m 和 V_{max} 的方法有多种，最常用的是 Lineweaver-Burk 双倒数作图法。在米氏方程两侧取倒数得：

$$\frac{1}{v_0}=\frac{K_m}{V_{max}}\frac{1}{[S]}+\frac{1}{V_{max}}$$

式中，K_m、V_{max} 均为常数，$1/v_0$ 是 $1/[S]$ 的函数，为线性关系。分别在不同底物浓度下测定酶促反应初速率，然后以 $1/v_0$ 为纵坐标、$1/[S]$ 为横坐标，即得一直线（图 5-4）。直线斜率为 K_m/V_{max}，纵轴截距为 $1/V_{max}$。将直线延长至横坐标轴，X 值即为 $-1/K_m$。测得此处 X 值，即可求出：$K_m=-1/X$。测得纵坐标轴截距，还可以计算出 V_{max}。

(四) 其他米氏动力学参数

1. 转换数 (K_{cat})

从米式方程推导式(5-8)可知，当[S]很高时，$V_{max}=k_2[E_t]$，V_{max} 与 $[E_t]$ 呈线性关系，k_2 为该直线的斜率，是一级反应速率常数，或称为催化常数（K_{cat}），单位为 s^{-1}。K_{cat} 又称为酶的转换数（turnover number），其含义是酶被底物饱和时，每秒钟每一酶分子（或每一活性部位）转化底物的分子数。

将 $V_{max}=K_{cat}[E_t]$ 代入米氏方程，得：

$$v_0=K_{cat}\frac{[E_t][S]}{K_m+[S]} \tag{5-9}$$

在底物充足时，K_{cat} 值越大，酶的催化速度越高，故可用 K_{cat} 表示酶的催化效率。碳酸酐酶的 K_{cat} 值是 $1.0\times10^6\ s^{-1}$，过氧化氢酶的 K_{cat} 值是 $4.0\times10^7\ s^{-1}$，后者的催化效率高于前者（表 5-4）。

表 5-4　几种酶的动力学参数

酶	底物	K_{cat}/s	$K_m/(mol/L)$	$K_{cat}/K_m/[L/(mol\cdot s)]$
乙酰胆碱酯酶	乙酰胆碱	1.4×10^4	9.0×10^{-5}	1.6×10^8
延胡索酸酶	延胡索酸	8.0×10^2	5.0×10^{-6}	1.6×10^8
	苹果酸	9.0×10^2	2.5×10^{-5}	3.6×10^7
碳酸酐酶	CO_2	1.0×10^6	1.2×10^{-2}	8.3×10^7
过氧化氢酶	H_2O_2	4.0×10^7	1.1	4.0×10^7

2. K_{cat}/K_m

在生理条件下，大多数酶促反应并非在底物饱和状态下进行，因此，单用 K_{cat} 往往不能准确反映 ES 复合物转变为产物的速率。当 $[S]\ll K_m$ 时，游离酶浓度 $[E_f]\approx[E_t]$，式(5-9)可以写成以下形式：

$$v_0=\frac{K_{cat}}{K_m}[E_f][S] \tag{5-10}$$

这是一个二级反应方程，反应速度不仅与[S]有关，还取决于游离酶的浓度$[E_f]$。因此，K_{cat}/K_m 为二级反应速率常数，其单位是 L/(mol・s)或 $M^{-1}s^{-1}$。K_{cat}/K_m 值有一个上限，即底物和酶结合为 ES 复合体的速率常数 k_1，而 k_1 的数值不能超过反应物在水中扩散的速率常数($10^8 \sim 10^9$ $M^{-1}s^{-1}$)。从表 5-4 的数据看出一些酶的 K_{cat}/K_m 值已达到或接近这个范围，表示已经基本达到最佳催化效果，它们催化一个反应时必须每一时刻都与底物分子发生碰撞。

在比较不同酶的催化效率或同一个酶对不同底物的催化效率时，最有意义的参数是给出酶的 K_{cat}/K_m。因为有的酶虽然 K_{cat} 高，但 K_m 也高；而有的酶虽然 K_{cat} 低一些，但 K_m 也低，在底物含量少时也能有效工作。碳酸酐酶和过氧化氢酶相比，前者 K_{cat}/K_m 高于后者(表 5-4)，说明碳酸酐酶催化效率更高，这和单纯比较 K_{cat} 值结论不同。就延胡索酸酶而言，如果以苹果酸为底物，虽然 K_{cat} 值大，但是由于酶 K_m 值高，其 K_{cat}/K_m 值低于底物是延胡索酸时的 K_{cat}/K_m，所以催化效率低。K_{cat}/K_m 也称为酶的专一性常数(specificity constant)。

二、温度对酶促反应速率的影响

温度对酶反应速率具有重要影响，酶的反应速率-温度曲线为钟形(图 5-5)，钟形图顶端所对应的反应温度称为最适温度(optimum temperature)，即反应速率达到最大时的温度。温度对酶促反应的影响主要有两个方面：一方面，随着温度升高，活化底物分子数会增加，因而反应速率加快；另一方面，当温度达到一定数值后，继续升高温度会引起酶变性，导致反应速率降低。酶反应的最适温度就是这两种过程平衡的结果。在低于最适温度时，前一种效应为主；在高于最适温度时，后一种效应为主。

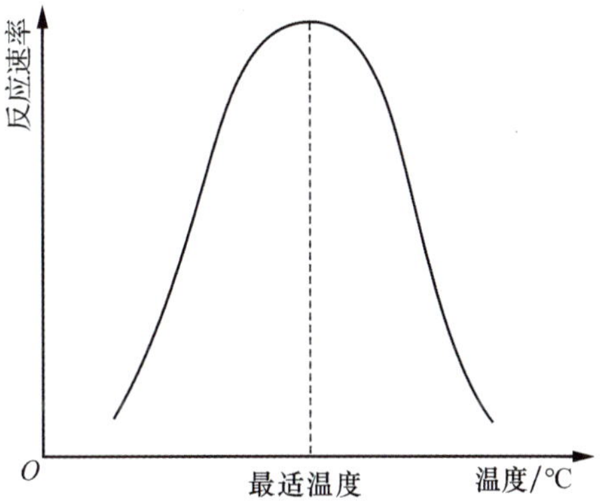

图 5-5　温度对酶促反应速率的影响

酶最适温度与底物种类、作用时间等因素有关，因此不是酶的特征物理常数。一般来说，作用时间越长的酶，最适温度越低。低温条件虽然降低了酶的活性，但能延长酶的寿命，这就是为什么酶试剂保存要求低温的原因。事实上，临床上低温麻醉就是利用低温能使酶活性降低，从而减慢组织代谢速度，使机体适应因麻醉引起的氧气和营养物质的缺乏。

温血动物来源的酶最适温度一般在 35～40 ℃，接近体温；动物来源的酶在 60 ℃时活性会显著降低，到 80 ℃几乎完全变性失活。植物酶最适温度多在 40～50 ℃，微生物酶最适温度差别较大。有些耐高温的酶具有重要的应用价值，如 *Taq* DNA 聚合酶最适温度为 70 ℃，是当前基因克隆、分析中常用商品酶。而有些耐高温的酶反而给科学研究带来麻烦，如核糖核酸酶(RNase)在 100 ℃仍有活性，要想灭活该酶，必须用更强烈的手段(详见第八章)。

三、pH 对酶促反应速率的影响

酶只在一定 pH 范围内有活性。在此范围内，酶促反应速率随 pH 升高而增加，直到最大，然后开始降低，大多数酶的反应速率-pH 曲线也是类似于图 5-5 的钟形曲线。反应速率达到最大时的溶液 pH，称为酶的最适 pH(optimum pH)。pH 对酶催化活性的影响主要表现在：①影响酶分子构象的稳定性。酶是蛋白质，过酸过碱都会引起酶分子构象发生变化而失活。②影响酶分子的解离状态。酶分子上存在许多极性基团(氨基、羧基、咪唑基、巯基等)，它们的解离状态容易受环境 pH 的影响。酶只有在一定解离状态时才能与底物结合，表现出活性。例如，胃蛋白酶在正离子状态下有活性。③影响底物的解离。许多底物具有离子特性，酶只与某种解离状态的底物才形成复合物。例如，当 pH＝9.8 时，精氨酸酶的底物——精氨酸能解离成正离子，而酶本身能解离成负离子，此时酶活性最大。

动物酶最适 pH 一般在 6.5～8.0，植物酶与微生物酶最适 pH 多在 4.5～6.5。也有例外，如胃蛋白酶最适 pH 为 1.5，而肝精氨酸酶为 9.8，这些酶的反应速率-pH 曲线形状不是典型的钟形，而是半钟形或其他。测定酶活力时，应选用适宜的缓冲液，以保持酶的最大活性。

和最适温度一样，最适 pH 只是酶的一个特性，不是常数。酶的最适 pH 受酶纯度、底物种类、缓冲液种类和浓度等的影响。

四、抑制剂对酶促反应速率的影响

在第四章中所介绍的蛋白质变性剂如 SDS、三氯乙酸等，它们对蛋白质的作用无选择性，能使所有酶变性失活。另有一类物质，能选择性地与酶结合，引起酶活性降低或完全失活，但并不引起酶变性，这类物质称为酶的抑制剂(inhibitor，I)。研究酶的抑制剂和抑制作用规律，不仅有利于揭示酶的催化机制，还可以为新药物、新农药的合理设计提供理论依据。

抑制剂的作用可以分为可逆抑制和不可逆抑制两种类型。

(一)可逆抑制

如果抑制剂与酶蛋白非共价结合，通过透析或超滤可以去除抑制剂而使酶恢复活性，这种抑制作用称为可逆抑制(reversible inhibition)。根据抑制剂与酶结合的关系，可逆抑制又可分为以下 3 种类型。

1. 竞争性抑制(competitive inhibition)

竞争性抑制剂的特点是化学结构与底物结构相似，能与底物竞争酶分子上的结合位点，形成酶-抑制剂复合物(EI；其解离常数用 K_I 表示)，通过减少底物与酶的结合来降低酶促反应速率(图 5-6)。

在竞争性抑制剂存在下，如果增加底物，能够维持酶的 V_{max} 不变，不过 K_m 值相对增大(图 5-7)，用 K'_m 表示竞争性抑制剂存在时酶的米氏常数。

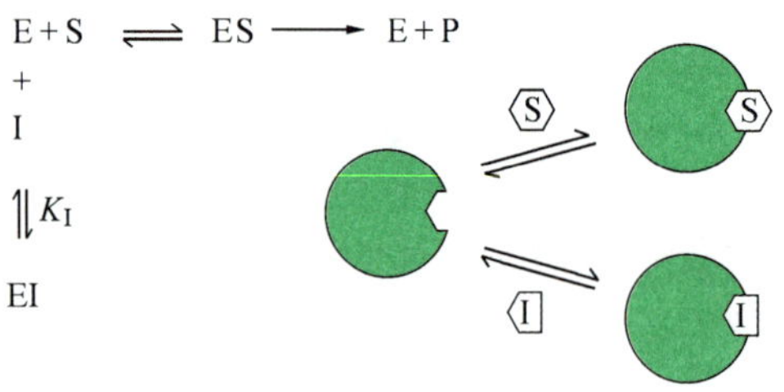

图 5-6　酶的竞争性抑制作用

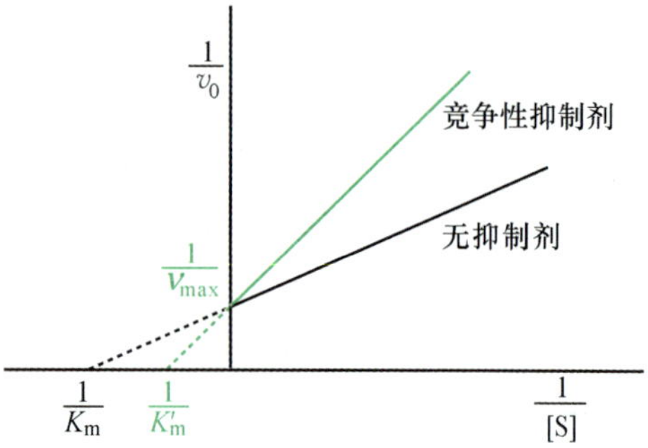

图 5-7　竞争性抑制剂存在时的双倒数曲线

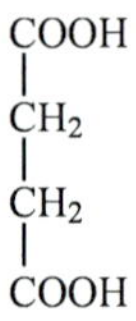

琥珀酸

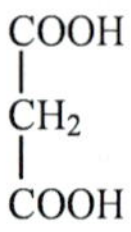

丙二酸

对于竞争性抑制，可通过增加底物的浓度解除其作用。丙二酸对琥珀酸脱氢酶的抑制是典型的竞争性抑制；丙二酸与琥珀酸的化学结构相似，增大琥珀酸浓度可减弱或解除丙二酸的抑制作用。抗癌药物 5′-氟尿嘧啶用于遏制癌细胞增殖，其分子基础是其代谢产物氟脱氧尿苷酸的结构和脱氧尿苷酸很相似，能竞争结合胸苷酸激酶的活性位点，抑制胸苷酸的合成，干扰 DNA 复制，使细胞无法分裂。甲醇中毒容易致盲，原因是乙醇脱氢酶催化甲醇产生甲醛，眼睛对甲醛非常敏感。及时注射适量乙醇能缓解甲醇毒害，是因为乙醇能与甲醇竞争乙醇脱氢酶的底物结合位点，将反应引向另一条途径。

2. 非竞争性抑制（noncompetitive inhibition）

非竞争性抑制剂与酶的结合位点不同于底物，抑制剂和底物可以分别随机与酶分子结合，但最终形成的三元复合物 ESI（其解离常数用 K_I'表示），因不能生成产物，致使酶催化活性受到抑制（图 5-8）。

非竞争性抑制作用不能用增加底物浓度的方法来消除。例如，重金属离子（Ag^+、Hg^{2+}、Pb^{2+}等）是巯基酶的非竞争性抑制剂，能与巯基酶的巯基结合形成硫醇盐（$E—SH + Ag^+ \rightarrow E—S—Ag^+ + H^+$）而使酶失去活性。在这种情况下，加入底物无法解除抑制，而加入适量巯基化合物（如巯基乙醇或半胱氨酸）则非常有效。

在非竞争性抑制剂存在下，酶促反应的最大反应速率用 $1/V'_{max}$表示，会降低，但 K_m 值不变，这是因为抑制剂与底物结合在酶的不同部位，抑制剂不会影响底物与酶的结合（图 5-9）。

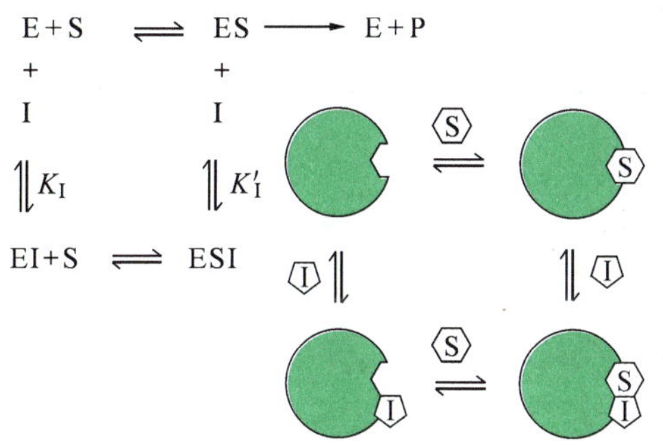

图 5-8　酶的非竞争性抑制作用

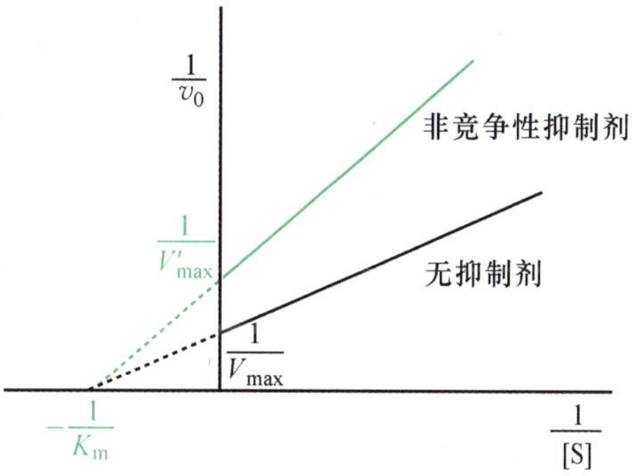

图 5-9　非竞争性抑制剂存在时的双倒数曲线

3. 反竞争性抑制（uncompetitive inhibition）

与竞争性抑制剂作用相反，反竞争性抑制剂不与酶直接结合，而是与 ES 复合物结合，由此形成的 ESI 不能转变为产物（图 5-10）。底物与酶的结合改变了酶的构象，使其更易结合抑制剂。当反应体系中加入反竞争抑制剂时，V_{max} 减小；底物与酶的亲和力增加，K_m 值降低（图 5-11）。此外，用 V'_{max}和 K'_m表示反竞争性抑制剂存在下，酶促反应的最大反应速率和米氏常数。氰化物对芳基硫酸酯酶的抑制即属于此类抑制。反竞争性抑制作用常见于多底物反应。

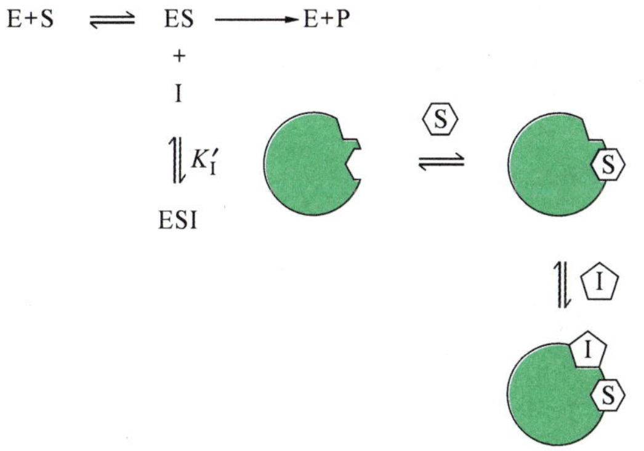

图 5-10　酶的反竞争性抑制作用

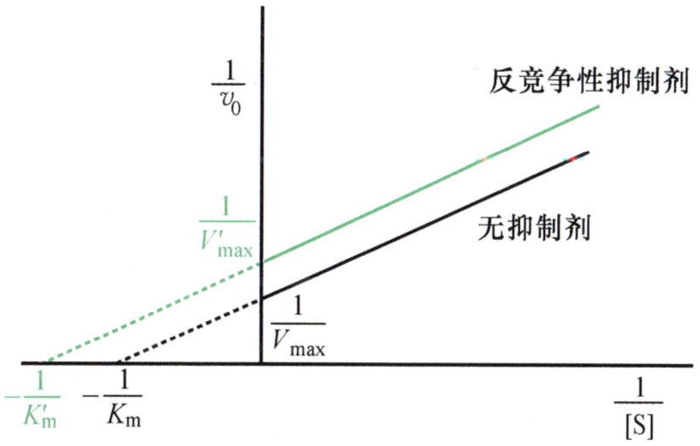

图 5-11　反竞争性抑制剂存在时的双倒数曲线

表 5-5 总结了各种抑制剂对酶的两个动力学参数 V_{max} 和 K_m 值的影响规律。在酶学研究中，有时需要判断一种物质对酶的抑制属于哪种类型，在这种情况下，只要分别测定出无抑制剂和有抑制剂时酶的 V_{max} 和 K_m 值，就可根据这两个动力学参数的变化规律做出正确判断。

表 5-5 3 种竞争性抑制作用的比较

抑制类型	方程式	V_{max}	K_m
无抑制	$v_0=\dfrac{V_{max}[S]}{K_m+[S]}$	V_{max}	K_m
竞争性抑制	$v_0=\dfrac{V_{max}[S]}{K_m\left(1+\dfrac{[I]}{K_I}\right)+[S]}$	不变	增加
非竞争性抑制	$v_0=\dfrac{V_{max}[S]}{\left(1+\dfrac{[I]}{K_I}\right)(K_m+[S])}$	减小	不变
反竞争性抑制	$v_0=\dfrac{V_{max}[S]}{K_m+\left(1+\dfrac{[I]}{K_I}\right)[S]}$	减小	减小

(二)不可逆抑制(irreversible inhibition)

不可逆抑制剂以共价键或非共价键与酶活性中心的功能基团紧密结合，用透析、超滤等物理方法不能除去。

有机磷农药是常见的不可逆抑制剂。如对硫磷(1605)、敌百虫、神经毒气二异丙基氟磷酸(DIFP)都属于这类，它们能与酶活性部位的 Ser—OH 共价结合。

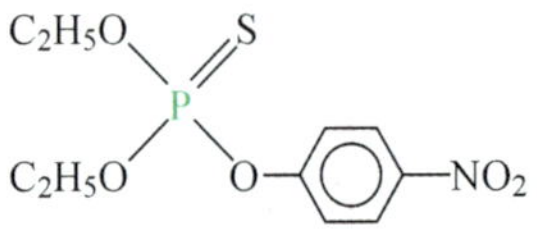

1605

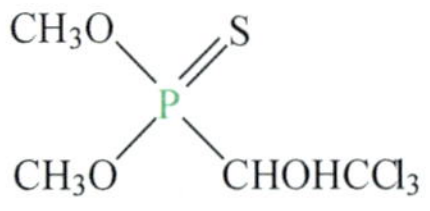

敌百虫

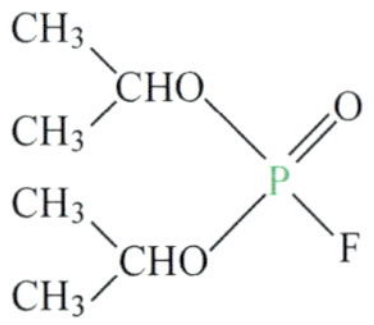

DIFP

有机磷农药具有杀虫作用，就是因为它们能与乙酰胆碱酯酶的丝氨酸羟基共价结合，对酶产生不可逆抑制。乙酰胆碱是昆虫和脊椎动物的神经递质，乙酰胆碱在完成信号传递后需要在乙酰胆碱酯酶催化下被水解为胆碱和乙酸。乙酰胆碱酯酶失活，乙酰胆碱将大量积累，结果使神经过度兴奋而引发抽搐症状而致死。这类抑制剂对植物没有毒性，所以可以作为农药。在使用农药时，要注意浓度并顺风喷洒，以免对人造成危害。

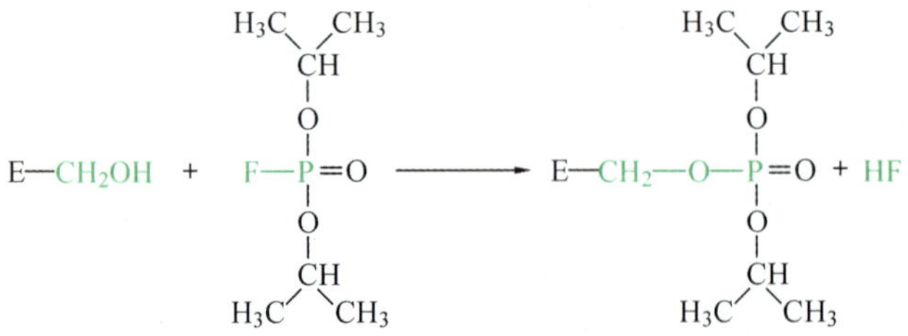

乙酰胆碱酯酶　二异丙基氟磷酸(DIFP)　磷酸化胆碱酯酶(失活)

青霉素之所以是广谱抗生素，就是因为它是细菌糖肽转肽酶(glycopeptide transpeptidase)或称肽基转移酶的不可逆抑制剂。在细菌细胞壁物质合成过程中，糖肽转肽酶将底物“寡肽”转移到多糖分子上形成交联；青霉素分子结构和该寡肽非常相似，能与酶活中心发生共价结合，抑制酶活性，从而使细菌细胞壁无法形成。

五、激活剂对酶促反应速率的影响

凡能提高酶活性的物质，均被称为激活剂(activator)。激活剂有以下不同类型：

(1)无机离子　常见金属离子如 K^+、Na^+、Ca^{2+}、Mg^{2+}、Zn^{2+}、Fe^{2+}、Mn^{2+} 等，常见阴离子有 Cl^-、Br^-、PO_4^{3-} 等。唾液淀粉酶基础活性很低，但若在反应系统中加入少量 NaCl，酶活力会大大增加，Cl^- 是淀粉酶的激活剂。Mg^{2+} 是许多激酶和合成酶的激活剂。不同酶选择不同激活剂；有些离子间可以相互替代，有些之间产生拮抗作用，即一种离子的加入干扰另一种离子的作用；有些离子在浓度低时起激活作用，在浓度高时则起抑制作用。

(2)有机小分子　如半胱氨酸、还原型谷胱甘肽、抗坏血酸等。还原型谷胱甘肽能使酶分子中被氧化生成的二硫键再还原为巯基，因而可以提高酶的活性。巯基酶类在分离提纯过程中常因巯基被氧化而活性降低。为避免这种情况发生，一般在提取液中加入二硫苏糖醇(DTT)、巯基乙醇等巯基还原剂。

(3)生物大分子　生物体内存在许多蛋白质激酶(protein kinase)，其本质是蛋白质大分子，它们可以通过磷酸化修饰特定的酶，选择性地激活这些酶。例如磷酸化酶 b 激酶能激活磷酸化酶 b(详见本章第五节)，可以看成是磷酸化酶 b 的激活剂。生物大分子的激活作用在细胞信号转导中起重要作用。

第四节　酶催化机理

一、酶的催化反应发生在活性中心

在行使催化功能时，并非整个酶分子与底物结合，而是酶分子的一个特定区域与底物结合。酶与底物直接结合并使之转变为产物的特定区域称为酶活性中心(active center)。对于不需要辅因子的酶而言，活性中心是酶分子中在三维结构上比较靠近的少数几个氨基酸残基或这些残基上某些基团，它们在一级结构上可能相距甚远，甚至位于不同肽链上，通过肽链的折叠、盘绕而在空间构象上相互靠近(图 5-12A)；对于需要辅因子的酶而言，辅酶、辅基往往就是活性中心的重要组成部分。

酶的活性中心通常有两个功能部位：一个是结合部位(binding site)，负责识别特定的底物并与之结合，它决定酶的底物专一性；另一个是催化部位(catalytic site)，决定酶的催化效率。底物通过各类次级键与活性中心结合(图 5-12B)，其敏感键在此被扭曲、削弱、断裂并形成新键。有些酶的同一个部位具备上述两种功能。在酶活性中心，His、Ser、Cys、Asp、Glu 等氨基酸残基的出现频率较高(表 5-6)。

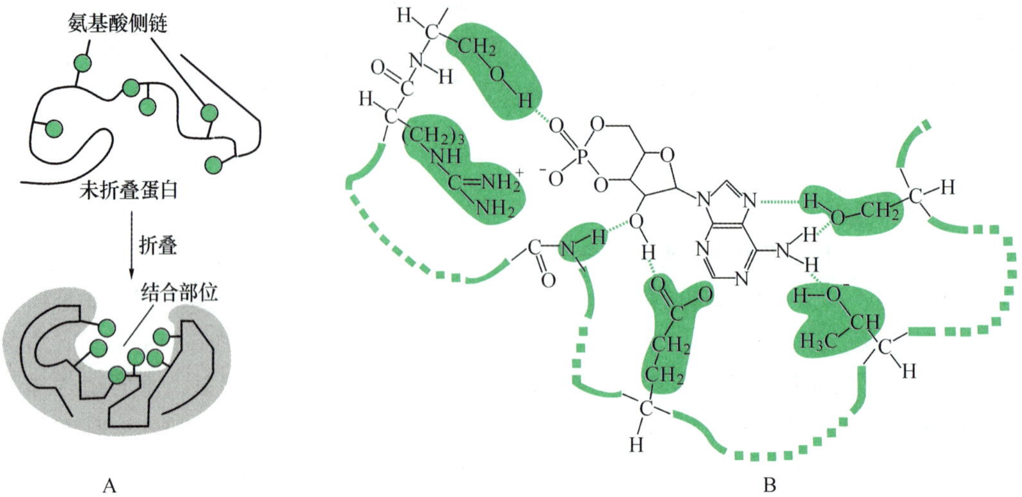

图 5-12 酶活性中心示意图

表 5-6 一些酶的活性中心功能氨基酸残基

酶	总氨基酸残基数	活性中心残基（数字表示氨基酸序列中的位置）
胰凝乳蛋白酶	241	Ser_{195}，His_{57}，Asp_{102}
溶菌酶	129	Asp_{52}，Glu_{35}
牛胰核酸酶	124	His_{12}，His_{119}，Lys_{41}
木瓜蛋白酶	212	Cys_{25}，His_{159}
枯草杆菌蛋白酶	275	His_{64}，Ser_{221}

酶活性中心主要有下列 4 个特征：

①酶活性中心在酶分子中只占很小一部分。有研究证明，有些酶在除去活性中心以外的大部分多肽链时仍能保持活性。尽管如此，对大多数酶来讲，非活性中心氨基酸残基对维持酶活性中心微环境都有不同程度的贡献。

②酶活性中心是一个三维实体。酶的活性中心不是一个点、一条线或一个平面，而是一个由重要氨基酸残基组成的精细三维结构。

③酶活性中心具有柔性。酶活性中心的构象并非刚性，当结合底物时，酶分子能发生构象变化。

④活性中心往往位于酶分子表面的一个凹穴（或裂缝）中。构成凹穴的基团通常是非极性的，水分子被排出，这样的非极性微环境有利于反应的快速进行。

研究酶活性中心的方法有多种。化学修饰法（如氧化、还原、烷化、酰化等）最为常见。如果酶分子某基团被化学修饰后酶活性发生变化，这类基团就称为酶的必需基团。必需基团参与构成酶活性中心或用于维持酶分子特定构象。例如用碘乙酸修饰酶分子的半胱氨酸巯基后，如果 K_m 值改变了，表明该氨基酸残基可能位于酶的结合部位；如果 K_{cat} 降低了，则表明它可能位于酶的催化部位。除化学修饰法外，X 射线晶体衍射技术和蛋白质定点突变技术都能用于酶活性中心结构和功能的分析。研究证明，当羧肽酶 A 第 248 位酪氨酸（Tyr_{248}）突变为苯丙氨酸(Phe_{248})时，酶的 K_m 提高 6 倍，而 K_{cat} 不变，说明第 248 位酪氨酸在执行底物结合功能时发挥重要作用。非必需基团的改变对酶活性影响不大，但酶的免疫性质、运输、调控及寿命等有可能受到很大影响。没有一定量非必需氨基酸的贡献，酶活性中心很难维持完整的结构与功能。

二、酶专一性

酶专一性是指酶对反应的专一性，这里包含两层意思，即酶不仅对底物有严格要求，而且产物也是特定的，这样才能保证反应的准确性，使生物体内的代谢过程按照一定的方向和顺序有条不紊地进行。

(一)酶专一性类型

1. 相对专一性

酶对底物的专一性程度要求相对较低，能够催化一类具有相同化学键或基团的物质。相对专一性可细分为键专一性和基团专一性。键专一性(bond specificity)指酶只作用于特定的化学键，对键两侧的基团无严格要求。例如，肽酶只要求底物含有肽键，而不选择肽键两侧的氨基酸残基种类；酯酶对具有酯键的化合物都能进行催化，而对酯键两端所连接的基团种类没有限制。基团专一性(group specificity)指不仅要求底物具有一定的化学键，还对键某一侧的基团有选择性。例如 α-葡萄糖苷酶，它所催化的 α-1，4-糖苷键必须在键的一侧是 α-葡萄糖残基，而对另一侧基团要求不严格。

2. 绝对专一性

酶只作用于一种底物。例如，脲酶(urease)只能催化尿素分解，而对尿素的其他衍生物，如 $NH_2CONHCl$ 或 $NH_2CONHCH_3$，即便它们只有一个氢原子被取代，也不能被催化水解。

此外，有些酶还能专一性地识别立体异构体，称为立体专一性(stereospecificity)。如 *L*-乳酸脱氢酶只催化 *L*-乳酸脱氢生成丙酮酸，对其旋光异构体 *D*-乳酸则无作用；柠檬酸循环中的延胡索酸酶只能催化延胡索酸(反式丁烯二酸)生成 *L*-苹果酸，而不能催化马来酸(顺式丁烯二酸)生成 *D*-苹果酸(详见第十一章)。

(二)关于酶作用专一性的假说

最早对酶的专一性进行机理分析的是 E. Fischer，他于 1894 年提出了著名的“锁钥模型”(lock and key model)，认为底物分子或底物分子的一部分像钥匙那样专一性地楔入酶的活性中心部位，也就是说底物分子进行反应的部位与酶活性中心必需基团间具有紧密的结构互补关系(图 5-13A)。

锁钥学说虽然在一定程度上可以形象地说明酶与底物的关系，但并不能对所有的专一性现象做出很好解释。比如，许多可逆反应的底物和产物结构差别很大，酶为什么能有效地催化这样的可逆反应？为揭示酶的专一性机理，曾有多个假说诞生，其中 D. Koshland 于 1958 年提出的“诱导契合”(induced-fit)学说被人们普遍接受(图 5-13B)。“诱导契合”学说认为，当酶分子与底物接近时，酶受底物诱导而发生有利于结合底物的构象变化，同时底物构象也发生改变，酶与底物互补契合，进行催化反应。诱导契合学说强调了酶活性中心的可塑性，能比较合适地阐述酶专一性机理。酶与底物分子之间在多个位点上发生弱相互作用，这些相互作用是酶诱导契合理论的基础。酶与底物结合的专一性主要取决于酶分子的底物结合部位的空间构象。胰凝乳蛋白酶(chymotrypsin)与底物结合位点是一个疏水凹穴，大小正好适合芳香族氨基酸残基或其他具有较大疏水侧链氨基酸(Met)残基侧链的结合;胰蛋白酶(trypsin)的底物结合部位也有一个凹穴,但底部存在一个负电荷,因此适合带有正电荷侧链氨基酸残基的插入(图 5-14)。因此,胰凝乳蛋白酶水解芳香族氨基酸或其他具有大的疏水侧链氨基酸残基羧基端肽键,而胰蛋白酶水解碱性氨基酸残基羧基端肽键。

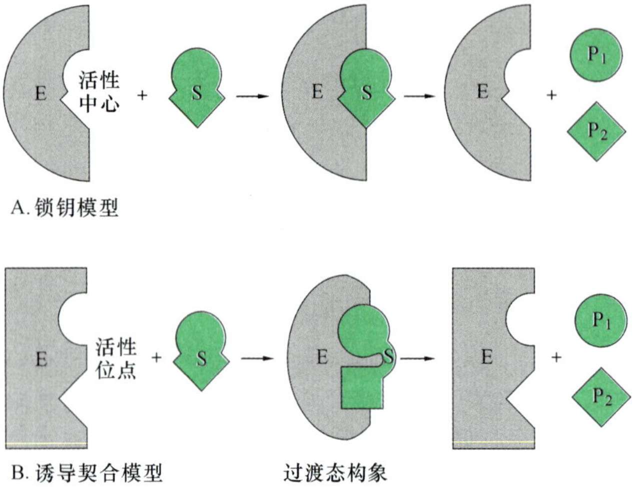

图 5-13 锁钥模型和诱导契合模型

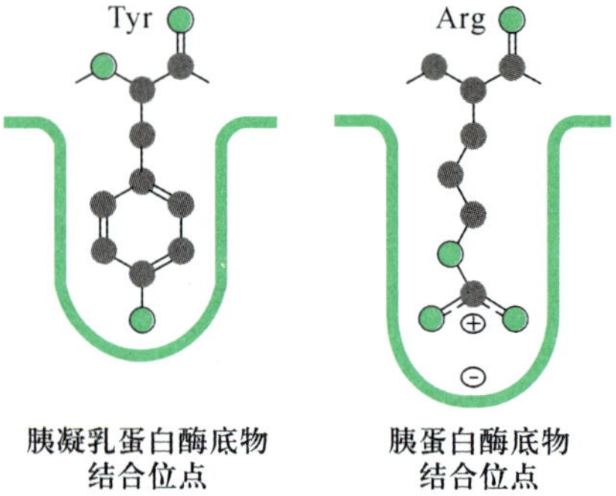

图 5-14 两种蛋白酶的专一性

三、酶高效催化的机制

(一)酶实现高效催化的因素

1. 邻近效应与定向效应

邻近效应是指底物与酶之间的靠近。实验曾测得某底物在溶液中的浓度为 0.001 mol/L,而在酶活性中心的浓度高达 100 mol/L,比溶液中高出 10^5 倍。除了邻近效应,酶与底物还发生特异、定向结合,使活性中心功能基团和底物分子的反应基团或敏感键处于特定的空间关系。绝大多数反应为双底物反应,两个底物被近距离、定向束缚在酶活性中心,这不仅提高了反应物的"有效浓度",而且将分子间的反应转变为分子内反应,这显然有利于反应的快速进行。邻近与定向效应(proximity and orientation)是酶实现高效催化的最重要的因素,可使反应速率提高 10^4~10^8 倍。

2. 诱导契合

酶受底物诱导会发生构象变化;同时,酶的某些基团也可以使底物分子敏感键的电子云密度发生变化,产生"电子张力"(electronic strain),底物分子变形(图 5-15)。这种诱导契合(induced-fit)使酶活性中心在形状上和化学特征上与底物向产物转变的过渡态(transition state)完全互补,这非常有利于反应的快速进行。任何化学反应都要经过过渡态,即底物的激态,也就是旧键即将断裂、新键即将形成的状态。过渡态能量比底物和产物都高。酶与底物诱导结合后可以产生不稳定的中间物,也就是过渡态中间物,该中间物既不是产物,也不是底物,但它既可以形成产物,也可以逆反应回到底物。过渡态中间物与通常说的酶促反应的中间产物 ES 在概念上有所不同,过渡态中间物是中间产物的一个瞬间,它存在时间很短(10^{-14}~10^{-13} s),只相当于一个键的振动时间,因而很不稳定,目前还无法将其分离出来,而中间产物 ES 是可以被分离的。

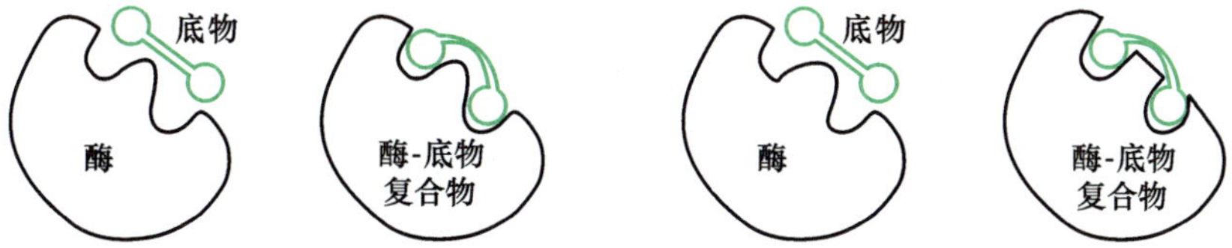

A. 底物分子发生变化　　B. 底物分子和酶都发生变化

图 5-15　底物和酶结合时构象变化示意图

3. 酸碱催化

按照广义酸碱理论，提供质子者为酸，接受质子者为碱。酶分子的某些功能基团能作为酸或碱，瞬时向底物提供质子或从底物中抽去质子，使过渡态得到稳定，从而加速反应进行，这种催化作用称为酸碱催化(acid-base catalysis)。

酶活性中心的 His、Glu 和 Asp 等(表 5-7)在酶促反应中能有效进行酸碱催化作用。其中 His 作用尤其特殊，它的 pK_R 值为 6.0～7.0，意味着它在生理条件下，一半是酸形式，另一半是碱形式，既能作为质子供体，又能作为质子受体。His 上的咪唑基供出和接受质子的速率很快，半衰期小于 0.1 ns(纳秒，nano second)。酸碱催化可以使酶反应速率提高 10^2～10^5 倍。

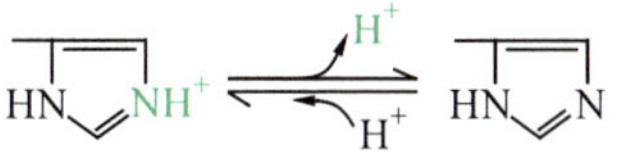

质子供体　　质子受体

表 5-7　酶活性中心常见酸碱基团

氨基酸残基	广义酸基团(质子供体)	广义碱基团(质子受体)
Glu, Asp	$-COOH$	$-COO^-$
Lys, Arg	$-NH_3^+$	$-NH_2$
Cys	—SH	$-S^-$
Tyr	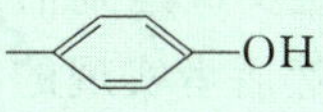	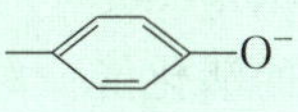
His	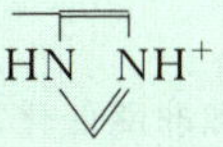	

4. 共价催化

共价催化(covalent catalysis)经历一个酶与底物形成不稳定共价中间物，即过渡态中间物，能使反应活化能大大降低，从而加速反应。共价催化有以下两种类型：

(1)亲核催化　酶分子中具有非共用电子对的亲核基团(nucleophilic group)，如 His 的咪唑基、Cys 的巯基、Ser 或 Thr 的羟基。

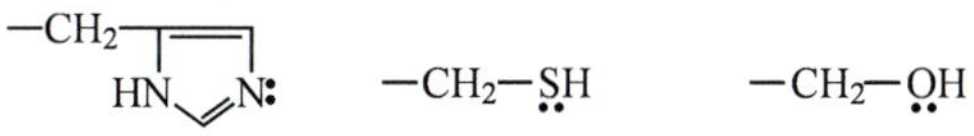

His的咪唑基　　Cys的巯基　　Ser或Thr的羟基

亲核基团攻击底物分子中具有部分正电性的原子，并与之作用形成共价键而产生不稳定的过渡态中间物。典型亲核反应的过渡态中间物是一个四面体中间体(tetrahedral intermediate)。

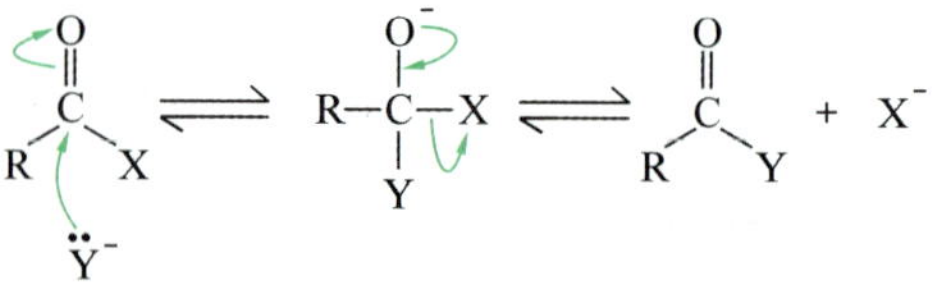

(2)亲电催化　酶分子的亲电基团(electrophilic group)攻击底物分子中富含电子或带负电荷的原子,形成过渡态中间物,从而加速反应。在许多酶分子中,亲电基团往往来自酶的辅因子,如磷酸吡哆醛以及一些金属离子等。

5. 金属离子催化

金属离子(如 Mg^{2+})是许多酶的辅因子,它们有的对过渡态中间物起稳定作用,有的与底物结合使底物在酶活性中心的排列更适宜,有的则在氧化还原反应过程中起电子传递作用。上文刚提到的金属离子亲电催化也是金属离子催化(metallic ion catalysis)的一种。有 1/3 的酶在催化反应过程中涉及金属离子催化。

6. 酶活性中心的疏水微环境

许多酶的活性中心位于疏水凹穴中,催化基团被低介电环境所包围。水是极性分子,介电常数很高(详见第一章),它的极性和高度成键能力会干扰酶与底物之间的互作。在少水或无水的环境中,两个电荷之间的作用力显著增强,有利于酶分子催化基团和底物敏感键发生作用,电子云重排更容易发生。

以上是酶实现高效催化的 6 种可能因素,需要指出的是,并不是每个酶的催化过程都会受到上述所有因素的影响。不同的酶促使其高效催化的因素不同,但一般都是多元化的,是以上多个因素的综合作用。这些因素的作用实质是促使酶与底物形成过渡态中间物,从而加快反应速率。

(二)酶高效催化的实质是降低反应活化能

根据化学反应原理,只有那些具备足够能量、处于活化状态的分子才能发生有效碰撞、进行反应。活化分子越多,反应速率越快。底物分子变成活化分子所需要的能量称为活化能(activation energy)。提高活化分子数使反应达到活化状态的途径有:①增加底物温度;②降低反应的活化能。对于生物体来讲,显然后者实现的可能性更大,而酶比无机催化剂能更有效地降低活化能(表 5-8)。

表 5-8　酶和非酶催化反应的活化能

反应	催化剂	活化能/(kJ/mol)
H_2O_2 分解	无	75.2
	胶态铂	48.9
	过氧化氢酶	<8.4
蔗糖水解	无	1 339.8
	H^+	107
	酵母转化酶	33.4～41.8
酪蛋白水解	H^+	86.1
	胰蛋白酶	50.2
乙酸乙酯水解	H^+	55.2
	胰脂酶	17.6

1946 年，Pauling 用过渡态理论阐述酶催化实质，提出酶之所以具有催化活力是因为它能特异性结合并稳定化学反应的过渡态，从而降低反应能级。

1. 中间产物形成时释放的结合能利于反应活化能的降低

从酶促反应动力学规律可知，形成中间产物 ES 是所有酶促反应都要经历的过程。

$$E+S \longleftrightarrow ES$$

从能量角度来看，E 和 S 的专一性结合是一个自发过程，有自由能的释放。E 和 S 之间通过弱相互作用实现诱导契合、进行紧密结合时所释放的自由能称为结合能（binding energy）。最适底物与酶能发生最大限度的互作，释放的自由能也最大。E 和 S 结合时释放的自由能被认为是反应活化能有效降低的一个重要原因。

2. 过渡态形成和稳定有利于反应活化能的降低

如图 5-16 所示，酶和底物结合为 ES，ES 转变为 EP，以及 EP 释放出产物 P，都要历经能量比较高的瞬间过渡态；其中以 $ES^{\#}$ 过渡态能量最高，是整个反应需要跨越的能障，此时，底物敏感键在酶活性中心催化基团的作用下发生旧键断裂和新键形成。可见，酶促反应为底物转化成产物提供了一条新途径，即形成中间产物，通过形成和稳定过渡态显著降低反应活化能（$\Delta G^{\#}_{cat}$）。从图 5-16 可以看出，酶促反应活化能 $\Delta G^{\#}_{cat}$ 比非酶促反应活化能 $\Delta G^{\#}_{uncat}$ 低很多。酶实现高效催化的所有 6 个因素不仅有利于酶促反应过渡态的形成，还有利于过渡态的稳定，在降低反应活化能方面起重要作用。

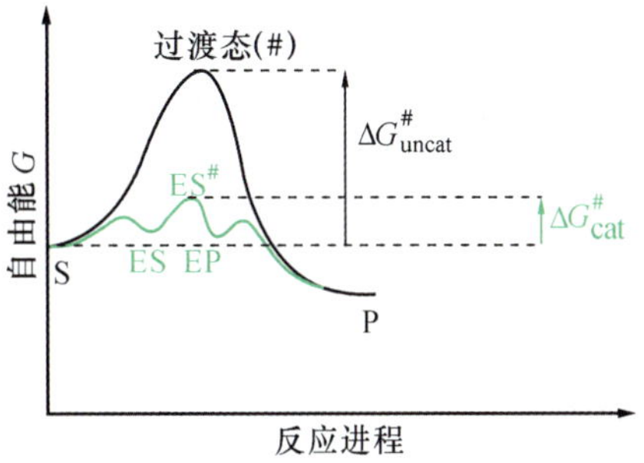

$\Delta G^{\#}_{uncat}$ 为非酶促反应活化能

图 5-16　酶反应与非酶反应活化能的比较

活化能作为反应能障，并不意味着它没有积极意义。在细胞内，生物分子必须有一定的稳定性，这对生物体的正常结构和代谢十分重要。如果没有反应能障，生物大分子将会自发反应，分解为小分子，本不该发生的反应“乱”反应，这将使生物体的严整结构和有序代谢受到破坏。反应能障的存在和酶作用的统一，使细胞适时、适地、高效反应成为可能。

3. 研究过渡态类似物具有重要意义

过渡态类似物（transition-state analog）是一类在化学结构上类似于底物过渡态的化合物，能稳定存在，能与酶活性中心紧密结合，但不形成产物。

（1）用过渡态类似物揭示酶催化机理　如果有 A、B、C 3 种人工合成过渡态类似物，其中 B 与酶的结合力最强，那么就显示它与底物过渡态更相似。

（2）过渡态类似物作为酶潜在专一性抑制剂　早在 1948 年，Pauling 就曾推测过渡态类似物应该是酶的高效抑制剂，后来的研究数据证明确实如此。脯氨酸消旋酶（proline racemase）在将 *L*-Pro 转变为 *D*-Pro 的反应过程中，历经一个平面过渡态（planar transition state）（图 5-17A）。此时，α-碳原子不再是四面体，而是带有一个负电荷，与它相连的 3 个键位于同一个平面。2-羧基吡咯的结构（图 5-17B）类似这个过渡态，它与脯氨酸消旋酶的结合力比 Pro 高 160 倍，证明是该酶的强抑制剂。

在药物设计实践中，人们常用过渡态类似物来医治某些因酶活性过高而引起的疾病。一般来说，过渡态类似物与过渡态越相似，其作为高效专一性药物的潜力就越大。

（3）过渡态类似物用于抗体酶制备　已知用抗原免疫脊椎动物可以产生特异抗体。设想，

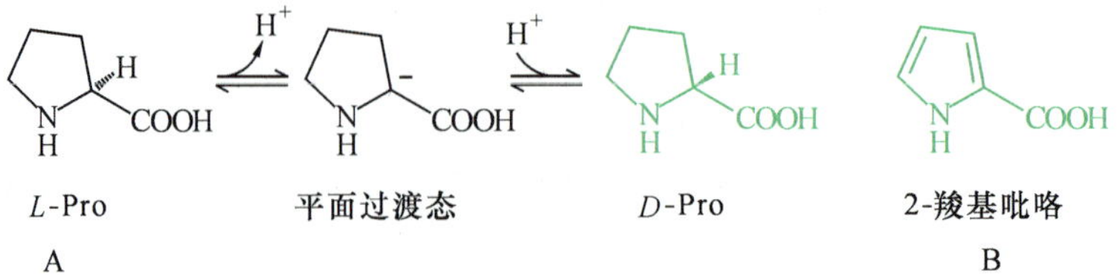

图 5-17　2-羧基吡咯是脯氨酸消旋反应过渡态的类似物

如果用过渡态类似物作为抗原，那么制备的抗体应该与过渡态类似物有专一性结合能力。如果将这类抗体置于酶反应系统中，它将与酶促反应的过渡态结合，这对于过渡态来讲是一个稳定因素，利于加速反应。这种以过渡态类似物为半抗原（详见第四章）制备的抗体，不仅有一般抗体的特异性，还可与过渡态类似物有着互补的构象；当它与原酶底物结合后，可诱导底物进入过渡态构象，从而引起催化作用，故称为催化抗体（catalytic antibody）或抗体酶（abzyme）。

利用过渡态类似物制备抗体酶具有重要的应用前景。如根据可卡因水解反应过渡态类似物——磷酸单酯制备的抗体酶，该酶与血液中催化可卡因的丁酰胆碱酯酶活性相似，能有效将可卡因水解，使其失去刺激作用，有望用于阻断可卡因上瘾，达到戒毒目的。

知识拓展框

催化抗体

抗体酶，也被称为催化抗体，是一种具有催化能力的免疫球蛋白。抗体酶不仅能够与引发其产生的抗原结合，还可以类似酶而催化特定生化反应。1946 年，美国科学家莱纳斯·卡尔·鲍林（Linus Carl Pauling）提出的解释酶催化反应本质的过渡态理论认为，当酶选择性地结合并稳定化学反应的过渡态时，它就具有催化活性。1969 年，美国科学家威廉·詹克斯（William Jencks）等指出，如果抗体能够与化学反应的过渡态结合，那么抗体可能就具有酶的活性，能够催化特定的化学反应。1984 年，美国科学家理查德·勒纳（Richard Lerner）提出，由过渡态类似物产生的抗体可能与类似物具有互补的构象，抗体能够通过迫使与其结合的底物进入过渡态来实现其催化作用。1986 年，彼特·舒尔茨（Peter Schultz）和勒纳发现，以四面体带电磷酸半抗原引发产生的抗体能够选择性地催化相应碳酸酯和羧酸酯的水解。1989 年，美国科学家保罗（Paul）等从人血清中鉴定出能够水解血管活性肠肽（vasoactive intenstinal peptide，VIP）的 Gln_{16}-Met_{17} 肽键的自身抗体，这项研究首次表明，在不使用化学合成品作为疫苗的情况下，人体能够自身产生具有催化活性的抗体。之后，研究人员相继从患有甲状腺炎（thyroiditis）、多发性骨髓瘤（multiple myeloma）和血友病（hemophilia）的患者身上分离获得了分别针对甲状腺球蛋白（thyroglobulin）、凝血酶原（prothrombin）和第Ⅷ因子（factor Ⅷ，FⅧ）的催化抗体。

目前，研究人员已经分离鉴定了大量天然存在的催化抗体，并正在对它们进行深入的研究。很多抗体与人体自身免疫反应和异体免疫反应相关。科研人员希望利用催化抗体破坏特定病原体或肿瘤细胞，清除自身免疫代谢产物，保护正常细胞免受毒性影响，从而发挥催化抗体在保持人类健康方面的积极作用。

3D8，是一种最初发现于易患自身免疫疾病的墨菲·罗斯·大鼠(Murphy Roths Large，MRL)体内，该蛋白分子量为 27 000，是单链可变片段(single-chain variable fragment，scFv)，是由重链可变区与相应轻链可变区通过共价键连接形成的重组抗体片段。3D8 具有核酸水解活性，能够在感染细胞中降解病毒 DNA 和(或)mRNA。该蛋白能够在体外对多种病毒表现出广谱抗病毒活性，包括猪瘟病毒(classical swine fever virus)、流感病毒(influenza virus)、单纯疱疹病毒(herpes simplex virus，HSV)和伪狂犬病病毒(pseudorabies virus，PRV)。此外，在 C57BL/6 小鼠体内，3D8 对 PRV 显示出抗病毒治疗效果。

2019 年年底，SARS-CoV-2(severe acute respiratory syndrome coronavirus 2)引发了全球流行性新型冠状病毒疾病 COVID-19(novel coronavirus disease)。研究人员以非洲绿猴肾脏上皮细胞 VeroE6 为材料，研究催化抗体 3D8 对 SARS-CoV-2 以及其他病毒的预防和治疗效果。研究结果表明，3D8 能够抑制了 SARS-CoV-2、人冠状病毒 OC43(human coronavirus，HCoV-OC43)和猪流行性腹泻病毒(porcine epidemic diarrhea virus，PEDV)的复制；免疫印迹和空斑实验显示，经 3D8 处理的细胞中，冠状病毒的核蛋白和感染性颗粒减少。这些数据表明，3D8 对 SARS-CoV-2 及其他冠状病毒具有广谱抗病毒活性，3D8 具有抗 SARS-CoV-2 及动物源性冠状病毒的潜力。

[1] Zhao D，Chen J，Hu X，et al. Catalytic antibodies：Design，expression，and their applications in medicine. Applied Biochemistry and Biotechnology，2023，195：1514-1540.

[2] Lee G，Budhathoki S，Lee G，et al. Broad-spectrum antiviral activity of 3D8，a nucleic acid-hydrolyzing single-chain variable fragment (scFv)，targeting SARS-CoV-2 and multiple coronaviruses *in vitro*. Viruses，2021，13(4)：650.

四、几种酶的作用机理

(一)胰凝乳蛋白酶

胰凝乳蛋白酶(EC 3.4.4.5)又称为糜蛋白酶，分子量为 25 000，由 3 个多肽链通过 2 个二硫键连接，含有 241 个氨基酸残基。该酶专一作用于蛋白质中芳香族氨基酸残基(或疏水侧链比较大的氨基酸，如 Met)羧基端肽键。活性中心主要由 Ser_{195}、His_{57} 和 Asp_{102} 组成，它们在三维结构中靠近(图 5-18)，构成一个氢键系统(图 5-19)。

这个氢键系统又称为电荷中继网(charge relay network)或催化三联体(catalytic triad)。在大部分情况下，Asp_{102} 的侧链羧基以离子化形式存在，Ser_{195} 羟基以非离子化形式存在(图 5-19A)，这种排列使 His_{57} 的咪唑基成为一个很方便的质子受体和质子供体(图 5-19B)，在酸碱催化中发挥作用。

胰凝乳蛋白酶进行催化反应时，首先借助活性中心的疏水凹穴选择底物的芳香族氨基酸残基与之结合，并使底物敏感键(肽键)定向于酶的催化基团 Ser_{195}，由此实现了酶结合底物的专一性。具体催化过程分为如下 2 个阶段：

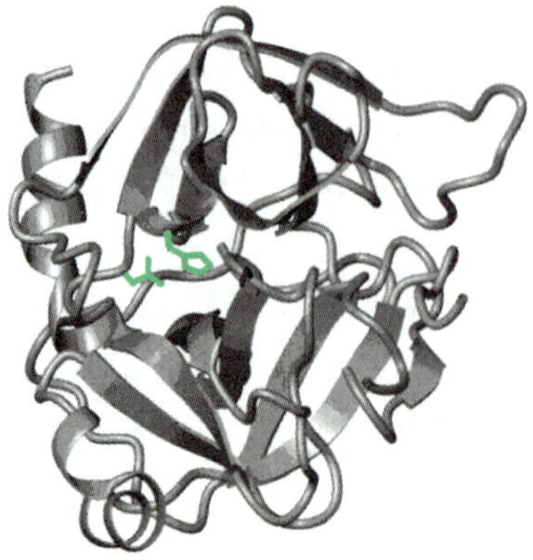

图 5-18 胰凝乳蛋白酶及其活性中心

(引自:Moran et al. ,2014)

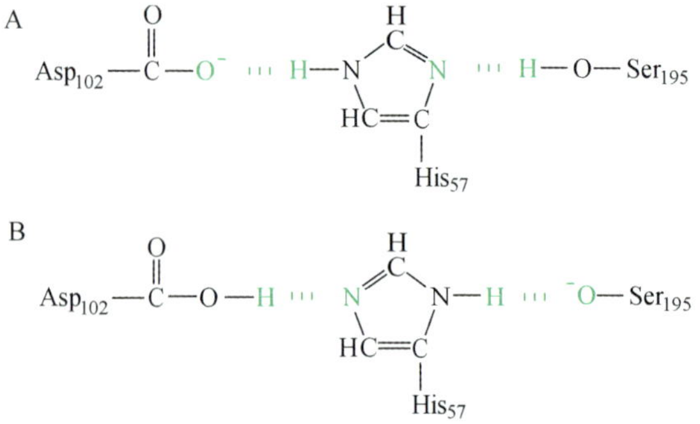

图 5-19 胰凝乳蛋白酶活性中心的氢键系统

第一阶段(图 5-20,A→C):快速酰化阶段。Ser_{195} 羟基亲核攻击肽键的羰基碳原子(A),形成一个短暂的四面体过渡态(B)。此时,带负电荷的 Asp_{102} 对过渡态起稳定作用(图上未显示),从而加速肽键断裂。带氨基的肽段游离,酶分子发生酰化形成"酰化酶"共价中间物(C)。上述是一个快速反应过程,促使酶高效催化的因素除了邻近及定向效应,还有酸碱催化和共价催化。

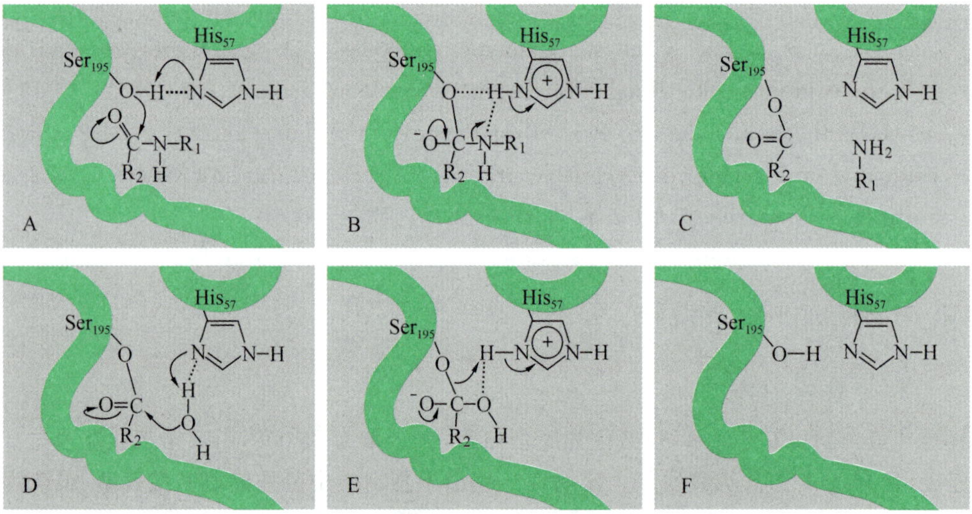

图 5-20 胰凝乳蛋白酶对底物的水解过程

第二阶段(图 5-20,D→F):慢速脱酰阶段。H_2O 分子上的氧原子攻击羰基碳(D),同时解离出的 H^+ 由 His_{57} 接纳,经过又一次带正电荷四面体中间体的形成(E),C—O 之间断裂,带羧基的肽段游离下来(F)。至此,肽键完成一次水解,酶分子又恢复到原来状态。这个阶段反应相对较慢,主要是共价催化和酸碱催化的作用,催化速度约为非催化水解反应的 10^3 倍。

(二)溶菌酶

溶菌酶(lysozyme,EC 3. 2. 1. 17)多存在于蛋清及动物眼泪中,能水解细菌细胞壁多糖,使细菌细胞壁破裂。被水解多糖是 N-乙酰葡萄糖胺/N-乙酰氨基葡萄糖(N-acetylglucosamine,NAG)和 N-乙酰胞壁酸(N-acetylmuramic acid,NAM)的共聚物,NAG 与 NAM 通过 β-1,4-糖苷键交替排列。溶菌酶的最适底物为 NAG 和 NAM 交替的六糖片段，糖残基分别以 A、B、C、D、E、F 表示（图 5-21）。

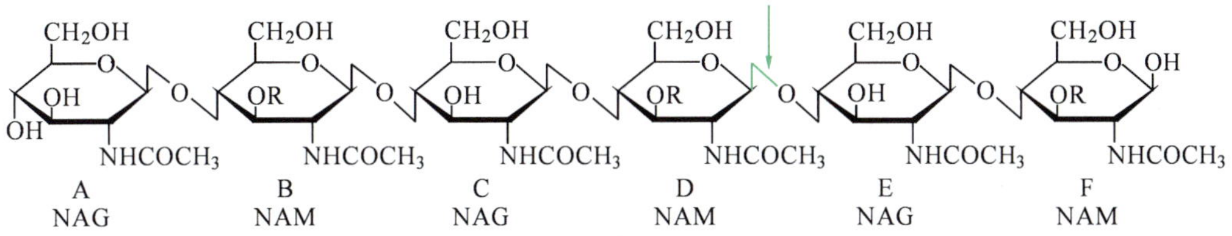

R 为 $CH_3—CH—COO^-$

图 5-21　溶菌酶的最适底物

溶菌酶由一个多肽链组成，分子量为 14 600，含 4 对二硫键。在酶分子三维结构中大多数极性氨基酸残基分布在分子表面；非极性残基则隐藏在内部，整个酶分子中有一狭长的凹穴，六糖单位的最适底物正好与这个凹穴互补嵌合（图 5-22）。酶凹穴中的 Glu_{35} 和 Asp_{52} 是活性中心的关键氨基酸残基。

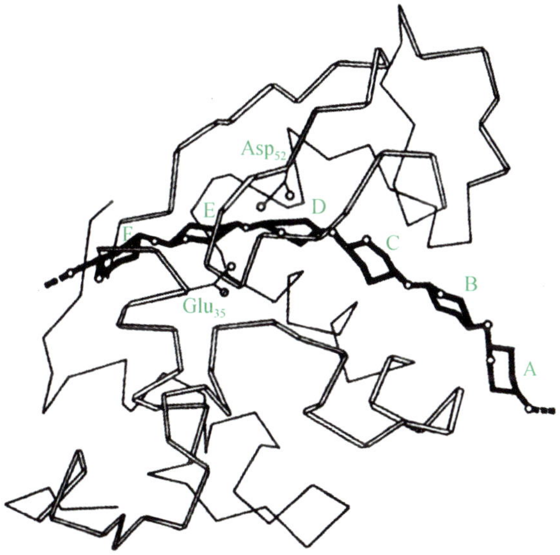

粗黑线为糖链 A～F

图 5-22　溶菌酶-底物复合物

溶菌酶对细菌细胞壁的破坏过程如图 5-23 所示：首先溶菌酶分子接触细胞壁，与 6 个暴露在外的氨基糖残基结合，D 糖构象发生变形，从正常的椅式（详见第七章）转变为能量较高的半椅式；Glu_{35} 作为广义酸碱催化剂提供一个质子给糖苷键的氧原子，使得氧原子与 D 环 C_1 间的糖苷键断开，C_1 成为正碳离子（carbonium ion）；处于极性区的 Asp_{52} 其侧链羧基在通常条件下都是以离子化形式存在，故能稳定 D 环正碳离子，直到环境水分子的 OH^- 与正碳离子结合时为止；水中 H^+ 则与 Glu_{35} 结合，使之恢复非离子化形式。至此，一次反应完成，细胞壁被打开一个缺口。总之，溶菌酶的作用机制主要涉及 3 个高效催化因素：诱导契合、底物变形和酸碱催化。

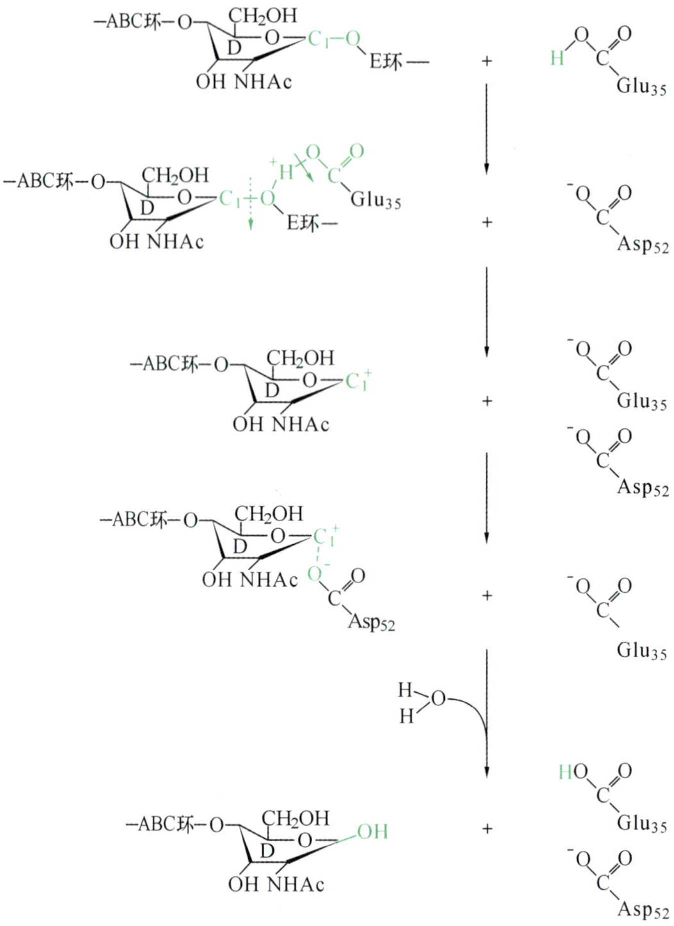

图 5-23　溶菌酶的催化过程

第五节　酶活性调节

生物新陈代谢涉及许多代谢途径(pathway),如糖原合成途径、脂肪降解途径等。每个代谢途径均由多个酶参与完成,其中有的途径各反应之间按前后顺序排列为直线式,有的出现分支,有的则以循环式完成。有趣的是,众多的反应途径互不干扰,相互协调,它们能在合适的时间、地点各自按一定方向进行,随时根据内外条件的改变加以调节。代谢调节可以在多个水平发生,如在激素水平对整体或器官代谢的调节,在基因表达水平对酶量的调节,以及在酶活水平的调节(详见第十八章)。活性受到调节的酶简称为调节酶。本节,我们重点讨论酶活性的调节,主要包括别构调节、可逆共价修饰、酶原激活、调节蛋白,此外对同工酶的作用进行简单介绍。

一、别构调节

一些代谢物与酶活性中心以外的部位可逆结合,通过使酶构象发生变化来改变酶催化活性的调节方式称为别构调节(allosteric regulation),相应的酶称为别构酶(allosteric enzyme)。别构酶常存在于代谢途径的起始步骤或分支处,可快速感知代谢物的变化,从而做出灵活调节。

别构酶分子结构比较复杂,一般为寡聚酶,除了活性中心,还有调节部位(regulatory site)。

与调节部位结合的代谢物称为别构效应物(allosteric effector),它们与酶非共价键结合,可逆调节酶活性。如果具有激活作用,称为正效应物(positive effector);反之,称为负效应物(negative effector)。典型负效应物的作用如同酶的非竞争性抑制剂。效应物主要为小分子代谢物、ATP、ADP 和辅因子等。一个酶可能有多种效应物,如谷氨酰胺合成酶,它催化 Glu 生成 Gln。Gln 进一步参与代谢生成 6 种产物,这些产物均是该酶的负效应物(图 5-24),加上 Gly、Ala 和 Ser,谷氨酰胺合成酶共有 9 种负效应物,而 ATP(详见第十章)则是酶的正效应物。

下面举例说明别构酶的特点。在从天冬氨酸(Asp)形成胞嘧啶核苷三磷酸(CTP)的多步反应途径中,第一个酶是天冬氨酸转氨甲酰酶(ATCase),它所催化的转氨甲酰反应是一个限速步骤(图 5-25)。

ATCase 含有 12 个亚基,由 3 个二聚体调节亚基(R)和 2 个三聚体催化亚基(C)组成。该酶活性受 ATP 激活,被 CTP 抑制。调节亚基能分别与 ATP 和 CTP 结合,产生别构效应。当用汞化物如 p-羟汞苯甲酸处理该酶时,催化亚基与调节亚基分离,ATCase 活性不再受 ATP 与 CTP 的调节(图 5-26)。

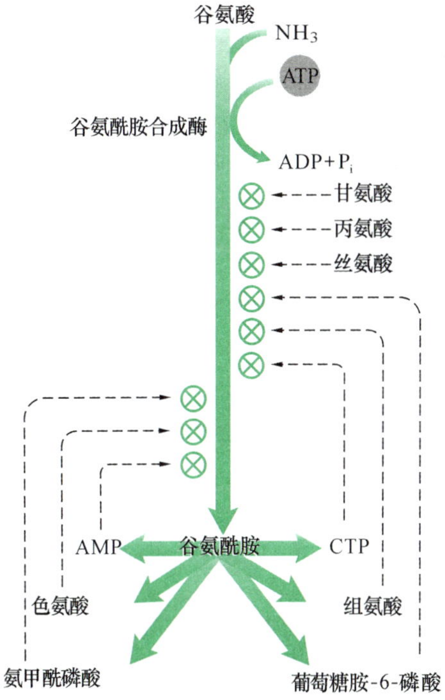

图 5-24　谷氨酰胺合成酶的负效应物

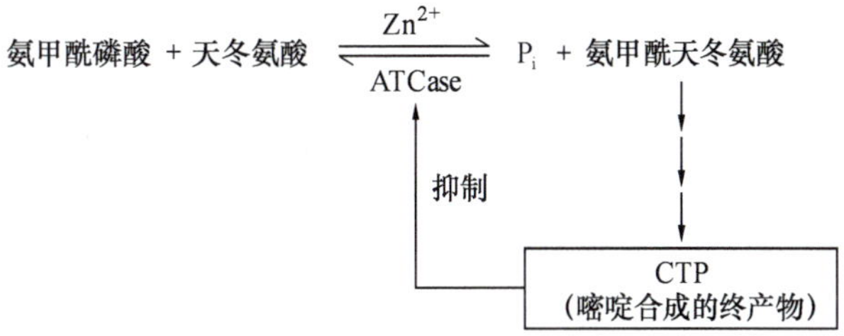

图 5-25　ATCase 受终产物 CTP 抑制

图 5-26　ATCase 的亚基组成

一个别构酶通常至少有一个底物的 v_0-[S]曲线为 S 形,而不是双曲线。如图 5-27 所示,ATCase 的底物是 Asp 时,v_0-[S]反应动力学曲线为 S 形(黑色曲线)。ATP 是该酶的正效应物,CTP 是其负效应物。

目前,已有 2 种模型来解释别构酶的作用特点,即:序变模型和齐变模型。有关内容在第三章已经介绍,这里不再赘述。别构酶的 S 形曲线源于底物结合的正协同效应。酶分子中存在多个底物结合位点,一个亚基与底物的结合能促进邻近亚基与底物的结合。在某一狭窄的底物浓度范围内,别构酶反应速率对底物浓度的变化非常敏感,这可以使细胞在正常代谢物浓度范围内对代谢速度进行快速调节(数秒或更短时间)。由于别构酶不完全遵循米氏动力学规

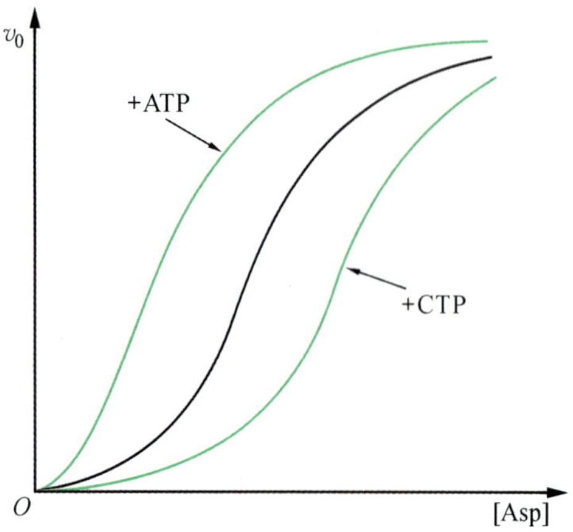

图 5-27　ATCase 的 S 形曲线及别构效应

律，一般用 $K_{0.5}$ 表示酶与底物的亲和关系。

别构调节的意义在于即使底物浓度发生较小变化，别构酶也可以灵敏、有效地调节酶促反应速率，以确保机体代谢正常进行。必须指出，无论是序变模型还是齐变模型，都只是考虑了最简单的情况，对于复杂的别构酶反应尚具有一定的局限性，别构酶的作用机理尚待深入了解。在这里，需要弄清楚的是别构酶的几个特点：①别构酶通常为寡聚酶，分子结构复杂，除酶活性中心外，还存在一个或多个调节部位；②效应物通过与酶分子的调节部位非共价结合而使酶活性得到可逆调节；③酶反应速率与底物浓度之间的关系不呈双曲线，而是 S 形曲线。

二、酶的可逆共价修饰

有些酶因自身某氨基酸残基发生可逆共价修饰，在活性形式和无活性形式之间发生变化，称为酶的可逆共价修饰（reversible covalent modification）。可逆共价修饰包括共价结合修饰基团和水解去除修饰基团两个过程，需要另外一些酶催化完成。常见的共价修饰方式有：磷酸化/去磷酸化、腺苷酰化/去腺苷酰化、鸟苷酰化/去鸟苷酰化、甲基化/去甲基化、乙酰化/去乙酰化，以及二硫键的氧化/还原等。共价修饰方式和常见被修饰氨基酸残基如表 5-9 所示。

表 5-9　酶的共价修饰类型与被修饰氨基酸残基

共价修饰		接受共价修饰的氨基酸残基
磷酸化作用	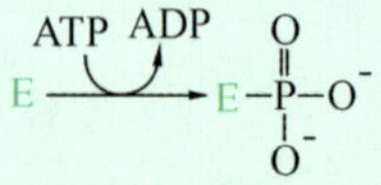	Tyr, Ser, Thr, His
腺苷酰化作用	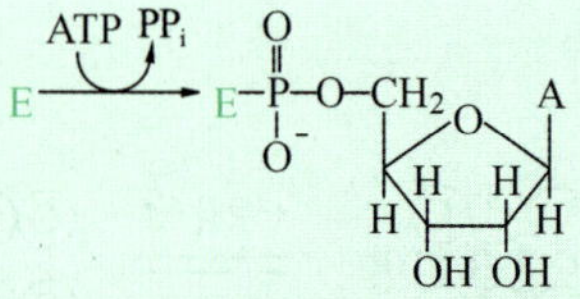	Tyr
尿苷酰化作用	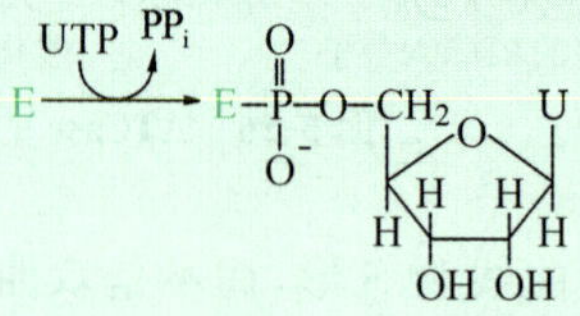	Tyr
ADP-核糖化作用	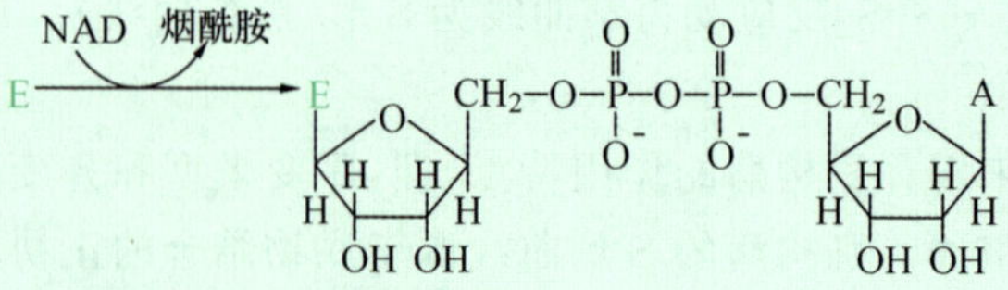	Arg, Gln, Cys
甲基化作用	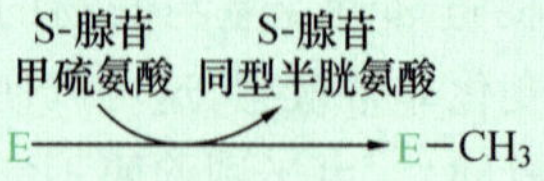	Glu

在这些可逆共价修饰调节中，酶的磷酸化/去磷酸化调节最为常见，是细胞控制对外界信号响应的重要机制。蛋白质磷酸化反应由蛋白激酶(protein kinase)完成，去磷酸化反应则由蛋白质磷酸酶(protein phosphatase)完成。蛋白质的磷酸化/去磷酸化修饰涉及生物体几乎所有的生理与病理过程，如细胞生长、发育、代谢调控、基因表达、癌变等。现代分子生物学研究发现，虽然 Ser、Thr 等是发生磷酸化的部位，但并非蛋白质的氨基酸序列中所有的 Ser、Thr 等氨基酸残基都发生磷酸化。激酶进行共价修饰的氨基酸位点具有特异性，即对磷酸化位点的侧翼氨基酸顺序是有特定要求的。如蛋白激酶 G 的磷酸化位点要求序列是：—X—R—(R/K)—X—(S/T)—X—(X 代表任意氨基酸残基)。需要指出的是，对于一些酶来讲，被磷酸化后可能被激活，而对于另一些酶来讲，去磷酸化后可能被激活。代谢途径上的一个酶的激活或失活可以开启或关闭整个代谢途径，因此酶的可逆共价修饰调节在细胞信号转导中起重要作用。

糖原磷酸化酶(phosphorylase)的调节属于可逆共价修饰调节。糖原磷酸化酶是糖原代谢中的一个关键调节酶，能够催化糖原分解生成 1-磷酸葡萄糖(详见第十一章)。这个酶有两种形式：活性较高的形式称为磷酸化酶 a，无活性的形式称为磷酸化酶 b。酶分子由 α、β、γ 和 δ 四个亚基组成，磷酸化修饰只发生在 α 和 β 两个亚基上(图 5-28)。当血糖低、需要糖原降解时，磷酸化酶激酶(phosphorylase kinase)会磷酸化修饰磷酸化酶 b 的两个亚基上 Ser_{14} 的羟基使其转变为磷酸化酶 a。在这个磷酸化反应中，ATP 是磷酸基团的供体。当不需要糖原降解时，由另一个酶，即磷酸化酶磷酸酶(phosphorylase phosphatase)，催化磷酸化酶 a 脱去磷酸基团转变为无活性的磷酸化酶 b。

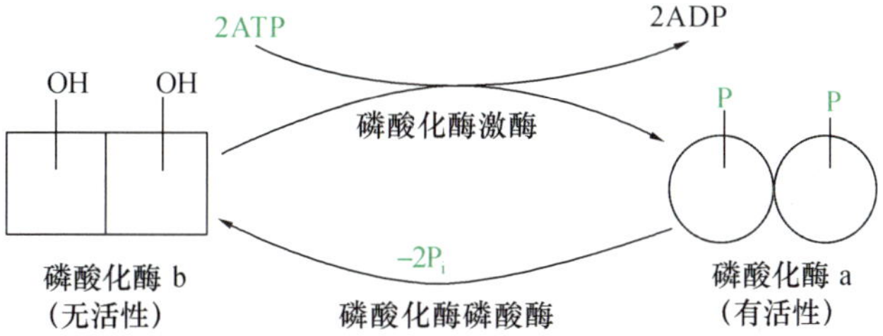

图 5-28 磷酸化酶的共价修饰与活性调节

受可逆共价调节的酶，常接受来自激素、神经等的信号指令，反应快速，调节效果明显。这类调节酶往往是另外一种酶的底物，上游一个信号分子可以引发下游众多反应的发生，因此对代谢信号有放大效应。比如胰高血糖素作为细胞外信号，该激素分子通过膜蛋白受体的转导作用，可以引发细胞内腺苷酸环化酶、蛋白激酶 A、蛋白激酶、糖原磷酸化酶等一系列酶按顺序进行逐级共价修饰激活，即级联激活，最后使上百万糖原分子同时发生降解反应。酶的可逆共价修饰调节具有以下特点：①能把调节物的效应放大，是体内最经济有效的快速调节方式；②能把细胞外的信号与细胞内的代谢联系起来，是细胞信号转导系统的重要参与者。

与别构调节相比，酶的可逆共价调节稍微滞后一些，一般在数分钟或数小时后起作用。

三、酶原激活

为防止一些酶在不合适的时间、地点进入功能状态而引起细胞损伤，细胞在从 mRNA 翻译这些酶时，首先合成无活性的前体物，然后运输、分泌到特定部位；需要发挥功能时，在特定酶或其他因素作用下才转化为有活性的形式。无活性的前体物称为“酶原”(zymogen 或 proenzyme)，如胃蛋白酶原(pepsinogen)、胰蛋白酶原(trypsinogen)、胰凝乳蛋白酶原(chymotrypsinogen)及凝血酶原等。酶原转变成有活性的酶的过程，称为酶原激活(zymogen activition)。

不同酶原激活方式不同(图 5-29)。胰凝乳蛋白酶原的多肽链由 245 个氨基酸残基组成，有 5 对二硫键。胰凝乳蛋白酶原在胰脏细胞刚合成时没有活性，当分泌到小肠后，在胰蛋白酶作用下，它的 Arg_{15} 和 Ile_{16} 之间的肽键断裂，形成活性高但不稳定的 π-胰凝乳蛋白酶；π-胰凝乳蛋白酶自我催化，去掉 2 个二肽(Ser_{14}-Arg_{15} 和 Thr_{147}-Asn_{148})，形成 3 条由二硫键相连的肽链(图 5-29A)。肽链在进行构象折叠时，新末端氨基酸残基 Ile_{16} 与内部 Asp_{194} 发生静电作用，促使 Met_{192} 从酶分子的深层移动到酶分子表面，使第 187 及第 193 残基更加舒展，同时一个疏水性口袋产生，由此形成的 α-胰凝乳蛋白酶便具备了专一性水解蛋白质的活性。

胰蛋白酶原的激活更简单一些，它由胰腺细胞分泌进入小肠后，在 Ca^{2+} 和肠激酶(enterokinase)作用下被激活，Lys_6-Ile_7 之间的肽键断裂，移去氨基末端的酸性六肽：Val-$(Asp)_4$-Lys(图 5-29B)，即可形成活性酶的构象。可见，酶原激活虽然方式不同，但实质一样，都是发生专一性蛋白质水解，去除阻碍活性构象形成的肽段，促使酶活性中心形成。酶原激活既涉及一级结构的变化，也涉及高级结构的变化。

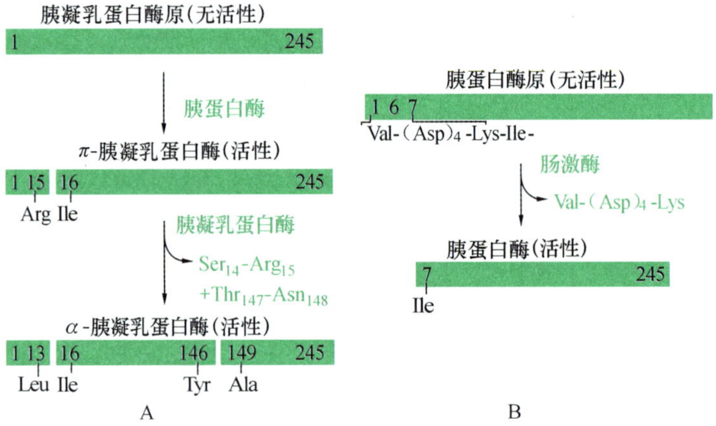

图 5-29　胰凝乳蛋白酶原和胰蛋白酶原的激活

酶原激活是生物体的一种酶活性调节机制，具有重要的生物学意义。在细胞中某些酶以酶原的形式合成和储存，这一方面可以保护合成这些酶的细胞免受损伤；另一方面在机体需要这些酶时，酶原可被迅速分泌并激活，参与消化、血液凝固和生长发育等生理过程。酶原激活出现异常可导致疾病产生。出血性胰腺炎就是胰蛋白酶原在未进入小肠时提前被激活，使胰腺细胞蛋白质发生了自我降解，从而导致胰腺出血、肿胀。酶原激活不仅出现在消化系统，其他一些生理过程也有此类现象。蝌蚪发育为蛙时尾巴消失涉及前胶原酶(procollagenase)的激活和该酶对尾巴中胶原蛋白的水解。

酶原激活是一个不可逆过程，活性酶的失活由专一性抑制剂完成。胰脏中有丰富的胰蛋白酶抑制剂，为多肽，分子量为 6×10^3，可以防止酶原在胰脏中提前活化。用胰蛋白酶抑制剂可以治疗胰腺炎。在肺部组织中存在一类 α-抗蛋白酶(α-antiproteinase)，分子量为 53 000，它能抑制弹性蛋白酶的活性，保护肺组织。如果吸烟过多，α-抗蛋白酶就会明显减少，弹性蛋白酶就会严重破坏肺组织。

四、调节蛋白

有些蛋白质通过对酶活性的直接激活或抑制来控制反应的进行，被称为调节蛋白

(control protein)。如钙调蛋白(calmodulin,CaM),是一个由 148 个氨基酸残基组成的单亚基蛋白,它对细胞内的 Ca^{2+} 浓度敏感。当 Ca^{2+} 水平提高时,钙调蛋白与之结合转变为活化态;活化后的钙调蛋白与靶酶结合,通过构象变化消除后者存在的自抑制结构域,从而将靶酶激活。钙调蛋白适应于调节细胞内的快速反应,不适于调节长时间的慢反应,因为细胞内 Ca^{2+} 持续增加是有害的。钙调蛋白的靶酶有多种,如 CaM 依赖性蛋白激酶、平滑肌肌球蛋白激酶等。

五、同工酶

在与代谢调节关系密切的酶中,除了调节酶外,还有一类同工酶(isozyme)。同工酶是指催化同一种化学反应,但酶结构和性质(理化性质、免疫性质、K_m 等)不同的一组酶。它们存在于生物的同一种属或同一个体的不同发育阶段,或同一发育阶段的不同组织,在细胞发育及代谢调节中起重要作用。同工酶普遍存在于动植物体及微生物中。

同工酶对不同器官中的代谢具有精细调节作用。一个典型的例子是哺乳动物的乳酸脱氢酶(lactose dehydrogenase,LDH)。该酶可催化丙酮酸和乳酸的相互转化,这是碳水化合物代谢中一个关键反应(详见第十一章)。用凝胶电泳分离脊椎动物各组织的 LDH,发现有 5 种同工酶,它们都含有 4 个亚基,由 H、M 2 种亚基的不同组合形成(图 5-30)。

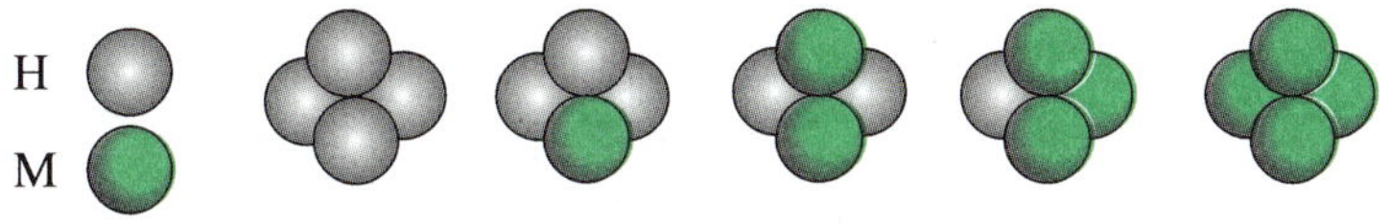

亚基组成	H_4	H_3M_1	H_2M_2	H_1M_3	M_4
同工酶	LDH_1	LDH_2	LDH_3	LDH_4	LDH_5
主要部位	心肌	心肌	肺、脾	肝、骨骼肌	肝、骨骼肌

图 5-30　乳酸脱氢酶同工酶

心肌富含 $LDH_1(H_4)$,LDH_1 对乳酸的 K_m 比丙酮酸低,这很适合它在心肌中将乳酸氧化为丙酮酸,因为心脏中氧气充足,有氧代谢旺盛,有利于乳酸脱氢反应。骨骼肌富含 $LDH_5(M_4)$,LDH_5 对丙酮酸的 K_m 比乳酸低,这很适合它在骨骼肌中将丙酮酸还原为乳酸,因为骨骼肌容易缺氧,需要将丙酮酸还原成乳酸,以维持糖酵解的正常进行(详见第十一章)。由此可见,同工酶虽然做相同的"工作"(即催化同一个反应),分子结构却不相同,它们可以执行多样化的生理功能,满足不同器官中代谢的需要。

同工酶对代谢的精细调节作用还可以天冬氨酸激酶为例说明(图 5-31)。在大肠杆菌中,天冬氨酸激酶(aspartate kinase,AK)将 ATP 的磷酸基团转移到天冬氨酸上形成天冬氨酰磷酸,该中间产物是合成 Met、Thr 和 Lys 的共同前体,分别通过 3 个分支途径完成。试想,如果细胞中的 Lys 已过剩而 Thr 还缺乏,天冬氨酸激酶是继续催化反应还是终止反应呢?显然两种情况都不适合细胞代谢需要。天冬氨酸激酶同工酶能很好地解决这个矛盾。该酶有 3 种同工酶:AK Ⅰ受 Thr 的专一性抑制,AK Ⅱ受 Met 的特异抑制,AK Ⅲ受 Lys 的专一性抑制。

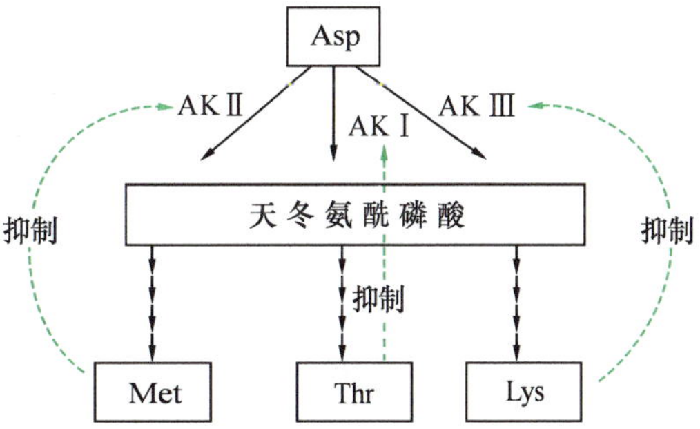

图 5-31　天冬氨酸激酶同工酶受不同产物的抑制

它们的分子结构和作用机理不同，三者协同作用，并与其他调节环节相互配合，这样就不会因一种产物过剩而影响其他产物的生成。可见，同工酶的精细调节可使细胞代谢更灵活自如。

同工酶是在生物进化过程中适应组织分化的基因表达产物，有些在基因序列上存在差异，有些在时空表达上不同，有些则是因酶分子不同修饰造成的差异。研究同工酶不仅有利于揭示个体发育、组织分化及遗传变异中的分子事件，而且对医疗诊断、植物杂交优势组合预测等具有重要的实际意义。

二维码 5-1
胰凝乳蛋白酶的作用机理

二维码 5-2
嫩肉粉

二维码 5-3
有机磷农药测定

二维码 5-4
唾液酸苷酶抑制剂与流感

二维码 5-5
可卡因与抗体酶

第五章思考题

第六章　维生素与辅酶

维生素(vitamin)是维持生物正常生长、发育和代谢所必需的一类小分子微量有机化合物,大多需要从食物中摄取。与糖、脂、蛋白质和核酸等生命物质不同,维生素既不是细胞的构建材料,也不作为能量物质,需要量很少(mg 或 μg),但作用很大。

早在 6—7 世纪,我国劳动人民就懂得食用动物肝脏治疗夜盲症。现在知道动物肝脏治疗夜盲症是因其富含维生素 A。关于维生素功能的科学研究是从动物的饲养试验开始的。1906 年,英国科学家 F. G. Hopkins 发现,用含有糖、蛋白质、脂肪、矿物质的纯化饲料并不能养活实验动物,因而提出"vitamin"这个概念,这激发了许多科学家的兴趣,继而发现了多种维生素,成为 20 世纪上半叶生物化学领域的三大发现(另两种为激素、酶)之一。

维生素有多种,具有丰富的生理生化功能,有的直接发挥作用,有的掺入辅酶(或辅基)结构中。生物体缺乏维生素会引发代谢障碍导致维生素缺乏症;但过量摄入维生素也会出现维生素毒性(vitamin toxicity)。多种多样的食物提供了种类丰富的维生素,注意食物营养均衡才能保障机体的正常生命活动。

维生素分子结构差异很大,不宜依分子特点分类,一般按溶解性将其分为水溶性和脂溶性两大类。水溶性维生素包括 B 族维生素、维生素 C 等,脂溶性维生素包括维生素 A、维生素 D、维生素 E、维生素 K 等。

第一节　水溶性维生素

在水溶性维生素中,B 族维生素不仅种类繁多,而且多构成辅酶或辅基,在脱氢、脱羧、羧化、转氨、基团转移等一系列生物化学反应中发挥重要作用。

一、硫胺素焦磷酸和维生素 B_1

维生素 B_1,即硫胺素(thiamine),是由一个含氨基的嘧啶环和一个噻唑环构成的化合物。在机体中,硫胺素经硫胺素激酶的催化转变为硫胺素焦磷酸(thiamine pyrophosphate,TPP)(图 6-1)。

TPP 中的噻唑环 C_2 失去 H^+ 形成负碳离子,它是很好的亲核基团。TPP 是脱羧酶(如丙酮酸脱羧酶)的辅酶,辅助酶进行共价催化,在维持正常物质代谢,特别是碳水化合物代谢中发挥重要作用。

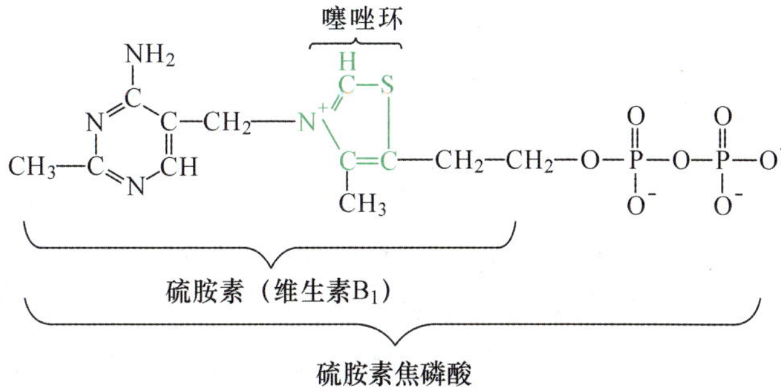

图 6-1　硫胺素焦磷酸

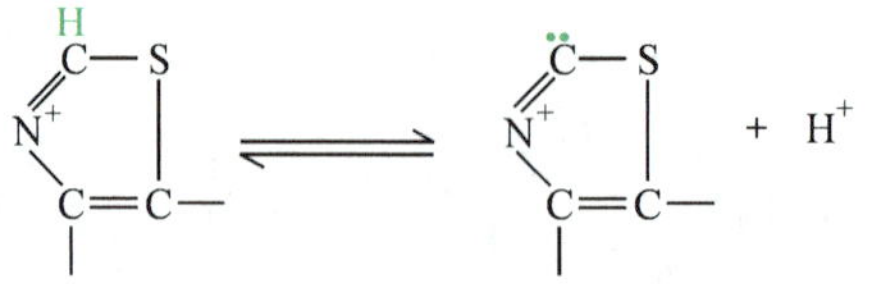

噻唑　　　　负碳离子

若机体缺乏维生素 B_1，糖代谢受阻，丙酮酸、乳酸就会在组织中积累，从而影响心血管和神经组织的正常功能，导致通常所说的脚气病（不同于真菌引起的“脚气”——脚癣），出现多发性神经炎、皮肤麻木、心力衰竭、下肢水肿等症状。此外，维生素 B_1 还有抑制胆碱酯酶活性的作用，这种抑制有利于维持正常的消化腺分泌功能和胃肠道蠕动。缺乏维生素 B_1 引起食欲不振、消化不良的原因就在于此。

谷物种子外皮中富含维生素 B_1，酵母以及瘦肉中含量也很高。维生素 B_1 在酸性条件下耐一定高温。摄食粗粮有利于补充维生素 B_1，烹饪时加醋有利于保持食物中维生素 B_1 的活性。

知识拓展框

硫胺素焦磷酸与动脉粥样硬化

维生素 B_1 作为人体必需的营养素之一，在预防与治疗多种疾病中发挥着重要作用。动脉粥样硬化是中老年人最常见的疾病之一，是冠状动脉疾病、外周动脉疾病和脑血管疾病中最常见的基础病理，斑块在血管中慢性积聚导致明显的狭窄，限制血液流动最终导致严重的组织缺氧和炎症。

中国药科大学的一项研究表明，维生素 B_1 的辅酶形式 TPP 在实验中能够减少实验鼠的动脉粥样硬化斑块，为动脉粥样硬化的治疗和预防提供了新策略。首先，研究人员利用动脉粥样硬化动物模型和临床样本，通过基因表达分析发现嘌呤受体 $P2Y_6R$ 在动脉粥样硬化病程中高表达；进一步单细胞测序数据分析证明高表达的 $P2Y_6R$ 主要定位于巨噬细胞中；而巨噬细胞特异性 *$P2Y_6R$* 基因敲除小鼠与对照小鼠相比，主动脉斑块明显减少。以上数据证明嘌呤受体 $P2Y_6R$ 参与动脉粥样硬化的形成。

究竟 $P2Y_6R$ 为什么有如此神奇的力量，怎样参与动脉粥样硬化斑块的形成呢？研究者通过转录组学测序、牵拉沉淀（pull down）实验、蛋白质组学等方法揭示了 $P2Y_6R$ 通过激活 PLC_β/SOCE/CALR 介导的钙离子信号，引起清道夫受体 SR-A 表达上调，从而加速脂质摄取，导致巨噬细胞泡沫化。巨噬细胞在动脉粥样硬化的起始和发展阶段具有重要作用，是动脉粥样硬化斑块的重要组成部分。巨噬细胞通过清道夫受体摄取氧化的低密度脂蛋白，形成泡沫细胞，是动脉粥样硬化的病变标志，这些充满胆固醇的泡沫细胞加速了动脉粥样硬化的进程。综上所述，抑制巨噬细胞中 $P2Y_6R$ 的活性可能是治疗动脉粥样硬化的一个思路。

循着这个思路，研究人员以 $P2Y_6R$ 为靶点，通过高通量分子筛选对接体系，从药物数据库中筛选能够抑制 $P2Y_6R$ 活性和巨噬细胞泡沫化的药物，结果显示，维生素 B_1 的辅酶形式 TPP 能够更强更稳定地抑制 $P2Y_6R$ 的活性。研究者通过细胞实验明确了 TPP 能够减少脂质摄取，抑制巨噬细胞泡沫化；动物水平研究明确了大剂量的 TPP 可减少动脉粥样硬化小鼠主动脉斑块的产生，并且这一过程依赖 $P2Y_6R$。这项研究为动脉粥样硬化疾病的治疗和相关心血管疾病高危患者的预防提供了新策略。

此外，有研究表明，维生素 B_1 的衍生物苯磷硫胺可能对大脑衰老产生积极影响，具有抗糖化和抗炎活性，有助于减缓阿尔茨海默病的进展并增强认知功能。基于全球人群的全基因组数据分析发现，维生素 B_1 代谢通路相关基因在东亚人群中受到特异性正向自然选择，这表明东亚人群和全球其他人群的维生素 B_1 代谢能力和机制可能存在差异，为精准医学和精准营养学提供了科学依据。

维生素 B_1 是人体必需的微量营养物质，在碳水化合物代谢和免疫系统等方面发挥着重要作用，越来越多的研究表明，维生素 B_1 及其衍生物在改善认知功能、预防神经退行性疾病、预防心血管疾病等方面具有潜在的应用价值和研究意义。

[1] Li Y, Zhou M, Li H, et al. Macrophage $P2Y_6$ receptor deletion attenuates atherosclerosis by limiting foam cell formation through phospholipase C_β/store-operated calcium entry/calreticulin/scavenger receptor A pathways. European Heart Journal, 2024, 45: 268-283.

[2] Bozic I, Lavrnja I. Thiamine and benfotiamine: Focus on their therapeutic potential. Heliyon, 2023, 9: e21839.

[3] Ma X, Xu S. Archaic introgression contributed to the pre-agriculture adaptation of vitamin B_1 metabolism in East Asia. iScience, 2022, 25: 105614.

二、FMN、FAD和维生素 B_2

维生素 B_2，化学名称为核黄素(riboflavin)，是7,8二甲基异咯嗪与一分子核糖醇构成的黄色物质。活性部位是异咯嗪环 N_1 和 N_5 之间的两个双键。

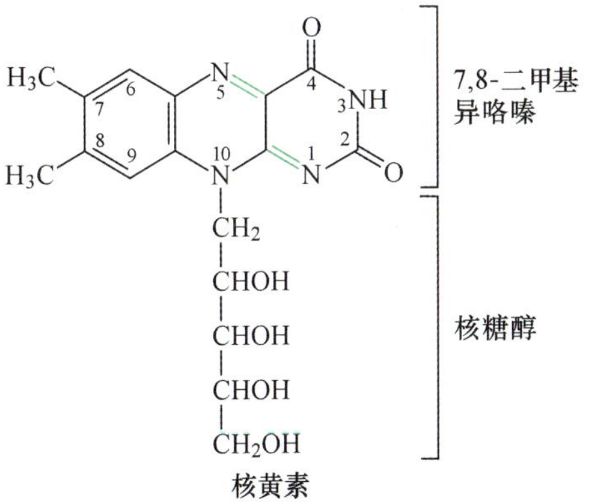

核黄素

机体内，核黄素主要以2种形式存在：黄素单核苷酸(flavin mononucleotide, FMN)和黄素腺嘌呤二核苷酸(flavinadenine dinucleotide, FAD)。FMN、FAD为氧化型，接受2个氢原子($2H^+$, $2e^-$)后转变为还原型 $FMNH_2$ 和 $FADH_2$(图6-2)。

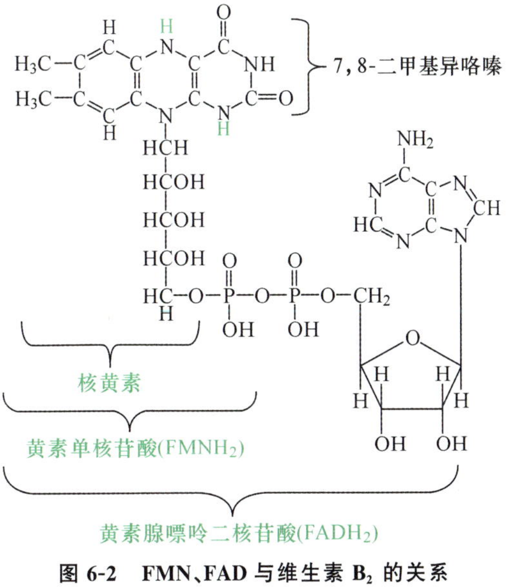

图6-2　FMN、FAD与维生素 B_2 的关系

FMN、FAD 常作为脱氢酶(如 NADH 脱氢酶、琥珀酸脱氢酶)的辅基,通过氧化态与还原态的互变参与氧化还原反应,促进糖、脂等物质代谢。缺乏维生素 B_2,机体代谢强度降低,表现为口角炎、舌炎等症状。

维生素 B_2 广泛存在于蛋黄、乳类、大豆等食物中。维生素 B_2 比较耐高温,但见光易分解。因此,维生素 B_2 通常在棕色瓶子中保存。

三、辅酶 A 和维生素 B_5

维生素 B_5 又名泛酸(pantothenic acid),广泛存在于生物体中,由 β-丙氨酸与 α,γ-二羟基-β,β-二甲基丁酸缩合而成。

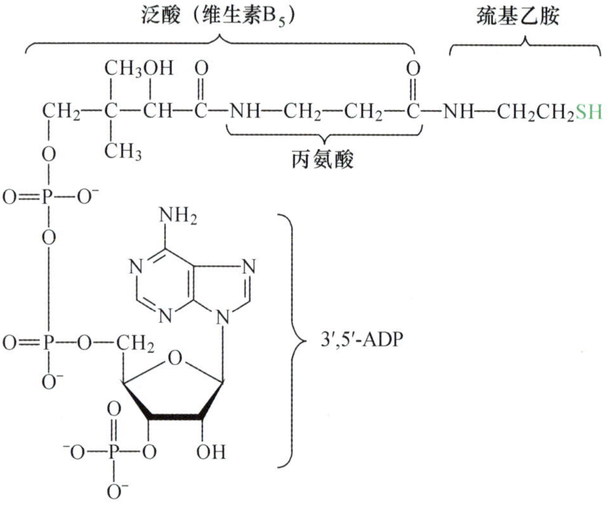

图 6-3 辅酶 A

泛酸的 γ-羟基发生磷酸化,另一端的羧基与巯基乙胺以酰胺键相连,形成磷酸泛酰巯基乙胺;之后通过磷酸基团与 3′,5′-ADP 连接形成辅酶 A(coenzyme A,CoA)(图 6-3)。CoA 是典型的酰基载体,活性基团是巯基。CoA 可以和羧酸的羧基形成硫酯(thioester),如乙酰-CoA、脂酰-CoA 等重要中间代谢物。硫酯碳带有部分正电荷,羰基氧具有部分负电荷,使邻近 α-碳原子上的氢原子趋向于解离出一个质子,而使 α-碳原子也带负电荷。因此,硫酯键非常活跃,属于高能键(详见第十章)。缺乏维生素 B_5 常表现为掉毛发、脱皮。

维生素 B_5 广泛存在于各类食物中,如花生、豌豆、蜂王浆,动物肠道细菌也可以合成,因此一般不会缺乏。

四、NAD^+、$NADP^+$ 和维生素 B_3

维生素 B_3 又称维生素 PP,包括烟酸(尼克酸)和烟酰胺(尼克酰胺)两种,二者均为吡啶衍生物,主要以酰胺形式存在,结构如下:

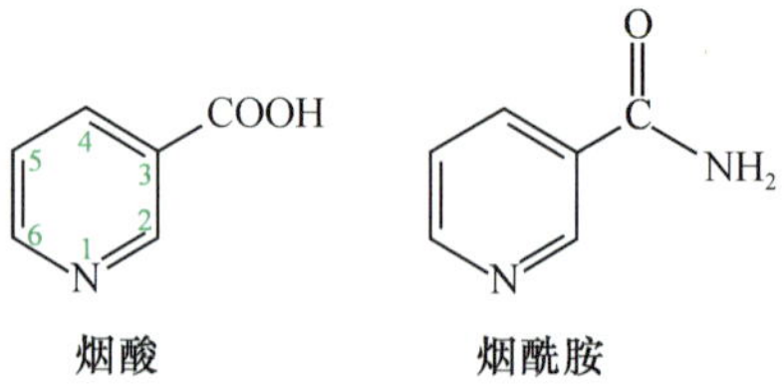

在体内,烟酰胺转变成辅酶Ⅰ(CoⅠ)和辅酶Ⅱ(CoⅡ)发挥作用。CoⅠ即烟酰胺腺嘌呤二核苷酸(nicotinamide adeninedin ucleotide,NAD),CoⅡ是烟酰胺腺嘌呤二核苷酸磷酸(nicotinamide adeninedin ucleotidephosphate,NADP)。因烟酰胺吡啶环上氮原子与核糖共价连接后带正电荷,因此,在书写这两个辅酶时分别表示为 NAD^+ 和 $NADP^+$(图 6-4)。

NAD^+ 和 $NADP^+$ 为氧化形式,可接受氢负离子(:H^-),即 1 个质子和 2 个电子,转变为还原形式的 NADH 和 NADPH。CoⅠ和 CoⅡ通过氧化型和还原型的改变传递氢负离子，作为脱氢酶的辅酶发挥作用。缺乏维生素 B_3，易患皮炎、呆傻、糙皮病等。

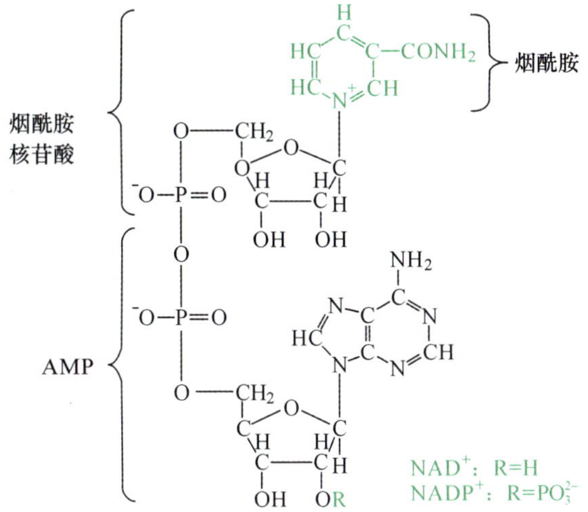

图 6-4 NAD^+ 和 $NADP^+$

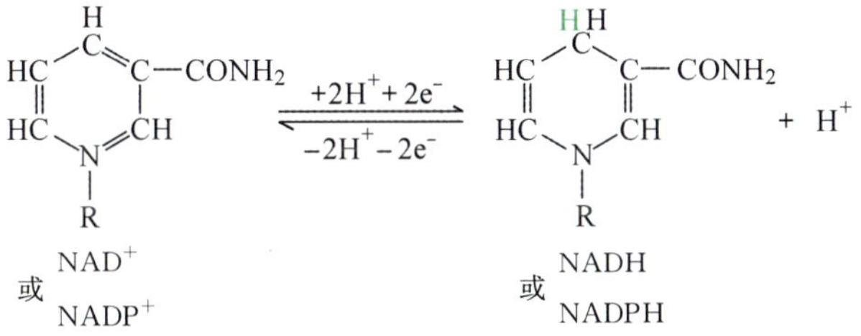

维生素 B_3 普遍存在于食物中，豆类、肉产品中富含，而且对酸、碱和热稳定，一般不会缺乏。

知识拓展框

NAD^+ 与人类寿命

从封建王朝的长生之法到现代社会的养生保健、医美抗衰，追求年轻、延缓衰老始终是人类长久的向往。在我们的身体中，NAD^+ 是保持细胞和机体年轻态的明星物质，在所有活细胞的线粒体、细胞质和细胞核中都大量存在 NAD^+。NAD^+ 几乎是所有类型细胞里的头号辅助，它参与线粒体能量供给链，还作为多个酶的通用底物发挥作用。NAD^+ 对调节细胞衰老和维持机体正常功能有重要作用。NAD^+ 代谢功能障碍是心血管疾病的重要症状和危险因素之一，NAD^+ 水平降低将影响心脏能量供应、破坏心脏泵血功能，损伤正常的 DNA，干扰蛋白质的合成，诱导线粒体功能障碍，促进细胞衰老进程。此外，NAD^+ 相关的代谢障碍是动脉粥样硬化、关节炎、高血压、认知衰退、糖尿病和癌症等与衰老密切相关疾病的重要病理机制。

人们从 NAD^+ 中看到了健康长寿的希望。在秀丽隐杆线虫（*Caenorhabditis elegans*）中的研究表明，通过“开源”和“节流”两种方式提升 NAD^+ 的水平都可以显著延长秀丽隐杆线虫的生存时间。小鼠的实验表明，运动、热量限制和规律的睡眠模式等延长寿命的代谢过程部分是通过提高 NAD^+ 水平来发挥作用的，这一证据暗示，刺激 NAD^+ 代谢有助于延长人类健康寿命。有研究表明，随着年龄的增长，组织中 NAD^+ 的水平会逐渐降低，成人样本中的平均 NAD^+ 浓度比新生儿低很多；并且 NAD^+ 水平的降低与皱纹、代谢紊乱和神经退行性疾病等衰老特征相关。

难道 NAD^+ 就是人类苦苦寻找的长生不老良药么？由于 NAD^+ 分子较大，通过口服补充很难透过细胞膜被细胞直接吸收利用，而 NAD^+ 前体 NMN(nicotinamide mononucleotide)和 NR(nicotinamide riboside)在体内很容易被转化为 NAD^+ 并被细胞利用。研究人员通过给小鼠补充 NMN 或 NR，可以延长小鼠的健康寿命，减轻与衰老相关疾病的负担；连续一年口服 NMN 可以抑制与年龄相关的体重增加，提高胰岛素敏感性，增强能量代谢，防止与年龄相关的基因表达变化，使老年小鼠的新陈代谢水平与年轻小鼠相似。为了验证在细胞和动物模型中的研究是否适用于人类，研究人员和药物开发人员展开对 NMN 补充剂的临床研究。2020 年，在 10 名健康的日本男性中的研究表明，单次口服 500 mg NMN 是安全的剂量；2021 年对 13 名 55 岁以上女性的研究表明，NMN 改善了肌肉组织对胰岛素的敏感性。近些年，针对 NAD^+ 及其前体的临床研究如雨后春笋般层出不穷，NAD^+ 与神经性疾病、肠道微生物、心脏代谢、血液生理学疾病、风湿性关节炎、帕金森综合征等病理现象均存在一定的相关性。

但是，近期来自哥本哈根大学的两位科学家评估了已有的 25 项 NR 补充剂临床试验结果，却得出了不一样的结论。总结来说，虽然口服 NR 补充剂能在一定程度上减轻体内炎症的发生，但是多数研究存在夸大 NR 临床效果的嫌疑。

目前来看，NAD^+ 是否可以作为延续人类健康的“长生不老药”还有待更广泛更深入的研究。

[1] Chini C C S, Cordeiro H S, Tran L N, et al. NAD metabolism: Role in senescence regulation and aging. Aging Cell, 2024, 23: e13920.

[2] Covarrubias A J, Perrone R, Grozio A, et al. NAD^+ metabolism and its roles in cellular processes during ageing. Nature Reviews Molecular Cell Biology, 2021, 22: 119-141.

[3] Massudi H, Grant R, Braidy N, et al. Age-associated changes in oxidative stress and NAD^+ metabolism in human tissue. PLOS One, 2012, 7: e42357.

[4] Yoshino M, Yoshino J, Kayser B D, et al. Nicotinamide mononucleotide increases muscle insulin sensitivity in prediabetic women. Science, 2021, 372: 1224-1229.

[5] Lapatto H A K, Kuusela M, Heikkinen A, et al. Nicotinamide riboside improves muscle mitochondrial biogenesis, satellite cell differentiation, and gut microbiota in a twin study. Sci Adv 2023, 9: eadd5163.

[6] Damgaard M V, Treebak J T. What is really known about the effects of nicotinamide riboside supplementation in humans. Sci Adv, 2023, 9: eadi4862.

五、转氨酶的辅酶——磷酸吡哆醛是维生素 B_6 的衍生物

维生素 B_6 属于吡啶衍生物，包括 3 个成员——吡哆醇、吡哆醛和吡哆胺，它们在体内可以相互转化。

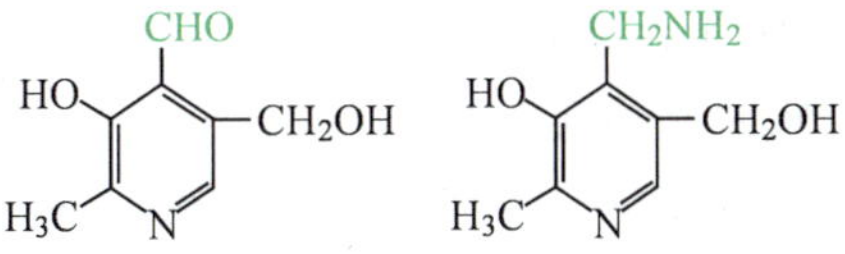

吡哆醛　　吡哆胺　　吡哆醇

维生素 B_6 经磷酸化作用转变为相应的磷酸酯——磷酸吡哆醛（pyridoxalphosphate，PLP）和磷酸吡哆胺（pyridoxaminephosphate，PMP）等，这些磷酸酯形式之间也可以相互转变。磷酸吡哆醛、磷酸吡哆胺主要在氨基酸代谢中作为转氨酶的辅酶，作用是转移氨基（详见第十三章）。磷酸吡哆醛作为氨基的载体，在转氨酶催化下参与氨基酸和 α-酮酸的转氨基作用；磷酸吡哆胺在逆反应中作为氨基的供体使 α-酮酸转变为相应的 α-氨基酸。若缺乏维生素 B_6，氨基酸代谢将出现紊乱。

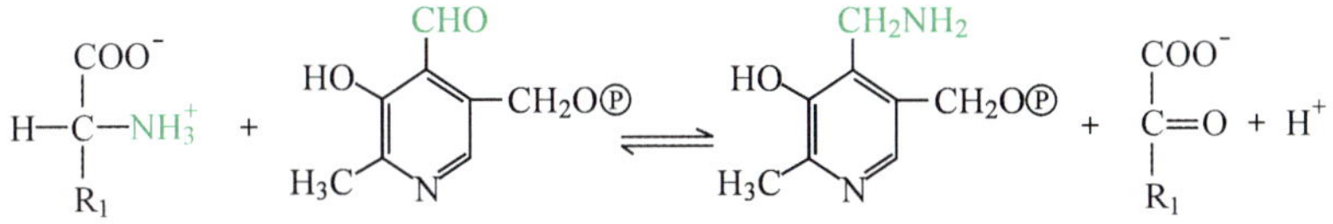

α-氨基酸　　磷酸吡哆醛　　磷酸吡哆胺　　α-酮酸

维生素 B_6 广泛存在于动、植物体内，如肝、蛋黄、肉、鱼中，尤其谷皮中含量丰富。肠道细菌也能合成维生素 B_6，通常不会缺乏。

六、生物素

生物素（biotin）即维生素 B_7（图 6-5），又称维生素 H，其结构为带有戊酸侧链的噻吩环与一分子脲所结合形成的骈环，活性位点在 N_1 上。

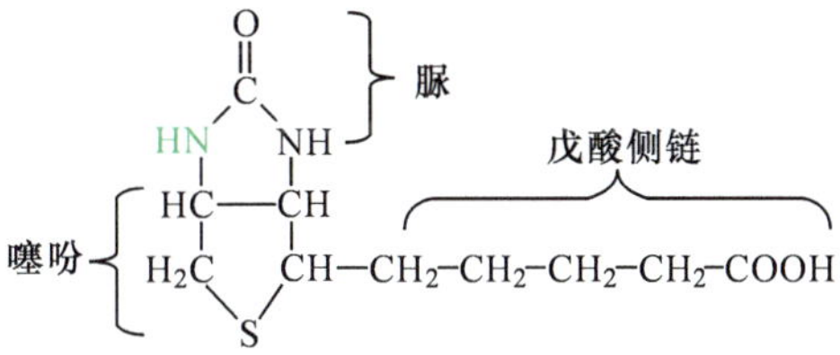

图 6-5　生物素

生物素是多种羧化酶的辅基，作为活化的羧基载体参与羧化反应，其羧基与酶蛋白中赖氨酸残基的 ε-氨基以酰胺键相连。反应时，CO_2 首先与脲环上的活性位点 N 原子结合，然后再转给适当的受体（如丙酮酸）以完成羧化反应（图 6-6）。缺乏生物素会导致毛发脱落，皮肤容易发炎。

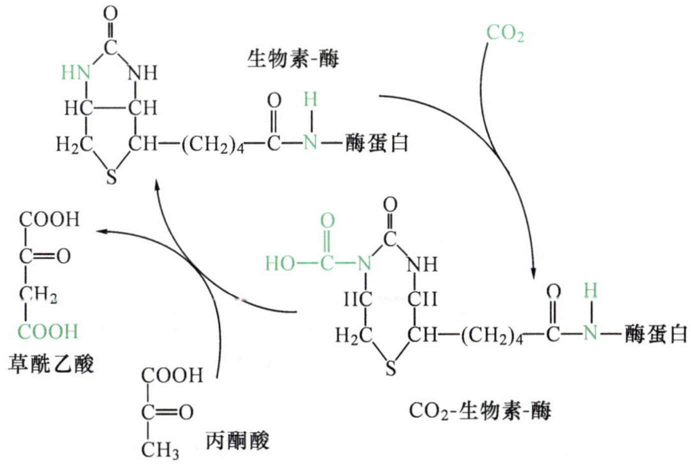

图 6-6　生物素在代谢过程中起羧基载体作用

生物素广泛分布于动、植物中，人体肠道细菌也可合成，一般不会缺乏。人们常将生物素与某蛋白质共价连接使之“生物素化”，然后利用抗生物素蛋白（avidin）与生物素专一结合的特性，用酶标-avidin对目标蛋白质进行追踪鉴定。生食大量鸡蛋会引起生物素缺乏，这是因为生鸡蛋清富含抗生物素蛋白，它们与生物素结合使后者丧失活性。

七、四氢叶酸是维生素 B_{11} 的衍生物

叶酸（folic acid）又称维生素 B_{11}，广泛存在于生物界，因为在植物绿叶中含量丰富而得名。叶酸分子由6-甲基蝶呤、对氨基苯甲酸与 *L*-谷氨酸连接而成。

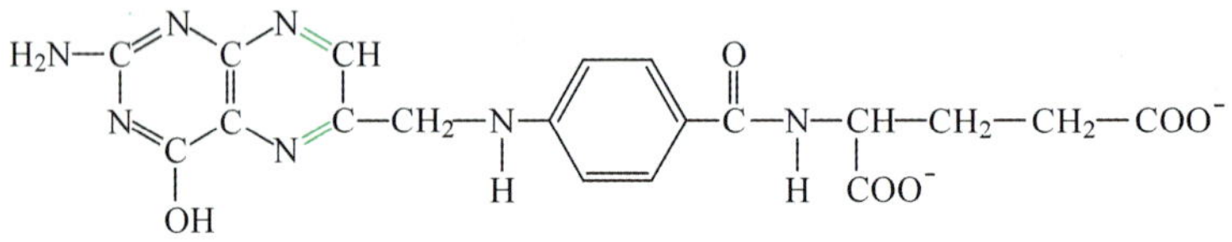

叶酸加氢后的还原产物——5，6，7，8-四氢叶酸（tetrahydrofolate，THF）是叶酸的活性形式，分子结构如下：

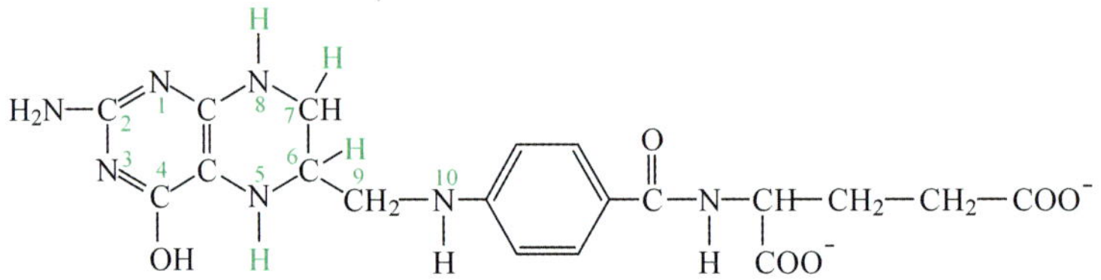

四氢叶酸是转移酶的辅酶，主要生物化学作用是转移一碳单位（one-carbonunit），如甲基（$—CH_3$）、亚甲基（$—CH_2—$）等。四氢叶酸携带一碳单位的活性部位是 N^5 和 N^{10}。N^5，N^{10}-亚甲基四氢叶酸作为亚甲基的载体参与甘氨酸转变成丝氨酸等反应（详见第十三章）。

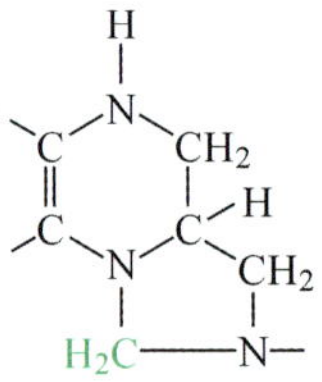

N^5，N^{10}-亚甲基四氢叶酸

八、维生素 B_{12} 辅酶

维生素 B_{12} 又称钴胺素（cobalamin），分子结构复杂，含有咕啉环（corrin ring）。咕啉环很像血红素的卟啉环，但中心是一个三价Co原子，Co除了和4个吡咯N配位外，还有2个配位键：一个是二甲基苯并咪唑基的N，另一个是R基。R基团有不同种类，如果是羟基，则称之为羟基钴胺素（Hydroxycobalamin）；如果是甲基，则称之为甲基钴胺素（methylcobalamin），如图6-7所示。

维生素 B_{12} 在体内主要转化为两种辅酶形式——甲基钴胺素和5′-脱氧腺苷钴胺素，后者是维生素 B_{12} 辅酶的主要活性形式。

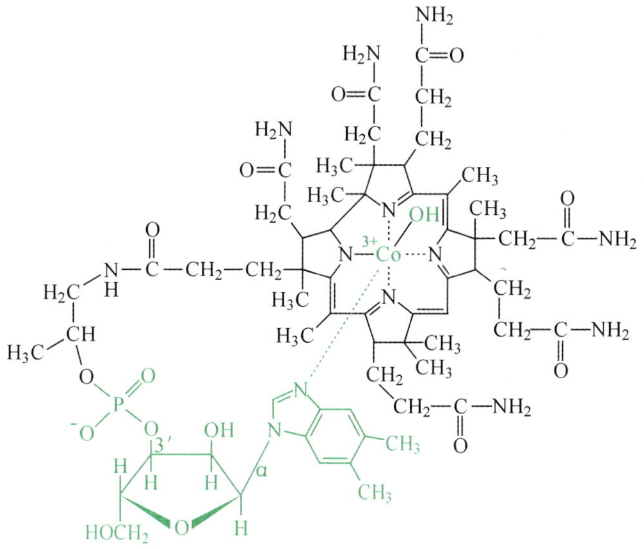

图 6-7　维生素 B_{12}

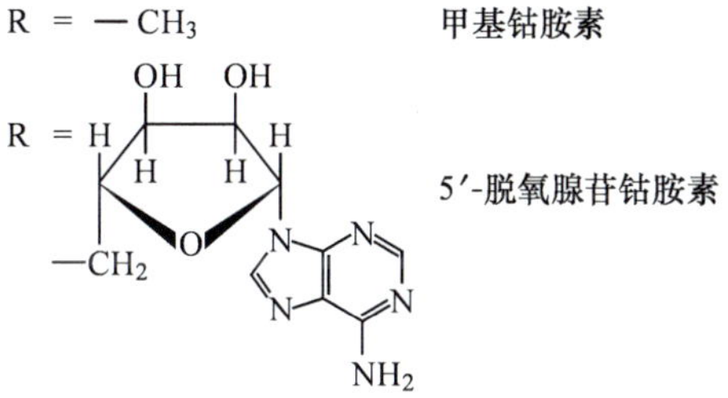

维生素 B_{12} 辅酶参与分子内基团重排、转甲基等十多种生物化学反应。例如，甲基钴胺素在高半胱氨酸转变为甲硫氨酸的过程中起甲基转移作用；5′-脱氧腺苷钴胺素是多种变位酶的辅酶（详见第十二章），将一个碳原子上的—H 或—R 基团转移到邻近碳原子上，所催化反应简示如下：

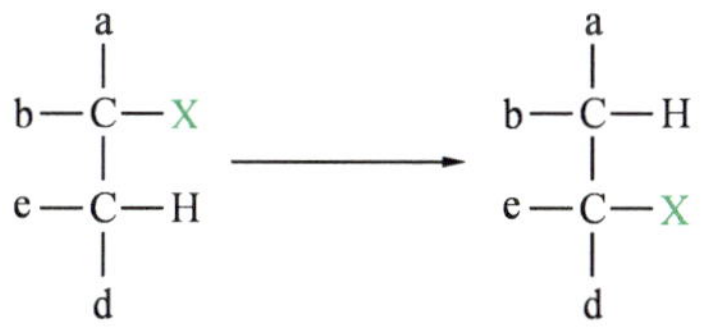

维生素 B_{12} 参与 DNA 合成，对红细胞成熟很重要。缺乏维生素 B_{12}，易患恶性贫血病。肉、蛋、鱼、奶等都富含维生素 B_{12}，人体肠道细菌也可合成，一般不会缺乏。

知识拓展框

维生素 B_{12} 助力细胞重编程和组织修复

维生素 B_{12} 在人类健康和疾病治疗中扮演着重要的角色，早有报道表明其与神经系统、血液系统和代谢等疾病密切相关。最新研究指出维生素 B_{12} 参与细胞重编程和组织再生的过程，为再生医学带来了新的希望。

细胞重编程允许已经分化的细胞逆转回到类似干细胞的状态，获得多能性或全能性，这种能力对于组织修复和再生医学具有重要的应用价值。通过引入特定的转录因子，如OCT4、SOX2、KLF4 和 MYC(OSKM)，可以直接重新编程成纤维细胞等体细胞，使之成为诱导多能干细胞(induced pluripotent stem cell，iPSC)。这些转录因子能够激活多能性基因的表达，抑制分化基因的表达。

巴塞罗那生物医学研究所 Manuel Serrano 教授带领的团队研究发现，维生素 B_{12} 可以显著提高细胞重编程的效率，在组织再生中发挥关键作用。研究组首先关注了 OSKM 转录因子在重编程过程中的代谢情况，发现小鼠体内的重编程过程会消耗大量的维生素 B_{12}，引起全身性的维生素 B_{12} 水平降低，进一步影响了结肠微生物种群。研究组推测，维生素 B_{12} 的全身性消耗可能是重编程过程的限制因素；通过后续实验证明，维生素 B_{12} 补充剂显著提高了小鼠胰腺、结肠和胃组织内的重编程效率。

随后，研究人员使用了葡聚糖硫酸钠(dextran sodium sulfate，DSS)诱导的急性溃疡性结肠炎小鼠模型，发现在该模型中，DSS 损伤与 OSKM 重编程非常相似，都与血清中维生素 B_{12} 水平的显著消耗有关。在 DSS 给药 5 d 后，通过短暂地表达 OSKM，或连续 9 d 补充维生素 B_{12} 均可促进急性溃疡性结肠炎小鼠的组织重编程，表现为修复上皮相关基因表达增加，结肠长度、黏膜完整性的组织恢复。此外，维生素 B_{12} 还可以显著改善肠道通透性。以上研究结果证明启动修复的肠道细胞经历了类似于细胞重编程的过程，维生素 B_{12} 有助于细胞的修复和重编程。随后，通过深入研究细胞重编程的代谢需求，研究人员发现维生素 B_{12} 是参与甲基化反应特定代谢分支的限制因素，重编程或组织修复过程中维生素 B_{12} 的不足会导致表观遗传标记物组蛋白 H3K36 甲基化水平显著改变，从而导致多个基因的功能错误。

该研究表明，补充维生素 B_{12} 纠正了重编程过程中组蛋白 H3K36 甲基化水平的变化，提高了重编程效率。维生素 B_{12} 在细胞重编程和组织修复中的关键作用，为再生医学带来了希望，为炎症性疾病的治疗提供了新的方向。

Kovatcheva M，Melendez E，Chondronasiou D，et al. Vitamin B_{12} is a limiting factor for induced cellular plasticity and tissue repair. Nature Metabolism，2023，5：1911-1930.

九、硫辛酸

在生物化学反应中，还有一些重要的辅酶、辅基，虽然并不属于维生素，但对于某些细菌和原生动物而言是生长必需因子，如硫辛酸(lipoic acid)。硫辛酸是一种含 2 个硫的八碳酸，有氧化型和还原型(二氢硫辛酸)2 种形式，2 种形式之间通过接受和失去 2 个氢原子相互转化。

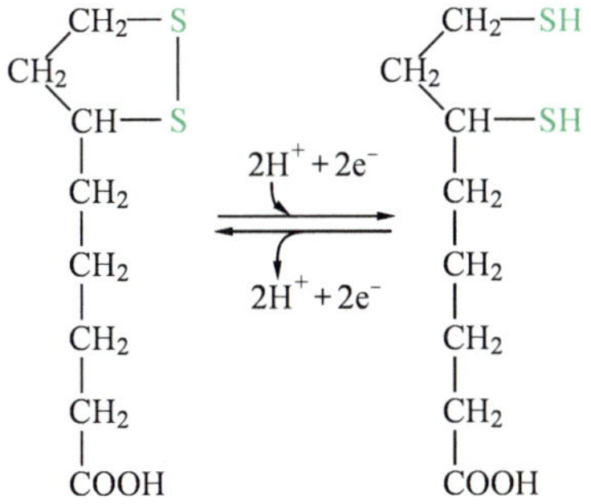

二氢硫辛酸的羧基和酶蛋白赖氨酸的 ε-氨基以酰胺键相连，作为脱氢酶的辅基传递氢和电子，或作为酰基载体发挥作用。

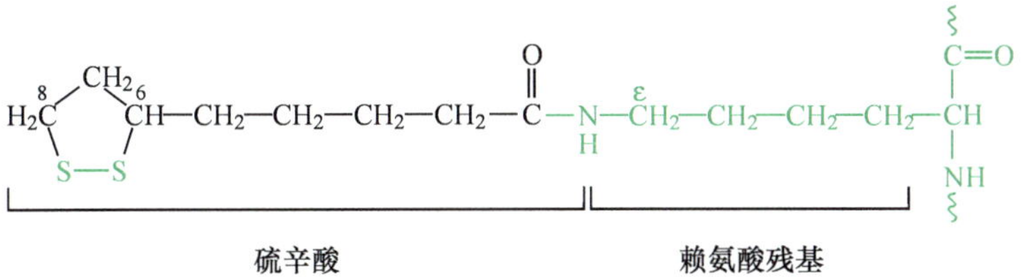

十、维生素 C

维生素 C 又名抗坏血酸(ascorbic acid)，是一个含 6 个碳原子的酸性多羟基化合物，有不对称碳原子，自然界存在的具有生理活性的是 *L*-维生素 C。维生素 C 有还原型和氧化 2 种形式，二者之间可以相互转变。

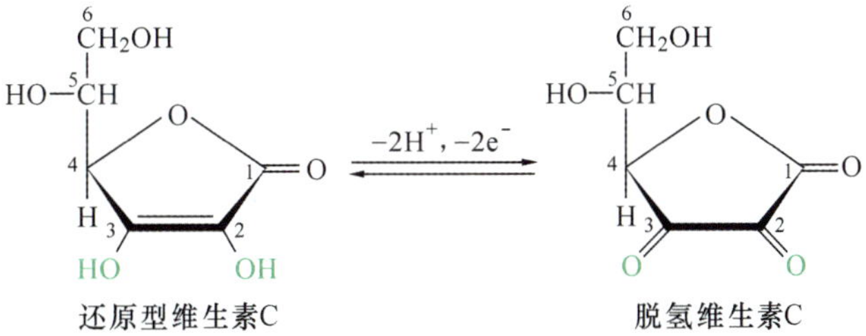

在还原型维生素 C 中，C_2 位和 C_3 之间有一个双键，2 个烯醇式羟基极易解离出 H^+ 和电子，氧化成酮式即脱氢维生素 C。因此，维生素 C 是生物体一种强还原剂，其生化功能是作为氢的供体或受体，通过参与氧化还原反应起作用。维生素 C 有多种生理作用，如保持巯基酶、谷胱甘肽的活性，使机体处于良好状态；保持血红蛋白血红素辅基中铁原子的还原状态，使食物中难以吸收的 Fe^{3+} 还原为易于吸收的 Fe^{2+}；恢复因参与捕获自由基而造成的活性维生素 E 的降低等。不仅如此，维生素 C 还参与羟基化反应，在胶原蛋白合成、胆固醇代谢、芳香族氨基酸代谢以及机体免疫反应等方面具有重要作用。

缺乏维生素 C 易引发坏血病，其症状为创伤溃疡不易愈合，骨骼和牙齿易于折断或脱落，毛细血管通透性增大，皮下、黏膜下易出血等。维生素 C 广泛存在于生物体，但少数脊椎动物如人和其他灵长类、豚鼠等除外，这些生物必须从食物中摄取。

第二节 脂溶性维生素

一、维生素 A

维生素 A 的化学名称是视黄醇(retinol),为不饱和一元醇,基本结构单位是异戊二烯。维生素 A 主要来自动物食品,肝、乳制品及蛋黄中富含维生素 A,鱼肝油中含量尤为丰富。胡萝卜、绿叶蔬菜等所含的 β-胡萝卜素在动物小肠内可以转化为维生素 A。1 分子 β-胡萝卜素经酶催化裂解产生 2 分子维生素 A。因此,β-胡萝卜素又被称为维生素 A 原(图 6-8)。维生素 A 有维生素 A_1 和维生素 A_2 2 种,维生素 A_2 比维生素 A_1 多一个双键,为 3-脱氢视黄醇。

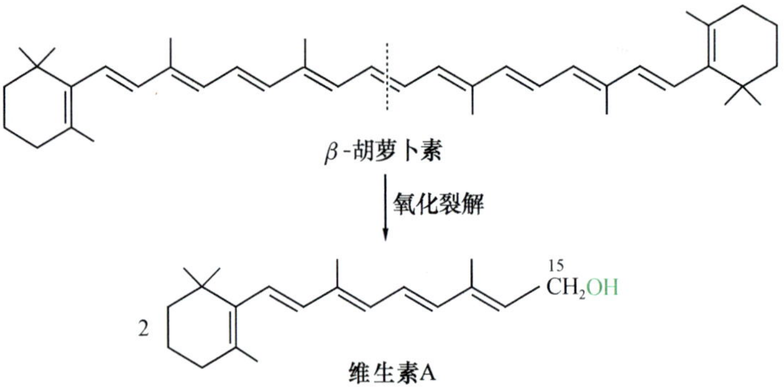

图 6-8 胡萝卜素(维生素 A 原)裂解为维生素 A

维生素 A 不仅对维持上皮组织结构、骨骼的形成和生长有作用,还是构成视觉细胞感光物质的成分。眼球视网膜杆状细胞含有视紫红质(rhodopin),这是一种对弱光敏感的结合蛋白,由 11-顺-视黄醛和视蛋白组成,视黄醛的醛基与视蛋白赖氨酸残基的 ε-氨基以席夫(Schiff)碱形式共价结合。视紫红质在光中分解,在暗中合成。在弱光下视物时,视紫红质中的 11-顺-视黄醛感光,发生异构化反应转变为全-反-视黄醛。视黄醛是视黄醇的氧化产物,缺乏视黄醇,视紫红质不能保持正常浓度,视网膜感受弱光发生障碍,因而引发夜盲症。

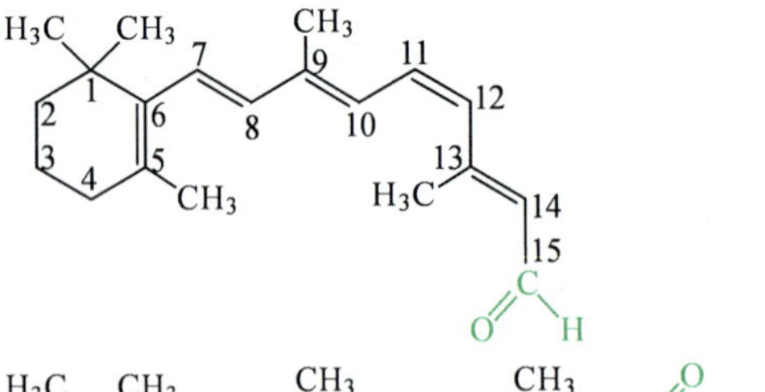

11-顺-视黄醛

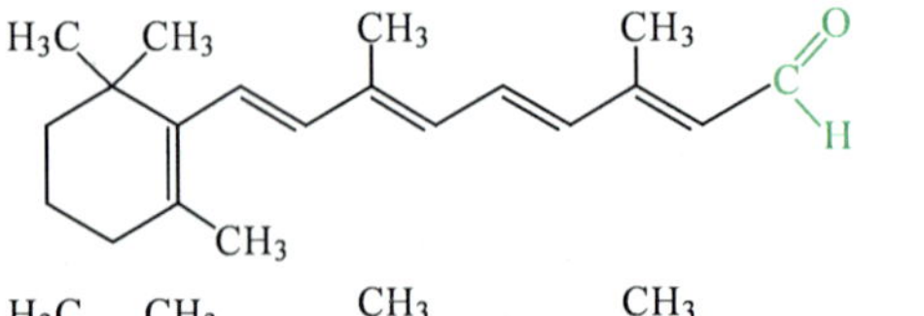

全-反-视黄醛

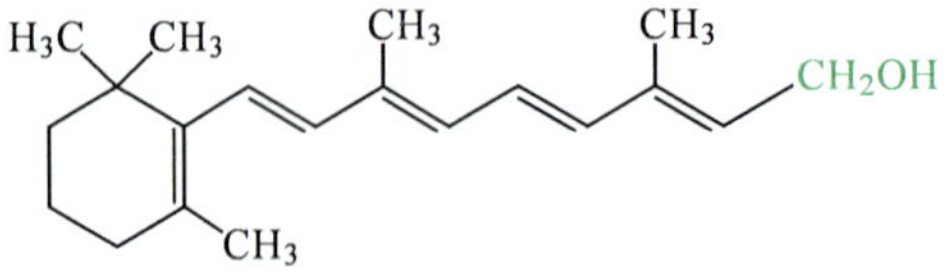

全-反-视黄醇

二、维生素 D

维生素 D 是类固醇衍生物，具有抗佝偻病的作用。维生素 D 有多种，其中以维生素 D_2 和维生素 D_3 最为重要；二者结构相似，维生素 D_2 比维生素 D_3 仅多一个甲基和一个双键。

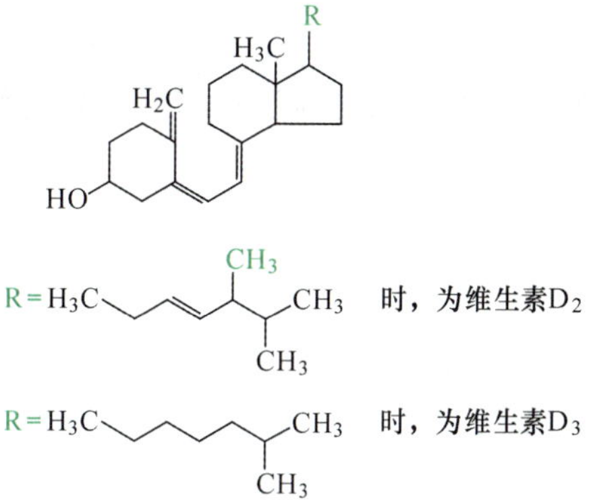

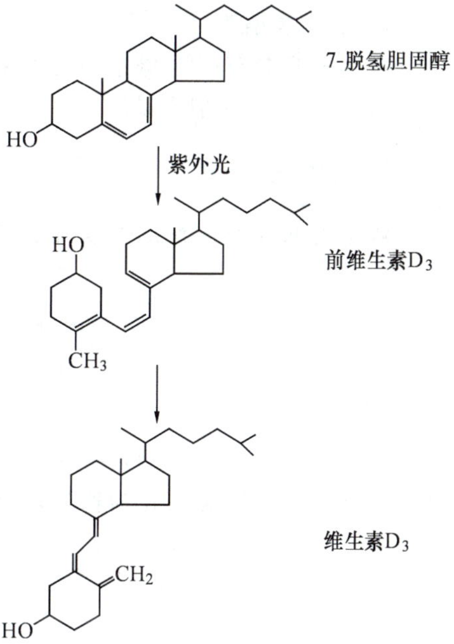

图 6-9 7-脱氢胆固醇在紫外线照射下产生维生素 D_3

在人和动物皮肤中，7-脱氢胆固醇经紫外线照射可形成前维生素 D_3（pre-vitamin D_3），后转变为维生素 D_3（图 6-9）。植物性食物中所含的麦角固醇经紫外线照射后可转变为维生素 D_2。

维生素 D_3 的化学名称为胆钙化醇，在体内的活性形式是 1,25-二羟胆钙化醇，主要功能是调节钙、磷代谢，维持血钙和血磷正常浓度，促使新骨形成和钙化。缺乏维生素 D，骨骼发育不良，小儿易患佝偻病，成人易患软骨病。维生素 D 在肝、鱼、蛋黄、奶油中含量丰富，海产鱼肝油尤其丰富。补充维生素 D 的同时补钙效果更好。

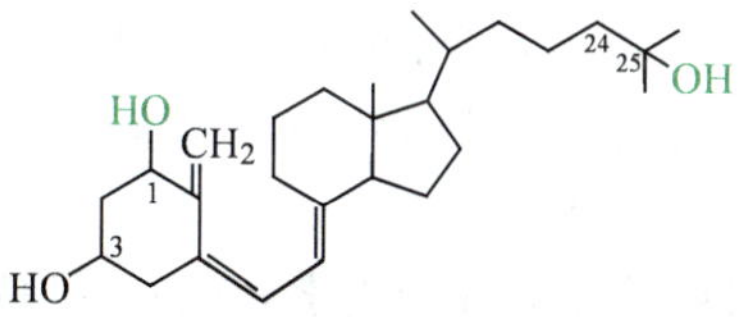

1,25-二羟胆钙化醇

三、维生素 E

维生素 E 又称生育酚（tocopherol），活性基团为酚基。维生素 E 有 8 种，因苯环上的甲基数目、位置等有所不同，分别表示为 α-生育酚、β-生育酚、γ-生育酚、δ-生育酚等。维生素 E 结构简式如下：

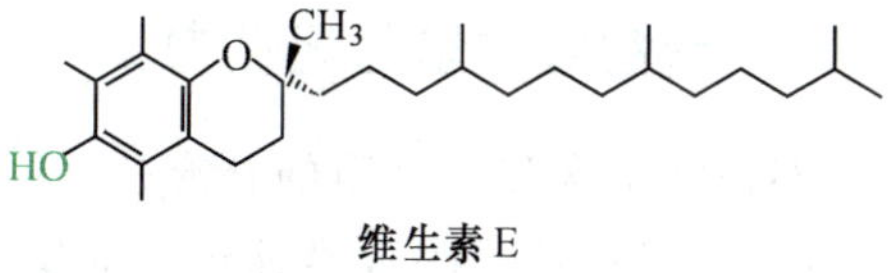

维生素 E

维生素 E 极易氧化而保护其他物质不被氧化，是动物和人体中最重要的抗氧化剂和自由基清除剂。机体在正常代谢时不断产生自由基，处于逆境时产生得更多，如羟自由基（OH·）、超氧阴离子自由基($O_2^{\overline{\cdot}}$)、过氧化物自由基(ROO·)等,它们有攻击细胞膜不饱和脂肪酸双键而引发过氧化反应(详见第九章)的破坏性作用。维生素 E 之所以能捕捉自由基,是因为它的酚基极易释放出一个氢原子(H·),氢原子与自由基结合成非自由基产物;而生育酚自由基则可两两结合成醌式结构,从而使细胞膜免于过氧化反应而保持正常结构和功能。此外,维生素 E 还有保护巯基酶、抗衰老、防肿瘤等作用,与生殖也有一定关系。缺乏维生素 E 容易造成习惯性流产、肌肉萎缩等。

维生素 E 分布广泛,多存在于植物产品中,尤其麦胚油、玉米油、花生油等,豆类和蔬菜中的含量也较丰富,一般不易缺乏。

四、维生素 K

维生素 K 又称凝血维生素,含有萘醌结构。

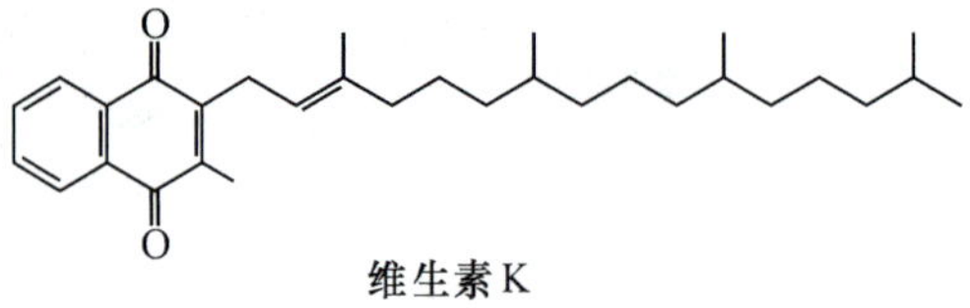

维生素K

维生素 K 的主要功能是参与凝血因子的合成。如凝血酶原在生物合成后加工时,谷氨酰羧化酶需要以维生素 K 作为辅酶,催化凝血酶原分子特定谷氨酸残基在 γ-碳位发生羧基化,使 γ-碳位上带有 2 个羧基。

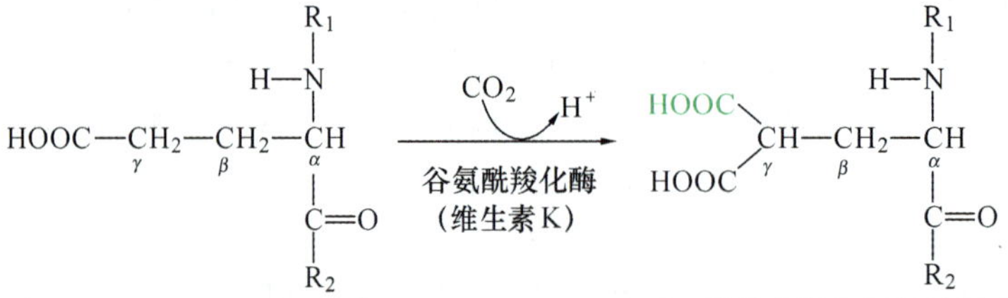

新合成的凝血酶原上的谷氨酸残基　　含γ-羧基谷氨酸残基的凝血酶原

缺乏维生素 K 时,凝血时间延长,甚至引起皮下、肌肉以及胃肠道出血。一般情况下人体不会缺乏维生素 K,因为绿色蔬菜、肝、鱼等食物中富含维生素 K。此外,哺乳动物肠道内大肠杆菌、乳酸菌也能合成维生素 K,供机体利用。

可见,无论是水溶性维生素还是脂溶性维生素,它们对维持生物正常生长、发育都很重要。有些维生素,如维生素 B_1、维生素 B_2 和维生素 B_5 等有一定耐高温能力,在正常蒸煮温度下一般还能保持活性,但大多数维生素在烹制过程中易遭破坏。因此,常食新鲜蔬菜,合理搭配食谱,讲究科学烹饪,有利于机体的健康。

知识拓展框

复合维生素与记忆力

复合维生素是一种包含多种维生素和矿物质的补充剂,这些补充剂的目的是提供人体所需的营养物质,以补充饮食中可能不足的营养成分。那么,补充复合维生素是否真的有益于健康,哪些人群可能会受益于复合维生素呢?

2024 年 1 月，发表在《美国临床营养学》期刊上的一项研究表明，在 60 岁以上老人群体中，每天补充复合维生素和矿物质有助于减缓记忆力衰老和认知衰老。研究人员进行了一项大规模、全国性的随机试验，共纳入年龄在 60 岁及以上的参与者 573 名，参与者完成了基线时和 2 年后的认知测试，分析了多种维生素和矿物质的补充剂对认知的影响。研究发现，与对照组相比，补充多种维生素的参与者在 2 年内的认知水平更高，记忆力更好，进一步分析发现，补充多种维生素相当于记忆力衰退减缓 4.8 年。

此外，研究者还在参与者不重叠的前提下，基于电话和计算机分析了超过 5 000 人的群体中补充多种维生素和矿物质的影响。结果显示，与对照组相比，补充多种维生素和矿物质的参与者，整体认知更好，记忆力也更好。对研究结果临床的重要性分析发现，每天补充多种维生素的参与者，在 2～3 年的时间里，相当于认知衰老速度减慢 2 年。

值得一提的是，2023 年 5 月的另一项研究也有类似的结论，每天补充多种维生素可增强老年人的记忆力并减缓认知能力下降，相当于记忆力提高了 3.1 年。2022 年 9 月，一项对 2 262 名老年人进行的为期 3 年的测试，结果表明，与安慰剂相比，每日补充多种维生素可使老年人认知老化减缓 60%，相当于认知能力下降减缓 1.8 年。以上研究均表明，补充多种维生素或许是保护老年人认知健康的一种安全、方便、可及的方法。

需要注意的是，以上研究中的参与者年龄均在 60 岁或以上，对于健康成年人来说，是否需要补充复合维生素，目前并没有统一的答案。一些研究表明，长期服用复合维生素可能并不会给健康人带来显著的健康收益；然而，对于特定人群，如孕妇、老年人、有某些慢性疾病或营养不良的人群，补充复合维生素可能是有益的。根据《美国饮食指南》建议，正常健康的人应从食物中获取营养，而不是复合维生素，摄入过多会维生素导致胃部、心脏、肝脏等副作用。

[1] Vyas C M, Manson J E, Sesso H D, et al. Effect of multivitamin-mineral supplementation versus placebo on cognitive function: Results from the clinic subcohort of the COcoa Supplement and Multivitamin Outcomes Study (COSMOS) randomized clinical trial and meta-analysis of 3 cognitive studies within COSMOS. The American Journal of Clinical Nutrition, 2024, 119: 692-701.
[2] Yeung L K, Alschuler D M, Wall M, et al. Multivitamin supplementation improves memory in older adults: A randomized clinical trial. Am J Clin Nutr, 2023, 118: 273-282.
[3] Baker L D, Manson J E, Rapp S R, et al. Effects of cocoa extract and a multivitamin on cognitive function: A randomized clinical trial. Alzheimer's & Dementia: The Journal of the Alzheimer's Association, 2023, 19: 1308-1319.

第六章思考题

第七章 糖 类

糖类是至少含有2个羟基的醛类或酮类化合物。这类物质主要由碳、氢、氧所组成，通常分子通式为 $C_m(H_2O)_n$，其中氢与氧的比例为2∶1，与水的组成相同，习惯上称为碳水化合物(carbohydrate)。

糖类在生物体内起着很重要的作用，概括起来主要有以下4个方面：①作为生物体的结构成分。植物根、茎、叶中的纤维素、半纤维素和果胶物质是构成细胞壁的主要成分，昆虫和甲壳类的外骨骼存在糖类物质——壳多糖。②作为生物体的主要能源物质。生物体内作为贮存能源的多糖有淀粉和糖原等，在生物体内通过降解和生物氧化释放出能量，供生命活动的需要。③在生物体内转变为其他物质。有些糖是重要的中间代谢物，为合成其他生物分子如氨基酸、核苷酸、脂肪酸等提供碳骨架。④作为细胞识别的信息分子。

糖类广泛存在于生物体中。按干重计，糖类占植物体组分的85%～90%，细菌为10%～30%，动物<2%。

根据水解后产生单糖残基的多少可将糖类作如下分类：

(1)单糖(monosaccharide)　是一类最简单的多羟基醛或多羟基酮，不能再进行水解。根据其所含的碳原子数，单糖又可分为丙糖、丁糖、戊糖、己糖、庚糖等。依其带有的基团，又可分为醛糖和酮糖。

(2)寡糖(oligosaccharide)　是由2～10个单糖分子聚合而成的糖，如二糖、三糖、四糖等。

(3)多糖(polysaccharide)　由多分子单糖及其衍生物所组成，依其组成又可分为两类：①同多糖。由相同单糖结合而成，如戊聚糖、淀粉、纤维素等。②杂多糖。由一种以上单糖或其衍生物所组成，如半纤维素、黏多糖等。

(4)糖缀合物(glycoconjugate)　指糖类与蛋白质、脂质等生物分子，借共价键形成的缀合物，如糖蛋白、蛋白聚糖、糖脂和脂多糖等。近10年来对糖蛋白中糖链的结构和功能有了更深入的了解，发现它们在酶催化、激素控制、免疫防护与调节、细胞识别、血液凝固、细胞黏附、细胞间反应等方面具有广泛作用。因此，糖蛋白是现代生物化学研究的热门领域之一。

第一节 单 糖

本节首先以葡萄糖为例，讨论一些关于单糖结构的基本概念，然后介绍常见单糖种类、单糖衍生物及单糖性质。

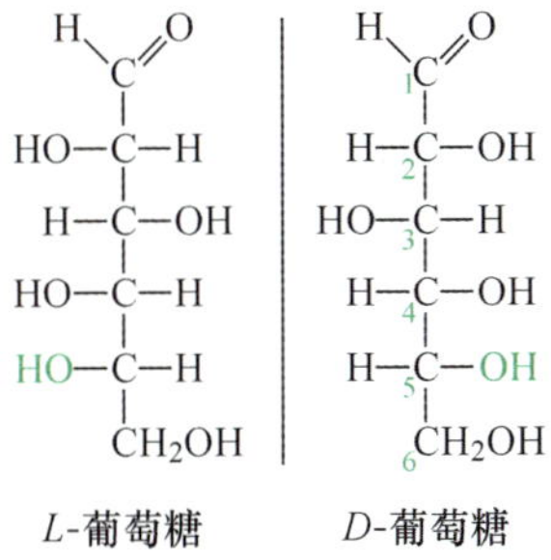

图 7-1　*L*-葡萄糖与 *D*-葡萄糖的 Fisher 投影式

一、葡萄糖

（一）葡萄糖的链状结构

葡萄糖(glucose)是一个含有 6 个碳原子的醛糖，其中 4 个为手性碳原子（图 7-1）。在生物化学中，为了简化单糖的命名，单糖的构型习惯上采用 *D*-、*L*-表示法，手性依据单糖分子中离羰基碳最远的手性碳原子（葡萄糖依据第 5 个碳原子）构型是否与 *D*-甘油醛中手性碳上的羟基位置一致来确定。若一致，则为 *D*-构型，反之，则为 *L*-构型。*D*-葡萄糖和 *L*-葡萄糖互为立体异构体。

（二）葡萄糖的环状结构

在水溶液中，含有 4 个以上碳原子的单糖主要以环状结构存在，因为环状结构在能量上更稳定。环化的化学基础是醛基与醇基反应生成半缩醛。对于葡萄糖而言，六元环结构比五元环结构更稳定。葡萄糖链状结构中的 C_1 醛基与 C_5 羟基反应生成分子内半缩醛(intramolecular hemiacetal)（图 7-2），由此形成的六元环与吡喃环相似，故又称为吡喃糖(pyranose)。葡萄糖的第 C_5 羟基亲核攻击其羰基碳，如果反应发生在环下方则产生 α-异头体(anomer)，如果发生在上方则生成 β-异头体。单糖的 α-异头体和 β-异头体可以通过链状结构相互转化，最后达到一个动态平衡，导致溶液的旋光率发生改变，这种现象称为变旋。

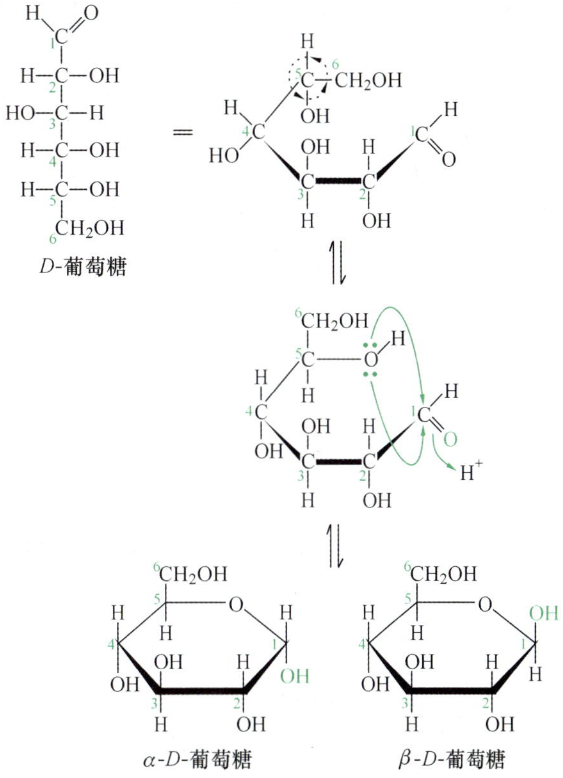

图 7-2　环状葡萄糖的形成及其 Haworth 结构式

环状葡萄糖的吡喃环 C_1 上有一个半缩醛羟基，该基团赋予葡萄糖还原性。氧环上的碳原子顺序按顺时针排列时，半缩醛羟基在氧环平面之下为 α-型，在氧环平面之上为 β-型。也可按半缩醛羟基与 C_5 羟甲基的相对位置判断，如果二者位于吡喃环的同侧就为 β-型；如果分别位于环的两侧则为 α-型。同一分子的 α-型和 β-型互为异构体。

（三）葡萄糖的构象

吡喃糖的六元环不是平面的，而是呈现各种构象。葡萄糖的构象有多种，最典型的有两种：一种像椅子称为椅式(chair form)构象；另一种像小船称为船式(boat form)构象。椅式构象中，与环相连的各基团（或原子）在空间上更伸展，障碍更少，因而比船式构象更稳定，是葡萄糖的优势构象。

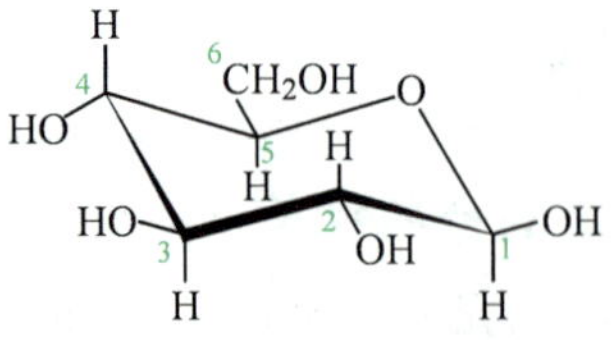

二、单糖的种类及其立体化学

单糖都是由甘油醛及二羟丙酮派生的，分别形成醛糖和酮糖。糖的构型有 *D*-构型与 *L*-构型，因此又有 *D*-醛糖和 *L*-醛糖，*D*-酮糖和 *L*-酮糖之分。

单糖还可根据碳原子数分为三碳糖、四碳糖、五碳糖、六碳糖（或丙糖、丁糖、戊糖、己糖、庚糖）等。碳原子数相同的单糖之间互为立体异构体（stereoisomer）。异构体数量 $=2^n$（n 为不对称碳原子数）。链状己醛糖有 4 个不对称碳原子，因此有 16 种可能的立体异构体，其中 8 个为 *D* 系，8 个为 *L* 系。互为镜像结构的两个分子称为一对对映异构体（enantiomer），如 *L*-葡萄糖和 *D*-葡萄糖互为对映异构体。分子质量、分子结构式相同、仅有一个手性碳原子构型相反的两个分子称为差向异构体（epimer），如 *D*-葡萄糖和 *D*-甘露糖互为差向异构体。链状单糖成环后，多出一个不对称碳原子，因而立体异构体数量多 1 倍。

三、常见单糖

1. 丙糖

D-甘油醛和 *D*-二羟丙酮结构分别见图 7-3 和图 7-4。其磷酸酯——甘油醛-3-磷酸（也常

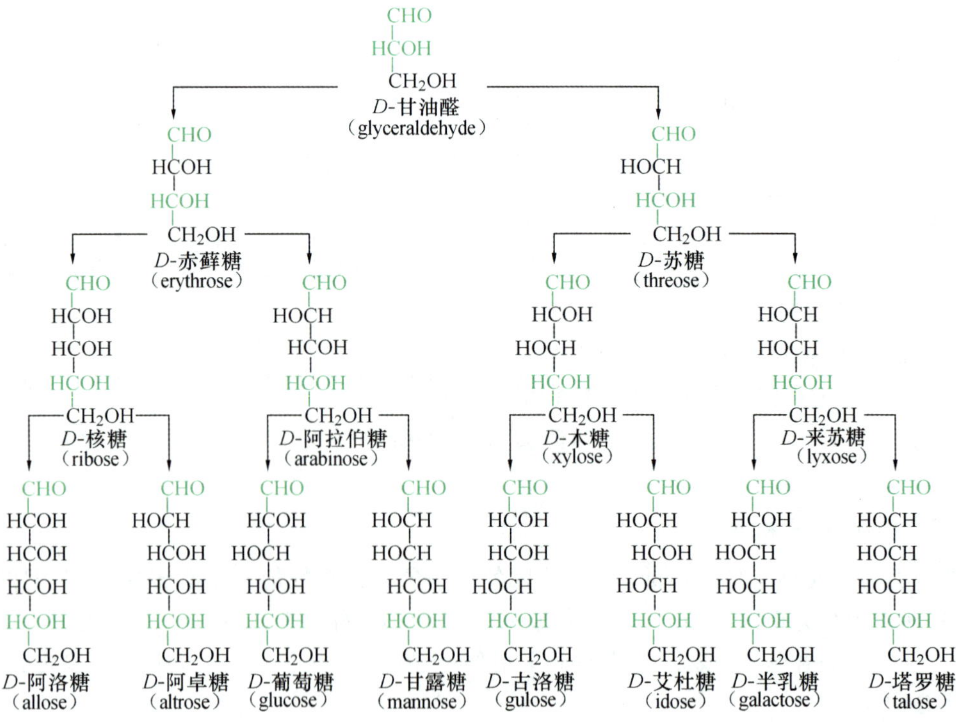

图 7-3 *D* 系醛糖

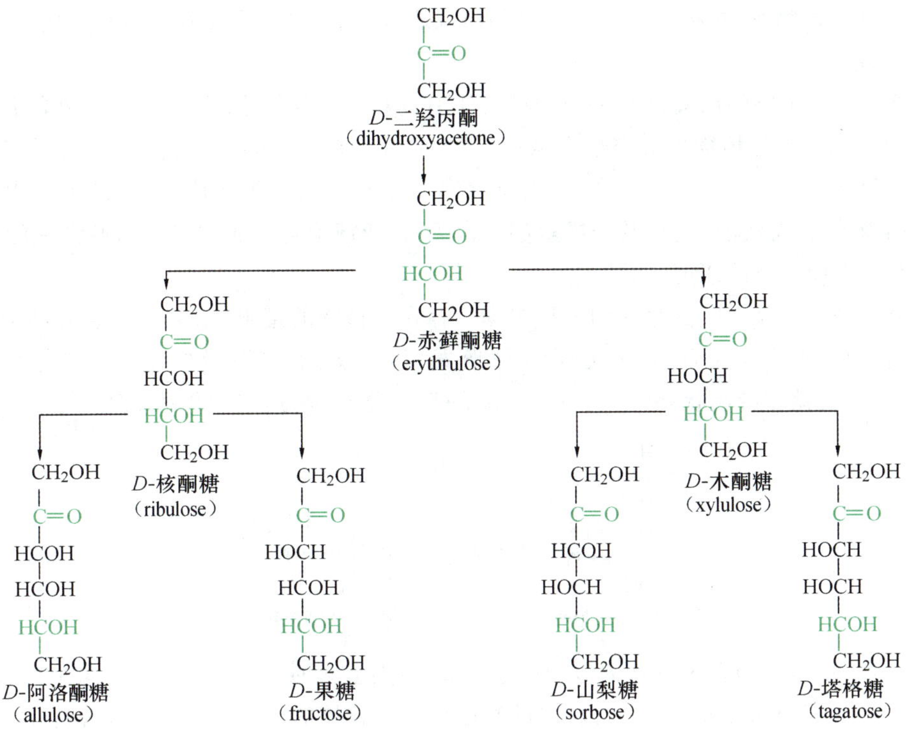

图 7-4 *D* 系酮糖

称为 3-磷酸甘油醛)和磷酸二羟丙酮是糖酵解中的重要中间物。二羟丙酮无光学活性。甘油醛是具有光学活性的最简单的单糖,常被用作确定生物分子 *D* 构型或 *L* 构型的标准物。

2. 丁糖

D-赤藓糖和 *D*-赤藓酮糖是丁糖的代表,常见于藻类、地衣等低等植物中。*D*-赤藓糖的 4-磷酸酯是磷酸戊糖途径(详见第十一章)和光合作用卡尔文(Calvin)循环中的重要中间物。*D*-赤藓酮糖是联系 *D* 系酮糖立体化学的重要物质。

3. 戊糖

高等植物中有 6 种重要的戊糖,即 *D*-核糖、*D*-2-脱氧核糖、*D*-核酮糖、*D*-木酮糖、*D*-木糖及 *L*-阿拉伯糖。其中一些戊糖的环状结构式如下:

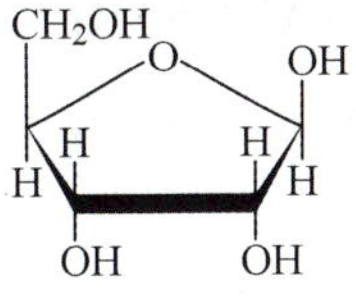

β-*D*-呋喃-核糖

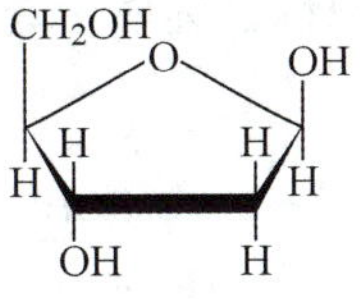

2-脱氧-*β*-*D*-呋喃-核糖

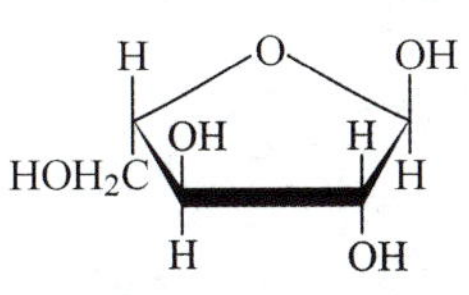

α-*L*-呋喃-阿拉伯糖

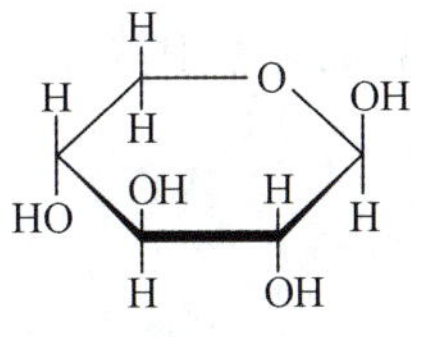

β-吡喃-*D*-木糖

D-核糖普遍存在于细胞中,其中在细胞质中含量最多。核糖是构成核糖核酸(RNA)的主要成分。如果 *D*-核糖在 C_2 上被还原,则形成 2-脱氧-*D*-核糖(*D*-2-deoxyribose)。脱氧核糖是脱氧核糖核酸(DNA)的主要成分。

D-核酮糖和 *D*-木酮糖是磷酸戊糖途径和光合作用 Calvin 循环中的重要中间产物。

L-阿拉伯糖在植物中分布很广,是黏质、树胶、果胶质与半纤维素的组成成分,在植物体内以结合态存在。

D-木糖是植物黏质、树胶及半纤维素的组成成分，也以结合态存在于植物体内。

4. 己糖

高等植物中重要的己醛糖有 *D*-葡萄糖、*D*-甘露糖、*D*-半乳糖；重要的己酮糖有 *D*-果糖和 *D*-山梨糖。葡萄糖是植物界分布最广、数量最多的一种单糖，多以 *D* 构型存在。葡萄糖在植物的种子和果实中以游离状态存在，它也是许多二糖和多糖的组成成分，如蔗糖是由 *D*-葡萄糖与 *D*-果糖结合而成的，淀粉及纤维素都是由 *D*-葡萄糖聚合而成的。我们通常说的血糖，即指动物血液中葡萄糖的浓度。

果糖也是自然界中广泛存在的一种单糖。存在于植物的蜜腺、水果及蜂蜜中，是单糖中最甜的糖类。果糖有六元环和五元环两种形式，因五元环结构像呋喃环，又称为呋喃糖(furanose)。果糖在游离状态时为 *β*-*D*-吡喃果糖，结合态时为 *β*-*D*-呋喃果糖。

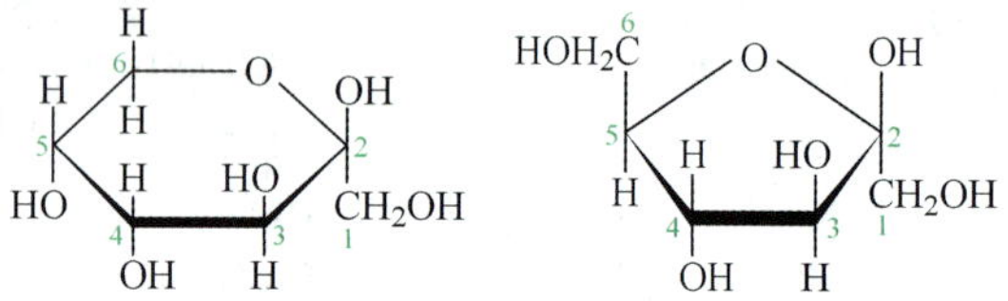

β-*D*-吡喃果糖　　*β*-*D*-呋喃果糖

甘露糖(mannose)在植物体内以聚合态存在，如甘露聚糖，它是植物黏质与半纤维的组成成分。花生皮、椰子皮、树胶中含有较多的甘露糖。甘露糖的还原产物——甘露糖醇是柿霜的主要成分。

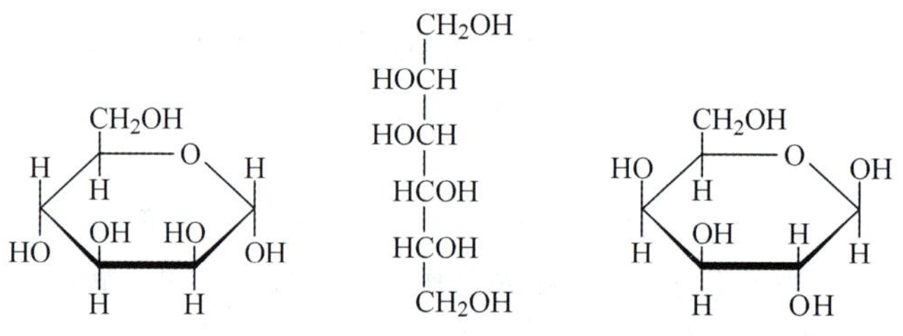

D-甘露糖　　*D*-甘露糖醇　　*D*-半乳糖

半乳糖在自然界中很少游离存在，主要以结合状态存在。乳糖、蜜二糖、棉子糖、琼脂、果胶等都含有半乳糖。哺乳母亲将葡萄糖转化为半乳糖，在乳腺中形成乳糖。

山梨糖又称清凉茶糖，存在于细菌发酵过的山梨汁中，是合成维生素 C 的中间产物，在制造维生素 C 的工艺中占有重要的地位。桃、李、苹果、樱桃等果实中含有山梨糖的还原产物——山梨糖醇。

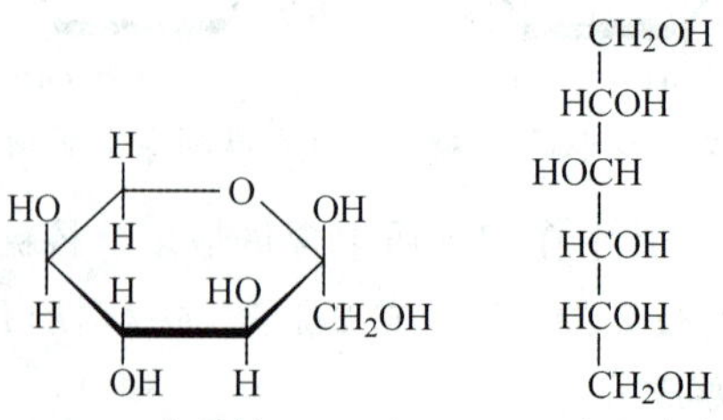

D-山梨糖　　*D*-山梨糖醇

5. 庚糖

庚糖虽然在自然界分布较少，但在高等植物中存在。最重要的有 *D*-景天庚酮糖及 *D*-甘露庚酮糖。前者存在于景天科及其他肉质植物的叶子中，故名景天庚酮糖，以游离状态存在。该糖是光合作用和磷酸戊糖途径的中间产物（详见第十一章），在碳循环中占有重要地位。*D*-甘露庚酮糖既存在于樟梨果实中，也以游离状态存在。它们的链状结构如下：

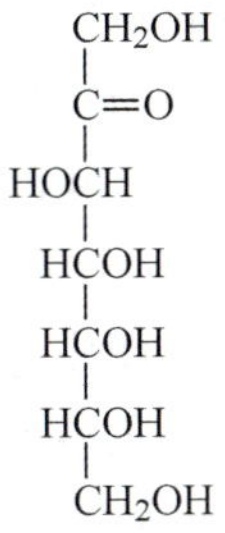

D-景天庚酮糖

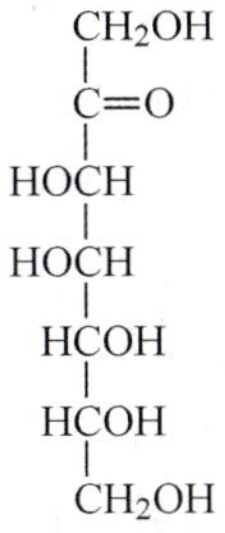

D-甘露庚酮糖

知识拓展框

糖尿病及其治疗

糖尿病（diabetes mellitus）已成为全球范围内日益严重的公共卫生问题，影响着数亿成年人，它是一种慢性代谢性疾病，主要特征是高血糖，即血液中葡萄糖含量高。糖尿病通常分为 1 型糖尿病、2 型糖尿病，以及妊娠期糖尿病等特殊类型。1 型糖尿病的特点是自身免疫系统错误地攻击并破坏了胰腺中的 β 细胞，导致胰岛素分泌不足或完全缺失。2 型糖尿病的特点是身体对胰岛素的反应降低（胰岛素抵抗），以及胰腺 β 细胞功能逐渐衰竭，导致胰岛素相对不足。妊娠期糖尿病是在妊娠期间出现或被诊断的糖尿病，可能在分娩后消失，但增加了未来发生 2 型糖尿病的风险。糖尿病的常见症状包括尿频、异常口渴、极度饥饿、体重减轻、疲劳、视力模糊等。长期患病可能出现心血管疾病、神经损伤、肾脏疾病、视网膜病变（可能导致视力丧失）和足部问题等并发症。

1 型糖尿病占所有糖尿病的 5%～10%，通常发生在儿童中，但也可能发生在成年期。1 型糖尿病可能导致长期并发症、预期寿命缩短和生活质量下降，并可能增加患者的经济负担。1 型糖尿病的发病率在世界范围内呈上升趋势。2020 年，全球估计有 870 万名 1 型糖尿病患者，预计到 2040 年，这一数字将增加到 1 700 多万。目前没有单一的临床特征可以单独确诊 1 型糖尿病，最具鉴别性的特征是诊断时年龄较小（＜35 岁）、体重指数较低（＜25）、意外体重减轻、酮症酸中毒和就诊时血糖＞360 mg/dL。另外，胰岛细胞自身抗体，如谷氨酸脱羧酶抗体、酪氨酸磷酸酶 IA2 抗体和锌转运蛋白亚型 8 自身抗体也是必要的诊断标志。

2 型糖尿病的诊断和治疗需要综合考虑患者的个体情况，包括年龄、病程、预期寿命、并发症等因素。2 型糖尿病的诊断标准包括空腹血糖（fasting plasma glucose，FPG）≥7.0 mmol/L（126 mg/dL）；糖化血红蛋白（HbA1c）≥6.5%，餐后 2 h 血糖≥11.1 mmol/L（200 mg/dL），随机血糖≥11.1 mmol/L（200 mg/dL）并伴有糖尿病典型症状。

在治疗上，1 型糖尿病患者体内胰岛素绝对缺乏，必须依赖外源性胰岛素注射来控制血糖水平，维持生命；通常不使用口服降糖药物，因为这些药物主要通过刺激胰岛素分泌或增加身体对胰岛素的敏感性来降低血糖，而 1 型糖尿病患者的 β 细胞已经受损严重，无法分泌足够的胰岛素。2型糖尿病可以使用多种口服降糖药物，包括促进胰岛素分泌的药物（如磺脲类和格列奈类）、增加胰岛素敏感性的药物（如二甲双胍和噻唑烷二酮类药物）、抑制葡萄糖吸收的药物（如 α-葡萄糖苷酶抑制剂）等；2型糖尿病虽然也可能需要胰岛素治疗，但通常在疾病进展到一定阶段后才开始使用。此外，2型糖尿病的治疗策略是综合性的，包括血糖、血压、血脂、体重的控制，抗血小板治疗和改善生活方式等措施。1型糖尿病患者由于胰岛素完全依赖注射，需要更频繁的血糖监测来调整胰岛素剂量；而2型糖尿病患者虽然也需要监测血糖，但频率可能较低，特别是在使用口服降糖药物或改变生活方式控制血糖的情况下。1型和2型糖尿病患者都需要严格的饮食控制和规律的身体活动，并且都需要定期检查以预防和管理并发症，如心血管疾病、肾病、视网膜病变和神经病变。

2024年，世界首例利用自体再生胰岛移植成功治愈糖尿病的案例在中国实现。据报道，这项研究由海军军医大学第二附属医院（上海长征医院）殷浩教授团队联合中国科学院分子细胞科学卓越创新中心程新教授团队完成。PBMC 重编程是指将外周血单个核细胞（peripheral blood mononuclear cell，PBMC）通过特定的方法转化为诱导多能干细胞（induced pluripotent stem cell，iPSC）。研究团队使用患者自体血液 PBMC 重编程为自体 iPSC，再转变为内胚层干细胞（EnSC），最终实现体外再造胰岛组织（E-islet）。患者在术后第11周即开始完全脱离外源胰岛素，并在第48周和第56周实现彻底脱离降糖药，目前该患者已彻底脱离胰岛素长达33个月。这项技术是再生医学在治疗糖尿病领域的重大突破。

根据世界卫生组织（WHO）的数据，2019年糖尿病是150万人死亡的直接原因，48%的糖尿病死亡发生在70岁之前。WHO 强调早期诊断治疗和通过健康的生活方式预防2型糖尿病发生的重要性。总之，两种类型的糖尿病都需要患者进行长期的自我管理和医疗监督。保持健康的生活方式、维持健康的体重、定期进行身体活动和健康饮食是预防糖尿病的关键。糖尿病是一个需要长期管理的疾病，患者需要与医疗专业人员紧密合作，以维持血糖在健康范围内，降低并发症的风险。

[1] Holt R I G, DeVries J H, Hess-Fischl A, et al. The management of type 1 diabetes in adults. A consensus report by the American Diabetes Association (ADA) and the European Association for the Study of Diabetes (EASD). Diabetologia, 2022, 65: 255.

[2] Gregory G A, Robinson T I G, Linklater S E, et al. Global incidence, prevalence, and mortality of type 1 diabetes in 2021 with projection to 2040: A modelling study. The Lancet Diabetes & Endocrinology, 2022, 10(10): 741-760.

[3] Wu J, Li T, Guo M, et al. Treating a type 2 diabetic patient with impaired pancreatic islet function by personalized endoderm stem cell-derived islet tissue. Cell Discovery, 2024, 10: 45.

四、单糖的重要衍生物

（一）单糖磷酸酯

单糖磷酸酯（sugar phosphate ester）或称磷酸化单糖（phosphorylated sugar），广泛存在于各种细胞中，它们是很多代谢途径的主要参加者。例如 *D*-甘油醛-3-磷酸、*D*-二羟丙酮磷酸、

D-葡萄糖-1-磷酸、*D*-葡萄糖-6-磷酸、*D*-果糖-6-磷酸和 *D*-果糖-1，6-二磷酸等参与糖代谢。上述单糖也常简称为 3-磷酸甘油醛、磷酸二羟丙酮和 1-磷酸葡萄糖等。

几种常见的单糖磷酸酯结构如下：

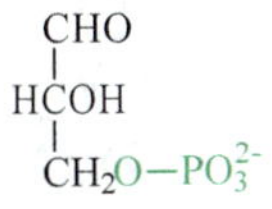

D-甘油醛-3-磷酸

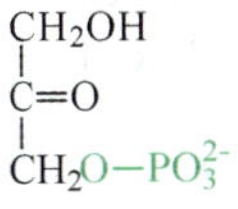

D-二羟丙酮磷酸

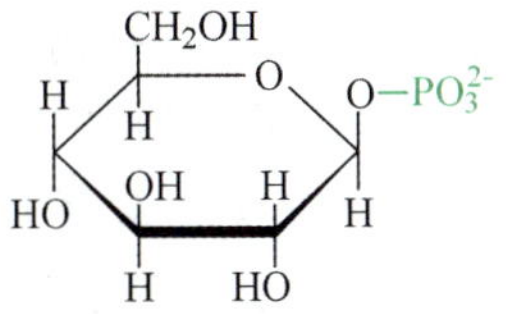

β-*D*-葡萄糖-1-磷酸

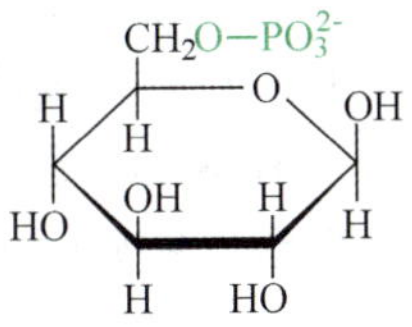

β-*D*-葡萄糖-6-磷酸

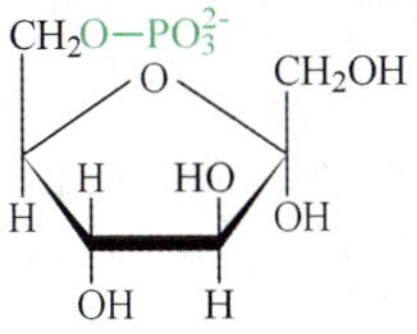

α-*D*-果糖-6-磷酸

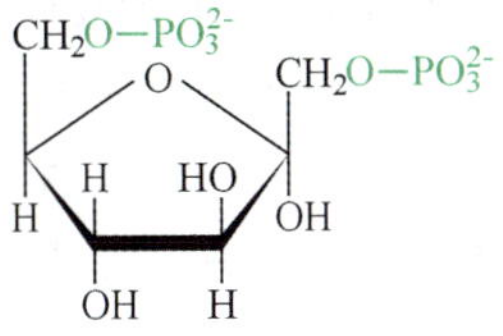

α-*D*-果糖-1,6-二磷酸

(二)其他单糖衍生物

除了糖磷酸酯，还有包括脱氧糖、糖醇(sugar alcohol)、糖酸、糖苷(glycoside)、糖胺等多种衍生物。例如，许多花和果实的着色物质，即花色素苷(anthocyanin)，属于糖苷。下面主要讨论脱氧糖、糖酸和糖胺和糖醇。

(1)脱氧糖(deoxysugar)　是指分子中的一个或多个羟基被氢原子取代的单糖。它们广泛地分布在植物、细菌和动物中。一个重要的脱氧戊糖——2-脱氧核糖已在前面谈及。由于电子显微镜的应用及近代细胞壁化学的研究，自然界中又发现有两种其他的脱氧糖类：一种是 *L*-鼠李糖(*L*-rhamnose)，是很多糖苷和多糖的组成成分，以游离状态存在于毒葛(poison ivy)的花和叶中；另一种是 *L*-岩藻糖，是海藻细胞壁、西黄芪胶(gum tragacanth)和某些动物多糖(如血型物质)的水解产物之一。

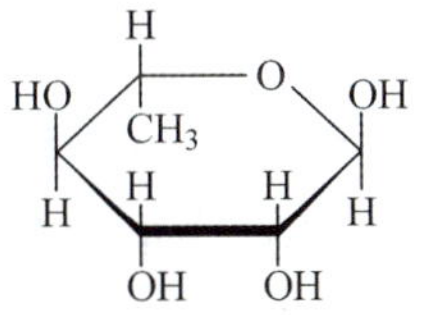

α-*L*-鼠李糖(6-脱氧-*L*-甘露糖)

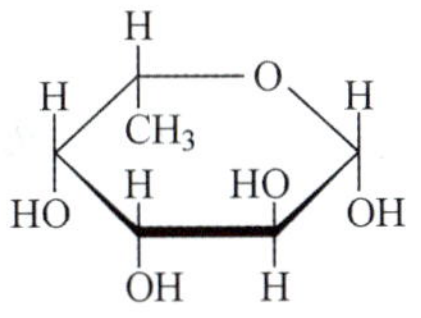

β-*L*-岩藻糖(6-脱氧-*L*-半乳糖)

(2)糖酸　生物体内常见的糖酸有醛糖酸(aldonic acid)和糖醛酸(uronic acid)。

以 *D*-葡萄糖为例，当其 C_1 的—CHO 被氧化为羧基后，则产生 *D*-葡萄糖酸(*D*-gluconic acid)，该物质属于醛糖酸类；如果其 C_6 的—CH_2OH 被氧化为羧基，则产生 *D*-葡萄糖醛酸(*D*-glucuronic acid)，属于糖醛酸类。当然，其他的糖也能形成糖酸，例如半乳糖也能形成糖醛酸——*D*-半乳糖醛酸(*D*-galacturonic acid)。值得一提的是，通常这些物质很少以游离形式存在，大多以其内酯的环状形式存在。

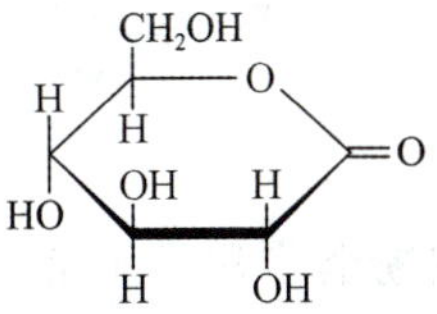

β-*D*-葡萄糖酸-*δ*-内酯

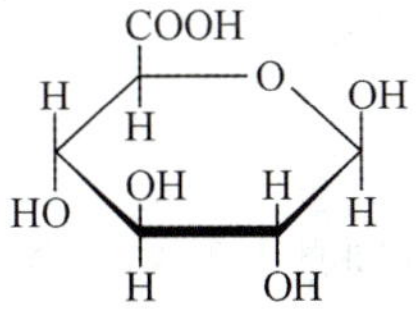

β-*D*-葡萄糖醛酸

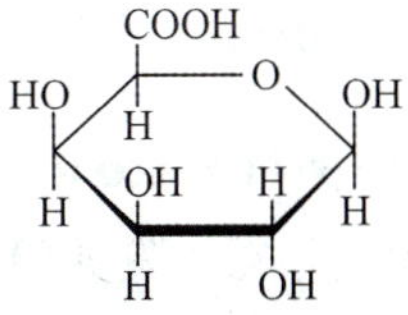

β-*D*-半乳糖醛酸

葡萄糖醛酸能与钙、铁等离子形成可溶性盐，葡萄糖酸钙常用于治疗缺钙症和过敏性疾病。半乳糖醛酸存在于果胶中。

(3)糖胺(glycosamine)　又称氨基糖，即糖分子中的一个羟基被氨基所代替。自然界中存在的糖胺都是己糖胺，主要有葡萄糖胺和半乳糖胺。葡萄糖胺(glucosamine)参与构成动物连接组织，也是甲壳质(几丁质)的主要成分。半乳糖胺参与构成软骨、腱和血管等。

(4)糖醇　单糖的羰基被还原可生成糖醇(alditol 或 sugar alcohol)，如 *D*-山梨糖醇(sorbitol)，它是由葡萄糖经醛糖还原酶作用生成的醇。糖醇是生物体的代谢产物，不少糖醇也是工业产品，并用于制药和食品工业。山梨糖醇是植物中最普遍的一种糖醇，从藻类到高等植物都含有山梨糖醇。在蔷薇科植物，如桃、李、杏、苹果和山梨中含量丰富。*D*-甘露[糖]醇(*D*-mannitol)广泛分布于多种陆地和海洋植物中，橄榄树等的树皮上常分泌有大量的甘露醇，形成所谓甘露蜜(manna)的干性渗出物，柿饼表面上的白色柿霜就是甘露醇。*D*-甘露醇在临床上用来降低颅内压和治疗急性肾功能衰竭。此外，核糖醇和肌醇也是自然界中重要的糖醇。

第二节　寡　糖

寡糖是由 2～10 个单糖分子聚合而成的糖。自然界中存在着大量的寡糖，早在 1962 年就已经发现了 584 种。寡糖在植物体内具有贮藏、运输、适应环境变化、抗寒、抗冻、调节酶活性等功能。寡糖中以双糖分布最为普遍。

一、双糖

双糖(disaccharide)是由两个相同或不同的单糖分子缩合而成的。双糖可以认为是一种糖苷，其中的配基是另外一个单糖分子。在自然界中，有些双糖(蔗糖、乳糖)以游离状态存在，大多则以结合形式存在。蔗糖在碳水化合物中是最重要的双糖，而麦芽糖和纤维二糖在植物中也很重要，它们是两个重要的多糖——淀粉和纤维素的基本结构单位。

(一)蔗糖(sucrose)

蔗糖是植物界分布最广泛的双糖，发挥重要的生理功能。蔗糖不仅是光合作用的主要产物，而且是碳水化合物的一种储存形式(如甘蔗茎中含有大量蔗糖)。在植物体中碳水化合物也以蔗糖形式进行运输。此外，我们日常食用的白砂糖、冰糖等也是高浓度的蔗糖。从甘蔗或甜菜中可以提炼大量的蔗糖，蔗糖在各种水果中含量丰富。

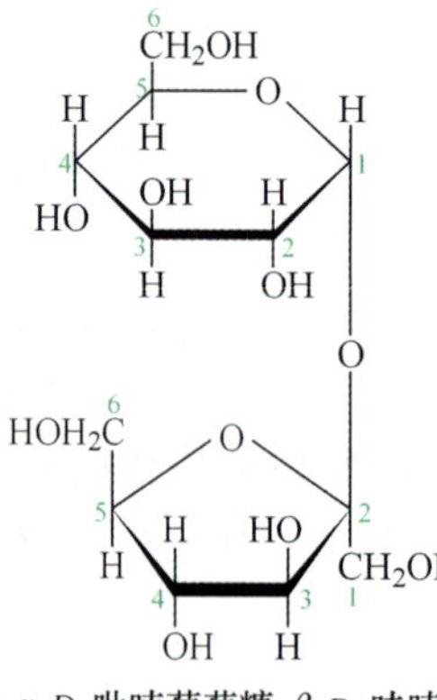

蔗糖［1-*α*-*D*-吡喃葡萄糖-*β*-*D*-呋喃果糖苷］

蔗糖是 *α*-*D*-吡喃葡萄糖-*β*-*D*-呋喃果糖苷，连键性质为：*α*(1→2)*β* 糖苷键。它不是还原糖，因为 2 个还原性的基团都包括在糖苷键中。蔗糖有一个特殊性质，就是极易被酸水解，其水解速度比麦芽糖或乳糖快 1 000 倍(详见第十一章)。

(二)麦芽糖(maltose)

麦芽糖大量存在于发芽的谷粒，特别是麦芽中。淀粉在淀粉酶作用下水解可以产生麦芽糖。用大麦淀粉酶水解淀粉，可以得到产率为 80%的麦芽糖。

麦芽糖是由 2 分子 α-*D*-葡萄糖以 α(1→4)糖苷键连接成的二糖。麦芽糖具有半缩醛羟基，因而是还原糖。

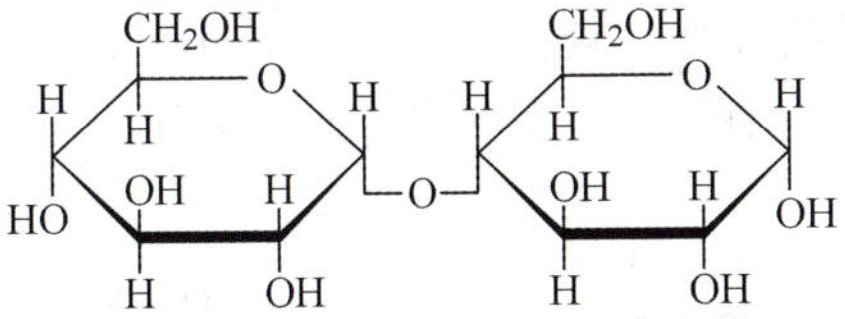

麦芽糖 [α-*D*-葡萄糖-(1→4)-α-*D*-葡萄糖苷]

(三)乳糖(lactose)

乳糖主要存在于哺乳动物的乳汁中(牛奶中含乳糖 4%～7%)。高等植物花粉管及微生物中也含有少量乳糖。乳糖是由 β-*D*-半乳糖分子和 α-*D*-葡萄糖以 β(1→4)糖苷键缩合而成的，是还原糖，其分子结构如下：

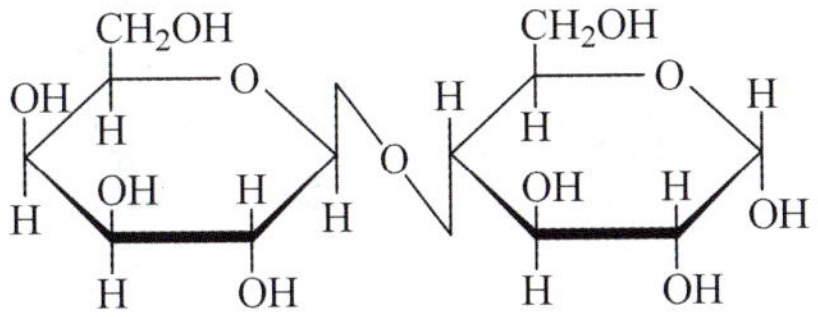

乳糖 [β-*D*-吡喃半乳糖-(1→4)-α-*D*-吡喃葡萄糖苷]

乳糖是最“麻烦”的二糖，因为有些人缺少乳糖酶，喝牛奶后不能水解乳糖而出现急性腹泻(详见第十一章)。

(四)纤维二糖(cellobiose)

纤维素经过小心水解可以得到纤维二糖，它是由 2 个 β-*D*-葡萄糖通过 β-(1→4)糖苷键缩合而成的还原性糖。与麦芽糖不同，它是 β-葡萄糖苷。

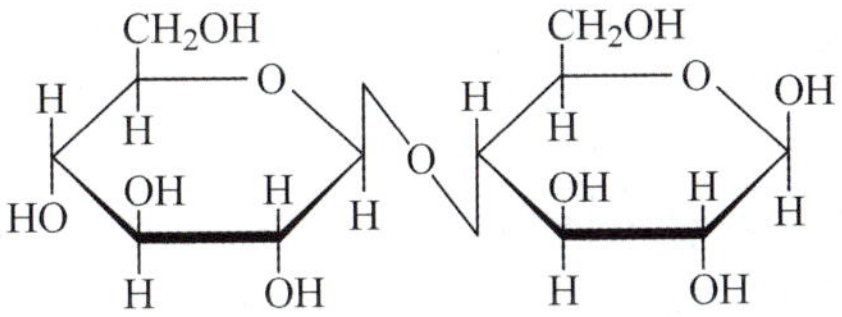

纤维二糖 [β-*D*-吡喃葡萄糖-(1→4)-β-*D*-吡喃葡萄糖苷]

上述 4 种双糖中，除蔗糖外，其他 3 种双糖的右侧一个糖单位都含有半缩醛羟基，称为还原性末端(reducing end)，另一端相应称为非还原性末端(non-reducing end)。

二、三糖

自然界中广泛存在的三糖(trisaccharide)仅有棉子糖(raffinose)，由 α-*D*-葡萄糖、β-*D*-果糖及 α-*D*-半乳糖组成，半乳糖与葡萄糖之间以 α(1→6)糖苷键相连，葡萄糖和果糖之间以α(1→2)β 糖苷键连接。棉子糖主要存在于棉籽、甜菜及大豆中。在蔗糖酶作用下，由棉子糖分解出果糖而留下蜜二糖；在 α-半乳糖苷酶作用下，由棉子糖分解出半乳糖而留下蔗糖。棉子糖的分子结构如下：

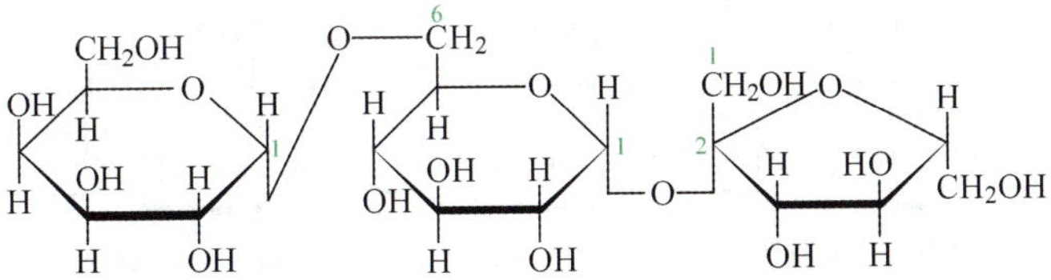

棉子糖 [α-*D*-半乳糖-(1→6)-α-葡萄糖-(1→2)-β-*D*-果糖]

三、四糖

水苏糖(stachyose)是目前研究得比较清楚的四糖(tetrasaccharide),存在于大豆、豌豆、洋扁豆和羽扇豆种子内,由 2 分子半乳糖、1 分子 α-葡萄糖及 1 分子 β-果糖组成。分子结构如下:

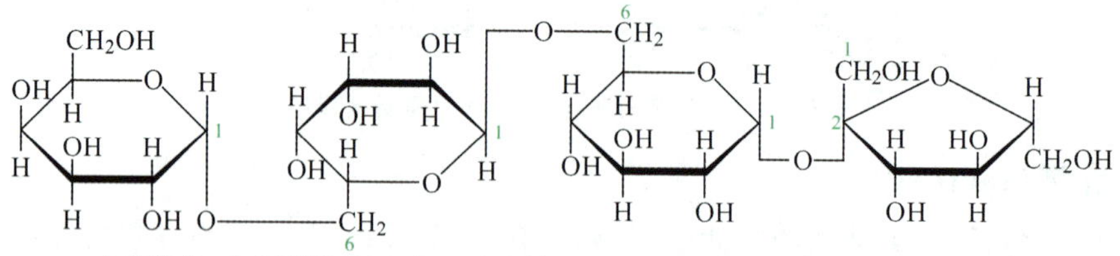

水苏糖 [α-*D*-半乳糖-(1→6)-α-半乳糖-(1→6)-α-葡萄糖-(1→2)-β-*D*-果糖]

水苏糖广泛存在于蔬菜和中药材中,如虫草参、大豆、地黄等。水苏糖有助于益生菌的生长,可作为功能性食品添加剂。

第三节　多　糖

多糖是由许多单糖分子缩合而成的分子结构很复杂的碳水化合物,在植物体中占有很大部分。多糖根据来源不同可以分为植物多糖、动物多糖和微生物多糖;根据功能不同可分为贮存多糖和结构多糖,自然界中主要的贮存多糖有淀粉和糖原,结构多糖有纤维素和甲壳质;根据组成差异可分为同多糖(homopolysaccharide)和杂多糖(heteropolysaccharide)。

一、同多糖

这类糖水解后产生单一形式的单糖。水解后产生葡萄糖的同多糖有淀粉、糖原和纤维素,在自然界中存在最为广泛。菊糖水解后产生果糖。

(一)淀粉

淀粉(starch)几乎存在于所有绿色植物的多数组织中,禾谷类和豆科种子、马铃薯块茎和甘薯块根中富含淀粉。作为植物中最重要的贮存同多糖,淀粉是人类粮食及动物饲料的重要来源。在植物体中,淀粉以淀粉粒状态存在,形状为球形、卵形,随植物种类不同而不同。即使是同种作物,淀粉含量也因品种、气候、土壤等条件变化而有所不同。

用热水溶解淀粉时,可溶的一部分为直链淀粉,不能溶解的为支链淀粉。

1. 直链淀粉

直链淀粉(amylose)溶于热水,遇碘液呈紫蓝色,在波长 620～680 nm 间呈最大光吸收。分子量为 10 000～50 000。直链淀粉是由 α-葡萄糖通过 1,4-糖苷键连接组成的一条长而不分支的链,每个直链淀粉分子只含有一个还原性末端和一个非还原性末端。当它被淀粉酶水解时,产生大量的麦芽糖,所以直链淀粉是由许多重复的麦芽糖单位组成的。直链淀粉分子结构如下:

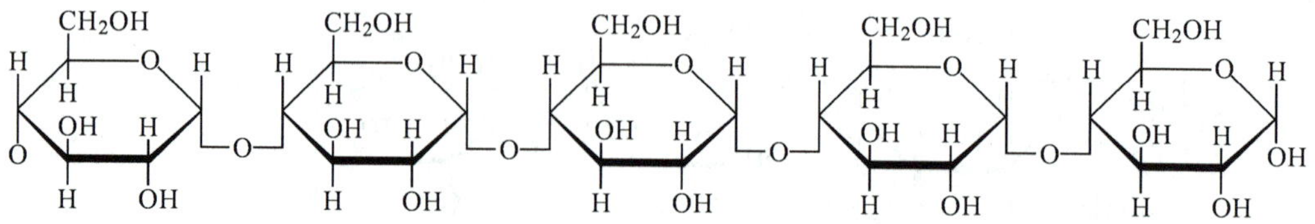

直链淀粉

直链淀粉分子中的糖环采取椅式构象，相邻糖环在空间上呈一定角度存在(图 7-5A)，因而所形成的高级结构是螺旋状的(图 7-5B)。6 个葡萄糖残基形成一个螺旋，螺距为 0.8 nm，直径为 1.4 nm。在碘染色时，碘插入淀粉的螺旋结构中形成淀粉-碘络合物，螺旋长度为 36 个葡萄糖残基以上时产生特征紫蓝色。因此，通常直链淀粉遇碘呈紫蓝色。

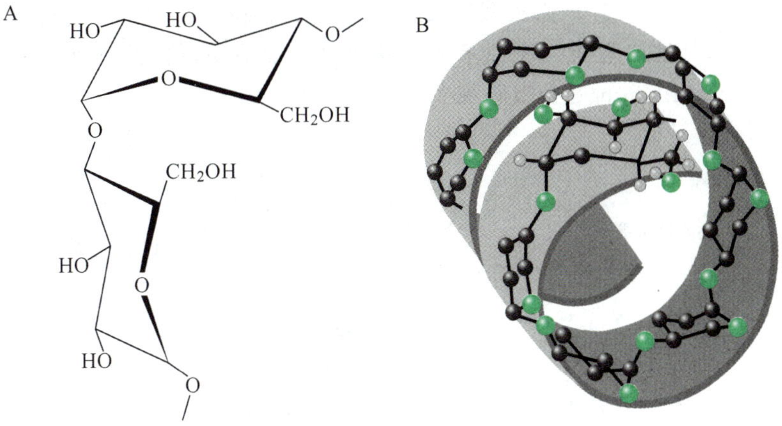

图 7-5　直链淀粉的螺旋结构

2. 支链淀粉

支链淀粉(amylopectin)是含有支链的淀粉形式，其葡萄糖残基为 300～6 000 个。除了支链连接点为 α-1,6-糖苷键外，其他连接键均为 α-1,4-糖苷键。一般平均 25 个残基出现一个分支，每个分支含 15～25 个葡萄糖残基，分支上还可以出现新的分支。支链淀粉具有多个非还原端，只有一个还原端。正因为支链淀粉的分支长度不能满足 36 个葡萄糖残基，导致碘分子与之形成的复合物颜色不同，呈现出紫红色。

一般淀粉中都含有直链淀粉和支链淀粉。在不同植物中，直链淀粉和支链淀粉所占的比例不同。即使是同一作物不同品种，二者的比例也不同，如糯玉米中几乎全为支链淀粉。

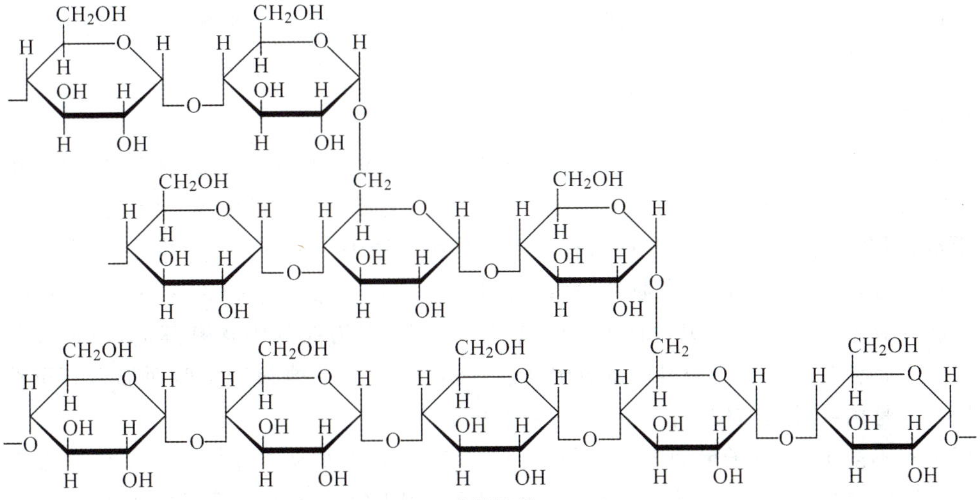

支链淀粉

(二)糖原

糖原(glycogen)是动物细胞葡萄糖的贮存形式,是代谢和剧烈运动最易动用的葡萄糖贮库,以颗粒形式存在于肝脏、骨骼肌等,有"动物淀粉"之称。糖原中大部分葡萄糖残基以 α-1,4-糖苷键连接,分支处以 α-1,6-糖苷键连接,大约每 10 个残基中有 1 个 α-1,6-糖苷键(图 7-6)。糖原端基含量占 9%(支链淀粉约 4%),比支链淀粉分支高 1 倍多。在所有端基中,仅一个具有还原性,其他均为非还原性末端。糖原分子量很高,约为 5 000 000。糖原与碘作用显棕红色,在 430～490 nm 处光吸收最大。

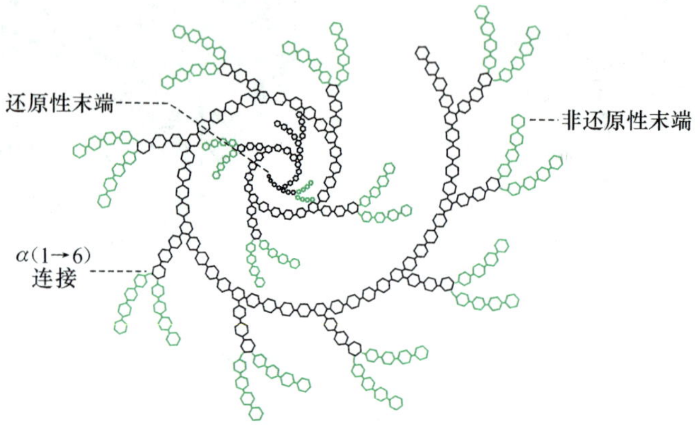

图 7-6　糖原的分子结构示意图

(三)菊糖

菊糖(inulin)是多聚果糖,菊糖中的果糖一律以 D-呋喃糖的形式存在。菊科植物如菊芋、大丽花的根部,蒲公英、橡胶草等都含有菊糖,代替了一般植物的淀粉,因而也称为菊粉。菊糖分子中含有约 30 个 1,2-糖苷键连接的果糖残基。菊糖分子中除含果糖外,还含有葡萄糖。葡萄糖既可出现在链端,也可以出现在链中。

菊糖不溶于冷水而溶于热水,因此可以用热水提取,然后在低温(如 0 ℃)下沉淀出来。菊糖具有还原性。淀粉酶不能水解菊糖,因此人和动物不能消化它。蔗糖酶可以以极慢的速度水解菊糖。真菌(如青霉、酵母)及蜗牛中含有菊糖酶,可以使菊糖水解。

(四)纤维素

纤维素(cellulose)是自然界最丰富的有机化合物,是植物中最广泛的骨架同多糖,植物细胞壁和木材差不多有一半是由纤维素组成的。棉花的主要成分是纤维素,含量高达 90%。通常纤维素、半纤维素及木质素总是同时存在于植物细胞壁中。

植物纤维素不是均一的一种物质,粗纤维可以分为 α-纤维素、β-纤维素和 γ-纤维素 3 种。α-纤维素不溶于 17.5% NaOH,它不是纯粹的纤维素,因为在其中含有其他聚糖(如甘露聚糖);β-纤维素溶于 17.5% NaOH,加酸中和后沉淀出来;γ-纤维素溶于碱而加酸不沉淀。这种差别大概是由纤维素结构单位的结合程度和形状不同造成的。

纤维素不溶于水,分子量为 50 000～400 000,每分子纤维素含有 300～2 500 个葡萄糖残基,葡萄糖分子以 β-1,4-糖苷键连接而成。在酸的作用下完全水解纤维素的产物是 β-葡萄糖,部分水解时产生纤维二糖,说明纤维二糖是构成纤维素的基本单位。水解充分甲基化的纤维素则产生大量的 2,3,6-三甲氧基葡萄糖,表明纤维素的分子没有分支。其分子结构如下:

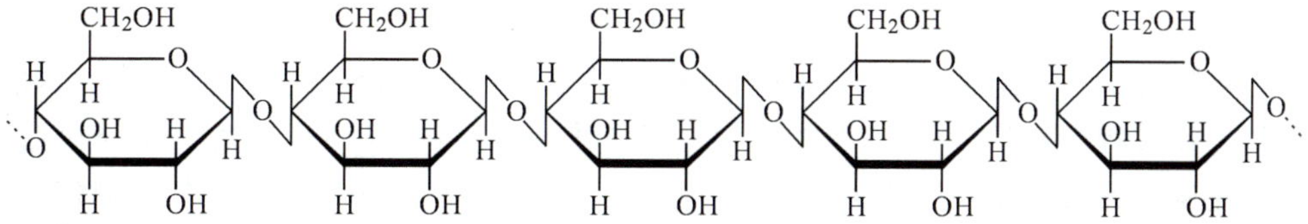

纤维素

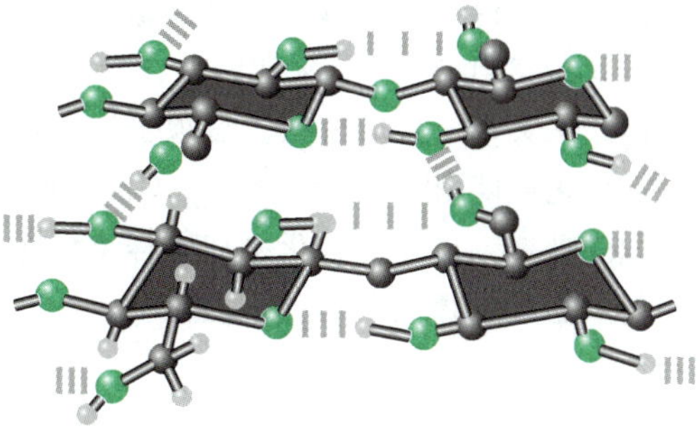

图 7-7　纤维素片层结构

纤维素分子内存在大量氢键，呈伸展状。许多伸展的纤维素分子之间侧向靠氢键可以形成片层结构（图 7-7），许多片层结构纵向紧密堆叠在一起形成微晶，由众多微晶再形成电镜下可以观察到的微纤丝。可见，以微纤丝为主形成的细胞壁机械性能强、抗张力强，原因就在此。

除反刍动物外，其他动物消化腺都不含纤维素酶，不能水解纤维素。所以，纤维素对人及动物都无营养价值，但有利于刺激肠胃蠕动，吸附食物，帮助消化。某些微生物、藻类及各种昆虫，特别是反刍动物瘤胃中的细菌含有纤维素酶，能消化纤维素。近年来已筛选出富含纤维素酶的微生物，它们能将纤维素水解成纤维二糖和葡萄糖等。

（五）壳多糖

壳多糖（chitin）也称几丁质或甲壳质，是自然界中第二大类多糖。它是一种由 N-乙酰葡萄糖胺以 β-1，4-糖苷键相连接的同聚物（homopolymer），是甲壳类的外壳（如虾、蟹）及昆虫类外骨骼的结构成分。

知识拓展框

"空气变馒头"——淀粉的人工合成

在自然界，玉米、小麦、马铃薯等农作物通过光合作用将太阳光能、二氧化碳和水转化成淀粉，但这个过程需要大量的土地和淡水资源，且受天气影响很大。当今世界面临气候变化、粮食安全、能源资源短缺等挑战，摆脱植物进行二氧化碳固定是科学家多年来的梦想。

2021 年 9 月，《科学》杂志在线发表了我国科研人员在淀粉人工合成方面取得的重大突破性成果。这项研究在国际上首次实现了二氧化碳到淀粉的从头合成，一经公布，引发广泛关注，网友称之为"空气变馒头"。

在农作物中，淀粉的合成大约需要 60 步代谢反应。天津工业生物技术研究所马延和团队详细分析细胞内淀粉合成相关的每一步生物化学反应，并结合化学催化反应进行系统挖掘和筛选，探索获得包含 11 个主反应的人工合成淀粉新路径。人工合成淀粉的速率是玉米淀粉合成速率的 8.5 倍，理论上 1 m^3 大小的生物反应器年产淀粉量相当于 5 亩（1 亩≈667 m^2）土地上玉米的淀粉年平均产量。

这项研究，设计、组装出一种自然界不存在的合成代谢途径，并使其工作效率大幅高于自然生物过程，跨越了自然途径的进化。简单来说，这项技术可以分为4个模块，首先把二氧化碳用无机催化剂还原为甲醇，然后将还原的甲醇转换为三碳化合物，再将三碳化合物合成六碳化合物，最后将六碳化合物聚合成为淀粉。这一突破，为淀粉的工业化生产打开一扇窗口，并为以二氧化碳为原料合成复杂分子开辟了新的技术路线。

2023年8月，马延和团队在从二氧化碳人工合成淀粉的基础上，进一步实现了二氧化碳从头人工合成己糖。这项研究通过酶分子改造技术提升了天然酶活性、底物特异性等催化性能，构建了 $C_1 \rightarrow C_3 \rightarrow C_6$ 三个功能模块，体外实现了精准控制合成不同结构与功能的己糖。该途径转化率高于传统植物光合作用，为从非生物质原料转化形成多样性的人工糖产物提供了一种可能性。

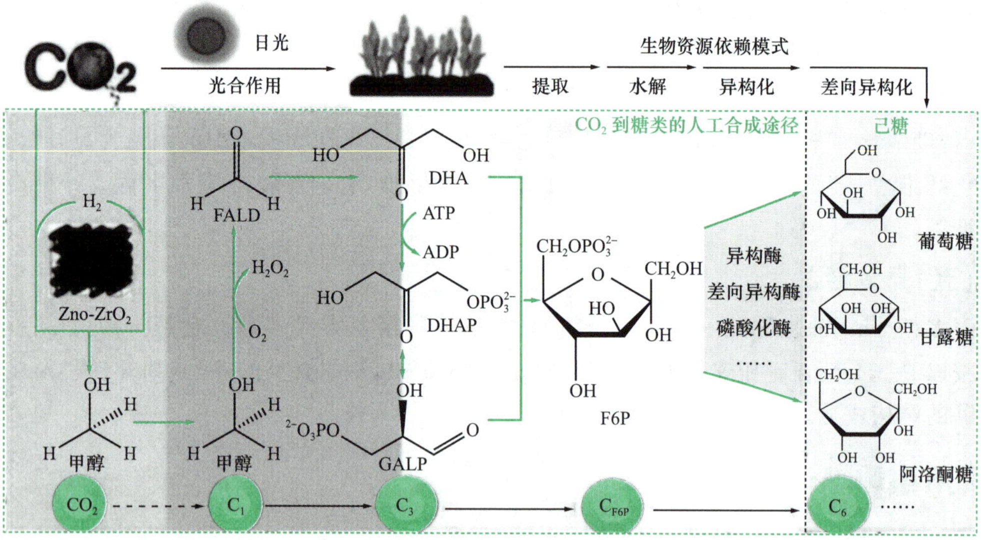

CO_2 到己糖人工合成路线图(Yang et al. ,2023)

目前淀粉的人工合成还处于实验室阶段，未来这项技术如果具有经济可行性，工业车间制造淀粉将会实现，与农业种植相比，可以节省超过90%的土地和淡水资源，并且消除化肥和农药对环境的负面影响，必将带来一场新的产业变革，对于保障粮食安全、促进社会经济可持续、高质量发展具有重大战略意义。

[1] Cai T, Sun H, Qiao J, et al. Cell-free chemoenzymatic starch synthesis from carbon dioxide. Science, 2021, 373: 1523-1527.

[2] Yang J, Song W, Cai T, et al. *De novo* artificial synthesis of hexoses from carbon dioxide. Science Bulletin, 2023, 68: 2370-2381.

二、杂多糖

水解后产生多于一种形式的单糖或单糖衍生物的多糖叫杂多糖。常见的杂多糖有半纤维素、果胶物质、琼脂、糖胺聚糖等。

(一)半纤维素

半纤维素(hemicellulose)大量存在于植物木质化部分,包括很多高分子的多糖,可以用稀碱溶液提取。用稀酸水解,则产生己糖和戊糖,因此它们是多缩己糖(如多缩半乳糖和多缩甘露糖)和多缩戊糖(如多缩木糖和多缩阿拉伯糖)的混合物。

多缩戊糖及多缩己糖都是以 β-1,4-糖苷键相连接的。多缩木糖的分子结构如下:

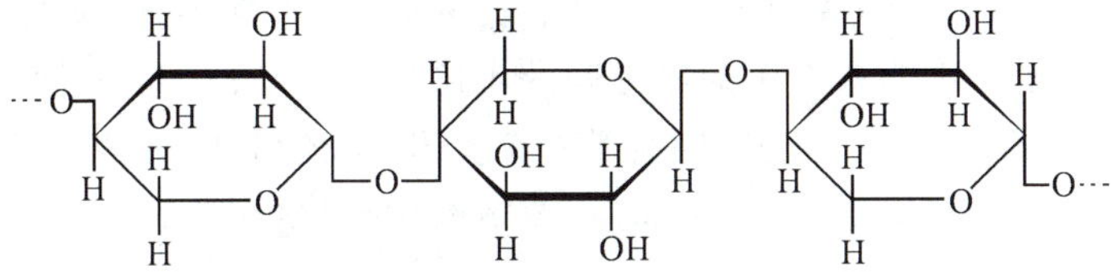

多缩木糖

(二)果胶物质

果胶物质(pectic substance)主要含有多聚半乳糖醛酸,广泛存在于植物初生细胞壁中,在苹果、橘皮、柚皮及胡萝卜等植物中含量较多。果胶物质可分为如下 3 类:

1. 果胶酸

果胶酸(pectic acid)的主要成分为多聚半乳糖醛酸,水解后产生半乳糖醛酸。在植物细胞中胶层,果胶酸常以钙盐和镁盐存在,是细胞与细胞之间的黏合物。某些微生物(如白菜软腐病菌)能分泌分解果胶酸盐的酶,使细胞与细胞松开。植物器官的脱落也是因为中胶层中果胶酸的分解。

2. 果胶酯酸

果胶酸常呈不同程度的甲酯化。一般将酯化程度大于 5%的称为果胶酯酸(pectinic acid),为水溶性。酯化程度在 45%以下的果胶酯酸在饱和糖溶液中及在酸性条件下(pH 为 3.1~3.5)可形成凝胶,称为果胶(pectin),是制作糖果、果酱等的重要物质。

3. 原果胶

果胶酸、果胶酯酸与纤维素和半纤维素结合成的水不溶性物质,称为原果胶(protopectin)。原果胶受植物体内多聚半乳糖醛酸酶(polygalacturonase)也称果胶酶(pectinase)的作用,可转为水溶性果胶。水果在成熟过程中由硬质状态变成柔软状态,即此原因。

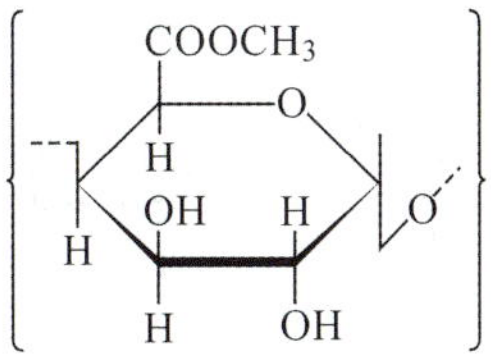

果胶酯酸(部分酯化)

果胶物质除含多聚半乳糖醛酸外,还含少量糖类,如 L-阿拉伯糖、D-半乳糖、L-鼠李糖、D-木糖、D-葡萄糖等。

(三)琼脂

琼脂(agar)又称洋菜,是从红色墨角藻(red-seaweed)提取的异多糖混合物,主要由琼脂糖(agarose)和琼脂胶(agaropectin)组成。琼脂糖由 β-D-吡喃半乳糖和 3,6-脱水-α-L-吡喃半乳糖交替连接而成,不带电荷,为中性物质;琼脂胶是琼脂糖羟基被硫酸基、羧基等取代的强酸性多糖。由于琼脂吸水性强，加热熔化后在室温下能快速成凝胶状，且不被微生物利用，常用作微生物培养基的支持物或食品添加剂。将琼脂反复洗涤除去琼脂胶，进一步加工制成的细珠状琼脂糖凝胶可用作分离生物大分子的柱填料或电泳介质。

（四）糖胺聚糖

糖胺聚糖（glycosaminoglycan）是含氨基糖或氨基糖衍生物的高分子质量杂多糖，分子量可达 5×10^6。糖胺聚糖因含有酸性基团而带负电荷，亲水性很强，能形成透明的高黏度水合凝胶，曾称黏多糖。主要存在于动物细胞的细胞衣（cell coat）中，起润滑和黏合作用。

（1）透明质酸（hyaluronan） 是由 *D*-葡萄糖醛酸与 N-乙酰-*D*-葡萄糖胺单位交替组成的杂多糖，存在于眼睛的玻璃体、角膜、细胞间质、关节液中，可溶于水，呈黏稠溶液，它有助于阻止入侵的微生物及毒性物质的扩散。

（2）硫酸皮肤素（dermatan sulfate） 是由艾杜糖醛酸和 N-乙酰氨基半乳糖单位交替组成的杂多糖，存在于皮肤、血管壁和心瓣膜中，可以增加这些组织的韧性。

（3）肝素（heparin） 分子中含有 *D*-葡萄糖醛酸和 *D*-葡萄糖胺-2，6-二硫酸。肝素有抗凝血活性，对凝血过程的多个环节都有抑制作用，此外还有降脂作用。

（4）硫酸软骨素（chondroitin sulfate） 软骨素是一种重要的酸性黏多糖，是 *D*-葡萄糖醛酸和乙酰氨基己糖（包括葡萄糖和半乳糖）通过糖苷键相连形成的多聚物。硫酸软骨素是软骨素的硫酸酯，为软骨、腱及骨骼的主要成分。

（5）硫酸角质素（keratan sulfate） 其二糖单位由半乳糖与 6-磷酸乙酰氨基葡萄糖形成，在天然情况下，许多硫酸角质长链与一条多肽链结合，构成蛋白质多糖，在软骨、角膜等中存在。上述几种糖胺聚糖的重复单位如图 7-8 所示。

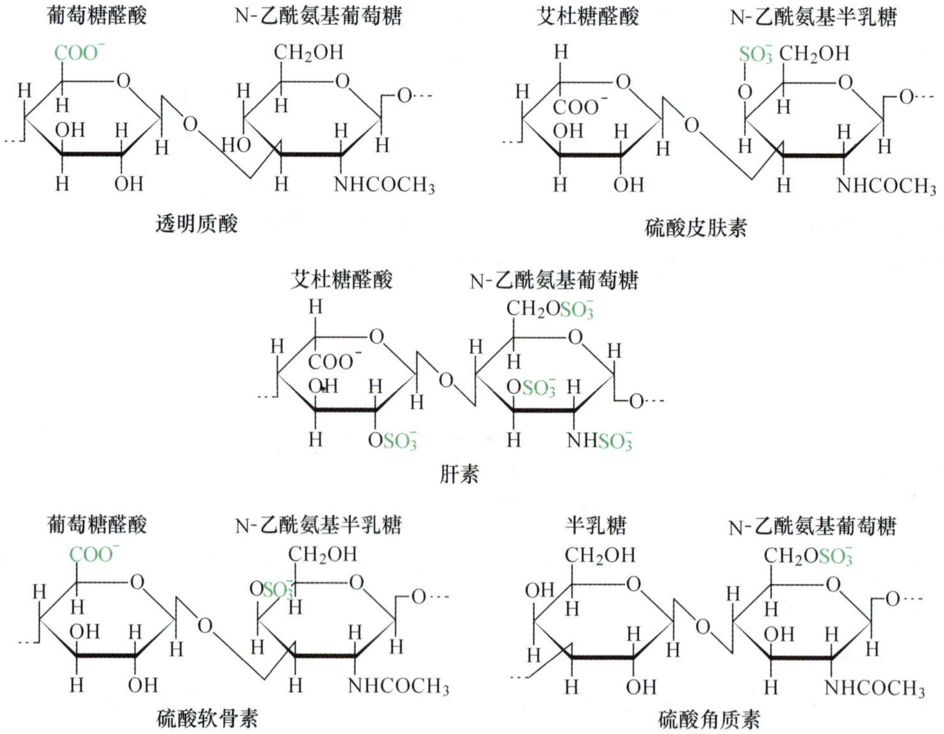

图 7-8 常见糖胺聚糖的二糖重复单位

知识拓展框

透明质酸与炎症

在全球范围,炎症性疾病给人类健康造成了严重的威胁。有研究认为它是许多疾病的驱动因素,包括动脉粥样硬化、癌症、自身免疫和感染等。肠道作为“人体最大的免疫器官”,其菌群的平衡与宿主炎症密切相关。

透明质酸是一种广泛存在于人体的膳食多糖,结构复杂、特异性高,具有调节肠道菌群平衡、促进肠道有益代谢物产生和改善宿主炎症反应的功能,补充膳食多糖已成为改善炎症的一种有效方法。不同种类的透明质酸因其分子量和单糖组成的差异,调节的肠道菌群也各不相同。

江南大学食品学院的最新研究发现,具有特定分子量(300～400 kDa)的透明质酸能够靶向富集肠道 *Bacteroides thetaiotaomicron* 和 *Bacteroides caccae* 两种菌群,这些微生物能够降解透明质酸,产生有益代谢物肉豆蔻酸从而缓解宿主炎症,进一步研究表明这一过程通过抑制 NF-κB 信号通路发挥作用。该研究为宿主炎症及其相关疾病的治疗提供了新的靶点和思路,为菌群靶向性食品的高效筛选提供了新的策略。

另外,透明质酸是关节滑液的主要成分,具有润滑和保护关节的作用。在骨关节炎(osteoarthritis,OA)中,关节腔内高分子透明质酸含量降低,导致关节润滑不足。关节腔内注射高分子透明质酸被广泛应用于治疗骨关节炎,达到润滑关节、促进骨质修复的目的。

以上这些研究表明,透明质酸在治疗炎症性疾病中具有重要价值,其应用范围正在不断扩大,新型递送系统和针对不同分子量透明质酸的研究为提高治疗效果提供了新的可能性。

[1] Zhang C, Wang B, Yu L, et al. Hyaluronic acid modulates gut microbiota and metabolites relieving inflammation: A molecular weight-dependent study. Sci Bull (Beijing), 2024, 69(17): 2683-2687.

[2] Walvekar P, Lulinski P, Kumar P, et al. A review of hyaluronic acid-based therapeutics for the treatment and management of arthritis. International Journal of Biological Macromolecules, 2024, 264: 130645.

第四节 糖缀合物

糖缀合物是一类由糖类与非糖物质,如蛋白质、脂质等其他生物分子共价结合形成的复杂生物大分子,广泛存在于生物体中,主要包括糖蛋白、蛋白聚糖、糖脂等。

一、肽聚糖

肽聚糖(peptidoglycan)是多糖与小肽共价连接形成的一种糖缀合物,存在于细菌细胞壁中。多糖链的重复单位是由 N-乙酰氨基葡萄糖(NAG)和 N-乙酰氨基葡萄糖乳酸(NAM)以

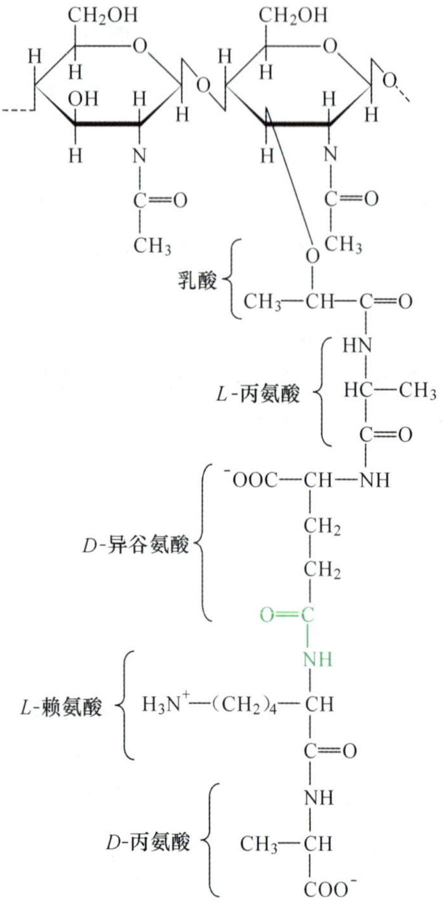

图 7-9　肽聚糖的重复单位

β-1,4 糖苷键形成的二糖(详见第五章)。NAM C_3 位的羟基与乳酸的 α-羟基以醚键连接,乳酸的羧基以酰胺键与四肽相连(图 7-9)。四肽由 L-丙氨酸、D-异谷氨酸、L-赖氨酸和 D-丙氨酸组成,其中 D-异谷氨酸是指谷氨酸的 γ-羧基而非 α-羧基参与肽键形成。

肽聚糖分子为一线性的多糖链,相邻肽聚糖的四肽通过一个五甘氨酸相互桥联,五甘氨酸的连接具有特异性,一端为赖氨酸残基,另一端为丙氨酸(图 7-10)。由此形成的巨大刚性生物分子罩在细胞膜外,使细菌呈现一定形状,耐受来自环境的渗透压变化。革兰氏阴性细菌有双层膜,一层薄薄的肽聚糖夹在内膜和外膜之间;革兰氏阳性细菌没有外膜,厚厚的肽聚糖细胞壁裹在细胞外面。革兰氏染色时前者呈阴性,后者呈阳性,原因在于后者的肽聚糖壁能在短时间内大量吸附紫色颜料。

生物合成肽聚糖时,需要肽基转移酶完成四肽的共价连接。肽基转移酶的原始底物是一个五肽(四肽末端再连一个 Ala),五肽末端的 Ala-Ala 是酶的识别位点,Ala-Ala 和青霉素分子结构非常相似。青霉素之所以能选择性抑制细菌生长、繁殖,就是因为它能与肽基转移酶的活性位点不可逆结合,从而抑制了酶活性,干扰了肽聚糖的合成。

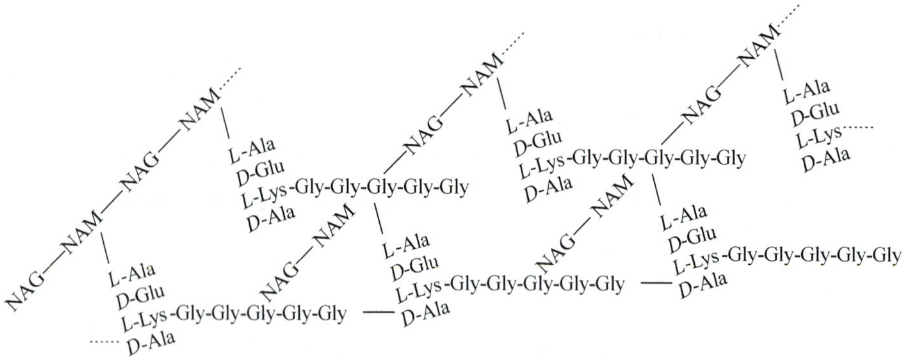

图 7-10　肽聚糖结构的一部分(乳糖已略去)

二、糖蛋白

糖蛋白(glycoprotein)是由 1 个或多个寡糖链和蛋白质通过共价键相连形成的生物大分子。糖蛋白分子中一般以蛋白质为主,糖链为辅。糖含量因糖蛋白种类而异,通常在 1%～60%。

寡糖链与多肽链(蛋白质)中的氨基酸以多种形式共价连接,构成糖蛋白的糖肽键(glycopeptide linkage),糖肽键主要有以下 2 种类型:

①以丝氨酸、苏氨酸和羟赖氨酸的羟基为连接点，形成 O-糖苷键型（图 7-11）。

②以天冬酰胺的酰胺基、N-末端氨基酸 α-氨基以及赖氨酸或精氨酸 ω-氨基为连接点，形成 N-糖苷键型（图 7-11）。

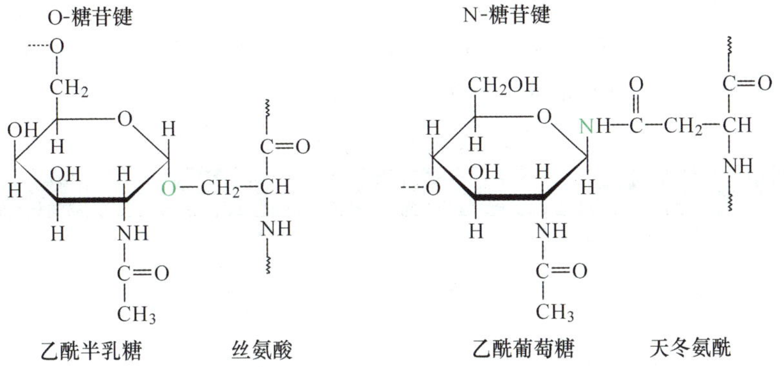

图 7-11　糖蛋白的 O-糖苷键和 N-糖苷键

糖蛋白的多样性除了蛋白质多肽链的贡献外，还来自糖链。糖链可因单糖数目、单糖顺序、单糖种类、单糖之间的连接位置（C_2，C_3，C_4，C_6）以及糖苷键构型（α，β）不同而呈现多样性，因而糖蛋白分子上的糖链承载着丰富的结构信息。

糖蛋白是存在于自然界所有生物中的一组复杂多变的大分子物质，分布于细胞内液、细胞外液、细胞表面、交联组织和结缔组织等，如免疫球蛋白、血型物质、植物血凝素等。大多数糖蛋白从细胞中分泌出来，结合到细胞膜外表面，多肽链上的寡糖像“天线”一样用来识别和接收信号。蛋白质寡糖链的修饰（或称糖基化）由糖基转移酶完成，寡糖修饰常作为蛋白质筛选进入特定细胞器的标记（marker）。

除了作为蛋白质分泌和筛选标记外，寡糖链还会改变蛋白质的理化性质，如大小、形状、溶解度、电荷以及稳定性等，从而影响蛋白质的分泌速度、折叠速度、免疫原性等。已经有少数糖蛋白的寡糖链功能得到鉴定，归纳起来有：①影响糖蛋白的分泌和稳定性；②参与新生肽链的折叠；③影响寡聚蛋白亚基的缔合；④参与细胞识别和分子识别等。如 IgG 抗体含有 3 条寡糖链，它们可以识别并结合、破坏外来抗原。研究证明，如果抗体分子上的糖链去掉一个半乳糖，就会变成“自身抗原”。机体免疫系统会将这类“自身抗原”识别为“异己”，并产生针对性抗体，从而引发自身免疫病，如类风湿性关节炎、红斑狼疮等。

三、蛋白聚糖

蛋白聚糖（proteoglycan）是由许多糖胺聚糖以 O-糖苷键形式结合到蛋白质多肽链上形成的高分子质量物质，为多聚阴离子化合物。图 7-12 显示，众多（多达上百条）长长的硫酸角质链以大约 40 nm 的间隔结合在核心蛋白（core protein）上形成蛋白聚糖，众多这样的蛋白聚糖单体借助小分子连接蛋白还可以再结合

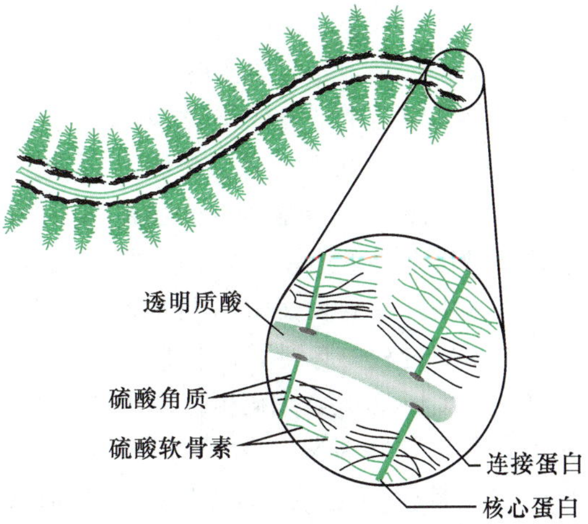

图 7-12　蛋白聚糖示意图

到一条长长的透明质酸分子(二糖单位可重复 50 000 次)上，形成更巨大的聚集蛋白聚糖(aggrecan，又称“蛋白聚糖聚合体”)。蛋白聚糖吸水性强，弹性好，在动物的结缔组织细胞外间质中形成基质，其功能是作为润滑剂和支持成分。

虽然在广义上可以认为蛋白聚糖是一类糖蛋白，但严格意义上讲，与一般的糖蛋白不同，它在化学组成和分子结构上很特殊，其分子质量巨大，以糖胺聚糖为主，以蛋白质为辅，糖含量可达总质量的 98%。为了更好地区分糖蛋白和蛋白聚糖，二者比较如表 7-1 所示。

表 7-1 蛋白聚糖与糖蛋白的区别

区别	蛋白聚糖	糖蛋白
糖链含量	大大多于蛋白质部分	一般少于蛋白质部分
糖链组成	主要为糖醛酸、N-乙酰氨基己糖	不含糖醛酸，常含 N-乙酰氨基己糖、甘露糖、半乳糖，末端为唾液酸及岩藻糖
糖基排列	二糖单位连成大分子长链	多为分支寡糖链，有时仅为二糖或三糖链
糖肽连接方式	多为 O-糖苷键连接，有时可非共价键结合	O-糖苷键或 N-糖苷键连接
分布	主要分布在细胞外各种结缔组织基质中	分布广泛，细胞内外皆有
生理功能	以维持各种结缔组织功能为主	广泛

四、糖脂

糖脂是糖通过半缩醛羟基以糖苷键与脂质连接而成的复合物。脂部分多为鞘氨醇或甘油。如果是鞘氨醇，则构成鞘糖脂(glycosphingolipid)；如果是甘油，则构成甘油糖脂(glyceroglycolipid)(详见第九章)。

知识拓展框

糖基转移酶、ABO 血型与输血

ABO 血型是依据红细胞表面含有的糖蛋白和糖脂上寡糖链差异进行分类的血型系统。典型的人类红细胞表面大约有 2×10^6 个 ABO 糖链缀合物(寡糖链)，75%和 25%分别连接在红细胞表面的蛋白质上和脂类分子上。如果连接在红细胞表面蛋白质或者脂质上的寡糖链是由半乳糖、N-乙酰葡萄糖胺、半乳糖、岩藻糖 4 个单糖依次相连组成的，则形成所谓的 O 抗原或者也被称为 H 抗原。如果寡糖链是在原 O 抗原寡糖链上再多连接一个 N-乙酰半乳糖胺到与岩藻糖相连的半乳糖上，则形成 A 抗原；如果寡糖链在原 O 抗原寡糖链上再多连接一个半乳糖到连接岩藻糖的半乳糖上，则形成 B 抗原。

人类红细胞表面的 A 抗原和 B 抗原是如何形成的呢？糖基转移酶在红细胞表面寡糖链形成过程中起到了非常重要的作用。目前，已鉴定到的人类糖基转移酶编码基因有 250 个以上，占人类编码蛋白基因的 1%。人类糖基转移酶主要在内质网和高尔基体上发挥作用。α-1，3-N-乙酰半乳糖胺转移酶(α-1，3-N-acetylgalactosaminyltransferase，GTA)，催化 N-乙酰半乳糖胺与 O 抗原寡糖链中与岩藻糖相连的半乳糖之间形成共价连

第七章

接的反应，最终产生 A 抗原。α-1，3-半乳糖基转移酶(α-1，3-N-galactosyltransferase，GTB)，催化半乳糖转移到 O 抗原寡糖链与岩藻糖相连的半乳糖上，形成 B 抗原。根据人类个体糖基转移酶的表达情况，不难发现只表达 GTA 的个体，红细胞表面含有 A 抗原，表现为 A 型血；只表达 GTB 的个体，含有 B 抗原，则表现为 B 型血；如果两个酶都表达，则此个体同时含有 A 和 B 两种抗原，表现为 AB 型血。反之，如果两个酶都不表达，则为 O 型血。

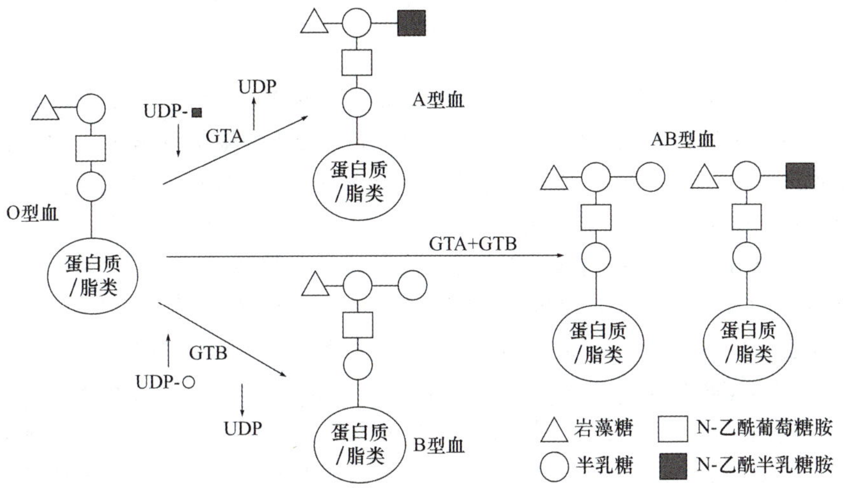

（改自：Miesfeld and McEvoy，2021）

当人体失血过多，需要补充血量时，输血是重要的抢救和治疗措施。大家都知道“AB 型血是万能受血者，O 型血是万能供血者”的说法。这样的说法科学吗？根据上述分析，可以发现 AB 型血的个体，其红细胞携带 A 和 B 抗原，血液的血清中没有任何抗 A 和 B 抗原的抗体，所以 AB 型血个体的血清可以作为供体输入任何血型个体，同时可以接受任何血型个体的红细胞，而不是全血。O 型血，由于其红细胞没有 A 和 B 抗原，血清含有抗 A 和 B 的两种抗体，所以其血清只能提供给 O 型血，而红细胞能够提供给任何血型的个体，同时可以接受任何血型个体的血清。

项目	A 型血	B 型血	AB 型血	O 型血
糖基转移酶	GTA	GTB	GTA 和 GTB	—
红细胞抗原	A	B	A 和 B	—
血清中抗体	抗 B 抗体	抗 A 抗体	—	抗 A 和 B 两种抗体
红细胞受体	A 和 O	B 和 O	A、B、AB 和 O	O
血清受体	A 和 AB	B 和 AB	AB	A、B、AB 和 O

Miesfeld R L，McEvoy M M. Biochemistry. 2nd ed. New York：W. W. Norton & Company Inc，2021.

第七章思考题

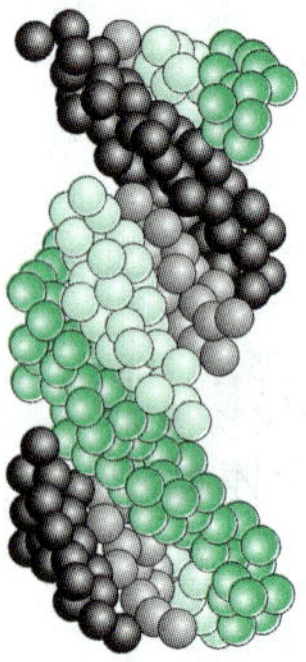

第八章　核酸化学

仅仅在几百年前，人们对遗传物质还一无所知。1869 年，瑞士青年 F. Miescher 在跟随导师 F. Hoppe-Seyler 进行论文工作研究期间，从脓细胞的细胞核中分离出一种富含磷的酸性物质，命名为核素（nuclein）；之后又从核素中分离出更纯的酸性高含磷化合物（即现在已知的 DNA）和蛋白质。F. Miescher 被公认为细胞核化学的奠基人和 DNA 的发现者。

1889 年，R. Altman 从多种材料中制备出不含蛋白质的核酸，最先提出“nucleic acid”这个名词。之后许多年，虽然有科学家推测核酸可作为遗传物质，但当时的学者们仍然将寻找遗传物质的希望寄托在蛋白质身上。到 20 世纪初，核酸的核糖、脱氧核糖和碱基被先后鉴定。根据核酸中戊糖的类型，可以将核酸分为核糖核酸（ribonucleic acid，RNA）和脱氧核糖核酸（deoxy ribonucleic acid，DNA）。它们不仅化学组成不同，而且在细胞中的分布也不同。在真核细胞（eukaryotic cell）中，DNA 主要（约 98%）存在于细胞核内，组成染色体结构，少量存在于线粒体和叶绿体中；而 RNA 则主要（约 90%）存在于细胞质中，少量存在于线粒体、叶绿体和核仁中。在原核细胞（prokaryotic cell）中，DNA 存在于拟核及质粒（plasmid）中。病毒仅含一种核酸，RNA 或 DNA。

1944 年，O. Avery 通过著名的肺炎球菌转化实验首次证明了 DNA 是遗传物质。随着现代生物化学的发展和学科间的交叉研究，J. Watson 和 F. Crick 在 1953 年提出了 DNA 双螺旋学说。该学说不仅阐明了 DNA 的分子结构，还从分子水平阐明了遗传信息储存、传递的机理，从而奠定了现代分子生物学的基础。从 20 世纪 70 年代出现 DNA 重组技术，到 20 世纪 80 年代掀起 RNA 研究高潮，从 20 世纪 90 年代进入基因组分析，再到今天的后基因组时代，所有研究都渗透着有关核酸化学的基础理论知识。

本章重点讨论核酸的结构特点、理化性质以及常见核酸研究技术原理及应用。

第一节　核 苷 酸

一、核苷酸的组成与种类

核苷酸（nucleotide）是核酸的组成单位。核苷酸由 3 种成分组成：含氮碱基（nitrogenous base）、戊糖（pentose）和磷酸（phosphate）。碱基和戊糖的结合产物称核苷（nucleoside）。核苷酸是核苷的磷酸酯（图 8-1）。

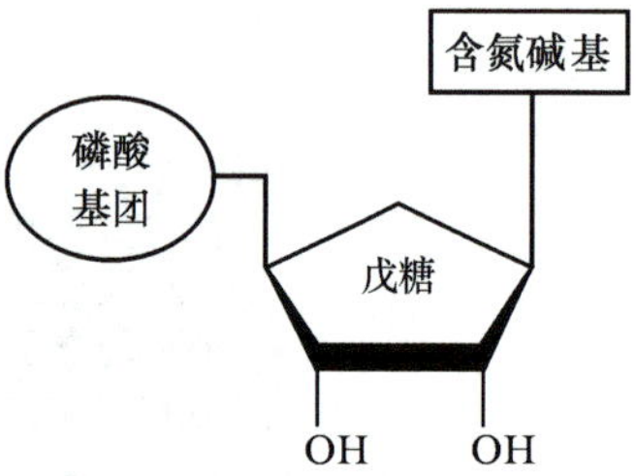

图 8-1　核苷酸的基本结构

（一）组成核苷酸的两类含氮碱基

核苷酸中的含氮碱基是嘧啶（pyrimidine，Py）和嘌呤（purine，Pu）的衍生物，简称碱基。核酸中含量较多的碱基包括 3 种嘧啶：胞嘧啶（cytosine，C）、尿嘧啶（uracil，U）和胸腺嘧啶（thymine，T），以及两种嘌呤：腺嘌呤（adenine，A）和鸟嘌呤

(guanine,G)。DNA 和 RNA 中所含的碱基主要有 4 种,DNA 为 A、T、C、G,RNA 为 A、U、C、G。几种常见碱基的结构式如图 8-2 所示。

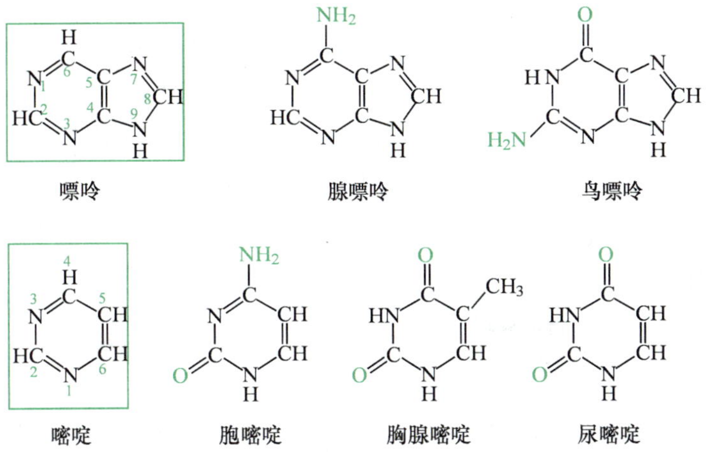

图 8-2　常见的嘌呤碱基和嘧啶碱基

除了上述碱基外,还有一些含量较少的碱基,称为稀有碱基(minor base)。稀有碱基种类很多,但大部分为 5 种主要碱基的衍生物,因此又称修饰碱基(modified base),如假尿嘧啶、次黄嘌呤、二氢尿嘧啶等(见下文稀有核苷)。

(二)核苷通过核苷键将戊糖和碱基连接而成

按碱基类型分为嘌呤核苷和嘧啶核苷。核苷的戊糖碳原子标号加"′",碱基原子标号不加,以示区别。碱基与戊糖通过 β-糖苷键连接:嘧啶核苷中糖环 C_1' 与嘧啶碱 N_1 相连;嘌呤核苷中糖环 C_1' 与嘌呤碱 N_9 相连(图 8-3)。

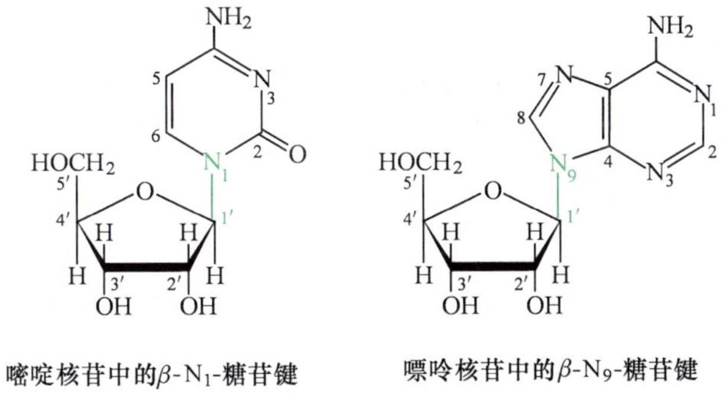

图 8-3　核苷中的 β-糖苷键

核苷的糖苷键能自由旋转,因而核苷构象有同向(syn)和反向(anti)之分。同向核苷表示嘌呤的六元环(或嘧啶 C_2 上的基团)朝向糖环一侧;反向核苷则表示远离糖环一侧。由于空间障碍,核苷多呈反向构象。syn-腺苷和 anti-腺苷如图 8-4 所示。

核酸中的稀有成分大部分是以稀有核苷的形式被分离鉴定的,如次黄嘌呤核苷(inosine)、假尿嘧啶(ψ)核苷、7-甲基鸟嘌呤(m^7G)核苷、4-硫尿嘧啶(s^4U)核苷(图 8-5)以及二氢尿嘧啶核苷(DHU)等。在表示稀有核苷时,碱基的修饰成分写在被修饰碱基的左方,核糖上的修饰成分写在碱基的右方,如 mA 表示腺苷酸的碱基被甲基化,而 Am 表示腺苷酸的核糖被甲基化;修饰基团的数量写在修饰基团符号的右下角,修饰基团的位置写在修饰基团符号的右上角，如 m_2^6A 表示 N_6,N_6-二甲基腺苷。在核酸中除戊糖外，还有葡萄糖、甘露糖、半乳糖等己糖，它们与碱基的侧链连接，也是碱基的修饰成分。

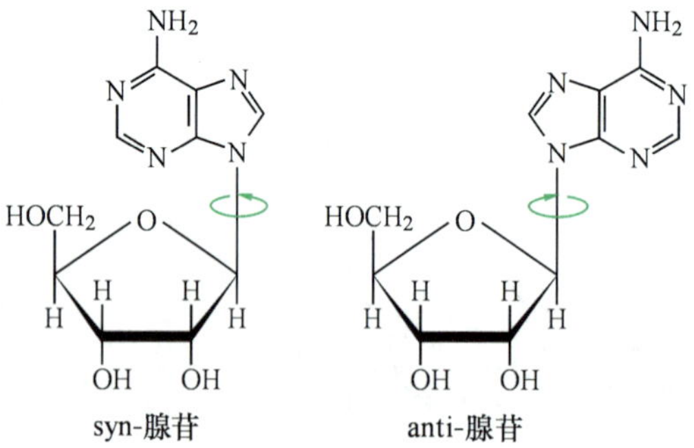

图 8-4　syn-腺苷、anti-腺苷

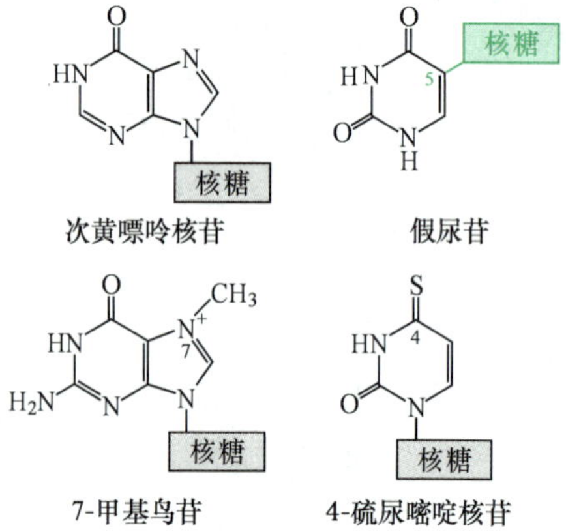

图 8-5　几种稀有核苷的结构

(三)核苷酸

核苷酸是核苷中戊糖的羟基被磷酸酯化所形成的化合物。核酸构件分子为 5′-单核苷酸，其中组成 DNA 的是：dAMP、dTMP、dCMP、dGMP；组成 RNA 的是 AMP、UMP、CMP、GMP(图 8-6)。

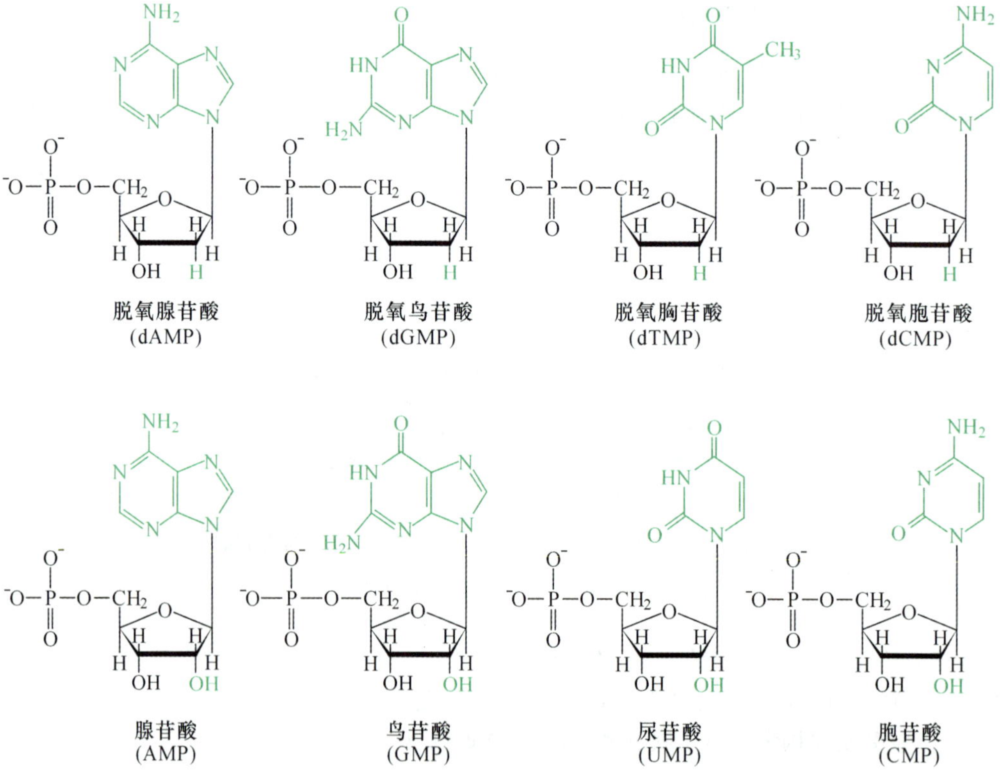

图 8-6　脱氧核糖核苷酸和核糖核苷酸

核苷酸中核糖有 3 个自由羟基，可分别与磷酸成酯，生成 2′-核苷酸、3′-核苷酸和 5′-核苷酸，其中 5′-核苷酸是构成核酸的基本单元。核苷酸的磷酸还可以环化形成环磷酸核苷酸。脱氧核糖只有 2 个自由羟基，相应的脱氧核苷酸为 3′-脱氧核苷酸或 5′-脱氧核苷酸。

第八章

二、核苷酸及其衍生物的其他功能

核苷酸除了作为核酸分子组成单位外，还有很多重要功能。

（一）许多核苷酸是高能分子

核苷酸中可以是 1、2 或 3 个磷酸基共价连接在核糖 5′-羟基上，分别称为某核苷单磷酸（NMP）、某核苷二磷酸（NDP）和某核苷三磷酸（NTP），其中 NTP、NDP 为高能分子。AMP、ADP 和 ATP 的结构如图 8-7 所示。当 β-磷酸基团和 γ-磷酸基团水解时可释放出大量能量。ATP 是生物能量代谢中的通用载体（详见第十章）。GTP 是推动许多特定生物学过程的能量供体。

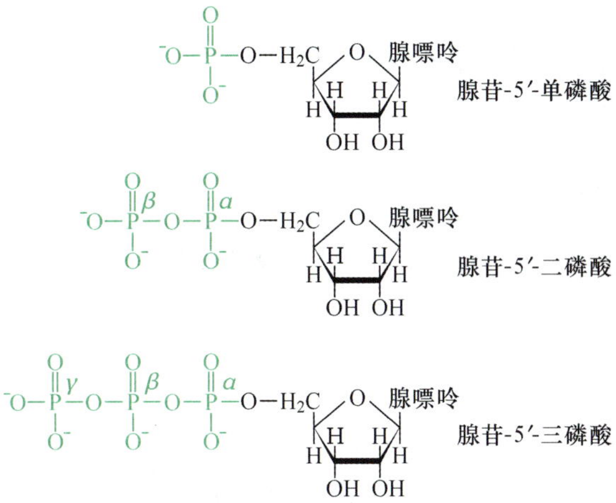

图 8-7 3 种核苷酸（AMP、ADP、ATP）

（二）核苷酸是许多酶的辅因子的成分

腺苷酸是 3 种重要辅因子（烟酰胺核苷酸、黄素腺嘌呤二核苷酸和 CoA）的组分。如果将腺苷酸从这些辅因子中除去，将会导致酶活性急剧降低。例如，从乙酰乙酰-CoA 中除去 3′-磷酸 ADP，将使 β-酮脂酰-CoA 转移酶活性降低 10^6 倍。辅因子中的腺苷与酶和底物的结合以及稳定酶与底物复合物有关。

（三）核苷酸作为信号分子

细胞能从外界感受生物或非生物信号，胞外信号和细胞表面受体互作常导致细胞内产生第二信使（second messenger），并依次产生细胞内的适应性变化。最常见的第二信使是腺苷 3′,5′-环单磷酸（adenosine 3′,5′-cyclic monophosphate），简称环腺苷酸（cyclic AMP 或 cAMP）。cAMP 和 cGMP 都是常见的重要信号分子（详见第九章）。

（四）糖基载体

葡萄糖只有与 UDP、ADP、GDP 等核苷酸结合为 UDPG（尿苷二磷酸葡萄糖）、ADPG（腺苷二磷酸葡萄糖）和 GDPG（鸟苷二磷酸葡萄糖）等活性形式，才能进一步合成为蔗糖、寡糖和多糖。核苷酸起单糖载体作用（详见第十一章）。

第二节 DNA 结构

一、DNA 的一级结构

（一）核苷酸之间通过 3′,5′-磷酸二酯键连接

DNA 是由数量庞大的 4 种脱氧核糖核苷酸（dAMP、dTMP、dCMP、dGMP）按一定顺序通过 3′,5′-磷酸二酯键（3′,5′-phosphodiester linkage）连接起来的多核苷酸链。DNA 一级结构是指脱氧核糖核苷酸在多核苷酸链上的排列顺序。

图 8-8 显示了 DNA 分子的一个片段。DNA 分子共价骨架由磷酸、戊糖交替排列组成，碱基作为侧链连接在骨架上。磷酸基 pK 值很低，在 pH 7.0 时完全离子化而带负电荷。大量负电荷有利于核酸与蛋白质、金属离子和多胺等带正电荷的物质相互作用。

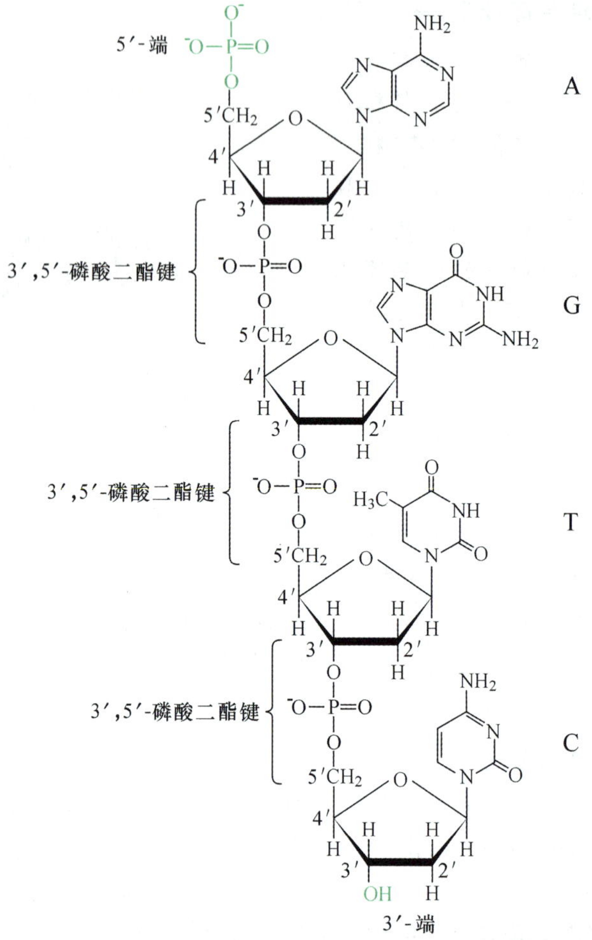

图 8-8　DNA 分子共价结构

(二)DNA 的方向性与 DNA 的书写方式

DNA 分子具有方向性，其多核苷酸链一个末端的单磷酸酯键位于戊糖 5′-碳原子上，称为 5′-端；另一端为 3′-游离羟基，称为 3′-端。DNA 的核苷酸顺序(可简称为碱基顺序)一般按 5′→3′ 方向书写；核苷酸序列既可用结构式表示，也可用竖线式或更简化的短线式、字母式表示(图 8-9)。

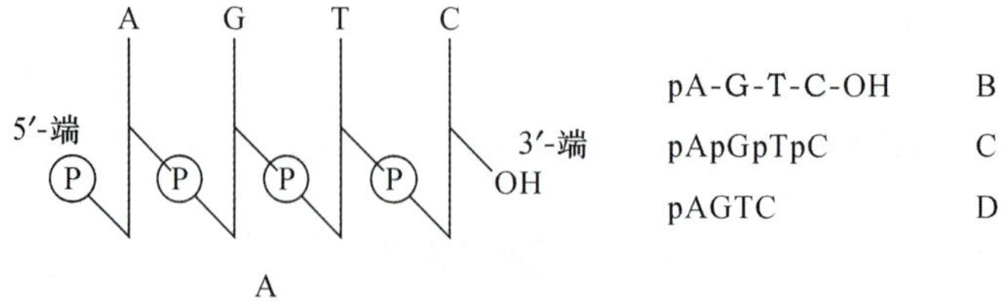

A. 竖线式；B. 短线式；C 和 D. 字母式

图 8-9　核苷酸链简单书写方式

二、DNA 双螺旋结构

核酸中部分核苷酸或全部核苷酸组成规则、稳定的结构称为核酸的二级结构(secondary structure)。DNA 分子的二级结构即 DNA 双螺旋结构(DNA double helix)。DNA 双螺旋结构模型是 Watson 和 Crick 于 1953 年依据前人的实验结果提出来的,主要基于以下两个依据:

第一个依据是不同生物 DNA 的碱基组成规律。E. Chargaff 等发现不同物种生物的 DNA 碱基组成是不同的,同一生物不同组织 DNA 的组成是一样的;在一个生物中 DNA 的碱基组成并不随年龄、营养状况和环境变化而改变;在所有 DNA 中,不论是何种生物,碱基摩尔含量存在一定关系:[A]=[T],[G]=[C],嘌呤碱和嘧啶碱相同([A]+[G]=[T]+[C])。这种当量关系称为夏格夫定律(Chargaff rule),也称碱基当量定律。第二个依据来自 X 射线衍射对 DNA 纤维的研究,首先是 W. T. Astbury 等提出,后来 R. Franklin 和 M. Wilkins 等获得了更精美的 DNA 纤维 X 射线衍射图。这些衍射图显示 DNA 分子可能具有螺旋结构。

由 Watson 和 Crick 所提出的 DNA 双螺旋结构模型(图 8-10)的基本要点如下:

①DNA 是由两条反向平行的多核苷酸链绕同一"中心轴"旋转形成的右手双螺旋。其中一条链的走向为 5′-磷酸基团→3′-羟基方向;另一条链的走向为 3′-羟基→5′-磷酸基团方向。

②两条由磷酸和脱氧核糖形成的主链骨架(back bone)位于双螺旋外侧,碱基位于双螺旋内侧。碱基平面与纵轴接近垂直,糖环平面与纵轴接近平行。

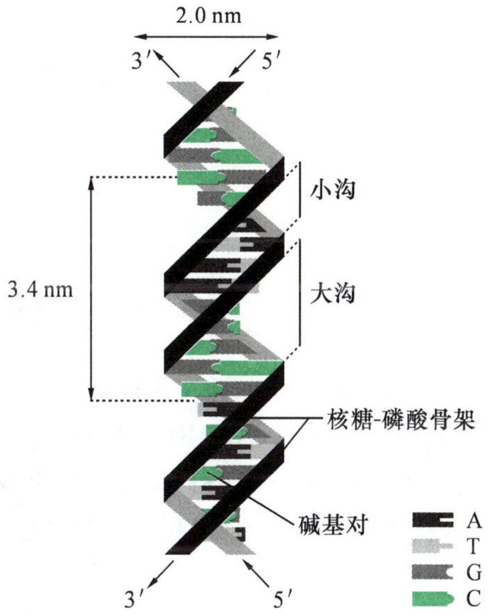

图 8-10 DNA 分子双螺旋结构模型

③两条链靠彼此碱基之间的氢键结合在一起,碱基按互补原则进行特异的碱基配对(base pairing)。A 和 T 之间通过 2 个氢键进行配对(A═T),C 和 G 通过 3 个氢键进行配对(C≡G)。碱基之间的这种特异配对关系叫作碱基互补(base complementary)或碱基配对原则(base-pairing rule),也称为 Watson-Crick 配对(图 8-11)。通过碱基互补,DNA 双螺旋中第一条链实际上是另一条链的互补链(complementary strand)。

④双螺旋平均直径为 2.0 nm,螺距为 3.4 nm;每圈螺旋含有 10 bp(实际上为 10.4 bp),相邻两个碱基上下间隔 0.34 nm,夹角为 36°。

⑤遗传信息储存在碱基顺序中,碱基在一条链上的排列顺序不受限制。

⑥沿螺旋轴方向观察,双螺旋的表面有两条凹槽:一个宽而深,称为大沟(major groove);另一个窄而浅称为小沟(minor groove)。碱基侧面的功能基团朝向大沟,有利于 DNA 遗传信息传递和表达时功能蛋白质与 DNA 的特异识别。

DNA 双螺旋模型第一次呈现了遗传信息的储存方式(碱基顺序)以及 DNA 复制的分子机理(碱基互补),揭示了生物遗传的内在规律,为分子遗传学、分子生物学的研究拉开了序幕。

决定 DNA 双螺旋稳定的因素除了碱基对之间的氢键外,还有疏水作用、范德瓦耳斯力和离子键。在 DNA 双螺旋中,相邻碱基平面之间通过疏水作用和范德瓦耳斯力相互平行垛叠

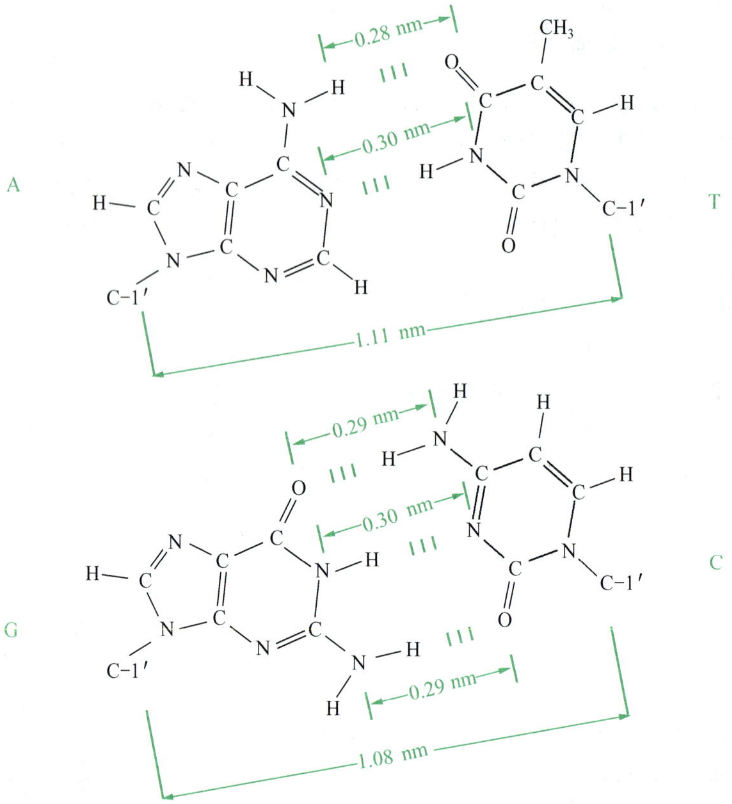

图 8-11　DNA 中互补碱基 A═T、C≡G 间配对

在一起，便产生了一种疏水性堆积作用，合称为碱基堆积力(base-stacking interaction)。碱基堆积力是稳定 DNA 双螺旋结构最重要的因素。核酸分子中带负电荷的磷酸基团通过与其他富含阳离子的分子互相作用，对稳定双螺旋也有一定作用。例如原核细胞 DNA 常常与多胺(如精胺、亚精胺)结合，真核细胞染色体 DNA 则与组蛋白结合，这些物质具有碱性，带有丰富的正电荷。

三、DNA 螺旋构象具有多样性

自 Watson 和 Crick 提出 DNA 双螺旋模型后，其他结构形式的 DNA 螺旋相继被发现，显示 DNA 螺旋结构具有多样性。DNA 分子是一个高度缠绕的分子，磷酸核糖骨架中键的转动和热力学波动(thermal fluctuation)使 DNA 发生弯曲、伸缩，甚至双链溶解，从而形成不同的构象形式。

DNA 螺旋结构的多样性与 DNA 存在环境有关，如相对湿度、盐浓度、离子种类等。典型的双螺旋结构模型是依据 DNA 钠盐纤维(在相对湿度为 92%条件下获得)所做的结构分析，又称 B-DNA，细胞中绝大多数 DNA 为 B-DNA。在相对湿度为 75%时，DNA 双螺旋结构发生可逆构象变化，形成 A-DNA；A-DNA 比 B-DNA 粗短一些，大沟变深，小沟变浅，但仍为右手螺旋(表 8-1，图 8-12)。在相对湿度为 66%时获得的 DNA 称为 C-DNA，也为右手螺旋结构，其物理参数介于 A-DNA 和 B-DNA 之间。

表 8-1 DNA 二级结构的类型及参数

结构参数	A-DNA	B-DNA	C-DNA	Z-DNA
结晶条件	75%相对湿度	92%相对湿度	66%相对湿度	—
	钠盐	钠盐	锂盐	—
螺旋方向	右手	右手	右手	左手
螺旋直径/nm	2.55	2.37	—	1.84
碱基轴升/nm	0.23	0.34	0.33	0.38
螺距/nm	2.53	3.54	3.10	4.56
碱基倾角/(°)	19	1	6	9
每圈碱基对数/bp	11	10.4	9.3	12

DNA 螺旋结构的多样性与 DNA 序列有关。1979 年，A. Rich 和王连君等用 X 射线衍射技术对人工合成 DNA 片段——d(CpGpCpGpCpGp)单晶结构研究时还发现了另一种构象的双螺旋，因其骨架脱氧核糖-磷酸呈“之”字形(zigzag)从一端伸向另一端，故称 Z-DNA。Z-DNA 为左手螺旋，形状比 B-DNA 细长而伸展(图 8-12)。Z-DNA 也存在于细胞 DNA 中，但比例很小。

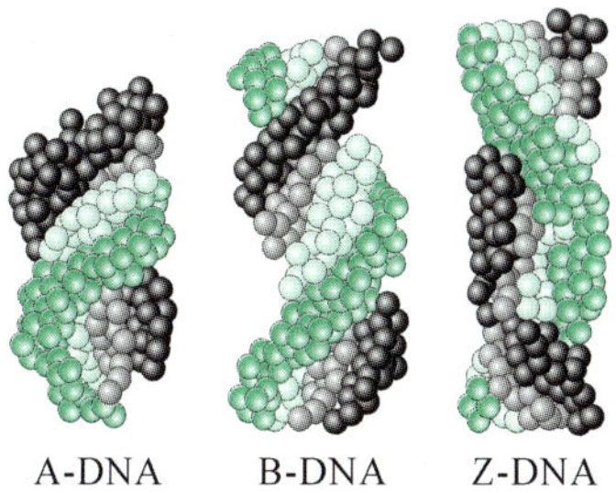

图 8-12 A-DNA、B-DNA、Z-DNA 螺旋结构模型

DNA 分子除了均匀双螺旋外，局部还存在一些变异结构。例如，当一股链中有多聚腺苷酸(polyadenylic acid，polyA)组成时，DNA 双螺旋会产生弯曲，六聚腺苷酸可产生大约 18°的弯曲。在真核细胞 DNA 中普遍存在反向重复序列(inverted repetition sequence)，正向和反向拼读都一样，类似于字母顺序“ROTATOR”。反向重复序列中，有的在两条链中以二重对称形式存在，称为回文结构(palindrome)；有的存在于 DNA 一条链上，称为镜像重复(mirror repeat)(图 8-13)。在 DNA 分子中，重复序列长度可能是几个碱基对，也可能是数千个碱基对。有些回文结构易形成发夹(hairpin)结构和十字形结构(cruciform structure)(图 8-14)。

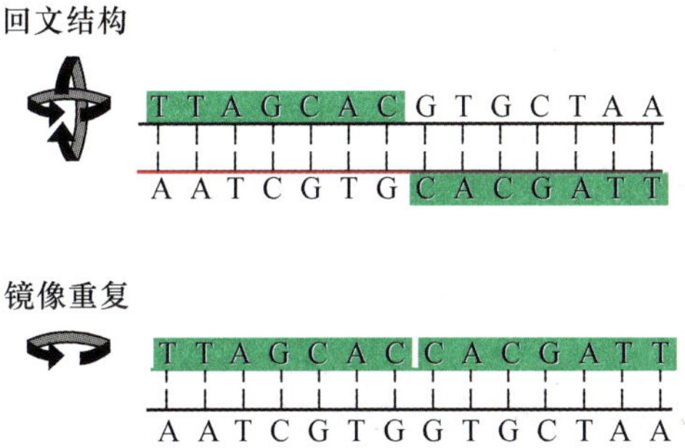

图 8-13 DNA 回文结构及镜像重复

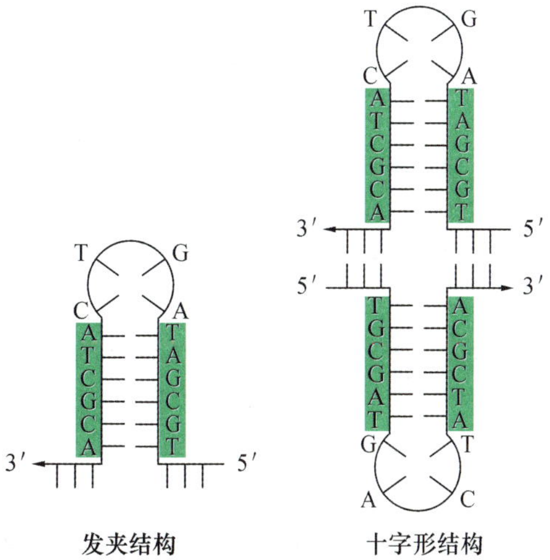

图 8-14 DNA 发夹结构和十字形结构

科学家在研究 DNA 双螺旋的同时，不断发现 DNA 三股螺旋（triple helix）的存在。当 DNA 的一段多聚嘧啶核苷酸或多聚嘌呤核苷酸成镜像重复时，便回折产生铰链 DNA（hinged-DNA，H-DNA）（图 8-15A）。三股螺旋的其中 2 条链由同型多聚核苷酸——多聚嘌呤核苷酸（AGAGAGAG）和多聚嘧啶核苷酸（TCTCTCTC）以反向平行形成双螺旋，碱基之间以 Watson-Crick 方式配对；第 3 条链多聚嘧啶核苷酸进行配对时有些特殊，胞嘧啶需质子化，以作为与嘌呤碱 N_7 结合的氢键供体，此时的 C—G 之间只有 2 个氢键（图 8-15B）。由于 K. Hoogsteen 是最早（1963）对 DNA 三股螺旋进行分析的科学家，因而人们把这种出现在 DNA 三股螺旋中的特殊碱基配对称为 Hoogsteen 配对。三股螺旋既可以来自 DNA 分子内，也可以来自分子间。已发现许多基因的调控区、染色质的重组部位存在三股螺旋结构，该领域的研究对于认识基因的结构、复制、转录、调控和重组机制有着重要意义。除三股螺旋外，DNA 分子富含鸟嘌呤的区段还能形成四股螺旋。研究表明，端粒末端 G-四股螺旋 DNA 可以抑制端粒酶活性，进而抑制癌细胞的生长和大量繁殖。

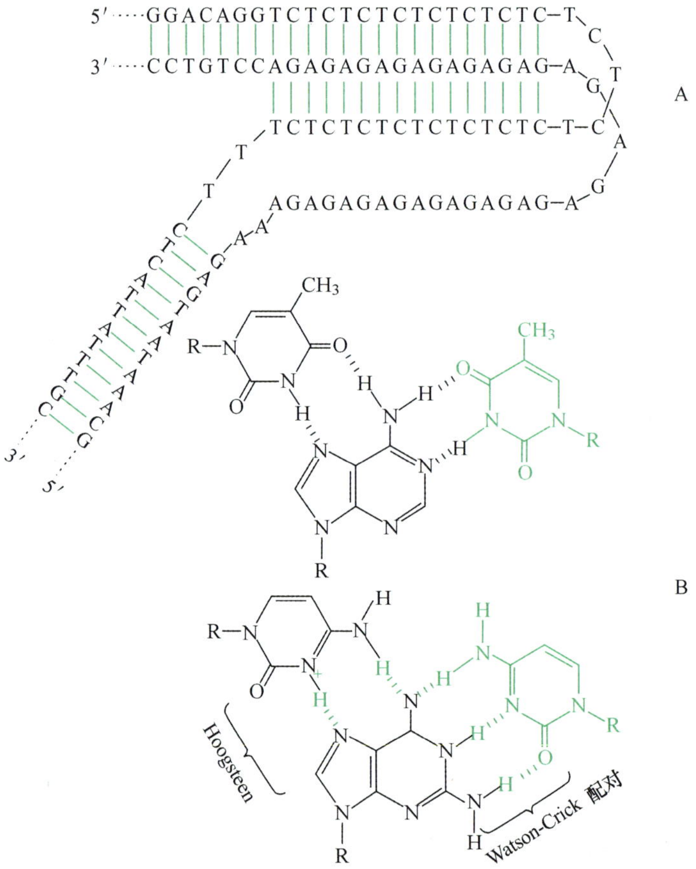

图 8-15　H-DNA 与 Hoogsteen 碱基配对

四、DNA 超螺旋

无论线状 DNA，还是环状 DNA，它们既可处于松弛状态，也可发生进一步卷曲或折叠，形成更致密的高级结构，如超螺旋（superhelix）或称超卷曲（supercoil）、扭结、连环等（图 8-16）。下面重点讨论超螺旋构象。

超螺旋是由 DNA 双螺旋轴进一步卷曲所形成的一种 DNA 高级结构或称三级结构。超螺旋程度越高，分子密度越大。DNA 以超螺旋形式存在不仅有助于 DNA 分子在细胞内的包装，也是 DNA 实现复制、转录、重组等功能所需要的。

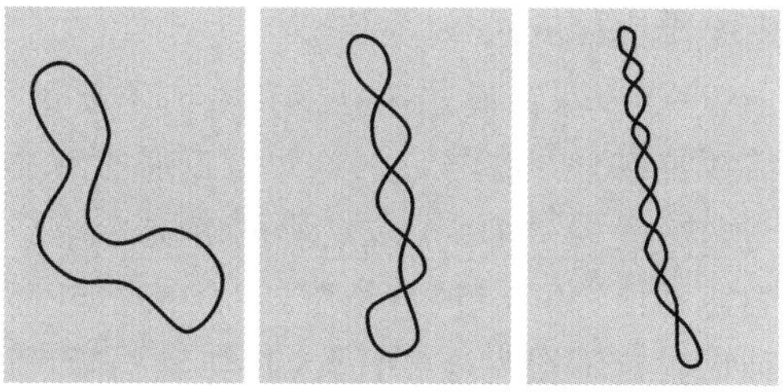

图 8-16　环状 DNA 与超螺旋

应用拓扑学（topology）知识可以加深对 DNA 分子超螺旋构象的理解。拓扑学是数学的一个分支，是研究空间关系的一门科学。

按照拓扑学理论，任何一个双螺旋都有一种特性，即在松弛状态下能量最低；当顺原有的螺旋方向拧紧双螺旋或逆原有螺旋方向松动双螺旋时，就会使双螺旋产生额外的张力；如果双螺旋末端是自由的，那么这种额外的张力会通过双螺旋体的转动得到释放，从而保持原有结构状态；如果双螺旋的末端是固定的或者双螺旋为环状，那么，额外的张力因不能及时释放而会引发螺旋轴的扭曲，通过拓扑结构的变化使张力达到平衡。双螺旋在发生拓扑结构变化时遵循一个规律，可用下式表示：

$$L = T + W$$

式中，T 为盘绕数（twisting number），表示双螺旋中两条链之间的环绕数，也就是双螺旋数；W 为缠绕数（writhing number），表示双螺旋轴发生扭曲形成的超螺旋数；L 为连接数（linking number），指超螺旋水平中一条链绕另一条链 360°所形成的交叉数，是双螺旋数和超螺旋数之和。T 和 W 不一定是整数，但 L 一定为整数。

对于一个盘绕数为 10 的线状右手双螺旋体，当一端自由存在且为放松状态时，没有超螺旋 $L = T = 10$，即 $10 = 10 + 0$。此时无论拧紧还是拧松螺旋的另一端，只要双螺旋体不发生断裂，L 值总是不变。

当该右手双螺旋体的一端固定（图 8-17），在另一端拧紧 2 圈时，双螺旋体为了平衡额外的张力，就会形成 2 个左手超螺旋，此时：$12 = 10 + 2$。从式中可以看出，拧紧双螺旋会形成正超螺旋。此时，螺旋体本质并未改变，只是进入另一个拓扑状态。相反，当一端固定，在另一端拧松 2 圈时，右手双螺旋体为了平衡额外的张力，就会形成 2 个右手超螺旋，即 $8 = 10 - 2$。从式中可以看出，拧松双螺旋会形成负超螺旋。此时，螺旋体本质也未改变，而是进入一个新的拓扑状态。

图 8-17　右手双螺旋拧紧时形成左手正超螺旋

可见，在一定条件下，同一个双螺旋体可以表现出不同拓扑状态，具有不同 L 值。换句话说，从 L 值可以了解一个双螺旋体的拓扑状态。

环状双链 DNA 的发现使生物学和数学中的拓扑学自然联姻，从而诞生了 DNA 拓扑学。人们认识到，无论环状 DNA，还是线状 DNA，同一条 DNA 分子可以以不同拓扑状态存在。L 值不同的同种 DNA 分子互为拓扑异构体（topoisomer）。DNA 拓扑异构体之间的转变靠拓扑异构酶（topoisomerase）完成。拓扑异构酶有两种类型：Ⅰ型拓扑异构酶能够瞬时切开 DNA 两条链中的一条链，使这条链绕着未切开的链旋转，再将断裂末端重新连接起来，通过增加 L 值，去除负超螺旋而得到松弛超螺旋；Ⅱ型拓扑异构酶则可以利用 ATP 的能量使双链瞬间断开，待末端旋转后连接，通过减少 L 值，引入负超螺旋。自然界中的 DNA 超螺旋均为负超螺旋(negative supercoil)。

DNA 双螺旋的拓扑变化具有重要的生物学意义。DNA 在进行复制、转录或基因重组时需要许多分子参与,DNA 双螺旋必须解旋以方便分子间互作。按照拓扑学规律(即没有酶参与),一段右手 DNA 双螺旋的解旋必然会引起其他部位超螺旋的形成;越来越多超螺旋的积累容易使 DNA 链“打结”(knotting),这显然不利于该部位基因的活动。实际上,在细胞中这种情况是不会发生的,因为拓扑异构酶可以根据需要适时改变 DNA 的拓扑状态。DNA 的正常拓扑变化如果被干扰,细胞功能就会受到限制。环丙沙星(ciprofloxacin)能作为抗生素使用,就是因为它能抑制原核生物Ⅱ型拓扑异构酶的活性。

此外,DNA 形成超螺旋等高级构象还有助于 DNA 抵抗高温等干扰和 DNA 的包装。

五、DNA 的包装

无论病毒、细菌,还是真核细胞,其 DNA 都是与蛋白质结合在一起组装成一定的复合体形式。

一个病毒颗粒就是一个大的核酸-蛋白质复合体。不同病毒,大小不同,形状各异,侵染性和宿主也不同,但核酸都是被蛋白质包裹着,这层蛋白质外壳称为衣壳(capsid)。有的还有糖蛋白和脂蛋白组成的被膜(envelope)。核酸决定病毒的侵染性,蛋白质决定宿主的专一性。最新研究证明,病毒核酸的组装滞后于衣壳组装,也就是说,先有蛋白质衣壳,然后核酸分子才被挤压进去,这个过程由特殊蛋白作为强有力的“分子马达”来完成。

细菌没有典型的细胞核,它的 DNA 与蛋白质以及少量 RNA 紧缩成致密的拟核(nucleoid),约占细胞体积的 1/3。DNA 分子依靠 RNA-碱性蛋白质核心形成许多突环,平均一个突环含 40 bp DNA。人们对拟核结构的了解还不够深入。

下面重点讨论真核细胞核 DNA 的组装:

真核细胞 DNA 分子很长,在细胞内呈有序压缩状态存在。在细胞分裂间期,DNA 分子和蛋白质一起形成染色质(chromatin)分散在核内。其中常染色质的 DNA 压缩比为 1 000～2 000,相对比较伸展,是基因活跃表达区域;异染色质压缩程度高很多,对碱性染料着色较深,其 DNA 大多不转录产物。染色质的蛋白质以组蛋白为主,共有 5 种类型:H1、H2A、H2B、H3 和 H4,它们有一个共性,都富含碱性氨基酸(表 8-2)。

表 8-2 组蛋白的组成

组蛋白种类	分子量	氨基酸碱基数	碱性氨基酸的含量/%	
			Lys	Arg
H1	21 130	223	28.5	1.3
H2A	13 960	129	10.9	8.3
H2B	13 774	125	18.0	8.4
H3	15 273	135	8.6	13.3
H4	11 236	102	10.8	13.7

在电子显微镜下,染色质呈现串珠状结构(图 8-18),这种珠状物被称为核小体(nucleosome)。核小体是真核生物染色质的重复结构单位,由 DNA 盘绕组蛋白核心而成。组蛋白核心为八聚体,含有各两个拷贝的 H2A、H2B、H3 和 H4。盘绕组蛋白核心的 DNA 大约有 200 bp,其中 147 bp 以左手超螺旋形式在组蛋白核心外部盘绕 1.75 圈,其余部分用作两个核小体之间的连接 DNA,长度约 54 bp。组蛋白 H1 结合在组蛋白核心外侧 DNA 双链的进出口端,犹如一个搭扣将 DNA 链固定在组蛋白八聚体上。

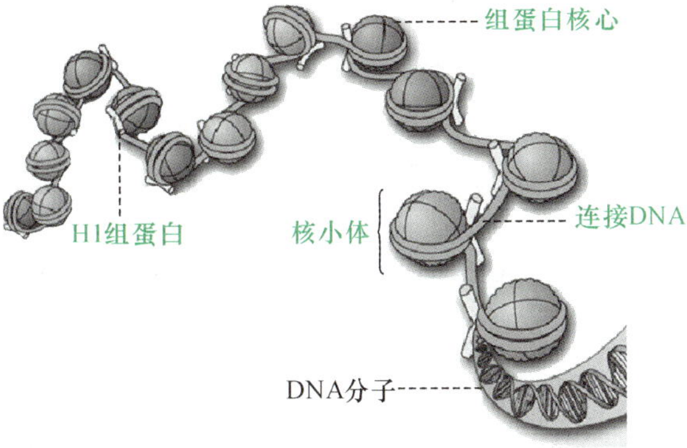

图 8-18 染色质核小体示意图

从双螺旋 DNA 到核小体，DNA 长度被压缩了 7 倍。在细胞进行分裂时，DNA 还要进一步组装成染色体(图 8-19)。首先由直径为 11 nm 的核小体链盘绕成直径为 30 nm 螺线管(solenoid)，即通常所说的染色质纤丝，每圈含 6 个核小体，这使 DNA 再压缩约 100 倍；染色质纤丝以突环形式固定在由 RNA 和蛋白质(非组蛋白)组成的“核骨架”(nuclear scaffold)上，每 6 个突环一组，并且进一步盘绕成直径为 700 nm 的螺旋状染色单体，最后形成直径为 1 400 nm 的染色体。从双链 DNA 到染色体，长度压缩上万倍。染色体组装的详细过程和分子机制还存在许多未知。

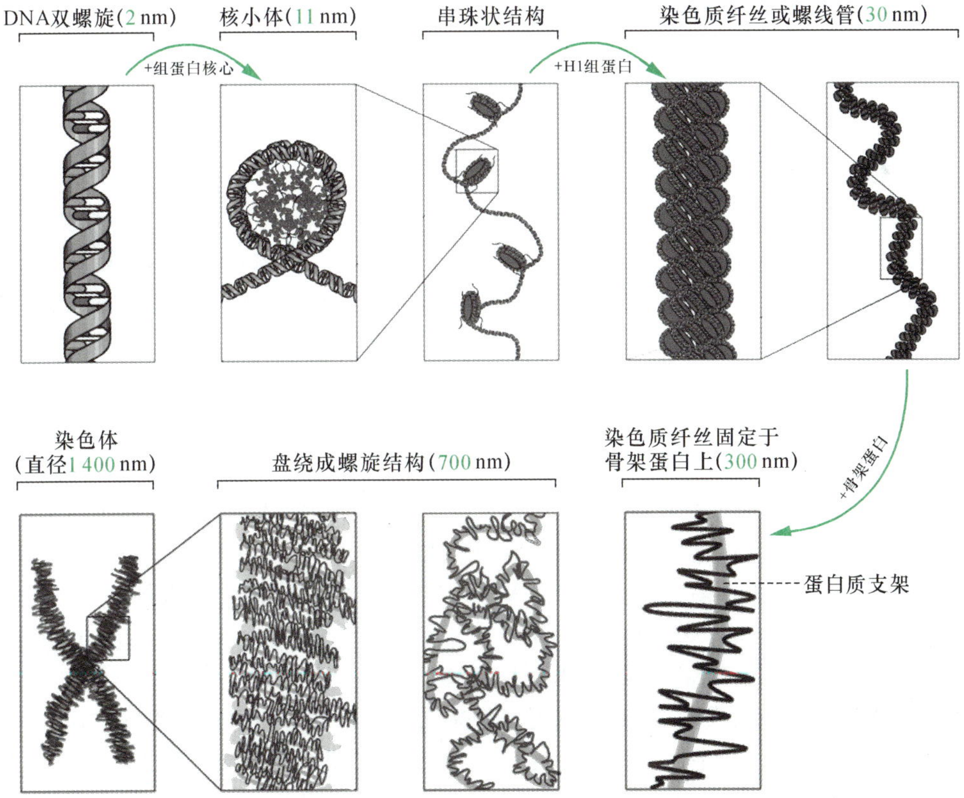

图 8-19 从 DNA 到染色体

六、基因组

基因组(genome)是指生物体所有遗传物质的总和。1980 年,噬菌体 ΦX174 DNA 序列测定完成,成为第一个被测序的基因组。基因组学(genomics)的概念最早于 1986 年由美国科学家 Thomas Roderick 提出,主要是在全基因组层面进行基因结构研究和基因功能研究。

原核生物基因组 DNA 通常是指拟核中 DNA。真核生物基因组 DNA 包括核 DNA 和细胞器 DNA,细胞器 DNA 指线粒体 DNA,光合植物还有叶绿体 DNA。

最小的原核生物基因组为 580 kb 的生殖支原体(*Mycoplasma Genitalium*)基因组。大肠杆菌的基因组结构为双链环状,大小为 4.6 Mb。最小的真核生物基因组为 2.3 Mb 的肠脑炎微孢子虫(*Encephalitozoon intestinalis*)基因组,最大的为 670 Gb 的杜氏变形虫(*Amoeba dubia*)基因组。

截至 2020 年已报道的植物基因组中,陆地植物和绿藻中测序的最小植物基因组分别为 64 Mb 的旋刺草(*Genlisea aurea*)基因组和 13 Mb 的金牛微球藻(*Ostreococcus tauri*)基因组,最大的为 31 Gb 的糖松(*Pinus lambertiana*)基因组和 4.73 Gb 的玛格丽塔柱形鼓藻(*Penium margaritaceum*)基因组。最小的动物基因组为 2.9 Mb 的咖啡短体线虫(*Pratylenchus coffeae*)基因组;最大的动物基因组为 48 Gb 的南极磷虾(*Euphausia superba*)基因组。人类基因组的大小为 3.2 Gb。

知识拓展框

人类基因组

人类基因组计划(Human Genome Project,HGP)最初是由美国生物学家、诺贝尔奖获得者 Renato Dulbecco 于 1986 年在美国《科学》杂志上发表的一篇文章“A turning point in cancer research:Sequencing the human genome”中提出的,旨在确定所有 DNA 碱基的序列,以获得人类的“遗传蓝图”。人类基因组计划自 1990 年开始实施,中国于 1999 年 9 月参加到这项研究计划中,承担其中 1%的任务,即人类 3 号染色体短臂上约 3 000 万个碱基对的测序任务。2001 年,通过鸟枪法测序获得的人类基因组初稿,为基因组时代奠定了基础。2003 年,人类基因组从草图阶段进展到基本完成参考基因组,是人类基因组计划的一个重要里程碑,标志着人类对自身遗传信息的认识达到了一个新的高度。2005 年,科学家着手开发人类基因组的单倍型图谱(HapMap),以描述人类 DNA 序列变异的常见模式;同年,灵长类动物黑猩猩 DNA 序列初稿发表,为理解人类生物学和进化提供了丰富的信息。不久后,第一台高通量测序仪器上市,开创了下一代测序技术(next generation sequencing,NGS)的新时代。2008 年,首个非洲个体(Yoruba 个体)和亚洲个体的基因组序列被成功发表。同年,基因组组装工具的开发取得了重要进展,这些工具能够更高效、更省时地组装基因组序列。此外,高通量全转录组测序技术(RNA-seq)也在这一年得到了飞速发展。2010 年,尼安德特人基因组初稿发表。2012 年,《自然》(*Nature*)杂志发表了“千人基因组计划(The 1 000 Genomes Project)”的最新研究成果,公布了高分辨率的人类基因组遗传变异整合图谱,该图谱为基因组学在人类疾病与健康领域中的应用以及个体化医疗时代的到来奠定了坚实的科学基础。此外，科学家还在 2003 年发起了一个 DNA 元件百科全书计划(The Encyclopedia of DNA Elements，ENCODE)，目标是建立一个全面的人类基因组功能元件清单，包括在蛋白质和 RNA 水平上起作用的元件，以及控制细胞和基因活跃环境的调控元件，2012 年《自然》杂志发表了多篇论文，详细描述了 ENCODE 计划如何通过多种实验方法绘制了人类基因组的功能图谱。2014 年左右，针对各种物种(从微生物到植物再到人类)的泛基因组研究逐渐兴起，揭示了单一参考基因组的局限性，促使科学界重新审视对单一参考基因组的依赖。2015 年，美国国立卫生研究院表观基因组学联盟报告了对 111 个参考人类表观基因组的综合分析，包括组蛋白修饰模式、DNA 甲基化和 RNA 表达的概况，以系统地表征人类组织和细胞中的表观基因组，构建了第一张全面的表观基因组综合图谱。2020 年，人类 X 染色体的第一个无间隙端粒到端粒的组装发表，它标志着人类基因组学研究进入了一个新的阶段，即从“近完成”向“完全完成”迈进。

[1] Miga K H. Breaking through the unknowns of the human reference genome. Nature，2021：590，217-218.

[2] https：//www. nature. com/immersive/d42859-020-00099-0/index. html

第三节 RNA 结构

除了少数病毒 RNA 为双链外，绝大多数 RNA 为单链分子，链内连接键和 DNA 一样都是 3′，5′-磷酸二酯键。

单链 RNA 的多核苷酸链并非随意伸展，而是通过折叠形成特定的高级结构。RNA 的二级结构不像双螺旋 DNA 那样简单又规则，而是像蛋白质那样复杂又独特。RNA 二级结构的结构元件包括：单链、双螺旋区、突起(bulge)、内环(internal loop)和发夹结构等(图 8-20)。RNA 的局部双螺旋一般为 A-DNA 结构。氢键和碱基堆积力在稳定 RNA 二级结构中起主要作用。除标准的 Watson-Crick 碱基配对的氢键外，还存在非标准配对形成的氢键。

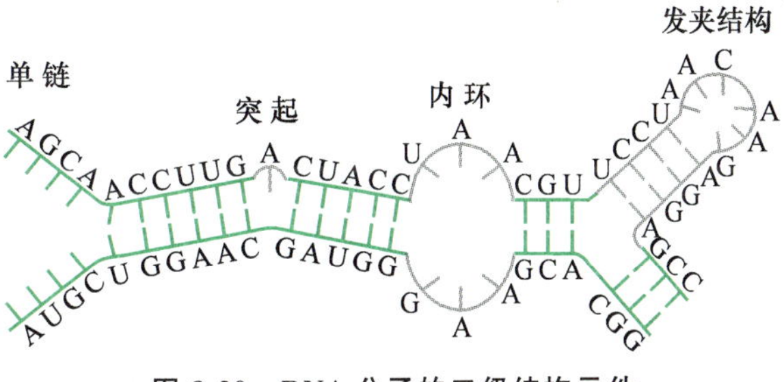

图 8-20 RNA 分子的二级结构元件

细胞中有 3 种重要的 RNA 与蛋白质合成有关：信使 RNA(messenger ribonucleic acid，mRNA)、转运 RNA(transfer ribonucleic acid，tRNA)和核糖体 RNA(ribosome ribonucleic acid，rRNA)。它们具有特定的结构和功能，下面分别给予介绍。

一、tRNA

tRNA 约占细胞 RNA 总量的 15%，它的主要作用是将氨基酸转运到核糖体的相应位置，用于蛋白质的合成。细胞内 tRNA 的种类很多，每一种氨基酸都有一种或一种以上与其相应的 tRNA。tRNA 的分子较小，一般由 75～95 个核苷酸(nucleotide，nt)组成，平均沉降系数为

4S，其碱基组成中含有较多的稀有碱基。tRNA 的 3′末端通常为—CCA 序列，5′末端多为 pG，也有 pC。

tRNA 的二级结构都呈三叶草形(图 8-21)，其中双螺旋区构成叶柄，突环区构成三叶草的 3 片小叶，三叶草形结构由氨基酸臂、二氢尿嘧啶环、反密码子环、额外环、胸苷-假尿苷-胞苷环(TψC 环)5 个部分组成。

氨基酸臂(amino acid arm)包含 7 对碱基，3′末端为—CCA—OH 结构，其羟基与氨基酸形成共价键，因而是携带氨基酸的位点。

二氢尿嘧啶环(dihydrouridine loop)由 8～12 个核苷酸组成，因其具有二氢尿嘧啶(DHU)而得名。通过由 3～4 bp 组成的双螺旋区(也称二氢尿嘧啶臂)与 tRNA 的其余部分相连。

反密码子环(anticodon loop)包含 7 nt，其中 3 个碱基构成反密码子，与 mRNA 上的密码子识别配对。反密码子环通过 5 bp 的反密码子臂与 tRNA 的其余部分相连。

额外环(extra loop)也称可变环，由 3～18 nt 组成。不同 tRNA 额外环差别很大。

TψC 环由 7 nt 组成，通过 5 bp 的 TψC 臂与 tRNA 的其余部分相连，因绝大多数 tRNA 在此环中含有 TψC 而得名。T 为胸腺嘧啶核糖核苷，是 tRNA 前体合成后，由尿嘧啶核苷经过甲基化修饰形成的。ψ 为假尿嘧啶核糖核苷。二者都是稀有核苷。

在二级结构的基础上，tRNA 进一步折叠成三级结构。X 射线衍射分析表明，tRNA 具有大致相同的三级结构，形状像一个倒写的“L”(图 8-22)。氨基酸臂与 TψC 臂形成一个连续的双螺旋区，构成字母 L 下面的一横。而二氢尿嘧啶臂与它相垂直，二氢尿嘧啶臂与反密码子臂及反密码子环共同构成字母 L 的一竖。反密码子臂经额外环与二氢尿嘧啶臂相邻。此外，二氢尿嘧啶环中与 TψC 环及额外环的某些碱基形成额外的碱基对，这些碱基对是维持 tRNA 三级结构的重要因素。

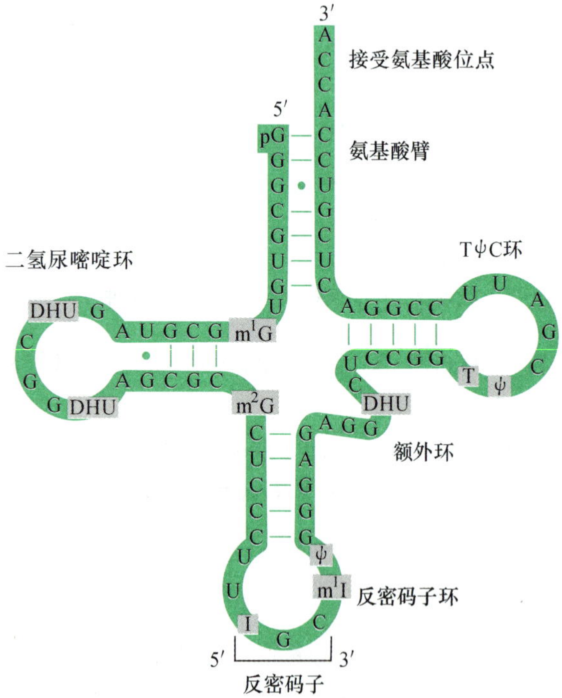

图 8-21 tRNA 三叶草形二级结构模型

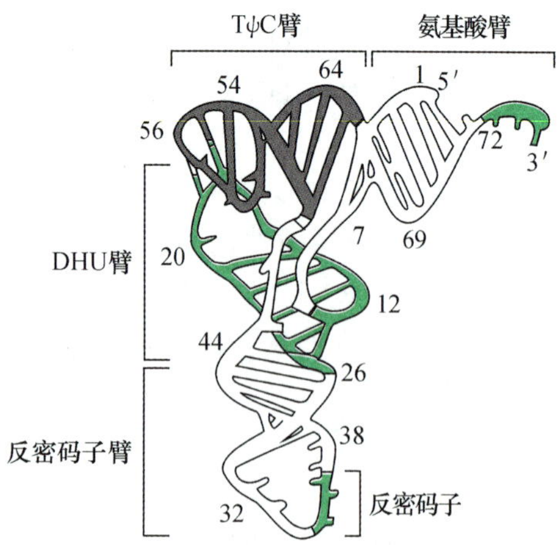

图 8-22 酵母苯丙氨酸 tRNA 的三级结构

二、mRNA

mRNA 占细胞总 RNA 的 3%～5%，它携带着来自基因的遗传信息，是合成蛋白质的模板。每种多肽都由其特定的 mRNA 编码。

mRNA 分子的特点是：①种类多而又大小不均一；②半衰期很短，实际含量很低，占细胞 RNA 总量的 3%～5%；③原核生物的 mRNA 一般为多顺反子 mRNA(polycistronic mRNA)，即一条 mRNA 可以翻译多条不同的多肽链；④真核生物的 mRNA 多为单顺反子，一条 mRNA 只编码一条多肽链(图 8-23)；⑤真核生物 mRNA 在 5′端通常有一个“帽子”结构(图 8-24)，在 3′端有多聚腺苷酸(polyA)尾巴。

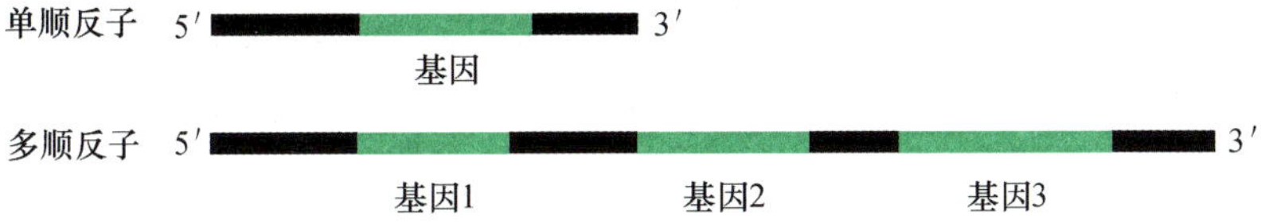

图 8-23　单顺反子和多顺反子 mRNA

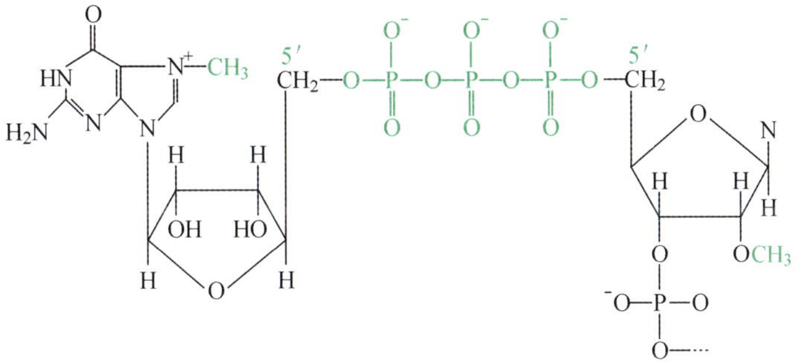

图 8-24　真核 mRNA 5′端的Ⅰ型帽子结构

真核生物 mRNA 5′端帽子是一个特殊结构，它由 7-甲基化鸟苷酸经焦磷酸与另一个核苷酸 5′端相连，形成 5′,5′-三磷酸连接键(5′,5′-triphosphate linkage)。帽子结构通常有 3 种类型，分别称为 O 型($m^7G^{5'}ppp^{5'}Np$)、Ⅰ型($m^7G^{5'}ppp^{5'}NmpNp$)和Ⅱ型($m^7G^{5'}ppp^{5'}NmpNmpNp$)。上述几个缩写符号中，N 指某一个碱基；O 型是指 mRNA 5′端核苷酸的核糖未甲基化；Ⅰ型是指末端一个核苷酸的核糖甲基化(详见第十六章)；Ⅱ型是指末端两个核苷酸的核糖均甲基化。帽子结构有抗 5′-核酸外切酶降解的作用；在蛋白质合成过程中，它有助于核糖体对 mRNA 的识别和结合，使翻译得以正确起始。

3′端的 polyA 尾巴是在转录后经 polyA 聚合酶(polyA polymerase)作用添加上的，一般含有 20～250 个腺苷酸。polyA 聚合酶专一性地作用于 mRNA，不能作用于 rRNA 和 tRNA。polyA 尾巴可能与 mRNA 从细胞核到细胞质的运输有关，还可能与 mRNA 的寿命有关。通常，新合成 mRNA 的 polyA 尾巴较长，而衰老 mRNA 的 polyA 尾巴则较短。

三、rRNA

(一)rRNA 和蛋白质一起组成核糖体

rRNA 占细胞 RNA 总量的 80%左右。rRNA 分子大小通常用沉降系数表示，有不同种类。原核生物核糖体 rRNA 有 3 类：5S rRNA、16S rRNA、23S rRNA。真核生物核糖体 rRNA 有 4 类：5S rRNA、5.8S rRNA、18S rRNA、28S rRNA。原核和真核核糖体 rRNA 差异很大，但它们都存在甲基化现象。大肠杆菌 16S rRNA 有 10 个甲基化核苷酸，23S rRNA 有 20 个甲基化核苷酸，这些甲基化部位多在 A 或 G 上。真核哺乳动物的 18S rRNA 和 28S rRNA 分别有 43 和 74 个甲基化位点。

rRNA 的二级结构含有不同数量的螺旋区、单链和茎环（stem-loop）结构等。rRNA 分别与多种蛋白质一起构成“RNA-蛋白质”复合体，即核糖体（ribosome）——蛋白质生物合成的场所（详见第十七章）。

（二）rRNA 的功能

过去一直认为 rRNA 只是构成核糖体的“衣架”，生物合成蛋白质的主角是核糖体中的蛋白质。自从发现 23S rRNA 能作为“核酶”催化肽键形成，rRNA 在核糖体中的作用越来越受到关注。

核酶是具有酶催化作用的 RNA 分子。20 世纪 80 年代，T. Cech 等在研究四膜虫 rRNA 前体成熟过程时首先发现了核酶。在鸟苷酸（G）和 Mg^{2+} 存在下，rRNA 前体能够进行自我剪接（self-splicing），切除一个 414 nt 内含子，拼接外显子为成熟的 26S rRNA；414 nt 的内含子继续发生自我剪接和开环处理，最后形成含有 395 nt 的线状 L19RNA（图 8-25）。进一步研究发现 L19RNA 在体外能同时催化五聚胞嘧啶（C_5）的延伸和裂解，具有核糖核酸酶（RNase）和 RNA 聚合酶（RNA polymerase）双重作用。上述事实充分证明有些 RNA 分子具有酶的催化作用。

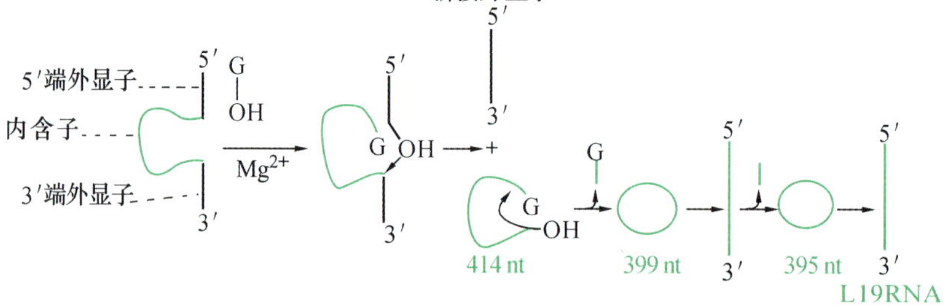

图 8-25　四膜虫 rRNA 前体的自我剪接

核酶的发现具有重要的科学意义：①拓展了酶的概念，改变了“酶一定是蛋白质”的传统观念；②揭示了内含子自我剪接的奥秘，促进了 RNA 加工机理的研究；③为生命起源和分子进化提供了新的依据。生物学家们一直争论的一个问题是：自然界先有核酸还是先有蛋白质？核酶的发现使人们更相信原始生命的最初形式是 RNA，之后才出现蛋白质。RNA 既可以作为遗传信息，又有催化活性，更有条件先于其他大分子出现在地球上。研究核酶不仅具有理论意义，还有实际意义。核酶分子小，容易人工合成，有望设计生产出专一、高效的核酶，作为研究 RNA 结构的工具酶，或作为药物用于阻断细胞有害基因的表达、病毒感染或肿瘤生长等。目前已发现上千种核酶，大小从十几个到数百个核苷酸不等，催化特点与蛋白质类酶相似，也具有高效性、专一性等。核酶能催化多种反应，包括 RNA 磷酸二酯键的水解和形成、DNA 水解、酰胺键水解等。20 世纪 90 年代初，H. F. Noller 等发现大肠杆菌 23S rRNA 能作为“核酶”催化肽键形成，使 rRNA 在核糖体中的主体作用越来越凸显出来。

事实上，细胞中除了与蛋白质合成相关的上述 RNA 外，还有很多非编码 RNA，它们在基因表达调控、细胞分化等过程中起着重要的作用。

四、非编码 RNA

非编码 RNA(non-coding RNA，ncRNA)广义上指不翻译成蛋白质的 RNA 分子，包括长链非编码 RNA(long non-coding RNA，lncRNA)、微 RNA(microRNA，miRNA)、小 RNA(small RNA，siRNA)、反义 RNA(antisense RNA)和环状 RNA(circular RNA，cRNA)等。酵母中有超过 15%的基因会产生非编码 RNA，这些非编码 RNA 具有多种生物学功能，在基因转录调控、RNA 加工以及保护基因组免受外来核酸的入侵等方面发挥重要作用。在所有非编码 RNA 中，研究最多的是 miRNA 和 lncRNA。miRNA 是长度为 19～24 nt 的单链 RNA，通常定位于容易发生结构变化的染色体区域，参与基因转录的调控。lncRNA 的长度通常大于 200 nt，定位于细胞核或细胞质中，在翻译、代谢和信号传导的调节中起到重要作用。

(一)微 RNA

微 RNA(microRNA，miRNA)由较长的带有一个或多个发夹结构的初级 miRNA(primary miRNA，pri-miRNA)经过两种 RNase Ⅲ酶切产生。pri-miRNA 的发夹结构在细胞核内被一个由 RNase Ⅲ酶 Drosha 和两个伴侣蛋白 DGCR8 组成的复合体"抓住"并切割，形成一个长度为 55～70 nt 的前体 miRNA(precursor miRNA，pre-miRNA)。pre-miRNA 的环化末端在细胞质中被 RNase Ⅲ酶 Dicer 切割，形成一个与 Ago(Argonaute)蛋白家族成员互作的双链 RNA，在丢弃乘客链(passenger strand)后产生成熟的单链 miRNA。成熟的 miRNA 引导 Ago 复合体靶向与 miRNA 互补的 mRNA，介导 mRNA 的降解或募集其他翻译抑制因子。mRNA 的半衰期为 2～4 h，而 miRNA 的半衰期为数天到数周，这是由于 Ago 蛋白和 miRNA 结合并保护 miRNA 免受核糖核酸外切酶的切割(图 8-26)。

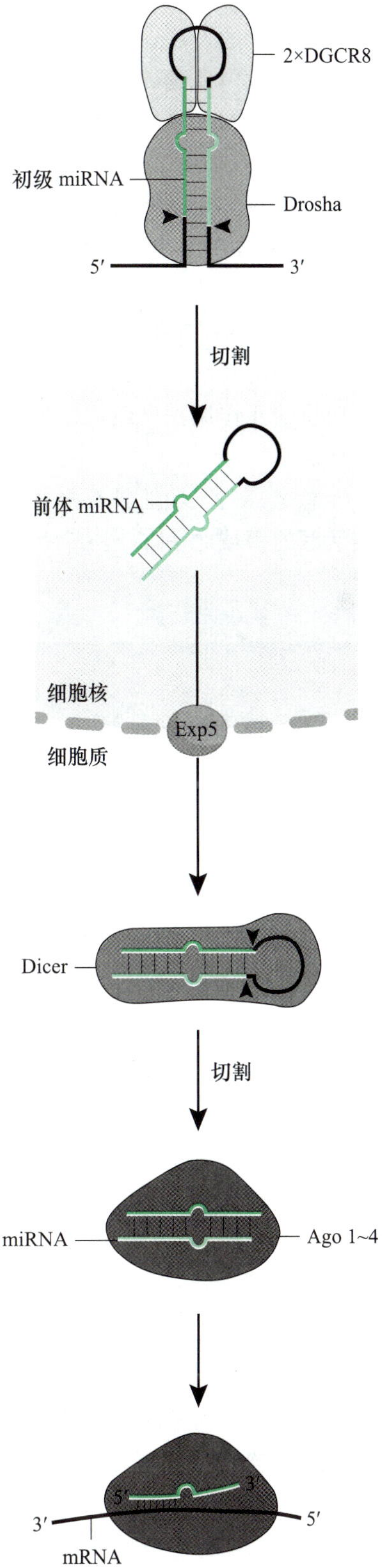

图 8-26　miRNA 的加工过程

(引自：Dey et al.，2012)

(二)长链非编码 RNA

一般将超过 200 nt 的非编码转录本认为是长链非编码 RNA(long non-coding RNA，lncRNA)。lncRNA 的大小为 200～100 000 nt，通常是多外显子和高度可变剪接的。研究表明，lncRNA 通常是由蛋白质编码基因在翻译时阅读框的破坏、染色体的重组、转座元件的插入导致，或者由逆转录转座复制非编码基因以及包含相邻重复的非编码 RNA 的部分串联复制机制产生。在真正认识到细胞内存在不会被编码的长链 RNA 之前，lncRNA 一直被认为是一类转录“噪声”。这种“噪声”在很长一段时间内困扰着分子生物学家，因为随着基因组学和蛋白质组学的发展，有大量的可转录的基因并未找到其对应的翻译产物。线虫和人类都有约20 000个蛋白质编码基因，这种基因数量与生物复杂性之间的不相关现象被称为“G值悖论”。随着对lncRNA研究的逐渐深入，目前认为这些缺少的复杂性可能体现在lncRNA的差异上。

大部分lncRNA与mRNA相似会被剪接和多聚腺苷化。也有小部分lncRNA不会被多聚腺苷化或7-甲基鸟苷加帽，这部分lncRNA经常由RNA聚合酶Ⅰ或RNA聚合酶Ⅲ启动子驱动表达，或者来源于内含子和基因间的重复序列。大多数lncRNA在物种之间的保守性要低于编码蛋白质组的mRNA序列，但lncRNA的启动子表现出与蛋白质编码基因相当的保守水平。lncRNA在不同发育阶段的不同细胞中的表达受到抑制，拷贝数普遍较低。lncRNA主要参与动植物细胞分化和发育的调控。目前发现可能的分子机制包括：①通过与染色质修饰蛋白质的互作调控染色质结构；②辅助增强子发挥功能；③作为分子支架参与核相分离凝聚物的形成。

总之，RNA功能具有多样性，有关非编码RNA的相关研究是现代分子生物学研究中比较活跃的领域之一。

第四节　核酸的性质

一、核酸的水解

（一）酸水解

核酸中的糖苷键和3′,5′-磷酸二酯键均能被酸水解，糖苷键比磷酸酯键的酸水解更容易。与嘧啶碱相比，嘌呤碱形成的糖苷键更容易发生水解。DNA在pH 3.0溶液中可选择性脱去嘌呤，产生脱嘌呤核酸(apurinic acid)。

（二）碱水解

RNA的磷酸酯键易被稀碱(0.1 mol/L NaOH)水解，生成3′-核苷酸和2′-核苷酸的混合物。RNA对碱的敏感源于核糖2′-羟基。溶液中的OH^-攻击2′-羟基，移走一个H^+；具有负电性的羟基氧攻击磷酯基团上的磷并与之共价结合，引起酯键水解；由此形成的2′,3′-环磷酸酯，进一步水解产生3′-核苷酸和2′-核苷酸的混合物(图8-27)。

DNA的脱氧核糖在2′位无羟基，故对碱稳定。DNA的稳定性保证了它作为遗传信息载体的基本功能。

（三）酶水解

生物体内存在多种核酸水解酶，催化水解多聚核苷酸链中的磷酸二酯键。根据作用底物，核酸水解酶分为以DNA为底物的DNA酶(DNase)和以RNA为底物的RNA酶(RNase)；根据作用方式分为核酸外切酶(exonuclease)和核酸内切酶(endonuclease)。核酸外切酶是从多聚核苷酸链的一端(3′端或5′端)开始，逐个水解切除核苷酸；而核酸内切酶是从多聚核苷酸链中间开始，在某个位点切断磷酸二酯键。例如，牛胰RNase A是一个底物为RNA的核酸内切酶，能从5′到3′方向水解RNA序列中嘧啶核苷酸的5′-磷酸酯键，催化反应主要由酶活性中心的2个His和1个Lys完成，而酶与底物的选择性结合是通过酶分子上的一个大小适合嘧啶碱的凹穴实现的。

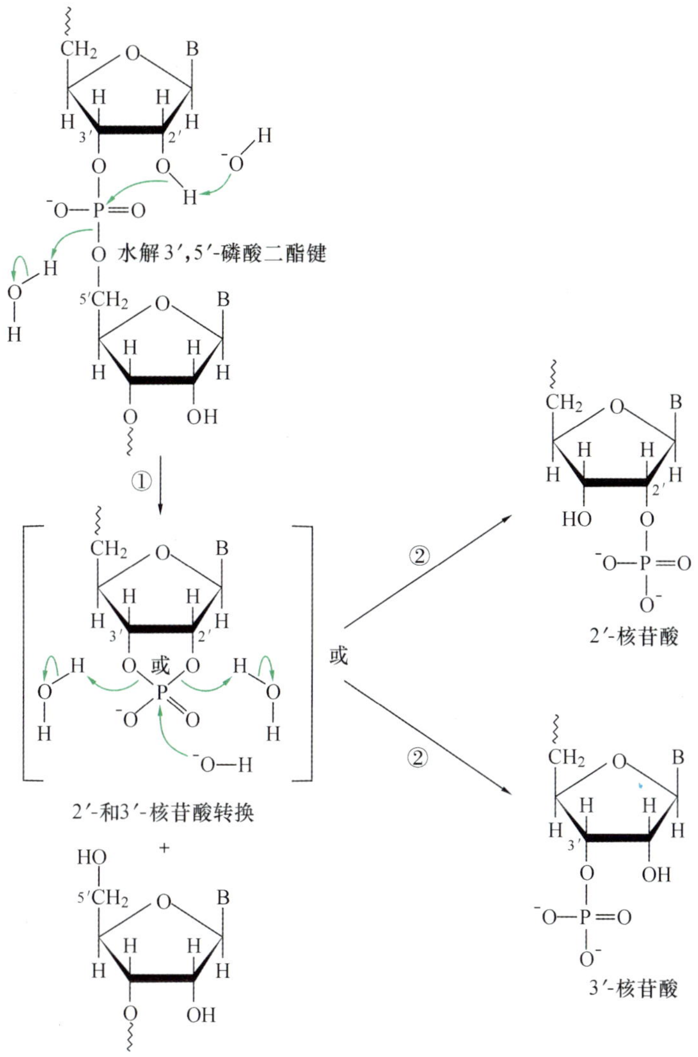

图 8-27 RNA 的碱水解

在核酸酶中,最受关注的是限制性内切酶(restriction endonuclease),最早是在研究细菌对入侵噬菌体的限制和修饰时发现的。限制性内切酶能识别并水解外源双链 DNA,像细菌细胞的“卫士”一样,抵御外源 DNA 的入侵。已经发现几百种限制性内切酶,最常见的如 *Eco*R Ⅰ。书写限制性内切酶名称时,规定第一个字母为大写斜体,代表细菌属名;后面的两个小写斜体字母来自细菌种名的头两个字母;第四个字母为大写正体,表示菌株(有些无第四个字母);最后一个罗马数字,代表同一菌株中分离的不同限制性内切酶的编号。

限制性内切酶的作用特点是:①专用于降解异源 DNA;②具有特异的识别序列,识别序列一般长 4~8 bp,且通常具有回文结构,切割位点大多数位于识别序列上;③性质比较稳定,催化反应通常需要 Mg^{2+} 及一定量的盐离子;④同时水解 DNA 两条链,形成的 DNA 片段有平末端和黏性末端两种。如果切割后产生的限制片段末端是整齐的,称为平末端(blunt end);如果带有单链寡核苷酸“尾巴”,称为黏性末端(sticky end)。*Eco*R Ⅰ 和 *Hae* Ⅲ 的识别序列、切割位点及末端情况如图 8-28 所示。前者产物为黏性末端,后者为平末端。

限制性内切酶已成为基因工程研究中最重要的工具酶,目前广为应用的有几百种,主要用途有：①对基因进行精细操作，如 DNA 的定点切割；②遗传突变分析，如突变种的鉴定；③个体 DNA 指纹分析，如血缘关系的诊断、犯罪嫌疑人的判定以及考古学研究等。

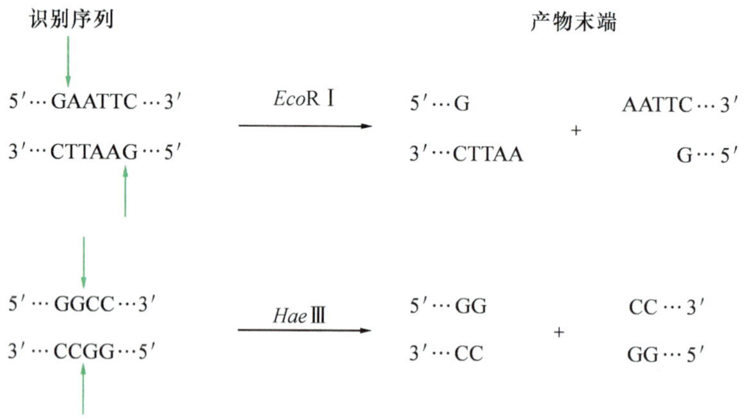

图 8-28　*Eco*R Ⅰ 和 *Hae* Ⅲ 的识别序列与切点

二、核酸的酸碱性质

核酸既含磷酸基，又有含氮碱基，能进行酸碱解离，因而有酸碱两性性质和等电点。由于核酸分子中的磷酸是一个中等强度的酸，而碱基呈现弱碱性，所以核酸的等电点比较低。DNA 的 pI 值为 4～4.5，RNA 的 pI 值为 2.0～2.5。RNA 的等电点比 DNA 低的原因是 RNA 分子中核糖基 2′-OH 通过氢键促进了磷酸基上质子的解离。

三、核酸的紫外吸收

嘌呤环和嘧啶环具有共轭双键，使碱基、核苷、核苷酸和核酸在 240～290 nm 的紫外波段有强烈吸收峰，最大吸收值在 260 nm 附近（图 8-29）；对于同浓度 DNA 分子，如果为单链，其光吸收值会明显增加，这主要是由碱基充分外露引起的。

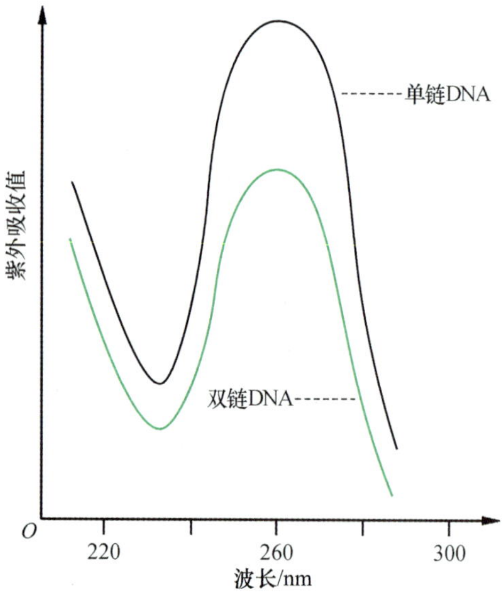

图 8-29　单链 DNA 和双链 DNA 的紫外吸收峰

用紫外分光光度法可以对分离的 DNA 样品进行纯度鉴定和浓度估算。通过读出样品在 260 nm 和 280 nm 下的吸光值，可以从 A_{260}/A_{280} 的比值来判断样品的纯度。比较纯的 DNA，A_{260}/A_{280} 一般为 1.8～2.2。蛋白质或酚类物质在 280 nm 有很强的吸收，核酸样品含有这些物质时，A_{260}/A_{280} 将明显降低。大多数情况下人们对核酸的准确浓度并不在意，只要了解大概浓度即可，习惯上通过测定 A_{260} 值来快速估算核酸纯样品溶液的浓度。估算依据是：$A_{260}=1$，相当于 50 μg/mL 双螺旋 DNA，或 38 μg/mL 单链 DNA（或 40 μg/mL 单链 RNA），或 33 μg/mL 单链寡核苷酸。

在早期核酸研究中，人们常使用显色剂定量核酸，如用地衣酚定量 RNA，用二苯胺定量 DNA，甚至通过定磷法测定核酸含量。随着科研条件的改善，紫外法已经成为主要的核酸定量方法。

四、核酸的变性与复性

（一）变性

天然核酸在某些物理、化学因素（如过酸、过碱、过热、变性剂等）作用下，双螺旋区会因氢键断裂变成单链，紫外吸收升高，黏度下降，生物活性丧失。这种现象称为核酸的变性。核酸变性时，碱基间的氢键和碱基堆积力受到破坏，但没有共价键的断裂。核酸变性后紫外吸收增加的现象称为增色效应（hyperchromic effect）。下面重点讨论热变性，即由温度升高而引起的变性。

DNA 热变性具有爆发式特点。在缓慢加热的开始一段时间，DNA 双螺旋保持不变，当温度升高到一定值后，DNA 分子会在很窄的温度范围内突然发生变性（图 8-30）。DNA 热变性时双螺旋破坏一半时所需要的温度称为 DNA 熔解温度（melting temperature，T_m）。每种 DNA 有特定的 T_m 值，天然 DNA 的 T_m 值一般在 70～85 ℃。影响 T_m 值的因素有：①DNA 的碱基组成。C+G 含量越高，T_m 值越高，因为 C≡G 对有 3 个氢键，变性时比 A、T 对分离开需要较多的能量。相比之下，富含 A/T 的序列双链更容易打开。在体内 DNA 复制或转录时需要 DNA 链分开，这个过程也是从高含量 A、T 处开始的。②DNA 均一性（homogeneity）。均一性是指 C≡G 对和 A＝T 对在 DNA 分子中均匀分布的程度。均一性越高，突发热变性的范围越窄（图 8-30，红色曲线）。③介质中离子种类和离子强度。离子强度高，核酸 T_m 也高。DNA 样品通常储存在 1 mol/L NaCl 溶液中，就是为了提高核酸的稳定性。

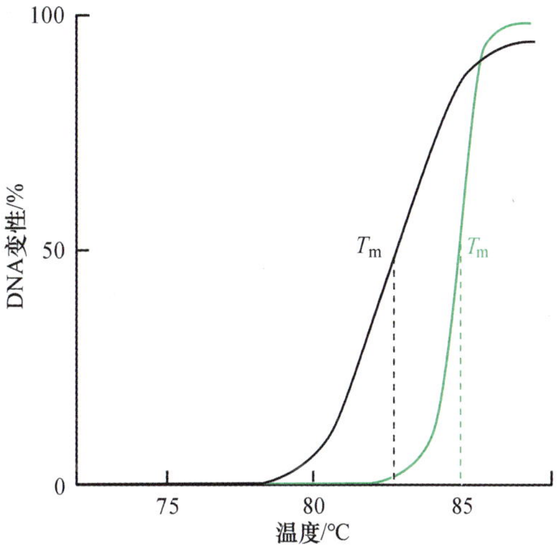

图 8-30　DNA 的热变性

在固定的 pH 和离子强度下，通过测定 DNA 的 T_m 可以估计它的碱基组成。相反，如果知道了某种 DNA 的 C+G 含量，也可以推测其 T_m 值。例如，在 0.15 mol/L NaCl 和 0.15 mol/L 柠檬酸钠（pH 7.0）溶液中变性温度可用经验公式 $T_m = 68.3 + 0.41(G+C)\%$ 来计算。

（二）复性

在适当条件下，变性 DNA 两条核苷酸链靠氢键配对能重新形成双螺旋，同时物理、化学及生物学活性得到恢复，这个过程称为核酸复性。

核酸复性反应的速度与外界因素有关，也与核酸长度以及核苷酸的复杂程度有关。例如，热变性的 DNA 在冰水中迅速冷却时，两条链并不会重新缔合，而是继续保持分开状态；只有当缓慢冷却即退火（annealing）时，才能形成双螺旋。复性有两个过程：第一个过程是两条链相互辨认，先形成一个短的双螺旋片段，这个过程比较缓慢；第二个过程是两条链通过连续配对，拉链式地快速形成双链。

RNA 因为具有部分双螺旋，故也有 T_m 值。一般 RNA 双螺旋比 DNA 双螺旋更稳定。在中性 pH 条件下，双螺旋 RNA 的 T_m 值比相似的 DNA 分子高出 20 ℃左右。单链核酸复性形成双螺旋后因碱基堆积使其紫外吸收降低，这种效应称为减色效应(hypochromic effect)。

五、核酸的诱变与甲基化

紫外辐射、放射性元素以及电离辐射等能引起核酸糖环的断开、碱基的破坏乃至核酸共价骨架的断裂，最终引起 DNA 的化学结构变化。例如在紫外光照射下，DNA 的两个相邻的胸腺嘧啶碱基之间可形成嘧啶二聚体(详见第十五章)。长期暴露在不良辐射环境容易导致核酸突变。

DNA 也能被细胞内、外的某些化学成分所损伤，如亚硝酸能促进碱基脱氨。又如，氧化剂如超氧阴离子($\cdot O_2^-$)、羟基自由基($\cdot OH$)和过氧化氢(H_2O_2)等在浓度过高时对细胞产生毒性，其中一个作用就是诱发 DNA 碱基氧化。细胞通过某些“免疫”反应(如维生素 E 的抗氧化反应)在一定程度上能消除这些氧化剂，但有些氧化剂能避开细胞的这类“免疫系统”，从而造成 DNA 损伤或引起生物膜和蛋白质分子的结构破坏(详见第九章)。

在细胞中，DNA 的碱基能发生酶促甲基化(methylation)。甲基化并非随机发生，只限于某些生理状态下的某些碱基序列中。在真核细胞中，大约 5%的胞嘧啶被甲基化形成 5-甲基胞嘧啶，大部分甲基化发生在 CpG 序列内。已知的 DNA 甲基化酶的甲基供体是 S-腺苷甲硫氨酸。甲基化能影响 DNA 的构象和 DNA 的行为(复制、重组、转录等)，还会影响生物的遗传性状。DNA 甲基化的功能和分子机制是新兴研究领域——表观遗传学(epigenetics)的重要研究内容。

第五节　核酸的分离与鉴定

一、核酸分离的一般原则

核酸的分离比蛋白质容易，但有一点是共同的，就是要防止过酸、过碱、高温等，以避免引起目标分子的变性、降解。除此以外，鉴于 DNA 和 RNA 的特殊性，在二者分离中又有特殊的关注点。

(一)DNA 分离

在核酸研究早期，人们都是先分离核蛋白，再获得 DNA。核蛋白易溶于高盐溶液(如 1 mol/L NaCl)，不溶于生理盐溶液(0.14 mol/L NaCl)；用浓盐溶液提取细胞内含物，再将溶液稀释至 0.14 mol/L，DNA 纤维便沉淀下来；用玻璃棒缠绕即可获得纯核蛋白，用蛋白质变性剂除去蛋白质便得到 DNA。这种方法虽然快，但分离物多为 DNA 片段，不便于进一步研究。

现在多用苯酚-氯仿抽提技术。就是先破碎细胞，用合适的缓冲液提取 DNA，再用苯酚-氯仿混合液进行抽提。苯酚是很强的蛋白质变性剂，氯仿是不溶于水的有机溶剂。细胞提取液经苯酚-氯仿抽提、离心后，形成两相溶液，DNA 溶于上层水相，变性蛋白质位于两相之间。对水相中的 DNA 用含盐的 2 倍体积乙醇在低温下处理，即可使 DNA 沉淀出来，用乙醇或乙醚洗涤沉淀，即得一定纯度 DNA。

为了避免 DNA 水解为小片段，通常在提取液中加入 EDTA，因为它可以螯合 Mg^{2+}，而 Mg^{2+} 是 DNase 的辅因子；同时加入蛋白质变性剂 SDS 和蛋白酶 K(一种抗高温的广谱蛋白酶)，使蛋白质变性、DNase 降解失活。另外，线状 DNA 分子具有高度不对称性，黏度大，很容易引起机械损伤，因此，在分离 DNA 时，应避免对 DNA 分子给予过多的剪切力（如过度搅拌）。总之，提取 DNA 的一个基本原则是尽量保持 DNA 的完整性。

（二）RNA 分离

RNA 分离难度较大，主要因为 RNA 本身不稳定，而 RNase 不仅性质稳定，而且无处不在，不需要辅因子即可催化 RNA 水解。分离 RNA 的关键在于尽可能抑制环境中 RNase 的活性。通常的做法是：①对所有玻璃器皿进行高温烘烤，对塑料用具进行高压灭菌，不能灭菌的要用 0.1%焦碳酸二乙酯（diethyl pyrocarbonate，DEPC）处理，DEPC 是一类活泼的烷基化试剂，能使蛋白质乙基化，破坏 RNase 的活性；②在提取液中加入蛋白质强变性剂（如异硫氰酸胍）；③在提取液中加入 RNase 抑制剂。小量制备 RNA 时常用“异硫氰酸胍-苯酚-氯仿”溶液抽提，这类溶液不仅有助于破坏细胞膜，同时可以变性、沉淀蛋白质，包括 RNase。无论是 DNA 还是 RNA，初步分离后还需要进行进一步分离、分析。常见研究技术有密度梯度超离心、电泳、核酸分子杂交、柱层析等。

二、核酸密度梯度超离心

第四章曾介绍过“沉降速度”密度梯度超离心，该技术也适合于某些核酸的分离，但由于核酸在大小、形状和密度上具有独特性，更常用“沉降平衡”超离心。所谓沉降平衡，就是先制备一种均匀介质溶液，并将核酸样品与之混合一起进行超离心；随着介质在超离心过程中形成自下而上的密度梯度，核酸分子通过上浮或下沉形成一定条带，稳定存在于等密度介质中，并达到一个“平衡”。不同核酸分子大小、形状、密度不同，条带位置不同，因而得以分离。

核酸沉降平衡超离心最常用的梯度介质是氯化铯（CsCl）。一般蛋白质密度＜1.33 g/cm^3，而核酸密度高得多，DNA 约为 1.71 g/cm^3，RNA 约为 1.89 g/cm^3。环状 DNA 和线状核酸还有一个特征，就是浮力密度很大，也就是说，只有在很高的密度溶液中才能产生浮力，表现出在离心介质中的上浮。相对于蔗糖，氯化铯溶解度大，可制成高密度梯度溶液；铯相对原子质量很大，超离心后易在离心管中自下而上形成由高到低的连续密度梯度（从 1.8 g/cm^3 到 1.55 g/cm^3）；黏度小，易扩散，允许大分子核酸穿过。通过氯化铯梯度沉降平衡超离心，蛋白质便漂浮在离心管的最上层，RNA 沉淀在底部，DNA 位于中间（图 8-31）。通过密度梯度超离心可以将 DNA、RNA 和蛋白质分开。

介质中通常加入核酸荧光染料溴化乙锭（ethidium bromide，EB）。EB 为一扁平的小分子芳香环化合物，在紫外光照射下可发出红橙色（590 nm）荧光；EB 能够嵌入双链 DNA 中，在碱基对之间的疏水环境中产生的荧光强度大大增强，比游离在溶液中的 EB 增加上百倍，因此在紫外光照射下可清晰显现出核酸区带。将注射针头刺入离心管，收集相应区带的 DNA，用异戊醇除去 DNA 中的 EB，然后透析除去 CsCl，再用苯酚抽提 1～2 次，即可用乙醇将 DNA 沉淀出来。这样获得的 DNA 具有很高的纯度，可供 DNA 重组、测序之用。EB 具有致癌作用，在使用时不要直接接触皮肤，有关废物要特别处理。

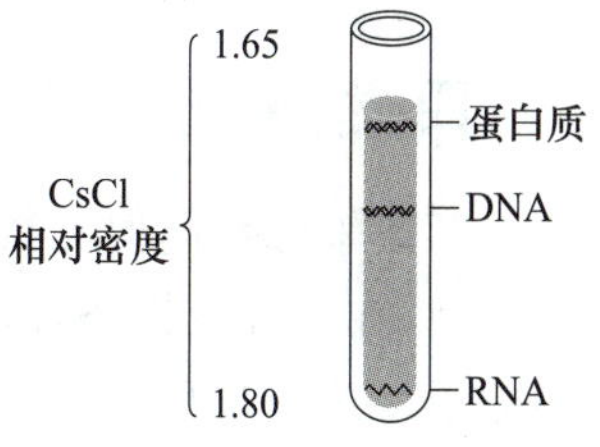

图 8-31　DNA 密度梯度离心

三、核酸电泳

核酸分子 pI 值比较低，在中性或偏碱性条件下磷酸基团将发生解离，分子带大量负电荷，在电场中可以向正极移动。核酸分子在电泳中的迁移速度与环境有关，也与自身状态有关。具体来讲，核酸的迁移速度与电场强度、电泳凝胶浓度、核酸大小、分子构象等因素有关。电场强度越大，核酸分子迁移速度越快；凝胶的浓度越大，核酸分子迁移速度越小。在相同电泳条件下，核酸分子越小，迁移速度越快。构象不同的同种核酸分子迁移速度不同：超螺旋 DNA>线状 DNA>环状 DNA。因此，电泳凝胶自下而上（自正极到负极）被分离的核酸是：超螺旋 DNA→线状 DNA→环状 DNA。

核酸电泳常用凝胶为琼脂糖。琼脂糖凝胶电泳采用水平板方式，而不是像聚丙烯酰胺凝胶电泳那样采用垂直板方式，这是因为琼脂糖水溶液加热溶化后在室温下可以快速形成具有大量微孔的凝胶，不需要特殊反应条件；琼脂糖平板凝胶制备简单、快捷，成本低。琼脂糖凝胶的孔径通常取决于琼脂糖浓度，浓度为 0.3%～2.0%时适合分离 0.1～20 kb 的 DNA 分子以及大分子的 RNA（如 rRNA）。

图 8-32　DNA 标准物（λDNA/*Hin*d Ⅲ）琼脂糖电泳示意图

垂直板聚丙烯酰胺凝胶电泳也用于核酸分析，但仅适合 1 kb 以下的核酸片段。聚丙烯酰胺凝胶电泳精确度高，只差一个核苷酸也能区分出来，因此常用于 DNA 测序。丙烯酰胺为化学制品，不易受生物污染，尤其适合 RNA 电泳。核酸电泳指示剂和蛋白质电泳相同，也是溴酚蓝。电泳完毕后，用含 EB 的水溶液（0.5 μg/mL）对电泳胶进行染色（或事先将 EB 加入凝胶中），被分离的核酸条带便在紫外光照射下清晰显示出来。

利用电泳不仅可以分离核酸，如果有已知含量的核酸标准物（DNA marker）为对照，还可以根据核酸条带的荧光强度对微量核酸样品进行定量，1 ng DNA 即可检出，十分灵敏。如果用已知碱基对数的 DNA 标准物（如 λDNA/*Hin*d Ⅲ）作为参考（图 8-32），可以测得核酸长度（bp）。

当核酸长度超过 20 kb 时，很难用常规核酸电泳进行有效分离，一般采用脉冲电场凝胶电泳（pulsed field gel electrophoresis）。脉冲电场凝胶电泳装置的特殊性在于它有多对电极，电泳时可以使电场方向不断改变，通过迫使 DNA 分子在凝胶中不断调整泳动方向来提高分离效果。DNA 分子越长，需要调整方向的时间越多，因而 DNA 大分子之间可以得到有效分离。

四、核酸分子杂交

两条来源不同但有核苷酸互补关系的 DNA 单链分子之间或 DNA 单链分子与 RNA 分子之间，在去掉变性条件后，互补的区段能够复性形成双链 DNA 分子或 DNA/RNA 异质双链分子。这一过程称为核酸的分子杂交（hybridization）。例如，将人和鼠的双链 DNA 分别加热变性成单链，然后混合、在 65 ℃温育数小时，大部分单链分子将按照碱基配对原则互补成双链 DNA，其中除了鼠 DNA 分子之间、人 DNA 分子之间形成的双链外，还有鼠 DNA 与人 DNA 形成的杂交分子（hydrid molecule）。核酸序列相似性越高，形成的杂交分子越多，表明 DNA 分子的亲缘关系越近。

利用核酸杂交原理可以对一个 DNA 样品是否存在某段碱基序列进行鉴定。DNA 印迹（Southern blotting）技术是一种最典型的核酸杂交技术。该技术由英国分子生物学家 E. M. Southern 于 1975 年建立，其基本原理是利用核酸分子杂交来检测 DNA 是否存在某段碱基序列。由于在检测过程中涉及将 DNA 条带从电泳凝胶向滤膜的转印，故称为“Southern blotting”。其基本实验过程（图 8-33）是：首先利用限制性内切酶将 DNA 分子进行酶切，对 DNA 片段进行琼脂糖凝胶电泳分离，然后对凝胶上的双链 DNA 条带进行变性并原位转印到滤膜上，接着用探针（一种带有放射性标记的已知核酸序列的单链 DNA）与滤膜上的 DNA 条带进行杂交反应，最后进行放射自显影。如有条带出现，就表明 DNA 样品中存在与探针相同的 DNA 序列。

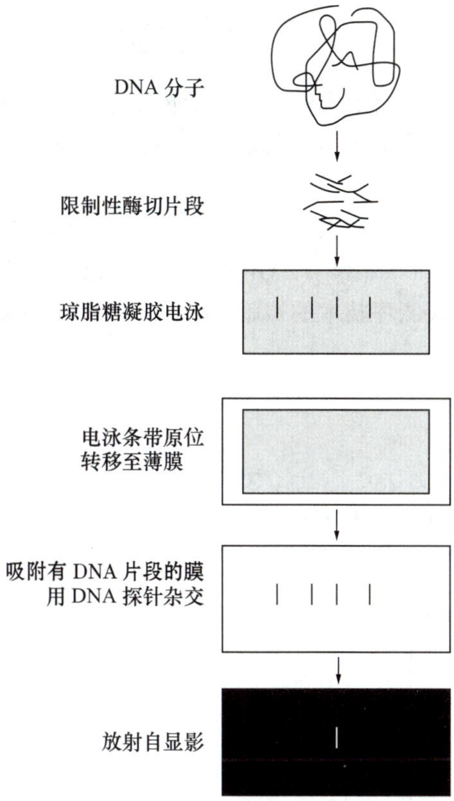

图 8-33　DNA 印迹技术

DNA 印迹技术建立之后，人们将类似的实验策略用于对 RNA 样品检测，并称之为“Northern blotting”（RNA 印迹）。RNA 印迹是一种将变性 RNA 转移到滤膜上，利用分子杂交原理研究基因表达规律的分析技术。用相似的实验策略将蛋白质电泳条带转印到滤膜上再用抗体进行杂交的技术称为“Western blotting”（蛋白质免疫印迹，详见第四章）。这些印迹技术的一个共同点就是进行转膜（硝酸纤维素膜或尼龙膜），并在滤膜上进行杂交反应。之所以这样做，是因为滤膜虽然像纸一样薄，但有一定机械强度，更重要的是能将核酸（或蛋白质）分子稳定吸附在表面，这不仅便于小体系、高效杂交反应，而且便于非特异结合探针（或抗体）的清洗，从而有利于降低杂交背景，提高杂交信号。

核酸杂交在现代分子生物学和分子遗传学研究中得到广泛应用。DNA 印迹技术通常用于：①鉴定不同物种间是否存在同源基因；②检测某基因在基因组中的拷贝数；③检测转基因细胞中外源基因是否整合到细胞基因组 DNA 中；等等。RNA 印迹通常用于生物各器官某基因的时空表达分析。

五、核酸柱层析

比较常见的核酸柱层析填料是羟基磷灰石。磷灰石的化学成分是碱性磷酸钙。蛋白质、DNA 和 RNA 通过与钙离子的吸附而结合上去。不同物质与羟基磷灰石的结合能力有区别，双链 DNA 和蛋白质与羟基磷灰石的结合力更强，当核酸、蛋白质混合物流经羟基磷灰石填料时，DNA 和蛋白质结合在上面，洗脱出来的是单链核酸。因此，用此法可以除去样品中的 DNA 和蛋白质。

对于 DNA 样品来讲，如果在层析过程中逐步改变柱床温度，还可以按照 DNA 的碱基组成将不同 DNA 进行分离。DNA 的 C+G 含量不同，需要解链的温度就不同；C+G 含量低的随着温度的升高先出现解链，因而先被洗脱出来。

在第四章中曾经介绍过蛋白质的亲和层析。核酸的亲和层析是根据碱基互补原理进行的。将一段已知序列的单链核酸作为配体共价结合到某种层析填料（如琼脂糖）上，就可以用来分离与配体有特异结合的核酸。如果配体为 oligo(dT)，那么，带有 polyA 的真核细胞 mRNA 就会与亲和柱特异结合而被分离。

六、DNA 序列测定

自从人们认识到遗传信息存储在 DNA 碱基序列中后，就开始对核酸的碱基顺序产生了极大的兴趣。测定 DNA 的碱基顺序对深入揭示遗传现象和遗传规律以及有目的地改造遗传密码具有重要的理论和实际意义。在 20 世纪 70 年代前，想要知道哪怕只含 10 个核苷酸的核酸序列都很困难，1977 年两个新的技术使较长的 DNA 序列分析成为现实。一个是 A. Maxam 和 W. Gilbert 创立的化学法，另一个是 F. Sanger 创立的双脱氧链终止法。由于对核酸测序技术的贡献，Gilbert 和 Sanger 获得 1980 年诺贝尔化学奖。

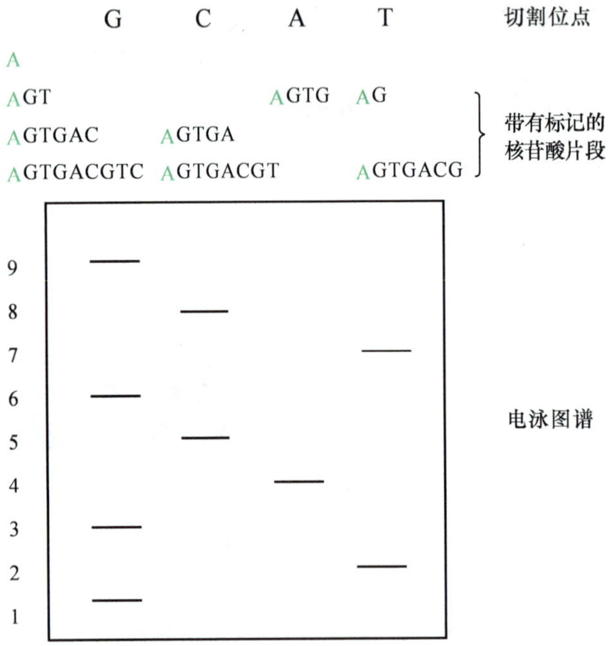

绿色显示放射性标记；左侧数字表示核苷酸残基数

图 8-34 DNA 化学法测序原理

化学法又称为链断裂法（chain fragmentation），其基本原理是：首先用放射性同位素（^{32}P）标记 DNA 一条链的 5′端，然后用针对 4 种碱基的特异性试剂分别对 DNA 进行不完全降解，产生 4 套大小不等的放射性片段；对 4 套片段进行聚丙烯酰胺凝胶电泳分离和放射性自显影，最后根据电泳图谱从下而上读出核苷酸序列。如图 8-34 所示，对^{32}P-AGTGACGTCG 进行不完全降解所产生的放射性核酸条带数和长度是：针对 G 位点切割的有 4 个，长度分别为 1、3、6 和 9 个；针对 C 位点的有 2 个，长度分别为 5 和 8；针对 A 位点的有 1 个，长度为 4；针对 T 位点的有 2 个，长度为 2 和 7。综合 4 个电泳条带自下而上读出核苷酸序列，即为 5′-XGTGACGTCG-3′（图 8-34）。

双脱氧链终止法是使用更普遍的 DNA 测序法。其原理是基于以 DNA 模板指导下的 DNA 聚合反应和 2′,3′-双脱氧核苷三磷酸（ddNTP）的应用。基本过程如图 8-35 所示，分 4 个试管反应；每一管中加入被测的 DNA 作为模板（如 3′-ATAGCTGCAGTGA-5′），并加入 4 种不同核苷三磷酸（dNTPs：dATP、dGTP、dCTP、dTTP）、放射性标记引物（如已知顺序 5′-TAT）；在每一管中再分别加入一种 ddNTP；最后加入 DNA 聚合酶进行聚合反应。ddNTP 缺乏 3′-OH 末端，在多核苷酸链合成过程中一旦掺入将使链的延长终止。由于 dNTP 和 ddNTP 的掺入概率不同，就形成不同长度的放射性 DNA 片段。对 4 组样品同时进行电泳分离和放射自显影，从电泳图谱自下而上读出序列：5′-CGACGTCACT-3′，即为被测 DNA 分子的互补顺序，由此推出原模板 DNA 顺序为：3′-ATAGCTGCAGTGA-5′。

在 DNA 序列分析中最激动人心的是 20 世纪末全球合作完成的人类基因组计划，3 000 亿个碱基对序列被测定。在人类基因组计划实施中曾有多项技术改进，如使用荧光标记物代替放射性标记物来标记终端碱基，以毛细管电泳取代传统的平板凝胶电泳等。近些年来，DNA 测序技术不断革新，开始使用一种新的策略——循环芯片测序法（cyclic-array sequencing），即将测序模板以极高的密度、定点固定在基片上制成“基因芯片”，然后重复进行基于 DNA 聚合酶

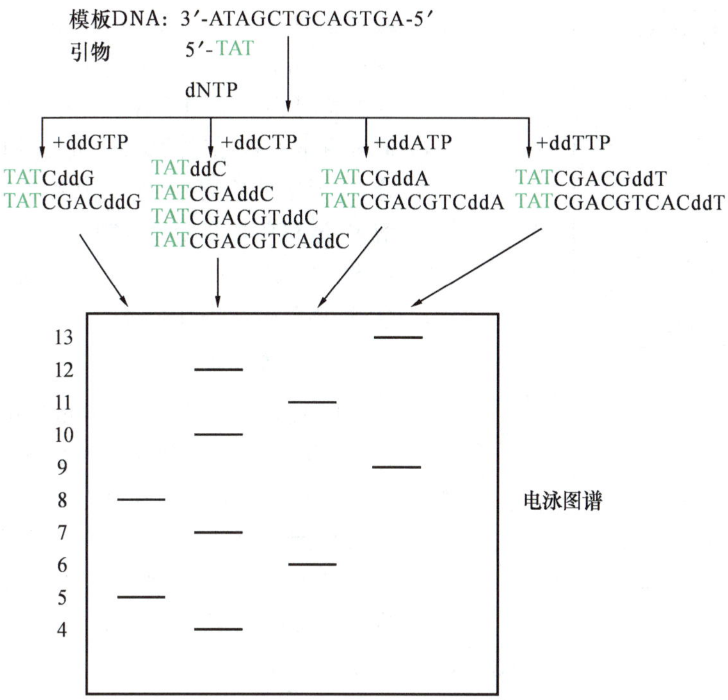

绿色表示放射性标记引物

图 8-35　DNA 双脱氧法测序原理

的反应和荧光序列读取。

基因芯片（gene chip）又称 DNA 芯片或 DNA 微阵列（DNA microarray），是以硅、玻璃等材料作基片，通过微加工技术以点阵方式高密度固定上 DNA 寡核苷酸探针。由此制作的芯片在 1 cm^2 中可达数百万个反应点。被检样品经荧光、生物素、同位素等方法标记后与探针阵列进行杂交，通过检测杂交信号即可实现对样品的鉴定。基因芯片技术已经广泛用于 DNA 测序、基因型（genotype）分析、基因突变分析以及药物筛选等。如果以 mRNA 为材料，还可以获得基因表达谱（gene expression pattern）。

相比较而言，传统 Sanger 测序法适用于对 kb 至 Mb 长度的 DNA 片段进行小规模准确测序（1 Mb＝10^6 bp）；新一代测序法虽然在测序长度和准确率上不如传统法，但速度快、高通量、费用低，因而适于大规模测序项目的实施，这将有助于人们迎接个人基因组时代的到来。2007 年，DNA 双螺旋模型的提出者之一——J. Watson 的个人基因组序列被登录到了 GenBank 数据库中，这是第一次使用非 Sanger 测序法获得的人类个体基因组序列。个人基因组序列信息被用于指导疾病诊断和个体化治疗已经不是神话。

七、DNA-蛋白质互作技术

（一）凝胶阻滞实验

凝胶阻滞实验（electrophoretic mobility shift assay，EMSA）是一项在体外鉴定 DNA 与蛋白质互作的技术。在非变性聚丙烯酰胺或琼脂糖凝胶电泳中，与未结合蛋白质的 DNA 相比，DNA-蛋白质复合物的分子量更大，迁移速率变慢。基于这一原理，通过放射性同位素标记或生物素标记的 DNA 探针定性地鉴定蛋白质与 DNA 序列的特异性结合。在实验过程中

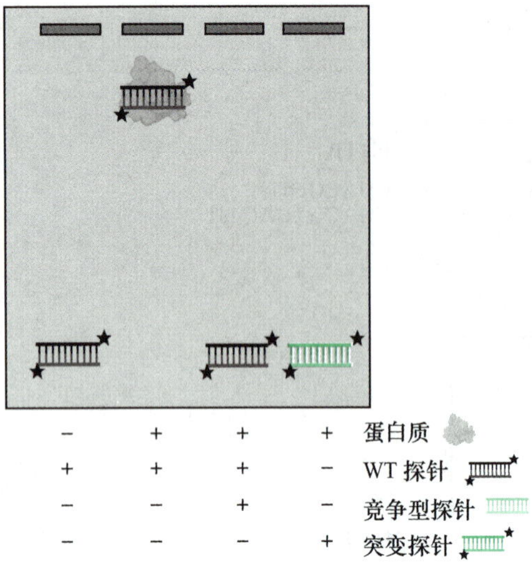

图 8-36　凝胶阻滞实验

（星形代表同位素或生物素标记）

（引自：Ferraz et al.，2021）

通常会使用竞争型探针（competitor probe）和突变探针（mutant probe）来验证蛋白质和 DNA 结合的特异性。竞争型探针是序列与 WT 探针一致但没有生物素标记的探针，虽然其也能与蛋白质结合，但无法被检测到，因此随着竞争型探针上样量增多，迁移条带会变浅或消失。突变探针是结合位点序列突变后的 WT 探针，由于无法再与蛋白质结合，迁移条带消失（图 8-36）。

（二）染色质免疫沉淀

染色质免疫沉淀（chromatin immuno-precipitation，ChIP）是一种体内研究 DNA 与蛋白质相互作用的实验技术。将染色质和与之相互作用的转录因子或组蛋白等通过甲醛交联，然后通过超声将染色质打碎成小片段，加入针对特定转录因子或组蛋白的抗体来富集对应的蛋白质，那些与蛋白质互作的 DNA 也会被一同富集。通过 PCR 或测序的方法检测与目标蛋白质相结合的 DNA 序列，进而研究与这些蛋白质结合的基序（图 8-37）。

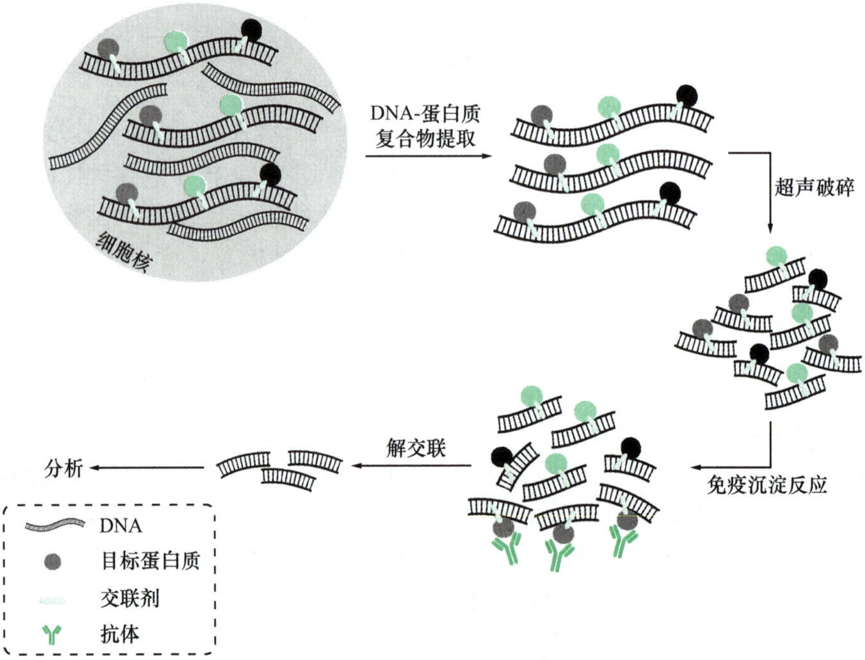

图 8-37　染色质免疫沉淀

（引自：Ferraz et al.，2021）

ChIP-seq 将 ChIP 技术与第二代测序技术相结合，是目前研究 DNA-蛋白互作的常用方法。将通过 ChIP 方法富集下来的 DNA 进行第二代测序文库构建，能够获取全基因组范围内转录因子的结合位点、组蛋白结合位点及染色质修饰等 DNA 区段信息。

近年来，利用 Protein A-微球菌核酸酶（micrococcal nuclease，MNase）替换超声打碎的方法以获得蛋白-DNA复合体的方法逐渐兴起，被称为核酸酶靶向切割及释放技术（cleavage under targets and release using，CUT&RUN）技术。其对细胞的所需水平大大降低，甚至可以在单细胞的水平对DNA-蛋白质互作进行研究，为进一步研究细胞内转录水平的调控提供更精细的工具。

第六节 常用核酸操作技术

一、聚合酶链式反应扩增技术

聚合酶链式反应（polymerase chain reaction，PCR）扩增技术是一种体外DNA复制技术，能够用于扩增特定的DNA片段。一般认为PCR技术于1985年由Kary B. Mullis发明。PCR的原理是利用DNA高温条件下（一般为95 ℃）变性为单链、低温条件下（一般为50～65 ℃）引物与模板单链按碱基互补配对原则结合、延伸温度下由DNA聚合酶沿5′→3′方向合成互补链，在变性、退火、延伸温度循环下实现模板DNA特定片段含量指数级放大（图8-38）。PCR的反应体系一般包括模板DNA、双向引物、DNA聚合酶、4种dNTP混合物以及相应缓冲液。由于大多数酶在高温条件下易变性失活，耐高温DNA聚合酶的发现节省了每个循环补充酶的操作步骤，是PCR技术广泛应用的关键。常用的DNA聚合酶包括来自水生栖热菌 *Thermus aquaticus* 的 *Taq* DNA聚合酶、来自火球菌 *Pyrococcus furiosus* 的 *Pfu* DNA聚合酶和来自热球菌 *Thermococcus kodakaraensis* 的KOD DNA聚合酶等。

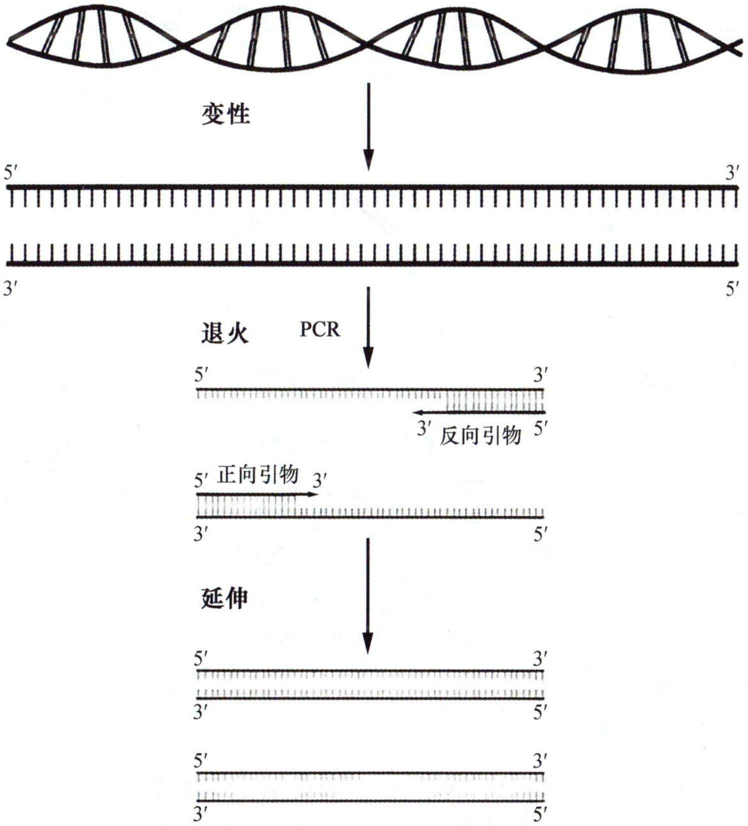

图8-38 PCR过程示意图

（引自：Garcia and Ma，2005）

二、DNA 重组技术

DNA 重组技术是指将 DNA 片段定点定向地整合到载体 DNA 分子上，构成重组 DNA，进而导入受体细胞中复制、转录、翻译表达。DNA 重组技术涉及的关键要素包括外源 DNA、载体分子、工具酶以及受体细胞等。传统的 DNA 重组技术主要借助限制性内切酶构建插入位点，通过 DNA 连接酶催化外源 DNA 和载体分子切口处 3′-羟基和 5′-磷酸基团产生磷酸二酯键，从而使二者相连。近年来，无缝克隆技术快速发展，能够不依赖于限制性内切酶位点，通过给外源 DNA 分子两端引入载体 DNA 末端 15～25 个同源碱基，依靠多种工具酶共同作用，实现更加高效、便捷的分子拼接(图 8-39)。

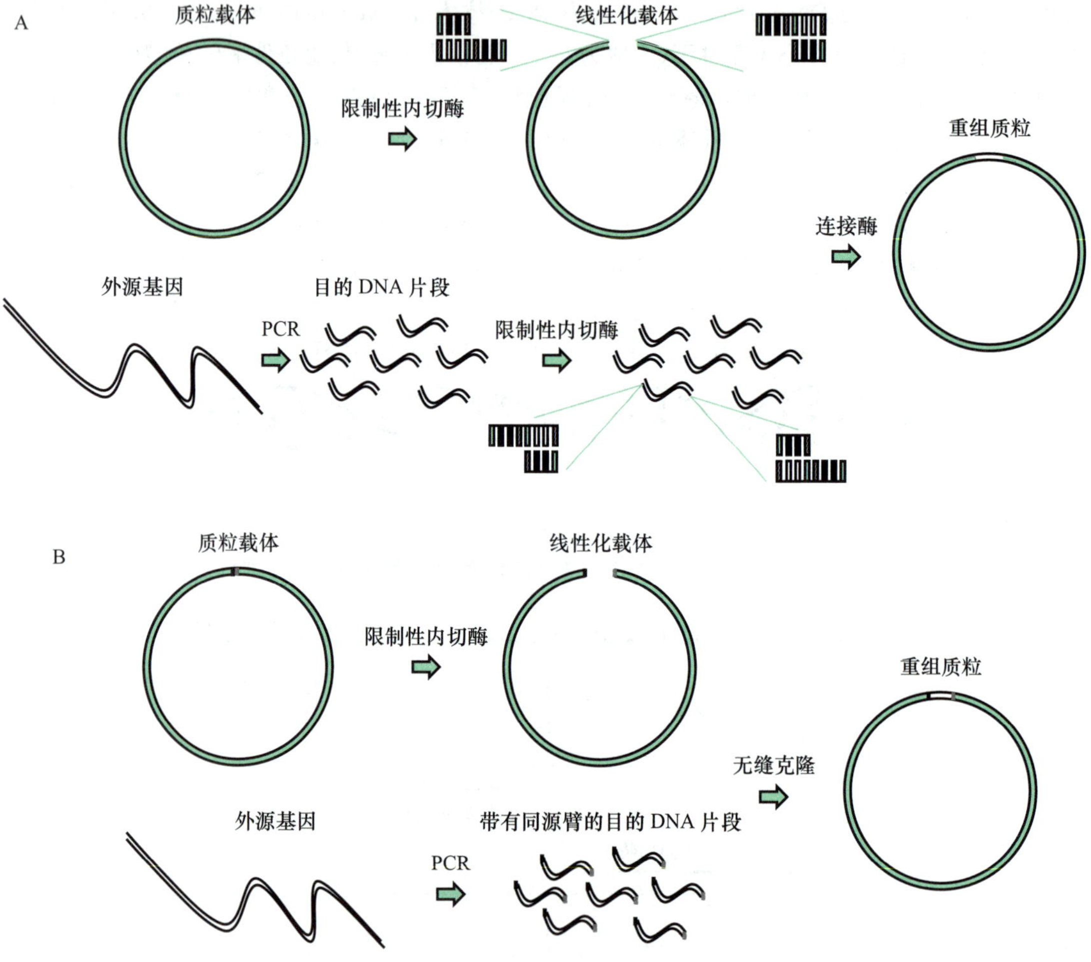

A. 通过酶切-连接的方式　B. 通过无缝克隆的方式

图 8-39　DNA 重组技术流程

三、RNA 干扰技术

RNA 干扰(RNA interference，RNAi)是指内源或外源的双链 RNA 分子(dsRNA)诱导生物体内靶基因 mRNA 特异性降解，导致转录后水平基因沉默的现象。RNA 干扰是生物体中本身就具有的调控机制，约 5%的人类基因组会产生超过 1 000 个 miRNAs，调控至少 30%的基因。RNA 干扰现在也被用于通过引入外源分子来进行生物体内基因表达调节。RNA 干扰一般分为 miRNA 途径和小干扰 RNA(siRNA)途径。其中主要差别在于：miRNA 途径一般产生于基因组，它通过较大的前体分子经过一系列切割步骤产生，它的前体分子螺旋存在错配碱基和茎环结构；siRNA 可能是内源性的或外源导入的，由完全匹配的双链 RNA 或特定条件下的单链 RNA 生成。RNA 干扰技术可以通过人工设计并体外合成 siRNA，借助细胞转染等方式直接进行基因表达调控；也可以通过质粒或病毒载体携带短发夹 RNA (short hairpin RNA，shRNA)表达盒，转染细胞后在体内表达并加工产生 siRNA，进而调控靶标基因表达。

四、基因编辑技术

基因编辑(gene editing)技术指在基因组水平靶向特定目标进行修饰的生物技术，如锌指核酸酶(zinc finger nuclease，ZFN)技术、转录激活因子样效应物核酸酶(transcription activator-like effector nuclease，TALEN)技术、成簇规律间隔短回文重复序列-相关核酸酶(clustered regularly interspersed short palindromic repeats-CRISPR associated protein，CRISPR/Cas)技术等。依赖于序列特异核酸酶的基因编辑技术，一般在基因组特定区域引入 DNA 双链断裂(double strand DNA break，DSB)，从而激活细胞自身修复机制，包括非同源末端连接(non-homologous end joining，NHEJ)或同源重组(homologous recombination，HR)，实现基因敲除、敲入或替换。

(一)ZFN 技术

ZFN 技术将具有 DNA 结合能力的锌指蛋白与限制性内切酶 *Fok* Ⅰ融合，其中，锌指蛋白模块能够被设计识别特异的 DNA 序列，促进 *Fok* Ⅰ在特定位点诱导切割造成 DSB。一个典型的锌指模块包含 30 个氨基酸，其中包括 2 个半胱氨酸残基和 2 个组氨酸残基构成的 C2H2 基序；包含一个 α-螺旋和两个反向的 β-折叠，并螯合一个锌原子。每个锌指模块能够识别特异的三联体密码子，多个锌指模块串联则能够识别较长的靶序列。*Fok* Ⅰ以二聚体形式发挥内切酶活性，因此，ZFN 在实际运用中需要考虑两个单体的空间结构关系，靶序列设计局限性较大。

(二)TALEN 技术

2009 年 Matthew J. Moscou 和 Adam J. Bogdanove 报道，黄单胞菌(*Xanthomonas*)转录激活因子样效应物(transcription activator-like effector，TALE)能够特异性识别宿主植物 DNA 序列，为系统设计 TALE 阵列实现 DNA 的靶向奠定基础。TALEN 技术由人工设计的 TALE 执行 DNA 结合能力、*Fok* Ⅰ执行内切酶活性，诱导产生 DSB。TALE 由多个重复单元串联组成，每个重复单元对应识别一个碱基；这些重复单元一般由 33～35 个高度保守的氨基酸组成，其中第 12、第 13 位氨基酸可进行变换，从而实现不同碱基的识别。由于 TALE 高度串联重复，TALEN 技术表达载体组装较为复杂、不便，但是其特异性较强，脱靶效应较低。

(三)CRISPR/Cas 技术

CRISPR/Cas 系统来自细菌的天然免疫系统，由 CRISPR 阵列和 Cas 基因家族组成。在噬菌体入侵过程中，细菌通过 Cas 基因捕获外源 DNA 的原间隔序列(protospacer)，将其整合到自身重复序列中成为间隔序列(spacer)；当再次发生入侵事件时，CRISPR 阵列转录并加工出一段特定的 CRISPR RNA(crRNA)；crRNA 与 Cas 效应蛋白形成复合体，其中，crRNA 作为向导能够通过碱基互补配对原则识别外源入侵 DNA，Cas 效应蛋白执行核酸酶功能造成 DSB。

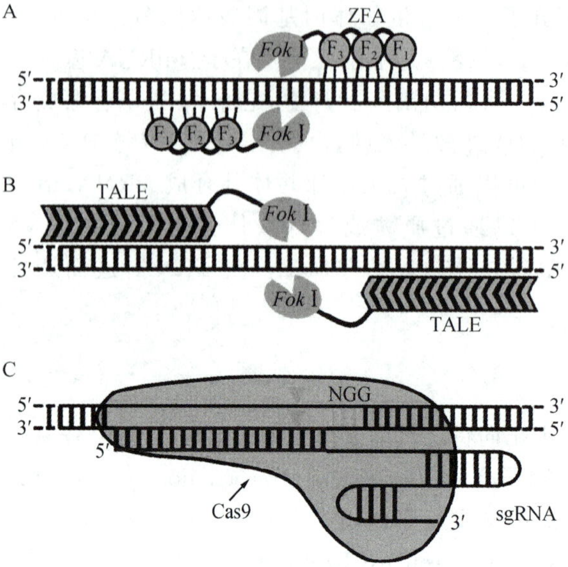

图 8-40　ZFN、TALEN、CRISPR/Cas9 模式图

（引自：单奇伟和高彩霞，2015）

CRISPR/Cas 系统根据效应蛋白的组成可以分为两大类，其中第一类效应蛋白是由多个 Cas 蛋白组成的复合物，第二类效应蛋白为单一的 Cas 蛋白。目前最常用的 CRISPR/Cas9 系统即属于上述第二类，仅由一个人工优化的单向导 RNA（single guide RNA，sgRNA）和一个核酸酶蛋白 Cas9 构成（图 8-40）。CRISPR/Cas 系统构造简便、使用灵活，目前已经成为最主流的基因编辑技术。

知识拓展框

第二代和第三代测序技术

第二代测序，一次运行即可同时得到几十万到几百万条核酸分子的序列，因此也被称为下一代测序（next generation sequencing，NGS）或第二代测序。

技术原理：以 Illumina 的 Miseq/Hiseq 为例，首先将 DNA 片段随机打断成 500 bp 左右的小片段，在片段两端加上不同接头序列，使 DNA 片段通过接头序列与流通池（flow cell）上的探针序列互补，进行 PCR 扩增，获得连接在 flow cell 上的互补的单链 DNA。随后通过带有荧光标记的 dNTP，由接头序列的互补引物起始合成子链，每添加一个碱基后通过显微镜的激光扫描特征荧光信号，荧光发射波长与信号强度一起决定了碱基的读出。flow cell 能同时结合多个 DNA 片段，这样每个循环就会同时测得多个 DNA 片段的碱基信息，以达到高通量测序的目的。

应用：二代测序的特点是“高通量，短读长，成本低”，主要在基因组测序、转录组测序、重测序等方面应用。

第三代测序，与前两代测序技术相比，其最大的特点就是单分子测序，测序过程无须进行 PCR 扩增，并且测定核酸序列可以长达 100 kb 以上。

技术原理：PacBio 公司的 SMRT（single-molecule real-time）技术应用了边合成边测序的思想，首先将 DNA 片段都构建成哑铃状分子结构，然后加入聚合酶和引物形成测序复合物，4 种 dNTP 用不同荧光进行标记；随后，它们会被放置到测序芯片中，聚合酶会被固定在芯片底部，不同 dNTP 的加入会发出不同荧光，根据光的波长与峰值可判断进入的碱基类型。优点是读长长，避免了由于 PCR 扩增带来的错误，而且能够检测到碱基修饰情况，如甲基化；缺点是随机错误率高，只能通过加深测序深度来纠错。Oxford 公司的

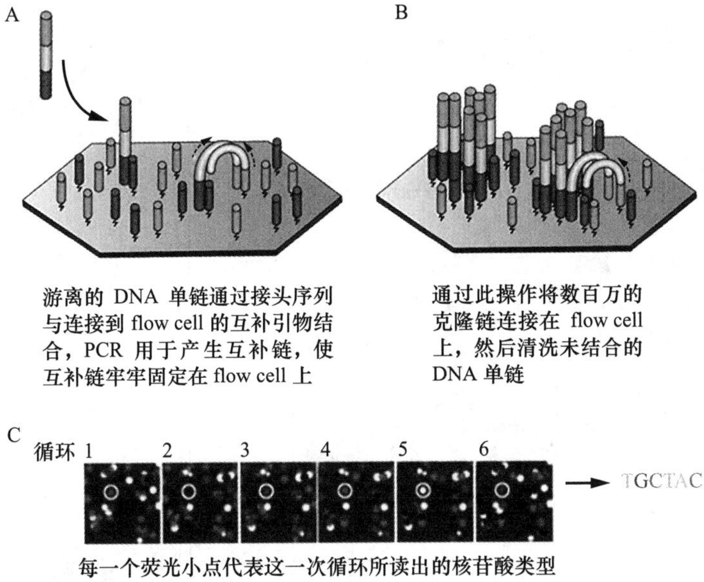

图 1　第二代测序技术原理

图 1 彩图

Nanopore Technologies 是另一种三代测序技术，原理是当碱基通过特殊设计的纳米孔时，电荷会发生变化，从而检测并识别所通过的碱基，其缺点是错误率高达 15%。因此，全基因组测序通常采用第三代测序和第二代测序相结合的策略。

应用：大基因组测序、全长转录组测序等，由于其读长长的优势，在基因组组装方面可以很好地解决重复序列的问题。

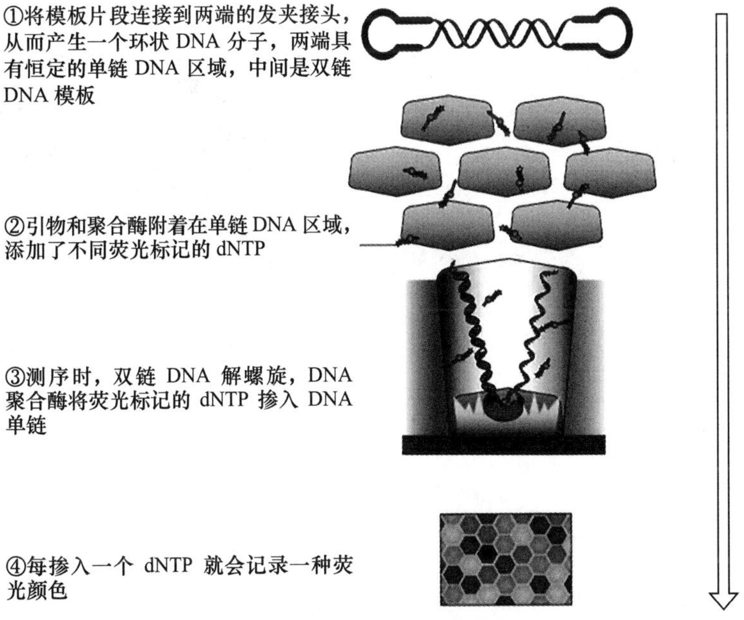

图 2　第三代测序技术 SMRT 技术原理

图 2 彩图

①两个不同的接头，一个“引导者”和一个“发夹”，连接到片段化双链 DNA 的两端

②“引导者”将 DNA 片段引导至纳米孔隙，双链 DNA 解螺旋，单链 DNA 进入纳米孔隙，每当一个核苷酸通过孔隙时，可以记录到通过孔隙的电流的特征性变化

③电脑记录的电流变化的频谱，以此识别进入的核苷酸类型

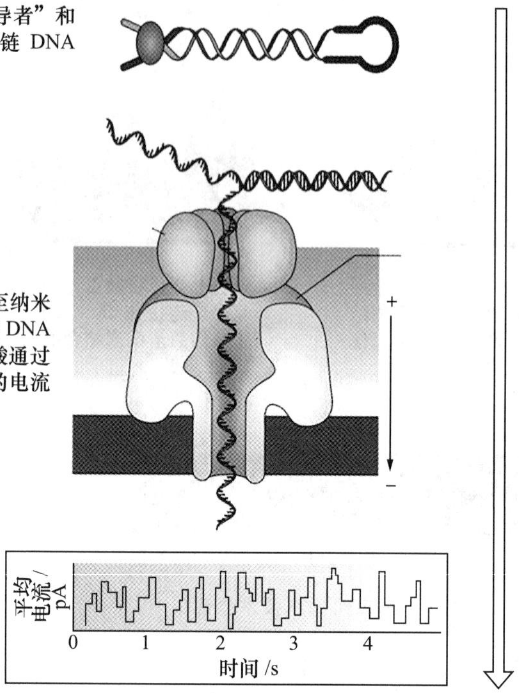

图 3　第三代测序技术 ONT 技术原理

图 3 彩图

Goodwin S, McPherson J D, McCombie W R. Coming of age: Ten years of next-generation sequencing technologies. Nat Rev Genet, 2016: 17, 333-351.

二维码 8-1
DNA 分子结构

第八章思考题

第八章

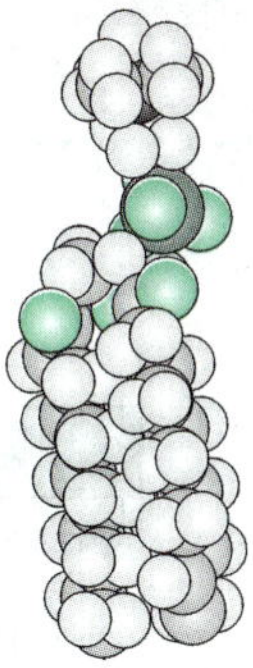

第九章　脂类和生物膜

脂类(lipid)，又称脂质，是一类难溶于水而易溶于非极性有机溶剂的生物有机分子。它们在化学结构上差异较大，共同特征是以长链或稠环脂肪烃分子为母体。按生物功能可将脂类分为 3 类：①储存脂类(storage lipid)储存着大量代谢能量，如三酰甘油和蜡。1 g 三酰甘油在体内彻底氧化分解后可产生约 37 kJ 能量，而同质量的蛋白质或糖只产生约 17 kJ 能量，这不仅因为三酰甘油含结合水少，更因为它处于高还原状态。②结构脂类(structural lipid)参与组成细胞结构，是构成生物膜的重要成分，如磷脂、糖脂、胆固醇等。③活性脂类(active lipid)具有专一生物活性，如脂溶性维生素、性激素、磷脂酰肌醇信号分子等。有些脂类在不同生物体中表现出不同功能，如蜡(wax)，存在于机体表面时主要起防护作用，存在于海洋浮游生物体内时主要为代谢燃料。

本章首先介绍生物体内常见的脂类，然后讨论生物膜的结构与功能。

第一节　生物体内常见脂类

根据化学结构和组成，脂类可分为简单脂、复合脂和衍生脂。①简单脂通常是指脂肪酸与醇形成的酯，如三酰甘油等。②复合脂除含有脂肪酸和醇外，还含有共价结合的其他非脂成分，如磷脂、糖脂等。③衍生脂是指含有异戊二烯结构单元的物质包括萜类、类固醇以及脂溶性维生素等。此外，脂类还可与其他大分子结合形成复合物，如脂蛋白和脂多糖等。

一、简单脂

简单脂包括游离脂肪酸(fatty acid，FA)、由脂肪酸和醇形成的酯，如脂酰甘油(acylglycerol)和蜡(wax)等。

(一)脂肪酸

脂肪酸是由碳、氢、氧 3 种元素组成的一类有机羧酸，含有 1 个脂肪烃基和 1 个末端羧基。在体内脂肪酸很少游离存在，结构相对简单，它是许多更复杂脂质的组成成分。

1. 脂肪酸的种类与结构

自然界存在的脂肪酸绝大多数是含偶数碳原子的直链一元酸。碳原子数目一般在 4～26。

根据碳链的长度，脂肪酸可分为短链脂肪酸(碳原子数<6)、中链脂肪酸(碳原子数 6～12)、长链脂肪酸(碳原子数>12)3 类。短链脂肪酸具有刺激性气味，通常呈挥发性，常常由肠道细菌通过发酵膳食纤维产生；中链脂肪酸通常指饱和脂肪酸，来自食物，也常用作食品添加剂、医药品和保健品等。常见的食物脂肪酸多为长链脂肪酸(表 9-1)，它们有习惯名称和系统名称。按照系统命名原则，羧基碳被指定为 C-1，其余的碳依次编号。在通俗命名中，脂肪酸羧基后的第一个碳原子为 α 碳原子，之后依次用 β、γ 等表示，离羧基最远的甲基碳原子定为 ω 碳原子。ω 是希腊字母表中的最后一个。

表 9-1 常见天然脂肪酸

习惯名	系统名	简写法	分子式
饱和脂肪酸			
月桂酸(lauric acid)	*n*-十二烷酸	12:0	$CH_3(CH_2)_{10}COOH$
豆蔻酸(myristic acid)	*n*-十四烷酸	14:0	$CH_3(CH_2)_{12}COOH$
软脂酸(palmitic acid)	*n*-十六烷酸	16:0	$CH_3(CH_2)_{14}COOH$
硬脂酸(stearic acid)	*n*-十八烷酸	18:0	$CH_3(CH_2)_{16}COOH$
花生酸(arachidic acid)	*n*-二十烷酸	20:0	$CH_3(CH_2)_{18}COOH$
不饱和脂肪酸			
棕榈油酸(palmitoleic acid)	9-十六碳烯酸	$16:1\Delta^{9}$	$CH_3(CH_2)_5CH=CH(CH_2)_7COOH$
油酸(oleic acid)	9-十八碳烯酸	$18:1\Delta^{9}$	$CH_3(CH_2)_7CH=CH(CH_2)_7COOH$
亚油酸(linoleic acid)	9,12-十八碳二烯酸	$18:2\Delta^{9,12}$	$CH_3(CH_2)_4CH=CHCH_2CH=CH(CH_2)_7COOH$
亚麻酸(linolenic acid)	9,12,15-十八碳三烯酸	$18:3\Delta^{9,12,15}$	$CH_3CH_2CH=CHCH_2CH=CHCH_2CH=CH(CH_2)_7COOH$
花生四烯酸(arachidonic acid)	5,8,11,14-二十碳四烯酸	$20:4\Delta^{5,8,11,14}$	$CH_3(CH_2)_4(CH=CHCH_2)_3CH=CH(CH_2)_3COOH$
桐油酸(tungic acid)	9,11,13-十八碳三烯酸	$18:3\Delta^{9,11,13}$	$CH_3(CH_2)_3CH=CHCH=CHCH=CH(CH_2)_7COOH$
含羟基脂肪酸			
脑羟脂酸(cerebronic acid)	*α*-羟二十四碳烷酸		$CH_3(CH_2)_{21}CHOHCOOH$
蓖麻油酸(ricinoleic acid)	12-羟十八碳-9-烯酸		$CH_3(CH_2)_5CHOHCH_2CH=CH(CH_2)_7COOH$
α-羟二十四烯酸(hydroxynervonic acid)	*α*-羟二十四碳-15-烯酸		$CH_3(CH_2)_7CH=CH(CH_2)_{12}CHOHCOOH$

根据双键数目不同将脂肪酸分为饱和脂肪酸(saturated FA,SFA)和不饱和脂肪酸(unsaturated FA,UFA)两类。不饱和脂肪酸中有单不饱和、多不饱和之分。单不饱和脂肪酸(monounsaturated FA,MUFA)的双键位置一般在 $C_9—C_{10}$ 之间,多不饱和脂肪酸(polyunsaturated FA,PUFA)双键位于 C_9 及其后面,双键之间的碳链中常常含有一个亚甲基,即$\cdots CH_2—CH=CH—CH_2—CH=CH—CH_2\cdots$,双键的排列多数为非共轭结构。不饱和脂肪酸因有顺(*cis*)、反(*trans*)异构体,分别以"*c*"和"*t*"加以标注。天然不饱和脂肪酸多为顺式异构体,常将"*c*"省略。

脂肪酸结构的简写方法是先写出碳原子数目,然后写出双键数目,之间用冒号隔开,最后双键位置用 Δ 右上标数字标出。如软脂酸用"16:0"表示,表明含 16 个碳原子,无双键;油酸用 $18:1\Delta^{9}$ 表示,表明含 18 个碳原子,1 个双键,双键在第 9~10 位碳原子之间。

自然界存在的脂肪酸有 40 多种，以棕榈酸（软脂酸）分布最广，其次是硬脂酸，这二者都是饱和脂肪酸。动物和细菌以饱和脂肪酸为主，植物不饱和脂肪酸含量高。亚油酸（18:2$\Delta^{9,12}$）和 α-亚麻酸（18:3$\Delta^{9,12,15}$）分别含有 2 个和 3 个双键，为多不饱和脂肪酸。哺乳动物细胞不能在 C_9 后向脂肪酸引入双键，因此，亚油酸和 α-亚麻酸是必需脂肪酸（essential fatty acid），需要靠植物性食物摄入。若从 ω-碳端数起，亚麻酸和亚油酸的第一个双键分别位于 C_3、C_4 之间和 C_6、C_7 之间，故分别俗称为 ω-3、ω-6 脂肪酸。必需脂肪酸在人体内进一步转化为各种具有重要功能的多不饱和脂肪酸。多不饱和脂肪酸对心血管健康、视网膜和神经组织发育有影响，婴幼儿食品中尤其应注意满足。鱼油（fish oil）能改善视力、消除炎症和防治心血管疾病，深受人们欢迎，就是因为它富含人体需要的必需脂肪酸，包括 ω-3 脂肪酸。最近研究证明，ω-3 脂肪酸可缓解焦虑及抑郁，改善精神障碍，大脑中缺少 ω-3 脂肪酸，会导致注意力不集中，引起记忆力丧失。

饱和脂肪酸与不饱和脂肪酸的空间构象不同，前者的烃链是垂直的，后者在双键处存在一个 30°刚性弯曲（图 9-1）。顺式脂肪酸经催化剂作用能转化为反式脂肪酸，如油酸（18:1Δ^{9c}）在亚硝酸存在下加热可以生成反油酸（18:1Δ^{9t}）。摄入含有人造反式脂肪酸的食品，有致病嫌疑，会引起公众健康问题。

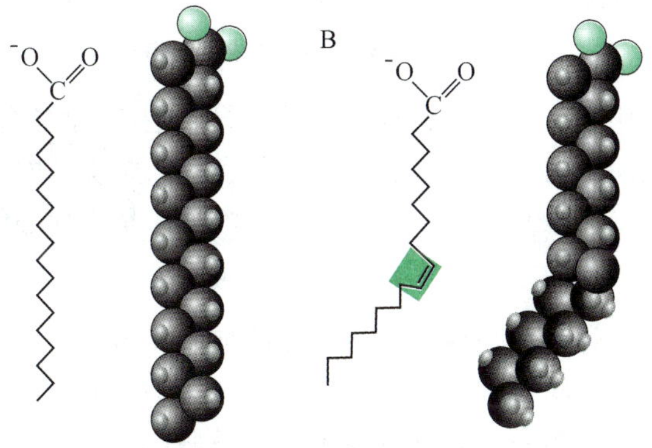

图 9-1 硬脂酸（A）和油酸（B）空间结构模型

2. 脂肪酸的性质

脂肪酸由极性羧基和非极性烃基组成，既有亲水性又有疏水性，为两亲化合物。脂肪酸的烃基长度对其溶解度有影响，随碳链加长非极性加强，溶解度减小。饱和脂肪酸的熔点与分子质量有关，分子质量越大，熔点越高；不饱和脂肪酸的双键越多，熔点越低。另外，反式脂肪酸比顺式脂肪酸熔点高。

脂肪酸在近紫外区有特征光吸收峰。饱和脂肪酸和非共轭酸（双键之间有亚甲基相隔）在 220 nm 以下有吸收峰；共轭酸（两个双键之间只有单键，没有亚甲基）中的二烯酸在 230 nm 附近、三烯酸在 260～270 nm 附近、四烯酸在 290～315 nm 附近各显示出吸收峰。据此可对脂肪酸进行定性、定量及结构研究。此外。红外吸收光谱也可用于研究脂肪酸，利用它可以区分有无双键存在，双键是反式还是顺式，以及有无过氧基团等。

脂肪酸和其他羧酸一样，可与碱生成盐，也能进行酯化反应以及被还原为脂肪醇。不饱和脂肪酸易被强氧化剂氧化，产生不稳定的过氧化物，还可以进行加成反应，其中氢化作用（hydrogenation）更为多见。

（二）甘油

1779 年，瑞典药剂师 C. W. Scheele 在进行橄榄油与一氧化铝反应时，偶然发现一种具有甜味的油状物质，取名为甘油。甘油化学名称为丙三醇，呈无色、透明、无臭的黏稠状液体，相对密度 1.261 g/cm^3，比水密度大；可与水混溶，有极大的吸湿性，安全无毒，不溶于苯、氯仿、四氯化碳等有机溶剂。

甘油分子本身无不对称碳原子，如果它的 3 个羟基发生不同程度酯化，中间碳原子就成为不对称原子，因而有 *D*-构型和 *L*-构型之分。由于甘油是前手性分子(prochiral molecule)，即其衍生物有可能为手性分子，为统一甘油衍生物名称，1967 年国际理论和应用化学联合会及国际生物化学联合会(IUPAC-IUB)规定：甘油分子中 3 个碳原子依次指定为 1、2、3 碳位(相应于 α、β 和 α')，第 2 碳位羟基写在左边，上为 1 碳位，下为 3 碳位。生物化学中，常采用这种立体专一编号(stereospecific numbering，sn)，或称 sn-系统，如 sn-甘油-1-磷酸、sn-甘油-3-磷酸(图 9-2)。

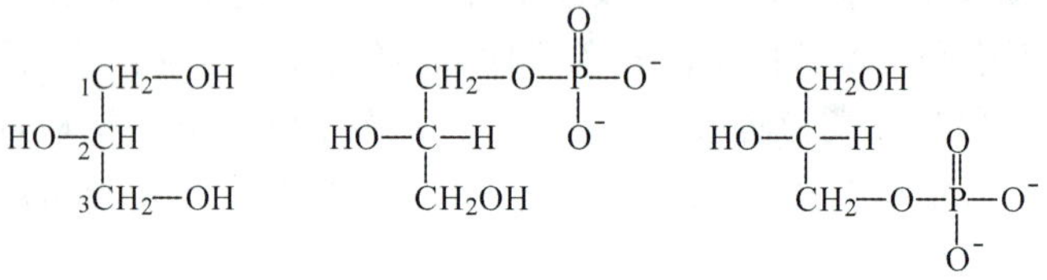

甘油　　sn-甘油-1-磷酸　　sn-甘油-3-磷酸

图 9-2　甘油及其衍生物

甘油用途广泛，可用于医药、食品、日用化学、纺织、造纸、油漆等行业，如用作飞机和汽车液化燃料的抗冻剂，玻璃纸的增塑剂，化妆品、皮革、烟草、纺织品的吸湿剂，以及加工和包装机械的润滑剂等。甘油和硝酸的反应产物为三硝酸甘油酯，是治疗心绞痛的临床急救药物。

(三)三酰甘油

三酰甘油又称甘油三酯或脂肪，是 3 分子脂肪酸和 1 分子甘油脱水缩合形成的酯。根据甘油中羟基的酯化程度，将脂酰甘油分为单酰甘油、二酰甘油(甘油二酯)、三酰甘油(triacylglycerol，TAG)，统称油脂。自然界存在的普遍为中性脂(neutral lipid)。

三酰甘油是脂肪酸的储存和运输形式，化学结构通式如图 9-3 所示，R_1、R_2、R_3 分别代表脂肪酸的烃基。若 R_1、R_2、R_3 相同，则为简单三酰甘油，命名时称三某脂酰甘油，如三硬脂酰甘油。若 R_1、R_2、R_3 不同，则称为混合三脂酰甘油，命名时以 α、β 和 α'分别表示不同脂肪酸的位置，如 α-棕榈酰-β-油酰-α'-硬脂酰甘油。人体脂肪一般为混合三酰甘油，所含的脂肪酸主要是软脂酸和油酸。

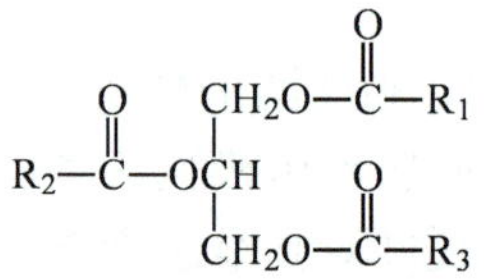

图 9-3　三酰甘油结构通式

1. 三酰甘油的物理性质

三酰甘油一般无色、无臭、无味，呈中性液体或固体，比重小于 1。三酰甘油是液态还是固态，取决于它的饱和度和环境温度。植物及水产动物油脂含不饱和脂肪酸多，在室温下为液态，俗称油(oil)；陆生动物油脂含大量饱和脂肪酸，室温下为固态，俗称脂(lipid)。

三酰甘油难溶于水，易溶于乙醚、石油醚、苯、氯仿及热乙醇等有机溶剂。纯净油脂无色无味无臭，天然油脂(特别是植物油)因溶有维生素及色素，呈现轻微颜色和带有气味。短链脂肪酸组成的三酰甘油略溶于水。当有乳化剂如肥皂或胆汁酸盐存在时，三酰甘油能和水形成乳状液。

油脂还是生物体内的重要溶剂，它能溶解脂溶性维生素、香精、固醇和某些激素等，便于这些物质的运输和吸收。

2. 三酰甘油的化学性质

(1)水解与皂化　三酰甘油能被酸、碱、蒸汽及脂酶所水解，生成甘油及脂肪酸。如果水解作用在碱性(NaOH 或 KOH)条件下进行，则得到甘油和脂肪酸的盐类，即通常所说的肥皂。油脂的碱水解作用称为皂化作用(saponification)(图 9-4)。

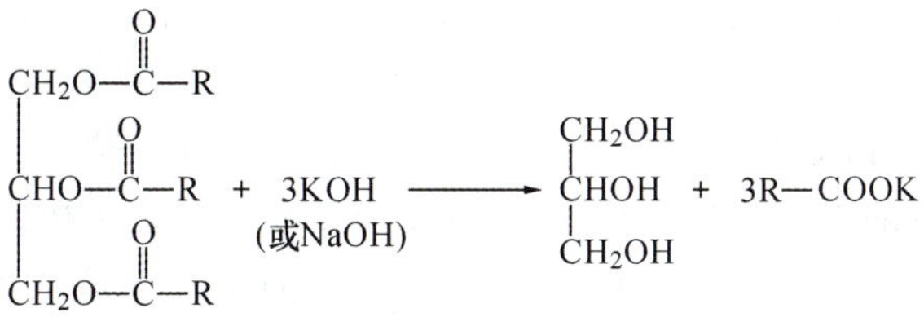

图 9-4　三酰甘油皂化反应

普通用的肥皂是钠或钾肥皂，它们易溶于水。如果在硬水中洗涤物品，因为硬水含有很多钙、镁离子，与脂肪酸结合后形成不溶的钙或镁盐沉淀，降低肥皂的功效。皂化 1 g 油脂所需的氢氧化钾的毫克数称为皂化值。根据皂化值可推算三酰甘油中脂肪酸平均分子量。皂化值越高，表示它含小分子脂肪酸越多。

(2)自动氧化与酸败　天然油脂在室温下长期暴露在空气中，会发生自动氧化(auto-oxidation)，产生游离脂肪酸，脂肪酸再裂解，形成醛、酮等挥发性小分子，产生难闻酸臭味的过程称为酸败。酸败程度通常用“酸值”表示，即中和 1 g 游离脂肪酸所需的氢氧化钾毫克数。酸值越低，表示油脂的储存品质越好。油脂中存在的少量重金属会加速油脂自动氧化，因此，在加工时常用螯合剂(如柠檬酸)处理。加入维生素 E 等物质也能有效延缓酸败。

不饱和脂肪酸的过氧化物在空气中还可以形成胶状复杂化合物，这个性质被用于工业生产。例如，桐油含桐油酸[$CH_3(CH_2)_3CH{=}CH{-}CH{=}CH{-}CH{=}CH{-}(CH_2)_7COOH$]达79%，将桐油涂在木制家具上，暴露在空气中，可形成一层坚硬而有韧性的固体薄膜，起到防雨防腐作用。

(3)氢化与卤化　在高温、高压和金属镍催化下，油脂分子的双键与氢发生加成即氢化作用，形成饱和脂肪酸，结果使液态油变成半固态脂。将植物油制作成人造黄油就是基于此原理。氢化可有效防止油脂的酸败，便于储存和运输。氢化油，也被叫作“植物奶油”“植物黄油”。目前，在面包、奶酪、人造奶油、蛋糕和饼干等食品焙烤领域广泛应用。油脂的部分氢化作用会使双键发生异构化，由顺式变为反式构型。富含反式脂肪酸的食品有致病嫌疑。

溴、碘同样可在双键处发生加成反应，产生饱和的卤化酯，这种作用称为卤化作用。通常将 100 g 油脂所能吸收的碘克数称为碘值。碘值可表示油脂的不饱和度。碘值越大，表示油脂中不饱和脂肪酸含量越高。一般而言，碘值大于 130 的为干性油，小于 100 的为非干性油，介于二者之间的为半干性油。

(4)过氧化作用　氧对生命必不可少，但高浓度氧(氧分压大于 60 kPa)会造成氧中毒，原因是容易转变成活性氧自由基，如 $\cdot O_2^-$ 等。细胞膜因富含氧，易发生活性氧自由基攻击不饱和脂肪酸的过氧化作用。不饱和脂肪酸亚甲基上的氢原子比较活泼，容易被自由基夺走，而产生脂质自由基(L·)，在有氧条件下进而形成脂质过氧自由基(LOO·)；该自由基又去攻击另一个分子，这样不断循环，便造成脂质链的不断延长，不饱和脂肪酸不断减少，从而影响细胞膜的结构和功能。过氧化反应产物还可以引起蛋白质分子的交联，这不仅使膜蛋白质丧失功能，如果沉积在血管内壁，还容易引发血管硬化。老年斑的主要成分——脂褐素就是过氧化产生的脂质、蛋白质聚合物。避免高氧、辐射、化学污染以及不良精神因素，适量的运动，提高体内氧化应激时抗氧化酶的活性，有助于减少不饱和脂肪酸的过氧化反应。维生素 E、维生素 C 及多酚类化合物有助于清除自由基。

(四)蜡

蜡是长链脂肪酸(14～16 个碳)和长链一元醇(16～30 个碳)形成的酯，通常为混合物。蜡分子极性头部所占比例很小，长长的非极性烃链使其完全不溶于水，在室温下呈固态，具有可塑性，易熔化。

对于大多数生物而言，蜡是起保护作用的，如植物叶片、果实表面上的蜡有防止寄生生物侵袭和防止细胞水蒸发的作用，水禽羽毛表面的蜡有防水作用，动物皮肤、昆虫外骨骼上的蜡有润滑、防水等作用。蜂蜡是蜂巢的主要建筑材料，其防水性和具备的硬度非常适合蜂类生存。蜂蜡是日常生活中常用的润滑剂，羊毛蜡则是化妆品的添加成分，巴西棕榈蜡可制成地板蜡、鞋油、汽车蜡使用。

有些海洋生物如抹香鲸在头部储存大量蜡，属于储存脂类，其功能是作为代谢燃料。

二、复合脂

复合脂是一类除了包含脂肪酸和醇之外，分子中还包含有其他非脂成分，如磷酸、糖等。复合脂主要包括磷脂和糖脂两大类。磷脂含有磷酸，是生物膜的重要组成部分，而糖脂则含有糖类残基。这些复合脂质在生物体中发挥着重要的生理功能，如构成细胞膜、参与细胞信号传导等。下面简单介绍这两类复合脂。

(一)磷脂

磷脂(phospholipid)是含磷酸的脂类，是构成生物膜的重要成分。根据分子中所含醇的不同，分为甘油磷脂及鞘氨醇磷脂两类。

1. 甘油磷脂

甘油磷脂(glycerophosphatide)是由磷脂酸与含羟基化合物(如胆碱、乙醇胺、丝氨酸等)组成的磷脂酰化合物，结构通式如图 9-5 所示。式中 R_1、R_2 表示不同脂酰基，X 表示含羟基化合物，常见甘油磷脂及 X 基团见表 9-2。

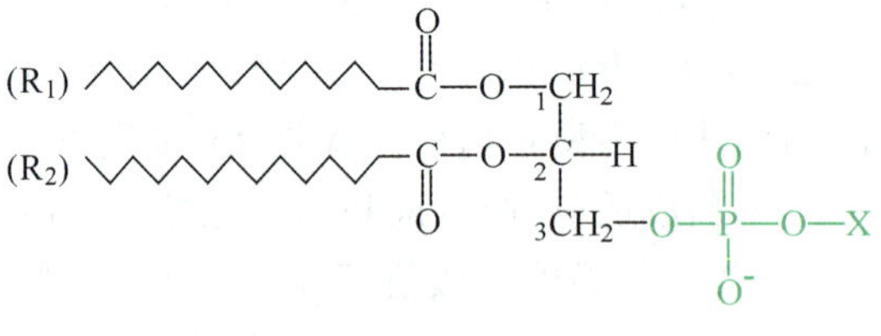

图 9-5 甘油磷脂分子结构通式

(1)磷脂酰胆碱(phosphatidylcholine，PC) 俗称卵磷脂(lecithin)，在蛋黄和大豆中含量丰富，X 基团为胆碱，是代谢中的一种甲基供体。自然界中存在的多为 *L*-α-磷脂酰胆碱，1 碳位通常是饱和脂肪酸，2 碳位通常是不饱和脂肪酸。在 pH 7.0 时，磷脂酰胆碱易解离形成兼性离子形式，磷酰胆碱部分为极性亲水端，脂肪酸碳氢链为非极性疏水端。磷脂酰胆碱是生物膜的主要脂类成分。

(2)磷脂酰乙醇胺(phosphatidylethanolamine，PE) 俗称脑磷脂(cephalin)，X 基团为乙醇胺。脑组织富含，心脏、肝脏及其他组织也存在。在 pH 7.0，磷脂酰乙醇胺也为兼性离子形式，是生物膜的重要组成成分。

表 9-2　常见甘油磷脂

X 基团的前体(HO—X)	—O—X 结构式	甘油磷脂名称
水	$-O-H$	磷脂酸
胆碱	$-O-CH_2CH_2\overset{+}{N}(CH_3)_3$	磷脂酰胆碱(卵磷脂)
乙醇胺	$-O-CH_2CH_2\overset{+}{N}H_3$	磷脂酰乙醇胺(脑磷脂)
丝氨酸	$-O-CH_2-CH(\overset{+}{N}H_3)COO^-$	磷脂酰丝氨酸
甘油	$-O-CH_2CH(OH)-CH_2OH$	磷脂酰甘油
磷脂酰甘油	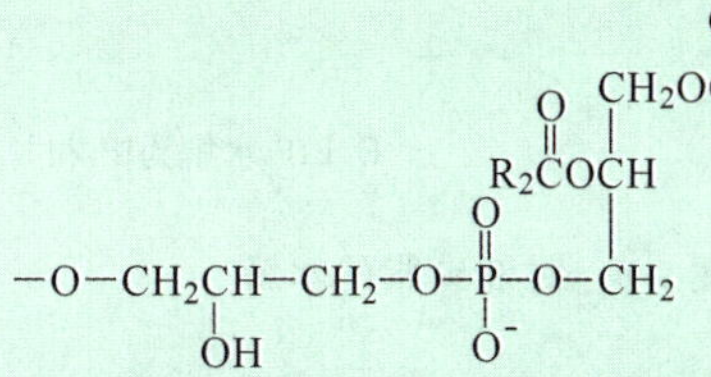	二磷脂酰甘油(心磷脂)
肌醇	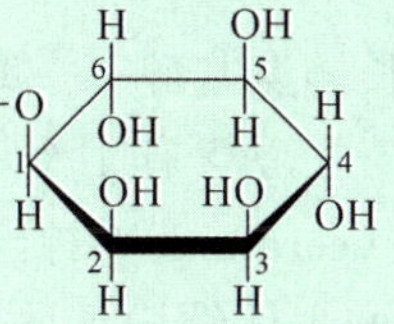	磷脂酰肌醇

(3)磷脂酰丝氨酸(phosphatidylserine，PS)　又称丝氨酸磷脂。常见于血小板膜中，当组织受损血小板被激活时，它与其他凝血因子一起促使凝血酶原活化，还能促进细胞壁保持柔韧性，缓解大脑疲劳，修复脑部细胞损伤等。

(4)磷脂酰甘油(phosphatidylglycerol，PG)和心磷脂(cardiolipin)　当 X 基团为甘油时，即磷脂酰甘油，磷脂酰甘油在细菌细胞壁中含量丰富。心磷脂即二磷脂酰甘油，由 2 分子磷脂酸与 1 分子甘油共价结合而成，因最先在心肌线粒体膜中发现，称为心磷脂。磷脂酰甘油是心磷脂的 X 部分，也是胡萝卜素类脂生物合成的中间产物。

(5)磷脂酰肌醇(phosphatidylinositol，PI)　由磷脂酸与肌醇结合而成，分子中磷酸基团与肌醇的 1 碳位羟基以酯键相连，广泛存在于动、植物中。

甘油磷脂分子中的酯键和磷酸二酯键都能被磷脂酶(phospholipase)专一性水解(图 9-6A)，磷脂酶 A_1 和 A_2 分别水解酯键，切除 sn-1 和 sn-2 位的脂肪酸；磷脂酶 C 和磷脂酶 D 则水解磷酸二酯键的不同部位。甘油磷脂经磷脂酶 A_1 和 A_2 作用后剩余的部分具有很强的表面活性剂作用，大量存在于血液时会使红细胞膜破裂溶解而引起溶血。响尾蛇和眼镜蛇的蛇毒含有磷脂酶 A_2。磷脂酰肌醇不仅构成生物膜，还可以作为信号分子，参与细胞钙信号传导途径。磷脂酰肌醇的羟基发生磷酸化，生成不同形式的磷脂酰肌醇磷酸，如磷脂酰肌醇-4，5-二磷酸(phosphatidylinositol-4，5-bisphosphate，PIP_2)；PIP_2 被磷脂酶 C 水解，将产生肌醇三磷酸(inositol triphosphate，IP_3)和甘油二酯(diacylglycerol，DAG)(图 9-6B)。IP_3 和 DAG 均为信号分子，IP_3 水溶性好，进入细胞质，促使肌浆网或内质网释放 Ca^{2+}；DAG 留在膜上，在 Ca^{2+} 存在下参与蛋白质磷酸化反应。

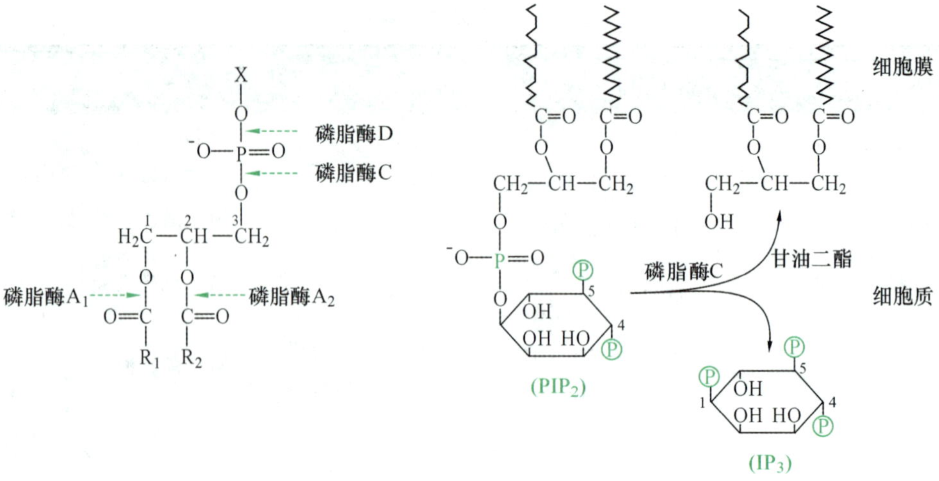

A. 不同磷脂酶水解位点　　B. PIP_2水解为IP_3和甘油二酯

图 9-6　甘油磷脂的水解

2. 鞘氨醇磷脂

鞘氨醇磷脂(phosphosphingolipid)由 1 分子长链氨基醇——鞘氨醇(sphingosine)、1 分子长链脂肪酸和 1 个极性头基组成,简称鞘磷脂。鞘氨醇含有 1 个不饱和键、1 个氨基,其氨基以酰胺键与长链脂肪酸的羧基相连形成神经酰胺(ceramide),神经酰胺的 1 位羟基与磷酸胆碱或磷酸乙醇胺相连,即为鞘磷脂。可见,鞘磷脂的主体结构是神经酰胺(图 9-7)。

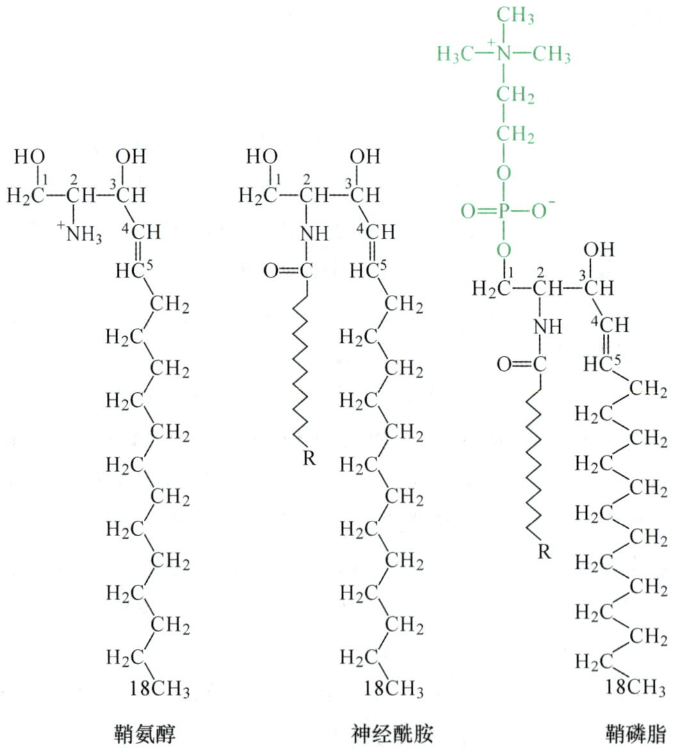

图 9-7　鞘氨醇、神经酰胺和鞘磷脂

虽然鞘磷脂因 R 基不同有多种类型，但其结构特点和磷脂酰胆碱、磷脂酰乙醇胺相似，在 pH 7.0 时也是兼性离子。鞘磷脂存在于动物细胞的质膜，髓鞘中含量较高，通过包围某些神经轴突而起绝缘作用。

无论甘油磷脂，还是鞘磷脂，它们在结构上有一个共同特点，就是既有亲水头部，又有疏水尾部，为双亲分子(amphipathic molecule)(图 9-8)。

(二)糖脂

糖脂(glycolipid)是一类含糖的复合脂，糖基通过糖苷键与脂质相连。糖脂分为鞘糖脂(glycosphingolipid)和甘油糖脂(glycerolglycolipid)两大类。

1. 鞘糖脂

鞘糖脂的母体结构和鞘磷脂一样，也是神经酰胺，不含甘油成分。鞘糖脂有中性和酸性之分。

中性鞘糖脂的糖基通常为单糖、双糖、三糖或寡糖。第一个发现的鞘糖脂为半乳糖神经酰胺，因首次发现于人脑又名脑苷脂(cerebroside)。脑苷脂是哺乳动物组织中存在的最简单的鞘糖脂，由鞘氨醇、脂肪酸和 *D*-半乳糖(或其他单糖及单糖衍生物)组成。脂肪酸与鞘氨醇的氨基以酰胺键相连，鞘氨醇 C_1 上的羟基与 *D*-半乳糖 C_1 上的*β*-羟基结合成 *β*-糖苷键(图 9-9)。

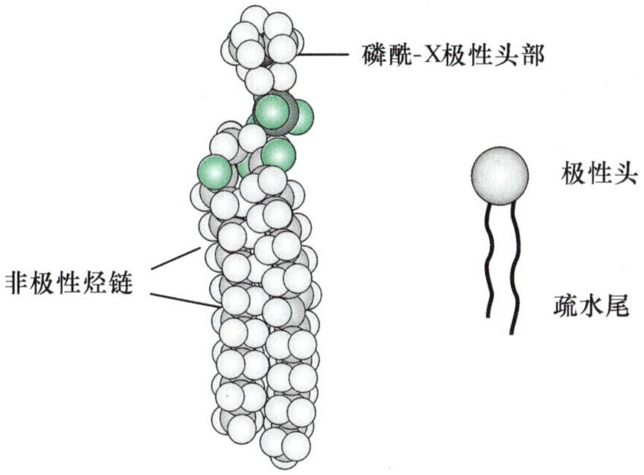

图 9-8　磷脂分子的双亲结构

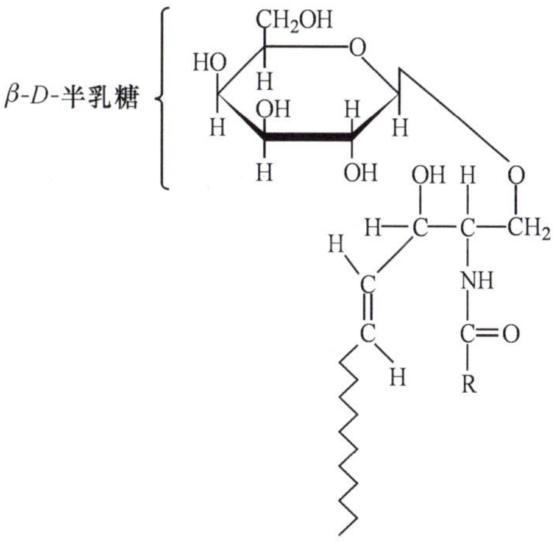

图 9-9　脑苷脂的化学结构

酸性鞘糖脂的寡糖链中含有酸性的硫酸化糖基或唾液酸，其中唾液酸鞘糖脂因广泛存在于神经末梢，与神经冲动传递有关，又称神经节苷脂(ganglioside)。神经节苷脂以寡糖链作为极性头基，分子中(图 9-10)含有一个或多个唾液酸(sialic acid)。

鞘糖脂是构成细胞膜结构的成分之一，它的极性糖基像“天线”一样露在细胞表面，在细胞识别、信息传递中起重要作用，被认为是细胞表面特征标志物质。

2. 甘油糖脂

甘油糖脂的结构与甘油磷脂相似，由二酰甘油与己糖通过糖苷键结合而成。己糖主要为半乳糖、甘露糖或脱氧葡萄糖。常含 1 分子或 2 分子己糖。常见有单半乳糖二酰甘油和双半乳糖二酰甘油(图 9-11)等。

三、萜类与类固醇

(一)萜类

萜类是异戊二烯的衍生物，为非皂化酯，呈线状或环状。异戊二烯在构成萜时，有头尾相连

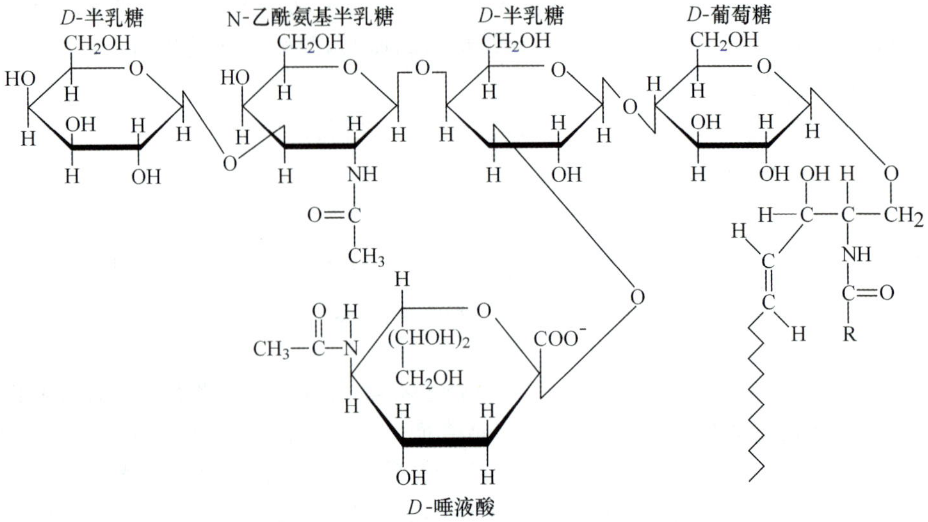

图 9-10　酸性鞘糖脂的化学结构

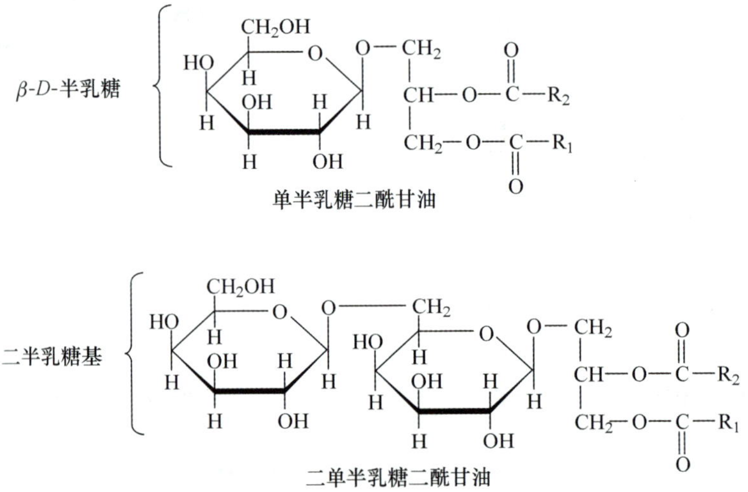

图 9-11　甘油糖脂的化学结构

及尾尾相连。多数线状萜类化合物的双键呈反式排布。

萜分类的主要依据是所含异戊二烯的数目。由 2 分子异戊二烯构成的称单萜，由 3 个构成的称倍半萜，4 个构成的称二萜，以此类推(图 9-12)。萜类具有多种结构，无法进行系统命名，一直沿用习惯名称，如视黄醛(二萜)、鲨烯(三萜)、β-胡萝卜素和番茄红素(四萜)等。脂类维生素 A、维生素 E、维生素 K 均属于萜类衍生物。天然橡胶属于多萜衍生物。植物中许多萜类物质具有特殊气味，如薄荷醇、樟脑等。

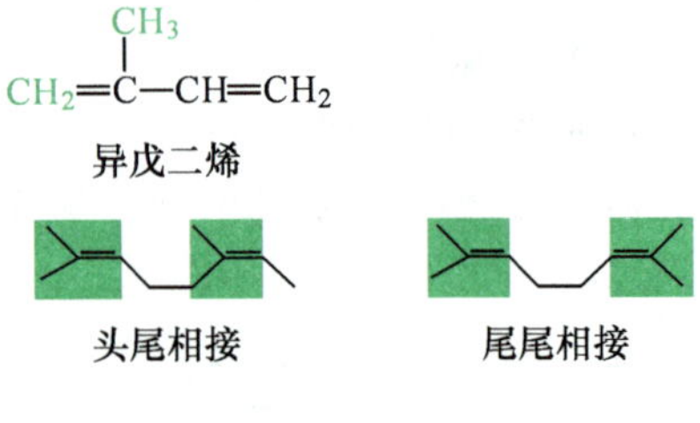

第九章

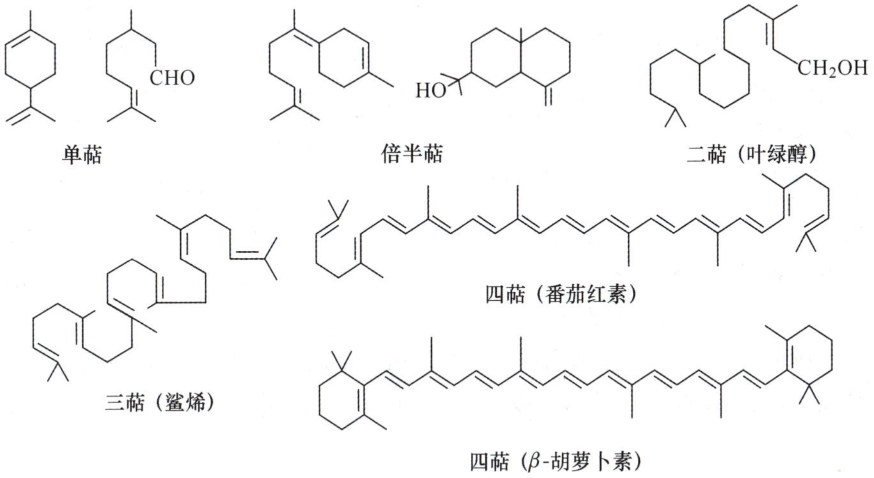

图 9-12 常见萜类

(二)类固醇

类固醇(steroid)又称为类甾体，是环戊烷多氢菲的羟基衍生物，属于非皂化脂。环戊烷多氢菲由 3 个六元环(A、B、C)和 1 个五元环(D)稠合而成。当环戊烷多氢菲带有 2 个甲基(C_{18}，C_{19})时被称为甾核(图 9-13)。甾核是类固醇的母体。甾核因双键、羟基以及侧链等不同，有许多种类固醇分子，通常分为固醇及固醇衍生物两大类。

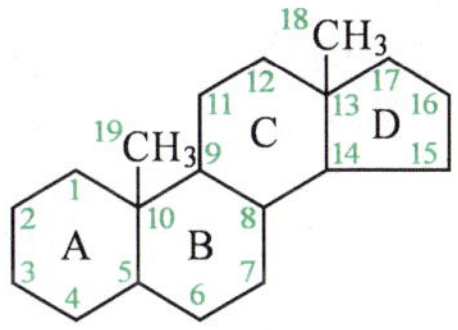

图 9-13 甾核

1. 固醇

固醇(sterol)是甾核的一元醇衍生物，在甾核 3 位有 1 个羟基，在 17 位有 1 个含 8～10 个碳原子的分支烃链。固醇在生物界分布甚广，有动物固醇、植物固醇及酵母固醇。在细胞中，固醇既可游离存在，又可与脂肪酸结合成固醇酯。各种固醇物质的差别在于 B 环中双键的数目、位置及 C_{17} 位上的侧链结构。

(1)动物固醇 有多种，且大多 Δ5 有双键，如胆固醇(cholesterol)和 7-脱氢胆固醇(详见第六章)等。

最为人们关注的胆固醇约占脑固体物质的 17%，占质膜脂类成分的 20%以上。动物能自行合成胆固醇，也能吸收食物中的胆固醇。卵黄富含胆固醇，其含量可达 2 000 mg/100 g。

胆固醇分子共有 27 个碳原子，C_{17} 位上连接 1 个 8 碳烃链，C_5、C_6 之间有 1 个双键(图 9-14)。

C_3 上的羟基是极性头部，4 个环和碳氢链共同组成疏水尾部。在体内，胆固醇多与脂肪酸结合成胆固醇酯(cholesterol ester)得以保存。

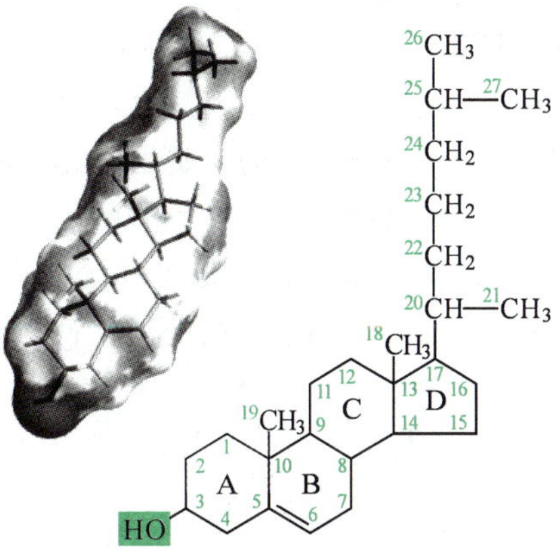

图 9-14 胆固醇

胆固醇、胆固醇酯与磷脂、脂蛋白形成复合物在血液中进行运输。胆固醇容易沉积在血管壁上形成斑块，

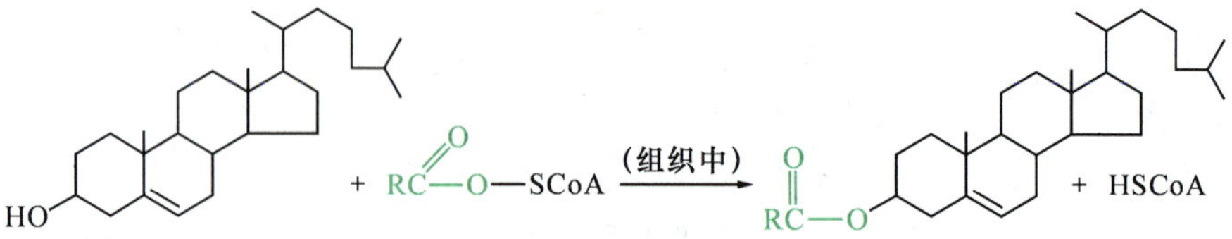

胆固醇　　脂酰-CoA　　胆固醇酯

这些斑块被认为是心血管疾病的原因之一。因此,许多人,尤其肥胖症患者应限制进食胆固醇高的食物。尽管如此,胆固醇的生物化学作用不容忽视,它不仅作为生物膜组分调节生物膜流动性(见下一节),还是固醇激素、胆酸盐及维生素 D_3 的前体。

(2)植物固醇　如豆固醇和菜油固醇。它们是植物细胞的重要成分,很少被人消化吸收。不仅如此,植物固醇还能抑制人对胆固醇的吸收,具有抗氧化、调节机体免疫力的功效,对健康有益。

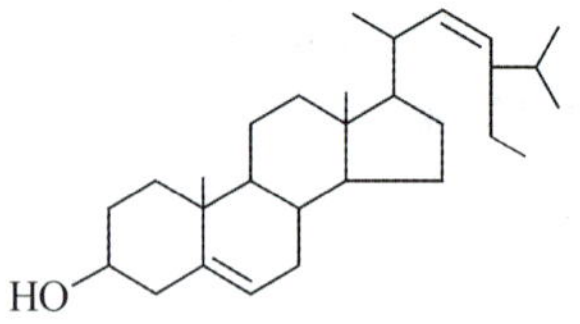

豆固醇

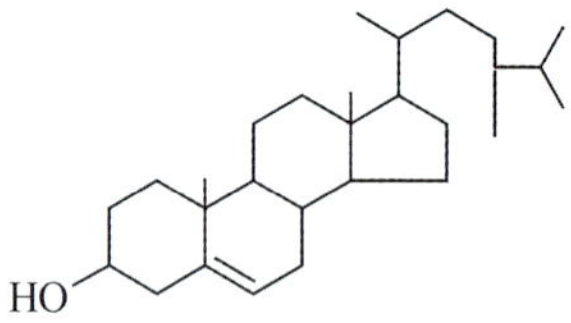

菜油固醇

(3)酵母固醇　以麦角固醇(ergosterol)最多,广泛存在于酵母和麦角菌中。其结构比胆固醇多 2 个双键,分别在 C_7、C_8 之间和支链上 C_{22}、C_{23} 之间。麦角固醇经紫外线照射可转化为维生素 D_2,所以麦角固醇又称维生素 D_2 原。

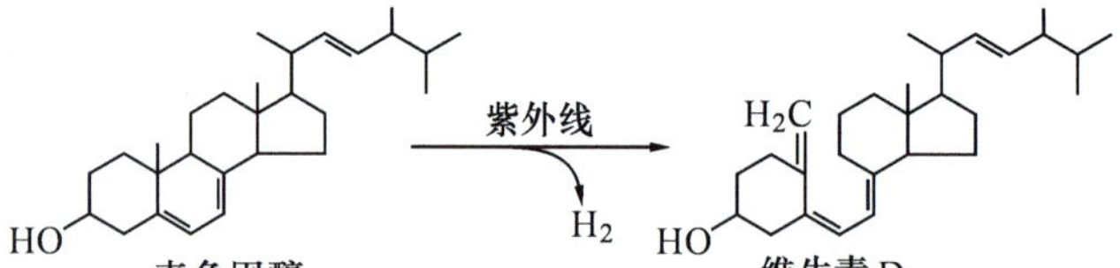

麦角固醇　　维生素 D_2

2. 固醇衍生物

胆汁酸、固醇激素、维生素 D_2、维生素 D_3 等都属于固醇衍生物。

(1)胆汁酸(bile acid)　存在于胆汁中,是肝脏细胞对胆固醇的代谢产物。人胆汁酸有 3 种:胆酸(cholic acid)、脱氧胆酸(deoxycholic acid)和鹅脱氧胆酸(chenodeoxycholic acid),它们都属于固醇酸。其中胆酸含有 3 个羟基和 1 个羧基,该羧基能以酰胺键与甘氨酸或牛磺酸($H_2NCH_2CH_2SO_3^-$)的氨基结合,分别生成甘氨胆酸和牛磺胆酸,它们是主要的胆汁酸,胆汁酸的钠盐或者钾盐,被称为胆汁盐。胆汁盐具有亲水和疏水两面性,是很好的乳化剂,在肠道中能促进油脂和脂溶性维生素的消化吸收。在实验室中,脱氧胆酸常作为试剂用于提高膜蛋白的可溶性或增加细胞膜的透性;医学上,具有溶菌、降低胆汁黏度、促脂肪消化等作用。

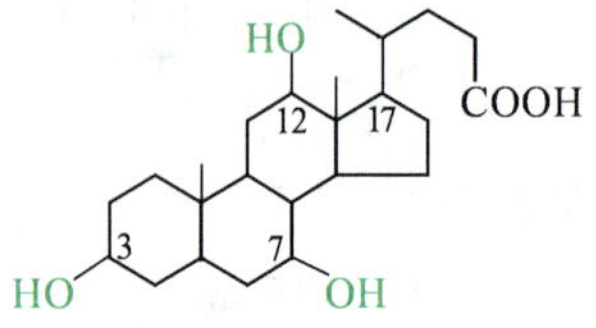

胆酸

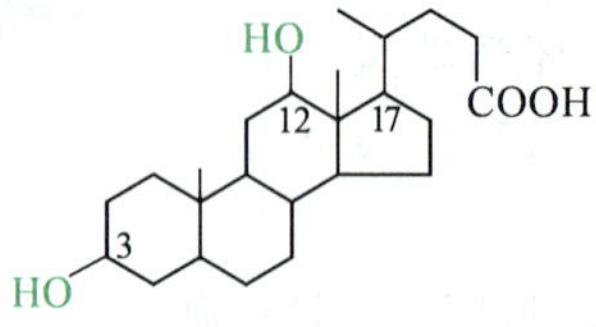

脱氧胆酸

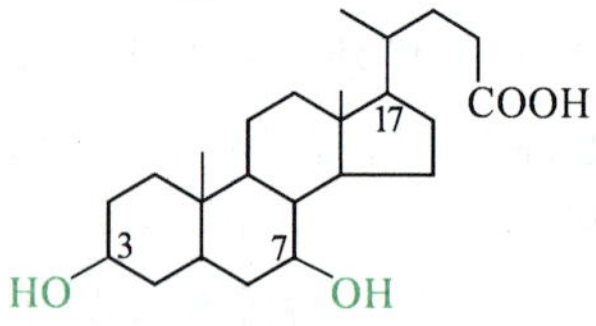

鹅脱氧胆酸

(2)类固醇激素(steroid hormone) 是动物体内起代谢调节作用的一类固醇衍生物,根据来源不同分为肾上腺皮质激素和性激素两大类。肾上腺皮质激素具有升高血糖浓度和促进肾脏保钠排钾的作用。性激素有雄性激素、雌激素、孕激素等。

(3)植物固醇衍生物 有的具有较强生理活性及药理作用,如从百合科植物提取的强心苷,由固醇与葡萄糖、鼠李糖等组成,能降低心率、增加心肌收缩强度,常用于治疗心律失常等疾病。

四、脂蛋白

脂蛋白(lipoprotein)是脂质与蛋白质以非共价键结合的复合物。脂蛋白种类繁多,有的存在于生物膜结构中,如细胞脂蛋白;有的以脂蛋白复合物形式存在于水相中,如血浆脂蛋白。

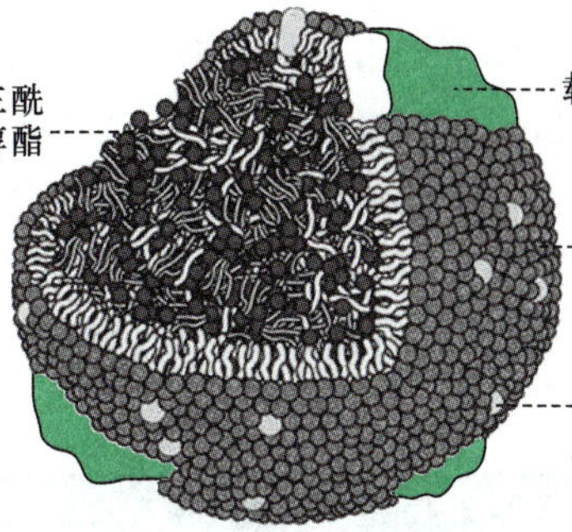

图 9-15 血浆脂蛋白复合物示意图

(引自:Moran et al.,2014)

在血浆中,脂质分子如三酰甘油、磷脂和胆固醇等都是以脂蛋白复合物形式进行转运。各种脂蛋白复合物的结构基本相似(图 9-15),呈球状颗粒,都含有一个由三酰甘油、胆固醇酯组成的中性脂核。在核的周围包被一层由载脂蛋白、磷脂和胆固醇组成的外壳,取向为极性部分暴露在表面。载脂蛋白有许多种,它们在一级结构上的共性是都富含疏水氨基酸残基。载脂蛋白还被称为脱脂蛋白(apolipoprotein),分为 A、B、C、D、E 五大类型,每类中又包含不同亚类。其中有两个大的疏水蛋白单体,即 ApoB-100 和 ApoB-48。除结合、转运脂质外,不同的载脂蛋白还具有不同功能,如参与脂蛋白受体的识别及调节脂蛋白代谢关键酶活性等。

血浆脂蛋白复合物,简称为血浆脂蛋白,因脂质种类、数量及载脂蛋白不同有多种类型,通常按密度划分。大多数蛋白质密度为 1.3~1.4 g/cm^3,脂质密度为 0.8~0.9 g/cm^3,因此,脂蛋白中蛋白质含量越多,密度越大。用密度梯度超离心可将脂蛋白分为:乳糜微粒(chylomicron,CM)、极低密度脂蛋白(very low density lipoprotein, VLDL)、低密度脂蛋白(low density lipoprotein,LDL)、中密度脂蛋白(intermediate density lipoprotein,IDL)和高密度脂蛋白(high density lipoprotein,HDL)。不同类型脂蛋白含有的载脂蛋白有所不同,如 ApoB-100 紧密结合在 VLDL 外层,而 ApoB-48 仅存在于乳糜微粒中。各脂蛋白的功用和代谢特点详见第十二章。

在血液中,脂肪酸除了与三酰甘油、胆固醇酯一起形成复合物外,还可以被血清清蛋白(serum albumin)结合而直接运输。清蛋白是一个可溶性单体蛋白质,构成血清近一半的蛋白质。通过长距离运输,清蛋白把脂肪酸带到肝脏及需能量的机体组织(心肌、骨骼肌等)。清蛋白不仅可以增加脂肪酸的溶解度,同时也可以阻止脂肪酸的"去污剂"作用。人血清清蛋白三维结构已经解析,二级结构主要为 α-螺旋,清蛋白分子上有 7 个脂肪酸结合位点,靠碱性氨基酸残基与脂肪酸羧基互作。

第二节 生物膜结构

所有细胞表面都存在一层厚度为 6～10 nm 的质膜(plasma membrane)。真核细胞还含有丰富的内膜系统,即各类细胞器膜。细胞质膜和内膜系统统称为生物膜(biological membrane)。生物膜结构奇特而又精致,是其执行各种功能的基础。

一、生物膜的化学组成

生物膜主要由蛋白质和脂质组成,此外尚含有少量糖类及水等。蛋白质及脂质的相对含量并不恒定,二者的比值与膜功能有关。膜功能越复杂,蛋白质含量及种类越丰富。作为能量转换场所,线粒体内膜含有 30～40 种蛋白质,约占生物膜干重的 75%;髓鞘功能较简单,主要起绝缘作用,仅含 3 种蛋白质,约占 18%;细菌质膜担负着物质转运、能量转化以及核酸合成等功能,所含蛋白质比例也很高(表 9-3)。

表 9-3 生物膜的化学组成

生物膜	蛋白质/%	脂质/%	蛋白质/脂质
髓鞘(myelin)	18	79	0.23
人红细胞质膜	49	43	1.1
大鼠肝细胞膜	46	54	0.85
内质网系膜	67	33	2.0
线粒体外膜	52	48	1.1
线粒体内膜	76	24	3.2
菠菜叶绿体片层膜	70	30	2.3
革兰氏阳性菌质膜	75	25	3.0

(一)膜脂

膜脂主要包括磷脂、糖脂和胆固醇。磷脂含量最高,占总膜脂的 55%～75%。磷脂中以甘油磷脂为主,包括磷脂酰胆碱、磷脂酰乙醇胺、磷脂酰甘油、磷脂酰肌醇、心磷脂以及磷脂酰丝氨酸等,以前二者比例最高。糖脂含量约占膜脂总量的 5%,以鞘糖脂为主。糖基种类因细胞膜而异。胆固醇以游离状态存在于膜中,一般动物细胞膜胆固醇含量高于植物细胞膜,质膜胆固醇含量高于内膜系统。

(二)膜蛋白

膜蛋白是膜生物学功能的主要体现者,细胞 20%～25%的蛋白质参与了膜结构。目前已知的膜蛋白有酶、膜受体、转运蛋白、细胞骨架蛋白及抗原等。根据蛋白质与膜脂相互作用的方式及其在膜中的定位,将膜蛋白分为外周蛋白(peripherin)、内在蛋白(integral protein)以及脂锚定蛋白(lipid-anchored protein)。

1. 外周蛋白

外周蛋白通常占膜蛋白的 20%～30%,多为水溶性,分布于膜外表面。它们通过极性氨基酸残基以次级键与膜脂的极性头部结合(图 9-16)。这种结合不太紧密,可在不破坏膜结构的情况下,利用温和方法,如改变介质的离子强度或 pH 等将其与膜分离。线粒体内膜上的细胞色素 c、己糖磷酸激酶等均属此类蛋白。

2. 内在蛋白

内在蛋白也称整合蛋白，通常占膜蛋白总量的 70%～80%。它们通过非极性氨基酸残基与膜脂分子的疏水区相互作用，不同程度地插入或贯穿于脂质双分子层中（图 9-16）。内在蛋白跨膜区的二级结构多为 α-螺旋（图 9-17），也有以 β-折叠为主，形成稳定性的结构。

在体外溶液中，内在蛋白的周围常结合一层或几层脂类分子，它们的存在有利于维持内在蛋白的构象和活性。如肌浆网膜的 Ca^{2+}-ATP 酶，至少需要 30 个磷脂分子才表现出完整的活性。有的膜蛋白对膜脂还有专一性要求，例如，线粒体内膜的 β-羟丁酸脱氢酶需要卵磷脂才有活性，若用鞘磷脂代替，酶活性将下降一半。内在蛋白的分离难度较大，需要使用非离子去污剂（如 Triton X-100）或超声波处理。

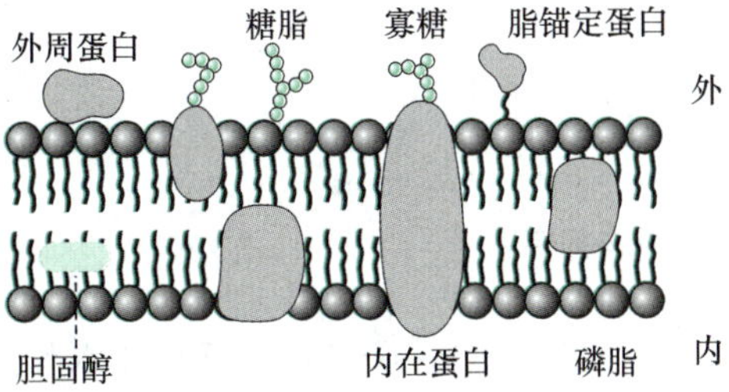

图 9-16 生物膜结构的模式图

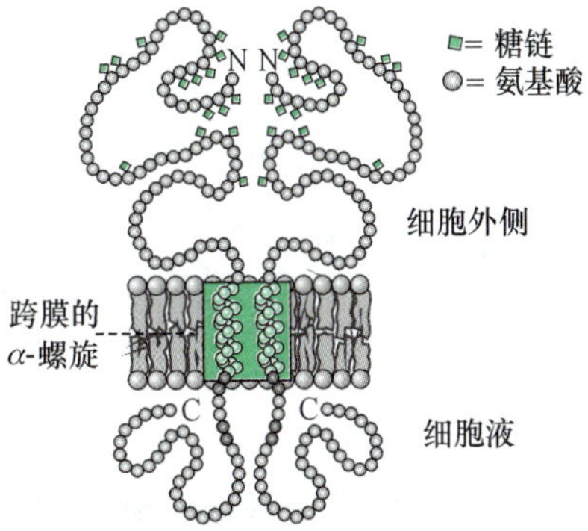

图 9-17 一种膜内在蛋白示意图

3. 脂锚定蛋白

脂锚定蛋白是通过与脂质相连固定在膜上的一类蛋白质。脂锚定蛋白因存在锚链而具有更大的活动度，易在膜上成簇，在细胞识别和信号跨膜转导中发挥作用。膜锚定蛋白与膜结合牢固，所以分离时需要利用专一性的水解酶，如磷脂酶。

脂锚定蛋白能够通过多种脂质连接方式锚定在生物膜上。例如，一些蛋白质能够通过其半胱氨酸残基的侧链中的巯基或者丝氨酸残基侧链中的羟基与膜中棕榈酸羧基中羟基脱水形成共价连接；一些蛋白可以通过糖基磷脂酰肌醇（glycosyl phosphatidylinositol，GPI）（图 9-18）锚定在质膜上。GPI 锚定蛋白的功能非常多样，它们涉及细胞膜蛋白的运输、细胞黏附、细胞壁合成以及细胞表面保护等多个方面，在众多生物学过程中扮演着不可或缺的重要作用。

二、生物膜结构

（一）脂双层

1925 年，E. Gorter 与 F. Grendel 用丙酮抽提红细胞膜的脂质，巧妙地铺成单分子层，测定出红细胞膜的表面积，发现实测面积为估算面积的 2 倍，因而提出生物膜结构是膜脂分子以尾对尾排列成的脂双层（lipid bilayer）形式（图 9-19）。

迄今为止，脂双层理论仍然被广泛接受。具有两亲性特征的膜脂分子是脂双层结构的分子基础。在水环境中，膜脂分子的亲水头部通过氢键与水分子相互作用而向着水相，疏水尾部依赖疏水作用而相互聚拢成簇，自组装成双分子层。脂双层有以下特点：脂双层的形成是一个

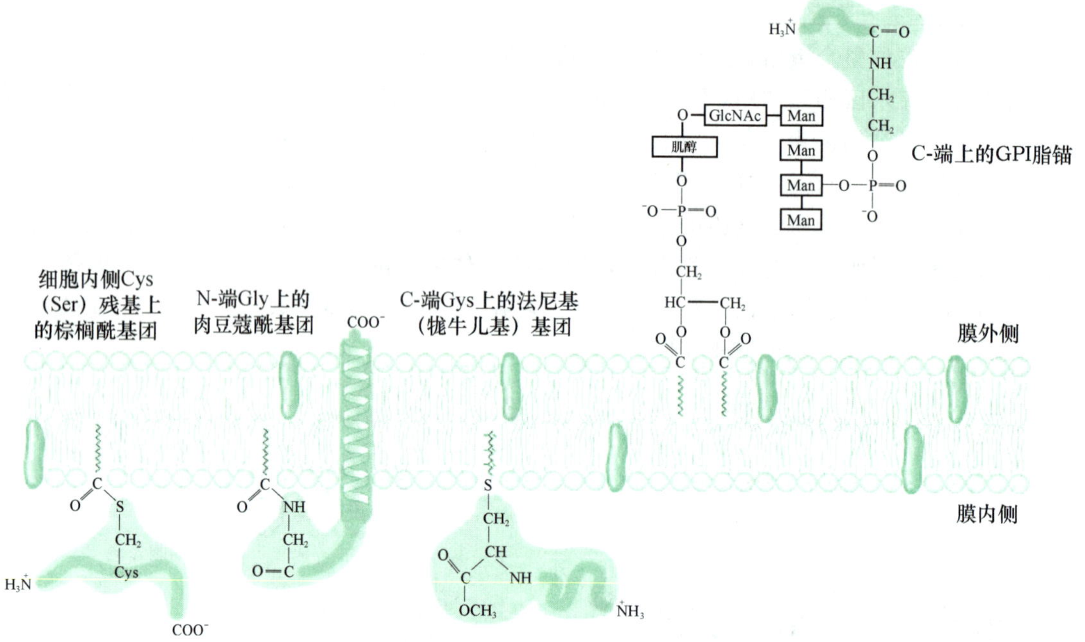

图 9-18　不同脂质与蛋白的连接

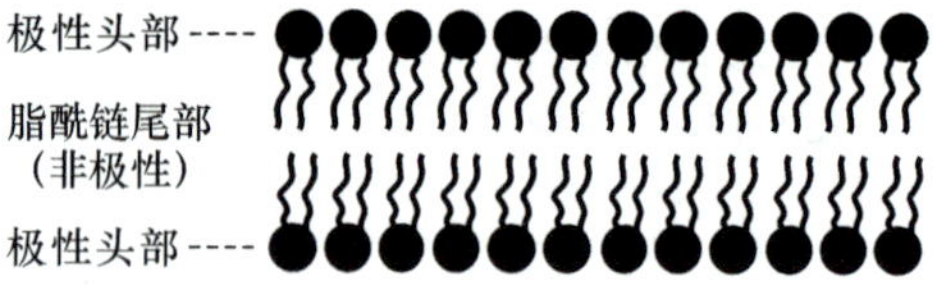

图 9-19　脂双层示意图

快速的自组装(self-assembly)过程,疏水作用是主要的驱动力;脂双层结构是厚度为 5～6 nm 的非共价协同结构(cooperative structure);脂双层是一个自我封闭(self-sealing)的连续系统,破损后可自我修复;脂双层对离子和大多数极性分子高度不渗透。

(二)生物膜具有流动性和不对称性

生物膜是由膜脂和膜蛋白定向排列、高度组织化的大分子装配体,属于超分子复合体。流动性和不对称性是生物膜的主要结构特征,也是膜行使生物功能的基础。

1. 膜脂的流动性

磷脂分子在膜内可做侧向扩散(lateral diffusion)、翻转扩散(flip-flop diffusion)、旋转扩散(rotational diffusion)等多种形式运动(图 9-20)。侧向扩散和旋转扩散比较快,而翻转扩散很慢,需要消耗能量并克服脂双层中部疏水区对其极性头部的排挤作用。最新研究证明,细胞存在一类翻转酶 (flippase and floppase),可以利用 ATP 的能量将磷脂分子从脂双层的一侧移动到另一侧。

2. 膜蛋白的流动性

膜蛋白具有流动性的最典型证据来自 1970 年 L. D. Frye 和 M. Edidin 的细胞融合实验(图 9-21)。以人细胞和鼠细胞为材料,用带有不同荧光基团的抗体分别对两种细胞表面的特异抗原蛋白进行免疫荧光标记,然后在合适条件下进行细胞融合。在融合初期,可看到杂合细胞的两半分别呈现不同颜色荧光;当保温一定时间后,两种颜色的荧光点均匀分布于杂合细胞的表面,由此证明膜蛋白在脂双层中可以运动。

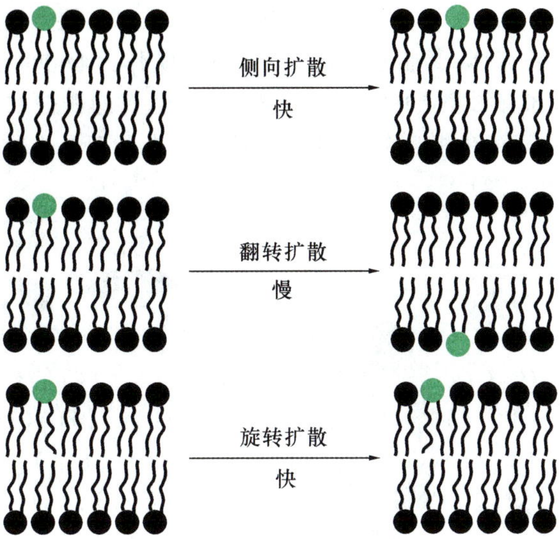

图 9-20　生物膜中的磷脂运动

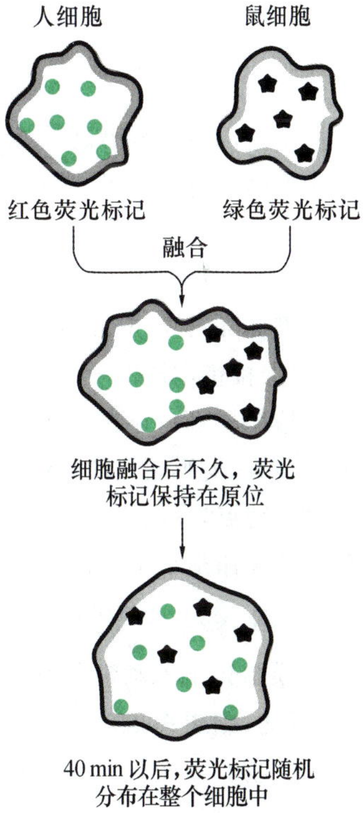

图 9-21　用细胞融合法证明膜蛋白流动性

证明膜蛋白流动性的一个更快速的方法是光致荧光漂白恢复(fluorescence photobleaching recovery)技术。技术要点是：将活细胞的某种膜蛋白进行荧光标记，荧光显微镜下观察可见整个细胞呈现均匀荧光；然后用一定强度的激光对细胞某一点进行连续照射，使照射点的荧光发生不可逆的猝灭，呈现一个黑点；光漂白后的细胞在合适条件下放置一定时间，再进行荧光显微观察，可见整个细胞又呈现均匀荧光。即可证明膜蛋白在生物膜上发生了移动。

3. 生物膜的不对称性

膜脂和膜蛋白在脂双层两侧的分布具有不对称性。如磷脂酰胆碱和鞘磷脂多分布在膜的外层，而磷脂酰乙醇胺、磷脂酰丝氨酸和磷脂酰肌醇多分布在膜的内层。磷脂酰乙醇胺和磷脂酰丝氨酸的头部基团均带负电，致使生物膜内侧的负电荷大于外侧。膜蛋白分布的不对称主要体现在 3 个方面：①内在蛋白在脂双层中的镶嵌具有方向性，即使整个蛋白贯穿膜全层，两侧氨基酸顺序也是不同的；②外周蛋白的分布不对称，如 Mg^{2+}-ATP 酶、磷酸二酯酶等均分布在膜的外表面，而腺苷酸环化酶分布在膜内表面；③糖蛋白与糖脂的糖基分布不对称，通常暴露于膜外。生物膜的不对称性保证了膜在执行功能时按一定方向进行。

(三)流动镶嵌模型

1972 年，S. J. Singer 和 G. L. Nicolson 基于脂双层模型和有关膜蛋白流动性的报道，提出了生物膜的流动镶嵌模型(fluid mosaic model；图 9-22)，认为生物膜是一种流动的、嵌有各种蛋白质的脂双层结构；膜脂分子在脂双层中可以自由快速侧向扩散，是流动脂质，蛋白质犹如一座座冰山(iceberg)漂移在流动脂质的“海洋”中。

流动镶嵌模型是迄今为止最受关注的生物膜结构模型。其要点是:①生物膜是由脂质和蛋白质分子按二维排列的流体;②脂双层有双重作用,既作为膜蛋白的溶剂,又是渗透屏障(permeability barrier);③有的膜蛋白结合于脂双层表面,有的镶嵌在脂双层中,有的横跨脂双层,它们与膜脂分子之间存在相互作用;④各种膜组分在脂双层上的分布是不对称的,糖基总是分布于膜外表面(图 9-22)。

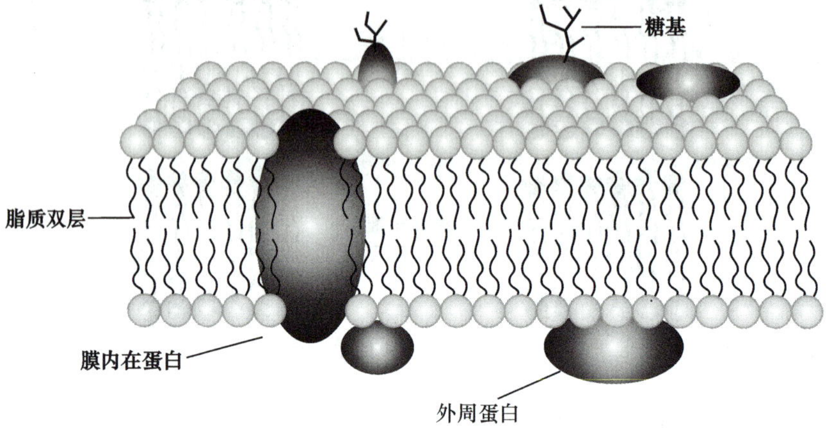

图 9-22 生物膜的流动镶嵌模型

继流动镶嵌模型之后,M. K. Jain 和 H. B. White 于 1977 年又提出板块模型(plate-model),认为生物膜是由分子组成、结构、大小、流动性不同的板块形成的,各组分存在一定的结构和功能联系。该模型强调了生物膜结构和功能的局域化特点。1997 年,K. Simons 和 E. Ikonen 从生物膜中分离到一种不溶于去污剂、富含糖脂的复合物,该复合物主要由鞘脂和胆固醇组成,并提出脂筏模型(lipid raft model)。该模型认为该复合物能作为“功能筏”(functional raft)在脂双层中运动,是连接蛋白质的平台。

膜结构理论还在不断发展中。现代研究发现,许多膜蛋白透过脂双层与膜内侧的细胞骨架相连接,这类膜蛋白的运动受细胞骨架的制约和牵动。细胞骨架主体结构是微丝、微管,它们具有动态特点,在细胞运动、物质运输、信号转导等重要生命过程中发挥作用。膜蛋白和细胞骨架蛋白的互作是细胞生物学中一个崭新的研究领域。

(四)影响生物膜流动性的重要因素

膜脂分子流动性影响膜蛋白的构象与功能。流动性降低时,内在膜蛋白更多地暴露于膜外;反之,则更多地深入脂双层中。

生物膜流动性受环境温度的影响(图 9-23)。低温下,磷脂分子由于脂酰链的相互靠近形成有序的刚性状态,称为凝胶态(gel phase);随着温度的升高,脂酰链因运动加强而排列疏松,脂双层呈现相对无序状态,称为液晶态(liquid crystalline phase)。两种状态的转变温度称为相变温度(T_c)。当 $T<T_c$ 时为凝胶态;当 $T>T_c$ 时为液晶态。

不同来源的生物膜,膜脂组成不同,相变温度也不同。由于生物膜组成上的复杂性,实际上,从凝胶态向液晶态的转变是慢慢发生的。在正常环境温度下(10～40 ℃),生物膜的相变可局部发生。

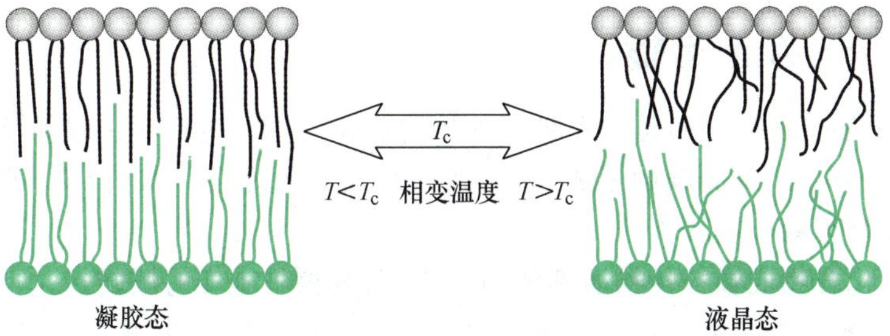

图 9-23　膜脂流动性受温度影响

生物膜流动性受磷脂分子脂酰链饱和度和长度的影响。不饱和度越高，相变温度越低，流动性越好，这是因为顺式双键的存在干扰了分子间的整齐排列。相反，饱和度越高，相变温度也越高，流动性越差，这是因为饱和脂酰链伸展更充分，它们之间更容易借助范德瓦耳斯力相互靠近而形成有序、紧密的晶状体列阵。脂酰链越长，越容易通过疏水作用相互聚合成稳定的液晶态。植物及变温动物的细胞膜不饱和度高，因此，即使在较低的温度下，也能保持细胞膜的流动性。

生物膜流动性可被调节。在不同生存条件下生物体能够对膜流动性进行自我调节，以保证膜功能。主要有两个途径：调节不饱和/饱和脂酰链的比例；增加胆固醇在生物膜中的比例。胆固醇对生物膜的流动性具有双重调节作用。在相变温度以上，胆固醇的存在可以降低膜的流动性和通透性，从而使膜趋于液晶态；在相变温度以下，胆固醇可以降低磷脂分子的有序排列，增强膜的流动性。

第三节　生物膜功能

生物膜能使细胞局域化，参与细胞的各种膜融合活动，在细胞物质运输、能量转换和信息识别与传递中起重要作用。

一、生物膜作为渗透屏障使细胞局域化

生物膜是一种具有高度选择性的渗透屏障。质膜使细胞具有一定的边界，将细胞质与环境分开；内膜系统形成各种细胞器，使细胞内含物在空间上和功能上实现局域化。

生物膜的渗透屏障作用具有重要的生理意义：①保持细胞形态，并维持细胞内一定的 pH 和内含物，为生理活动提供适宜环境；②选择性地摄取细胞代谢底物，排出和分泌代谢产物和废物；③使不同代谢途径的酶定位于特定区域（表 9-4），为代谢途径的高效进行和适时调节提供条件。

表 9-4　一些酶在细胞中的定位

细胞定位	酶
细胞质	糖酵解相关酶，糖原合成和分解相关酶，磷酸戊糖途径相关酶，脂肪酸合酶等
线粒体	三羧酸循环相关酶，氧化磷酸化相关酶，脂肪酸 β-氧化相关酶等
质膜	Na^+/K^+-ATP 酶，腺苷酸环化酶等
溶酶体	蛋白酶，脂酶，磷酸酶，磷脂酶，糖苷酶等
过氧化物酶体	过氧化氢酶，过氧化物酶，氨基酸氧化酶等
细胞核	DNA 聚合酶，RNA 聚合酶等，核酶等

二、膜融合与膜泡运输

膜融合(membrane fusion)是一个重要的生物现象。许多生物学过程如精卵结合、高尔基囊泡的分泌、细胞分裂后细胞膜的形成、植物细胞小液泡的融合、病毒侵染、神经细胞交流、胞吞、胞吐等,都涉及膜融合过程。

许多大分子化合物或颗粒性物质不能通过质膜,真核细胞在跨膜转运这些物质时,将其包裹在膜泡内,通过膜融合完成转运。膜泡运输为高度有序的定向运输。按照转运方向可分为内吞作用(endocytosis)和外排作用(exocytosis)。发生内吞作用时,被吞入细胞的物质逐步被质膜的一小部分包围,膜先发生凹陷,接着从膜上出芽形成一个包含有被吞入大分子的胞内小泡。根据被吞物质的大小、物理状态及是否需要细胞表面的特异性受体分成 3 类:胞噬作用、胞饮作用和受体介导的胞吞作用。胞噬和胞饮现象属于非特异性的内吞作用。这里重点讨论受体介导的胞吞作用(receptor mediated endocytosis)。

受体介导的胞吞作用具有高度选择性,能浓缩胞外低浓度的特定大分子,使摄取效率大大增加。有 50 种以上的蛋白质,包括激素、生长因子等都是通过这种方式进入细胞的。研究比较深入的受体介导胞吞过程是哺乳动物细胞对低密度脂蛋白(LDL)颗粒的摄取。如图 9-24 所示,LDL 与质膜上的 LDL 受体蛋白(receptor,R)特异结合,诱导质膜内陷,连同 LDL 颗粒和受体一起进入细胞质内,借助膜融合形成有被囊泡(coated vesicle),并进一步转变为内吞体(endosome);在位于膜上的 H^+-ATP 酶的作用下,质子被泵入内吞体,在 pH 达到 5～6 的酸性条件时,受体与 LDL 的颗粒解离,并分隔到两个小囊泡中。含受体的小泡返回到质膜参与再循环,含 LDL 的小泡与溶酶体(lysosome)融合,被水解酶分解为游离的胆固醇和氨基酸,继续进行代谢。如果细胞质膜上的 LDL 受体发生异常突变,失去正常功能,将有大量 LDL 滞留在血液中,这会导致与高血脂有关的多种疾病。

从图 9-24 还可以看出,新合成的 LDL 受体蛋白在从内质网到高尔基体,最后掺入细胞膜结构的过程中,也有多次膜融合过程。需要提及的是,膜融合不是一个自发进行的简单过程,它不仅需要能量,而且需要众多特异蛋白质参与,如在细胞内吞作用中,质膜内侧有肌动蛋白微丝的收缩。又如,在胞吐过程中,转运囊泡不能自发与质膜融合,只有除去膜表面的水分子,使两者之间的距离靠近到 1.5 nm 之内时才能发生融合。虽然膜融合的分子机理尚不十分清楚,但膜融合的应用已经非常广泛,通过细胞融合,可以实现不同物种间遗传物质的有效交换和新物种的培育。

三、小分子跨膜转运

除了通过膜融合实现大分子物质的跨膜转运外,生物体内还存在着各类小分子和离子的跨膜转运(transmembrane transport)。跨膜转运有不同方式(图 9-25):如果物质单独地跨过膜,从膜一侧转运到另一侧,称为单向转运(uniport);如果一种物质的跨膜转运伴随有另一种物质的转运,称为协同转运(cotransport)。协同转运中,方向相同的称为同向转运(symport),方向相反的称为反向转运(antiport)。根据转运过程是否需要额外消耗能量,跨膜转运可以分为被动转运(passive transport)和主动转运(active transport)。

(一)被动转运

物质从高浓度的一侧通过膜转运到低浓度的一侧,即顺浓度梯度的方向进行跨膜转运的过程,称为被动转运。被动转运的速度取决于膜两侧溶质的浓度差及溶质分子的大小、电荷性质等。根据热力学第二定律,被动转运时自由能减少,熵增加,因此是一个不需要耗能的自发

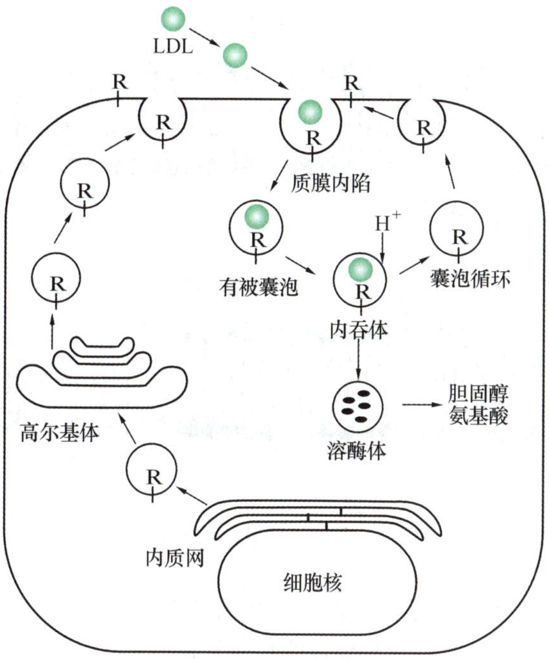

图 9-24　膜受体介导的低密度脂蛋白转运

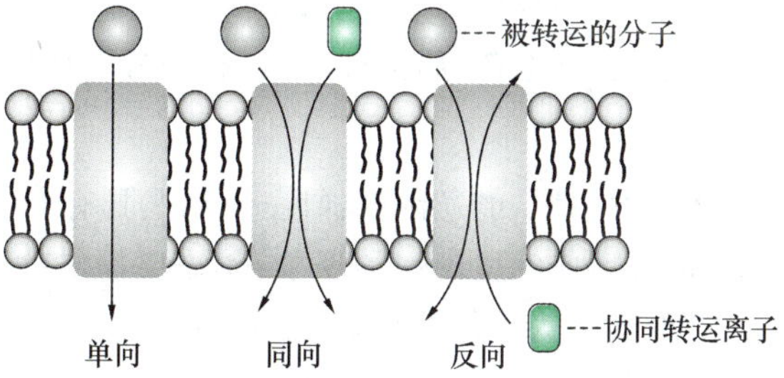

图 9-25　物质跨膜转运的方式

过程。根据是否需要专一性载体蛋白参与，将被动转运分为简单扩散和易化扩散。

1. 简单扩散

简单扩散(simple diffusion)即被动扩散(passive diffusion)。膜脂具有可塑性，能形成直径约为 8 nm 的瞬间通道，允许一些小分子物质跨膜扩散。简单扩散是许多脂溶性或极性小分子跨膜转运的主要方式，其主要特点是不与膜组分发生任何反应，只要物质在膜两侧保持一定浓度差，即可实现扩散转运。

2. 易化扩散

易化扩散是借助膜载体蛋白(carrier protein)或通道蛋白(channel protein)实现跨膜扩散。

载体蛋白又称为载体、通透酶或转运体等，它能和特定溶质结合，通过自身构象变化或移动，协助溶质顺浓度梯度跨膜转运(图 9-26A)。其主要有离子载体和通道蛋白两种类型。能转运离子的载体称为离子载体(ionophore)。脂溶性抗生素——缬氨霉素是一种典型的 K^+ 离子载体，其环肽内部为电负性，能将 K^+ 包裹起来形成复合物(详见第三章)；通过在膜中来回穿梭运动，协助 K^+ 跨膜扩散，破坏细胞质膜电化学梯度。缬氨霉素与 K^+ 的亲和力比 Na^+ 高上千倍，其原因是 Na^+ 的助溶化作用比 K^+ 高，缬氨霉素需要付出更高代价才能使 Na^+ 脱离开水环境。

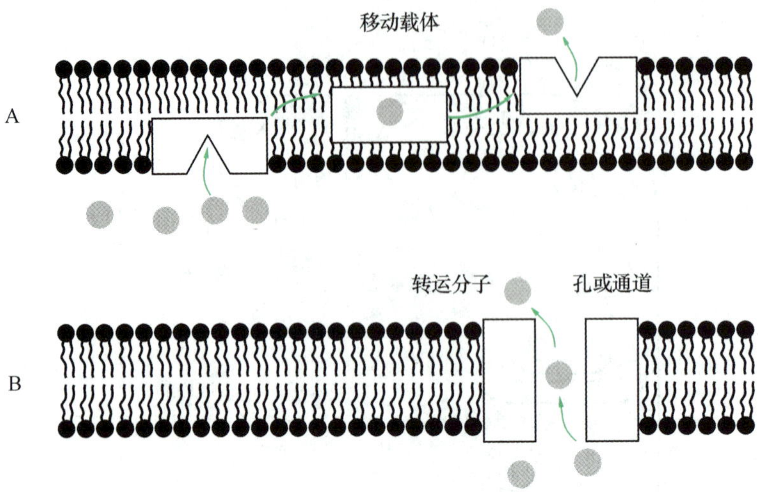

图 9-26　易化扩散的可能机制

通道蛋白自身形成亲水性孔道(图 9-26B)。其中有些允许适当大小和带电荷的溶质直接通过，对被转运物质选择性较差。如大肠杆菌外膜或线粒体外膜上的孔道蛋白(porin)，形成直径 1 nm 的孔道，它对分子量在 600 以下的亲水性分子是通透的。有的通道蛋白则对被转运物质具有高度选择性，在识别出被转运物时瞬间打开，让物质通过，如人红细胞膜上的葡萄糖转运蛋白。

总之，被动转运的主要特点是：顺浓度梯度进行；不需要额外提供能量；转运速率既依赖于跨膜物质浓度差，又与物质分子大小、电荷、脂溶性有关，有些具有特异性。

(二)主动转运

主动转运的特点是：①具有方向性，能逆浓度梯度进行；②具有专一性，即被转运物质是特定的；③需要专一性转运蛋白，转运速度呈现饱和现象；④需要提供能量，能量形式为 ATP 或跨膜离子梯度。依赖于 ATP 的转运为一级主动转运(primary active transport)，依赖于离子梯度的转运为次级主动转运(secondary active transport)。下面举例说明：

1. 钠钾泵的主动转运

生物细胞内外存在离子梯度差。在动物细胞中，细胞内高 K^+ 低 Na^+，而外环境中则相反。丹麦科学家 J. C. Skou 于 1957 年发现细胞膜上有一种酶，需要在 Na^+ 和 K^+ 同时存在时才能水解 ATP，命名为 Na^+/K^+-ATP 酶(Na^+/K^+-ATPase)。研究证明它是一个钠钾泵(Na^+/K^+ pump)，能借助水解 ATP 向胞外运输 Na^+，向胞内运输 K^+，用于维持细胞膜内、外的 Na^+、K^+ 浓度差异。

Na^+/K^+-ATP 酶为异四聚体跨膜蛋白($\alpha_2\beta_2$)，其中 β 亚基是糖蛋白，功能尚不清楚；α 亚基是催化亚基，在面向细胞质一侧有 Na^+ 和 ATP 结合位点，而向细胞外一侧有 K^+ 结合位点。

Na^+/K^+-ATP 酶每水解 1 分子 ATP，泵出 3 个 Na^+，泵入 2 个 K^+。构象变化假说认为，离子转运时，首先 3 个 Na^+ 与脱磷酸化形式的酶结合，然后酶水解 ATP 发生磷酸化反应；磷酸化后的酶构象发生变化，对 Na^+ 亲和力降低，3 个钠离子释放到胞外；位于胞外的 2 个 K^+ 结合到孔穴中，诱导 Na^+/K^+-ATP 酶去磷酸化，恢复到原来的构象，同时把 K^+ 运进膜内(图 9-27)。磷酸化/去磷酸化引起酶构象变化是 Na^+/K^+-ATP 酶实现 Na^+、K^+ 双向协同转运的分子机制。

Na^+/K^+-ATP 酶的主动转运具有重要的生理意义。Na^+、K^+ 的跨膜电化学梯度不仅维持细胞膜电位，使细胞处于可兴奋状态，还能调节细胞体积，并驱动某些细胞中糖或氨基酸的主动转运。如果该酶活性被抑制，细胞活动将受到严重伤害。非洲有一种灌木种子含有丰富的固醇衍生物——乌苯苷，性质剧毒，曾作为“箭毒”用于猎杀动物，这种物质是 Na^+/K^+-ATP 酶的专一性抑制剂。

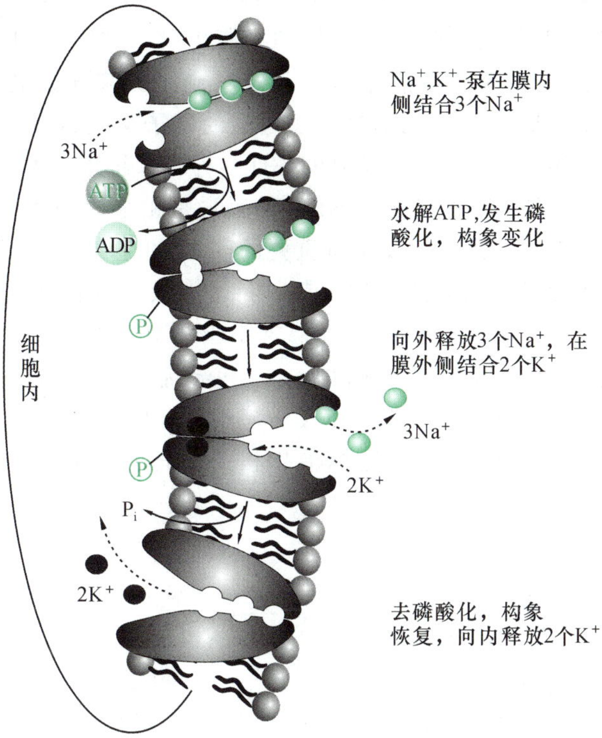

图 9-27 Na^+/K^+-ATP 酶的作用机理

知识拓展框

Na^+/K^+-ATPase 的功能与疾病

自 1957 年由 Skou 发现以来，依赖于钠、钾的腺苷三磷酸酶（EC 7.2.2.13，简称 Na^+/K^+-ATPase，NKA，又称钠钾泵）的研究，一直受到大家的关注。NKA 对离子的转运循环依赖自磷酸化过程，ATP 水解后产生的 1 个磷酸基团可转移到该酶的 1 个天冬氨酸残基上，形成磷酸化酶并导致构象的变化。其中 1 分子 ATP 水解释放的能量，会将 3 个 Na^+ 转运出细胞和 2 个 K^+ 转运进细胞中，造成跨膜梯度和电位差，在维持细胞膜上的电化学梯度方面发挥重要作用。

NKA 是细胞膜上表达非常丰富的蛋白，不仅是离子泵，更是一种信号传导蛋白或细胞保护蛋白，与机体内许多代谢反应密切相关，在维持细胞体积、信号转导和营养物质的二次转运过程中起着关键的作用，而且能够与细胞膜上的多个离子通道协同作用，形成离子稳态调控的动态网络，并通过调节不同类型细胞之间的化学信号和离子平衡来影响细胞通信。

研究表明，NKA 也是某些疾病的治疗靶点，NKA 与多种疾病发生相关，如糖尿病、心脏病、肿瘤等。2020 年，有报道指出肌醇六磷酸激酶-1（IP6K1）的产物 5-焦磷酸肌醇-（1，2，3，4，6）五磷酸（5-InsP_7）是促进 NKA 内吞、降解的内源性分子，该研究阐明了 5-InsP_7 作为内源性抑制剂，促进 NKA 降解的细胞生物学功能和相关分子机制。在乳腺癌、黑色素瘤、前列腺癌等多种癌细胞中都观察到了钾离子通道的高表达，并且证实，阻断钾离子通道的表达，或者阻滞钾离子通道的离子交换过程，能使肿瘤细胞增殖减慢。2024 年，有报道指出 NKA 的膜缺失是许多神经系统疾病发生的关键，特别是在脑卒中和帕金森病中，多巴胺神经元上 NKA 的丢失是帕金森病发生的重要因素，同时发现小胶质细胞上 NKA 与焦虑症发生有重要的联系，并总结了中枢神经系统中 NKA 新的生物学功能及与 NKA 相关的发病机制。科研人员一直在寻找 NKA 的内源性调控分子，目前发现 NKA 具有抗炎的功能，稳定小胶细胞质膜上的 NKA 很可能成为治疗应激性焦虑症的新方法，Na^+/K^+-ATPase-1 在癌细胞的离子转运、新陈代谢、迁移和信号传导方面起着关键性的作用。以 NKA 为靶点的药物在治疗心血管疾病和癌症等疾病中发挥一定的疗效，以 NKA 为靶标治疗相关疾病的新策略，在未来将开发出更多、更有效的方法。

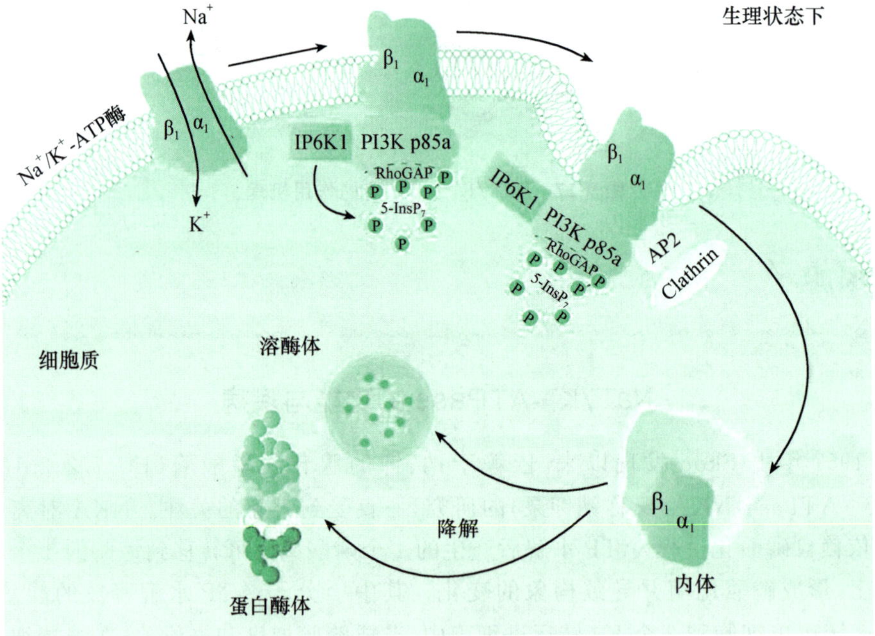

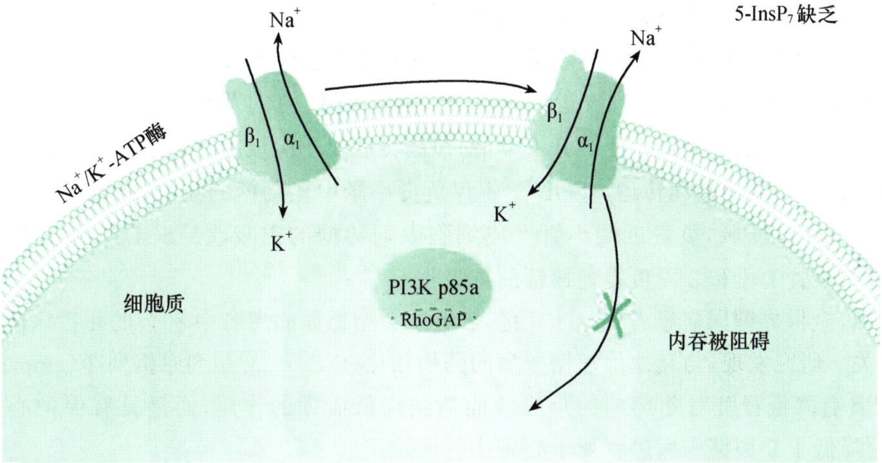

[1] Huang S, Dong W, Lin X, et al. Disruption of the Na^{+}/K^{+}-ATPase-purinergic P2X7 receptor complex in microglia promotes stress-induced anxiety. Immunity, 2024, 57(3): 495-512.

[2] Alferd C C, Zhe G, Andrew M R, et al. The inositol pyrophosphate 5-$InsP_7$ drives sodium-potassium pump degradation by relieving an autoinhibitory domain of PI3K p85α. Science Advances, 2020, 6(44): 1-13.

2. 糖和氨基酸的主动转运

许多糖和氨基酸的主动转运属于次级主动转运，依赖于金属离子或 H^{+} 梯度储存的能量。大肠杆菌细胞膜有一种半乳糖苷透过酶(galactoside permease)，能利用 H^{+} 梯度同向转运乳糖，每转运 1 分子乳糖进入细胞，同时伴随 1 个 H^{+} 的同向协同转运。小肠或肾细胞对葡萄糖的转运和红细胞不同，葡萄糖需要通过专一性转运载体并伴随 Na^{+} 一起转运到细胞内，既属于协同转运，又是主动转运，且为次级主动转运。如果细胞外的 Na^{+} 浓度明显减少，葡萄糖的转运也就减慢或停止。实际上，进入细胞中的 Na^{+} 通过 Na^{+}/K^{+}-ATP 酶又可回到细胞外，继续维持其跨膜梯度，从而使葡萄糖不断转运进入细胞。

知识拓展框

SGLT 主动转运葡萄糖

哺乳动物细胞主要是通过同向转运的钠依赖葡萄糖转运体(sodium dependent glucose transporter, SGLT)和单向转运的葡萄糖转运体(faciliated glucose transporter, GLUT)进行跨膜葡萄糖转运以满足细胞的需要。截至 2015 年，有关人体 SGLT 蛋白家族已经鉴定到 6 个同工异型体。其中 $SGLT_1$ 分布在小肠、心脏、肺和肝脏等多种组织中，而 $SGLT_2$ 主要分布在肾脏中。如图所示，在哺乳动物小肠腔刷状椽细胞中面向小肠腔一侧分布着 $SGLT_1$，而远离小肠腔面向毛细血管一侧则分布着 Na^{+}/K^{+}-ATP 酶和单向葡

葡糖转运体 $GLUT_2$。在 Na^+/K^+-ATP 酶的作用下，细胞内的 Na^+ 被运离细胞，进而形成细胞内 Na^+ 浓度小于细胞外的情况，在 Na^+ 顺着浓度梯度经 $SGLT_1$ 进入细胞的同时，葡萄糖逆着浓度梯度也经 $SGLT_1$ 被运入细胞内，随后细胞内的葡萄糖顺着浓度梯度经过 $GLUT_2$ 被动进入毛细血管。经 $SGLT_1$ 的葡萄糖转运属于次级主动转运，而经 $GLUT_2$ 的葡萄糖转运属于协助的被动转运。$SGLT_1$ 不仅负责小肠中葡萄糖的吸收，而且还分布在肾脏的近曲小管 3 段区域，负责近端小管上皮细胞中葡萄糖的重吸收。$SGLT_2$ 主要分布在肾脏，在近曲小管 1 段和 2 段负责葡萄糖的重吸收。

目前，全世界糖尿病患者多达 3.5 亿人，其中 2 型糖尿病患者中 80%的死亡病例都与心脏病相关。研究发现，与其他治疗糖尿病的药物相比，$SGLT_2$ 抑制剂恩格列净(empagliflozin)不仅具有降低肾脏对葡萄糖的重吸收而达到降低血糖的作用，而且具有保护心脏的效果，显著降低了 2 型糖尿病患者死于心脏病的风险。

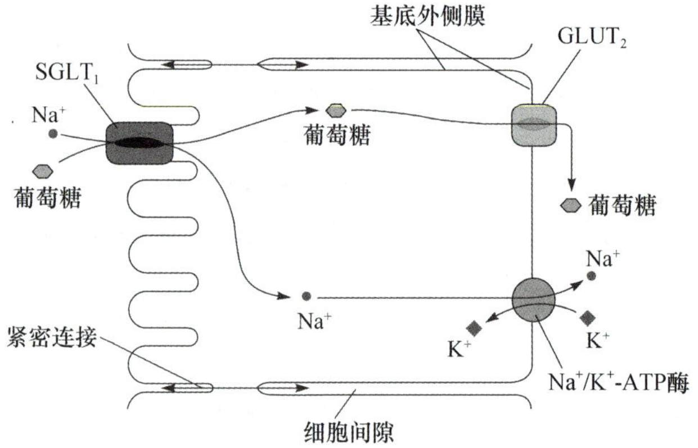

[1] Lahnwong S, Chattipakorn S C, Chattipakorn N. Potential mechanisms responsible for cardioprotective effects of sodium-glucose co-transporter 2 inhibitors. Cardiovasc Diabetol, 2018, 17: 101-117.

[2] Poulsen S B, Fenton R A, Rieg T. Sodium-glucose cotransport. Curr Opin Nephrol Hypertens, 2015, 24(5): 463-469.

[3] Wright E M, Lood D F, Hirayama B A. Biology of human sodium glucose transporters. Physiol Rev, 2011, 91: 733-794.

3. ATP/ADP 交换体

在真核细胞线粒体内膜上，有一类专门用于转运 ATP 和 ADP 的“交换体”(exchanger)，其主要作用是将线粒体基质中产生的 ATP 转运到细胞质中，同时也能将膜外 ADP 和磷酸根再运回线粒体基质中作为 ATP 合成的底物。它是一种跨膜蛋白，以二聚体形式存在，能借助跨内膜的质子梯度反向协同转运 ATP 和 ADP(图 9-28)。ATP 需携带 4 个负电荷才能出膜，而 ADP 需携带 3 个负电荷才能进膜，且由质子驱动力供能，为次级主动转运。两态门控-孔道理论(two-state gated-pore mechanism)认为，每个 ATP/ADP 交换体只含有一个核苷酸结合位点，它能分别针对 ATP 和 ADP 进行孔道开关；当它面向内膜外表面时，对 ADP 具有高亲和力，而面向内膜内侧时，对 ATP 具有高亲和力。换句话说，交换体通过构象交替变化使核苷酸结合位点处于两种不同状态，从而实现 ATP 和 ADP 的交换。

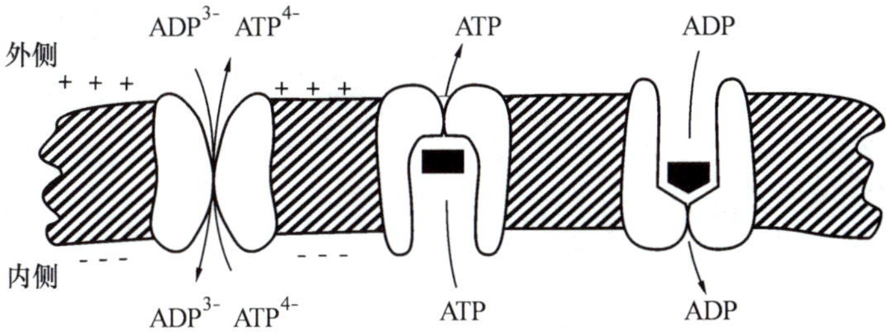

图 9-28 ATP/ADP 交换体的双向协同转运

四、生物膜参与能量转换

生物体内经常发生不同能量形式的转换。如神经传导过程中将化学能转变为动作电位，肌肉收缩时将化学能变为机械能，光合作用将光能变为化学能等，都是在生物膜上进行的。

真核细胞线粒体内膜上存在着一系列酶复合体，它们将从代谢底物脱下的氢和电子进行逐级传递，将释放的自由能暂时转变为跨线粒体内膜的质子梯度，最后再由另一种膜蛋白复合体将这种电化学势转变为 ATP 形式（详见第十章）。

五、胞外信号的跨膜转导

通过生物膜感受外界信号，并做出响应是生物体生存的基本需求。细胞通常是借助膜上的专一性信号受体蛋白（signal receptor）将胞外刺激信号传递到胞内。膜受体可能是酶，也可能是通道蛋白。这里以动物为例，其细胞膜上的受体不同，则细胞信号转导过程也有所不同。动物细胞的膜受体包括：G 蛋白偶联受体（G protein-coupled receptor，GRCR），受体酶（receptor enzyme），如酪氨酸激酶（tyrosine kinase）、核受体（nuclear receptor）以及离子通道（gated ion channel），或者也称为离子通道偶联受体（ion-channel-coupled receptor）。图 9-29 显示了四种不同膜受体介导的细胞信号转导方式。

（一）GPCR 介导的细胞信号转导过程

GPCR 是一类重要的细胞膜表面 7 次跨膜蛋白受体超家族，可将多种胞外刺激分子，包括激素、离子、有机分子和光等转化为细胞内的信号。人类之所以眼可视、舌可尝、鼻可嗅，都离不开 GPCR 蛋白。GPCR 介导的信号跨膜转导基本过程是：首先由胞外刺激，也就是所谓的第一信使，与膜受体蛋白结合，引发相关蛋白的活性改变，由此产生的变化借助信号传递体（transducer）到达效应酶（effector enzyme），被激活的效应酶催化相关反应，产生胞内第二信使（second messenger），第二信使将信号向下继续传递，最后引发细胞做出适时反应（图 9-30）。常见第二信使有环腺苷酸（cAMP）、环鸟苷酸（cGMP）、肌醇三磷酸（IP_3）、二酰甘油（DAG）和 Ca^{2+} 等，常见的信号传递体是 G 蛋白。

G 蛋白是鸟苷酸结合蛋白（guanine nucleotide-binding protein），广泛存在于各种细胞膜上，在膜受体与胞内效应体之间起信号传递作用。G 蛋白是异三聚体膜蛋白，由 α、β 和 γ 3 种亚基组成，其中 β 和 γ 亚基通常紧密结合成 $\beta\gamma$ 二聚体。不同 G 蛋白的 α 亚基不同，α 亚基上有 GTP 和 GDP 结合位点，既可结合 GTP，也可结合 GDP，且具有 GTP 酶活性。G 蛋白依赖自身的活性变化实现跨膜信号转导。以与 GDP 结合的三聚体为非活化状态，GTP 与 α 亚基结合会导致 $\beta\gamma$ 二聚体脱落，转变成活化状态（图 9-31）。

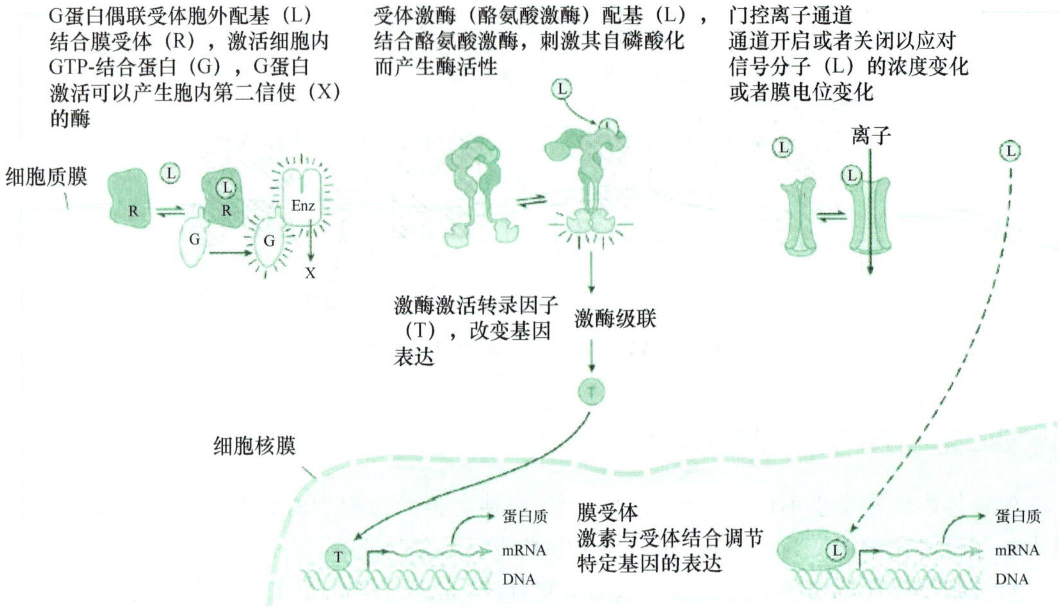

图 9-29　四种类型的信号传递过程

（引自：Nelson and Cox，2021）

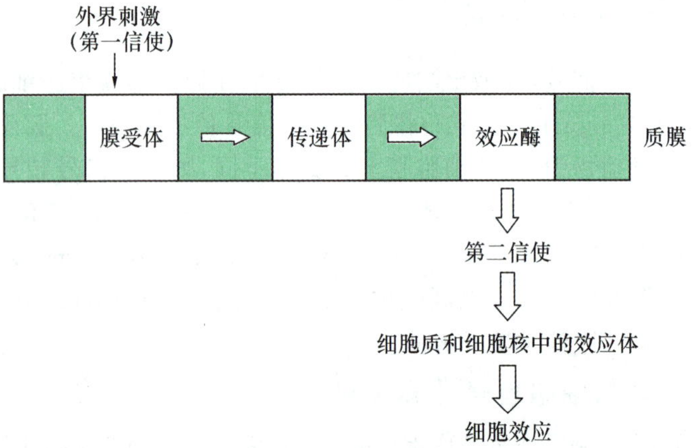

图 9-30　胞外信号的跨膜转导

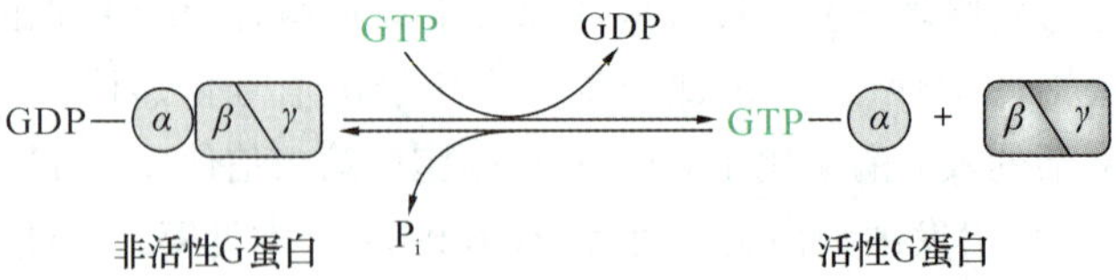

图 9-31　G 蛋白的活化

G 蛋白有激活和抑制两种亚型：激活型表示为 G_s，抑制型表示为 G_i；相应的 α 亚基分别以 $G_{s\alpha}$ 和 $G_{i\alpha}$ 表示（图 9-32）。这里简单介绍腺苷酸环化酶（adenylate cyclase）参与的信号转导途径。不同信号激活 G 蛋白不同亚型，从而改变腺苷酸环化酶活性，严格调节细胞内 cAMP 浓度。

当激活型的激素分子（如肾上腺素）与膜受体蛋白结合后，G 蛋白的 GDP 被 GTP 替代而被激活；它与下游的腺苷酸环化酶作用使后者转变为活化状态，腺苷酸环化酶将 ATP 水解，

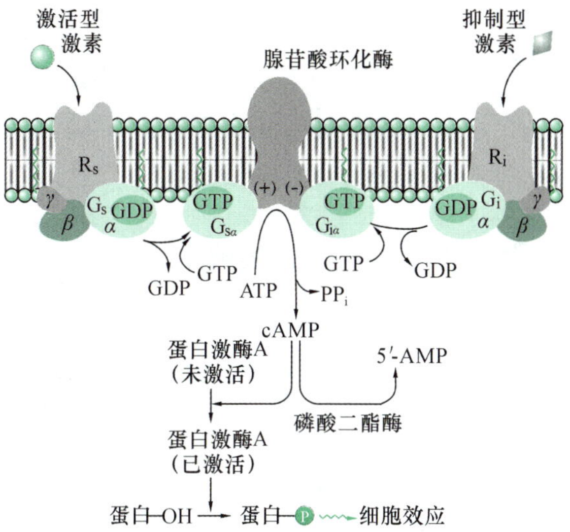

图 9-32　腺苷酸环化酶信号途径

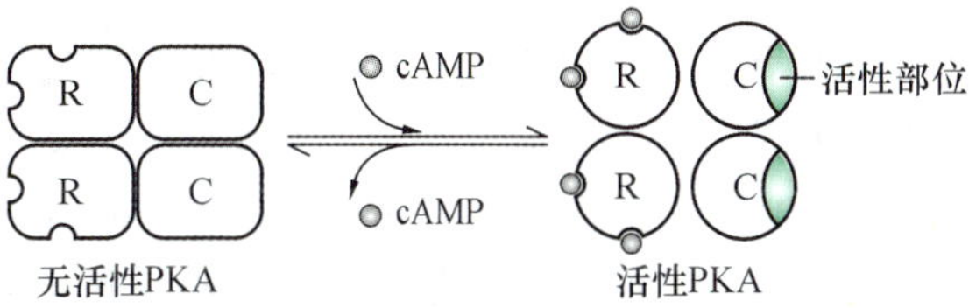

图 9-33　cAMP 激活蛋白激酶 A(PKA)

转变成 cAMP 并释放出焦磷酸；cAMP 激活蛋白激酶 A(protein kinase A，PKA)；活化后的 PKA 继续触发下游的效应体使细胞做出反应。

PKA 的非活性形式是一个四聚体，含有 2 个相同的调节亚基(R)和 2 个相同的催化亚基(C)。当 4 分子 cAMP 结合到 2 个调节亚基时，此四聚体解离成 2 部分，即结合有 cAMP 的调节亚基二聚体和具有催化活性的 2 个分离的催化亚基(图 9-33)。接着催化亚基使胞内多种蛋白质发生磷酸化而被激活，从而引起一系列生理效应。如动物体内，胞外肾上腺素作用于肌细胞膜受体蛋白、导致糖原分解的过程就属于这一类。PKA 使"磷酸化酶 b 激酶"(phophorylase b kinase)发生磷酸化共价修饰而被激活，磷酸化酶 b 激酶又使无活性的"糖原磷酸化酶 b"发生磷酸化成为有活性的"糖原磷酸化酶 a"(详见第五章)。

上述信号传递过程涉及许多酶，这些酶的反应产物往往又是酶，这使得少数激素分子的胞外原始信号在本身并未过膜的情况下，经由一系列酶的逐级传递，在细胞内被极大地放大。这种酶促"级联放大"效应(详见第五章)是酶共价调节和跨膜信号转导途径的重要特征。

信号途径有"开"，也有"关"。需要信号途径关闭时，腺苷酸环化酶活性便被抑制，这个过程由抑制型激素借助相关受体和 G 蛋白完成；另外，当 cAMP 作为第二信使完成任务后，自身将被 cAMP 磷酸二酯酶水解。咖啡因、茶碱是 cAMP 磷酸二酯酶的抑制剂，喝咖啡或茶过多会抑制 cAMP 的水解，延长激素的刺激效应。

值得一提的是，人类有超过 800 个 GPCR，它们参与调节人体几乎所有的生命活动过程，包括化学感知(如视觉、嗅觉、味觉)和内分泌分子相关的调节(如神经传递、免疫调节、代谢调节等)，对 GPCR 结构和功能的研究不仅有助于我们理解其在生理和病理过程中的作用，也为开发新药物提供了重要基础。

(二)其他受体蛋白介导的细胞信号转导过程

除 GPCR 受体外，受体酶、核受体以及离子通道也介导了动物细胞信号转导过程(图 9-29)。

与 GPCR 不同，受体酶，这里以受体酪氨酸激酶(receptor tyrosine kinase，RTK)为例介绍。在细胞膜外侧，RTK 有结合外界刺激的结构域(图 9-34)；在细胞膜内侧，有酶活性结构域。当胞外信号蛋白，例如，表皮生长因子(epidermal growth factor，EGF)、胰岛素(insulin)以及神经生长因子(nerve growth factor，NGF)等，与 RTK 胞外结构域识别结合后，RTK 单体聚合形成二聚体，自磷酸化激活其胞内侧酶活性，被激活的 RTK 能够产生与下游信号蛋白的特异结合位点；之后 RTK 与下游信号蛋白结合，形成信号传递复合物，继而将胞外信号传递下去。值得注意的是，特定的胞外信号蛋白会激发 RTK 产生与特定下游信号蛋白的结合位点，继而传导特定的信号。有关受体酶蛋白单体二聚化的机制不同，图 9-34 显示的只是其中的一种。

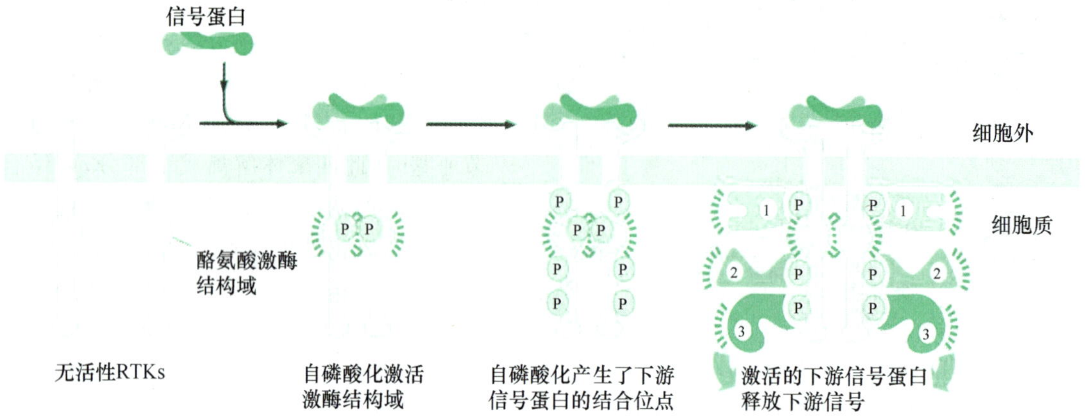

图 9-34　受体激酶介导的细胞信号转导

（引自：Albert et al. ，2022）

类固醇激素、甲状腺激素、类视黄醇以及维生素 D 等一些疏水性分子，可以直接扩散通过细胞膜进入细胞，与细胞内受体相结合，启动细胞对外界信号的响应。细胞内最大的一类受体是核受体超家族(nuclear receptor superfamily)。例如，糖皮质激素受体(glucocorticoid receptor，GR)，是一种各类细胞均表达的核受体家族成员，分子量为 90。糖皮质激素是由肾上腺合成分泌，在血液中由载体蛋白进行转运的胆固醇的衍生物。当激素到达目标细胞时，它通过被动转运穿过细胞膜并与细胞内 GR 结合进入细胞核，GR 可以识别并结合到 DNA 上的糖皮质激素反应元件(glucocorticoid response element，GRE)，激活或抑制与之相邻的基因，如抗炎相关蛋白基因、糖代谢相关的一些基因等。糖皮质激素的信号转导过程不仅对维持机体稳态至关重要，而且在治疗炎症性疾病、自身免疫疾病中发挥着关键作用。

此外，神经细胞之间的快速突触信号，通常是神经递质参与的信号传导，常常会涉及细胞膜离子通道的暂时开与关，改变离子的渗透能力，从而传递信号。

细胞信号转导是生物学研究中十分活跃的领域，它将为人类揭示疾病机制，发现药物靶点等发挥不可或缺的积极作用。

二维码 9-1
生物膜钠钾泵

二维码 9-2
乌本苷、Na^+/K^+-ATP 酶与心脏病

第九章思考题

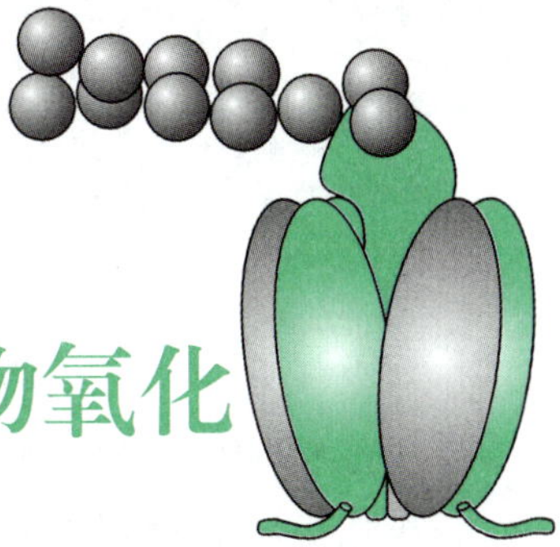

第十章　生物能学与生物氧化

生命体每时每刻都需要能量，所有生命体都是“能量转换器”。光能营养生物（phototroph）通过光合作用将太阳能转化为化学能，用于支持细胞活动或储存起来；化能营养生物（chemotroph）从有机物氧化中分解汲取能量。细胞最方便利用的能量形式是 ATP。有机氧化分解获取能量的过程通常分为 3 个阶段（图 10-1）：第一阶段，大分子分解为有机小分子，如淀粉或糖原被水解为葡萄糖，蛋白质被水解为氨基酸，脂肪被水解为脂肪酸和甘油。这一阶段无 ATP 生成。第二阶段，小分子被降解为代谢关键物质（如乙酰-CoA），同时产生少量 ATP。第三阶段，主要由柠檬酸循环和氧化磷酸化组成，是物质氧化分解的最终共同途径。乙酰-CoA 将乙酰基带入柠檬酸循环中，分解生成 CO_2 及高还原力物质 NADH 和 $FADH_2$；当电子从这些高还原力物质在线粒体内膜上逐级经电子载体传递给 O_2 时，发生氧化磷酸化，产生大量 ATP。由食物降解产生的 ATP 主要来自第三阶段。

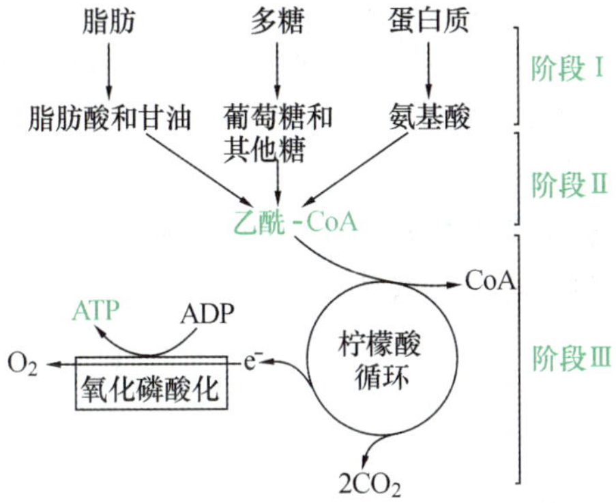

图 10-1　化能营养生物获取能量的 3 个阶段

有机物在生物体内经氧化分解生成 CO_2 和 H_2O，同时产生能量的过程称为生物氧化（biological oxidation），其实质是需氧细胞在呼吸作用中发生的一系列氧化还原反应，又称为细胞呼吸。生物氧化具有一般氧化还原反应的共同特征，主要表现在被氧化的物质总是失去电子，而被还原的物质总是得到电子，并且伴随能量的释放。虽然生物氧化与普通化学氧化（如燃烧）反应产物一样，释放能量完全相同，但二者在过程上有根本区别：①生物氧化是在正常体温、生理 pH、有水的温和条件下进行的，不需要剧烈条件；②生物氧化是代谢物在一系列酶的作用下，逐步氧化分解，分次释放能量，而不是以爆发式进行；③生物氧化释放的能量主要用于 ATP 合成，而非光和热。

要深入理解生物氧化，需要我们利用现代物理学、化学和生物化学的基本理论来描述生物的能量形式及其转换机制。本章首先介绍生物能学（bioenergetics）原理，然后讨论线粒体电子传递链组成和氧化磷酸化机理。

第一节 生物能学原理

自然界中能量的表现形式有多种，热和功是其中的两种主要形式。热是由温差而产生的能量传递形式，总是伴随着质点的无序运动；做功过程则伴随着质点的定向有序运动。生命体与环境既有物质交换，又有能量交换；细胞无时无刻不在进行着物质代谢和能量交换。生命体的能量交换服从热力学第一定律，即“能量守恒”定律。细胞能通过生物氧化将有机物中的化学能转变为细胞做“功”，如肌肉收缩时的机械功、物质跨膜运输的渗透功、大分子合成以及萤火虫发光等。

根据热力学第二定律，在隔离体系中，一个过程只有当其体系和周围环境的熵值总和增加时（总熵变 $\Delta S>0$）才能自发进行。用熵作为衡量一个生物化学过程是否能够自发进行是困难的，因为除了环境熵无法获取外，化学反应熵也不易测量，而用“自由能变化”作为衡量指标，可以排除这个困难。

一、自由能变化是一个反应能否自发进行的依据

自由能（free energy）是指自发反应过程中用于做功的那部分能量。它不仅是体系的一种状态函数，也是判断反应过程能否自发进行的重要依据。自由能的概念是物理化学家 J. W. Gibbs 于 1878 年提出的，因而又称为吉布斯自由能，用符号“G”表示，单位是 J/mol。

在反应 $A \rightleftharpoons B$ 中，产物 B 和反应物 A 的自由能之差（G_B-G_A）即该反应的自由能变化“ΔG”。ΔG 取决于物质的始态和终态，与过程无关，与反应速率也无关。

热力学规定：在标准状况下（25 ℃，1 atm，物质浓度 1 mol/L）的自由能称为标准自由能，用符号“$G^{\ominus}$”表示。在标准状况下，如果一个反应的标准自由能变化 $\Delta G^{\ominus}$ 为负值，表明为放能反应，可以自发进行；反之，则不能。

生物化学反应多数在 pH 为 7.0 的环境中进行，其标准自由能变化用“$G^{\ominus\prime}$”表示

对于生物化学反应：$A+B \rightleftharpoons C+D$，其自由能变化与产物、反应物浓度的关系式如下：

$$\Delta G=\Delta G^{\ominus\prime}+RT\ln\frac{[C][D]}{[A][B]} \tag{10-1}$$

式中，R 为气体常数[8.315 J/(mol·K)]，T 为绝对温度（298 K）；[A]、[B]、[C]、[D]为反应物和产物的摩尔浓度。

由式（10-1）可知，一个反应的自由能变化由两部分组成：一部分是 $\Delta G^{\ominus\prime}$，为固定数值；另一部分是可变值，与温度、反应物和产物浓度有关。如果给定一个温度，并给出反应物、产物的瞬时浓度，即可计算出 ΔG。

在非标准状况下，即使一个反应的 $\Delta G^{\ominus\prime}$为正值，只要 $\Delta G<0$，反应也能自发进行。因此，自由能变化是一个反应能否自发进行的依据。

二、从标准氧化还原电势差计算标准自由能变化

获得一个反应的 $\Delta G^{\ominus\prime}$最方便的方法是测定反应的标准氧化还原电势。

氧化还原反应是一类重要的生物化学反应类型，其基本原理与化学电池相似，即某种物质失去电子的同时伴随另一种物质接受电子。氧化反应与还原反应总是偶联发生。物质得到或失去电子的趋势，称为氧化还原电势（oxidation-reduction potential），用“E”表示，单位是伏特

(V)。在标准条件(25 ℃,1 atm,物质浓度 1 mol/L)下测定的氧化还原电势,即标准氧化还原电势(standard oxidation reduction potential),用“$E^{\ominus}$”表示。$E^{\ominus}$ 值越小,电负性越大,提供电子的倾向越大,还原能力越强;相反,接受电子的倾向越大,氧化能力越强。在氧化还原反应过程中,电子总是从 $E^{\ominus}$ 值较小的低电位物质转移到 $E^{\ominus}$ 值较大的高电位物质,即从电子供体流向电子受体。标准氧化还原电势差 $\Delta E^{\ominus}=E^{\ominus}_{电子受体}-E^{\ominus}_{电子供体}$。

$\Delta G^{\ominus}\Delta$ 与 $E^{\ominus}$ 存在如下关系:

$$\Delta G^{\ominus}=-nF\Delta E^{\ominus}$$

式中,n 为每摩尔反应物转移电子的摩尔数,F 为法拉第常数[96.5 kJ/(V · mol)]。生物化学反应多数是在 pH 7.0 的环境中进行,其标准氧化还原电位变化用“$\Delta E^{\ominus\prime}$”表示。因此,$\Delta G^{\ominus\prime}=-nF\Delta E^{\ominus\prime}$。

只要测定出氧化还原对的 $\Delta E^{\ominus\prime}$,即可计算出 $\Delta G^{\ominus\prime}$。表 10-1 是生物化学中常见氧化还原对的 $E^{\ominus\prime}$。

表 10-1　一些氧化还原体系的标准氧化还原电位

还原剂	氧化剂	n	$E^{\ominus\prime}$/V
铁氧还蛋白(还原态)	铁氧还蛋白(氧化态)	1	−0.432
H_2	$2H^+$	2	−0.414
$NADH+H^+$	NAD^+	2	−0.32
$NADPH+H^+$	$NADP^+$	2	−0.324
硫辛酸(还原态)	硫辛酸(氧化态)	2	−0.29
谷胱甘肽(还原态)	谷胱甘肽(氧化态)	2	−0.23
乙醇	乙醛	2	−0.197
乳酸	丙酮酸	2	−0.185
琥珀酸	延胡索酸	2	0.031
细胞色素 b(Fe^{2+})	细胞色素 b(Fe^{3+})	1	0.077
泛醌(还原态)	泛醌(氧化态)	2	0.045
细胞色素 c(Fe^{2+})	细胞色素 c(Fe^{3+})	1	0.254
细胞色素 a(Fe^{2+})	细胞色素 a(Fe^{3+})	1	0.29
H_2O	$1/2O_2+2H^+$	2	0.816

从表 10-1 可知:$NAD^+/NADH+H^+$ 的 $E^{\ominus\prime}=-0.32$ V

$$O_2/H_2O \text{ 的 } E^{\ominus\prime}=+0.816\ V$$

当一对电子从 NADH 传递到 O_2 时,氧化还原反应为:

$$NADH+H^+ +1/2O_2 \longrightarrow NAD^+ +H_2O$$

对于这个反应,它的 $\Delta E^{\ominus\prime}$和 $\Delta G^{\ominus\prime}$分别为

$$\Delta E^{\ominus\prime}=E^{\ominus\prime}{}_{电子受体}-E^{\ominus\prime}{}_{电子供体}=0.816-(-0.32)=1.136(V)\approx1.14(V)$$

第十章

则

$$\Delta G^{\ominus\prime}=-nF\Delta E^{\ominus\prime}=-2\times96.54\times1.14=-220(\mathrm{kJ/mol})$$

可见,NADH 的电子传递给 O_2 是一个释放大量自由能的反应。

三、从反应商和平衡常数计算自由能变化

当反应 A+B$\rightleftharpoons$C+D 达到平衡时,由产物和反应物浓度可计算平衡常数“K_{eq}”:

$$K_{eq}=\frac{[C][D]}{[A][B]}$$

K_{eq} 是一个给定反应达到平衡时的反应商(reaction quotient),以“Q”表示,是反应的特征常数。如果将反应温度也作为变量,那么,根据化学反应等温方程:

$$\Delta G(T)=\Delta G^{\ominus\prime}(T)+RT\ln Q \tag{10-2}$$

式中,$\Delta G(T)$和 $\Delta G^{\ominus\prime}(T)$分别表示 T 温度下反应的自由能变化和标准自由能变化。在反应达到平衡时,$\Delta G(T)=0$,即 $\Delta G^{\ominus\prime}(T)=-RT\ln Q$。

如果用 $K^{\ominus}$ 表示 T 温度下的反应商,即 $Q=K^{\ominus}$。那么,

$$\Delta G^{\ominus\prime}(T)=-RT\ln K^{\ominus} \tag{10-3}$$

将式(10-3)代入式(10-2),可得任意状态下的 Gibbs 自由能变化:

$$\begin{aligned}\Delta G(T)&=\Delta G^{\ominus\prime}(T)+RT\ln Q\\&=-RT\ln K^{\ominus}+RT\ln Q\end{aligned}$$

整理得:$\Delta G(T)=RT\ln\dfrac{Q}{K^{\ominus}}$

从该公式可知,在非标准状况下,只要测定出一个反应 $K^{\ominus}$,即可计算出在任意反应物浓度、产物浓度下的自由能变化。

当 $Q>K^{\ominus}$ 时,$\Delta G(T)>0$,反应逆向自发;当 $Q<K^{\ominus}$ 时,$\Delta G(T)<0$,反应正向自发;当 $Q=K^{\ominus}$ 时,$\Delta G(T)=0$,反应处于平衡状态。

总之,自由能变化 ΔG 是一个反应在非标准状况下能否自发进行的依据。

四、在热力学上不能自发进行的反应可以被有利反应所推动

一个重要的热力学事实是,对于一个多步骤反应,其总自由能变化等于各个步骤自由能变化的总和。如在 A→B→C→D 这个系列反应中,整个反应途径标准自由能变化是:

$$\Delta G^{\ominus\prime}_{D-A}=\Delta G^{\ominus\prime}_{B-A}+\Delta G^{\ominus\prime}_{C-B}+\Delta G^{\ominus\prime}_{D-C}$$

需要注意的是:在标准状况下,如果 $\Delta G^{\ominus\prime}_{D-A}$ 为负值,即使序列反应中的某一步反应自由能变化是正值,整个系列反应也能自发进行。另外,有些 $\Delta G^{\ominus\prime}$为正值的生物化学反应,当偶联有另一个释放大量自由能的反应时,也能自发进行。如 ATP 在水解时,能释放出大量自由能;ATP 是生物系统中一种典型的能量偶联剂,它能改变与它相偶联的那个反应的平衡常数,推动反应的进行。

五、高能磷酸化合物

(一)高能磷酸化合物

生物体内有许多磷酸化合物,其中有些在磷酸基团水解时能释放出 25 kJ/mol 以上自由能,这类化合物被称为高能磷酸化合物(high energy phosphate compond)。它们分子中的高能键(high energy bond)常用"～"表示。需要指出的是,这里的"高能键"与物理化学上的"键能高"含义不同。键能高是指断裂某个化学键需要的能量高,键能越高,该键越稳定;而"高能键"是指发生水解反应或基团转移时能释放大量自由能的化学键,$\Delta G^{\ominus\prime}$负值越高,该键就越不稳定。

除了高能磷酸化合物外,还有其他类型的高能化合物。

(二)高能化合物类型

根据高能键的类别,高能化合物可分为以下几种类型(图 10-2):

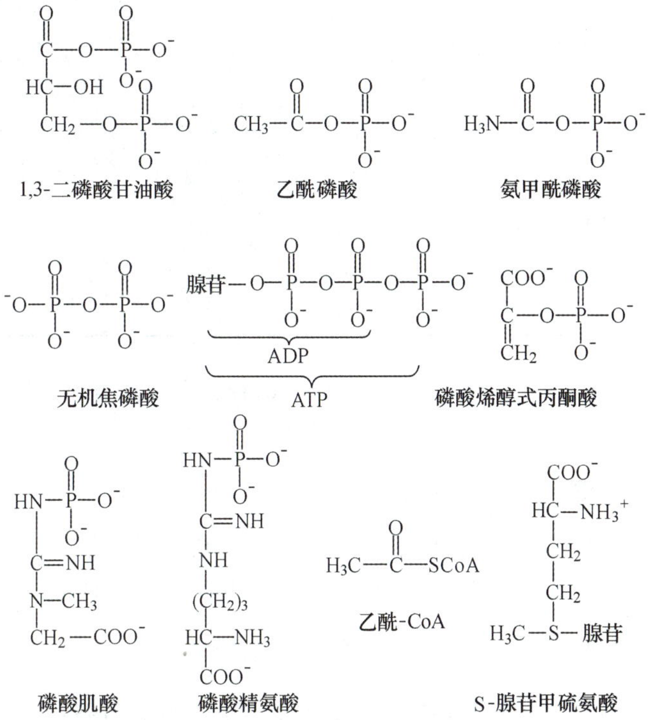

图 10-2　常见高能化合物

1. 磷氧键型

(1)酰基磷酸化合物　例如,1,3-二磷酸甘油酸、乙酰磷酸、氨甲酰磷酸等。

(2)焦磷酸化合物　例如,ATP、ADP 等。

(3)烯醇式磷酸化合物　例如,磷酸烯醇式丙酮酸。

2. 磷氮键型

例如,磷酸肌酸、磷酸精氨酸等。

3. 硫酯键型

例如,乙酰-CoA、脂酰-CoA 等。

4. 甲硫键型

例如，S-腺苷甲硫氨酸。

以上高能化合物中，磷氧键型和磷氮键型属于高能磷酸化合物，它们占绝大多数。值得强调的是，并非所有含磷酸基团的化合物都属于高能磷酸化合物。1-磷酸葡萄糖、6-磷酸葡萄糖和 AMP 的磷酸基团在水解时释放的能量均小于 25 kJ/mol。表 10-2 中列出几种常见化合物磷酸基团转移的 $\Delta G^{\ominus\prime}$，以及相应的转移势能。$\Delta G^{\ominus\prime}$ 和磷酸基团转移势能绝对值相等，符号相反。$\Delta G^{\ominus\prime}$ 负值越高，磷酸基团转移势能就越大。

表 10-2　一些磷酸化合物水解的标准自由能变化

化合物	$\Delta G^{\ominus\prime}$/(kJ/mol)	磷酸基团转移势能/(kJ/mol)
磷酸烯醇式丙酮酸	−61.9	61.9
1,3-二磷酸甘油酸	−49.3	49.3
ATP ⟶ AMP+PP_i	−45.6	45.6
磷酸肌酸	−43.0	43.0
ATP ⟶ ADP+P_i	−30.5	30.5
ADP ⟶ AMP+P_i	−32.8	32.8
AMP ⟶ 腺苷+P_i	−14.2	14.2
1-磷酸葡萄糖	−20.9	20.9
6-磷酸葡萄糖	−13.8	13.8
3-磷酸甘油	−9.2	9.2

从表 10-2 可以看出，ATP 水解有以下两种形式，释放自由能有所不同。

$$\text{ATP}+\text{H}_2\text{O} \longrightarrow \text{ADP}+\text{P}_i \qquad \Delta G^{\ominus\prime}=-30.5\ \text{kJ/mol}$$

$$\text{ATP}+\text{H}_2\text{O} \longrightarrow \text{AMP}+\text{PP}_i \qquad \Delta G^{\ominus\prime}=-45.6\ \text{kJ/mol}$$

在这两种水解方式中，以第一种更常见。焦磷酸（PP_i）水解释放的能量在 20 kJ/mol 左右，一般不被细胞利用，因此，ATP 直接水解为 AMP 时，实际上消耗了 2 个高能键。

六、ATP 是生物系统中自由能的“通用货币”

在高能磷酸化合物中，ATP 的作用非常突出，被比作生物系统自由能“通用货币”。

（一）ATP 的结构特性

ATP（adenosine 5′-triphosphate），即腺嘌呤核苷三磷酸，简称“腺三磷”，是一种非常特殊的核苷酸，由腺嘌呤、核糖及三磷酸单位组成。3 个磷酸基团依次称为 α、β、γ 磷酸基团。β 和 γ 磷酸基团水解时分别释放出 30.5 kJ/mol 和 32.8 kJ/mol 的能量，而 α 磷酸基团水解时释放出 14.2 kJ/mol 能量，所以 ATP 中含有 2 个高能键。在生理环境下，ATP 带有 4 个负电荷，与 Mg^{2+} 形成复合物并参与反应。“$MgATP^{2-}$”是 ATP 的活化形式。

ATP 水解时能释放大量自由能，主要取决于 ATP 及其水解产物 ADP 和 P_i 的结构。在 pH 7.0 时，ATP 的 P—O 键中氧原子带有部分负电荷（δ^-），而磷原子带部分正电荷（δ^+），这样在酸酐键的磷原子之间就产生了静电排斥，也就是说在 ATP 分子内产生了键张力。ATP 分子必须含有足够内能以克服这种静电排斥作用。当高能键水解时，维持磷酸酐键张力所需要的大量内能便被释放出来。其他磷酸化合物，如 6-磷酸葡萄糖，虽然 P—O 键也具有极性，但它没有带 δ^+ 的邻近磷原子，磷酯键比较稳定，故水解时自由能变化较小。ADP 和 P_i 比 ATP 具有较大的共振稳定(resonance stabilization)作用，这也是 ATP 水解释放大量能量的重要因素之一。

(二)ATP 是即时性能量供体

ATP 的主要作用是作为即时性能量供体，而非自由能储存者。在细胞中，ATP 不断形成，又不断消耗，周转速度非常快，合成后不到 1 min 即被消耗掉。ATP 水解生成 ADP 和 P_i，同时释放出大量自由能用于细胞运动、大分子合成、主动转运、生物荧光等细胞做功过程；生命体再利用代谢物氧化释放的能量使 ADP 和 P_i 生成 ATP。ATP-ADP 循环(ATP-ADP cycle)是生物体系中能量交换的基本模式。据计算，人在休息状态时 24 h 内可消耗 40 kg ATP。

(三)ATP 在酶促磷酸基团转移中起“中转站”作用

细胞在代谢过程中，经常涉及磷酸基团的转移。各种磷酸化合物的磷酸基团转移势能不同，在标准状况下，磷酸基团转移势能和标准自由能变化数值相等，但用正值表示(表 10-2)。细胞在进行酶促磷酸基团转移时，要求磷酸基团供体比磷酸基团受体的磷酸基团转移势能高。在表 10-2 列出的化合物中，ATP 的磷酸基团转移势能居中。从理论上讲，转移势能高的化合物能将磷酸基团转移给势能低的化合物，但在实际反应中，磷酸基团的转移往往需要 ATP 作为“中转站”或称“共同中间体”(common intermediate)(图 10-3)。例如，糖酵解途径生成的高能中间产物 1,3-二磷酸甘油酸和磷酸烯醇式丙酮酸，在细胞内经过特殊激酶的作用，先将磷酸基团和自由能转移给 ADP 生成 ATP；再由 ATP 将磷酸基团和自由能传递给葡萄糖生成 6-磷酸葡萄糖，或传递给甘油生成 3-磷酸甘油，使这些代谢物被活化而进入下一步代谢(详见第十一章)。

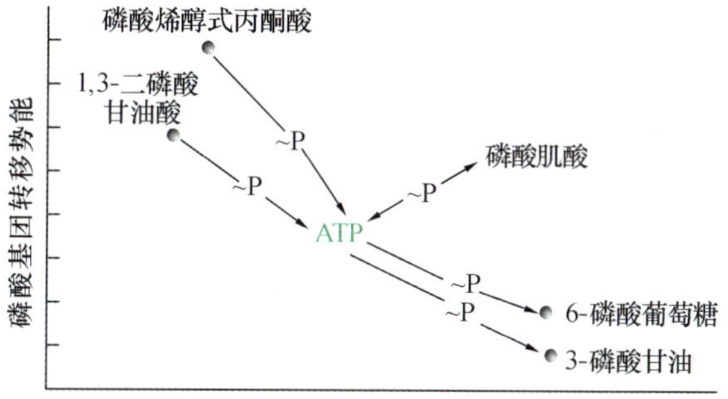

图 10-3 ATP 在酶促磷酸基团转移中的“中转站”作用

在图 10-3 中还可表明，高能磷酸基团能在磷酸肌酸和 ATP 之间双向流动。人在剧烈运动时，肌肉消耗 ATP 多达 6 mmol/(L·kg·s)，而此刻 ATP 最大合成速度约为 1 mmol/(L·kg·s)。为了维持这些组织的快速反应和 ATP 的动态平衡，机体必须有一种可利用的高能磷酸储能物质。以高能磷酸形式储存能量的物质称为磷酸原(phosphagen)。脊椎动物的磷酸原是磷酸肌酸。当 ATP 浓度较高时，肌酸通过酶的作用直接接受 ATP 的高能磷酸基团形成磷酸肌酸；当 ATP 浓度低时，磷酸肌酸又将高能磷酸基团转移给 ADP，生成 ATP。磷酸肌酸通过这唯一的途径转移磷酸基团，是 ATP 高能磷酸基团的储存库。无脊椎动物的磷酸原是磷酸精氨酸，其作用与磷酸肌酸相似。

此外，ATP 还能将磷酸基团转移给其他的核苷二磷酸(如 dTDP)，生成相应的核苷三磷酸(如 dTTP)，这些核苷三磷酸在物质代谢和核酸生物大分子合成中发挥重要作用。

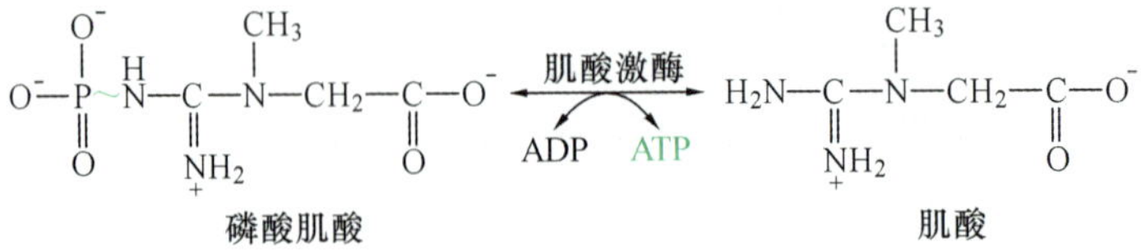

(四)能荷与 ATP 动态

细胞内存在 3 种腺苷酸——AMP、ADP 和 ATP,合称为腺苷酸库(adenylate pool)。为了能对细胞能量状态有一个量度,D. E. Atkinson 于 1968 年提出能荷(energy charge)概念,其定义是:

$$能荷=\frac{[ATP]+0.5[ADP]}{[ATP]+[ADP]+[AMP]}$$

从理论上讲,能荷数值为 0～1.0。当细胞中游离腺苷酸全为 AMP 时,能荷为 0;全为 ATP 时,能荷为 1.0。但根据实际测定,大多数细胞的能荷变化为 0.8～0.95,处于一个很窄的范围,这说明细胞对 ATP 的利用和生成存在严格的自我调节。在生命活动过程中,ATP 总是处于不断消耗、又不断补充的动态平衡状态。大量 ATP 存在时,抑制 ATP 生成;当 ATP 消耗加速、ADP 大量存在时,促进 ATP 合成。细胞中 ADP 的水平(浓度)对 ATP 合成速度起着重要调控作用。ADP 和 ATP 是许多代谢途径的别构效应物(详见第十一章)。

第二节　线粒体电子传递链

细胞的整个生命活动是高度有序进行的。糖、脂肪、蛋白质等分子通过各自降解途径所形成的高还原力物质(如 NADH 和 $FADH_2$)上的电子需要经过严格顺序传递,逐步释放出自由能,然后用于 ATP 合成。在真核细胞中,这种电子传递发生在线粒体内膜上。代谢物脱下的氢经过一系列按一定顺序排列的氢传递体和电子传递体的传递,最后传递给分子氧并生成水,这种氢和电子的传递体系,称为电子传递链(electon transfer chain);该过程需要氧气,故又称呼吸链(respiratory chain)。原核生物没有线粒体,电子传递过程发生在质膜上。

一、线粒体

线粒体(mitochondria)是真核细胞的一类重要细胞器,呈棒状、卵状、球状等多种形状,长约 2 μm,直径约 0.5 μm。线粒体有双层膜(图 10-4):外膜与内膜。外膜上有孔蛋白,对小分子(小于 5 kDa)和离子具有通透性;内膜对大部分极性分子和包括 H^+ 在内的离子都不通透,内膜向内高度折叠成“嵴”(cristae),上面除了分布着电子传递链酶复合体外,还排列着电镜下可以看到的颗粒状物(F_oF_1-ATP 合酶)。内膜和外膜之间为膜间隙。线粒体内膜包裹的基质(matrix)中包含 DNA、RNA、核糖体、各种代谢物质以及大量酶类。

二、电子传递链

线粒体内膜上主要有 NADH 或 $FADH_2$ 向氧传递电子的两条途径。电子传递链主要包括镶嵌在线粒体内膜上的 4 个酶复合体、1 个 CoQ 和 1 个细胞色素 c(Cyt c)(图 10-5),后两者为独立的可移动电子传递体。电子传递链是生命体内生成水的一种方式。

酶复合体结构复杂,下面分别介绍它们的结构特点和生化作用。

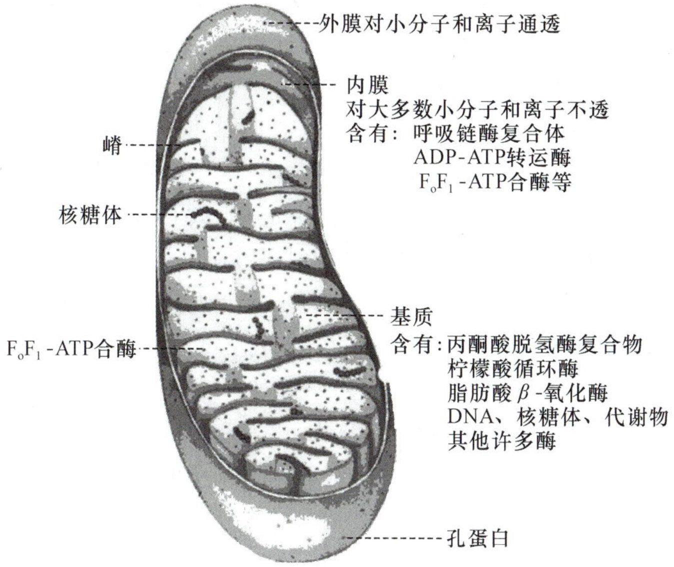

图 10-4　线粒体结构示意图

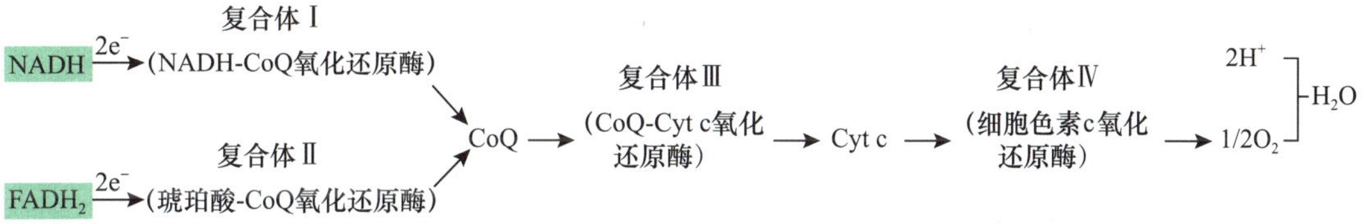

图 10-5　电子传递链简图

(一)复合体Ⅰ

复合体Ⅰ,又称 NADH-CoQ 氧化还原酶(NADH-coenzyme Q oxidoreductase),整个分子呈 L 形,其中一个臂镶嵌在线粒体内膜上,另一个臂伸入线粒体基质中(图 10-6)。有研究发现,如果复合体Ⅰ发生突变,会引起功能的缺陷,导致多种神经退行性疾病的产生,如阿尔茨海默病等,甚至致盲。

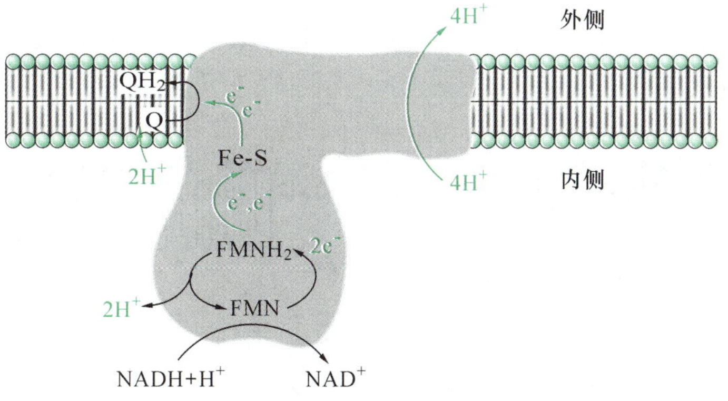

图 10-6　复合体Ⅰ及其电子传递

复合体Ⅰ是最大的复合体,成分非常复杂,含有 45 条不同的多肽链、1 个黄素辅基(FMN)、至少 8 个铁硫中心(Fe-S),其中起电子传递作用的组分是 FMN 和铁硫中心。复合体Ⅰ既属于黄素蛋白，又属于铁硫蛋白。铁硫蛋白是含铁的电子载体蛋白，分子中的铁原子不是以血红素形式存在，而是与无机硫原子或蛋白质半胱氨酸残基上的硫原子相连。铁硫中心又称为铁硫簇(Fe-S cluster)，表示为“Fe-S”。铁硫中心有多种类型，包括 2 铁 2 硫(2Fe-2S)和 4 铁 4 硫(4Fe-4S)等。图 10-7 为 2Fe-2S 示意图。

铁原子通过自身化合价的变化(Fe^{3+}/Fe^{2+})传递电子，是重要的电子载体。所有铁硫蛋白在 400～460 nm 有光吸收峰。当蛋白质处于还原态时，光吸收降低 50%，因此通过检测光吸收变化可以确定其氧化还原状态。FMN 在传递电子的同时还传递氢原子，既是电子载体，又是递氢体。

复合体Ⅰ有两个重要作用：①将电子从 NADH(还原型 CoⅠ)传递给 CoQ。复合体Ⅰ朝向线粒体基质的一侧与 NADH 瞬间结合，接受 2 个电子，经过 FMN 和 Fe-S 中心传递给 CoQ，即：NADH→FMN→Fe-S→CoQ；②作为“质子泵”，将 4 个 H^+ 从线粒体基质中“泵”到膜间隙。NADH 和 NAD^+ 的光吸收峰不同，NADH 在 340 nm 处有吸收峰，而 NAD^+ 在此波长处无吸收峰(图 10-8)。根据光吸收峰的变化可以判断 CoⅠ的氧化还原状态。

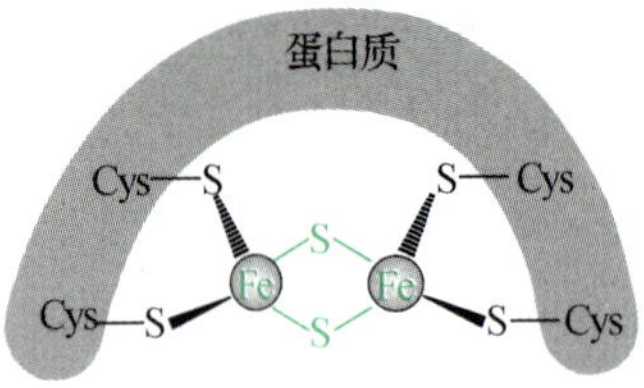

图 10-7 2Fe-2S 铁硫中心示意图

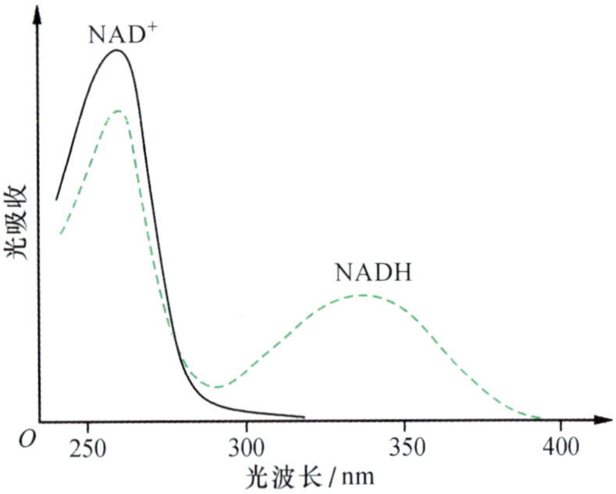

图 10-8 NADH 吸收峰

(二)复合体Ⅱ

复合体Ⅱ，即琥珀酸-CoQ 氧化还原酶(succinate coenzyme Q oxidoreductase)，又称琥珀酸脱氢酶(succinate dehydroenase)。该酶嵌在线粒体内膜上，起稳定结构作用，并能将电子从琥珀酸传递给 CoQ。它含有 4 个蛋白质亚基、1 个 FAD、3 个 Fe-S 中心(图 10-9)，既属于黄素蛋白，又属于铁硫蛋白。

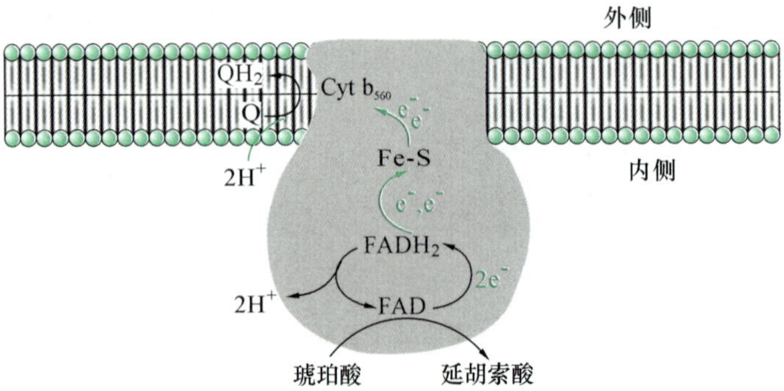

图 10-9 复合体Ⅱ及其电子传递

复合体Ⅱ起电子传递作用的组分是 FAD、Fe-S 中心和细胞色素 b_{560}（cytochrome b_{560}，Cyt b_{560}）。电子传递顺序为：琥珀酸→FAD→Fe-S→Cyt b→CoQ。值得注意的是，复合体Ⅰ和复合体Ⅱ在电子传递过程中不存在前后关系，它们分别从 NADH 和琥珀酸接受电子，传递给 CoQ。即进入线粒体呼吸链的电子有两个来源：NADH 和 $FADH_2$。

细胞色素是一类以血红素为辅基的电子传递蛋白的总称，具有颜色，广泛存在于细胞中，参与多种细胞内氧化还原反应。细胞色素起电子传递作用的组分是血红素中的铁原子，Fe^{3+} 接受 1 个电子后转变为 Fe^{2+}。细胞色素因而有氧化型和还原型之分。还原型细胞色素的吸收光谱显示有 α、β、γ 3 个吸收峰（图 10-10）。根据最大吸收波长（α 吸收峰波长）将细胞色素分为 a、b、c 3 类：Cyt a 为 600 nm，Cyt b 为 560 nm，Cyt c 为 550 nm。同一类中出现多个亚类时，用数字下标表示（如 a_3）或直接注明波长（如 b_{560}）。

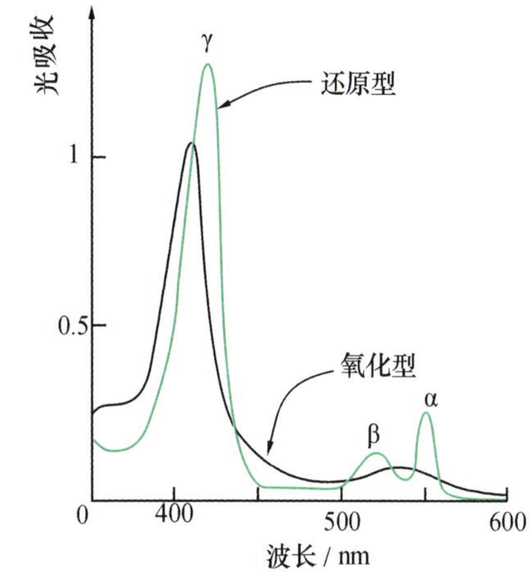

图 10-10　Cyt c 的吸收光谱

细胞色素类在可见光区的光吸收能力源于辅基中的 Fe 原子，而特征吸收峰的差异在于辅基的氧化还原状态、辅基类型以及辅基与多肽链的连接方式。细胞色素 a 类的辅基是 A 型血红素，上面有一个聚异戊烯长链和卟啉环的第八位上的甲酰基；A 型血红素与多肽链以非共价键结合。细胞色素 b 类的辅基是铁-原卟啉Ⅸ，和血红蛋白中的血红素辅基相同，为 B 型血红素，它与多肽链非共价结合。细胞色素 c 的辅基也是铁原-卟啉Ⅸ，但它与多肽链的 2 个 Cys 残基以硫醚键共价结合（图 10-11）。

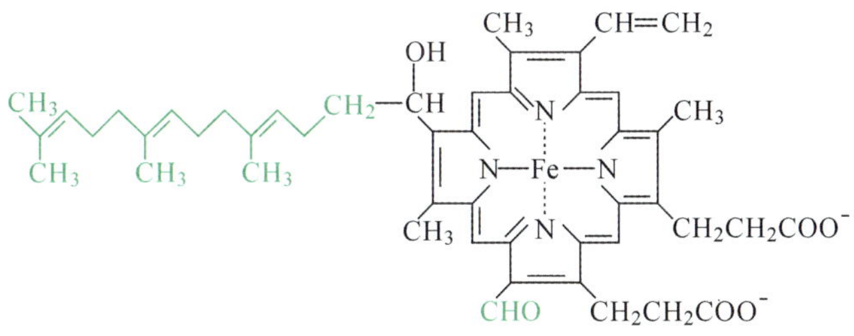

A型血红素

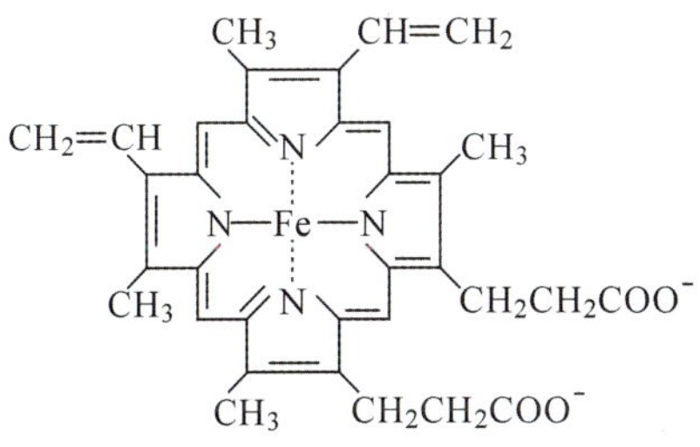

B型血红素

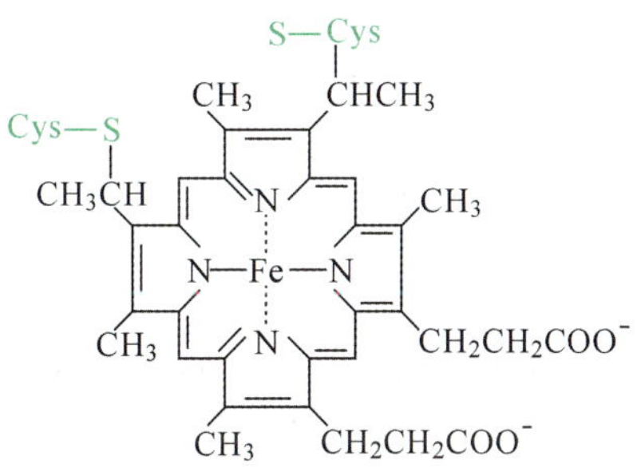

C型血红素

图 10-11　3 类细胞色素的血红素辅基结构

(三)CoQ

辅酶 Q(coenzyme Q,CoQ)属于脂溶性醌类(quinone)化合物,简称 Q,广泛存在于生物系统,因而称为泛醌(ubiquinone,UQ)。CoQ 侧链的长度因线粒体的来源而有所不同。在动物组织中,泛醌侧链多数含 10 个类异戊二烯,即 CoQ_{10}。CoQ 结构通式如下:

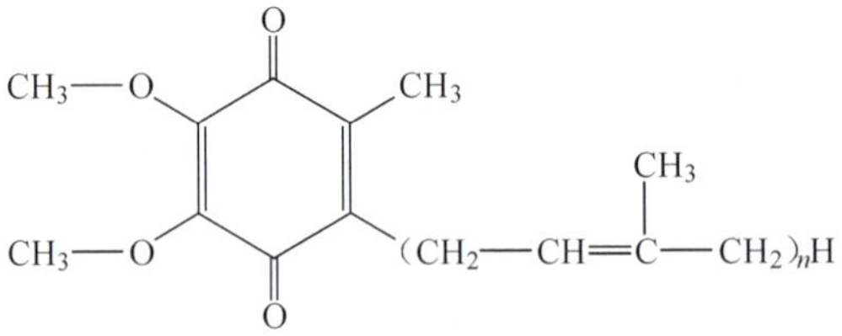

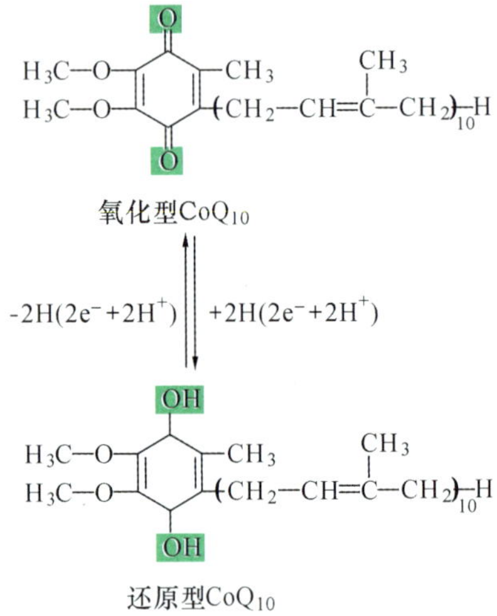

图 10-12 辅酶 CoQ_{10} 的递氢作用

氧化型 CoQ 得到 1 个电子和 1 个质子后还原成半醌形式;再继续接受 1 个电子和 1 个质子时,转变为还原型 CoQ($CoQH_2$)。CoQ 在呼吸链中既是双电子传递体,又是氢传递体(图 10-12)。CoQ 为小分子,可以在线粒体内膜脂双层中自由扩散,是一个非常活跃的流动电子载体(mobile electron carrier),也是线粒体电子传递链中唯一的非蛋白组分。CoQ 从复合体Ⅰ或复合体Ⅱ接受电子,然后传递给复合体 Ⅲ。氧化型的 CoQ 在 $A_{270\sim290\ nm}$ 有特征吸收峰,还原后特征吸收峰消失。

(四)复合体Ⅲ

复合体Ⅲ,即 CoQ-Cyt c 氧化还原酶(coenzyme Q-cytochromec oxidoreductase),又称为细胞色素 bc_1 复合体,能将电子从 $CoQH_2$ 传递给 Cyt c。该酶复合体是二聚体,含有 20 多个蛋白质亚基,起电子传递作用的是 Cyt b_L 和 Cyt b_H、1 个 Cyt c_1 和 1 个铁硫蛋白(含 2Fe-2S)。Cyt c_1 和铁硫蛋白凸出在线粒体膜间隙中。

复合体Ⅲ从 2 分子 QH_2 同时接受 2 对电子:1 对电子经过 Cyt b_L 和 Cyt b_H,传递给氧化型的 CoQ,形成一个 Q 循环,称为 Q 循环;另 1 对电子经过 Fe-S 和 Cyt c_1 传递给 Cyt c(图 10-13),不同于 CoQ 的是 Cyt c_1 1 次只传递 1 个电子。整个过程可以简单表示为:$CoQH_2$→(Cyt b)Fe-S→Cyt c_1→Cyt c。复合体Ⅲ是一个"质子泵",每传递 1 对电子,向线粒体膜间隙"泵"出 4 个质子。复合体Ⅲ以 Q 循环形式传递电子,使得每对电子从复合体Ⅲ传递到 Cyt c 时能有 4 个质子得到跨膜运输。

(五)Cyt c

Cyt c 是线粒体内膜上的一个外周蛋白,分子量为 13 000,为单一多肽链,含有 104 个氨基酸残基。Cyt c 存在于所有生物中,保守性很强。Cyt c 分子三维结构中靠近血红素的一侧存在一个 Lys 簇,生理条件下带有大量正电荷,它可与复合体Ⅲ凸出在膜间隙中的 Cyt c_1 部分互作,从而接受电子。Cyt c 与线粒体内膜结合比较弱,是唯一能溶于水的细胞色素,也是唯一处于线粒体膜间隙的细胞色素。Cyt c 比较灵活,能发生移动,从而将电子从复合体 Ⅲ 传递到复合体 Ⅳ。

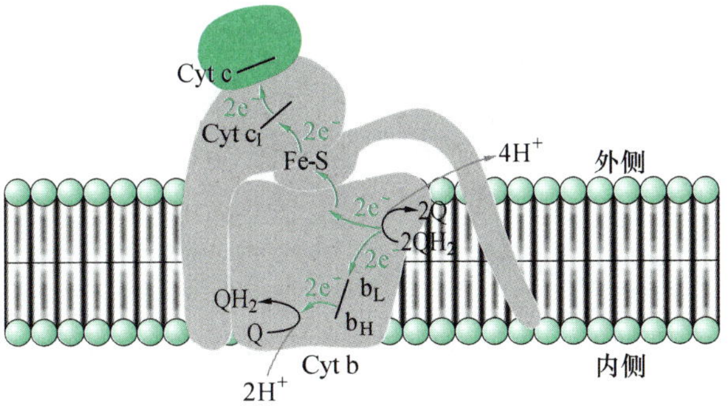

图 10-13　复合体Ⅲ及其电子传递

(六)复合体Ⅳ

复合体Ⅳ,即细胞色素 c 氧化酶(cytochrome c oxidase),是线粒体电子传递链中最后一个酶复合体也被称为末端氧化酶(terminal oxidase)。它以二聚体形式存在,每个单体含有 13 个蛋白质亚基,其中起电子传递作用的是 Cyt a 和 Cyt a_3;另外含有 2 个铜中心(2 个 Cu_A 和 1 个 Cu_B),它们通过自身化合价的变化(Cu^{2+}/Cu^{+})传递电子。

复合体Ⅳ的一个重要作用是将电子从 Cyt c 传递给 O_2。还原型 Cyt c 的电子首先经过 Cu_A 到 Cyt a,再经过 Cyt a_3 和 Cu_B,最后传递给分子氧。O_2 作为最终电子受体接受 2 个电子,形成活性氧,再与质子反应生成水(图 10-14)。此过程可简化为:Cyt c→Cyt aa_3(Cu^{2+})→O_2。复合体Ⅳ另一个作用是作为"质子泵",每传递 1 对电子,向膜间隙泵出 2 个质子。

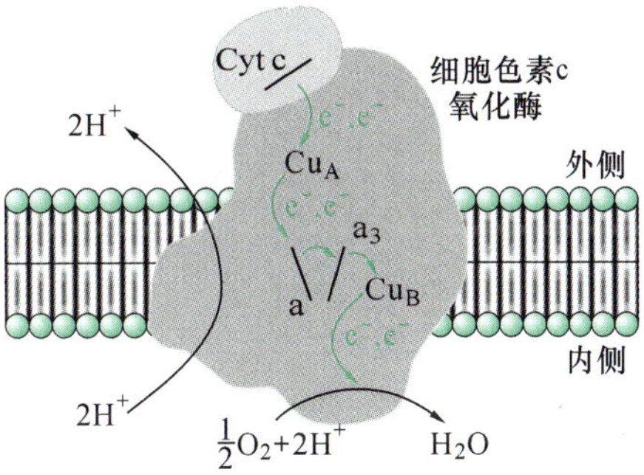

图 10-14　复合体Ⅳ

根据线粒体电子传递链各组分的组成及作用整理电子传递链如图 10-15 所示。可以清楚地看到 1 对电子从 NADH 传递到分子氧可以将 10 个质子从线粒体内膜内侧泵到内膜外侧,从 $FADH_2$ 传递到分子氧则只泵出 6 个质子。

为了突出氢传递体和电子传递体的可循环性,电子传递链用图 10-16 表示:

值得强调的是,正是由于众多电子传递体的参与和电子的逐级传递,才使得反应自由能呈现逐步释放的特点,其中有 3 处较大的自由能下降:从 NADH 到 CoQ;从 Cyt b 到 Cyt c;从 Cyt a 到分子氧(图 10-17)。

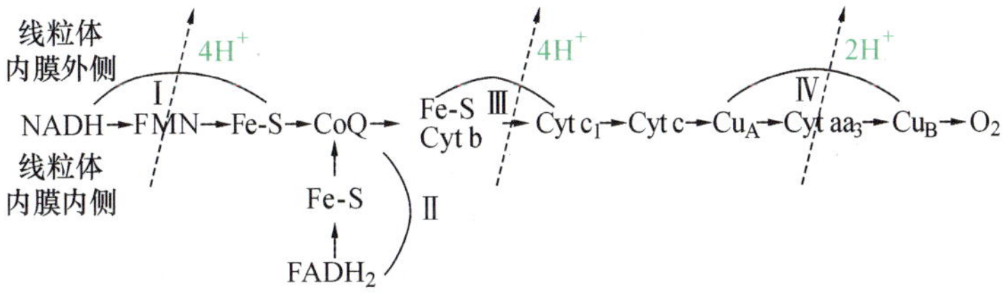

图 10-15　线粒体电子传递链

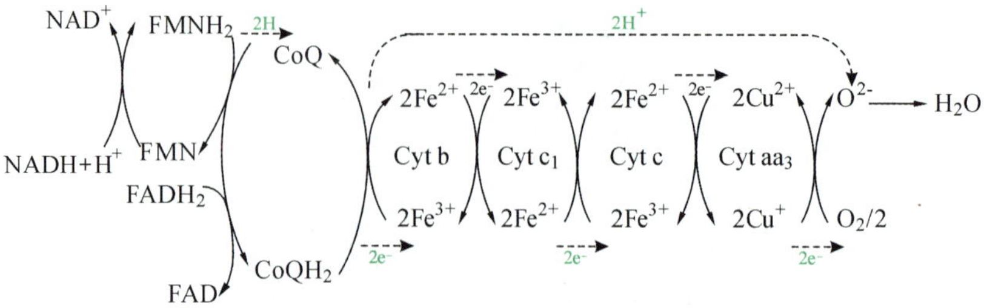

图 10-16　电子传递链的电子传递组分和递氢过程

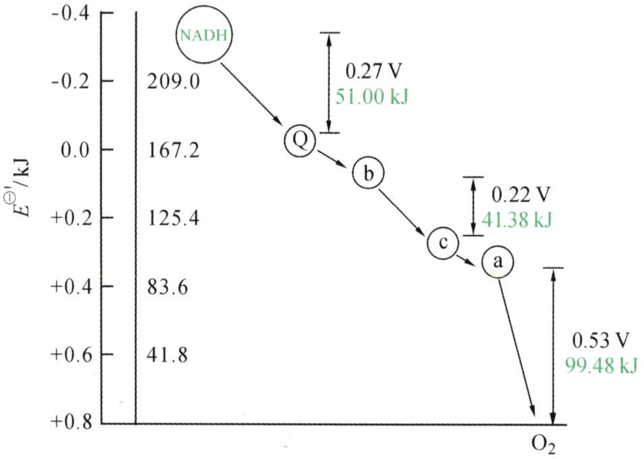

图 10-17　呼吸链中电子传递时的自由能降

知识拓展框

辅酶 Q_{10}（CoQ_{10}）与心血管疾病

1950 年，美国威斯康星大学麦迪逊分校的酶研究所，为了找到电子从 NADH 或琥珀酸到细胞色素类，最后到达氧的传递过程中的“黏合剂”开展了一项重大计划。该计划的第一步就是获取线粒体，科学家们用过大鼠肝脏和鸽子的胸肌线粒体，但结果都不尽如人意，为了短时间获得大量的线粒体，最后选用了牛心脏。经过 7 年的研究，Freed Crane 等终于在牛心肌细胞线粒体的脂质提取物中发现该“黏合剂”（一种脂溶性生物活性醌），接着科学家开展了对此物质的研究，得出该活性醌对线粒体电子传递至关重要，并阐明了其化学结构，分子中包含了 1 个醌环和 10 个异戊二烯单位，因此将该物质命名为辅酶 Q_{10}（CoQ_{10}）。

CoQ_{10} 几乎存在于所有生物有机体各个组织器官及细胞的膜结构中，其中动物心肌细胞中的含量最高。研究发现 CoQ_{10} 具有多种功能，例如：通过其抗氧化特性和氧化信号的生成，控制细胞氧化还原状态，其抗氧化性可以帮助细胞抵抗自由基的损伤；作为质子泵能在内膜和外膜上形成质子梯度，有助于控制质膜结构和磷脂状态的完整性；作为非特异性免疫增强剂，调节机体免疫功能，增强抗病能力，特别在治疗心血管疾病和神经退行性疾病方面具有显著优势。有研究表明：人体内的 CoQ_{10} 在 20 岁左右达到巅峰，随着年龄的增长其含量呈现下降趋势，进入老年时体内的 CoQ_{10} 含量会比 20 岁减少约 57%，所以外源补充 CoQ_{10} 对维持机体的正常代谢具有重要的意义。

2021 年，美国心脏病学会(American College of Cardiology)首次达成了 CoQ_{10} 在心血管疾病患者中应用的专家共识。研究发现，心力衰竭患者的心肌组织中 CoQ_{10} 含量显著降低，且心衰的严重程度与 CoQ_{10} 的缺乏程度密切相关。同时还出现心衰患者心肌 ATP 合成减少，ROS 产生增加的现象。说明 CoQ_{10} 对心力衰竭和心肌梗死的发生至关重要。心血管疾病、免疫系统衰退和神经退行性疾病都是衰老过程中常见的问题，所以 CoQ_{10} 的适量补充越来越引起关注。CoQ_{10} 的补充可以增强心肌细胞的功能、提高免疫系统的活性，减少神经退化的发生，有助于提高生活质量。另外，研究表明 CoQ_{10} 可促进淋巴细胞增殖，增强它们对病原体的识别和对肿瘤细胞和病毒的杀伤效果。

2021 年，我国科学家鉴定出真核生物线粒体中辅酶 Q 合成途径的关键酶——苯环 6 位羟化酶(CoqF)，该酶广泛分布于植物、绿藻等真核生物类群中，这一研究发现为开发治疗疟疾、隐孢子虫病、新孢子虫病、弓形体病等寄生虫病，提供了理想的药物靶点。

目前，CoQ_{10} 已成为美国和许多其他国家的营养补充剂。全球 CoQ_{10} 市场规模及价值在不断增长，因其对健康有益，被称为“细胞动力均衡剂”。虽然 CoQ_{10} 相对安全，但在补充时一定要注重科学性、合理性，切忌滥用。

[1] Raizner A E, Quiñones M A. Coenzyme Q_{10} for patients with cardiovascular disease: JACC focus seminar. Journal of the American College of Cardiology, 2021, 77 (5): 609-619.

[2] Xu J J, Zhang X F, Jiang Y, et al. A unique flavoenzyme operates in ubiquinone biosynthesis in photosynthesis-related eukaryotes. Science Advances, 2021, 7(50): 1-12.

[3] Zhang Q, Xia M Y, Zheng C X, et al. The cocrystal of ubiquinol: Improved stability and bioavailability. Pharmaceutics, 2023, 15(10), 2499.

三、电子传递链顺序的测定

确定线粒体电子传递链的顺序是一项艰难的工作，花费了科学家们几十年的时间，所用的方法主要有：

(一)测定电子传递体的 $E^{\ominus\prime}$ 值

线粒体电子传递是一个热力学自发过程，电子总是从 $E^{\ominus\prime}$ 值小的电子载体流向 $E^{\ominus\prime}$ 值大的电子载体。分别测定出各电子载体的 $E^{\ominus\prime}$ 值(表 10-3)，然后按从低到高的顺序排列，即可推测电子传递链各组分的顺序。

表 10-3 呼吸链中各氧化还原对的标准氧化还原电位

氧化还原对	$E^{\ominus\prime}$/V	氧化还原对	$E^{\ominus\prime}$/V
$NAD^+/NADH+H^+$	−0.32	Cyt c_1 Fe^{3+}/Fe^{2+}	0.22
$FMN/FMNH_2$	−0.22	Cyt c Fe^{3+}/Fe^{2+}	0.254
$FAD/FADH_2$	−0.22	Cyt a Fe^{3+}/Fe^{2+}	0.29
Cyt b Fe^{3+}/Fe^{2+}	0.07	Cyt a_3 Fe^{3+}/Fe^{2+}	0.35
Q/QH_2	0.04	$1/2O_2/H_2O$	0.82

(二)差异光谱

各种电子载体在氧化和还原状态呈现不同的光谱吸收特征峰，通过检测特征峰的变化可以推测电子传递链中各组分的顺序。例如，在线粒体悬液中加入 NADH 或苹果酸(可产生 NADH)，在无氧条件下记录各还原态细胞色素出现光谱特征峰的先后顺序，然后加入 O_2，再记录这些特征峰的消失顺序，由此可以判断这些细胞色素分子在电子传递链中的顺序。在这个反应系统中，最先出现还原态特征峰的应该是 Cyt b，而最先消失还原态特征峰的应该是 Cyt aa_3。

(三)专一性电子传递抑制剂

凡能专一性阻断电子传递链中某部电子传递的物质称为电子传递抑制剂，常见有：

1. 安密妥(amytal)、鱼藤酮(rotenone)、杀粉蝶菌素(piericidin)

这是一类植物毒素，对鱼、昆虫毒性很强，专一性抑制复合体Ⅰ的酶活性。

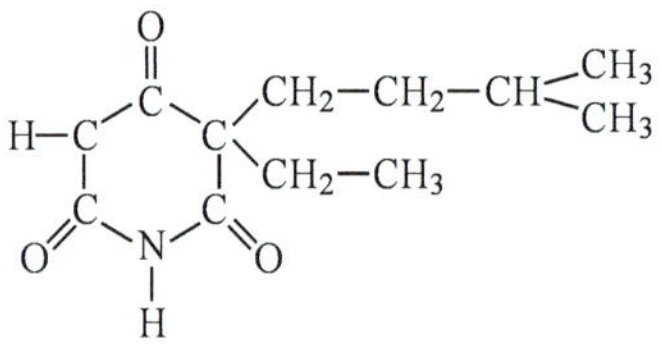

安密妥

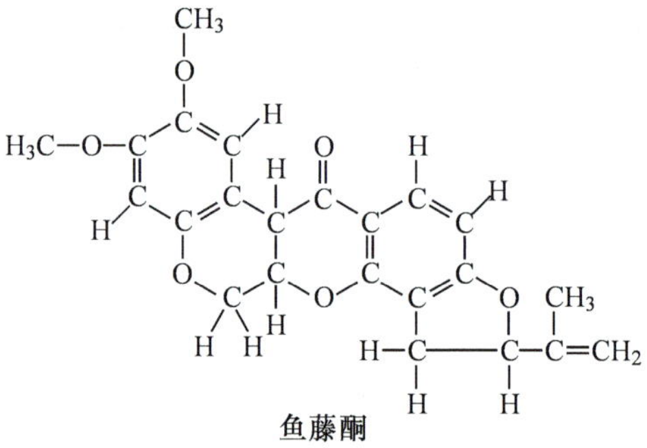

鱼藤酮

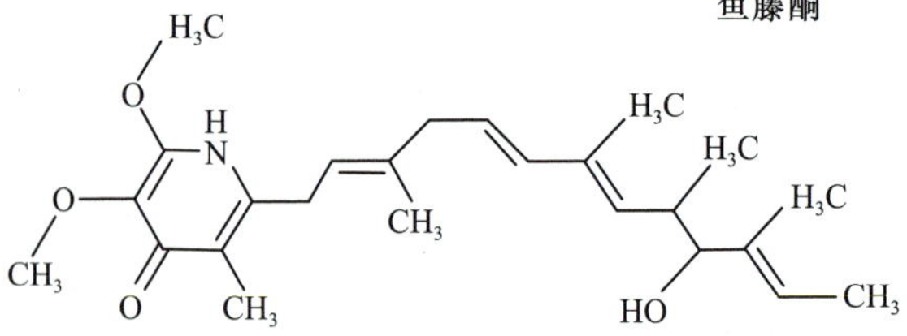

杀粉蝶菌素A

2. 抗霉素 A(antimycin A)

这是一种从灰色链球菌分离出来的抗生素，专一性抑制复合体Ⅲ的酶活性。

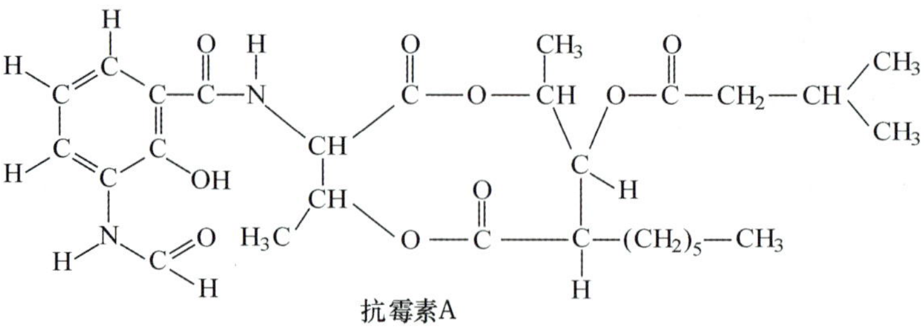

抗霉素A

第十章

3. 氰化物、硫化氢、叠氮化物、CO

专一性抑制复合体Ⅳ酶活性。利用抑制剂选择性地阻断电子传递链中某个传递步骤，结合各组分的氧化-还原态的测定，即可确定电子传递体之间的顺序关系。因为当氧气存在时，处在抑制部位以前的电子传递体均为还原态，抑制部位以后的均为氧化态。

参与电子传递过程中物质的基因突变或缺失会导致线粒体疾病。

第三节 氧化磷酸化作用

伴随线粒体生物氧化作用而发生的使 ADP 磷酸化生成 ATP 的过程，称为氧化磷酸化(oxidative phosphorylation)。氧化磷酸化是好氧生物 ATP 的主要来源。1 分子葡萄糖彻底氧化分解为 CO_2 和 H_2O 能生成 30～32 个 ATP 分子(详见第十一章)。通过磷酸化合成 ATP 有多种途径，除氧化磷酸化外，还有光合磷酸化(photo phosphorylation) 和底物水平磷酸化(substrate level phosphorylation)。光合磷酸化是绿色植物在光合电子传递过程中由 ADP 和 P_i 生成 ATP 的过程，是在真核生物的叶绿体中进行的。底物水平磷酸化是因代谢底物分子内部能量重新分配而形成 ATP 的过程(详见糖代谢)。本章只讨论氧化磷酸化。

氧化磷酸化对机体非常重要。神经系统和心脏这类器官高度依赖氧化磷酸化的有效进行，如果线粒体有关基因突变，不仅能量转化效率降低，细胞内活性氧也会增加，这会导致包括肿瘤在内的许多疾病发生。

一、氧化磷酸化的储能效率

生命体在氧化磷酸化过程中的能量储存效率很高。为了估算 1 对电子经过电子传递链生成 ATP 的分子数，S. Ochoa 于 1940 年研究了氧消耗和 ATP 合成的定量关系，提出 P/O 比(P/O ratio)概念。所谓 P/O 比，就是还原 1 个氧原子所产生的 ATP 分子数。现代研究证实，1 分子 NADH 可以生成 2.5 分子 ATP，1 分子 $FADH_2$ 可以生成 1.5 分子 ATP。在代谢能量计算中，这里为了方便，分别按“3”和“2”计算。

以 NADH 为电子供体时的氧化磷酸化全方程式如下：

$$NADH+H^+ +3ADP+3P_i+1/2O_2 \longrightarrow NAD^+ +4H_2O+3ATP$$

该反应分为放能反应和吸能反应：

$$NADH+H^+ +1/2O_2 \longrightarrow NAD^+ +H_2O\text{(放能反应)}$$

$$\Delta G^{\ominus\prime}=-nF\Delta E^{\ominus\prime}=-2\times 96.54\times 1.14=-220.1(kJ/mol)$$

$$3ADP+3P_i \longrightarrow 3H_2O+3ATP\text{(吸能反应)}$$

$$\Delta G^{\ominus\prime}=3\times 30.5=91.5(kJ/mol)$$

由此可见，3 个 ATP 分子的形成大约截获了电子传递所释放自由能的 42%。

以 $FADH_2$ 为电子供体时，氧化磷酸化全方程式为：

$$FADH_2+2ADP+2P_i+1/2O_2 \longrightarrow FAD+3H_2O+2ATP$$

其中放能反应的 $\Delta G^{\ominus\prime}=-181.6$ kJ/mol，用于 ATP 合成的 $\Delta G^{\ominus\prime}=61.0$ kJ/mol，贮能效率约为 33.7%。

二、氧化磷酸化和电子传递相偶联

氧化磷酸化和电子传递链存在紧密偶联（coupling）关系。氧化磷酸化依赖于电子传递链的正常进行，反过来又影响电子传递链的电子传递速度。

（一）氧化磷酸化依赖电子传递链

在一个含有完整线粒体的反应系统中，先后加入 ADP 和 P_i、琥珀酸（succinate），测定氧消耗速度（电子传递速度）和 ATP 合成（氧化磷酸化）量，结果如图 10-18 所示。

氧消耗曲线显示，电子传递速度并不随 ADP 和 P_i 的加入发生明显变化；而是随琥珀酸的加入大幅度增加。当在反应系统中加入电子传递链抑制剂 CN^- 后，电子传递被完全抑制。有趣的是，ATP 合成曲线和氧消耗曲线一致，说明氧化磷酸化必须以电子传递为前提。

（二）氧化磷酸化影响电子传递

从图 10-19 的 ATP 合成曲线看出，在同样的反应系统中若先加入电子供体——琥珀酸，氧化磷酸化还是无法进行；只有在加入 ADP 和 P_i 后才能正常合成 ATP。同样有趣的是，如果加入氧化磷酸化抑制剂——寡霉素（oligomycin），氧消耗速度也同时降低，这说明氧化磷酸化的正常进行对电子传递速度有重要影响。

三、氧化磷酸化的能量偶联机理

电子传递和氧化磷酸化的偶联本质是什么？为了阐明二者的能量偶联机理，科学家们曾经提出如下 3 种假说：

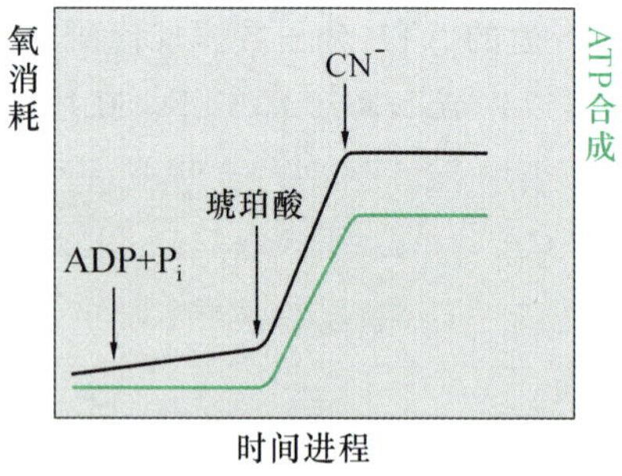

黑线代表氧消耗，绿线代表 ATP 合成

图 10-18　氧化磷酸化依赖电子传递链

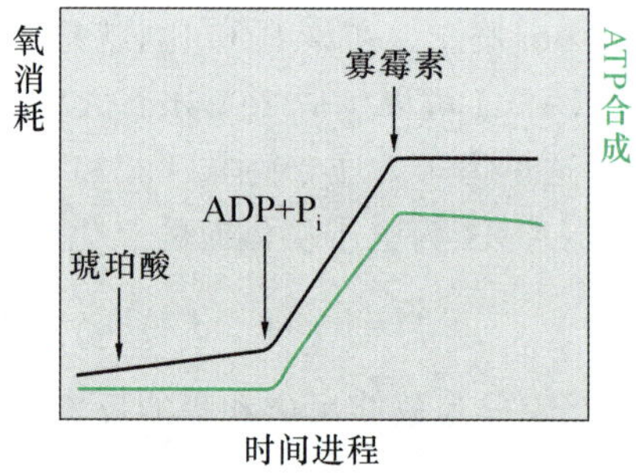

黑线代表氧消耗，绿线代表 ATP 合成

图 10-19　电子传递受氧化磷酸化的影响

（一）化学偶联假说

1953 年，E. Slater 提出化学偶联假说（chemical coupling hypothesis），认为电子传递和氧化磷酸化的偶联是通过一系列化学反应先形成一个高能共价中间物，再由这个中间物将能量传递给 ADP 生成 ATP。遗憾的是迄今为止人们尚未找到相关的高能中间物。

（二）构象偶联假说

1964 年，P D. Boyer 提出构象偶联假说（conformation coupling hypothesis），认为电子载体蛋白质有两种构象状态——低能构象和高能构象；电子传递释放的能量使蛋白质从低能构象转变为高能构象，高能构象中的能量再推动 ADP 磷酸化形成 ATP。由于构象的直接测定非常困难，这个假说一直缺乏实验证据。

(三)化学渗透假说

1961 年，英国生物化学家 P. Mitchell 提出了化学渗透假说(chemiosmotic hypothesis)，因为有许多证据支持，被大家普遍接受。Mitchell 因此获得 1978 年诺贝尔化学奖。该假说认为：电子传递释放出的自由能和 ATP 合成是与跨线粒体内膜的电化学梯度相偶联的，即电子传递的结果是导致 H^+ 从线粒体内膜基质"泵"到内膜外的膜间隙中，形成一个跨内膜的电化学梯度，包括 H^+ 梯度(ΔpH)和电势梯度(Δψ)。这种电化学梯度是 H^+ 返回膜内的一种动力，称为质子动力(proton motive force)。质子动力驱动了 ATP 的合成(图 10-20)。

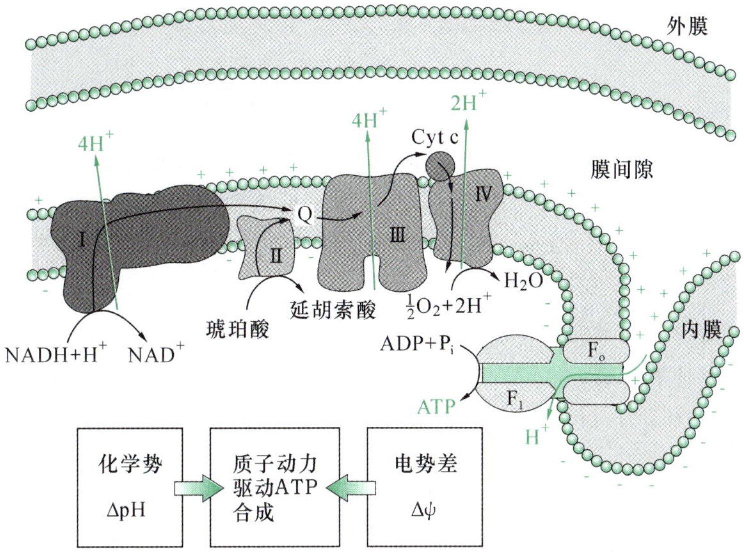

图 10-20 化学渗透理论示意图

化学渗透假说得到许多实验证据的支持：①氧化磷酸化作用只有在完整的线粒体中才能进行；②线粒体内膜对 H^+、OH^-、K^+、Cl^- 等离子具有不通透性；③电子传递链能将 H^+ 排到线粒体内膜外，而 ATP 的形成又伴随着 H^+ 向膜内的转移运动；④破坏跨膜 H^+ 梯度必然抑制氧化磷酸化的进行等。

四、氧化磷酸化的解偶联

通过利用特殊试剂将电子传递过程与 ATP 形成过程分离开，称为氧化磷酸化的解偶联。能促进解偶联作用的物质称为解偶联剂(uncoupler)，它不抑制电子传递过程，只是使电子传递产生的自由能变成热能，能量得不到储存。2,4-二硝基苯酚(2,4-dinitrophenol,DNP)是一种典型的解偶联剂，它属于酸性芳香化合物，通过在生物膜中自由运动，携带质子跨膜扩散，从而消除跨线粒体内膜的质子梯度。此时，虽然 ATP 无法合成，但电子传递照常进行。在体内如果发生不可控制的解偶联作用，代谢"燃料"会大量消耗。因而，DNP 可用作杀虫剂和木材防腐剂，但作为减肥剂使用危害极大，早在 1938 年国际上就已下发禁令。

在正常生理条件下的解偶联作用具有重要的生物学意义。冬眠动物和适应寒冷的哺

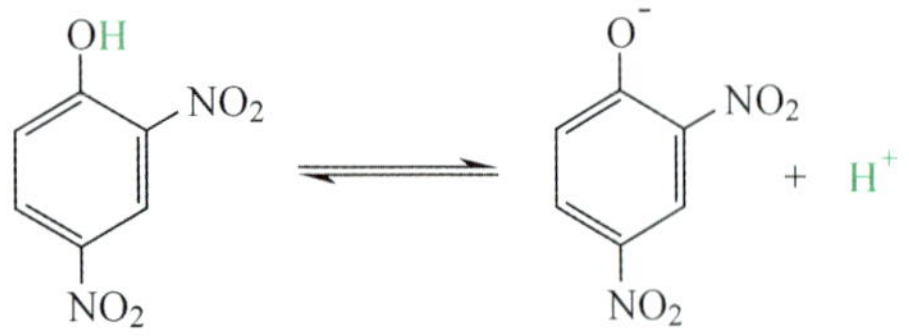

2,4-二硝基苯酚

乳动物借助解偶联作用维持体温。婴儿刚出生时颈背部常有大片褐色斑块，实际是褐色脂肪，在这类组织细胞中含有大量线粒体，能通过解偶联作用产生热量，保持婴儿体温；起偶联作用的关键蛋白质是位于线粒体内膜上的一种解偶联蛋白（uncoupling protein）或称产热素（thermogenin），它是一个通道蛋白，能允许膜间隙中的质子流回线粒体内部，造成“质子漏”。产热素的通道在通常情况下被 GDP 分子“塞”住而呈关闭状态，当受冷刺激或感应某激素信号时，GDP 脱离，通道打开，质子内流，自由能以热形式释放。

知识拓展框

活性氧产生、癌变与线粒体

活性氧（reactive oxygen species，ROS）是指一类具有高反应活性的含氧物质，主要是由机体代谢过程中氧化还原反应所产生的，被认为是细胞活动能量生成过程中的副产物。线粒体电子传递链（electron transfer chain，ETC）中复合体Ⅰ、Ⅱ、Ⅲ是产生 ROS 的主要位点。ETC 将电子从 NADH 转移给 O_2 进而生成 $\cdot O_2$，随后经体内的超氧化物歧化酶（SOD）等多种途径快速分解为 H_2O_2；内质网中发生的蛋白质折叠过程也伴随着 ROS 的产生。体内的多种氧化酶，在正常的生物反应中均可促进 ROS 的生成，外源性应激、刺激也可导致 ROS 的生成。目前普遍认为 ROS 不仅影响肿瘤的发生与发展，而且在肿瘤的治疗中也起到关键作用。

在氧化应激条件下，过量的 ROS 会破坏细胞蛋白、脂质和 DNA，导致细胞致命损伤，进而涉及多种病理，如衰老、癌症、神经退行性疾病、心血管疾病、糖尿病等。2021 年，一篇刊登在 *Cell Metabolism* 上的研究揭示了在机体内有 100 多种癌症类型，在正常细胞转化为癌变细胞时，或许涉及抗氧化剂防御和核苷酸合成两个关键部分，而突破这些限制可能是癌变转化的关键。科学家们一直认为，所有类型癌症都是由一组共同的基本过程控制，然而目前并不清楚其背后的分子机制。该研究发现，葡萄糖-6-磷酸脱氢酶（glucose-6-phosphate dehydrogenase，G6PD）刺激 NADPH 的产生，而 NADPH 是维持细胞氧化还原平衡的关键辅酶，同时 G6PD 通过产生磷酸戊糖促进产生更多核苷酸来维持细胞的增殖，在引发氧化性压力的状况下，正常细胞会变得顺从，而癌细胞会在这种情况下继续增殖扩散。

大量的研究表明，ROS 信号在参与正常生理和适当的氧化还原反应中也是很重要。例如，ROS 是正常骨骼肌收缩所必需的，其能调节肌肉对运动的适应性。ROS 还能参与免疫应答的激活和调节，并介导白细胞与内皮细胞的黏附。在经历氧化应激的线粒体中，从内膜挤出来的囊泡的形成性增强，它们在维持线粒体功能方面有着潜在作用。糖酵解的增加与细胞生物能学紊乱和线粒体反应性氧化物（mitochondrial reactive oxygen species，mt-ROS）水平的升高密切相关。mt-ROS 的升高与 ETC 复合物Ⅰ和Ⅲ活性减弱相关。利用线粒体定位的抗氧化剂抑制 mt-ROS，能限制体内缺氧诱导因子-1α（hypoxia-inducible factor 1α，HIF-1α）的表达水平，进而降低细胞糖酵解过程，并重新建立了线粒

第十章

体电位。研究表明线粒体融合介导的 mt-ROS 与肺动脉高血压(pulmonary hypertension,PH)早期发展中的 Warburg 表型(肿瘤细胞特殊生化表型,由德国生化专家 Otto H. Warburg 发现)相关联。

基于 ROS 在肿瘤形成发展中的双重作用,目前多种以促氧化剂和抗氧化剂为基础的抗癌药物,不断被开发并用于癌症的预防和治疗。这些抗癌药物被认为通过增加细胞活性氧(ROS)的水平而导致细胞死亡。然而,药物所产生的 ROS 究竟是如何发挥作用和被感知的、ROS 修饰了哪些蛋白质及其在药物敏感性中的作用,人们还未完全了解,这有待科学家们更进一步深入研究。

[1] Zhang J, Duan D, Song Z, et al. Small molecules regulating reactive oxygen species homeostasis for cancer therapy. Medicinal Research Reviews, 2021, 41: 342-394.
[2] Zhang Y, Xu Y, Lu W, et al. Upregulation of antioxidant capacity and nucleotide precursor availability suffices for oncogenic transformation. Cell Metabolism, 2021, 33: 94-109.
[3] Yegambaram M, Sun X T, Lu Q, et al. Mitochondrial hyperfusion induces metabolic remodeling in lung endothelial cells by modifying the activities of electron transport chain complexes Ⅰ and Ⅲ. Free Radical Biology and Medicine, 2024, 210: 183-194.
[4] Zhang J, Simpson C M, Berner J, et al. Systematic identification of anticancer drug targets reveals a nucleus-to-mitochondria ROS-sensing pathway. Cell, 2023, 186(11): 2361-2379.

五、ATP 合成机理

(一)F_oF_1-ATP 合酶是能量偶联因子

化学渗透理论阐述的是电子传递链和氧化磷酸化的能量偶联关系,并没有解决“F_oF_1-ATP 合酶如何利用质子动力催化 ATP 合成”的问题。当人们用电子显微镜观察线粒体内膜时,发现了许多哑铃状复合体。E. Racker 及其同事做了一个出色的体外重组实验(图 10-21):用超声波处理线粒体,使线粒体内膜外翻形成亚线粒体囊泡(submitochondrial vesicle);然后用胰蛋白酶(或脲)处理亚线粒体,分离出缺乏球体的膜囊泡和可溶性蛋白。体外实验证明,膜囊泡能进行电子传递,但不能催化 ATP 合成;可溶性蛋白具有 ATP 酶(ATPase)活性,能催化 ATP 水解,但不能进行电子传递。当将这两部分重组形成亚线粒体囊泡后,又恢复 ATP 合成能力。这个重组实验证明内膜中含有电子传递链组分,而内膜上的球状结构则含有能量偶联因子。这种偶联因子后来得到鉴定,命名为 $F_o F_1$-ATP 合酶($F_o F_1$-ATP synthase),又称为复合体Ⅴ。

$F_o F_1$-ATP 合酶为膜蛋白复合体,整个分子分为 F_1 和 F_o 两部分(图 10-22):F_1 组成复合体的球状、亲水性头部,面向线粒体基质,含有 5 种亚基:3 个 α 亚基和 3 个 β 亚基相间排列成一个六角形结构域,3 个 β 亚基上分别有 ATP 合成位点;γ 亚基位于六角形结构的中间;δ 和 ε 亚基处于 α/β 亚基和 γ 亚基之间,二者位置可以互变并通过互变来改变酶复合体的结构,使之处于合成或水解 ATP 的功能状态。例如,当 ε 亚基靠近 β 亚基时,水解 ATP 的活性会受到抑制。

F_o 为膜蛋白复合体的基部,整个嵌入线粒体内膜。人们在研究中发现,酶复合体的基部对寡霉素敏感(oligomycin sensitive conferring protein),“F_o”中的“o”即来源于此英文字头。

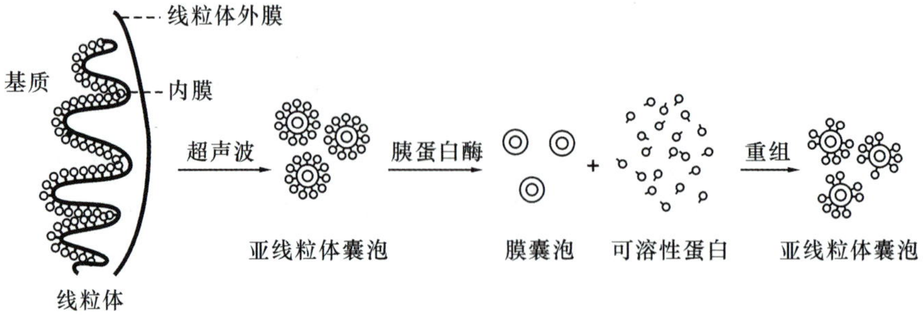

图 10-21　亚线粒体囊泡制备示意图

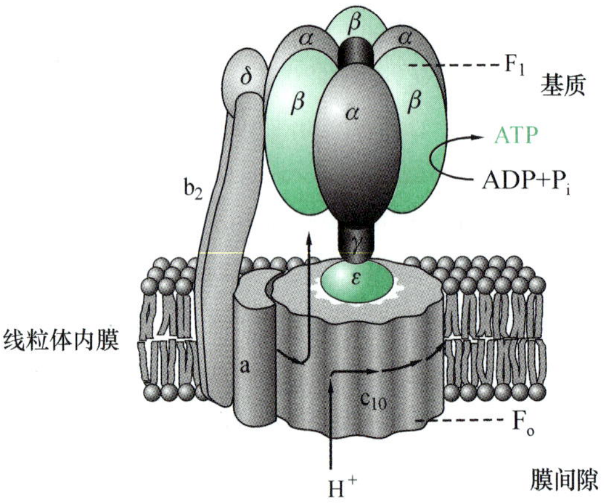

图 10-22　F_oF_1-ATP 合酶结构

寡霉素是一种有毒的抗真菌剂，能专一性抑制 $F_o F_1$-ATP 合酶的活性，既抑制氧的利用又抑制 ATP 的形成，是典型的氧化磷酸化抑制剂。F_o 由疏水蛋白亚基 a、b、c 等组合而成（ab_2c_{10}），其中 c 亚基数随物种差异变化很大，一般在 9～12 个。F_o 组成跨膜质子通道，当质子从内膜外侧回流到线粒体基质时，驱使 F_1 的 β 亚基合成 ATP。

在这里需要进一步解释的是，合酶（synthase）不同于合成酶（synthetase）。合成酶是一种连接酶，所催化的反应需要依赖 ATP 水解提供能量。合酶除了能催化合成方向的反应外，在一定条件下还能催化逆反应。$F_o F_1$-ATP 合酶就是这样的一类酶，它的基本功能是合成 ATP，但在早期研究中发现其 F_1 部分在体外单独存在时催化的是逆反应，即 ATP 的水解，故 F_1 部分又称为 F_1-ATP 酶（F_1-ATPase）。最新研究发现，当生物受到胁迫时，线粒体跨膜质子梯度将被破坏，这时 $F_o F_1$-ATP 合酶需要启动 ATP 水解功能，将膜内 H^+ 运至膜外，来修复跨膜质子梯度。

（二）旋转催化机制

为揭示 $F_o F_1$-ATP 合酶的作用机理，P. D. Boyer 早在 1979 年就提出“旋转催化”机制（rotational catalytic mechanism），认为 F_1 的 3 个 β 亚基上的活性部位分别处于不同构象状态：开放态（open，O），合成的 ATP 可以释放，底物 ADP＋P_i 可以进入，或者无核苷酸结合；松弛态（loose，L），紧密结合了 ADP 和 P_i；紧张态（tight，T），ATP 合成，但无法释放。3 个不同构象的 β 亚基排列方式为 O→L→T，如图 10-23 所示。当发生质子内流时，随着 γ 亚基每转动 120°，3 个 β 亚基构象分别会发生 O→L、L→T、T→O 的转变，因此，γ 亚基每转动 120°，则会有 1 个 ATP 的释放。β 亚基构象变化的实质是质子内流推动了酶复合体 γ 亚基的旋转。

旋转催化机制得到两个重要证据的支持。1997 年，H. Noji 等通过巧妙设计，借助连接在 γ 亚基上的被荧光标记的肌动蛋白丝，在显微镜下直接观察到 F_1-ATP 酶水解 ATP 时能做旋转运动（图 10-24）。F_1-ATP 酶每旋转 120°，大约做功 80 pN · nm，这个数值与生理条件下 ATP 水解释放出的自由能非常接近，因此 F_1-ATP 酶被认为是自然界能量转换效率最高的分子马达（molecular motor）。

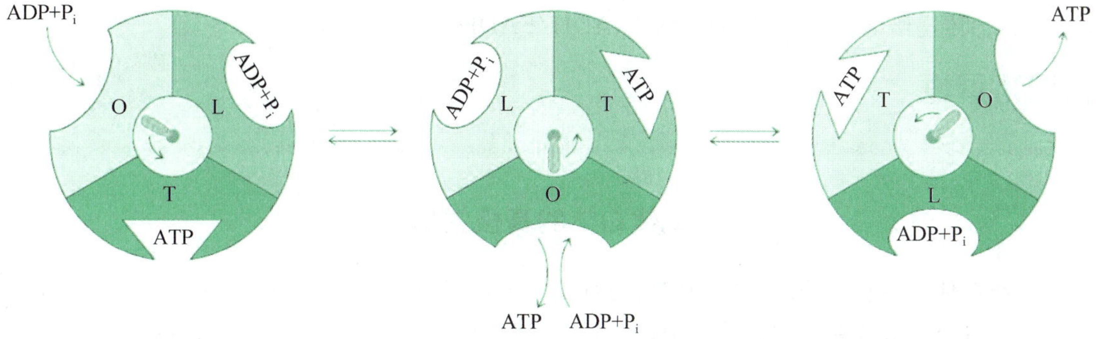

图 10-23 “旋转催化”模型

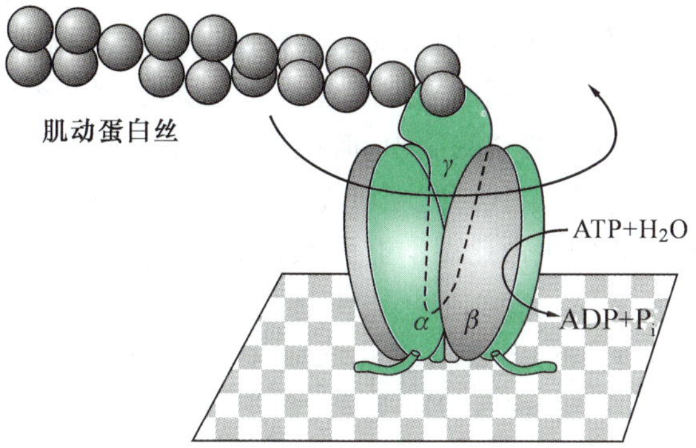

图 10-24 ATP 驱动 F_1-ATP 酶旋转

2004 年，H. Itoh 等将 F_o F_1-ATP 合酶的 γ 亚基连接到一个磁珠，通过施加电磁力使磁珠定向旋转，发现有 ATP 合成，证明在生物系统中，机械力可以转化为化学合成，“分子旋转”能影响蛋白质机器的催化反应，充分证明了 Boyer 的旋转催化机制。目前人们普遍相信，由于 F_o F_1-ATP 合酶的 3 个 β 亚基与 γ ε 亚基为不对称接触，当质子通过 F_o F_1-ATP 合酶的质子通道、内流进入线粒体时，F_o 可能因质子化而发生构象改变，积累足够的扭矩力，推动 γ ε 相对于 $\alpha_3\beta_3$ 做旋转运动，促使 F_1 的 β 亚基处于不同构象状态，3 个 β 亚基轮流合成 ATP。在这个过程中，ATP 的释放是限速步骤，质子动力的作用就是促进 ATP 从酶分子上释放下来。

六、氧化磷酸化的调节

在生物体内，氧化磷酸化过程受细胞对 ATP 需求的调节。细胞呼吸强度越大，ATP 消耗越多，ADP 水平越高，线粒体电子传递和氧化磷酸化速率也就越快。在运动着的肌肉细胞中，ADP 浓度明显升高，氧化磷酸化速度明显增加，以满足肌肉对 ATP 的需要。ADP 是氧化磷酸化过程中磷原子的受体(acceptor)，氧化磷酸化速率受 ADP 水平调节的现象称为呼吸控制(respiratory control)或受体控制(acceptor control)。对线粒体进行体外研究证实，ADP 水平在氧化磷酸化调节中占有重要位置。在反应系统中加入 ADP，线粒体氧消耗会骤然增加(图 10-19)；当所有 ADP 消耗殆尽，氧消耗又恢复到原初水平。

ADP 水平不仅直接影响电子传递速率，还影响生成 NADH 和 $FADH_2$ 的代谢途径(详见

第十一章）。只有在 ADP 含量高、需要合成 ATP 的情况下，电子才能从代谢燃料分子（fuel molecules）传递给 NAD^+ 或 FAD，生成 NADH/$FADH_2$。

知识拓展框

无线粒体的真核生物

线粒体是真核生物的重要细胞器，然而 2016 年 *Current Biology* 杂志上的一项研究揭示了首个没有线粒体的真核生物，表明了真核生物生命进化分支比预想的要复杂得多。研究人员对来自南美洲栗鼠消化道的类单鞭滴虫属（*Monocercomonoides*）生物材料进行研究。通过对类单鞭滴虫属细胞进行基因组测序，结果发现这种生物缺乏所有标志性的线粒体蛋白。研究人员分析认为，可能是生活环境导致了类单鞭滴虫属无线粒体存在。南美洲栗鼠肠道营养丰富但氧稀缺，而氧又是线粒体供能的必需因素，因而肠道里的类单鞭滴虫属更倾向于在细胞质中利用酶来分解食物和提供能量。至关重要的是，线粒体铁硫簇组装途径几乎存在于所有真核细胞中，而在类单鞭滴虫属中，这条途径被从细菌基因转移获得的胞质硫动员系统所取代。这项研究成果对真核生命树中线粒体进化的理解有着重要意义，暗示真核生物的生命比课本上所说的更为灵活。

Karnkowska A，Vacek V，Zubacova Z，et al. A eukaryote without amitochondrial organelle. Current Biology，2016，26(10)：1274-1284.

七、线粒体穿梭系统

线粒体因内膜屏障作用不允许 NADH 进入线粒体，而电子传递链复合体Ⅰ与 NADH 发生互作的部位位于线粒体基质一侧，因此，糖酵解（在细胞质中进行，详见糖代谢）产生的 NADH 必须通过穿梭系统（shuttle system）才能进入线粒体呼吸链。

（一）磷酸甘油穿梭

细胞质中有 3-磷酸甘油脱氢酶（glycerol 3-phosphate dehydrogenase；辅酶为 NAD^+），能催化 NADH 和磷酸二羟丙酮反应生成 3-磷酸甘油和 NAD^+。

磷酸二羟丙酮　　　　3-磷酸甘油

线粒体内膜也存在 3-磷酸甘油脱氢酶（辅基是 FAD），但其以更复杂的酶复合体形式存在。磷酸甘油穿梭过程如图 10-25 所示：NADH 在细胞质 3-磷酸甘油脱氢酶的催化下，将氢和电子转移给磷酸二羟丙酮，生成 3-磷酸甘油；3-磷酸甘油借助线粒体内膜上的 3-磷酸甘油脱氢酶复合体，将氢和电子转移给 FAD，生成磷酸二羟丙酮和 $FADH_2$。$FADH_2$ 之后可直接进入电子传递链，彻底氧化产生 ATP。可见，经过磷酸甘油穿梭（glycerolphosphate shuttle），1 分子细胞质

NADH 可以转化成 1 分子 $FADH_2$。

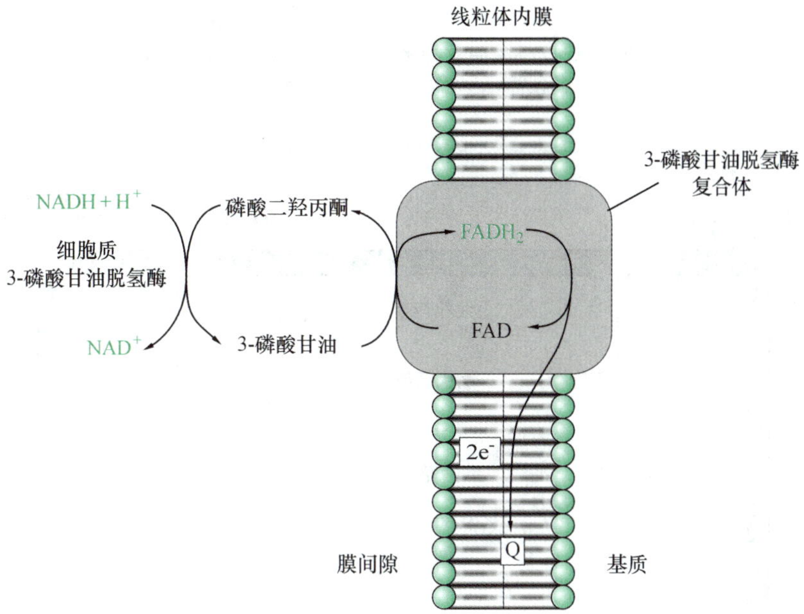

图 10-25 磷酸甘油穿梭

(二)苹果酸-天冬氨酸穿梭

线粒体内膜上存在二羧酸转运酶和谷氨酸-天冬氨酸转运酶，前者允许苹果酸、α-酮戊二酸穿过，后者允许谷氨酸、天冬氨酸穿过。借助这两个转运酶以及细胞质、线粒体中的苹果酸脱氢酶、谷氨酸-天冬氨酸转氨酶，NADH 可以从细胞质转移到线粒体中，即所谓“苹果酸-天冬氨酸”穿梭(malate-aspartate shuttle)。

苹果酸-天冬氨酸穿梭具体过程如图 10-26 所示。在细胞质中，苹果酸脱氢酶催化 NADH 和草酰乙酸生成苹果酸和 NAD^+，苹果酸在二羧酸转运蛋白协助下进入线粒体；在线粒体苹果酸脱氢酶催化下，苹果酸脱氢生成 NADH 和草酰乙酸；NADH 直接进入线粒体电子传递链。上述反应产生的草酰乙酸不能穿过线粒体内膜，回到细胞质，在谷氨酸-天冬氨酸转氨酶作用下转化为天冬氨酸，谷氨酸脱氨形成 α-酮戊二酸；天冬氨酸和 α-酮戊二酸借助相应的转运蛋白回到细胞质；再通过细胞质谷氨酸-天冬氨酸转氨酶作用，生成草酰乙酸和 α-酮戊二酸。至此完成一个循环。苹果酸-天冬氨酸穿梭过程极易逆转，只有当细胞质 $NADH/NAD^+$ 值高于线粒体基质中该值时才能进行；另外，细胞质中的 1 分子 NADH 经过该方式穿梭，在线粒体内仍然生成 1 分子 NADH。

不同组织细胞中的穿梭途径存在差异。如在昆虫翼肌中、动物的骨骼肌及大脑中，磷酸甘油穿梭特别显著，而在动物的肝脏和心脏细胞中，苹果酸-天冬氨酸穿梭系统更为活跃。

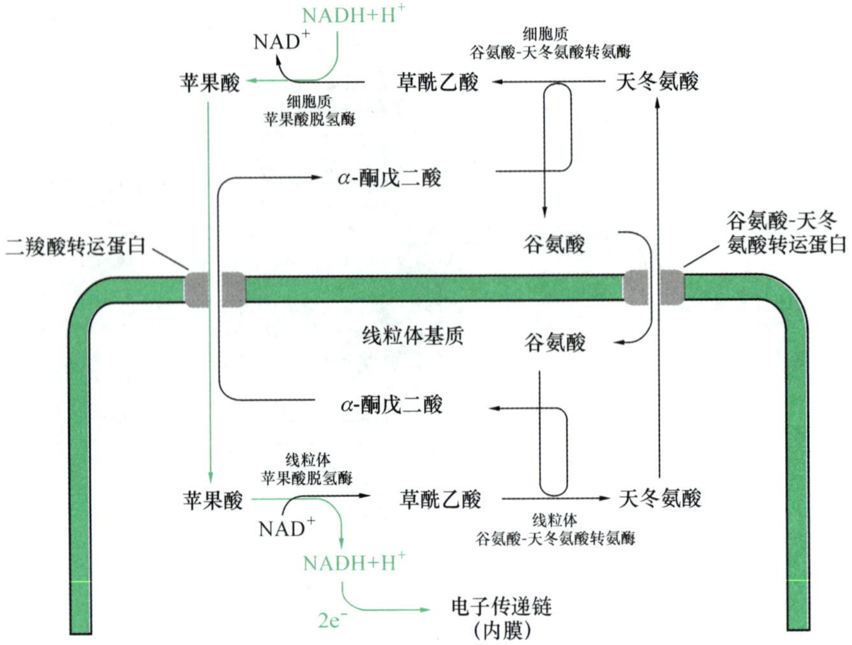

图 10-26　苹果酸-天冬氨酸穿梭

二维码 10-1
电子传递链

第十章思考题

第十一章 糖代谢

糖代谢包括糖的分解代谢和合成代谢。糖类分解代谢不但提供了生命活动所需的大量能量，而且糖代谢过程产生的中间产物为氨基酸、核苷酸、脂肪、类固醇等的合成提供碳原子或碳骨架。通过合成代谢合成生物体内具有不同生物学功能的糖类。

糖的种类繁多，本章主要学习在物质代谢和能量代谢中处于核心部位的糖的代谢途径。首先从处于核心代谢位置的葡萄糖开始，重点介绍糖酵解、柠檬酸循环以及磷酸戊糖途径，最后简单介绍寡糖和多糖的酶促降解与合成。

第一节 糖酵解

糖酵解是普遍存在于生物体中的葡萄糖的分解途径。通过糖酵解的 10 步反应，将葡萄糖转变为 2 分子丙酮酸，同时伴随 2 分子 ATP 生成。糖酵解途径是最早被阐明的代谢途径，因 G. Embden、O. Meyerhof 和 J. Parnas 三位科学家在阐明糖酵解途径中的贡献，也被称为 Embden-Meyerhof-Parans 途径。

一、糖酵解途径的反应历程

糖酵解(glycolysis)途径在细胞质中进行，包含 10 步反应。根据反应和能量的特点，将糖酵解途径分为 2 个阶段：准备阶段和放能阶段。准备阶段包含 1～5 步反应，消耗 2 分子 ATP；放能阶段包括 6～10 步反应，产生 4 分子 ATP。

(一)糖酵解的第一阶段——准备阶段

葡萄糖经过磷酸化、异构化及裂解反应，产生 2 分子 3-磷酸甘油醛，这一阶段共消耗 2 分子 ATP，为耗能活化阶段。

(1)葡萄糖的磷酸化　在己糖激酶(hexokinase)的催化下，葡萄糖分子的第 6 位被磷酸化生成 6-磷酸葡萄糖(简写成 G-6-P 或者 6-P-G)，ATP 为磷酸基团供体，是一个不可逆反应。

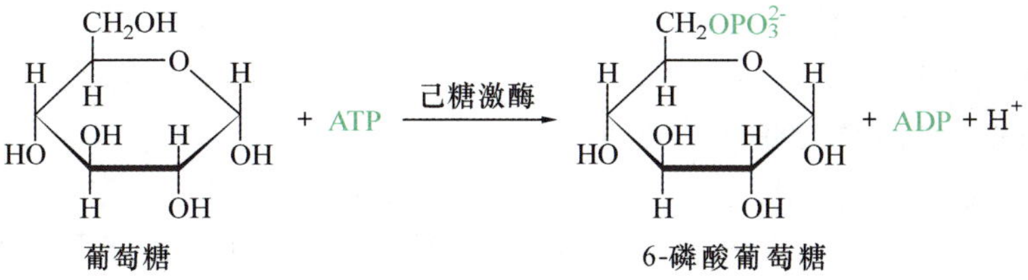

除了葡萄糖外，己糖激酶也能催化果糖、甘露糖等六碳糖的磷酸化反应。磷酸基团的转移是生物化学中的一个基本反应。激酶(kinase)催化高能磷酸化合物(如 ATP)的磷酸基团转移

到一些特定底物上，需要 Mg^{2+} 作为激活因子。

(2)6-磷酸果糖的生成　磷酸己糖异构酶(phosphohexose isomerase)催化 6-磷酸葡萄糖异构化生成 6-磷酸果糖(简写成 F-6-P 或者 6-P-F)。这是磷酸己糖的异构化反应，为可逆反应。

6-磷酸葡萄糖　　6-磷酸果糖

(3)1,6-二磷酸果糖的生成　磷酸果糖激酶-1(phosphofructokinase-1, PFK-1)催化 6-磷酸果糖的磷酸化，生成 1,6-二磷酸果糖，ATP 提供磷酸基团，为不可逆反应。

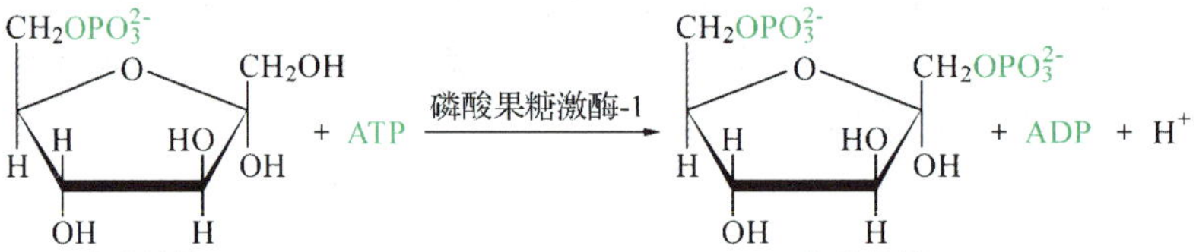

6-磷酸果糖　　1,6-二磷酸果糖

(4)1,6-二磷酸果糖的裂解　由醛缩酶(aldolase)催化 1,6-二磷酸果糖裂解成 1 分子 3-磷酸甘油醛和 1 分子磷酸二羟丙酮，为可逆反应。

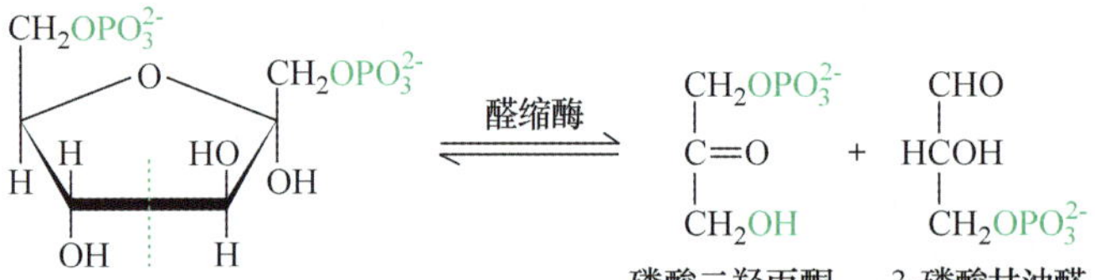

1,6-二磷酸果糖　　磷酸二羟丙酮(酮糖)　　3-磷酸甘油醛(醛糖)

该反应的 $\Delta G^{\ominus\prime}=+24.0\ \text{kJ/mol}$，从能量学上不利于裂解反应，但 3-磷酸甘油醛在下一阶段的反应中不断被氧化消耗，因而驱动反应向裂解方向进行。

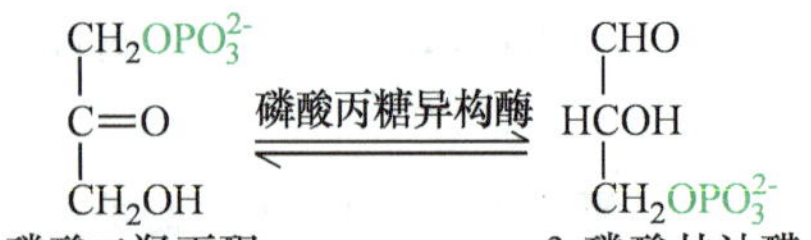

磷酸二羟丙酮　　3-磷酸甘油醛

(5)磷酸丙糖的同分异构化　磷酸丙糖异构酶(triose phosphate isomerase)催化磷酸二羟丙酮异构化，生成 3-磷酸甘油醛，为可逆反应。

(二)糖酵解的第二阶段——放能阶段

此阶段通过氧化还原反应和磷酸化等 5 步反应，将 3-磷酸甘油醛转变为丙酮酸，并产生 ATP。

(6)3-磷酸甘油醛氧化为 1,3-二磷酸甘油酸　3-磷酸甘油醛的氧化是糖酵解中唯一一步氧化反应，由 3-磷酸甘油醛脱氢酶(glyceraldehyde 3-phosphate dehydrogenase, GAPDH)催化，反应中同时涉及脱氢氧化和磷酸化反应。氧化为放能反应($\Delta G^{\ominus\prime}=-43.11\ \text{kJ/mol}$)，磷酸化为耗能反应($\Delta G^{\ominus\prime}=+49.38\ \text{kJ/mol}$)，氧化释放的能量使羧基磷酸化形成高能混合酸酐键(酰基磷酸)，生成高能磷酸化合物 1,3-二磷酸甘油酸。反应中脱下的氢由 NAD^+ 接受，形成 NADH。该酶活性中心有半胱氨酸残基，为巯基酶，可被碘乙酸不可逆抑制(详见第五章)。该步反应可逆。

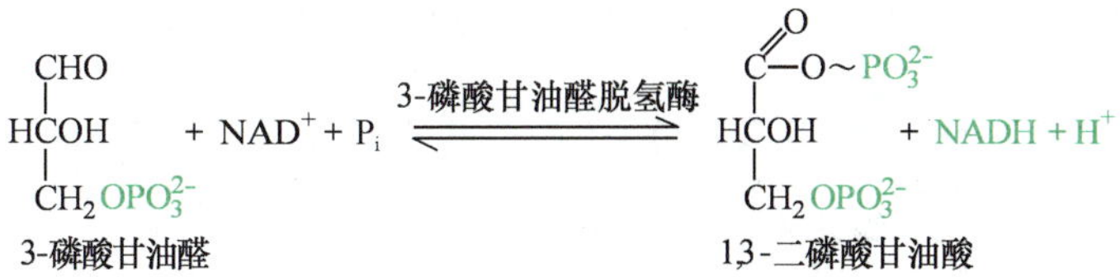

(7)3-磷酸甘油酸和 ATP 的生成　磷酸甘油酸激酶(phosphoglycerate kinase)催化 1,3-二磷酸甘油酸分子中 C_1 上具高能键的磷酸基团转移到 ADP 上,生成 3-磷酸甘油酸和 ATP,反应可逆。这是糖酵解中第一步生成 ATP 的反应，这种将高能磷酸化合物的磷酸基团直接转移给 ADP 产生 ATP 的方式称为底物水平磷酸化。

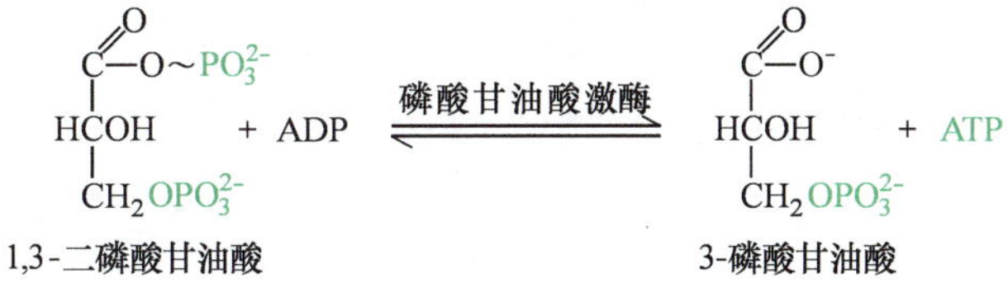

体外研究证明,在第(6)步反应中,添加砷酸盐(AsO_4^{3-})可与 PO_4^{3-} 竞争,形成 1-砷酸-3-磷酸甘油酸,该产物很容易自发水解成 3-磷酸甘油酸而无 ATP 的形成，导致生物体能量供应不足,影响正常的生理过程。

(8)3-磷酸甘油酸异构为 2-磷酸甘油酸　磷酸甘油酸变位酶(phosphoglycerate mutase)催化 3-磷酸甘油酸 C_3 上的磷酸基团转移到分子内的 C_2 原子上,生成 2-磷酸甘油酸,为可逆反应。

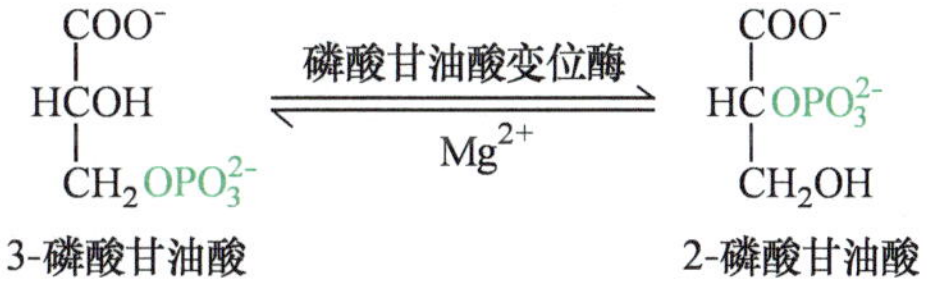

(9)磷酸烯醇式丙酮酸的生成　烯醇化酶(enolase)催化 2-磷酸甘油酸脱去 1 分子 H_2O,生成磷酸烯醇式丙酮酸(phosphoenolpyruvate,PEP),为可逆反应。

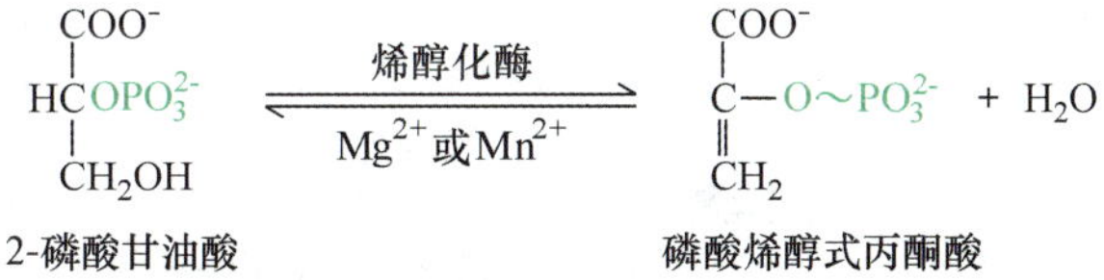

这是一个分子内脱水形成双键的反应。在脱水过程中发生了歧化反应,第 2 个碳原子被氧化,第 3 个碳原子被还原,这使得分子内能量重新分配,生成高能磷酸化合物——磷酸烯醇式丙酮酸。反应需 Mg^{2+} 或 Mn^{2+}。F^- 能与 Mg^{2+} 形成络合物并结合在酶上,因此氟化物能抑制烯醇化酶的活性。

(10)丙酮酸和 ATP 的生成　丙酮酸激酶(pyruvate kinase)催化 PEP 上的磷酸基团转移至 ADP 生成 ATP,同时 PEP 形成烯醇式丙酮酸。后者极不稳定,很容易自发转变为丙酮酸。反应需 K^+、Mg^{2+} 或 Mn^{2+} 参加。丙酮酸激酶催化的反应是糖酵解中第二个底物水平磷酸化反应,也是第三个不可逆的反应。

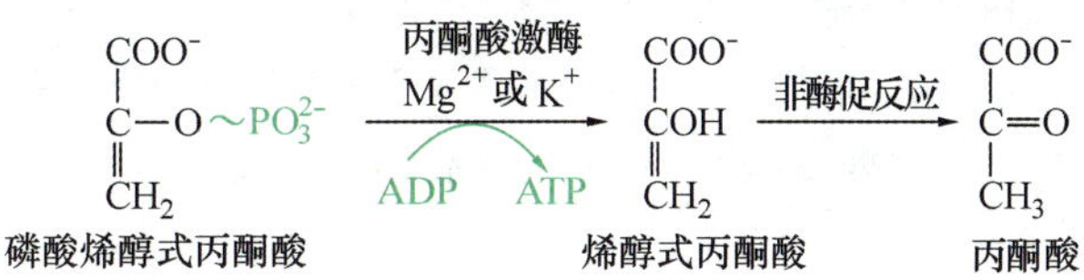

第十一章

糖酵解的整个反应历程如表 11-1 和图 11-1(左侧图)所示。

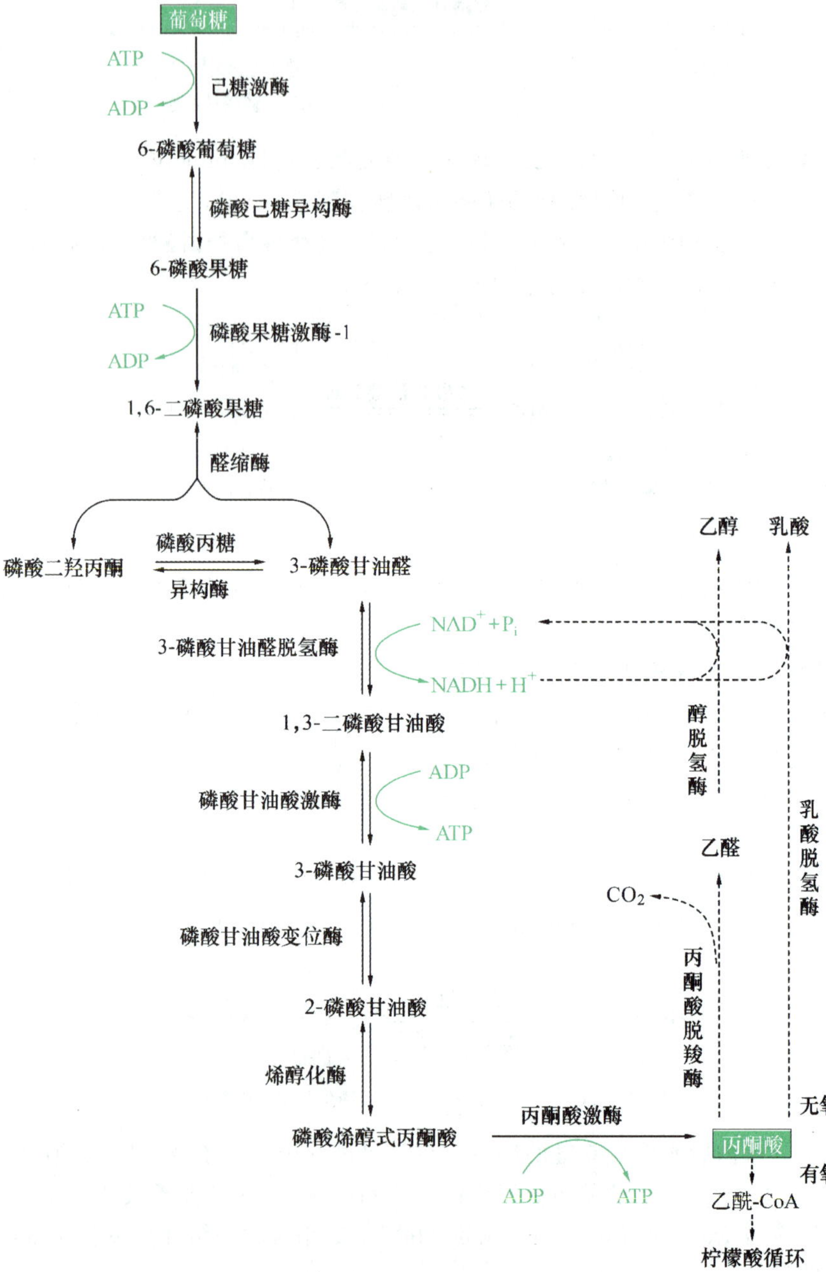

图 11-1　糖酵解途径(实线箭头)及丙酮酸的去路(虚线箭头)

表 11-1　糖酵解的反应

步骤	反应	酶	反应类型	$\Delta G^{\ominus\prime}$/(kJ/mol)	ΔG/(kJ/mol)
1	葡萄糖＋ATP → 6-磷酸葡萄糖	己糖激酶	A	−16.70	−33.4
2	6-磷酸葡萄糖 ⇌ 6-磷酸果糖	磷酸己糖异构酶	C	1.7	0～25
3	6-磷酸果糖＋ATP → 1,6-二磷酸果糖＋ADP	磷酸果糖激酶-1	A	−14.2	−22.2

续表 11-1

步骤	反应	酶	反应类型	$\Delta G^{\ominus\prime}$/(kJ/mol)	ΔG/(kJ/mol)
4	1,6-二磷酸果糖 $\rightleftharpoons$ 磷酸二羟丙酮＋3-磷酸甘油醛	醛缩酶	E	23.8	−6～0
5	3-磷酸甘油醛 $\rightleftharpoons$ 磷酸二羟丙酮	磷酸丙糖异构酶	C	7.5	0～4
6	3-磷酸甘油醛＋P_i＋NAD^+ $\rightleftharpoons$ 1,3-二磷酸甘油酸＋NADH＋H^+	3-磷酸甘油醛脱氢酶	F	6.3	−2～2
7	1,3-二磷酸甘油酸＋ADP $\rightleftharpoons$ 3-磷酸甘油酸＋ATP	磷酸甘油酸激酶	A	−18.8	0～2
8	3-磷酸甘油酸 $\rightleftharpoons$ 2-磷酸甘油酸	磷酸甘油酸变位酶	B	4.4	0～0.8
9	2-磷酸甘油酸 $\rightleftharpoons$ 磷酸烯醇式丙酮酸＋H_2O	烯醇化酶	D	7.5	0～3.3
10	磷酸烯醇式丙酮酸＋ADP＋H^+ $\rightarrow$ 丙酮酸＋ATP	丙酮酸激酶	A	−31.4	−16.7

反应类型：A. 磷酰基转移；B. 磷酰基移位；C. 异构化；D. 脱水；E. 醛醇裂解；F. 与氧化作用偶联的磷酸化作用。

知识拓展框

砷酸与亚砷酸中毒

砷中毒主要由砷化合物引起，不同砷化合物造成中毒的机理不同。这里主要介绍砷酸盐(arsenate)与亚砷酸盐(arsenite)中毒的机理。

由于砷酸根离子(AsO_4^{3-})与磷酸根(PO_4^{3-})离子在结构上相似，在糖酵解途径中的第6步反应(从3-磷酸甘油醛到1,3-二磷酸甘油酸)中能够取代磷酸根离子，与3-磷酸甘油醛反应生成1-砷酸-3-磷酸甘油酸，进一步自发反应水解生成3-磷酸甘油酸，反应过程中不产生ATP。而正常糖酵解第6步反应产生的1,3-二磷酸甘油酸会在磷酸甘油酸激酶的催化下形成3-磷酸甘油酸，并产生1分子ATP。因此，砷酸根离子取代磷酸根离子会导致糖酵解途径ATP的净生成量为0，造成机体能量缺乏。

亚砷酸根离子(AsO_2^-)的毒性比砷酸根离子更强。三氧化二砷，即砒霜，就属于亚砷酸。亚砷酸根离子通过与硫辛酰胺的巯基结合，抑制以硫辛酰胺为辅因子的一些酶的活性，导致代谢反应不能正常进行。牛黄解毒片的主要成分是雄黄(四硫化四砷)，雄黄本身有毒性，如果长期使用，会造成人体中毒。此外，在牛黄解毒片制作的过程中，雄黄遇热也有可能被氧化成三氧化二砷，也就是砒霜。所以在使用剂量上需要控制。砒霜虽是剧毒物，但适量的砒霜可用来治疗急性早幼粒细胞白血病。

[1] Chen Z, Chen S. Poisoning the devil. Cell, 2017, 168(4): 556-560.
[2] Moran L A, Horton H R, Scrimgeour K G, et al. Principle of Biochemistry. 5th ed. International: Pearson Education Inc (Asia), 2014.

第十一章

二、糖酵解途径的化学计量与生物学意义

从葡萄糖转变成丙酮酸的净反应如下：

$$葡萄糖 + 2ADP + 2P_i + 2NAD^+ \longrightarrow 2丙酮酸 + 2ATP + 2NADH + 2H^+ + 2H_2O$$

在糖酵解过程中，起始阶段形成1,6-二磷酸果糖时消耗2分子ATP，后续在1,3-二磷酸甘油酸生成3-磷酸甘油酸以及磷酸烯醇式丙酮酸生成丙酮酸的反应中各形成1分子ATP。因此，葡萄糖酵解过程净产生2分子ATP（表11-2）。在无氧和有氧情况下，糖酵解产物丙酮酸和NADH的代谢去路不同，产生的能量也有差别，将分别在丙酮酸在无氧条件下的去路及柠檬酸循环中进行讨论。

表 11-2　糖酵解中ATP的消耗和产生

反应	ATP的变化
葡萄糖 → 6-磷酸葡萄糖	−1
6-磷酸果糖 → 1,6-二磷酸果糖	−1
2×1,3-二磷酸甘油酸 → 2×3-磷酸甘油酸	+2
2×磷酸烯醇式丙酮酸 → 2×丙酮酸	+2
葡萄糖 → 2×丙酮酸净产生	+2

糖酵解具有重要的生物学意义：①糖酵解在生物体中普遍存在，它在有氧及无氧条件下都能进行，是葡萄糖进行有氧或无氧分解的共同代谢途径。②通过糖酵解，生物体获得生命活动所需的部分能量。对于厌氧生物或供氧不足的组织来说，糖酵解是糖分解的主要形式，也是生命体获得能量的主要方式。③糖酵解形成的许多中间产物，可作为合成其他物质的原料。如磷酸二羟丙酮可转变为3-磷酸甘油，丙酮酸可转变为丙氨酸，它们分别是脂肪和蛋白质合成的原料，这样就使糖酵解与蛋白质和脂类合成代谢途径联系起来。另外，在糖酵解途径中虽然有三步反应不可逆，但其余反应均可逆，这为在特定生理条件下从其他物质合成糖（糖异生作用）提供了基本途径（详见本章第五节）。

三、丙酮酸在无氧条件下的去路

糖酵解的终产物——丙酮酸的去路关键取决于氧的有无（图11-1，右侧图）。在有氧条件下，丙酮酸先氧化脱羧生成乙酰-CoA，再经柠檬酸循环（详见下文）和电子传递链彻底氧化成CO_2和H_2O，并产生大量ATP；在无氧条件下，丙酮酸被还原为乙醇或乳酸，反应不涉及ATP，因此葡萄糖的无氧氧化产生的能量就是糖酵解过程中净生成的2分子ATP。

（一）生成乙醇

在大多数微生物中，丙酮酸经丙酮酸脱羧酶（pyruvate decarboxylase）催化脱羧生成乙醛，乙醛继续在乙醇脱氢酶（alcohol dehydrogenase）的催化下，被NADH还原生成乙醇。丙酮酸脱羧酶的辅酶为TPP。

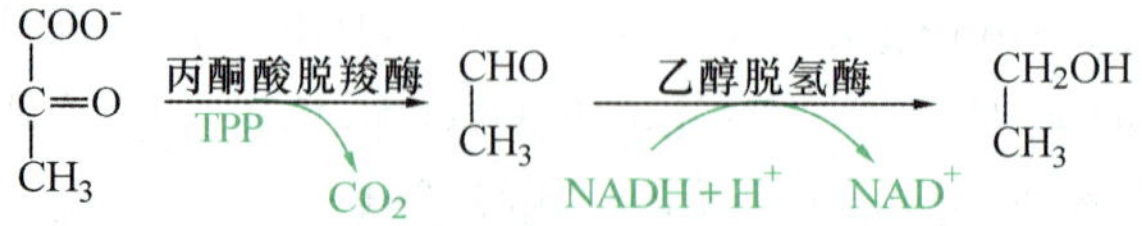

丙酮酸　　乙醛　　乙醇

上述由葡萄糖转化为乙醇的过程称为乙醇发酵（或酒精发酵），净反应为：

$$葡萄糖+2P_i+2ADP+2H^+ \rightarrow 2乙醇+2CO_2+2ATP+2H_2O$$

需要注意的是，虽然在乙醛还原为乙醇时需要 NADH 提供还原力，并有 NAD^+ 的生成，但在总反应式中没有反映出来，原因是糖酵解第六步反应中，3-磷酸甘油醛氧化时要消耗掉 1 分子 NAD^+，生成 1 分子 NADH。

乙醇发酵也存在于真菌和缺氧的植物器官中。例如，甘薯长期淹水、供氧不足时，块根便进行无氧呼吸、产生乙醇。涝害后地下薯块发育受阻、产生酒味就是这个原因。在人类生活中，乙醇发酵被用于酿酒和制作面包等。动物体内不存在丙酮酸脱羧酶。

（二）生成乳酸

许多微生物可以进行乳酸发酵。在无氧条件下葡萄糖先转化成丙酮酸，丙酮酸在乳酸脱氢酶（lactate dehydrogenase，LDH）催化下接受 NADH 上的氢，被还原成乳酸。

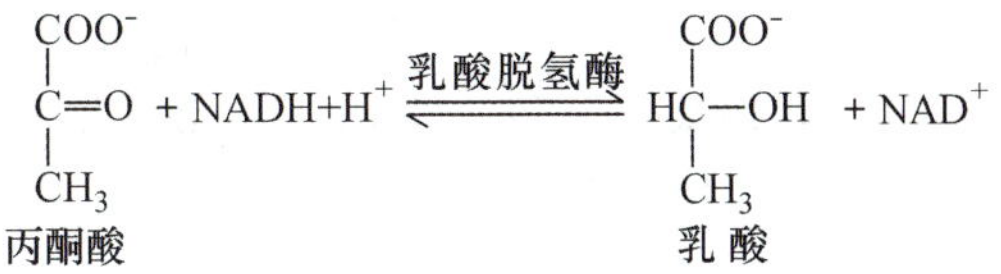

乳酸发酵的净反应为：

$$葡萄糖+2P_i+2ADP+2H^+ \rightarrow 2乳酸+2ATP+2H_2O$$

和乙醇发酵一样，乳酸发酵总反应中也看不到 NADH，但都有 NADH 的参与和 NAD^+ 的再生。NAD^+ 的再生是维持无氧条件下糖酵解所必需的。

不仅微生物厌氧发酵能将丙酮酸转变为乳酸，动植物体在缺氧时也可进行乳酸发酵。比如剧烈活动的肌肉细胞极易产生乳酸。如果细胞缺氧时间过长，产生的乳酸过多，可造成代谢性酸中毒，因为乳酸的 $pK=3.8$，在生理 pH 范围内大多处于解离状态，这会严重影响血液的酸碱度。在生活实践中，乳酸发酵常用于生产奶酪、酸奶、食用泡菜及青贮饲料等。泡菜腌制的实质是乳酸杆菌高密度繁殖，产生大量乳酸，大大降低环境 pH，从而可以有效抑制其他细菌的活动，使泡菜长期保存而不腐烂。

知识拓展框

糖酵解与肿瘤

肿瘤细胞处于失控的增殖分裂状态，能量需求旺盛。但是肿瘤细胞不是通过线粒体内经典的柠檬酸循环和氧化磷酸化产生能量，即使在有氧的条件下，它们也主要通过将糖酵解产物转变为乳酸这条能量获取较快的途径获取能量，这种现象被称为“瓦伯格效应（Warburg effect）”。

过快的生长速度使得肿瘤细胞经常处于一种缺氧状态，缺氧条件诱导了缺氧诱导因子（hypoxia-inducible transcription factor，HIF-1）的表达。HIF-1 是一种转录因子，可以通过细胞膜上葡萄糖转运体（glucose transporter，GLUT）的表达，导致更多的葡萄糖进入细胞内。HIF-1 也能调节血管内皮生长因子（vascular endothelial growth factor，VEGF）的表达，促进肿瘤细胞组织中血管的生长，为肿瘤组织提供丰富的血液和营养。此外，HIF-1 上调糖酵解途径多种酶的表达，糖酵解代谢增强为细胞快速生长提供所需能量，保证肿瘤细胞可以快速分裂和增殖。一些抗癌药物就是通过抑制糖酵解代谢途径中的酶活性来抑制肿瘤生长的。

2024 年，苏州大学发表在 *Cell* 上的文章报道，肿瘤内的乳酸会被丙氨酰-tRNA 合成酶 1(alanyl-tRNA synthetase 1，AARS1)识别，并添加到抑癌蛋白 p53 的 DNA 结合结构域的两个关键氨基酸上，p53 发生乳酸化修饰后，液-液相分离、DNA 结合及转录激活受阻，不能正常发挥抑癌作用，促进癌症的进展。此外，研究者还发现 β-丙氨酸可以阻止 AARS1 对 p53 的乳酸化，为癌症的治疗提供了新思路。

[1] Eales K L，Hollinshead K E R，Tennant D A. Hypoxia and metabolic adaptation of cancer cells. Oncogenesis，2016，5：e190.

[2] Nelson D L，Cox M M. Lehninger Principles of Biochemistry. 7th ed. New York：W. H. Freeman and Company，2017.

[3] Zong Z，Xie X，Wang S，et al. Alanyl-tRNA synthetase，AARS1，is a lactate sensor and lactyltransferase that lactylates p53 and contributes to tumorigenesis. Cell，2024，187：2375-2392.

四、糖酵解途径的调控

葡萄糖转化为丙酮酸的速率是受到严格调节的。糖酵解中，己糖激酶、磷酸果糖激酶-1和丙酮酸激酶催化的反应是不可逆的，均是糖酵解途径的调节部位。

（一）磷酸果糖激酶-1 是控制糖酵解的关键酶

磷酸果糖激酶-1 是糖酵解途径中最重要的调控部位，糖酵解速度主要取决于该酶的活性。

(1)ATP 是磷酸果糖激酶-1 的底物，同时又是该酶的抑制剂。磷酸果糖激酶为四聚体，受 ATP 的别构抑制。当 ATP 浓度高时，ATP 与酶的调节部位结合，引起酶构象改变，降低 6-磷酸果糖与酶的亲和力。ATP 对此酶的抑制可以被 AMP 逆转。当 ATP/AMP 的值低时，磷酸果糖激酶的活性增高，糖酵解被促进。ATP 可以通过自身浓度变化来影响磷酸果糖激酶-1 的活性，从而实现对糖酵解的调控，这是磷酸果糖激酶-1 的一个调节特性。该酶的另一个调节特性是当 pH 明显下降时酶活性被抑制。H^+ 抑制磷酸果糖激酶-1 的活性，降低糖酵解速度，这有利于避免因乳酸过量所引起的血液 pH 急剧下降。

(2)柠檬酸对磷酸果糖激酶-1 有抑制作用　糖酵解过程不仅产生 ATP，同时也为生物合成补充碳骨架，因此，磷酸果糖激酶-1 应该受到来自构造单元充裕或缺乏的信号的调节。柠檬酸是丙酮酸代谢产物进入柠檬酸循环的第一个中间产物，高水平的柠檬酸意味着生物合成前体是足量的，过多的葡萄糖不应该再降解。柠檬酸对磷酸果糖激酶-1 有抑制作用，其抑制作用是通过加强 ATP 对磷酸果糖激酶-1 的抑制来实现的。当细胞既需要能量又需要合成原料时，即 ATP/AMP 的值和柠檬酸的水平都低时，磷酸果糖激酶-1 活性最高；当细胞只需要能量或碳架二者之一时，该酶活性中等；当二者都充裕时，该酶几乎完全失活。

(3)2，6-二磷酸果糖(F-2，6-BP)是磷酸果糖激酶-1 的激活剂　1980 年，H. G. Hers 和 E. V. Schaftingen 发现磷酸果糖激酶-1 的另一个调节物——F-2，6-BP，它作为别构激活剂可以增加磷酸果糖激酶-1 与 6-磷酸果糖的亲和力，并能降低 ATP 的抑制作用。

（二）己糖激酶参与糖酵解速率的调节

催化糖酵解的第一个不可逆反应的己糖激酶受其产物 6-磷酸葡萄糖的反馈抑制。从糖酵解反应途径不难看出，如果磷酸果糖激酶-1 活性不高，也会引起己糖激酶活性的抑制，因为 6-磷酸果糖的积累必然使可逆反应向生成 6-磷酸葡萄糖的方向进行。

(三)丙酮酸激酶对糖酵解的调节作用

丙酮酸激酶催化的是糖酵解的第三个不可逆反应，也是最后一步反应。丙酮酸处在代谢中心位置上，既能被进一步氧化产生能量，又能用作生物合成的构件单元，因此丙酮酸激酶也是一个重要的调节部位。丙酮酸激酶受到多种调节物的别构调节：①受 1,6-二磷酸果糖的激活。糖酵解途径上游的 1,6-二磷酸果糖作为别构激活剂前馈激活丙酮酸激酶，使糖酵解速度加快。②受 ATP 的抑制。如果由于糖代谢造成能荷过高，ATP 作为别构抑制剂会抑制丙酮酸激酶的活性，减慢糖酵解的速度。③受丙氨酸抑制。细胞中丙氨酸浓度增加意味着其前体丙酮酸浓度过量，因此丙氨酸的抑制作用有利于维持糖代谢的动态平衡。此外，动物肝脏中的丙酮酸激酶还会受到共价修饰调节。当机体葡萄糖含量低时，引起胰高血糖素释放，激活依赖 cAMP 的蛋白激酶，该激酶能够使丙酮酸激酶发生磷酸化修饰。修饰后的丙酮酸激酶活性被抑制，从而降低肝脏对葡萄糖的消耗。肌肉中的丙酮酸激酶不受磷酸化修饰的调节。

总之，糖酵解能根据细胞代谢需要协调进行，不是一种酶或一种因素起调节作用，而是有多种酶、多种因素参与。

五、糖酵解途径的其他底物

葡萄糖不是糖酵解的唯一底物，其他物质如半乳糖、果糖、甘油、甘露糖等通过转变也可成为糖酵解的底物或中间产物。从图 11-2 可以看出，这些物质虽历经不同反应，但均有一个共同特点，就是通常都要先被磷酸化，然后才进入糖酵解途径。例如，半乳糖通过数步反应进入糖酵解途径进而代谢。首先半乳糖在半乳糖激酶的催化下形成 1-磷酸半乳糖，它与 UDP-葡萄糖在 1-磷酸半乳糖尿苷酰转移酶的催化下形成 UDP-半乳糖，后者在差向异构酶的催化下形成 UDP-葡萄糖，进而由 UDP-葡萄糖焦磷酸化酶催化形成 1-磷酸葡萄糖。磷酸葡萄糖变位酶催化 1-磷酸葡萄糖转化为 6-磷酸葡萄糖，进入糖酵解途径。如果人体缺乏 1-磷酸半乳糖尿苷酰转移酶，则将发生半乳糖代谢障碍，致使血液中半乳糖积累，进而造成眼睛晶状体内半乳糖含量升高，引起白内障。

知识拓展框

从代谢角度看果糖的利弊

果糖是一种含有 6 个碳原子的己酮糖，主要存在于水果、蜂蜜等天然食物中。工业化生产的果糖是以玉米淀粉为原料，将其水解为葡萄糖后再通过异构化反应将部分葡萄糖转变为果糖，即高果糖浆(high-fructose corn syrup，HFCS)，因甜度高、成本低和稳定性高等优势广泛应用于面包、果汁及冰淇淋等食品的制作中。

体内果糖的转运和代谢不依赖于胰岛素，且只有肝脏、小肠、肾脏、脂肪组织及肌肉等少数组织能代谢果糖。在脂肪组织、肌肉等肝外组织中，果糖由己糖激酶催化形成 6-磷酸果糖后沿糖酵解途径代谢或转变为 1-磷酸葡萄糖参与合成糖原。肝脏是代谢果糖的主要器官。肝脏中存在的是Ⅳ型的己糖激酶(葡萄糖激酶)，它对果糖的亲和力很低。肝脏中的果糖主要通过果糖激酶的作用生成 1-磷酸果糖，再由 1-磷酸果糖醛缩酶(醛缩酶 B)

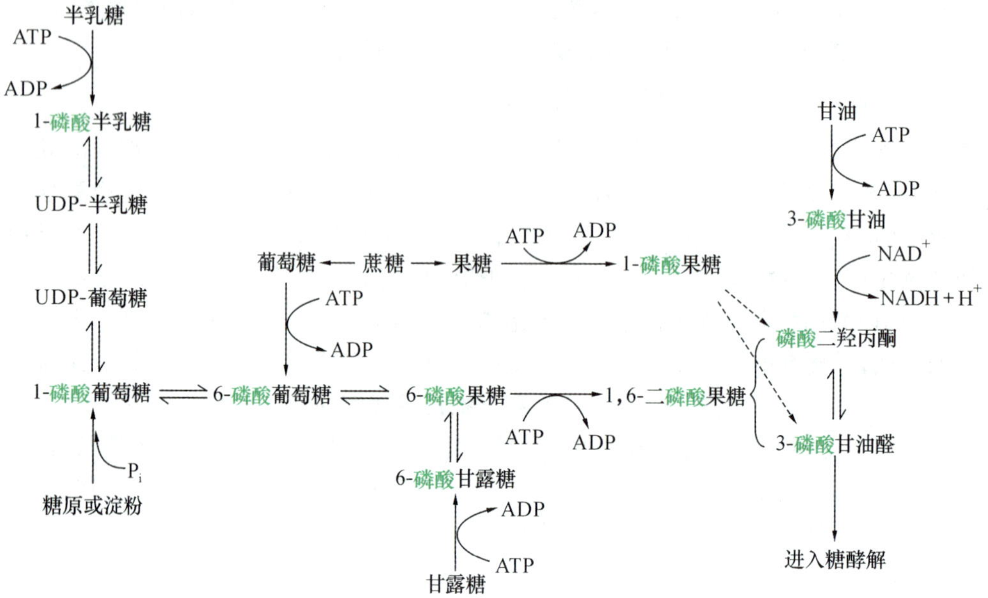

图 11-2 其他底物进入糖酵解

催化,裂解为甘油醛和磷酸二羟丙酮,后者是糖酵解的中间产物,可继续通过糖酵解等途径代谢。甘油醛可在丙糖激酶的催化下转变为3-磷酸甘油醛,进入糖酵解或糖异生途径。

因为肝脏中果糖的代谢跳过了糖酵解途径中磷酸果糖激酶-1催化的限速步骤,所以果糖的代谢比葡萄糖快,代谢产生大量中间产物并向其他物质转化。过量的果糖摄入会导致机体代谢紊乱,与非酒精性脂肪肝、肥胖、糖尿病等疾病的发生相关。如前所述,果糖代谢产生磷酸二羟丙酮,它可转变为3-磷酸甘油和乙酰-CoA等,参与脂肪和脂肪酸的从头合成,过量摄入易造成脂肪肝和肥胖,而肥胖又是糖尿病、高血压等疾病的危险诱因。有研究表明,膳食中的果糖可促进小鼠小肠细胞的存活和小肠绒毛的增长,提升了营养物质的摄入,解释了高果糖浆与肥胖以及结直肠癌等发生的联系。此外,过量摄入果糖还会引起血尿酸水平升高。一方面,果糖在果糖激酶催化下转变为1-磷酸果糖时,ATP提供磷酸基团转变为ADP,ADP进一步代谢产生的AMP,后者经嘌呤核苷酸降解途径产生尿酸;另一方面,果糖也能减少尿酸的排泄。高尿酸不仅是痛风的原因,而且能够增加心血管疾病的患病风险。

综上所述,适量摄入水果等天然食物中的果糖对机体是有益的,但是过量摄入加工食品中的果糖则可能对机体产生不利的影响。

[1] Herman M A, Birnbaum M J. Molecular aspects of fructose metabolism and metabolic disease. Cell metabolism, 2021, 33(12):2329-2354.
[2] Taylor S R, Ramsamooj S, Liang R J, et al. Dietary fructose improves intestinal cell survival and nutrient absorption. Nature, 2021, 597: 263-267.
[3] Caliceti C, Calabria D, Roda A, et al. Fructose intake, serum uric acid, and cardiometabolic disorders: A critical review. Nutrients, 2017, 9(4):395.

第二节 柠檬酸循环

大部分生物的糖降解代谢是在有氧条件下进行的。糖的有氧降解是糖酵解产物丙酮酸在有氧条件下的彻底氧化分解，这个过程在线粒体中进行，反应分为两个阶段：丙酮酸氧化为乙酰-CoA；乙酰-CoA 的乙酰基经过柠檬酸循环被彻底氧化为 CO_2 和 H_2O，同时释放出大量能量。

一、由丙酮酸形成乙酰-CoA

丙酮酸氧化脱羧形成乙酰-CoA 的反应是连接糖酵解和柠檬酸循环的纽带，由丙酮酸脱氢酶复合物(pyruvate dehydrogenase complex)催化：

$$CH_3-CO-COO^- + HS\text{-}CoA + NAD^+ \xrightarrow[\text{TPP、硫辛酸、FAD、}Mg^{2+}]{\text{丙酮酸脱氢酶复合物}} H_3C-\overset{O}{\overset{\|}{C}}-S\text{-}CoA + CO_2 + NADH + H^+$$

丙酮酸脱氢酶复合物位于线粒体内膜上，由 3 种酶组成：丙酮酸脱氢酶(E_1)、二氢硫辛酰胺乙酰转移酶(E_2)和二氢硫辛酰胺脱氢酶(E_3)，辅因子包括焦磷酸硫胺素(TPP)、硫辛酸、FAD、NAD^+ 和 CoA。

丙酮酸氧化脱羧反应分 5 步进行(图 11-3)：

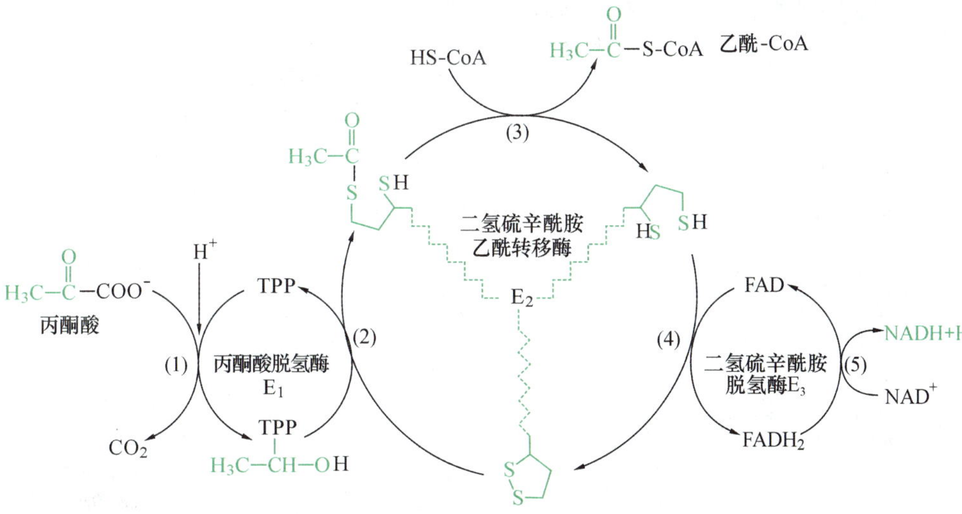

图 11-3 丙酮酸脱氢酶复合物催化的反应

由丙酮酸脱氢酶(E_1)催化，使丙酮酸脱羧产生 CO_2，羟乙基与 TPP 结合；羟乙基被转移到硫辛酰胺的同时发生脱氢，氧化型硫辛酰胺的二硫键打开，形成乙酰硫辛酰胺。

由二氢硫辛酰胺乙酰转移酶(E_2)催化，乙酰硫辛酰胺的乙酰基转移到 CoA 的巯基上，形成乙酰-CoA 和二氢硫辛酰胺。

在二氢硫辛酰胺脱氢酶(E_3)的作用下，二氢硫辛酰胺脱氢，而 FAD 被还原。

$FADH_2$ 将一对氢交给 NAD^+，形成 $NADH+H^+$。

丙酮酸经过氧化脱羧，生成 1 分子 CO_2、1 分子乙酰-CoA 和 1 分子 $NADH+H^+$。

丙酮酸脱氢酶复合物是连接糖酵解和柠檬酸循环的重要酶，当丙酮酸脱氢酶复合物存在缺陷时，会导致严重的疾病。例如，当丙酮酸脱氢酶复合物 E_1 组分缺陷时，造成先天性乳酸酸中毒，伴随神经退行性病变、肌肉痉挛等症状，可造成新生儿死亡。这是由于酶组分缺陷时，丙酮酸不能转变为乙酰-CoA，而是在乳酸脱氢酶的催化下产生大量的乳酸。我们的大脑依靠柠檬酸循环提供能量，并且对酸中毒非常敏感，因此丙酮酸脱氢酶复合物缺陷对大脑会造成严重的影响。

二、柠檬酸循环的反应历程

乙酰-CoA 的进一步降解是通过一个代谢循环进行的，第一步反应的产物柠檬酸含有 3 个羧基，故称为柠檬酸循环（tricarboxylic acid cycle，TCA 循环），也称为柠檬酸循环（citric acid cycle）。柠檬酸循环的揭示是生物化学领域中一项经典性成就，为了纪念英国生物化学家 H. Krebs 在该领域的贡献，柠檬酸循环也称 Krebs 循环。

柠檬酸循环途径在动物、植物、微生物细胞中普遍存在，不仅是糖分解代谢的主要途径，也是脂肪、蛋白质分解代谢的最终途径，因为脂肪水解产物脂肪酸以及蛋白质水解产物氨基酸通过相关降解代谢可以生成柠檬酸循环的中间产物。

柠檬酸循环细分为 10 步反应（图 11-4），由 8 种酶催化完成，反应性质涉及裂合、异构、脱氢、脱羧、加水等。

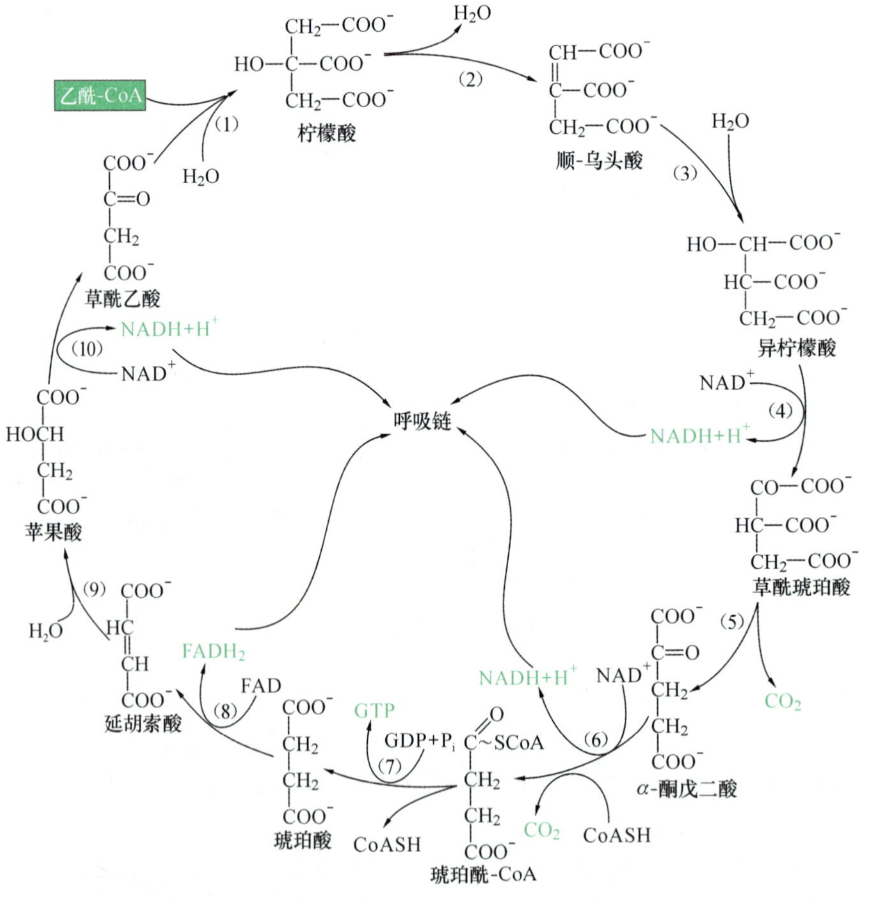

（1）柠檬酸合酶；（2）、（3）顺-乌头酸酶；（4）、（5）异柠檬酸脱氢酶；（6）α-酮戊二酸脱氢酶复合体；（7）琥珀酰-CoA 合成酶；（8）琥珀酸脱氢酶；（9）延胡索酸酶；（10）苹果酸脱氢酶

图 11-4　柠檬酸循环

(一)乙酰-CoA 与草酰乙酸缩合形成柠檬酸(第 1 步反应)

柠檬酸循环开始于草酰乙酸(四碳单位)和乙酰-CoA(二碳单位)缩合形成柠檬酸。二者经柠檬酸合酶(citrate synthase)催化,先缩合成柠檬酰-CoA,随后其高能硫酯键水解形成六碳单位的柠檬酸,并释放出大量能量($\Delta G^{\ominus\prime}=-32.2$ kJ/mol),使反应不可逆。

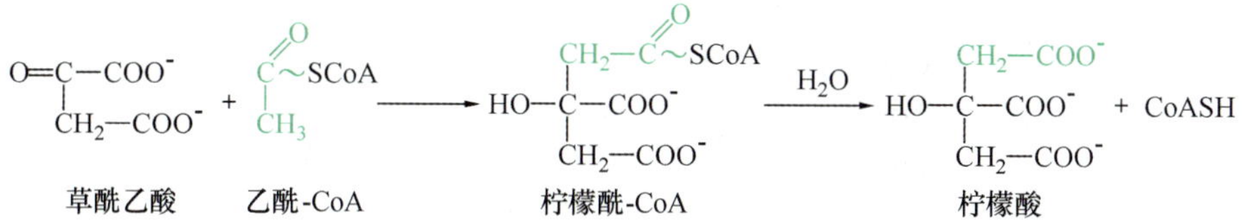

(二)柠檬酸异构化形成异柠檬酸(第 2、3 步反应)

柠檬酸是一种叔醇,羟基很难被进一步氧化。柠檬酸需异构化成异柠檬酸(iso citric acid),异柠檬酸是一种仲醇,羟基能被氧化。柠檬酸的异构化过程是先脱水形成顺乌头酸(cis-aconitate),然后再水合产生异柠檬酸,其结果是 H 和 OH 位置发生交换。催化这两步反应的是顺乌头酸酶(aconitase)。

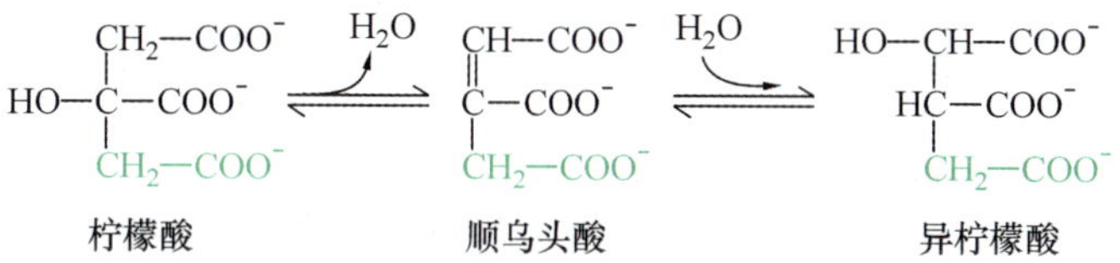

(三)异柠檬酸氧化脱羧形成 α-酮戊二酸(第 4、5 步反应)

在异柠檬酸脱氢酶(isocitrate dehydrogenase)的催化下,异柠檬酸脱下 2 个 H,由此生成的草酰琥珀酸是一个不稳定的 α-酮酸,随即脱羧形成 α-酮戊二酸。这是柠檬酸循环中的第一次脱氢、脱羧反应,产生 NADH 和 CO_2。

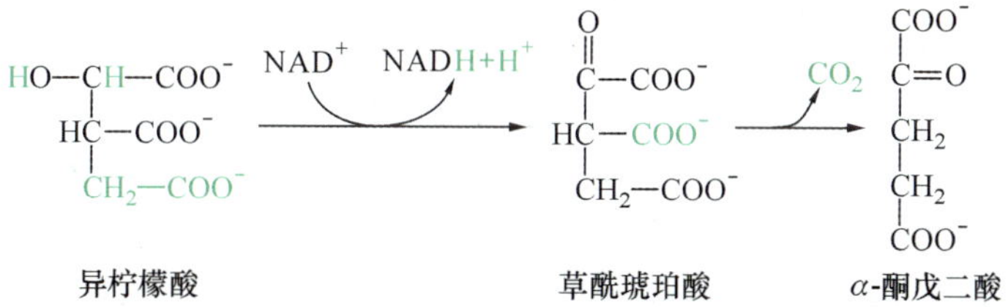

(四)α-酮戊二酸氧化脱羧形成琥珀酰-CoA(第 6 步反应)

这是柠檬酸循环中第 2 个氧化脱羧反应,由 α-酮戊二酸脱氢酶复合体(α-ketoglutarate dehydrogenase complex)催化,生成琥珀酰-CoA 和 NADH。α-酮戊二酸脱氢酶复合体与前文提到的丙酮酸脱氢酶复合物的结构组成和催化机制相似,并同样受产物 NADH、琥珀酰-CoA 及 ATP、GTP 的反馈抑制,但不受磷酸化修饰调节。

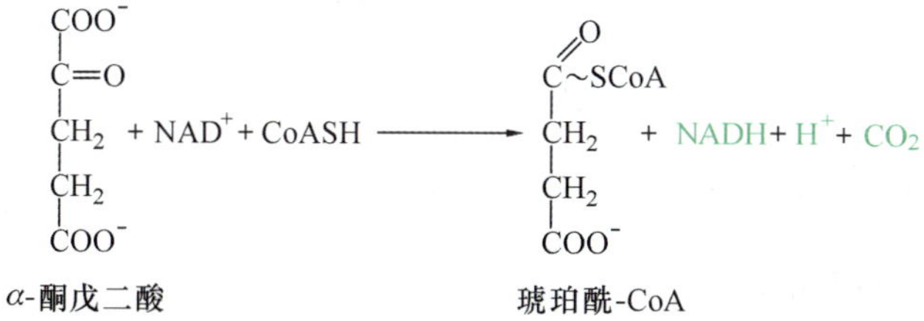

(五)由琥珀酰-CoA产生高能磷酸键(第7步反应)

在琥珀酰-CoA合成酶(succinyl-CoA synthetase)的催化下,琥珀酰-CoA转变为琥珀酸。琥珀酰-CoA的硫酯键是高能键,水解时的$\Delta G^{\ominus\prime}$约为$-36\ kJ/mol$,主要用于形成GTP(植物和细菌中为ATP)。

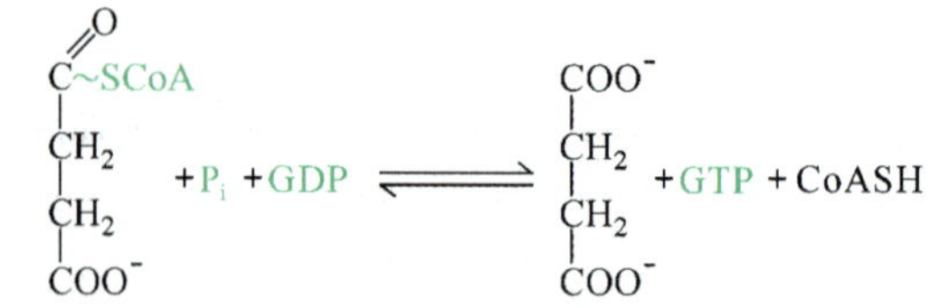

琥珀酰-CoA　　琥珀酸

这步反应是柠檬酸循环中唯一通过底物水平磷酸化产生高能磷酸化合物的一步反应。反应是可逆的,琥珀酸-CoA合成酶的命名源于其对逆向催化的功能。

(六)琥珀酸脱氢形成延胡索酸(第8步反应)

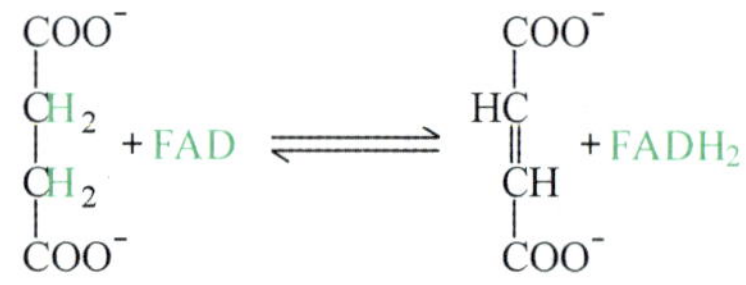

琥珀酸　　延胡索酸

在琥珀酸脱氢酶(succinate dehydrogenase)的催化下,琥珀酸脱氢生成延胡索酸(反丁烯二酸),FAD接受氢还原为$FADH_2$。这是柠檬酸循环中第3次氧化还原反应。

在真核生物细胞中,琥珀酸脱氢酶与线粒体内膜紧密结合,是电子传递链复合体Ⅱ——琥珀酸-CoQ还原酶的一个组成部分,以FAD为辅基。该酶催化的反应具有高度的立体专一性,反应产物为延胡索酸,而不是顺丁烯二酸。丙二酸是该酶的竞争性抑制剂,因其与琥珀酸结构相似,也能与琥珀酸脱氢酶结合,但是不能被催化脱氢。

(七)延胡索酸水合生成苹果酸(第9步反应)

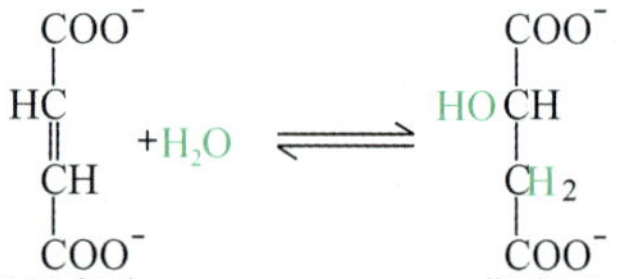

延胡索酸　　苹果酸

在延胡索酸酶(fumarase)作用下,延胡索酸发生水合反应,H^+和OH^-加在延胡索酸双键上形成*L*-苹果酸。延胡索酸酶也被称为延胡索酸水合酶(fumarate hydratase)。

延胡索酸酶催化的反应具有严格的立体专一性,反应产物为*L*-苹果酸。

(八)苹果酸氧化生成草酰乙酸(第10步反应)

苹果酸在苹果酸脱氢酶(malate dehydrogenase)的作用下氧化脱氢生成草酰乙酸,这是柠檬酸循环的第4次氧化还原反应,也是柠檬酸循环的最后一步反应。

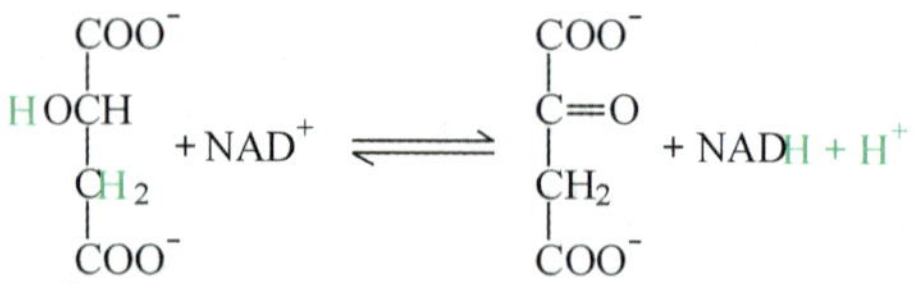

苹果酸　　草酰乙酸

至此,草酰乙酸再生,柠檬酸循环完成。

三、柠檬酸循环的化学计量和特点

柠檬酸循环的总反应式如下:

$$乙酰\text{-}CoA + 3NAD^+ + FAD + GDP + P_i + 2H_2O \longrightarrow 2CO_2 + 3NADH + 3H^+ + FADH_2 + GTP + CoA\text{—}SH$$

从总反应式和图 11-4 可以看出，柠檬酸循环有以下特点：

①乙酰-CoA 以 2 个碳原子形式进入循环，以 CO_2 的形式离开循环，相当于乙酰-CoA 的两个碳原子被氧化成 CO_2。

②柠檬酸循环中共有 4 步脱氢反应，生成 3 分子 $NADH+H^+$ 和 1 分子 $FADH_2$。

③由琥珀酰-CoA 形成琥珀酸时，通过底物水平磷酸化反应生成 GTP(植物中为 ATP)。

④在循环中消耗 2 分子水：1 分子用于合成柠檬酸，另 1 分子用于合成苹果酸。

⑤分子氧虽然没有直接参加柠檬酸循环，但 NAD^+ 和 FAD 再生需要氧气，因此，柠檬酸循环是严格需氧的。

柠檬酸循环产生的 3 个 NADH 和 1 个 $FADH_2$ 进入线粒体呼吸链将产生 9 个 ATP 分子，加上底物水平磷酸化产生的 1 分子 GTP(相当于 ATP)，可见，由 1 分子乙酰-CoA 彻底氧化可产生 10 分子 ATP。如果从丙酮酸开始计算，还要加上 1 个 NADH 形成的 2.5 个 ATP 分子，总计 12.5 个。对于真核生物来说，如果从葡萄糖开始计算，需要加上糖酵解净生成的 2 分子 ATP 以及 2 分子 NADH 产生的能量，2 分子 NADH 如果经磷酸甘油穿梭可产生 3 分子 ATP，如果经苹果酸-天冬氨酸穿梭能够产生 5 分子 ATP，因此葡萄糖经过糖酵解途径可产生 5 分子或 7 分子 ATP。因为 1 分子葡萄糖可转化为 2 分子丙酮酸，所以真核生物葡萄糖彻底氧化分解可产生 30 或 32 分子 ATP。对于原核生物来说，1 分子葡萄糖彻底氧化分解可产生 32 分子 ATP。

在标准条件下，1 mol 葡萄糖燃烧释放的热量为 2 870 kJ，而 1 mol ATP 储存的能量为 30.5 kJ，因此，葡萄糖有氧分解的能量利用率为：$30.5\times32/2\,870\times100\%=34\%$，其他的能量将以热的形式放出。

四、柠檬酸循环的调控

柠檬酸循环有多步反应是可逆的，但由于柠檬酸的合成、α-酮戊二酸的合成以及 α-酮戊二酸氧化脱羧 3 步反应不可逆，整个循环只能单向进行。柠檬酸循环作为生物大分子共同分解代谢途径受到严格调节。

乙酰-CoA 是柠檬酸循环的直接底物，因此对乙酰-CoA 生成速度的调节是一个重要环节。在丙酮酸脱氢酶复合物中，只有丙酮酸脱氢酶的调节是受到磷酸化和去磷酸化的共价修饰调节的。丙酮酸脱氢酶去磷酸化状态是活性形式，磷酸化后失活；而二氢硫辛酰胺乙酰转移酶和二氢硫辛酰胺脱氢酶则分别受到其产物乙酰-CoA 和 NADH 的抑制。

除了丙酮酸脱氢酶复合物的调节作用外，在柠檬酸循环中还存在 3 个重要调节酶：柠檬酸合酶、异柠檬酸脱氢酶和 α-酮戊二酸脱氢酶复合体。柠檬酸、NADH、琥珀酰-CoA 和 ATP 是柠檬酸合酶的抑制剂，NADH、琥珀酰-CoA 和 ATP 也是 α-酮戊二酸脱氢酶复合体的抑制剂，ATP 是异柠檬酸脱氢酶的抑制剂。ADP 是柠檬酸合酶和异柠檬酸脱氢酶的激活剂。此外，Ca^{2+} 作为一种第二信使在调节柠檬酸循环中也发挥了重要的作用，它能激活异柠檬酸脱氢酶、α-酮戊二酸脱氢酶复合体以及丙酮酸脱氢酶复合物，促进 ATP 的生成。

五、柠檬酸循环的生物学意义

柠檬酸循环普遍存在于生物界，与糖酵解相连构成糖的有氧分解途径。从能量代谢角度看，柠檬酸循环是生物利用有机物氧化获得能量的最有效方式。如前所述，1 分子乙酰-CoA 经过柠檬酸循环可以产生 10 分子 ATP。从物质代谢角度看，柠檬酸循环不仅是糖分解代谢的最终途径，还是脂类和氨基酸等彻底氧化分解的共同途径，也是糖、脂肪酸和氨基酸相互转化的枢纽。柠檬酸循环的一些中间物如草酰乙酸、α-酮戊二酸、琥珀酰-CoA、延胡索酸等与氨基酸代谢相连（详见第十三章），柠檬酸通过转移乙酰-CoA 为合成脂肪酸、胆固醇提供原料（详见第十二章），琥珀酸、延胡索酸、草酰乙酸可以通过糖异生合成葡萄糖（详见本章第五节）。

六、柠檬酸循环的回补反应

既然柠檬酸循环的许多中间产物是合成氨基酸、糖、脂肪等的原料，那么当这些中间产物离开柠檬酸循环去参与合成反应时，是否会造成柠檬酸循环的终止呢？答案是否定的，因为生物体能够通过回补反应（anaplerotic reaction）产生草酰乙酸，以保证柠檬酸循环的正常进行。下面介绍几种常见的回补反应。

（一）丙酮酸的羧化

这个反应由线粒体丙酮酸羧化酶（pyruvate carboxylase）催化，是动物中最重要的回补反应。丙酮酸羧化酶催化丙酮酸生成草酰乙酸，需要生物素作为辅酶。

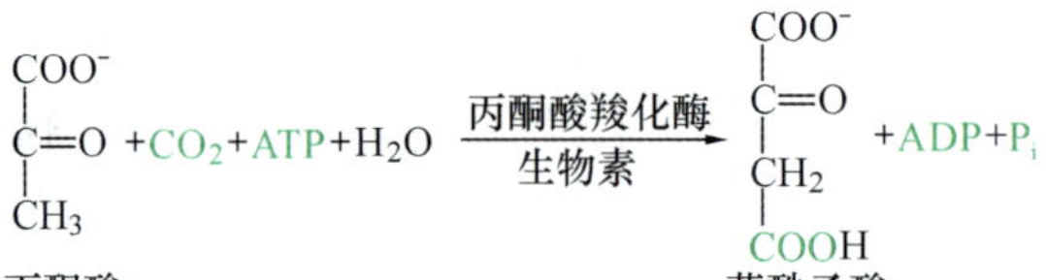

丙酮酸　草酰乙酸

（二）磷酸烯醇式丙酮酸的羧化

磷酸烯醇式丙酮酸在磷酸烯醇式丙酮酸羧激酶（phosphoenolpyruvate carboxykinase，PEPCK）催化下形成草酰乙酸，在脑和心脏中存在这个反应。

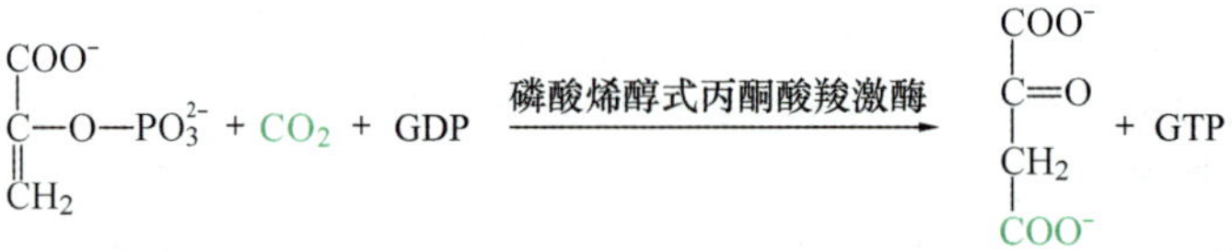

磷酸烯醇式丙酮酸　草酰乙酸

在一些高等植物、酵母和细菌中，磷酸烯醇式丙酮酸与碳酸氢根在磷酸烯醇式丙酮酸羧激酶的催化下生成草酰乙酸和无机磷酸。

（三）由氨基酸形成草酰乙酸

谷氨酸和天冬氨酸经过转氨基作用，可形成草酰乙酸和 α-酮戊二酸（详见第十三章）。

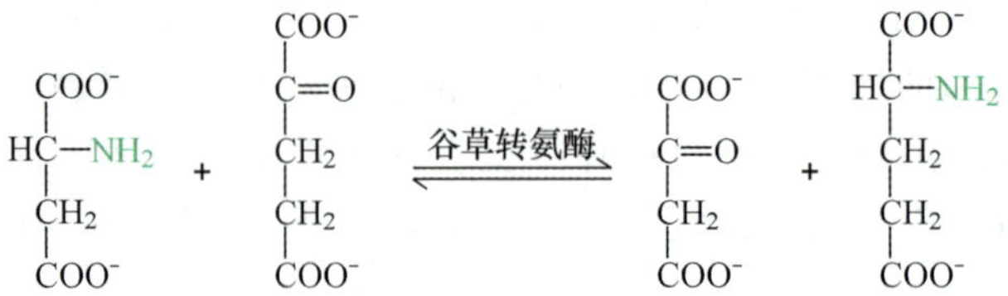

天冬氨酸　α-酮戊二酸　草酰乙酸　谷氨酸

知识拓展框

非经典三羧酸循环

三羧酸循环是需氧生物体内普遍存在的代谢途径，是物质代谢与能量代谢的重要枢纽。近些年，随着表观遗传研究的深入，科学家发现三羧酸循环的很多中间产物也参与细胞核中 DNA/组蛋白的表观遗传调控，例如，乙酰-CoA 和琥珀酰-CoA 参与组蛋白的乙酰化和琥珀酰化，而真核生物中主要的组蛋白去甲基化酶——含有 Jumonji C 结构域的去甲基化酶家族(Jumonji C-containing histone demethylases，JMJs)利用 α-酮戊二酸作为辅助底物，通过氧化脱羧反应去除组蛋白赖氨酸残基上的甲基化修饰基团。那么，这些代谢物是如何及时和准确地供应到细胞核中的呢？

2021 年 11 月 3 日，北京大学报告了对细胞核中非经典 TCA 循环(nTCA 循环)的鉴定结果。该研究发现除了琥珀酸脱氢酶外，其他 TCA 循环相关的酶在细胞核也存在。研究发现这些细胞核内的酶催化核内不完整的 TCA 循环，其目的不同于线粒体内的能量产生，而主要是为了产生或消耗代谢中间产物。研究建立了 nTCA 代谢途径与表观遗传修饰调控的联系。

线粒体中的三羧酸循环中的酶也能入核参与调控染色质的表观遗传状态。2022 年，中国科学院广州生物医药与健康研究院的研究发现多种线粒体三羧酸循环酶在多能干细胞获得、状态转变以及转变为全能干细胞等过程中均存在从线粒体转运到细胞核的现象，包括柠檬酸合酶、异柠檬酸脱氢酶、α-酮戊二酸脱氢酶复合体、琥珀酸脱氢酶及苹果酸脱氢酶等。过表达核定位三羧酸循环酶能促进干细胞多能性的获得及 Primed-Naïve 转变。该研究揭示了线粒体三羧酸循环酶入核通过表观遗传修饰调控多能性的重要作用，拓展了线粒体反向信号调控干细胞多能性的新模式。2023 年，北京大学、北大-清华生命科学联合研究中心联合发表的论文则报道了拟南芥中三羧酸循环的限速酶 α-酮戊二酸脱氢酶复合体响应光信号进入细胞核，并与 JMJs 蛋白互作。α-酮戊二酸脱氢酶复合体通过竞争性代谢 α-酮戊二酸，抑制了 JMJs 的组蛋白去甲基化酶活性，从而在全基因组水平调控组蛋白的甲基化修饰进而调控一系列环境响应基因的表达。除了植物外，研究者在哺乳动物细胞中也发现了核内 α-酮戊二酸脱氢酶复合体和 JMJs 相互作用调控组蛋白去甲基化和基因表达。

[1] Liu X, Si W, He L, et al. The existence of a nonclassical TCA cycle in the nucleus that wires the metabolic-epigenetic circuitry. Sig Transduct Target Ther, 2021, 6: 375.

[2] Li W, Long Q, Wu H, et al. Nuclear localization of mitochondrial TCA cycle enzymes modulates pluripotency via histone acetylation. Nat Commun, 2022, 13:7414.

[3] Huang F, Luo X, Ou Y, et al. Control of histone demethylation by nuclear-localized α-ketoglutarate dehydrogenase. Science, 2023, 381:eadf8822. DOI: 10.1126/science. adf882.

第十一章

七、乙醛酸循环

在植物、部分微生物及无脊椎动物体内，存在乙醛酸循环（glyoxylate cycle）或称为乙醛酸途径（glyoxylate pathway）。乙醛酸循环是柠檬酸循环的一个旁路（图 11-5），除了共同的反应外，它有两个特有的反应：第一，在异柠檬酸裂合酶（isocitrate lyase）催化下，异柠檬酸裂解为二碳分子乙醛酸和四碳分子琥珀酸；第二，在苹果酸合酶（malate synthase）作用下，乙醛酸与乙酰-CoA 合成苹果酸。从图 11-5 中可以看出，乙醛酸循环能将 2 分子乙酰-CoA 的碳原子转化为琥珀酸，而不同于柠檬酸循环中脱羧形成 2 分子 CO_2。

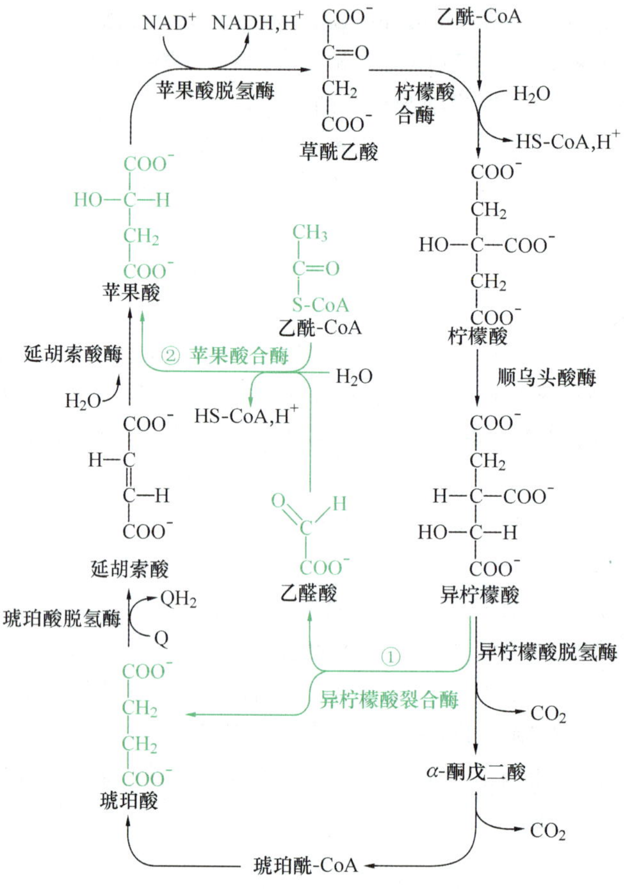

图 11-5　乙醛酸循环是柠檬酸循环的旁路

琥珀酸通过柠檬酸循环转化为苹果酸，苹果酸穿梭到细胞质转变为草酰乙酸后沿糖异生途径生成葡萄糖，因此，乙醛酸循环实现了从乙酰-CoA 到糖的转变。换句话说，乙醛酸循环为脂肪酸降解产生的乙酰-CoA 提供了一条新的代谢途径。经过该途径，2 分子乙酰-CoA 能够净生成 1 分子四碳化合物琥珀酸，后者经过多步反应转化为葡萄糖。

乙醛酸循环最早在细菌中发现，后来发现在植物、部分无脊椎动物中也存在。有了乙醛酸循环，细胞便可以从产生乙酰-CoA 的各种前体物质中合成所需要的碳水化合物。如一些细菌能利用乙酸合成乙酰-CoA，进而通过乙醛酸循环合成糖类，故一些微生物能在乙酸为唯一碳源的环境中生长繁殖。在油料种子植物中，乙醛酸循环尤其活跃，它将种子储存脂肪（三酰甘油)降解产生的乙酰-CoA(详见第十二章)作为前体,通过乙醛酸循环合成糖类,从而满足种子萌发对糖的需求。植物的乙醛酸循环在乙醛酸体(glyoxysome)中进行。乙醛酸体是一种特化的过氧化物酶体(peroxisome),动物中没有。

第三节 磷酸戊糖途径

糖的无氧酵解和有氧氧化是生物体内糖分解的主要途径,但并非唯一途径,这由以下实验证明:在组织匀浆中添加糖酵解抑制剂,如碘乙酸或氟化物等,仍有一定量的葡萄糖被氧化成 CO_2 和水;用同位素 ^{14}C 分别标记葡萄糖 C_1 和 C_6,如果糖酵解是唯一代谢途径,则 $^{14}C_1$ 和 $^{14}C_6$ 生成 $^{14}CO_2$ 的速度应该相同,但实验结果表明,$^{14}C_1$ 更容易氧化成 $^{14}CO_2$。20 世纪 50 年代,随着酶分离技术的进步,人们在酶反应物中分离到 5-磷酸核糖,磷酸戊糖途径(pentose phosphate pathway,PPP)从此被揭示。

一、磷酸戊糖途径的反应历程

磷酸戊糖途径可分为两个阶段:葡萄糖的直接氧化脱羧阶段和非氧化的分子重排阶段。

(一)葡萄糖氧化脱羧产生 NADPH

该阶段的特点是:葡萄糖直接脱氢和脱羧形成磷酸五碳糖,并产生高还原力物质 NADPH。此阶段包括 3 步反应,即脱氢反应、水解反应和脱氢脱羧反应。

1. 脱氢反应

6-磷酸葡萄糖在 6-磷酸葡萄糖脱氢酶(glucose 6-phosphate dehydrogense)作用下脱氢生成 6-磷酸葡萄糖酸内酯,辅酶 $NADP^+$ 为电子受体。

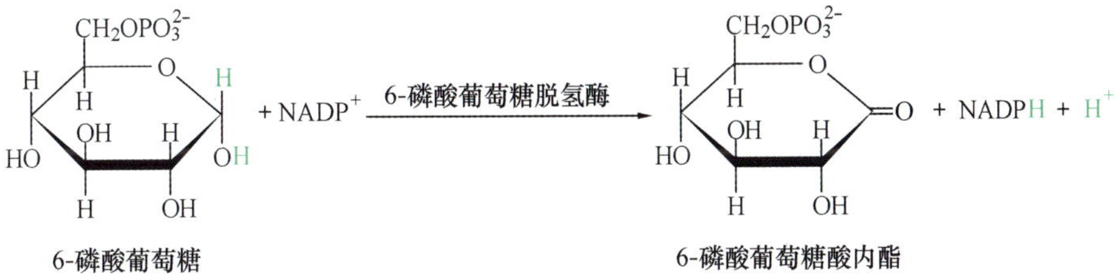

2. 水解反应

6-磷酸葡萄糖酸内酯不稳定,由 6-磷酸葡萄糖酸内酯酶(lactonase)催化,水解产生 6-磷酸葡萄糖酸。

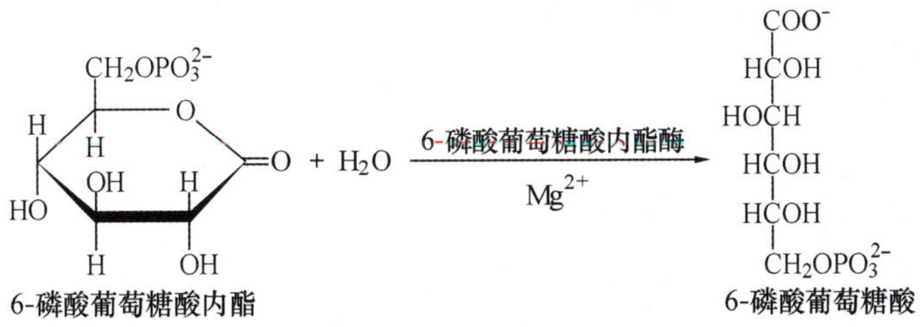

3. 脱氢脱羧反应

6-磷酸葡萄糖酸由 6-磷酸葡萄糖酸脱氢酶(6-phosphogluconate dehydrogenase)催化,氧化脱羧生成 5-磷酸核酮糖和 NADPH。

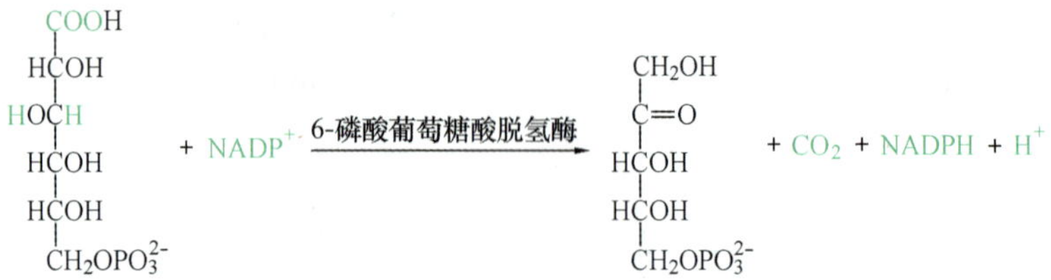

(二)非氧化的分子重排阶段

经过异构化、转酮酶和转醛酶催化的反应，生成一系列三碳、四碳、五碳、六碳及七碳的中间产物，与糖酵解等途径建立联系。

1. 异构化反应

5-磷酸核酮糖在磷酸戊糖异构酶(phosphopentose isomerase)催化下，通过异构化反应形成5-磷酸核酮糖；5-磷酸核酮糖通过5-磷酸核酮糖差向异构酶(ribulose 5-phosphate epimerase)进行差向异构化反应生成5-磷酸木酮糖。

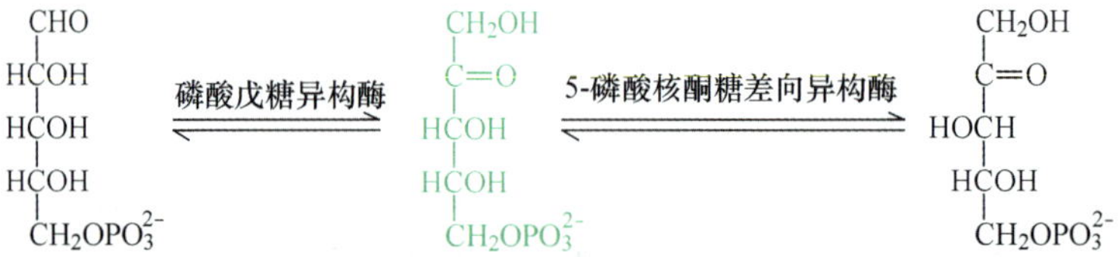

2. 转酮醇反应

转酮酶(transketolase)催化磷酸酮糖上的二碳单位——羟乙酰基转移到磷酸醛糖的第1碳原子上，形成3-磷酸甘油醛和7-磷酸景天庚酮糖。

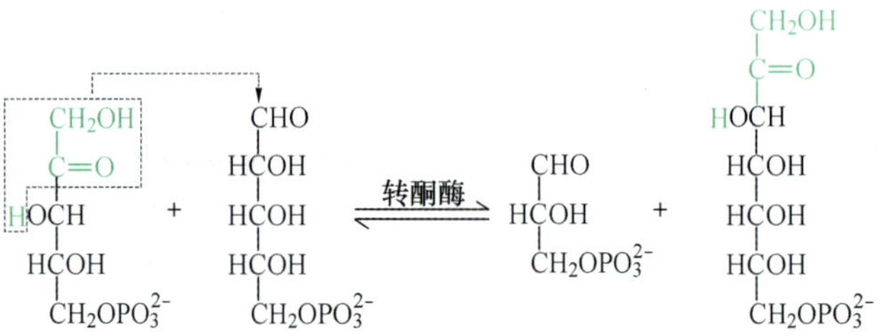

3. 转醛醇反应

转醛酶(transaldo lase)催化7-磷酸景天庚酮糖上的三碳单位转移至3-磷酸甘油醛，生成4-磷酸赤藓糖和6-磷酸果糖。

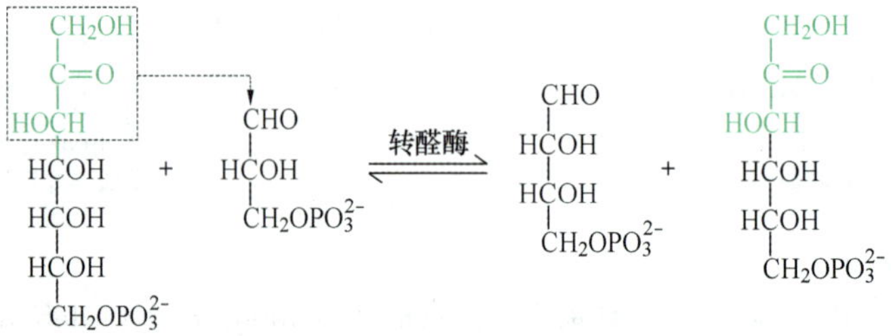

4. 转酮醇反应

四碳糖和五碳糖经转酮酶作用转移二碳单位，形成 3-磷酸甘油醛和 6-磷酸果糖。

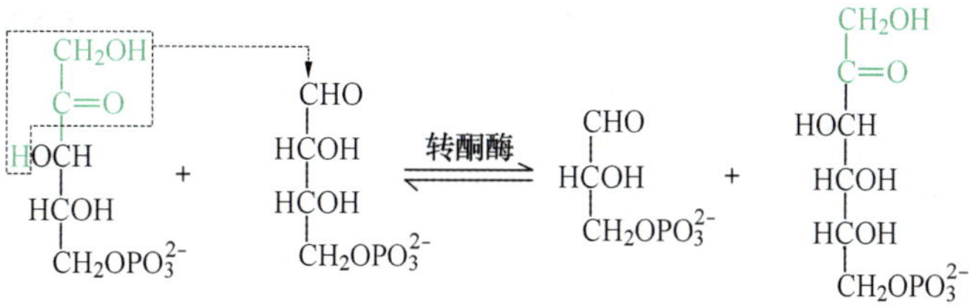

5-磷酸木酮糖　4-磷酸赤藓糖　3-磷酸甘油醛　6-磷酸果糖

5. 异构化反应

在磷酸己糖异构酶的催化下，6-磷酸果糖经异构化形成 6-磷酸葡萄糖。

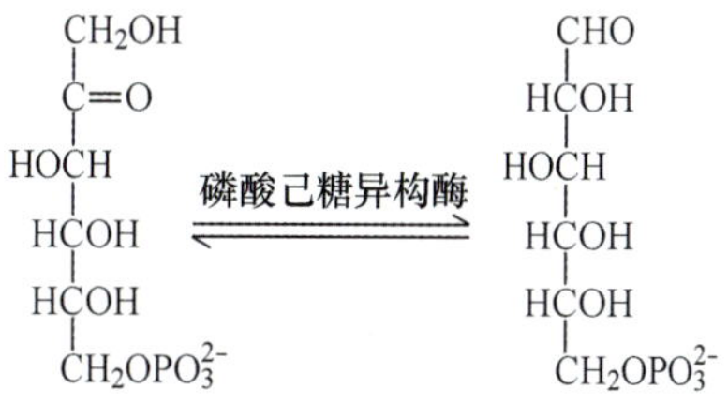

6-磷酸果糖　6-磷酸葡萄糖

在此阶段，转酮酶和转醛酶发挥了重要作用。转酮酶转移一个二碳单位，而转醛酶转移一个三碳单位，其规律是：醛＋酮$\rightleftharpoons$酮＋醛，即醛与酮反应，生成新的酮和醛，供给二碳或三碳单位的糖总是酮糖，而其受体总是醛糖；通过多种转换，即：$C_5+C_5 \rightleftharpoons C_3+C_7$，$C_7+C_3 \rightleftharpoons C_4+C_6$，$C_5+C_4 \rightleftharpoons C_3+C_6$，磷酸戊糖途径可以和糖酵解途径相沟通。

从以上两个阶段的反应可以看出，磷酸戊糖途径的主要特点是 6-磷酸葡萄糖直接脱氢、脱羧，不必经过糖酵解，也不必经过柠檬酸循环；在反应中，脱氢酶的辅酶为 $NADP^+$ 而不是 NAD^+，无 ATP 的产生与消耗。整个循环过程如表 11-3 和图 11-6 所示。

表 11-3　磷酸戊糖途径反应

反应阶段	反应	酶
氧化脱羧阶段	6-磷酸葡萄糖＋$NADP^+$ ⟶ 6-磷酸葡萄糖酸内酯＋ NADPH＋H^+	6-磷酸葡萄糖脱氢酶
	6-磷酸葡萄糖酸内酯＋H_2O ⟶ 6-磷酸葡萄糖酸	6-磷酸葡萄糖酸内酯酶
	6-磷酸葡萄糖酸＋$NADP^+$ ⟶ 5-磷酸核酮糖＋ CO_2＋ NADPH＋H^+	6-磷酸葡萄糖酸脱氢酶
非氧化重排阶段	5-磷酸核酮糖 $\rightleftharpoons$ 5-磷酸核糖	磷酸戊糖异构酶
	5-磷酸核酮糖 $\rightleftharpoons$ 5-磷酸木酮糖	5-磷酸核酮糖差向异构酶
	5-磷酸木酮糖＋5-磷酸核糖 $\rightleftharpoons$ 3-磷酸甘油醛＋7-磷酸景天庚酮糖	转酮酶
	7-磷酸景天庚酮糖＋3-磷酸甘油醛 $\rightleftharpoons$ 4-磷酸赤藓糖＋6-磷酸果糖	转醛酶
	5-磷酸木酮糖＋4-磷酸赤藓糖 $\rightleftharpoons$ 3-磷酸甘油醛＋6-磷酸果糖	转酮酶

二、磷酸戊糖途径的化学计量

磷酸戊糖途径若以 6 分子 6-磷酸葡萄糖开始（图 11-6），在氧化阶段经 2 次脱氢氧化及脱羧后，放出 6 分子 CO_2 生成 6 分子 5-磷酸核酮糖；在非氧化阶段反应中，6 分子 5-磷酸核酮糖（共有 5×6＝30 个碳原子）经 C_3、C_4、C_5、C_7 等糖中间代谢物，最后转化成 5 分子 6-磷酸葡萄糖（也含 6×5＝30 个碳原子）。经 6 次循环，1 分子 6-磷酸葡萄糖分解产生 6 分子 CO_2。其反应式如下所示：

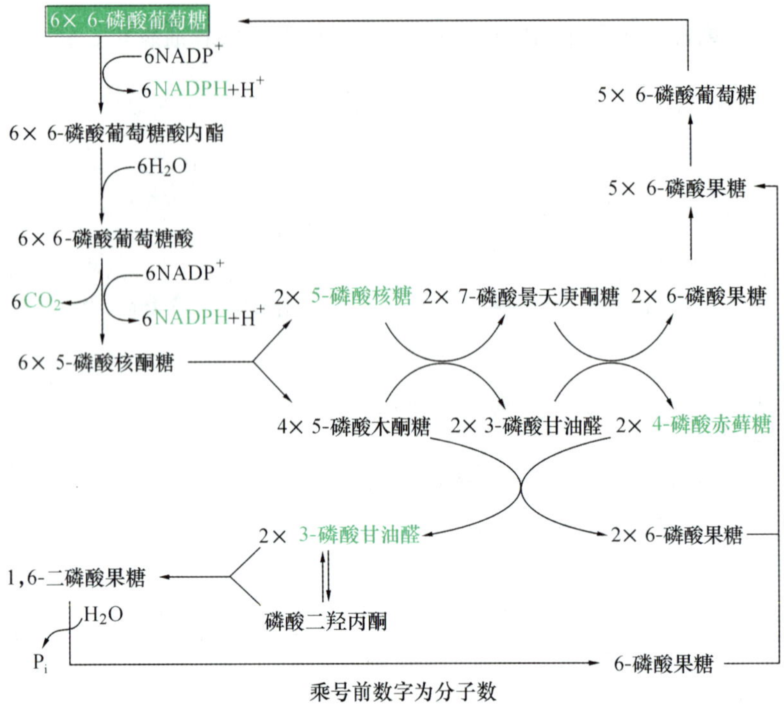

图 11-6　磷酸戊糖途径

氧化阶段：

$$6\times 6\text{-磷酸葡萄糖}+12NADP^{+}+6H_2O \longrightarrow 6\times 5\text{-磷酸核酮糖}+6CO_2+12NADPH+12H^{+}$$

非氧化重排阶段：

$$6\times 5\text{-磷酸核酮糖}+H_2O \longrightarrow 5\times 6\text{-磷酸葡萄糖}+H_3PO_4$$

总反应式为：

$$6\text{-磷酸葡萄糖}+12\boxed{NADP^{+}}+7H_2O \longrightarrow 6CO_2+12\boxed{NADPH}+12H^{+}+H_3PO_4$$

三、磷酸戊糖途径的调控

磷酸戊糖途径的第一个反应，即 6-磷酸葡萄糖脱氢酶催化的 6-磷酸葡萄糖的脱氢反应，是不可逆反应，在生理条件下，是磷酸戊糖途径的限速步骤，该反应受到 $NADP^{+}$ 水平的调控。$NADP^{+}$ 作为 6-磷酸葡萄糖氧化为 6-磷酸葡萄糖酸内酯的电子受体，与 NADPH 竞争酶的结合位点。正常情况下，细胞质中 $NADP^{+}$ 与 NADPH 的比值很低（比 NAD^{+}/NADH 低好几个数量级），$NADP^{+}$ 水平稍有增加便会激活磷酸戊糖途径，这保证了 NADPH 的产生。

四、磷酸戊糖途径的生物学意义

磷酸戊糖途径在糖酵解受抑制的情况下仍能运行，故有磷酸己糖支路（hexose phosphate shunt）之称，它在动物、植物和微生物体内普遍存在，具有重要的生物学意义。

1. 磷酸戊糖途径产生高还原力物质 NADPH

细胞内存在许多还原性生物合成，如长链脂肪酸、类固醇和四氢叶酸的合成等都需要 NADPH 作为还原剂。已有实验证明，磷酸戊糖途径在脂肪组织中比在肌肉中活跃得多。肌肉运动需要更多的 ATP，而脂肪组织需要大量的 NADPH 用于脂肪酸等还原性物质的合成。

NADPH 不仅为还原性生物合成提供还原力，还可用于维持细胞中谷胱甘肽处于还原状态，维持血红蛋白血红素辅基的 Fe^{2+} 状态以及包括血红蛋白在内的某些蛋白质中巯基的还原状态，防止膜质发生过氧化反应等。6-磷酸葡萄糖脱氢酶是磷酸戊糖途径的关键酶。人类有一种由 6-磷酸葡萄糖脱氢酶缺陷引发的遗传性疾病——蚕豆病。患者食用新鲜蚕豆后发生急性溶血性疾病。这是由于新鲜蚕豆是很强的氧化剂，蚕豆代谢过程中对谷胱甘肽需求量增高，但患者体内 6-磷酸葡萄糖脱氢酶基因突变，体内 6-磷酸葡萄糖脱氢酶活性低，不能产生充足的 NADPH 用于维持谷胱甘肽的还原性，巯基的氧化导致蛋白质变性，从而形成不溶性团块黏附于红细胞膜，膜蛋白氧化导致红细胞破坏，引发溶血性贫血。我国是本病的高发区之一，主要分布在长江以南各地区，海南、广东、广西等省（自治区）的患病率较高。又因为蚕豆病是伴 X 染色体隐性遗传病，因此男性的发病率高于女性。

2. 磷酸戊糖途径为核苷酸等生物合成提供原料

磷酸戊糖途径的中间产物，如 5-磷酸核糖，不仅是核苷酸合成的原料，也是 ATP、CoA、NAD^+、FAD 等的组成部分。磷酸戊糖途径的另一中间产物 4-磷酸赤藓糖是芳香族氨基酸生物合成的前体，与蛋白质的代谢相连。磷酸戊糖途径在整个代谢过程中没有氧的参与，但可使葡萄糖降解，这在种子萌发的初期作用很大。植物染病或受伤时，磷酸戊糖途径增强。

3. 磷酸戊糖途径与糖的其他代谢途径相联系

3-磷酸甘油醛处于糖分解代谢的枢纽点位置，如果磷酸戊糖途径受阻，葡萄糖等可经 3-磷酸甘油醛通过糖酵解进行代谢；若糖酵解途径不能进行，葡萄糖等则可由 3-磷酸甘油醛进入磷酸戊糖途径。另外，磷酸戊糖途径产生的三碳糖、五碳糖、七碳糖等都是光合作用的中间产物，因而和卡尔文循环发生联系。糖代谢途径的多样性和内在关联性，有助于生物做出适应性代谢调节。

第四节　双糖和多糖的酶促降解

一、双糖的酶促降解

（一）蔗糖的水解

蔗糖是在植物界中分布最广的双糖，它不仅是主要的光合产物，也是碳水化合物运输的主要形式。蔗糖的水解主要通过两种酶：

（1）蔗糖酶（sucrase）　催化蔗糖水解为葡萄糖和果糖。

$$蔗糖 + H_2O \longrightarrow 葡萄糖 + 果糖$$

$$[\alpha]_D^{20} = +66.5° \quad [\alpha]_D^{20} = -20.4°$$

蔗糖为右旋糖，水解后形成的葡萄糖和果糖混合液使旋光度发生改变，为左旋 20.4°，故蔗糖酶又称为转化酶(invertase)。以上反应是不可逆的，蔗糖酶将蔗糖水解为葡萄糖和果糖时，糖苷键断裂的自由能变化为 $\Delta G^{\ominus\prime}=-27.6\ \text{kJ/mol}$，接近于 UDPG 水解的 $\Delta G^{\ominus\prime}$($-31.8\ \text{kJ/mol}$)和 ATP 水解的 $\Delta G^{\ominus\prime}$($-30.5\ \text{kJ/mol}$)。

(2)蔗糖合酶(sucrose synthase)　催化蔗糖与 UDP 反应生成果糖和尿苷二磷酸葡萄糖(UDPG)，为可逆反应。

$$\text{蔗糖}+\text{UDP}\rightleftharpoons\text{UDPG}+\text{果糖}$$

(二)麦芽糖的水解

麦芽糖由麦芽糖酶(maltase)水解生成葡萄糖。在植物体内，麦芽糖酶常与淀粉酶同时存在。

$$\text{麦芽糖}+H_2O\xrightarrow{\text{麦芽糖酶}}2\ \text{葡萄糖}$$

(三)乳糖的水解

乳糖是存在于哺乳动物乳汁中的双糖，乳糖由 β-半乳糖苷酶(galactosidase)催化水解生成 D-葡萄糖和 D-半乳糖。

$$\text{乳糖}+H_2O\xrightarrow{\beta\text{-半乳糖苷酶}}\text{葡萄糖}+\text{半乳糖}$$

乳糖酶结合在小肠内的黏膜细胞中，能够将牛奶中的乳糖分解为半乳糖和葡萄糖。缺乏乳糖酶的成年人喝牛奶后表现为腹胀、恶心、痉挛、疼痛和腹泻，就是因为乳糖酶表达不足。乳糖在肠道菌群的作用下产生短链脂肪酸和二氧化碳、甲烷等气体，未代谢的乳糖和短链脂肪酸引起渗透压升高使水分进入肠道，导致腹泻，气体增多引起腹胀。

二、多糖的酶促降解

(一)糖原的磷酸解

糖原是动物体内葡萄糖的储存形式，主要储存于肌肉和肝脏。肌糖原用于提供运动所需要的能量，而肝糖原起维持血糖水平的作用。与脂肪相比，糖原作为动物不可缺少的储能物质有两个优势：一是容易动员；二是在无氧条件下也能降解产能。

糖原磷酸化酶是糖原降解的限速酶，存在糖原磷酸化酶 a(活化态)和糖原磷酸化酶 b(失活态)两种形式，酶活性受磷酸化/去磷酸化共价调节(详见第五章)。糖原磷酸化酶的共价调节受机体激素水平的调节。胰高血糖素(glucagon)是肽类激素，由 29 个氨基酸残基组成，促进肝糖原降解。肾上腺素(epinephrine)可以促进肌糖原降解。肾上腺素和去甲肾上腺素(norepinephrine)结构相似，都是酪氨酸的衍生物(详见第十三章)。

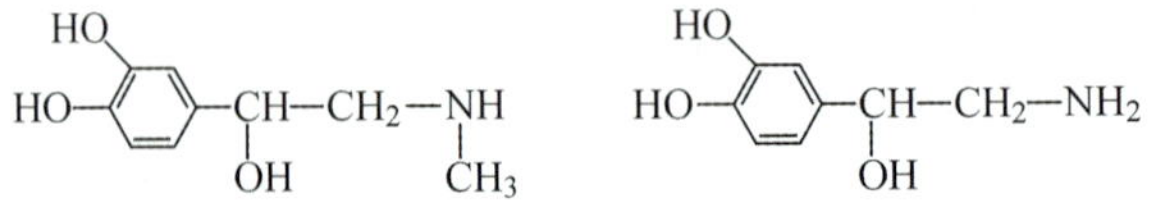

肾上腺素　　去甲肾上腺素

激素作为信号引起糖原降解途径的激活涉及受体介导的信号跨膜转导，以及从 G-蛋白激活→腺苷酸环化酶激活→蛋白激酶 A 激活→糖原磷酸化酶激酶激活→糖原磷酸化酶共价调节的级联反应(详见第九章)。

糖原的降解通常采用磷酸解方式。如图 11-7 所示，在磷酸参与下，糖原磷酸化酶 a 从糖原(n)非还原端进攻 α-1,4-糖苷键，通过磷酸解作用脱下 1 分子葡萄糖，生成 1-磷酸葡萄糖(简写成 G-1-P)和缩短的糖原分子($n-1$)。到分支点前 4 个葡萄糖残基处糖原磷酸化酶就无法发挥催化作用了，由此形成一个具有许多短分支的多糖分子，称为极限糊精(limit dextrin)。极限糊精的进一步降解由糖原脱支酶(glycogen debranching enzyme)催化。糖原脱支酶是典型的双功能酶，既有寡糖基转移酶功能，又有脱支酶功能。该酶首先发挥转移酶作用，切下分支点上的麦芽三糖，将它转移到另一链的非还原性末端，以 α-1，4-糖苷键连接；而后，脱支酶水解与糖链以 α-1，6-糖苷键相连的残留的 1 个葡萄糖残基，消除分支。被延长的寡糖直链继续由糖原磷酸化酶 a 完成磷酸解。

1-磷酸葡萄糖在磷酸葡萄糖变位酶(phospho glucomutase)的催化下转变为 6-磷酸葡萄糖。6-磷酸葡萄糖在 6-磷酸葡萄糖磷酸酶(glucose 6-phosphatase)的催化下转变为葡萄糖，6-磷酸葡萄糖磷酸酶存在于肝脏、肾脏、小肠的内质网膜上(endoplasmic reticulum，ER)。肌肉中没有葡萄糖 6-磷酸酶，因此肌肉中的 6-磷酸葡萄糖进入糖酵解途径为肌肉供能，而不能产生葡萄糖用于维持血糖平衡。

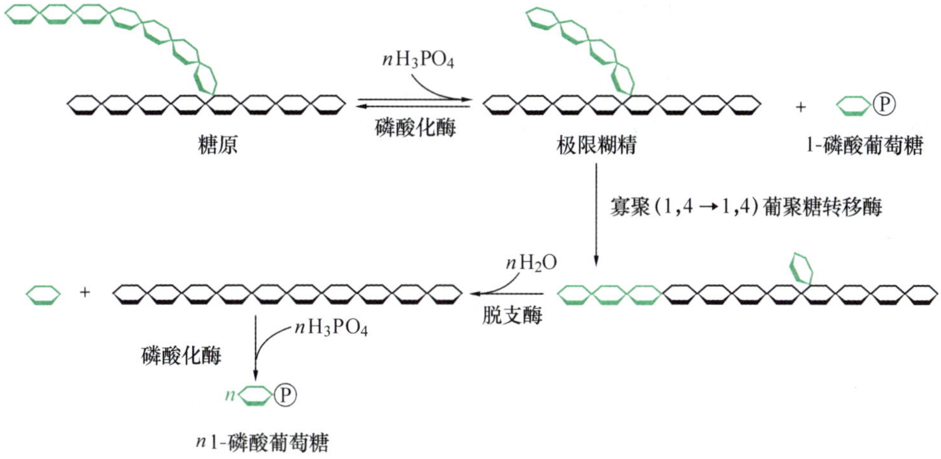

图 11-7 糖原降解过程

糖原磷酸解的产物是 1-磷酸葡萄糖(G-1-P)，而不是葡萄糖，这在能量代谢中具有重要意义。从糖酵解途径可知，葡萄糖要进入降解途径必须先消耗 1 分子 ATP，转变为 6-磷酸葡萄糖，而 G-1-P 在磷酸葡萄糖变位酶作用下不需要提供能量即可转变为 G-6-P，迅速进入糖酵解途径；肌肉细胞不存在葡萄糖-6-磷酸酶，而且在生理条件下，G-1-P 因含磷酸基团而呈解离状态，不易扩散出细胞，因此，糖原磷酸解有利于糖原就近向肌肉提供能量。糖原磷酸化酶除了受磷酸化/去磷酸化可逆共价修饰外，肌糖原和肝糖原的降解还因功能不同而存在其他调节方式。肌糖原的降解速度受细胞能量需求的影响，AMP 是糖原磷酸化酶 b 的别构激活剂，而 ATP 和 G-6-P 是糖原磷酸化酶 b 的别构抑制剂。当肌肉运动时，ATP 和 G-6-P 浓度下降，AMP 浓度上升，磷酸化酶处于活性状态，促使糖原降解；当肌肉静息时，ATP 和 G-6-P 浓度高，糖原磷酸化酶处于无活性状态，不发生明显的糖原降解。在肝脏细胞中，糖原磷酸化酶受葡萄糖抑制。葡萄糖水平高时，糖原降解停止；血糖水平低时，糖原开始降解，这正与肝糖原在维持血糖恒定中的作用相适应。

当参与糖原合成和分解代谢的酶出现缺陷时可引起糖原贮积症(glycogen storage disease，GSD)。它是一种由于肝脏、肌肉等组织中糖原代谢相关酶的缺陷，使糖原不能正常分解或合成，在组织中沉积结构和数量异常糖原的一组遗传性疾病。由于酶的缺陷不同，糖原贮积症又分为多种类型。糖原贮积症Ⅲ型又称为科里病(Cori disease)，是由脱支酶缺陷引起的，病人体内糖原结构异常，并伴随空腹低血糖的症状。

(二)淀粉的酶促降解

淀粉是高等植物的贮存多糖。植物种子萌发和生长所需的能源主要靠自身的淀粉分解提供。人类及动物在代谢中所需的能量主要由食物中的糖类(淀粉)供给。

淀粉通过水解和磷酸解两种途径降解，参与反应的酶和降解的产物也因此而异。

1. 淀粉的水解

在植物中参与淀粉水解的酶有 α-淀粉酶(α-amylase)、β-淀粉酶(β-amylase)、脱支酶(debranching enzyme)等。

(1)α-淀粉酶　为淀粉内切酶，其作用方式是在淀粉分子内部随机切断 α-1,4-糖苷键。如果底物是直链淀粉，生成葡萄糖和麦芽糖的混合物；如果底物是支链淀粉，则水解产物中除上述产物外，还有含有 α-1,6-糖苷键的糊精。

(2)β-淀粉酶　为淀粉外切酶，水解 α-1,4-糖苷键，作用于多糖的非还原端而生成麦芽糖。当 β-淀粉酶作用于直链淀粉时，能生成定量的麦芽糖；当底物为支链淀粉或糖原时，产物为麦芽糖和极限糊精，后者是 β-淀粉酶不能再分解的支链淀粉残余(图 11-8)。

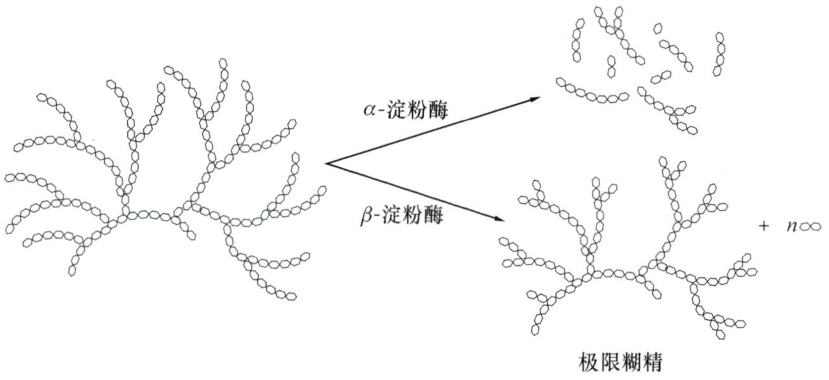

图 11-8　α-淀粉酶、β-淀粉酶水解支链淀粉

α-淀粉酶在植物各器官中广泛发挥作用，但种子例外。只有在种子萌发时 α-淀粉酶才被诱导合成；β-淀粉酶存在于休眠种子或大豆种子及一些植物的块茎、块根等器官中。两种淀粉酶的特性不同，α-淀粉酶耐高温、不耐酸，在 70 ℃时 15 min 仍不失活，pH 3.3 时即失去活性。β-淀粉酶恰好相反，70 ℃下酶蛋白很容易变性失活，但在 pH 3.3 时仍保持活性。根据上述性质，通过调节温度或 pH，可将两种混合酶的其中一种失活而测定另一种酶的活性。淀粉酶也存在于动物和微生物中，如动物的唾液、胰液中含有淀粉酶。

(3)脱支酶(又称 R 酶)　是专一水解 α-1,6-糖苷键的酶。支链淀粉经淀粉酶水解产生的极限糊精，由脱支酶水解 α-1,6-糖苷键连接的葡萄糖，再在 α-淀粉酶和 β-淀粉酶作用下彻底水解。

2. 淀粉的磷酸解

由淀粉磷酸化酶(starch phosphorylase)催化，无机磷酸进攻淀粉分子非还原末端 α(1→4)-糖苷键，切下末端的葡萄糖，产生 1-磷酸葡萄糖；新产生的非还原末端继续进行磷酸解。淀粉磷酸化酶广泛存在于高等植物的叶片及绝大多数贮藏器官中。

$$淀粉 + n\,H_3PO_4 \xrightarrow{淀粉磷酸化酶} n\,1\text{-}磷酸葡萄糖$$

(三)纤维素及果胶物质的降解

天然纤维素可被无机酸水解成葡萄糖。草食动物胃肠道中的细菌能分泌纤维素酶(cellulase),将食入的纤维素降解纤维寡糖或者纤维二糖等,最后分解为葡萄糖。此外,自然界中也存在能分解纤维素的细菌(如枯草杆菌等)以及某些真菌(如青霉菌、蘑菇),它们能合成、分泌纤维素酶,可利用草类和木材中的纤维素作为碳源,木耳、香菇等食用菌的栽培材料常用木料,原因即在此。植物和绝大多数动物因不含纤维素酶而不能降解纤维素。

纤维素降解反应如下:

$$纤维素 \xrightarrow{纤维素酶} n\,纤维二糖 \xrightarrow{纤维二糖酶} n\,\beta\text{-}葡萄糖$$

植物体内果胶物质的分解是通过水解酶和裂解酶的作用,使多聚半乳糖醛酸的 α-1,4-糖苷键断裂。

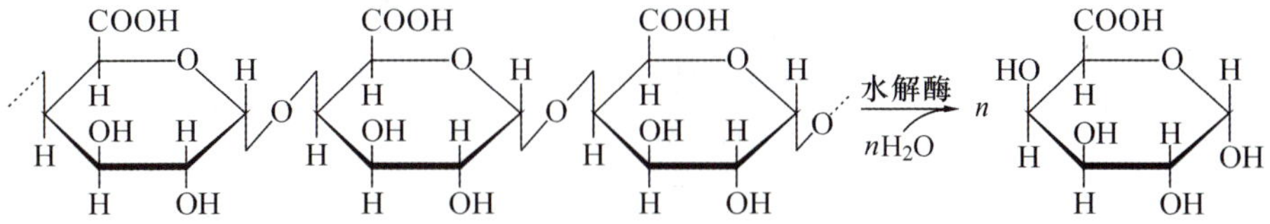

微生物体内也由裂解酶作用使多聚半乳糖醛酸 α-1,4-糖苷键断裂。以上两种酶分解的产物是单体、二聚体、三聚体或三者的混合物。

果胶酶和果胶酯酶常存在于致病的细菌和真菌中,细菌利用这些酶分解植物细胞壁以入侵细胞内。高等植物体内可合成和分泌分解果胶质的多种酶类,果胶质被分解后导致细胞间相互分离,是引起植物器官(花、果实、种子和叶片等)脱落及果实软化的直接原因。

第五节　糖的生物合成

绿色植物和光合细菌通过光合作用将 CO_2 和 H_2O 转变为糖类。光合作用是糖生物合成的最基本途径,分为两个阶段:①光合色素吸收光能经光合电子传递链生成同化力——NADPH+H^+ 和 ATP;②利用同化力通过卡尔文循环将 CO_2 和 H_2O 合成糖。有关反应机制在植物生理学教材中有详细阐述,本节着重介绍生物体存在的将非糖物质转变为糖的途径——葡萄糖异生作用,并简单介绍单糖进一步合成寡糖和多糖的基本反应。

一、葡萄糖异生作用

葡萄糖异生(gluconeogenesis)作用是指由非糖物质合成葡萄糖的过程,简称糖异生。非糖物质包括丙酮酸、乳酸、丙酸、甘油以及某些生糖氨基酸等。

糖异生作用普遍存在于生物界。有些微生物在单纯的乙酸、乳酸环境中也能生存,油料作物种子在萌发过程中能将储存的脂肪和蛋白质转化为糖等,其生化过程都涉及糖异生作用。

对于高等动物，糖异生作用更为重要，因为许多重要组织和细胞如脑、眼晶状体、红细胞等主要利用葡萄糖提供能量。通常情况下，机体通过食物中的碳水化合物的分解及糖原代谢维持血糖在一定水平，满足组织细胞对葡萄糖的需求。在处于饥饿或葡萄糖供应不足时，机体必须由非糖物质转化为葡萄糖提供急用。

(一)丙酮酸转变为葡萄糖

丙酮酸转变为葡萄糖是糖异生的中心途径，7 步反应是糖酵解的逆反应，糖酵解中的 3 步不可逆反应的逆反应在糖异生中需要额外的 4 种酶催化(图 11-9)。

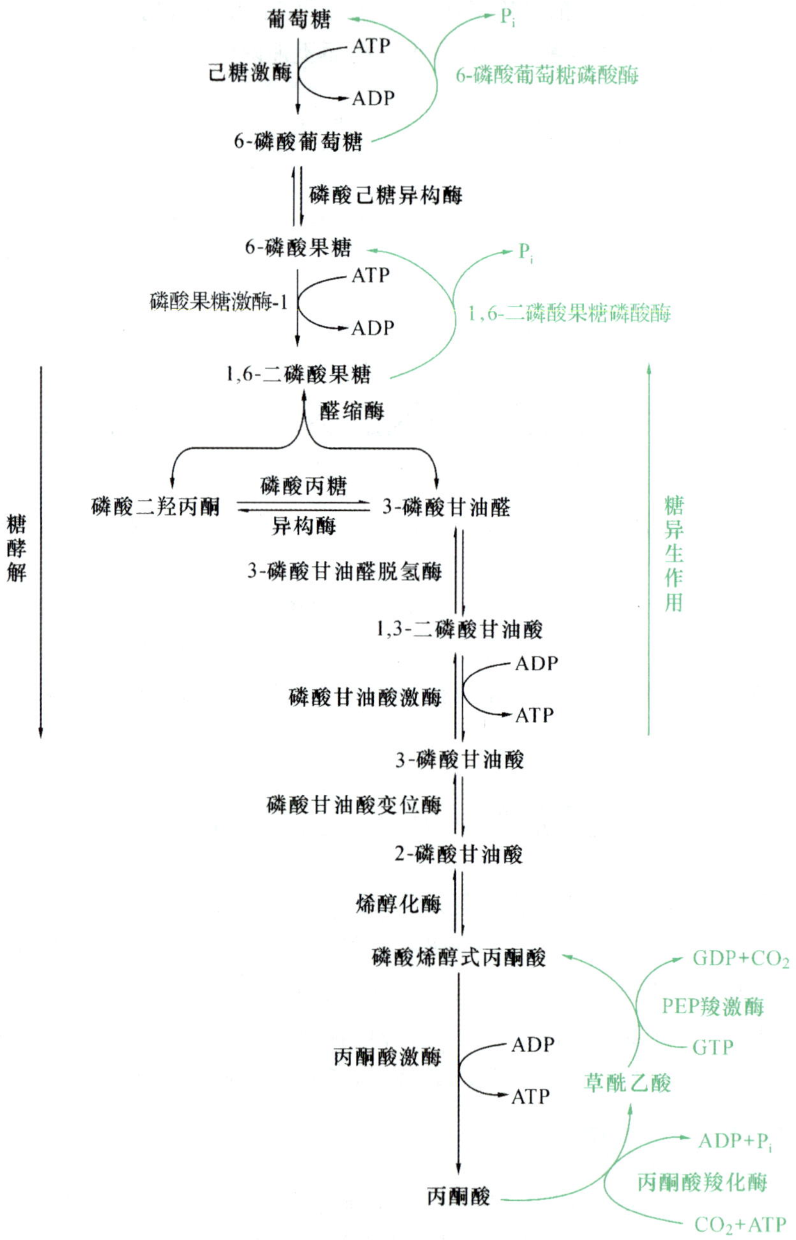

图 11-9 糖酵解与糖异生作用比较

在糖酵解中，由己糖激酶、磷酸果糖激酶-1 和丙酮酸激酶催化的反应是不可逆的，糖异生作用需要绕过这 3 个不可逆过程：

①由丙酮酸生成磷酸烯醇式丙酮酸。首先，丙酮酸羧化酶（pyruvate carboxylase）催化丙酮酸羧化生成草酰乙酸，反应消耗 ATP：

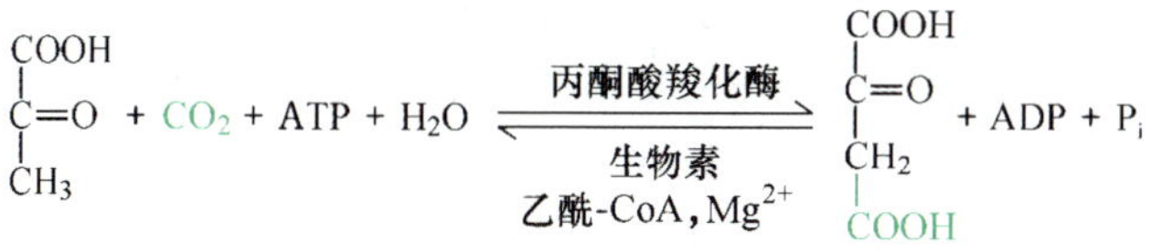

丙酮酸羧化酶的辅基是生物素。丙酮酸羧化酶受乙酰-CoA 和 Mg^{2+} 激活，受 ADP 的抑制。该酶定位于线粒体，丙酮酸经运载系统进入线粒体后羧化成草酰乙酸，再转变为苹果酸，才能进入细胞质。

$$\text{草酰乙酸} + NADH + H^+ \xrightleftharpoons{\text{苹果酸脱氢酶}} \text{苹果酸} + NAD^+$$

在细胞质中，苹果酸需经细胞质中的苹果酸脱氢酶转变成草酰乙酸，然后才能进一步转变成磷酸烯醇式丙酮酸：

$$\text{草酰乙酸} + GTP \xrightleftharpoons[Mg^{2+}]{\text{PEP 羧激酶}} \text{磷酸烯醇式丙酮酸} + GDP + CO_2$$

反应由磷酸烯醇式丙酮酸羧激酶（phospho-enolpyruvate carboxykinase，PEPCK）催化，需要 GTP。从能量角度看，在上述两步反应中，分别需要 1 分子 ATP 和 1 分子 GTP。若以 2 分子丙酮酸合成 1 分子葡萄糖计算，需要消耗 6 个额外的高能键。正是由于丙酮酸羧化酶和磷酸烯醇式丙酮酸羧激酶的作用以及这些能量的补充，才使得糖酵解中生成丙酮酸的不可逆反应发生逆转。

②1，6-二磷酸果糖转化成 6-磷酸果糖，反应由 1，6-二磷酸果糖磷酸酶（fructose 1，6-bisphosphatase）催化。

$$\text{1,6-二磷酸果糖} + H_2O \rightleftharpoons \text{6-磷酸果糖} + P_i$$

1，6-二磷酸果糖磷酸酶是别构酶，受 AMP、2，6-二磷酸果糖别构抑制，但受 ATP、柠檬酸别构激活。

③6-磷酸葡萄糖转化成葡萄糖，由 6-磷酸葡萄糖磷酸酶（glucose 6-phosphatase）催化，这是一种定位于光面内质网膜上的酶。

$$\text{6-磷酸葡萄糖} + H_2O \rightleftharpoons \text{葡萄糖} + P_i$$

经过上述 3 个逆转反应和糖酵解的其他反应，2 分子丙酮酸便可异生为 1 分子葡萄糖。

（二）乳酸转变为葡萄糖

在进行剧烈活动的肌肉细胞中，糖酵解作用会瞬间加强，大量消耗 NAD^+，生成 NADH。此时，有氧呼吸链再生 NAD^+ 的速度无法满足糖酵解继续进行。为了及时补充 NAD^+，糖酵解产物——丙酮酸便在乳酸脱氢酶作用下转变为乳酸。为了避免乳酸大量积累造成伤害，机体通过可立氏循环（Cori cycle，有时也翻译为科里循环）将乳酸转变为葡萄糖。可立氏循环如图 11-10 所示：在肌肉细胞，葡萄糖经糖酵解生成丙酮酸，丙酮酸转变为乳酸；乳酸扩散进入血液，随血流进入肝脏；在肝细胞内，乳酸先转变为丙酮酸，丙酮酸再通过糖异生途径转变为葡萄糖;葡萄糖再回到血液中,随血流供应肌肉(或脑)对葡萄糖的需要。至此,完成一个循环。

(三)糖异生和糖酵解的相互协调

从反应物上来讲,糖异生是糖酵解的相反过程,二者的相互制约与协调显得非常重要。

糖异生和糖酵解相互制约和协调关系是通过相同调节物的相反效应来实现的。如 AMP 和 2,6-二磷酸果糖对糖酵解途径的磷酸果糖激酶-1 有激活作用,对糖异生途径的 1,6-二磷酸果糖磷酸酶有抑制作用。总之,当细胞内 ATP 充足,能荷高时,糖酵解途径关闭,糖异生打开;当细胞内 ATP 不足,能荷低时,糖酵解途径打开,而糖异生活性降低。

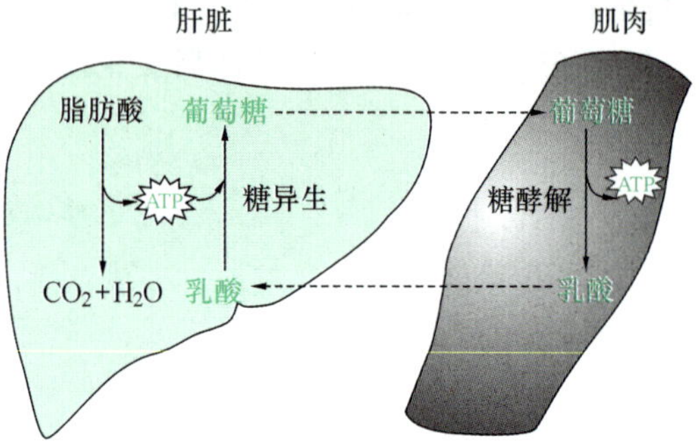

图 11-10 可立氏循环

在糖酵解和糖异生作用的协调调控中,2,6-二磷酸果糖(F-2,6-BP)发挥着重要的作用。F-2,6-BP 的合成和分解分别由磷酸果糖激酶-2 和 2,6-二磷酸果糖磷酸酶催化。磷酸果糖激酶-2 和 2,6-二磷酸果糖磷酸酶两个酶活性位于同一条多肽链的不同结构域上,是一种双功能酶,活性受磷酸化和去磷酸修饰调节。在大量进食含糖食品后,血液中胰岛素水平升高,双功能酶为去磷酸状态,此时具有磷酸果糖激酶-2 的活性,催化 F-2,6-BP 的合成,F-2,6-BP 是磷酸果糖激酶-1 的激活剂,因而糖酵解加速进行。F-2,6-BP 又是 1,6-二磷酸果糖磷酸酶的抑制剂,使糖异生途径受到抑制;当血液中葡萄糖含量降低时,胰高血糖素使双功能酶发生磷酸化修饰,此时具有 2,6-二磷酸果糖磷酸酶的活性,催化 F-2,6-BP 分解为 6-磷酸果糖,F-2,6-BP 含量降低,糖酵解途径减慢。

二、蔗糖和多糖的生物合成

(一)糖核苷酸是葡萄糖供体的活化形式

葡萄糖只有转变为活化形式,才能合成寡糖和多糖。尿苷二磷酸葡萄糖(UDPG)、腺苷二磷酸葡萄糖(ADPG)和鸟苷二磷酸葡萄糖(GDPG)都是葡萄糖的活化形式,它们分别在寡糖和多糖的生物合成中作为葡萄糖的供体。合成反应如下所示:

此反应 $\Delta G^{\ominus\prime}$ 接近零,本为可逆反应,但由于焦磷酸极易被焦磷酸酶水解成磷酸,从而使反应向合成 UDPG 方向进行。可见,核苷三磷酸在反应中产生焦磷酸,有利于推动生物合成反应。ADPG(或 GDPG)也是以类似的反应生成的,催化反应的酶是 ADPG(或 GDPG)焦磷酸化酶。

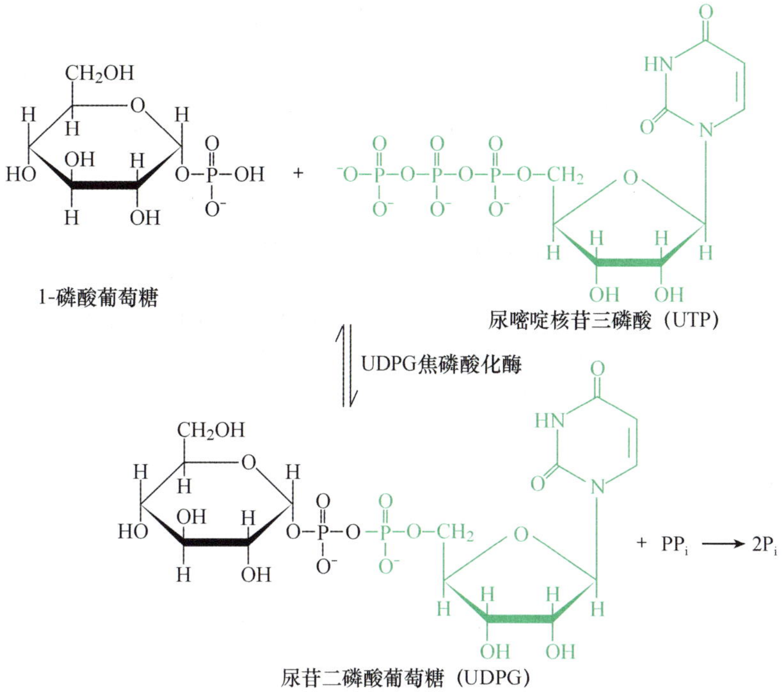

(二)蔗糖合成的两个途径

1. 蔗糖合酶

蔗糖合酶(sucrose synthase)能利用 UDPG 作为葡萄糖供体与果糖合成蔗糖。反应如下：

UDPG＋果糖——→UDP＋蔗糖

该酶还可利用 ADPG、GDPG 等作为葡萄糖供体，此类反应主要存在于植物的非绿色组织(如贮藏器官)。

2. 磷酸蔗糖合酶

磷酸蔗糖合酶(sucrose phosphate synthase)在光合组织中含量丰富，它催化 UDPG 的葡萄糖基转移到 6-磷酸果糖上，形成磷酸蔗糖：

UDPG＋6-磷酸果糖——→6-磷酸蔗糖＋UDP

在磷酸蔗糖磷酸酶(sucrose phosphate phosphatase)的催化下，磷酸蔗糖水解生成蔗糖。

6-磷酸蔗糖＋H_2O——→蔗糖＋P_i

磷酸蔗糖合酶是植物合成蔗糖的主要途径(图 11-11)。途径 1 中蔗糖合酶的功能主要是起蔗糖分解的作用。

(三)糖原的合成

动物经小肠摄取的葡萄糖，随血液进入各种细胞，可在己糖激酶作用下转变为 G-6-P。G-6-P 根据机体需求或走向糖酵解，或用于合成糖原。G-6-P 不能直接合成糖原，需要经磷酸葡萄糖变位酶先转化为 G-1-P。

G-1-P 带负电荷的磷酸基团向 UTP 的 α-磷酸基团进攻，G-1-P 的磷酸基团取代 UTP 的

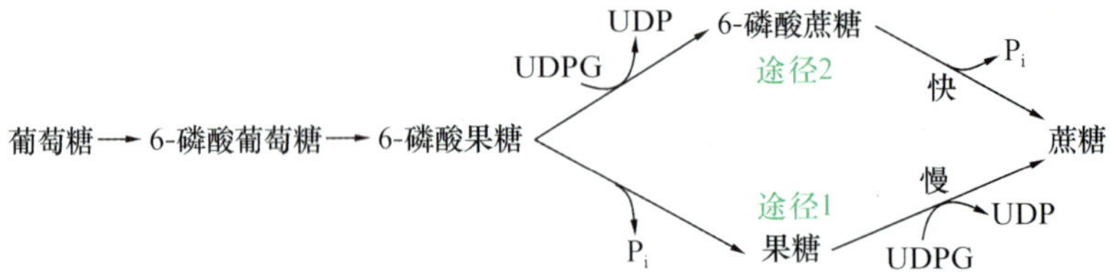

图 11-11　蔗糖合成的两条途径

β-磷酸基团和 γ-磷酸基团，与 UTP 的 α-磷酸基团相连，形成 UDP-葡萄糖（UDPG）。UTP 脱下的焦磷酸基团很快水解成无机磷酸分子。G-1-P 与 UTP 形成 UDPG 的反应自由能变化接近零，也就是近乎平衡的可逆反应。但是由于焦磷酸的水解释放能量，使反应向着形成 UDPG 的方向进行。UDPG 是糖原合成中葡萄糖的活性供体。

糖原合酶随后催化 UDPG 中葡萄糖分子的第一位碳原子与体内已有的糖原分子（n）的非还原末端葡萄糖残基的第四位碳原子上的羟基形成 α-1，4-糖苷键，糖原延长 1 个葡萄糖残基（$n+1$）。糖原合酶不能催化 2 个游离的葡萄糖分子相连，只能将葡萄糖残基加到已经有 4 个以上葡萄糖残基的糖链上。通常情况下，以细胞内储备的糖原作为引物。如果体内糖原已经耗竭，一种称为糖原引物（glycogenin）的蛋白质可接受 UDPG 中的葡萄糖残基。糖原引物是一种双功能酶，它具有糖基转移酶和链延长的活性。首先，糖原引物催化 UDPG 中的葡萄糖残基与自身特定的酪氨酸侧链羟基相连，在糖原引物上加上第 1 分子葡萄糖残基。随后，糖原引物继续催化链延长，UDPG 提供 7 分子葡萄糖残基。之后由糖原合酶继续催化链的延长。

糖原合酶只能催化链的延长。分支的形成由糖原分支酶（glycogen branching enzyme）完成。糖原分支酶有两个作用：在直链上断开 α-1，4-糖苷键；形成以 α-1，6-糖苷键相连的分支。该酶作用非常严格，要求被断裂的直链在 11 个葡萄糖残基以上，断裂位点靠近非还原性末端，将 6～7 个葡萄糖残基转移形成新的分支点，而且新的分支点必须离开其他分支点至少有 4 个葡萄糖残基的距离，如图 11-12 所示。糖原多分支增加了非还原性末端数目，这就大大增加了其分解和合成的效率，因为无论用于糖原磷酸解的糖原磷酸化酶，还是用于糖原合成的糖原合酶，它们的催化作用都是从糖链的非还原性末端开始的。

糖原合酶在体内有两种形式：一种是磷酸化的无活性形式；另一种是去磷酸化的活化形式。胰岛素是促进糖原合成的主要激素之一。胰岛素的分泌受血糖影响，血糖高时，胰岛素分泌增多。胰岛素通过对糖原合酶的去磷酸化使糖原合酶活化，促进糖原合成；同时使磷酸化酶激酶和磷酸化酶 a 去磷酸化失去活性，抑制糖原降解。

（四）淀粉的合成

淀粉和糖原虽然在结构上复杂程度不同，但它们的基本反应是相似的：直链的增长是在原有直链上逐步增加葡萄糖残基；支链的增多是把直链的一部分拆下来装配成侧链。

光合作用旺盛时，叶绿体可直接合成和累积淀粉；非光合组织也可利用葡萄糖合成或通过蔗糖转化成淀粉。

1. 直链淀粉的合成

通过 3 种酶进行：

（1）淀粉磷酸化酶（starch phosphorylase）　此酶广泛存在于动物、植物、酵母和某些细菌，催化下列反应：

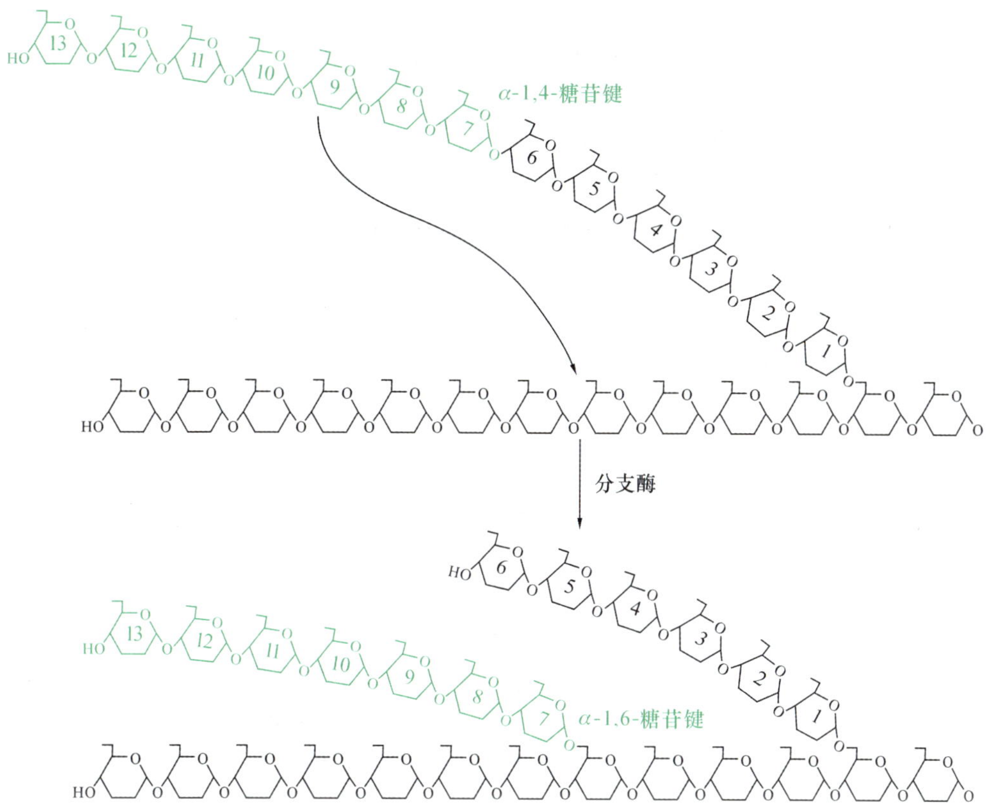

图 11-12 糖原的分支过程

$$1\text{-磷酸葡萄糖} + \text{引物}_{nG} \rightleftharpoons \text{淀粉}_{(n+1)G} + P_i \qquad (n \geqslant 3)$$

反应需要引物，葡萄糖加在引物链的 C_4 非还原末端羟基上，释放出无机磷酸。植物细胞中无机磷酸浓度较高，磷酸化酶的主要作用是催化淀粉的水解。

(2)*D*-酶 *D*-酶是一种糖苷转移酶，作用于 α-1,4-糖苷键上，它能将一个麦芽多糖的残余片段转移到葡萄糖、麦芽糖或其他具有 α-1,4-糖苷键的多糖上，形成淀粉合成所需要的“引物”(图 11-13)。

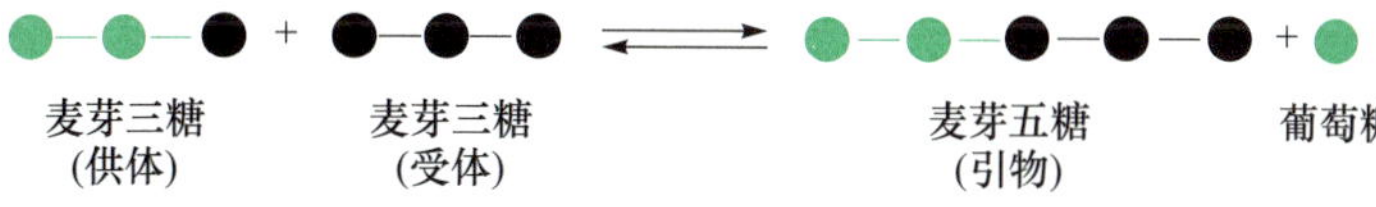

图 11-13 *D*-酶的作用

(3)淀粉合酶(starch synthase) 是淀粉合成的主要酶类。主要以 ADPG 作为葡萄糖基供体，也可以用 UDPG，但利用 ADPG 的合成反应更快。

$$\text{ADPG} + \text{引物}_{nG} \longrightarrow \text{淀粉}_{(n+1)G} + \text{ADP}$$

(4)蔗糖转化为淀粉 光合组织合成的糖转化成蔗糖，运输到非光合组织，在那里蔗糖再转化为淀粉。

2. 支链淀粉的合成

支链淀粉除含有 α-1,4-糖苷键外，还有 α-1,6-糖苷键。因此，支链淀粉是在淀粉合酶和淀粉分支酶(starch branching enzyme)共同作用下生成的。淀粉合酶催化葡萄糖以 α-1,4-糖苷键结合，淀粉分支酶可从直链淀粉的非还原端切断 α-1,4-糖苷键，将切下的片段的还原端以 α-1,6-糖苷键连接在同一个或者相邻链的某葡萄糖残基上形成一个分支(图 11-14)。

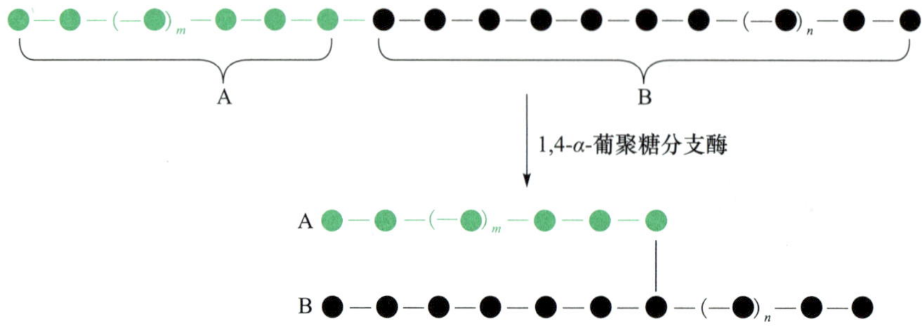

图 11-14　支链淀粉的合成

(五)纤维素的合成

纤维素的合成和蔗糖、淀粉一样也需要糖核苷酸作为葡萄糖的供体。细菌只能利用 UDPG 合成纤维素。不同植物有不同糖基供体。豌豆、绿豆、玉米、茄子等植物以 GDPG 作为糖基供体，棉花以 UDPG 为供体。催化 β-1,4-糖苷键形成的酶为纤维素合酶(cellulose synthase)，同时需要一段由 β-1,4-糖苷键连接的葡聚糖作为“引物”。合成反应以下式表示：

$$\text{NDPG} + (\text{葡萄糖})_n \longrightarrow \text{NDP} + (\text{葡萄糖})_{n+1}$$

第十一章思考题

第十二章　脂质代谢

生物体含有脂肪、磷脂、胆固醇等多种脂质分子，其中三酰甘油是脂肪酸的储存形式；磷脂是生物膜的主要成分之一，也可以作为第二信使或信号分子的前体，在信号传导过程中发挥重要作用；胆固醇不仅是生物膜的成分，而且是很多激素合成的前体物质。本章将重点讨论脂肪酸的氧化分解和生物合成，简单介绍脂肪和磷脂的合成以及胆固醇的代谢。

第一节　脂肪降解

一、哺乳动物脂肪的吸收、转运及动员

哺乳动物进食的脂质以脂肪，即三酰甘油为主，另有少量磷脂和胆固醇等。外源脂质的消化主要在小肠中进行。以人为例，高度工业化国家的人们，大约 40%的日常能量需求由进食的脂肪提供。肝脏以胆固醇为前体合成胆酸，胆酸被分泌到胆汁中，储存于胆囊。当人体进食富含脂肪的食物后，胆囊释放的胆汁与食物糜结合，胆汁酸能将三酰甘油等脂质乳化形成混合微团，这大大增加了水溶性脂酶(lipase)催化三酰甘油在 C_1、C_3 位发生水解生成游离脂肪酸和 2-单酰甘油，也可生成二酰甘油和游离脂肪酸。

脂肪酸和 2-单酰甘油等物质被小肠黏膜细胞吸收，并重新形成三酰甘油。之后，三酰甘油、胆固醇、磷脂和脂蛋白等组装成乳糜微粒(chylomicron)。乳糜微粒将三酰甘油和胆固醇经淋巴液、血液运输到外周组织。血液中的脂蛋白脂肪酶(lipoprotein lipase)能够催化乳糜颗粒中三酰甘油的降解，生成单酰甘油和脂肪酸，这些产物可以被血管周围组织细胞吸收。如果是肌肉细胞，则脂肪酸可以降解产能；如果是脂肪组织细胞，脂肪酸可以形成三酰甘油储存备用。损失三酰甘油的乳糜颗粒经血液进入肝脏（图 12-1）。

当人体进食的食物中脂肪酸和胆固醇超出人体需要时，肝脏会将它们转化为三酰甘油和胆固醇酯，之后与一些蛋白质、磷脂等分子组装形成极低密度脂蛋白(very low-density lipoprotein，VLDL)。VLDL 的功能是将肝脏合成的内源性三酰甘油、胆固醇运输到脂肪组织、骨骼肌、心肌等组织。在微血管中，脂蛋白脂肪酶水解 VLDL 中的三酰甘油，释放出脂肪酸被细胞利用，VLDL 则转变为中密度脂蛋白(intermediate density lipoprotein，IDL)，进而转变为低密度脂蛋白(low-density lipoprotein，LDL)(图 12-1)。

LDL 富含胆固醇、胆固醇酯和其主要的载脂蛋白 apo-100B，功能是作为胆固醇的运输载体，将胆固醇分送到肌肉、肾上腺和脂肪组织等肝外组织。当血液中的 LDL 与组织细胞表面的 LDL 受体结合后，通过胞吞作用进入细胞内，所形成的内吞泡与溶酶体融合(详见第九章)，在各种水解酶作用下发生降解。蛋白质水解为氨基酸，胆固醇被释放出来用于构成细胞膜，或转变为激素、维生素等固醇类活性物质。当细胞中游离胆固醇含量高时，会阻止

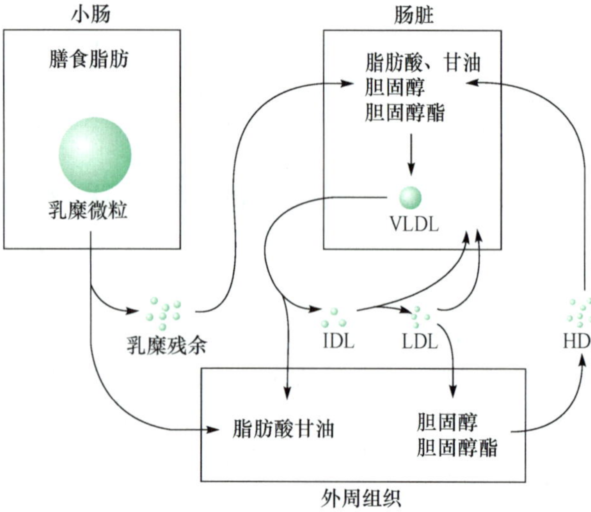

图 12-1　脂肪吸收与动员

细胞继续从血液中摄入胆固醇，致使血液中 LDL 含量高，血液中高的 LDL 和心血管疾病呈正相关。因此，人们也称 LDL 为“坏”胆固醇。LDL 是人类衡量体内胆固醇含量高低的重要指标。

除了上述脂蛋白，血液中还有一类脂蛋白为高密度脂蛋白（high-density lipoprotein，HDL），HDL 因含有大量蛋白质（可达 50%）而呈现高密度，是机体胆固醇的“清扫机”，主要作用是将外周组织富含胆固醇的细胞中过量的胆固醇运回肝脏进行代谢。例如，HDL 能够从巨噬细胞以及由巨噬细胞形成的泡沫细胞中转运胆固醇至肝细胞，转运进入肝脏的胆固醇被用于合成胆汁酸或经消化道排出体外。血液 HDL 水平与心血管疾病呈负相关，被视为“好”的胆固醇。血液中 LDL 高（>3.12 mmol/L）、HDL 低（<1.00 mmol/L）是动脉粥样硬化和冠心病的主要危险因素。

当饥饿时或者需要大量能量时，人体脂肪组织会被动员。脂肪动员（fat mobilization）是指储存在脂肪组织细胞里面的三酰甘油在脂酶作用下逐步水解，释放游离脂肪酸和甘油供其他组织细胞氧化利用的过程。脂肪组织中脂肪的动员受到机体激素的调节。

脂肪组织细胞中的三酰甘油是以脂滴的形式储存的。脂包被蛋白（perilipin）分布在脂滴表面，阻止内部的三酰甘油被降解。当人体饥饿的时候，人体会分泌胰高血糖素。胰高血糖素与脂肪组织细胞表面的胰高血糖素受体结合，通过 G 蛋白激活细胞膜上腺苷酸环化酶，后者催化 ATP 形成 cAMP。cAMP 作为第二信使激活蛋白激酶 A（protein kinase A，PKA），PKA 可以催化脂包被蛋白的磷酸化，同时可以磷酸化激素敏感性脂肪酶（hormone sensitive lipase，HSL），增强其活性；磷酸化的脂包被蛋白与和它结合的 CGI-58（comparative gene identification-58，CGI-58）蛋白分离，CGI-58 蛋白能够招募脂肪组织三酰甘油脂酶分解脂肪产生二酰甘油和脂肪酸；二酰甘油在被激活的 HSL 催化下，生成单酰甘油和脂肪酸，单酰甘油在单酰甘油脂酶催化下，生成甘油和脂肪酸。脂肪酸离开脂肪细胞进入血液并被其他组织利用（图 12-2）。

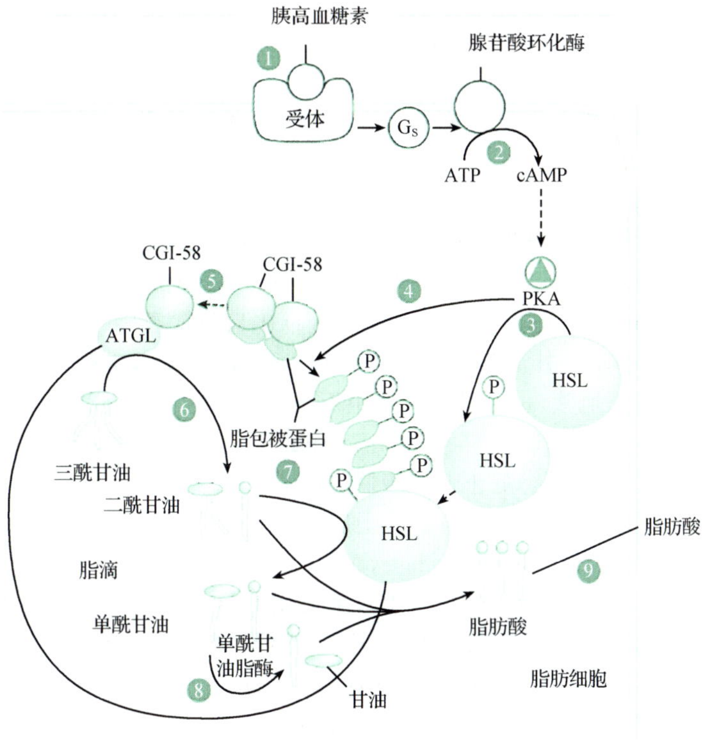

图 12-2　脂肪细胞中三酰甘油的降解

（引自：Nelson and Cox，2021）

知识拓展框

PAK4 参与的脂肪降解调节

世界肥胖日（World Obesity Day）是每年的 3 月 4 日，世界肥胖症联合会（World Obesity Federation）在 2024 年发布了第六版世界肥胖地图。

身体质量指数（body mass index，BMI）是一种衡量人体胖瘦程度以及是否健康的常用指标，可以通过体重（kg）除以身高（m）的平方进行计算。世界肥胖症联合会定义，BMI≥25 kg/m²，这类人群就属于超重和肥胖人群。报告中关于全球高 BMI 水平的预测数据表明，到 2035 年将有近 33 亿成年人可能会受到超重和肥胖的影响，而 2020 年这一数字仅为 22 亿，可见超重和肥胖人群数量飞速增长，如下表所示。

估计（2020 年）以及预测（2025—2035 年）具有高 BMI 指数的全球成年人数量

项目	2020 年	2025 年	2030 年	2035 年
超重成年人（25 kg/m²≤BMI＜30 kg/m²）	13.9 亿	15.2 亿	16.5 亿	17.7 亿
肥胖成年人（BMI ≥30 kg/m²）	8.1 亿	10.1 亿	12.5 亿	15.3 亿
超重和肥胖成年人/全球成年人	42%	46%	50%	54%

数据来源：世界肥胖联合会（2023）

肥胖是人体脂肪组织中脂肪过度积累导致的，很多代谢疾病，如 2 型糖尿病、血脂异常、心血管疾病等都与肥胖紧密相关。搞清楚脂肪代谢的调节有助于解决人类肥胖治疗的问题。

人类脂肪合成和分解代谢的调节过程非常复杂，研究人员已经做了大量的研究工作。

现有的研究认为，哺乳动物体内多余的能量主要以三酰甘油(triacylglycerol，TG)的形式储存在脂肪细胞的脂滴(lipid droplet)中；当机体需要能量时，三个脂酶(lipase)，即三酰甘油脂酶(adipose triacylglycerol lipase，ATGL)、激素敏感性脂肪酶(hormone-sensitive lipase，HSL)和单酰甘油脂酶(monoacylglycerol lipase)，水解 TG 产生脂肪酸(fatty acid，FA)，FA 进入血液，进而进入其他组织产生能量。此外，脂滴包被蛋白(perilipin，PLIN)和 CGI-58(comparative gene identification-58)蛋白也参与脂肪的降解，在这个调控过程中，蛋白激酶 A(PKA)处于调控级联的中心。

在禁食期间，儿茶酚胺类物质与 β-肾上腺素能受体(β-adrenergic receptors，β-AR)结合，激活腺苷酸环化酶(adenylate cyclase，AC)，后者催化 ATP 产生 cAMP，cAMP 激活蛋白激酶 A(protein kinase A，PKA)；PKA 能够磷酸化 Plin1，激活的 PLIN1 释放与之结合的 CGI-58，被释放的 CGI58 与 ATGL 结合，激活 ATGL；更重要的是，PKA 还能够在 S563(非激活位点)和 S660(激活位点)上磷酸化 HSL，激发其活性；值得一提的是，AMP 激活的蛋白激酶(AMP activated protein kinase，AMPK)还能够在 S565 位点上磷酸化 HSL 抑制其活性。此外，脂肪分解受到脂酶与其激活和(或)抑制伴侣分子之间的蛋白质-蛋白质相互作用进行调节。

脂肪酸结合蛋白质 4(fatty acid-binding protein 4，FABP4 ，也称为 aP2 或 A-FABP)是一种载体蛋白，负责将通过脂肪分解产生的脂肪酸从脂滴运输到细胞内和(或)细胞外空间。有报道认为 FABP4 能够与 HSL 相互作用并增加其活性，而且认为 FABP4 的细胞外分泌是通过蛋白激酶 A(PKA)信号途径介导的，但 FABP4 在细胞内与 HSL 结合的决定因素仍然不清楚。

PAK4(p21-activated kinase 4)是一种 p21 激活的 PAK 家族成员，属于丝氨酸-苏氨酸激酶。Park 等证明，在前列腺癌的情况下，PAK4 能够被 cAMP/PKA 激活并促进癌症进展，这表明 PKA 和 PAK4 在细胞功能中存在紧密联系。由于 PKA 对脂肪细胞脂滴中脂肪分解途径至关重要，那么 PKA 是否会通过 PAK4 参与脂肪降解的调节呢?

2024 年，Yu 等在 *Nature Metabolism* 发表的研究文章揭示了 PAK4 蛋白在调节脂肪组织脂肪降解中的重要作用，并指出抑制 PAK4 蛋白的功能将为肥胖治疗提供新的策略。

该研究认为：PKA 能够在 S258 位点磷酸化 PAK4；泛素结合酶 UBE2O(ubiquitin-conjugating enzyme E2O)，或者鼠的泛素连接酶 MDM2 (mouse double minute 2 homologue)参与已磷酸化 PAK4 蛋白的泛素化降解；PAK4 不仅能够在 S565 位点磷酸化 HSL，抑制其酶活性，而且 PAK4 能够催化位于 FABP4 蛋白脂肪酸结合结构域(fatty acid-binding domain 3)FABD3 中的 T126 位氨基酸残基的磷酸化，从而阻碍 FABP4 与 HSL 结合，抑制脂解。

ND201651 是 PAK4 的抑制剂。当研究人员使用该抑制剂对为期 12 周高脂饮食喂养的最后 8 周小鼠进行治疗时，发现 ND201651(50 mg/kg)能够减轻体重，且不影响食物摄入和体力活动；显著改善了小鼠的葡萄糖和胰岛素耐量；小鼠的 p-HSL-S565 和 p-FABP4-T126 的含量降低，进一步证实了 PAK4 磷酸化 HSL 和 FABP4，抑制脂解的观点。

第十二章

进一步研究发现，人体网膜脂肪沉积中的 PAK4 蛋白表达与身体质量指数（BMI）、腰围和血浆中的瘦素、三酰甘油和总胆固醇浓度呈正相关。与瘦人（BMI＜25）相比，肥胖个体（BMI≥30）在内脏脂肪组织和原代脂肪细胞中 p-HSL-S565 和 p-FABP4-T126 的含量更高。与小鼠研究一致，异丙肾上腺素诱导的脂滴多室化、三酰甘油脂肪分解和脂肪细胞萎缩在人类原代脂肪细胞中因 PAK4 过表达而减弱，PAK4 的沉默增强了线粒体的氧气消耗率，而 PAK4 的过表达则抑制了人类原代脂肪细胞中的氧气消耗率。这些效应与线粒体动力学的变化有关。这些结果表明，内脏脂肪中的 PAK4 抑制了脂肪分解，并在小鼠和人类中作为肥胖的分子标志。

依据文章研究结果，作者提出了如下图所示模型：肥胖型个体，其 PKA 可能无法磷酸化 PAK4，PAK4 含量相对较高，PAK4 在磷酸化 HSL 抑制其活性的同时，磷酸化 FABP4，抑制其与 HSL 互作，结果抑制了 HSL 的活性，最终导致肥胖个体脂解受阻。

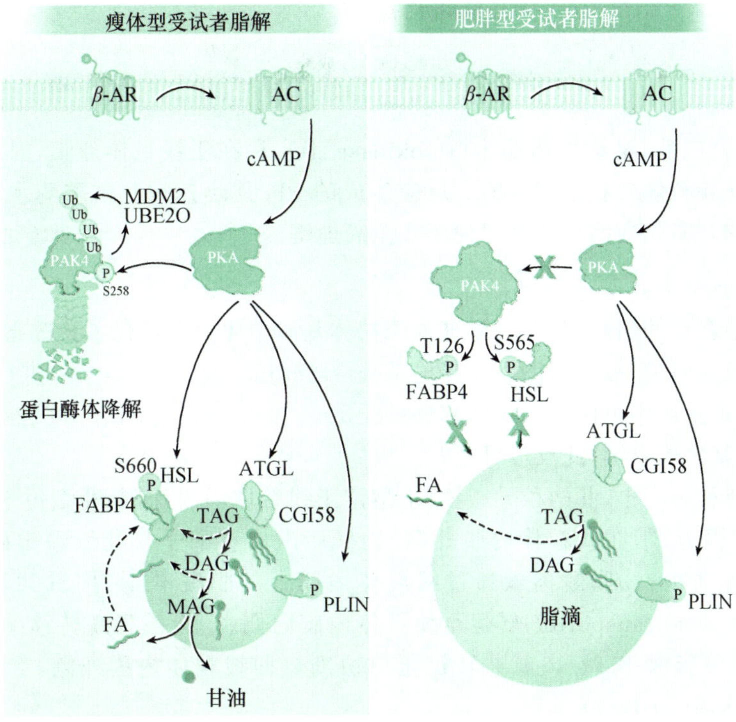

[1] Yu H C, Jeon Y G, Na AY, et al. p21-activated kinase 4 counteracts PKA-dependent lipolysis by phosphorylating FABP4 and HSL. Nature Metabolism 2024, 6: 94-112.
[2] Won S Y, Park J J, Shin E Y, et al. PAK4 signaling in health and disease: Defining the PAK4-CREB axis. Exp Mol Med, 2019, 51: 1-9.
[3] World Obesity Federation. World Obesity Atlas 2024. London: World Obesity Federation, 2024. https://data.worldobesity.org/publications/? cat=22

二、脂肪酸的分解代谢

三酰甘油经脂酶水解产生的甘油可以在甘油激酶催化下先生成 α-磷酸甘油，再经磷酸甘油脱氢酶催化形成磷酸二羟丙酮，后者进入糖代谢或其他代谢途径。下面重点讨论脂肪酸的分解代谢。

脂肪酸在机体的许多组织细胞内都可以进行氧化分解，以肝脏和肌肉细胞最为活跃。在真核细胞中，脂肪酸的氧化分解主要在线粒体基质中进行。细胞质中的脂肪酸在氧化分解以前，首先需要进行活化，并转入线粒体基质，然后在一系列酶的催化下降解生成乙酰-CoA，同时产生具有高还原活性的物质。乙酰-CoA 能够进入柠檬酸循环彻底氧化成 CO_2 和 H_2O，也可以进入胆固醇合成等途径继续代谢。

（一）脂肪酸的活化

脂肪酸在脂酰-CoA 合成酶(acyl-CoA synthetase)催化下，通过一个依赖于 ATP 的酰化反应生成脂酰-CoA。脂酰-CoA 为高能化合物。

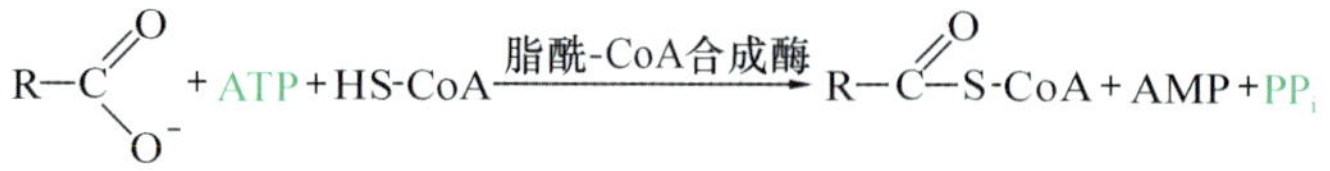

脂酰-CoA 合成酶，又称硫激酶Ⅰ(thiokinase Ⅰ)，存在于线粒体外膜，因此严格说来，脂肪酸的活化是在线粒体外膜上进行的。反应生成的 PP_i 能迅速被焦磷酸酶水解。因此，整个反应是不可逆的。脂肪酸活化实际消耗了 2 个高能键。

（二）脂酰-CoA 向线粒体的转运

在细胞质中合成的脂酰-CoA 必须进入线粒体基质中才能被氧化。长链脂酰-CoA 分子不能直接跨过线粒体内膜，需要借助肉碱穿梭系统(carnitine shuttle system)进行转运。肉碱为极性小分子，在细胞质中由肉碱脂酰转移酶(carnitine acyltransferase，CAT)催化下，其羟基与脂酰-CoA 的酰基形成酯键，此反应可逆。

肉碱脂酰转移酶有Ⅰ、Ⅱ两种异型体：Ⅰ型位于线粒体内膜外侧；Ⅱ型位于线粒体内膜内侧，具体转运过程为：①在线粒体内膜外侧，肉碱脂酰转移酶Ⅰ催化脂酰肉碱生成，同时将 CoA 释放到细胞质中；②脂酰肉碱通过线粒体内膜上的脂酰-肉碱/肉碱共转运蛋白(acyl-carnitine/carnitine cotransporter)转运至线粒体内膜内侧；③肉碱脂酰转移酶Ⅱ催化逆向反应，产生的肉碱经脂酰-肉碱/肉碱共转运蛋白协助返回线粒体内膜外侧，重新形成的脂酰-CoA 留在线粒体内(图 12-3)。

12 碳及少于 12 碳的脂酰-CoA 不需要肉碱脂酰穿梭进行转运，14 碳及更多碳原子的长链脂酰-CoA 则需要肉碱脂酰穿梭完成其从细胞质进入线粒体的转运过程。从细胞质向线粒体的转运是细胞控制脂肪酸分解代谢的关键调控步骤。肉碱脂酰转移酶Ⅰ是脂酰-CoA 进入线粒体的关键酶，其活性受丙二酸单酰-CoA 的抑制。丙二酸单酰-CoA 是脂肪酸合成的二碳单位直接供体，它兼有对肉碱脂酰转移酶Ⅰ的抑制作用，显示了它对脂肪酸分解代谢和合成代谢的协同调节功能。

肉碱可从饮食中获取，肉类是肉碱的主要来源。肝脏和肾脏也可利用赖氨酸和甲硫氨酸合成肉碱。因此，正常人可通过食物及自身合成达到对肉碱的需求，不需要额外补充肉碱。但如果肉碱合成减少、素食者或营养不良等造成的摄入不足或因怀孕、感染等情况下肉碱需求增加时，可能会造成肉碱缺乏病，这会导致组织利用长链脂肪酸的能力下降，体内能量产生受限，

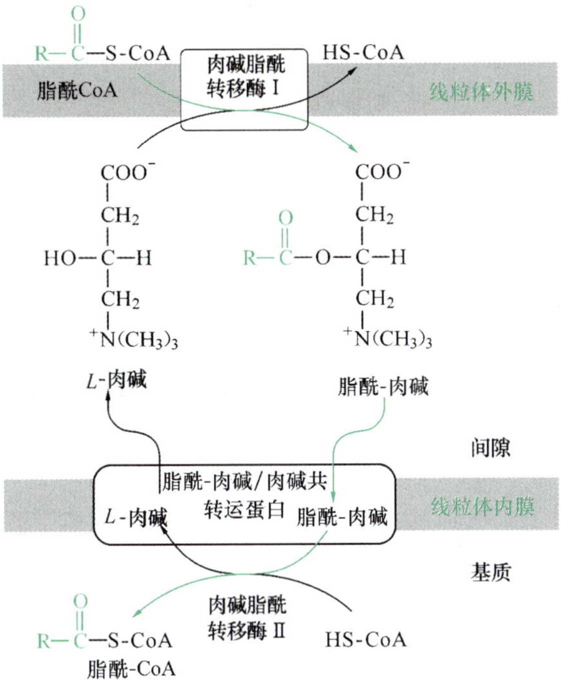

图 12-3 脂酰-CoA 向线粒体基质转移的肉碱穿梭系统

需要额外补充肉碱以保持机体代谢平衡。

因为左旋肉碱是脂肪酸从细胞质向线粒体的转运载体，所以市场上也出现了一些以左旋肉碱为主要成分的减肥药。但是需要注意的是：肉碱只是提高了脂肪酸的转运，而不是真正的消耗，因此需要结合运动将脂肪酸彻底氧化代谢，才能真正实现减少脂肪的目的。

（三）脂肪酸的 β-氧化作用

活化的脂肪酸进入线粒体后进行氧化分解，主要方式是 β-氧化作用（β-oxidation）。β-氧化作用是指在一系列酶的作用下，脂肪酸的 β-碳原子发生氧化，使碳链在 α-碳原子和 β-碳原子之间断裂，产生二碳单位（乙酰-CoA）和比原来少 2 个碳原子的脂酰-CoA 的过程。

1. 脂肪酸的 β-氧化

细胞中的脂肪酸依据其是否含有双键及双键的个数，分为饱和脂肪酸、单不饱和脂肪酸和多不饱和脂肪酸；依据脂肪酸链所含碳原子的个数，可以分为奇数碳脂肪酸和偶数碳脂肪酸。不论哪类脂肪酸进行 β-氧化，都需要经历相同的 4 步反应（图 12-4）。

（1）氧化　脂酰-CoA 经脂酰-CoA 脱氢酶的催化，在 C_α 和 C_β 之间脱去 2 个 H，形成一个带有反式双键的 Δ^2-反-烯脂酰-CoA；FAD 接受 H 形成 $FADH_2$。

依据脂酰-CoA 中碳链的长度不同，脂酰-CoA 脱氢酶分为：非常长链的脂酰-CoA 脱氢酶（very-long-chain acyl-CoA dehydrogenase, VLCAD），位于线粒体内膜上，该酶作用的底物碳链长度为 12～18；中链的脂酰-CoA 脱氢酶（medium-chain acyl-CoA dehydrogenase, MCAD），底物碳链长度为 4～14；短链的脂酰-CoA 脱氢酶（short-chain acyl-CoA dehydrogenase, SCAD），底物碳链长度为 4～8；MCAD 和 SCAD 位于线粒体基质中。这三种同工酶的辅基均为 FAD，它们都能够将底物上的 H 和电子经过 FAD、电子传递黄素蛋白（electron transfer flavoprotein，ETF）以及电子传递黄素蛋白：CoQ 氧化还原酶（ETF：ubiquinone oxidoredu-

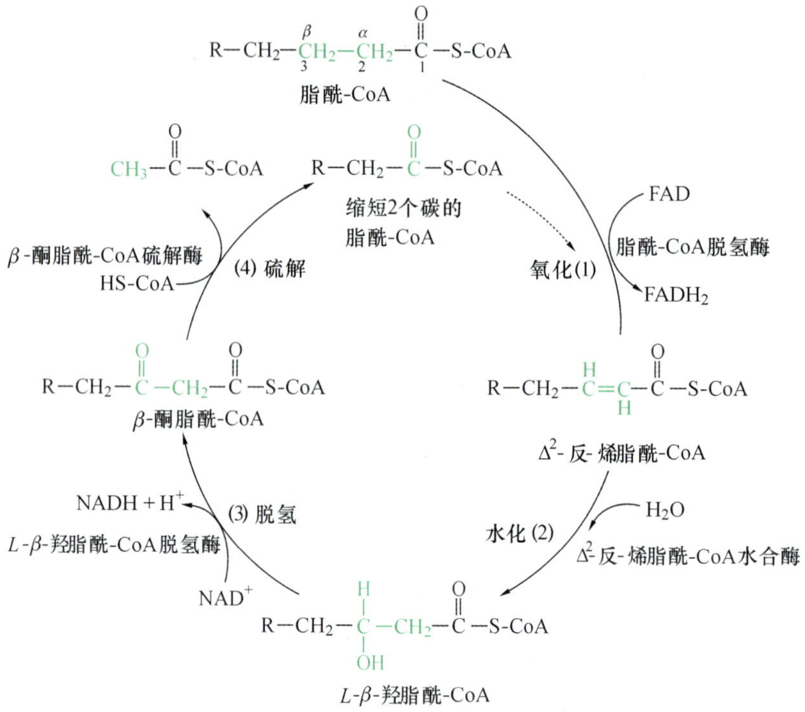

图 12-4　脂肪酸的 β-氧化作用

actase)传递给线粒体电子传递体中的 CoQ,之后经过电子传递链复合物Ⅲ,Cyt c 和复合物Ⅳ,最后到 O_2,因此,这步脱氢生成的 $FADH_2$ 能够生成 1.5 分子 ATP。

(2)水化　Δ^2-反-烯脂酰-CoA 经过烯脂酰-CoA 水合酶的催化,在反式双键处加水生成 *L*-*β*-羟脂酰-CoA。

(3)脱氢　*L*-*β*-羟脂酰-CoA 经 *L*-*β*-羟脂酰-CoA 脱氢酶的催化,从 *β*-碳原子以及 *β*-碳原子上连接的羟基脱去 2 个 H 生成 *β*-酮脂酰-CoA,辅酶 NAD^+ 被还原为 NADH。该酶具有立体异构专一性,底物为 *L*-构型。

(4)硫解　在 CoA 参与下,通过硫解反应在 *α*-碳原子和 *β*-碳原子之间发生断裂,生成 1 分子乙酰-CoA 和少 2 个碳原子的脂酰-CoA。催化该反应的酶是脂酰-CoA 硫解酶。

缩短了 2 个碳原子的脂酰-CoA 继续重复以上 4 步反应。每循环 1 次,均生成 1 分子乙酰-CoA 和比原来少 2 个碳原子的脂酰-CoA,同时生成具有高还原活性的物质——1 分子 $FADH_2$ 和 1 分子 NADH。如此循环,直至脂肪酸完全降解。

脂肪酸氧化的功能是产生大量能量。以软脂酸(16:0)为例,1 分子棕榈酰-CoA 经 7 次 *β*-氧化,最后生成 8 分子乙酰-CoA、7 分子 $FADH_2$ 和 7 分子 NADH。

$$\text{棕榈酰-CoA} + 7FAD + 7NAD^+ + 7H_2O + 7CoA \longrightarrow 8\,\text{乙酰-CoA} + 7FADH_2 + 7NADH + 7H^+$$

7 分子 $FADH_2$ 和 7 分子 NADH 进入呼吸链将产生 28 分子 ATP;8 分子乙酰-CoA 通过柠檬酸循环和呼吸链将产生 80 分子 ATP;考虑到软脂酸在活化时消耗的 2 个高能键,1 分子棕榈酸彻底氧化将产生 106 分子 ATP。

脂肪酸亚甲基(—CH_2—)中的 C—C 单键比较稳定,在完成 *β*-氧化的脱氢、水合和再脱氢 3 步反应后,脂肪酸 *β*-碳原子被氧化为酮基,此时 *β*-碳原子成为 CoA 巯基亲核进攻的最好靶标，随后经过硫解，脂肪酸的 α-碳原子和 β-碳原子之间的单键断裂。柠檬酸循环中从琥珀酸到草酰乙酸的反应历程也有脱氢、水合和再脱氢的类似反应过程。

2. 奇数碳脂肪酸的 β-氧化

棕榈酸是 16 个碳原子的饱和脂肪酸，其 β-氧化的产物都是乙酰-CoA。如果是奇数碳的脂肪酸进行 β-氧化，降解产物有乙酰-CoA 和丙酰-CoA（propionyl-CoA）。前者可以进入柠檬酸循环彻底氧化，而后者如何继续降解呢？

在哺乳动物中，丙酰-CoA 能够转化为琥珀酰-CoA，催化这种转化需要 3 种酶：丙酰-CoA 羧化酶（propionyl-CoA carboxylase）、甲基丙二酸单酰-CoA 差向异构酶（methylmalonyl-CoA epimerase）和甲基丙二酸单酰-CoA 变位酶（methylmalonyl-CoA mutase）。具体反应过程如图 12-5 所示。

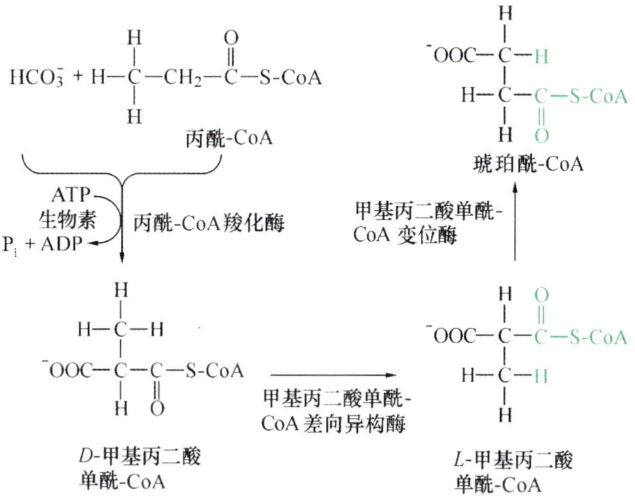

图 12-5 丙酰-CoA 转化为琥珀酰-CoA

从图中反应可知，丙酰-CoA 经过羧化生成 *D*-甲基丙二酸单酰-CoA，后者在甲基丙二酸单酰-CoA 异构酶和变位酶催化下生成琥珀酰-CoA；琥珀酰-CoA 可进入柠檬酸循环进行彻底氧化。研究认为，人类新生婴儿大约有十万分之一的概率先天缺乏丙酰-CoA 羧化酶，他们将无法代谢来自奇数碳脂肪酸和缬氨酸、异亮氨酸、苏氨酸以及甲硫氨酸降解产生的丙酰-CoA（详见第十三章），线粒体中丙酰-CoA 积累，肉碱能够与丙酰-CoA 以酯键结合，通过肉碱穿梭进入细胞质，最终以丙酸的形式释放进入血液，导致丙酸血症（propionic acidemia），结果可能致使新生儿早期出现呕吐、低血糖、抽搐和神经系统异常等症状，可以通过严格限制饮食，提供肉碱，服用一些抗生素抑制小肠细菌产生奇数碳和含有支链的脂肪酸来减缓症状。

3. 不饱和脂肪酸的 β-氧化

不饱和脂肪酸和饱和脂肪酸的降解基本相似，但因其含有双键且多为顺式，需要在双键处发生一个特殊反应，因此，除 β-氧化的全部酶外，还额外需要 2 个酶：烯脂酰-CoA 异构酶（enoyl-CoA isomerase）和 2，4-二烯脂酰-CoA 还原酶（2，4-dienoyl-CoA reductase）。

图 12-6 为亚油酸（18：2，$\Delta^{9c,12c}$）的氧化降解反应。亚油酸活化为亚油酰-CoA、经肉碱穿梭系统进入线粒体后，先进行三轮 β-氧化，切掉 3 个二碳单位，生成带有 2 个顺式双键的十二碳烯脂酰-CoA（12：2，$\Delta^{3c,6c}$）；在烯脂酰 CoA-异构酶催化下转变为 Δ^2-反，Δ^6-顺十二碳烯脂

酰-CoA(12:2,$\Delta^{2t,6c}$),接着进行一轮 β-氧化,释放出 1 分子乙酰-CoA,形成 Δ^4-顺十碳烯脂酰-CoA(10:1,Δ^{4c});该中间产物在脂酰-CoA 脱氢酶作用下生成 Δ^2-反,Δ^4-顺十碳烯脂酰-CoA(10:2,$\Delta^{2t,4c}$);之后在 2,4-二烯脂酰-CoA 还原酶作用下(还原剂为 NADPH)还原为 Δ^3-反烯脂酰-CoA(10:1,Δ^{3t}),后者由烯脂酰-CoA 异构酶催化转变为 Δ^2-反烯脂酰-CoA(10:1,Δ^{2t}),随后继续 β-氧化,直至完全降解。

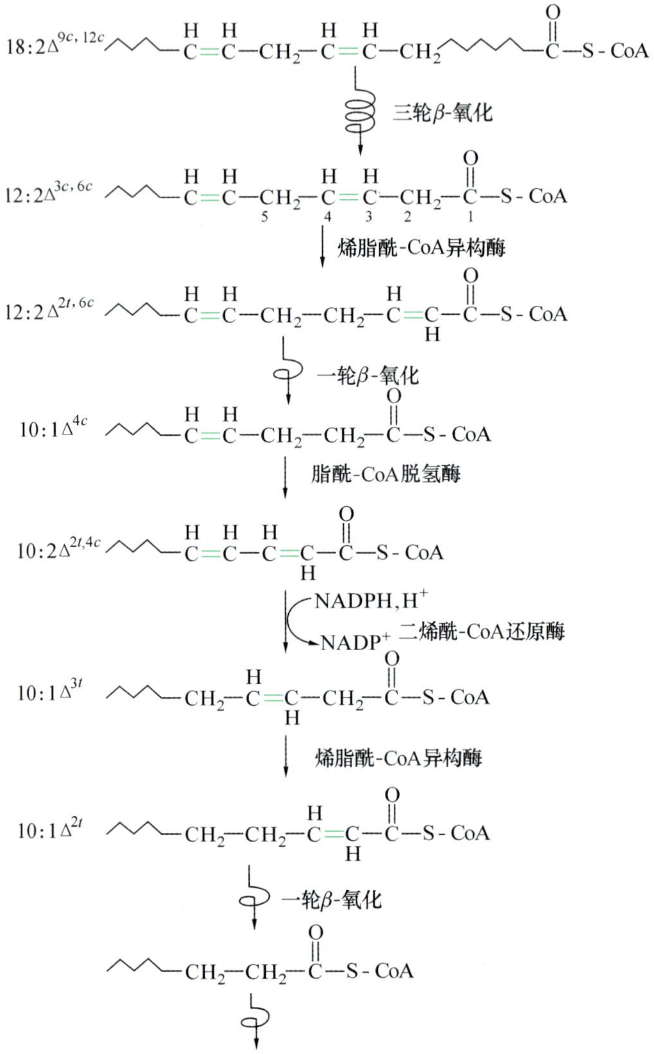

图 12-6 亚油酰-CoA 的氧化

需要注意的是,不饱和脂肪酸含双键,发生氧化降解时脱氢机会少,而且还原酶参加的反应还要消耗 NADPH,因此降解所生成的 ATP 数目要比相同碳原子数的饱和脂肪酸少。此外,单不饱和脂肪酸油酸(18:1)由于只含有 1 个双键,所以,其进行 β-氧化降解时,除了需要正常 β-氧化的酶外,只需要一个烯脂酰-CoA 异构酶,不需要 2,4-二烯脂酰-CoA 还原酶。

(四)脂肪酸的 α-氧化方式

不是所有的脂肪酸都仅通过 β-氧化就被彻底降解。植烷酸的分子结构如下所示,其 β-碳原子上有侧链,不能直接通过 β-氧化进行降解,需要经历一步 α-碳原子的氧化,之后的产物才

能经过 β-氧化途径继续被降解。

$$CH_3—(\underset{}{\overset{CH_3}{\overset{|}{C}}}H—CH_2—CH_2—CH_2)_3—\overset{CH_3}{\overset{|}{C}}H—CH_2—COO^-$$

以植烷酸为例，首先，发生脂肪酸活化形成植烷酰-CoA，该反应由植烷酰-CoA 合成酶（phytanoyl-CoA synthetase ）催化，消耗 2 个高能磷酸键；其次，在植烷酰-CoA 羟化酶（phytanoyl-CoA hydroxylase)催化下，消耗 α-酮戊二酸，生成琥珀酸、CO_2 和 α-羟植烷酰-CoA，α-碳原子发生氧化。之后，α-羟植烷酰-CoA 经过 2 步反应产生降植烷酸，后者可以经过 β-氧化彻底降解（图 12-7）。

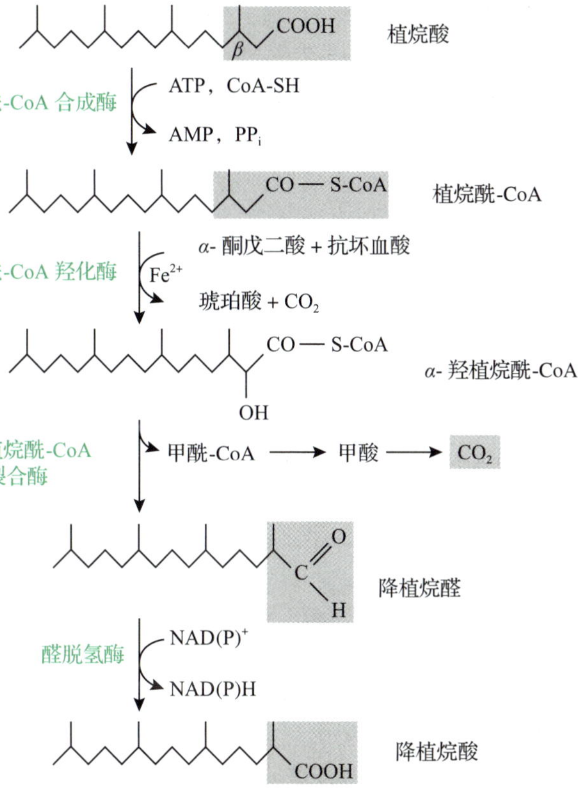

图 12-7　过氧化物酶体中植烷酸 α-氧化的过程

植烷酸是具有甲基分支的长链脂肪酸，来源于植物叶绿素的侧链叶绿醇。反刍动物的瘤胃微生物能够将动物摄食的植物叶绿素转化为植烷酸，人类以反刍动物的奶制品和脂肪为食品，自然也就获取了植烷酸。西方人每天摄食的植烷酸有 50～100 mg，人体的植烷酸 α-氧化在细胞的过氧化物酶体中进行。如果缺乏植烷酰-CoA 羟化酶，则植烷酸不能被降解，结果植烷酸在血液、脑中积累导致外周神经炎型运动失调、色素性视网膜炎等，这类人将患 Refsum 氏遗传病。

第二节　酮体代谢

脂肪酸 β-氧化所生成的乙酰-CoA 主要进入柠檬酸循环彻底降解，有些则转变为乙酰乙酸、β-羟丁酸和丙酮，这 3 类物质统称为酮体（ketone body）。脂肪酸转变成酮体后便具有了水溶性，换句话说，酮体是脂肪酸的水溶性等价物，是乙酰单位的可转运形式。

在正常生理条件下，糖代谢和脂类代谢处于平衡状态，血液中的酮体含量很低（0.3～5 mg/100 mL）。如果脂肪分解占优势，如机体因长期饥饿严重缺糖，或者患严重糖尿病糖不能被利用时，肝脏将动用脂肪产生大量乙酰-CoA。此时，草酰乙酸因被用于异生成葡萄糖，减少了与乙酰-CoA 缩合进入柠檬酸循环的量，于是乙酰-CoA 积累，走向酮体合成途径。

一、酮体在肝脏中合成

在哺乳动物中，酮体在肝脏细胞线粒体中合成，合成原料是乙酰-CoA。

如图 12-8 所示，2 分子乙酰-CoA 首先缩合形成乙酰乙酰-CoA，反应由乙酰乙酰-CoA 硫解酶（acetoacetyl-CoA thiolase）催化。然后，另 1 分子乙酰-CoA 加到乙酰乙酰-CoA 上形成 *β*-羟基-*β*-甲基戊二酸单酰-CoA（*β*-hydroxy-*β*-methylglutaryl-CoA，HMG-CoA），反应由 HMG-CoA 合酶（HMG-CoA synthase）催化。随后，在裂解酶催化下，HMG-CoA 发生裂解反应，生成乙酰乙酸和 1 分子乙酰-CoA。*D*-*β*-羟丁酸脱氢酶（辅酶为 NADH）可以催化乙酰乙酸产生 *D*-*β*-羟丁酸，该酶也可以催化此反应的逆反应。乙酰乙酸脱羧酶能够催化乙酰乙酸脱羧生成丙酮。丙酮具有挥发性，可以随呼吸排出体外。

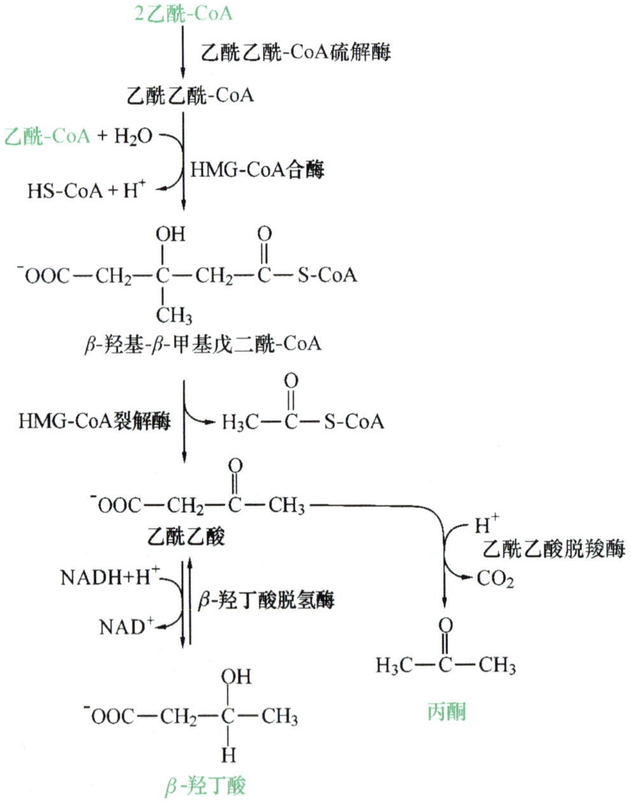

图 12-8　酮体的生成

二、酮体在线粒体中氧化分解

酮体是重要的燃料分子，它随血液被运送到心肌、骨骼肌、肾和大脑等肝外组织，满足这些组织对能量的需求。大脑和心肌可以直接利用乙酰乙酸、β-羟丁酸供能。研究证实，在长期饥饿时，大脑对能量需求绝大多数来自乙酰乙酸和β-羟丁酸，可见酮体的生成在脂肪作为主要能源时具有重要的生理意义。

在线粒体中，β-羟丁酸和乙酰乙酸可转变为乙酰-CoA，后者经柠檬酸循环进行代谢。酮体作为燃料物质被降解利用时需要多步反应，由多个酶参与。例如，β-酮脂酰-CoA 转移酶催化乙酰乙酸和琥珀酰-CoA 生成乙酰乙酰-CoA 和琥珀酸，乙酰乙酰-CoA 在硫解酶作用下裂解为 2 分子乙酰-CoA，生成的乙酰-CoA 可以进入柠檬酸循环彻底氧化产生能量（图 12-9）。

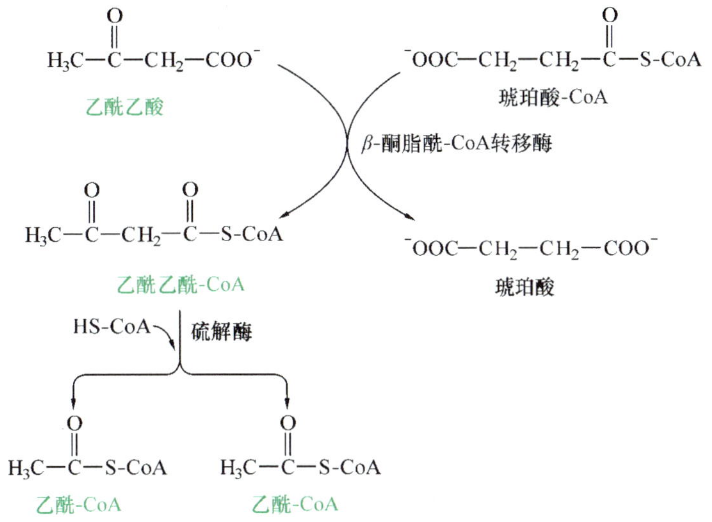

图 12-9　乙酰乙酸转变为乙酰-CoA

如果酮体的降解代谢出现异常，将导致酮病（ketosis）发生，患者血液中酮体浓度超标，尿液和呼气中散发着浓重的丙酮味。由于酮体中乙酰乙酸、β-羟丁酸具有酸性，大量积累会引起体液酸碱平衡失调，导致酸中毒，不及时调整将导致死亡。虽然酮体是由人体肝脏细胞线粒体合成的，但是由于缺乏β-酮脂酰-CoA 转移酶，肝脏细胞本身无法代谢酮体。

第三节　脂肪和甘油磷脂的合成

动物超量进食以糖为主的高热量物质时，会将多余的能量以脂肪形式储存起来。肝脏和脂肪组织是合成脂肪的主要场所。在细胞中，脂肪合成的部位是细胞质，合成的主要产物是 C_{16} 脂肪酸。更长链脂肪酸的合成主要在线粒体或光面内质网中进行。脂肪酸是其他脂类，如磷脂的结构组成部分。下面将依次介绍饱和脂肪酸从头合成过程、脂肪酸合成延长和去饱和、三酰甘油和甘油磷脂的合成。

一、饱和脂肪酸的生物合成

生物体内的脂肪酸多种多样，但在以乙酰-CoA 为原料合成脂肪酸时，都是首先合成 16 碳的饱和脂肪酸，这个过程发生在细胞质中，被称为脂肪酸的从头合成（*de novo*）途径。哺乳动物脂肪酸合成的原料乙酰-CoA 大多产生于线粒体，它不能直接穿过线粒体内膜，需要经过柠檬酸-丙酮酸穿梭进入细胞质。

(一)乙酰-CoA 通过柠檬酸-丙酮酸穿梭进入细胞质

在 ATP 供能情况下，线粒体中的乙酰-CoA 和草酰乙酸经柠檬酸合酶催化缩合产生柠檬酸，后者经线粒体内膜上的相应转运体协助进入细胞质，然后由柠檬酸裂合酶催化生成乙酰-CoA；同时，由于缺乏草酰乙酸的转运体，柠檬酸裂解生成的草酰乙酸不能直接返回线粒体，需经苹果酸脱氢酶催化还原为苹果酸，再由苹果酸酶催化其氧化脱羧生成丙酮酸，之后返回线粒体；在线粒体中，丙酮酸在羧化酶作用下转化为草酰乙酸，至此完成一次穿梭（图 12-10）。

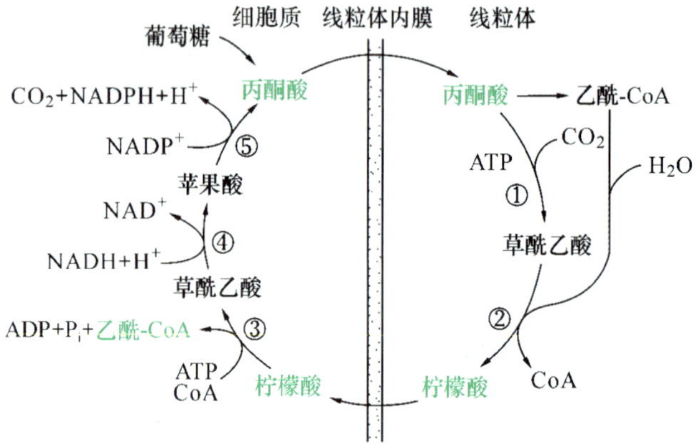

①丙酮酸羧化酶；②柠檬酸合酶；③柠檬酸裂合酶；④苹果酸脱氢酶；⑤苹果酸酶

图 12-10　柠檬酸-丙酮酸穿梭

值得强调的是，柠檬酸-丙酮酸穿梭每循环一次，需要消耗 2 分子 ATP；1 分子 NADH 转变为 1 分子 NADPH，NADPH 是脂肪酸合成的还原力，它和乙酰-CoA 是脂肪酸合成所必需的。

(二)丙二酸单酰-CoA 的生成

乙酰-CoA 是脂肪酸合成的初始原料。在脂肪酸链合成时提供二碳单位的是丙二酸单酰-CoA。乙酰-CoA 羧化酶（acetyl-CoA carboxylase）催化乙酰-CoA 羧化生成丙二酸单酰-CoA（图 12-11）。该反应与 ATP 水解相偶联，不可逆。

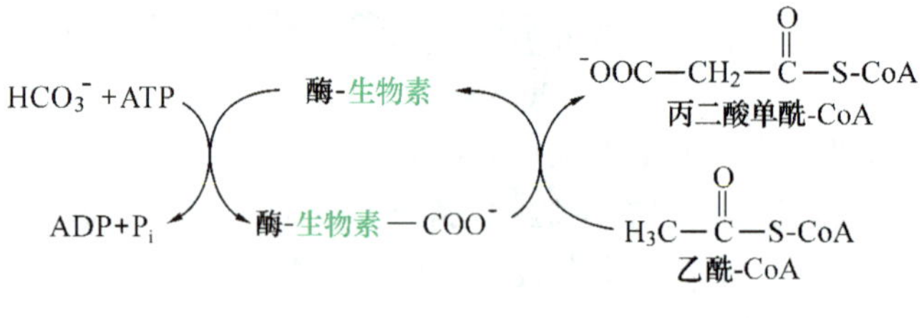

图 12-11　乙酰-CoA 羧化为丙二酸单酰-CoA

乙酰-CoA 羧化酶是脂肪酸合成的限速酶，含有生物素辅基。大肠杆菌的乙酰-CoA 羧化酶有 3 个亚基：生物素羧基载体蛋白（biotin carboxyl-carrier protein，BCCP）、生物素羧化酶和转羧基酶，其中 BCCP 上连接有生物素。哺乳动物乙酰-CoA 羧化酶是单肽链，生物素羧化酶、转羧基酶以及生物素羧基载体分别位于三个不同的结构域。

哺乳动物乙酰-CoA 羧化酶受到多重调节：①激素调节。胰高血糖素、肾上腺素通过激活相关蛋白激酶，使乙酰-CoA 羧化酶发生磷酸化而失活，因而抑制脂肪酸合成；胰岛素则通过增强蛋白磷酸酶 2A 活性致使酶去磷酸化，从而促进乙酰-CoA 羧化酶脱磷酸化被激活，从而加速脂肪酸合成。②别构调节。乙酰-CoA 羧化酶为别构酶，柠檬酸作为别构激活剂促使该酶的无活性单体聚合成有活性的多聚体，而脂肪酸合成产物——棕榈酰-CoA 为其别构抑制剂，它能促使有活性的多聚体酶解聚，抑制酶的活性。

(三)脂肪酸合酶

脂肪酸的合成由脂肪酸合酶(fatty acid synthase)催化完成。脊椎动物、酵母、植物和微生物脂肪酸合酶相差较大。此处以哺乳动物细胞脂肪酸合酶为例进行介绍。

哺乳动物细胞脂肪酸合酶单体含有大约 2 500 个氨基酸残基，有 6 个酶活性和 1 个酰基载体，7 个功能分布在一条肽链的不同区域(图 12-12)，它们的功能如表 12-1 所示。

图 12-12　哺乳动物细胞脂肪酸合酶的 7 个蛋白功能分布

表 12-1　哺乳动物细胞脂肪酸合酶的 7 个蛋白的功能

名称	缩写	英文	功能
β-酮脂酰-ACP 合酶	KS	β-ketoacyl-ACP synthase	催化脂酰-ACP 上脂酰基转移到 KS 的巯基上，催化脂肪酸合成的缩合反应
丙二酸单酰-CoA/乙酰-CoA：ACP 转移酶	MAT	malonyl/acetyl-CoA ACP transferase	催化乙酰-CoA/丙二酸-单酰-CoA 上脂酰基转移到 ACP 巯基上
β-羟脂酰-ACP 脱水酶	DH	β-hydroxyacyl-ACP dehydratase	催化 β-羟脂酰-ACP 的脱水反应
烯脂酰-ACP 还原酶	ER	enoyl-ACP reductase	催化 β-烯脂酰-ACP 的还原反应
β-酮脂酰-ACP 还原酶	KR	β-ketoacyl-ACP reductase	催化 β-酮脂酰-ACP 的还原反应
酰基载体蛋白	ACP	acyl-carrier protein	脂肪酸合成过程中的脂酰基载体
棕榈酰硫酯酶	TE	palmitoyl thioesterase	将棕榈酰基从脂酰 ACP 上切下来

在脂肪酸合酶中除 ACP 上有一活性巯基外，β-酮脂酰-ACP 合酶上也有一活性巯基，由多肽链的 Cys 提供，是脂肪酸合成过程中脂酰基的另一个载体，与 ACP 上的巯基配合用于脂肪酸链合成过程中脂酰基的运载。哺乳动物细胞脂肪酸合酶通常以二聚体的形式在体内发挥合成脂肪酸的功能(图 12-13)。

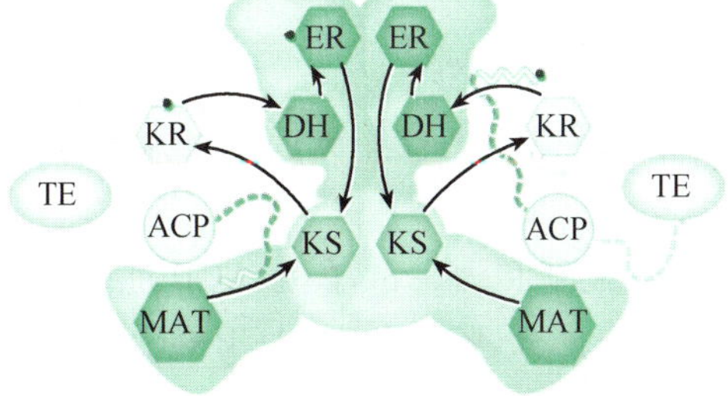

图 12-13　哺乳动物细胞脂肪酸二聚体

细菌细胞脂肪酸合酶是由 6 个酶和酰基载体蛋白 ACP 组成的多酶复合体。其中的 6 种酶分别是乙酰-CoA：ACP 酰基转移酶、丙二酸单酰-CoA：ACP 转移酶、β-酮脂酰-ACP 合酶、β-酮脂酰-ACP 还原酶、β-羟脂酰-ACP 脱水酶和烯脂酰-ACP 还原酶。与哺乳动物脂肪酸合酶不同，细菌脂肪酸合酶复合体没有硫酯酶的活性，在完成脂肪酸合成后，需要专门的酶将脂肪酸链从脂肪酸合酶复合体的 ACP 上切下来。

(四)脂肪酸合成反应

脂肪酸的合成包括起始、“缩合—还原—脱水—还原”循环、释放等多步反应。棕榈酸的生物合成过程如图 12-14 所示。

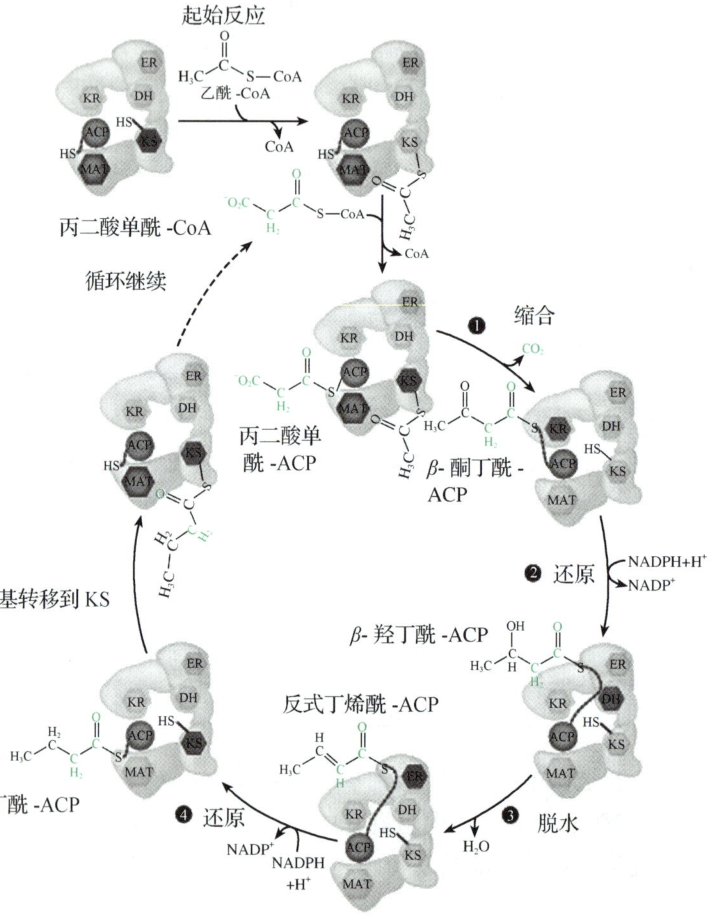

图 12-14 棕榈酸的合成

起始反应分两步：首先，MAT 催化乙酰-CoA 的乙酰基转移到 ACP 巯基上，随后在 KS 催化下乙酰基转移到 KS 巯基上；其次，MAT 催化丙二酸单酰-CoA 的脂酰基转移到 ACP 巯基上生成丙二酸单酰-ACP。

接下来，①在 KS 作用下，乙酰基和丙二酸单酰-ACP 进行缩合，形成乙酰乙酰-ACP，同时释放出 1 分子 CO_2；②在 KR 催化下，乙酰乙酰-ACP 在 β 位发生还原反应，生成 D-β-羟丁酰-ACP，由 NADPH 提供还原力；③D-β-羟丁酰-ACP 在 DH 催化下脱水形成 α,β-反式丁烯酰-ACP；④由 NADPH 提供还原力，在 ER 催化下，α,β-反式丁烯酰-ACP 被还原生成丁酰-ACP。

含 4 个碳原子的丁酰-ACP 是脂肪酸合成的第一轮产物。接下来，丁酰-ACP 被转移到 KS 的巯基上，一个新的丙二酸单酰-CoA 结合到 ACP 上，经过“缩合—还原—脱水—还原”反应，再延伸 2 个碳原子。这样经过 7 次循环，便生成了棕榈酰-ACP。

哺乳动物细胞脂肪酸合酶还具有棕榈酰-ACP 硫酯酶 TE 的活性，它催化棕榈酰-ACP 的水解，释放棕榈酸。

棕榈酸的从头合成途径总反应式如下：

$$\text{乙酰-CoA}+7\text{丙二酸单酰-CoA}+14NADPH+14H^{+}\longrightarrow \text{棕榈酸}+7CO_2+14NADP^{+}+8HS\text{-}CoA+6H_2O$$

考虑到每个丙二酸单酰-CoA 形成时需要 1 分子 ATP 和 1 分子 CO_2，上式可改写为：

$$8\text{乙酰-CoA}+14NADPH+14H^{+}+7ATP\longrightarrow \text{棕榈酸}+14NADP^{+}+8CoA+6H_2O+7ADP+7P_i$$

可以看出，从乙酰-CoA 合成脂肪酸除了需要 ATP 外，还需要 NADPH。每生成 1 分子棕榈酸需要 14 分子 NADPH。脂肪酸合成所需的 NADPH，一部分来自柠檬酸-丙酮酸穿梭，另一部分来自磷酸戊糖途径。可见，糖代谢既能为脂肪酸合成提供乙酰-CoA 原料，又能提供还原力。

与动物细胞不同，植物细胞脂肪酸的合成发生在质体中。

二、脂肪酸的延长与脱饱和

脂肪酸的从头合成在细胞质中进行，主要产物是棕榈酸（16:0），更长的脂肪酸合成是在棕榈酸的基础上通过延长碳链实现的。动物的脂肪酸延长合成发生在线粒体和内质网中，而且内质网中脂肪酸延长合成更为活跃，与棕榈酸的从头合成相似，提供二碳单位的供体都是丙二酸单酰-CoA，都经历缩合—还原—脱水—还原的过程，但是延长合成的酰基载体是 CoA，不是 ACP。

原核生物在脂肪酸从头合成途径中可以利用专一存在的脱水酶直接生产单不饱和脂肪酸，而真核生物只能在饱和脂肪酸合成后脱饱和。最常见的动物体内的饱和脂肪酸是棕榈酸（16:0）和硬脂酸（18:0），分别是棕榈油酸（16:1Δ^{9}）和油酸（18:1Δ^{9}）的前体。催化双键形成的酶是脂酰-CoA 脱饱和酶（desaturase），该酶为多功能氧化酶，反应需要 O_2 参与，NADPH 作为氢和电子供体。

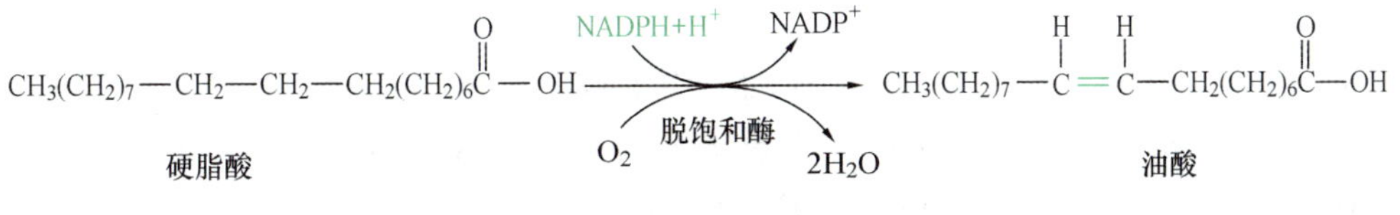

在合成不饱和脂肪酸时，只有植物和无脊椎动物能形成 Δ^{9} 以外的双键。哺乳动物含有 Δ^{5}、Δ^{6}、Δ^{9} 等脱饱和酶，可以通过脱饱和、碳链延长反应合成油酸，但不能在 C_{10} 以后引入双键，故无法合成亚油酸（18:2$\Delta^{9,12}$）和 α-亚麻酸（18:3$\Delta^{9,12,15}$），必须从食物中获得。哺乳动物利用外源亚油酸合成花生四烯酸（20:3$\Delta^{5,8,11,14}$）等高度不饱和脂肪酸。花生四烯酸是合成前列腺素等重要物质的前体，在体内占有重要位置。多不饱和脂肪酸具有重要的生理功能，严重缺乏会导致生长停滞、生殖衰退甚至死亡。植物内质网和叶绿体中含有向 Δ^{12}、Δ^{15} 引入双键的脱饱和酶，能完成多不饱和脂肪酸的合成。大量多不饱和脂肪酸的存在有利于植物在低温下维持生物膜的流动性。

知识拓展框

能解热镇痛的阿司匹林

花生四烯酸，一种二十碳的多不饱和脂肪酸，是前列腺素（prostaglandin）、血栓烷（thromboxane，TX）及白三烯（leukotriene）的前体物质。前列腺素、血栓烷及白三烯也称为类花生酸。它们在体内可引起广泛的生理反应（炎性反应）和病理反应（过敏反应）。类花生酸虽然与激素有类似作用，但是因为它们产生量很少，在几乎所有组织中都能产生，并不是在特定的腺体产生的，因此类花生酸并不是真正的激素。

花生四烯酸在 PGH 合酶（PGH synthase）催化下依次转变为 PGG_2 和 PGH_2，PGH_2 在体内其他酶的催化下转变成不同类型的前列腺素和血栓烷。PGH 合酶是双功能酶，一种是环氧合酶（cyclooxygenase，COX）活性；另一种是过氧化物酶（peroxidase）活性。COX 有 COX-1 和 COX-2 两种同工酶形式。COX-1 在很多组织中都能合成，是胃黏液分泌、肾的稳态和血小板聚集所必需的。COX-2 是可诱导的，COX-2 参与前列腺素的合成，介导炎症的疼痛、发热和红肿及感染的发热。

前列腺素合成过程可被一些化合物所抑制。阿司匹林（aspirin）可同时抑制 COX-1 和 COX-2，因而阻断前列腺素 PGH_2 的合成，起到解热镇痛的作用。但因为阿司匹林也抑制了 COX-1 的活性，而 COX-1 在胃黏液的合成中有作用，因此长期或过量服用阿司匹林可造成胃黏膜的损伤。开发针对 COX-2 的特异性抑制剂将有助于解决这一问题，但目前也有一些临床试验发现，特异性 COX-2 抑制剂可能具有增加患者心血管事件的危险性。

血栓烷 A2（TXA_2）在激活的血小板中由 COX-1 催化产生。TXA_2 促进血栓的形成。因为阿司匹林可抑制 COX-1 的活性，从而可降低体内 TXA_2 的含量，这就是通过低剂量阿司匹林减少血栓形成而降低中风和心脏病发作风险的治疗基础。2018 年，牛津大学研究者进行了一项阿司匹林一级预防的临床试验，包含 117 279 名志愿者。研究表明，阿司匹林对心血管疾病的预防效果与体重有关。每天摄入 75～100 mg 的阿司匹林对体重为 50～69 kg 的人来说有很好地降低心血管疾病的风险，但对于体重为 50 kg 以下、70 kg 以上的人几乎没有明显的效果，而且他们发病或死亡风险还有不同程度的增加。

[1] Rothwell P M，Cook N R，Gaziano J M. Effects of aspirin on risks of vascular events and cancer according to body weight and dose：Analysis of individual patient data from randomised trials. Lancet，2018，392：387-399.
[2] Nelson D L，Cox M M. Lehninger Principles of Biochemistry. 8th ed. New York：W. H. Freeman and Company，2021.

三、三酰甘油和甘油磷脂的合成

细胞中的大多数脂肪酸以酯形式存在。这里简单介绍三酰甘油和两种常见甘油磷脂的合成。

磷脂酸（phosphatidate）是合成三酰甘油和甘油磷脂的中间体。通过将脂酰-CoA 的酰基转移到甘油-3-磷酸的 C_1 和 C_2 位置形成磷脂酸。

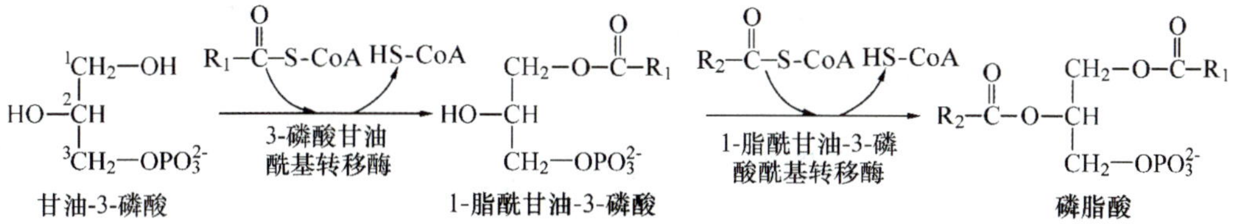

催化脂酰基转移的酶为酰基转移酶(acyl transferase)。酰基转移酶有两类:第一类为甘油-3-磷酸酰基转移酶,其作用是转移饱和脂酰链,催化甘油-3-磷酸上 C_1 位发生酯化生成 1-脂酰甘油-3-磷酸;第二类是以 1-脂酰甘油-3-磷酸为底物的酰基转移酶,倾向于将不饱和脂酰链转移到 C_2。

在合成三酰甘油和中性甘油磷脂时,首先在磷脂酸磷酸酶作用下,水解脱去磷酸生成 1,2-二酰甘油。然后与胞苷三磷酸(CTP)的衍生物(CDP-胆碱、CDP-乙醇胺)分别形成磷脂酰胆碱和磷脂酰乙醇胺。磷脂酰乙醇胺还可以经甲基化形成磷脂酰胆碱。如果在 1,2-二酰甘油的 C_3 上转移 1 个脂酰基,即为三酰甘油(图 12-15)。

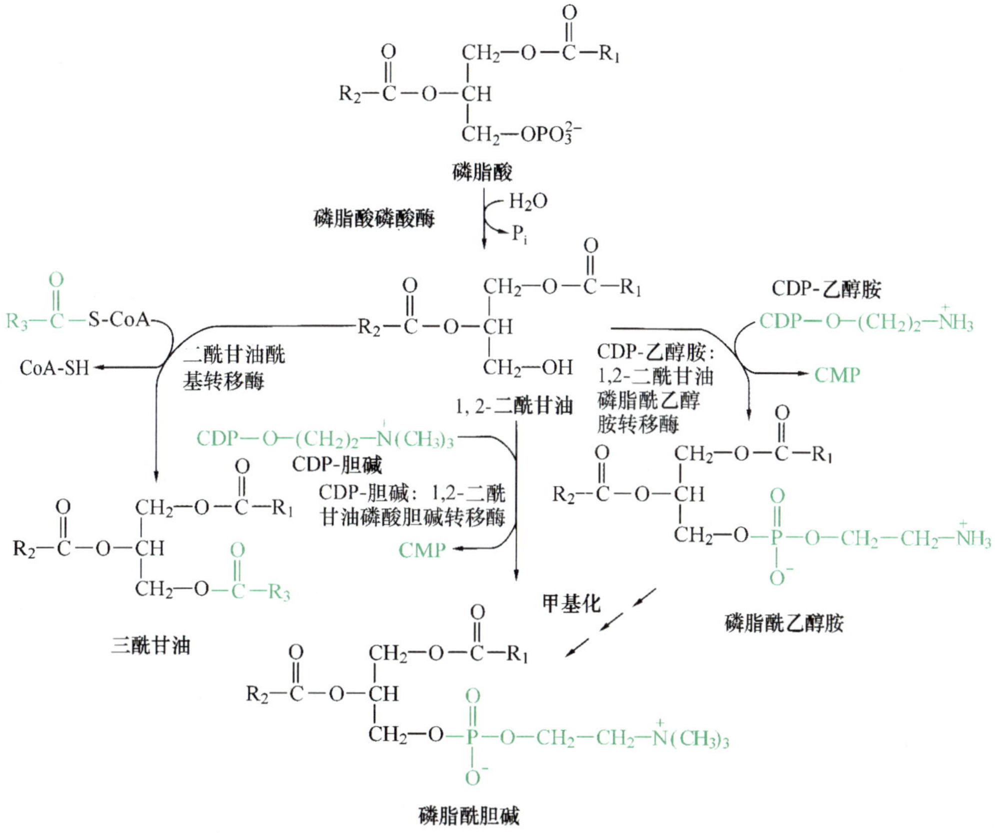

图 12-15　三酰甘油和磷脂的合成

乙醇胺和胆碱可直接来自食物,乙醇胺也可由丝氨酸脱羧生成;乙醇胺接受 S-腺苷甲硫氨酸提供的 3 个甲基生成胆碱。乙醇胺和胆碱经 ATP 活化后,利用胞苷三磷酸(CTP)在 CTP:磷酸乙醇胺胞苷转移酶和 CTP:磷酸胆碱胞苷转移酶作用下,分别形成 CDP-乙醇胺和 CDP-胆碱后释放出 CMP,便生成磷脂酰乙醇胺和磷脂酰胆碱。磷脂酰胆碱是肺泡表面活性物质中主要的脂质成分。肺泡表面活性物质能降低液层的表面张力,降低肺泡再膨胀的压力,因而起到阻止肺泡塌陷的作用。早产儿出现的呼吸窘迫综合征与表面活性物质的合成或分泌不足有关，是新生儿死亡的重要原因。

第四节　胆固醇代谢

胆固醇是生物膜的重要组分，在哺乳动物中还是胆汁酸和类固醇激素的前体。胆固醇含有 27 个碳原子，所有碳原子来自乙酰-CoA。胆固醇的代谢和转化途径简述如下：

一、胆固醇的生物合成

动物体内的胆固醇既可来自食物，也可由体内组织合成。几乎所有组织都能合成胆固醇，但以肝脏为主。肝脏细胞的内质网是合成胆固醇的主要场所。合成原料是乙酰-CoA，需要 ATP 供能，NADPH 供氢。胆固醇的合成过程比较繁杂，分为 4 个阶段：

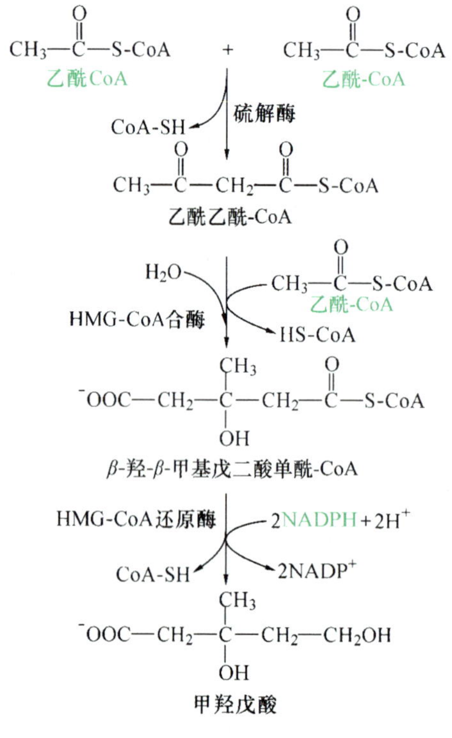

图 12-16　甲羟戊酸的合成

(一)甲羟戊酸的合成

2 分子乙酰-CoA 在乙酰-CoA 乙酰转移酶作用下，缩合生成乙酰乙酰-CoA，然后在 *β*-羟-*β*-甲基戊二酸单酰-CoA 合酶（HMG-CoA 合酶）催化下，再与另 1 分子乙酰-CoA 缩合生成 *β*-羟-*β*-甲基戊二酸单酰-CoA（HMG-CoA）；后者在还原酶催化下，由 NADPH 供氢，生成甲羟戊酸（图 12-16）。甲羟戊酸是胆固醇生物合成的关键中间体。

(二)异戊烯焦磷酸和二甲烯丙基焦磷酸的合成

在甲羟戊酸-5-磷酸转移酶和磷酸甲羟戊酸激酶的作用下，ATP 参与，甲羟戊酸转化为焦磷酸甲羟戊酸，后者在脱羧酶的催化下生成异戊烯焦磷酸，随即在异构酶作用下，异戊烯焦磷酸异构化为二甲烯丙基焦磷酸（图 12-17）。

(三)鲨烯的合成

如果将活化的异戊二烯单位连有焦磷酸的一侧看作“首”，另一侧为“尾”，那么，接下来的反应就是 1 分子异戊烯焦磷酸和 1 分子二甲烯丙基焦磷酸进行首尾缩合，生成牻牛儿焦磷酸；牻牛儿焦磷酸和另 1 分子异戊烯焦磷酸首尾相接，缩合生成 15 个碳原子的法尼焦磷酸。最后 2 分子法尼焦磷酸以头对头相接，缩合产生 30 碳的鲨烯（squalene），并释放出 2 分子焦磷酸（图 12-18），此过程中需要 NADPH。

(四)形成胆固醇

在动物体内，鲨烯经单加氧酶、环化酶催化两步反应环合为羊毛固醇（C_{27}），类固醇 4 个环的骨架就此搭建完成，羊毛固醇再经过多步反应最终合成 27 个碳原子的胆固醇。反应需要 ATP 供能，需要 NADPH 供氢，另外还需要分子氧。

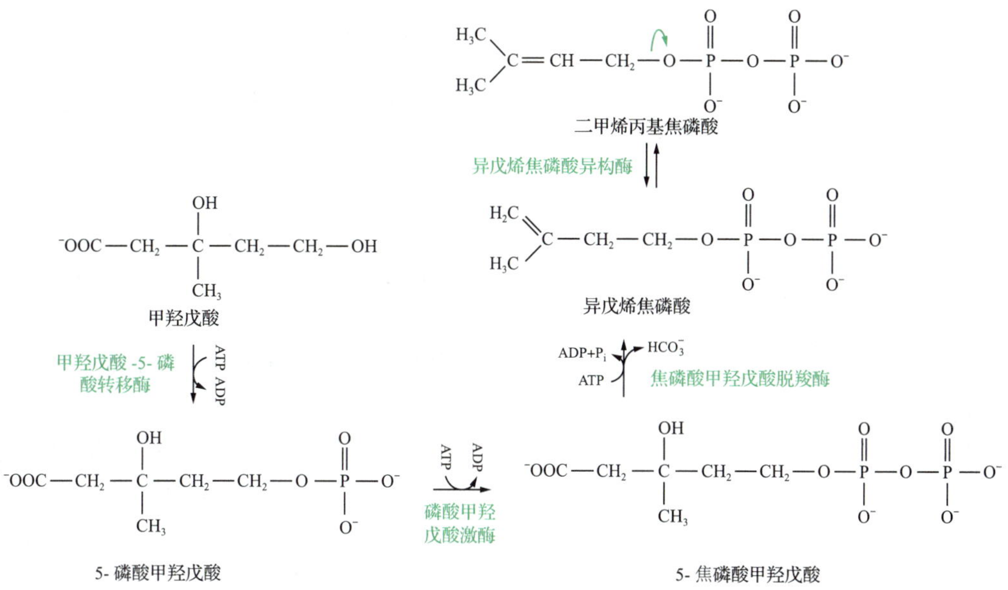

图 12-17 异戊烯焦磷酸和二甲丙烯焦磷酸的合成

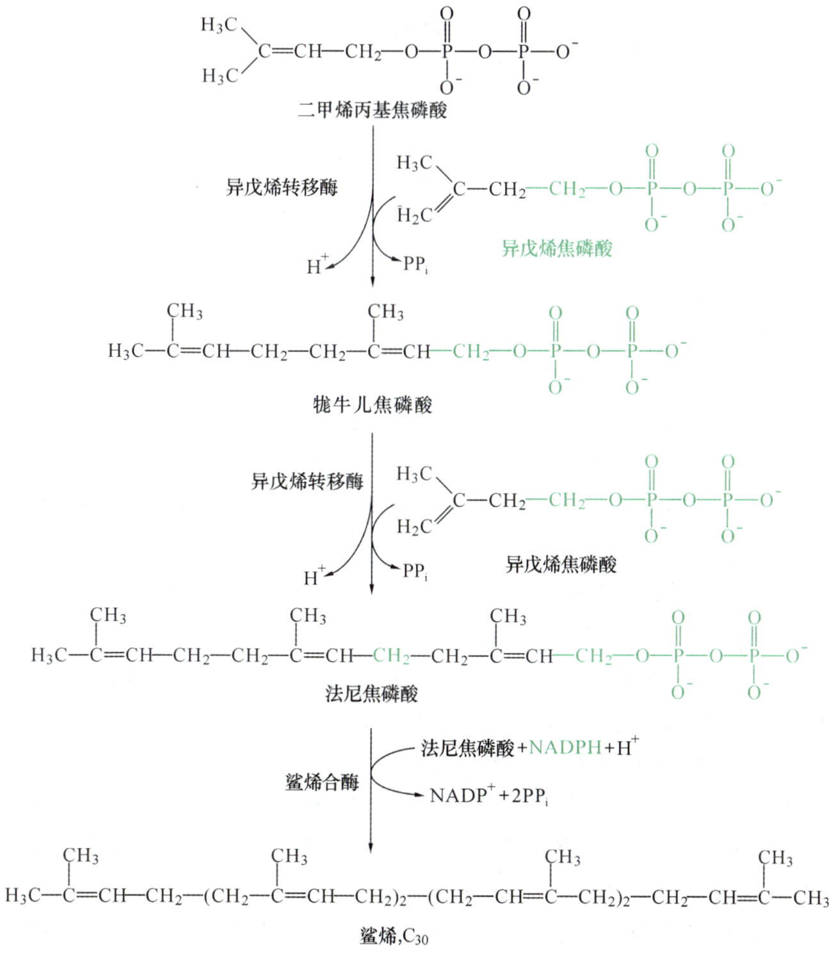

图 12-18 6 个活化异戊二烯单位缩合生成鲨烯

二、胆固醇合成的调节

胆固醇合成是一个十分耗能的过程，它的合成受到多种因素的调节。调节作用分为短期调节和长期调节等方式。

(一)短期调节

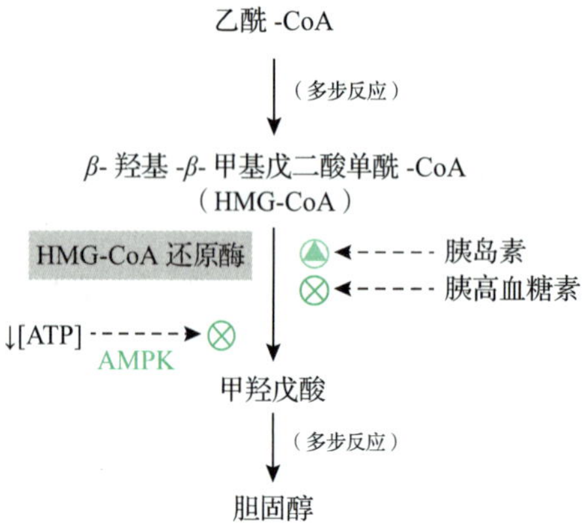

图 12-19　HMG-CoA 还原酶的调节

胆固醇合成的短期调节是指胆固醇合成关键酶 HMG-CoA 还原酶活性在数分钟内受到可逆的共价修饰调节(图 12-19)。

HMG-CoA 还原酶活性受到磷酸化和脱磷酸化的调节。磷酸化的 HMG-CoA 还原酶活性低，脱磷酸化酶活性高。当细胞中 ATP 浓度下降时，AMP 浓度上升，AMP 依赖的蛋白激酶(AMP dependent protein kinase，AMPK)能够感受细胞中 AMP 信号，磷酸化 HMG-CoA 还原酶，从而抑制其活性。胰高血糖素通过促进蛋白激酶活性，促进 HMG-CoA 还原酶磷酸化，抑制其活性。胰岛素通过蛋白磷酸酶，促进 HMG-CoA 还原酶脱磷酸化，增强其活性。

(二)长期调节

胆固醇合成的长期调节是指细胞通过基因表达调节 HMG-CoA 还原酶的合成以应答细胞中对胆固醇的需求。细胞具有精致的 HMG-CoA 还原酶基因转录的调节系统。固醇调节元件结合蛋白(sterol regulatory element binding proteins，SREBP)、SREBP 切割激活蛋白(SREBP cleavage-activating protein，SCAP)以及胰岛素诱导基因蛋白(insulin-induced gene protein，INSIG)参与了胆固醇合成的长期调节。

细胞合成的 SREBP 蛋白前体位于内质网膜上，其 N 末端具有 DNA 结合结构域，可以与固醇调节元件(sterol regulatory element，SRE)结合，调控基因表达；C 末端具有调节结构域，能够与 SCAP 结合。SCAP 通过与 SREBP 的 C 末端结构域互作，可以将 SREBP 从内质网转移到高尔基体膜上。INSIG 和 SCAP 均具有结合固醇的区域，是细胞中固醇的感受器，INSIG 能够与 SCAP 互作，抑制 SCAP 的功能。具体调节过程如图 12-20 所示。

当细胞内胆固醇水平高的时候，①INSIG 与 SCAP 互作，将 SREBP 前体滞留在内质网膜上；当细胞内胆固醇水平低的时候，②INSIG 与 SCAP-SREBP 复合物解离，③SCAP-SREBP 复合物转移至高尔基体膜上；此时，④高尔基体中的 S1P 蛋白酶可以切割高尔基体膜上的 SREBP 蛋白 C 末端；⑤S2P 蛋白酶切割 SREBP 蛋白 N 末端，释放有活性 SREBP，后者进入细胞核，与包括 HMG-CoA 还原酶在内的一些基因的 SRE 序列结合，促进基因转录。

HMG-CoA 还原酶还受到蛋白酶降解的调节。INSIG 可以感受细胞中高水平的胆固醇代谢产物氧化胆固醇(oxystrol)，诱导泛素蛋白降解途径降解 HMG-CoA 还原酶。关于泛素化蛋白降解系统，将在氨基酸代谢一章中涉及。

此外，细胞中高水平的胆固醇还可激活脂酰 CoA-胆固醇脂酰转移酶(acyl-CoA-cholesterol acyl traferase，ACAT)，该酶催化脂酰-CoA 与胆固醇形成胆固醇酯，将胆固醇储存起来；同

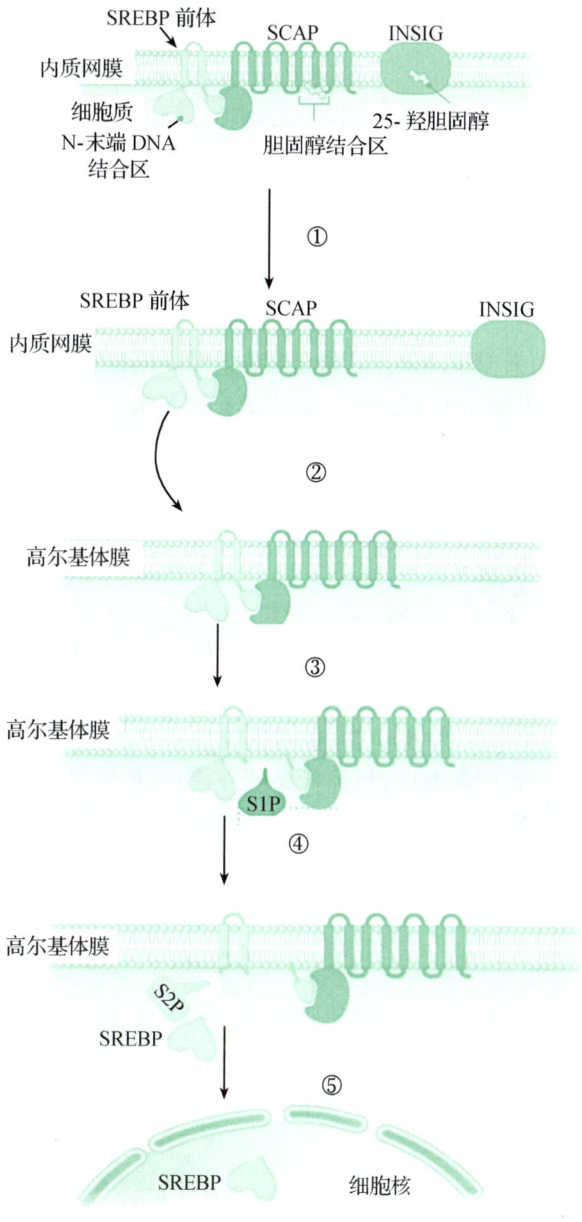

图 12-20 INSIG、SCAP 和 SREBP 等蛋白参与 HMG-CoA 基因转录

时，细胞中高水平的胆固醇还可以通过降低 SREBP 参与的转录调节，减少 LDL 受体，导致细胞从胞外吸收胆固醇受阻。

细胞胆固醇水平的调节非常复杂，有关细胞胆固醇水平的调节机制还在不断地深入研究中。

三、胆固醇的转化

与一般脂质不同，胆固醇不能被彻底氧化降解为 CO_2 和 H_2O。虽然胆固醇的环戊烷多氢菲核在体内不能裂解，但侧链经过多步反应（如氧化、还原等）可转化成许多具有特殊生物活性物质，如胆汁酸、维生素以及类固醇激素等。

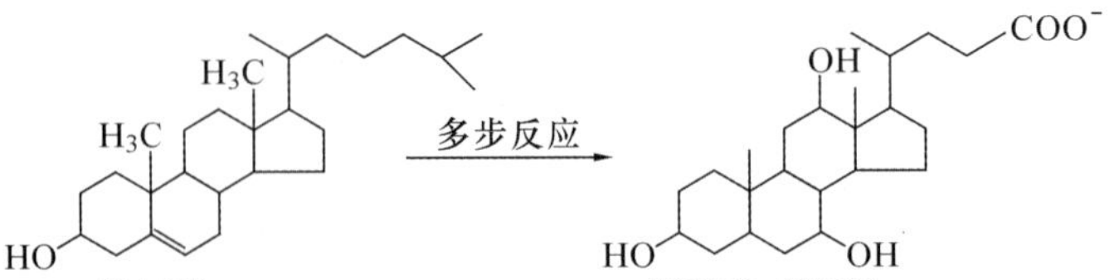

胆固醇　　　　胆汁酸（胆酸）

机体合成的胆固醇近一半经羟化酶等催化生成胆汁酸。正常情况下胆汁酸(盐)(详见第九章)从胆囊排入小肠,作为乳化剂促进脂质消化吸收。完成任务后,95% 以上的胆汁酸被肠壁细胞吸收,返回肝脏重新被利用。剩余的胆汁酸在细菌作用下,其 C_5、C_6 间的双键被还原为单键,生成粪固醇(coprosterol),随粪便排出体外。进食富含纤维素的食物,有利于促进粪固醇的排出。

胆固醇是维生素 D_3(胆钙化醇)的前体。胆固醇在脱氢酶作用下先生成 7-脱氢胆固醇,经紫外线照射皮肤后进一步转变为维生素 D_3(详见第五章)。维生素 D_3 经其转运蛋白介导进入肝脏,在一种多功能氧化酶作用下发生羟基化,生成具有弱活性的 25-羟维生素 D_3,后者随血液进入肾脏转化为高活性的 1,25-二羟维生素 D_3。1,25-二羟维生素 D_3 最后转送到其他组织,调节钙、磷代谢,作用类似激素。

此外,胆固醇还可以转变为类固醇激素。例如,在肾上腺皮质细胞中,胆固醇可通过中间产物——孕酮(progesterone,又称黄体酮或妊娠酮)经修饰产生不同的类固醇激素。由孕酮可以合成雄烯二酮(androstenedione)再转变为睾酮(testosterone)。在卵巢中,睾酮可转变为雌二醇(estradiol)。睾酮、雄烯二酮为雄激素,有刺激雄性器官发育、促进第二性征的功能。睾丸是分泌睾酮的重要器官,切除睾丸后,机体代谢变慢,脂质积累,身体明显变胖。雌二醇和孕酮为雌激素,孕酮有刺激子宫受孕、停止月经、抑制动情等功能。雄激素和雌激素在体内可以相互转变。无论雄性还是雌性,体内均存在雄激素和雌激素,只是比例不同。

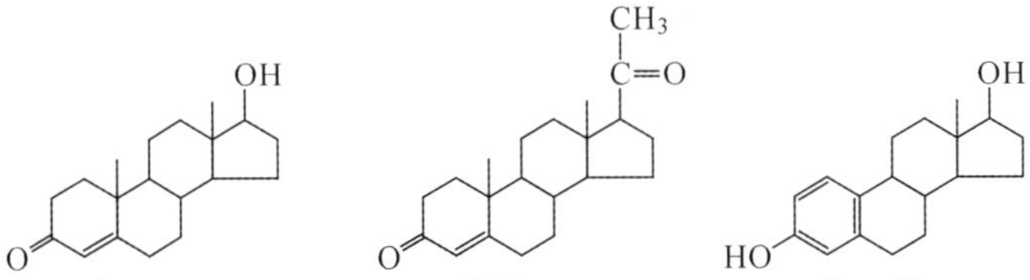

睾酮　　　　孕酮　　　　雌二醇

二维码 12-1
脂肪酸碳源

二维码 12-2
胆固醇与高血脂

第十二章思考题

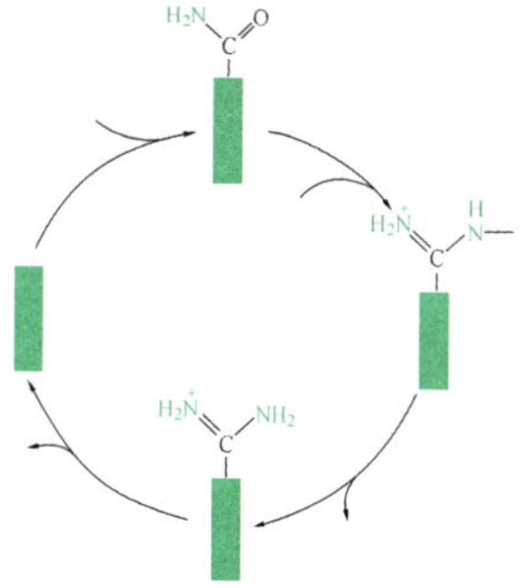

第十三章　氨基酸代谢

生物体含有多种氨基酸，它们有不同用途：①直接用于自体蛋白质合成，以维持组织细胞的代谢、生长、更新和修补；②转变为其他重要含氮物质，如谷胱甘肽、肌酸、NO、血红素辅基、核苷酸及核苷酸类辅酶等；③氧化降解产生能量或转变为糖和脂肪。不同氨基酸的合成和降解要涉及许许多多中间物，而且不同物种还存在差异，因此，很难在一章内对所有氨基酸的代谢进行详尽叙述。本章重点讨论氨基酸的氮代谢以及氨基酸碳骨架的来源和命运。

第一节　蛋白质水解

无论从食物中获得的外源蛋白质，还是生物体自身的蛋白质，它们在降解过程中，都要首先进行水解。蛋白质水解产物是氨基酸。

一、食物蛋白质的摄取与水解

动物机体在日常代谢中时刻都发生着蛋白质变化和蛋白氮的损失。一个体重 70 kg 的人每天约有 100 g 蛋白质被氧化降解或转变为葡萄糖。氧化降解的蛋白质需要由食物补充，以维持机体氮平衡(nitrogen balance)。氮平衡即动物在一定时间内摄入蛋白质的含氮量与同期内排泄物(主要为粪和尿，有的动物还包括乳或蛋)中含氮量之间的关系。正常成年动物在保证合理饮食的情况下，摄入氮量等于丢失氮量时，机体总氮量处于平衡。幼龄动物、妊娠动物及病后康复期的动物需要摄入更多蛋白质用于生长和修复，此时氮代谢处于正平衡。长期饥饿、营养不良或患消耗性疾病的动物，氮入不敷出，氮代谢处于负平衡，会出现肌肉减少、机体消瘦等症状。

对于成年健康动物来说，在糖和脂肪充分供应的条件下，为维持氮总平衡所必须摄入的蛋白质最低量，称为蛋白质的最低需要量。最低需要量与摄入蛋白质的种类有关，因为不同蛋白质的氨基酸组成不同，必需氨基酸含量不同。因此，提高食物蛋白质的多样性有利于身体健康。

蛋白质未经消化不易吸收。虽然少量蛋白质可以通过胞吞作用、特异性受体通道等特殊途径进入机体，但在一些情况下，被直接吸收的蛋白质容易导致过敏或其他免疫反应，严重时可引起休克。因此，为了利用食物蛋白质，动物需要经过消化将大分子蛋白质变为小分子肽和氨基酸。

对于哺乳动物来讲，食物会刺激富含盐酸的胃液和胃蛋白酶原分泌。胃蛋白酶原经盐酸激活与自身催化作用，在 N 端去掉一个长 42 个氨基酸残基的肽段，转变为活性胃蛋白酶，选择性催化肽键水解，使蛋白质变成氨基酸和多肽进入小肠；食糜中氨基酸作用于胃肠道感受器，通过神经和体液的调节，刺激胰腺分泌出胰蛋白酶原、糜蛋白酶原、羧肽酶、氨肽酶等。酶原激活以及各类蛋白酶专一性水解肽键(详见第五章)协同作用将多肽水解为游离氨基酸。氨基酸被肠黏膜细胞吸收,通过血液进入肝脏及其他组织。

二、细胞内蛋白质的水解

活细胞中的蛋白质具有一定寿命,半寿期从几分钟到几周乃至几个月不等。一般处于重要代谢调控点上的蛋白质寿命更短些。就同一种蛋白质而言,它在不同细胞中的寿命也是不一样的,如红细胞中的血红蛋白可生存 120 d,而网织红细胞中的血红蛋白半寿期仅有 10 min 左右。任何情况下,细胞总是不断从氨基酸合成蛋白质,又不断将蛋白质水解为氨基酸。这看起来是一种浪费,但实际上是有重要意义的。一方面可以清除异常蛋白,如突变蛋白、错误折叠蛋白等,因为它们的积累对细胞有害;另一方面可以降解那些过多的酶和调节蛋白。机体在不同发育时期所需要的蛋白质是不同的,只有及时、选择性地清除已经完成功能的蛋白质,才能使细胞代谢顺利进行。蛋白质在特定代谢部位不断进行的选择性更新称为蛋白质周转(protein turnover)。在真核生物细胞中,大多数蛋白质可通过不依赖于 ATP 的溶酶体系统和依赖于 ATP 的泛素途径进行降解。

(一)溶酶体系统

在真核细胞中,蛋白质可以在溶酶体系统(lysosome system) 中被水解为氨基酸。溶酶体是一类膜性细胞器,内环境为酸性(pH 5.0 左右),含有 50 多种蛋白酶。与细胞质中的蛋白质酶相比,溶酶体中的蛋白酶在酸性条件下活性较高,这样可防止溶酶体一旦破裂而导致蛋白酶泄漏到细胞质中水解蛋白质。溶酶体通过吞噬将细胞质蛋白裹入,然后进行水解。在正常生理条件下,溶酶体对蛋白质的水解都是非选择性的,只有在特殊情况下,如细胞长期处于饥饿等非正常状态时,溶酶体的专一活性才被激活。比如,借助一类热激蛋白,溶酶体特异性选择那些带有五肽(KFERQ) 的蛋白质进行水解。糖尿病患者、肌肉受伤、产后子宫萎缩等可引起溶酶体活性增高,加速局部组织蛋白质水解。蛋白质在溶酶体中的水解是不需要 ATP 提供能量的。

(二)泛素途径

在厌氧条件下,细胞质中蛋白质降解受到明显抑制,显示蛋白质降解与能量代谢有关,这导致蛋白质降解新途径——泛素途径(ubiquitin pathway)被发现。

泛素途径是调控细胞内蛋白质降解的重要环节之一。该途径要求被降解的目标蛋白质必须首先进行泛素化标记,换句话说,只有连接着多聚泛素的蛋白质才能被降解,因此,属于选择性蛋白质降解。泛素是一类小分子质量单体蛋白,含有 76 个氨基酸残基,保守性很强,因广泛存在于真核细胞而得名。泛素含有两个重要功能位点:一个是 C 末端的 Gly 残基,通过其 α-羧基与目标蛋白上某个 Lys 残基的 ε-氨基形成异肽键实现对目标蛋白质的泛素化标记;另一个是 48 位的 Lys 残基,它可与另一个泛素的 C 末端 Gly 形成异肽键,从而将泛素连接起来形成泛素多聚体。

1. 目标蛋白质的泛素化标记

泛素对目标蛋白质的靶向标记由 3 种酶催化完成:泛素活化酶(ubiquitin-activating enzyme,E1)、泛素载体蛋白(ubiquitin-carrier protein,E2)和泛素-蛋白连接酶(ubiquitin-protein ligase,E3)(图 13-1)。

反应分为 3 步:

①泛素分子的末端羧基通过硫酯键与 E1 连接,此过程与 ATP 的水解相偶联。大多数生物体只含有一种类型的 E1。

②泛素从 E1 转移到 E2 的一个特异半胱氨酸巯基上。E2 含有一个由大约 150 个氨基酸

残基组成的催化核心，特异半胱氨酸残基位于其中。酵母中含有 11 种 E2，哺乳动物中有 20 种以上 E2。

③E3 将活化后的泛素从 E2 转移到目标蛋白质的赖氨酸残基的 ε-氨基上形成异肽键共价连接。E3 对目标蛋白质的识别具有特异性，在泛素途径中具有重要作用。细胞中存在多种 E3，分别作用于不同种类的蛋白质。

连接好的泛素能够依次接受几个，甚至几十个泛素分子，形成泛素多聚体 。蛋白质至少与 4 个泛素串联的泛素多聚体相连，才能得以有效降解。

2. 泛素化蛋白质在蛋白酶体中降解

泛素化蛋白质水解为肽段需要在蛋白酶体（proteasome）中完成。蛋白酶体是一种存在于细胞质中的多亚基蛋白质复合体，其沉降系数为 26S，因此被称为 26S 蛋白酶体。蛋白酶体专门催化“泛素标记蛋白”的 ATP 依赖性水解，产生平均长度为 7～9 个氨基酸残基的肽段，并释放出泛素（图 13-2）。肽段再被降解为氨基酸。

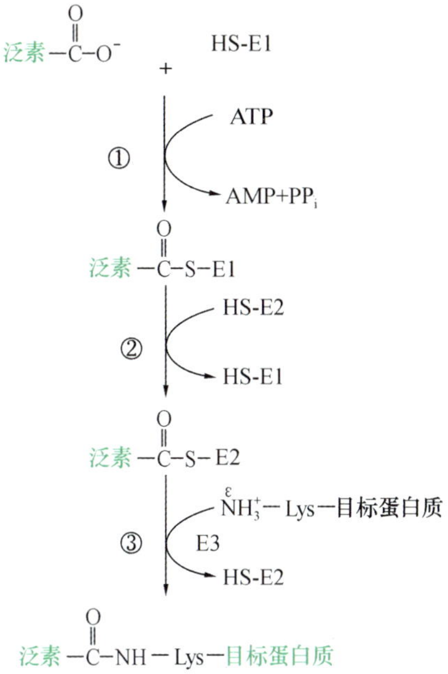

图 13-1　目标蛋白质的泛素标记

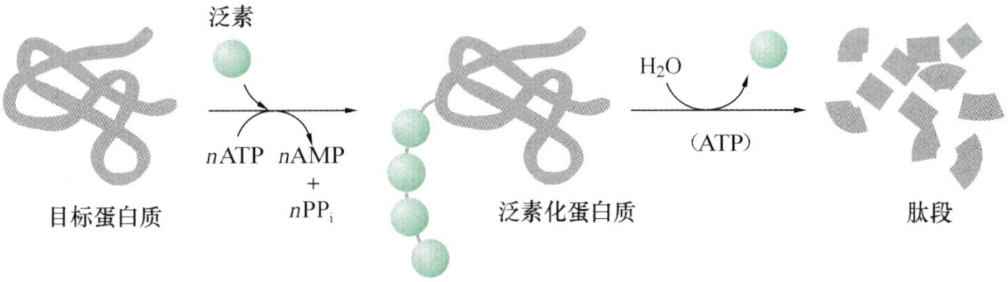

图 13-2　细胞蛋白质的泛素化降解

蛋白酶体由 19S 帽状蛋白体和 20S 筒状蛋白体两部分组成，前者具有调控作用，用于识别目标蛋白质，使蛋白质去折叠，调控泛素化蛋白质进入筒状蛋白体，以及蛋白质水解后肽段的释放；后者含有催化中心，能将伸展开的多肽链降解为小肽段（图 13-3）。蛋白酶体的详细作用机制尚不清楚。泛素途径的特点可归纳为以下 3 点：①泛素途径所降解的目标蛋白质需要“泛素标记”；②泛素化蛋白质被蛋白酶体识别并降解；③泛素途径所进行的是 ATP-依赖性蛋白质酶解。

知识拓展框

靶向蛋白质降解与药物开发

许多疾病的发生与发展都与特定的蛋白质异常相关，针对这些蛋白质开发靶向药物，可以实现对疾病的有效治疗。尽管人体中存在大量的潜在药物靶点蛋白质，但由于蛋白质本身结构、活性和技术等条件的限制，大部分蛋白质无法用于药物的研发，因此，只有极

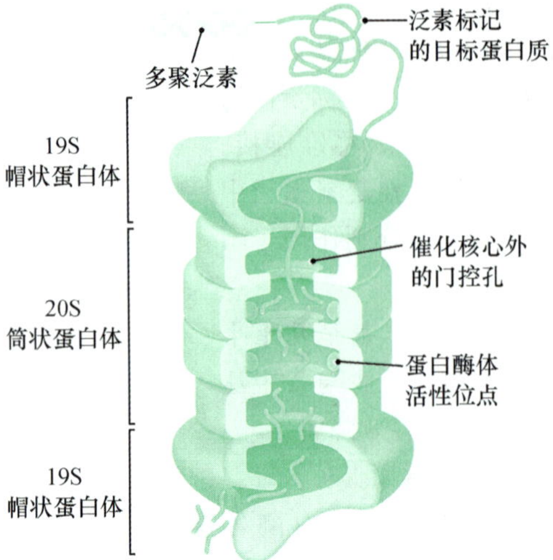

图 13-3　蛋白酶体降解多聚泛素标记的目标蛋白质

少数可在实际中应用。近年来，快速发展起来的靶向蛋白质降解（targeted protein degradation，TPD）技术有望克服这一限制，为突破"难成药"靶点的新药开发提供了新策略，因而获得科学界和医药产业界的高度关注。

TPD 技术是一类利用机体内天然存在的蛋白质清理系统降解靶蛋白，以降低靶蛋白水平的技术，主要利用的是泛素-蛋白酶体途径，因此该技术的关键点是如何使 E3 泛素连接酶与靶蛋白能够准确地识别与结合。2001 年，美国加州大学的 Sakamoto 等首次提出了蛋白降解靶向嵌合体（proteolysis targeting chimera，PROTAC）的概念，PROTAC 是一种异型双功能分子，其一端是结合靶蛋白的配体，另一端是连接 E3 泛素连接酶的配体，中间通过合适的连接子（linker）相连，三者形成稳定的三元复合物，因而能够将 E3 泛素连接酶招募到靶蛋白附近，为靶蛋白"贴上"泛素标签，之后靶蛋白被送入蛋白酶体进行降解，这样，PROTAC 分子就能特异性地促进致病蛋白的降解。PROTAC 分子通常具有较大的分子量，导致其水溶性和细胞渗透性受限，随着非多肽小分子配体的应用，以及分子设计的优化，这些弊端逐渐得到改善。此外，人体中并非所有 E3 泛素连接酶都可与 PROTAC 分子相互作用，目前广泛应用的 E3 泛素连接酶是 CRBN，陆续发现有 VHL、MDM2、cIAP 等 10 余种 E3 泛素连接酶可与 PROTAC 分子连接。

分子胶（molecular glue）是另一种 TPD 技术应用于药物开发的典型模式，其作用机制与 PROTAC 分子有异曲同工之妙，但分子结构不同。分子胶是一种具有双配体结构的分子，能够同时与两个或多个目标蛋白质结合，从而促进它们之间的相互作用，当其中一个目标蛋白质为 E3 泛素连接酶时，分子胶则可引起另一个目标蛋白质发生泛素化修

饰,进而通过蛋白酶体降解。与 PROTAC 分子相比,分子胶的分子量小,结构简单,不需要形成三元复合物即可介导泛素连接酶与靶蛋白之间的相互作用来实现蛋白质降解,因而成药性更好。值得一提的是,PROTAC 分子是通过人工设计所得,而分子胶主要是通过有目的地筛选或者偶然获得。人们所熟知的沙利度胺类免疫调节药物(thalideomide-like immunomodulatory drug,IMiD)是分子胶的一个典型例子,这些药物已上市多年,在后期对其机制的研究中发现,它们能够与 CRBN 直接结合,并导致其结构发生变化,致使 CRBN 能够结合和催化新的靶蛋白发生泛素化降解。例如,IKZF1 和 IKZF3 是多发性骨髓瘤相关的转录因子,沙利度胺及其类似物(如来那度胺、泊马度胺)作为分子胶可将 CRBN 与 IKZF1 和 IKZF3"黏"在一起促进它们的降解,进而抑制多发性骨髓瘤细胞的增殖和 B 细胞分化。目前,沙利度胺已被美国食品药品监督管理局批准用于治疗多发性骨髓瘤。

随着研究的深入,研究人员也开发了基于溶酶体途径的靶向蛋白质降解技术,主要包括溶酶体靶向嵌合体(lysosome-targeting chimaera,LYTAC)、自噬绑定化合物(autophagosome-tethering compound,ATTEC)和自噬靶向嵌合体(AUTAC)技术等,可为细胞外蛋白质和非蛋白质类生物大分子降解提供新手段。

经历 20 多年的飞速发展,TPD 技术已成为新药研发的新利器,国内外知名药企纷纷布局 TPD 赛道,通过自主研发或合作引进的方式,推动基于 TPD 技术的药物开发进程。目前,已有 30 多款 PROTAC 和分子胶候选药物进入临床试验阶段,但尚未有药物获批上市。

[1] Dale B, Cheng M, Park K S, et al. Advancing targeted protein degradation for cancer therapy. Nat Rev Cancer, 2021, 21: 638-654.

[2] 施慧琳,李伟,靳晨琦,等. 靶向蛋白质降解技术发展态势分析. 中国生物工程杂志, 2024,44:190-198.

[3] 王蔚,盛春泉. 靶向蛋白降解技术的开发之路. 海军军医大学学报,2024,45(6):671-679.

第二节 氨基酸的降解与转化

外界摄入的蛋白质或细胞内蛋白质被降解成氨基酸,这些氨基酸或者进入合成代谢途径——被重新利用合成新的蛋白质或作为前体合成其他生物分子;或者进入降解代谢途径——氨基被脱除生成 NH_4^+,NH_4^+ 因其对生物体的毒害作用而进一步代谢成尿素或尿酸等排出体外,剩余的碳骨架则充当能源物质进入糖异生途径或用于酮体合成。本节重点讨论氨基酸的降解及转化过程,包括脱氨基、多余 NH_4^+ 转化为尿素、碳骨架的去向等过程。

一、氨基酸的转氨基反应和氧化脱氨

氨基酸降解的第一步往往是脱去 α-氨基,主要有 3 种方式:转氨基(transamination)作用、氧化脱氨基(oxidative deamination)作用和联合脱氨基(transdeamination)作用,联合脱氨基是转氨基作用和脱氨基作用的结合(图 13-4)。

转氨基作用指的是各种氨基酸将其 α-氨基转移到一种 α-酮酸的羰基上,生成一种新的氨

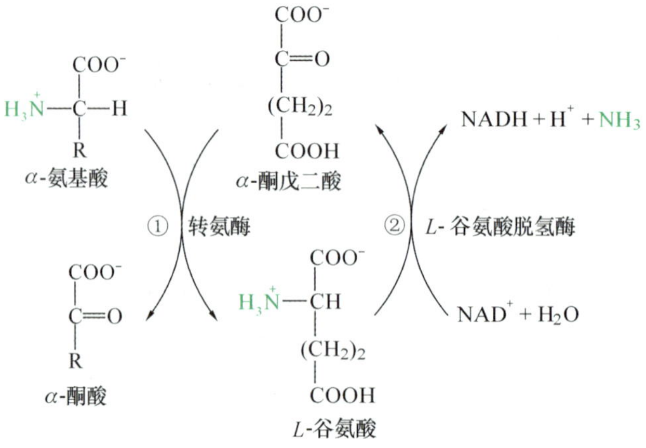

图 13-4　氨基酸的转氨基和氧化脱氨基

基酸和新的 α-酮酸的反应。转氨基反应是可逆的，由转氨酶(aminotransferase)催化。绝大多数转氨酶以 α-酮戊二酸为氨基受体，催化一种氨基酸上的氨基转移到 α-酮戊二酸上，生成相应的 α-酮酸和 L-谷氨酸。生物体内含有至少 18 种转氨酶，除赖氨酸和苏氨酸外，其他 α-氨基酸都可在各自特异转氨酶的催化下发生转氨基作用。

转氨酶的辅基是磷酸吡哆醛(PLP)和磷酸吡哆胺(PLM)，两者在转氨基反应中互相转换，在催化过程中起着传递氨基的作用。转氨基反应分为两个阶段：第一阶段中磷酸吡哆醛与酶活性部位赖氨酸残基的 ε-氨基共价相连形成席夫(Schiff)碱，为酶提供亲电基团，当底物氨基酸进入酶活性中心后，其 α-氨基取代原来酶活性中心形成 Schiff 碱的赖氨酸 ε-氨基形成醛亚胺，醛亚胺发生去质子化和双键移位异构化形成酮亚胺，酮亚胺进一步水解生成 α-酮酸，而磷酸吡哆醛接受底物氨基酸的氨基转变为磷酸吡哆胺；第二阶段的反应相当于第一阶段的逆反应，另一种 α-酮酸与磷酸吡哆胺反应生成酮亚胺，再经醛亚胺，最终将磷酸吡哆胺上的氨基转移到 α-酮酸上生成新的氨基酸，磷酸吡哆胺则转变为磷酸吡哆醛。

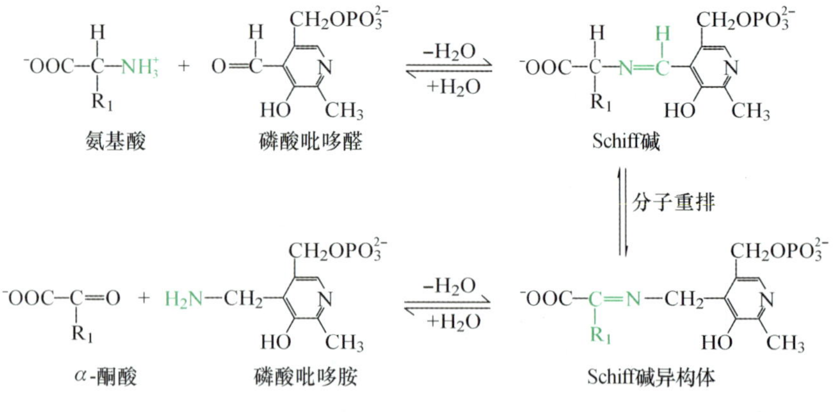

人体中活性最高的转氨酶是谷丙转氨酶(glutamate-pyruvate transaminase，GPT)和谷草转氨酶(glutamic-oxaloacetic transaminase，GOT)，谷丙转氨酶主要存在于肝细胞胞浆中，谷草转氨酶主要分布在心肌细胞中。正常情况下，转氨酶在细胞内发挥作用。当细胞膜通透性增加、组织坏死或细胞破裂时，转氨酶将由细胞释放进入血液，导致血清转氨酶活性升高。因此，血清中 GPT 和 GOT 常作为肝病、心肌梗死患者的诊断指标之一。

在转氨基作用中，氨基酸上的 α-氨基并未真正脱除，只是转移到 α-酮戊二酸上生成谷氨酸，实际是将氨基储存在谷氨酸中。而氧化脱氨基作用则是氨基酸在氨基酸氧化酶或氨基酸脱氢酶的催化下将 α-氨基直接脱除生成氨（NH_3，NH_4^+）和 α-酮酸的反应。生物体中的氨基酸氧化酶并不普遍，催化氧化脱氨基作用的主要酶是 *L*-谷氨酸脱氢酶。转氨反应生成的谷氨酸在 *L*-谷氨酸脱氢酶催化下进行氧化脱氨，生成 NH_4^+ 和 α-酮戊二酸，该反应为可逆反应。

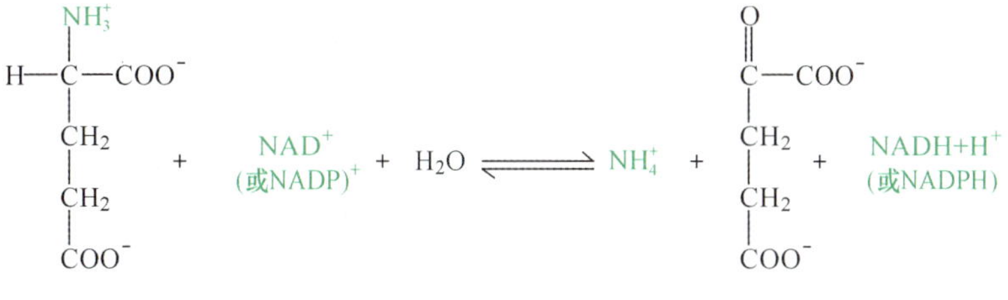

谷氨酸　　　　α-酮戊二酸

L-谷氨酸脱氢酶很特殊，它既能利用 NAD^+，又能利用 $NADP^+$ 作为辅酶。脊椎动物的谷氨酸脱氢酶由 6 个亚基组成，酶活性受到别构调节。GTP 和 ATP 是别构抑制剂，GDP 和 ADP 是别构激活剂，因此，细胞能荷的降低将加速氨基酸的氧化降解。

通常人们将转氨基和由 *L*-谷氨酸脱氢酶催化的氧化脱氨基作用共同完成的氨基酸脱氨基作用称为联合脱氨基作用。

由转氨酶和 *L*-谷氨酸脱氢酶所催化的总反应为：

α-氨基酸＋NAD^+（或 $NADP^+$）＋H_2O ⟷ NH_4^+＋α-酮酸＋NADH（或 NADPH）＋H^+

除了上述先进行氨基转移、再进行氧化脱氨的反应外，氨基酸还可以发生直接脱氨反应。如含羟基的氨基酸丝氨酸和苏氨酸，它们的 α-氨基在有关脱水酶作用下直接脱氨。

丝氨酸 ⟶ 丙酮酸＋NH_4^+

苏氨酸 ⟶ α-丁二酸＋NH_4^+

由氨基酸脱氨反应产生的 NH_4^+，如果在体内大量积累将产生危害。因为高水平的 NH_4^+ 使谷氨酸脱氢酶所催化的反应平衡偏向于谷氨酸的形成，随后 NH_4^+ 又与谷氨酸结合形成酰胺，使反应进一步推向谷氨酸一侧，从而造成 α-酮戊二酸的严重缺少。α-酮戊二酸是柠檬酸循环的中间产物，它的大量减少会使 ATP 形成速率降低，这容易导致脑高度损伤。因此，机体需要及时将氨进行无害转化，即将多余的氨不断转变为无毒或毒性小的化合物。

二、尿素循环

生物体能够通过多种方式清除体内多余的氨。在大多数陆生脊椎动物体内，氨能够转化为尿素排出体外；在鸟类和陆生爬行类动物中，因体内水分有限，它们的排氨方式是形成膏状尿酸进行排泄；许多水生动物则直接排氨。依据生物排除氨的方式不同，将动物大致分为排尿素、排尿酸和排氨 3 类。但实际上，生物排泄氨毒的方式很丰富，不仅与物种有关，还与环境有关。如肺鱼在雨季排氨，旱季藏于泥土中则排尿素。

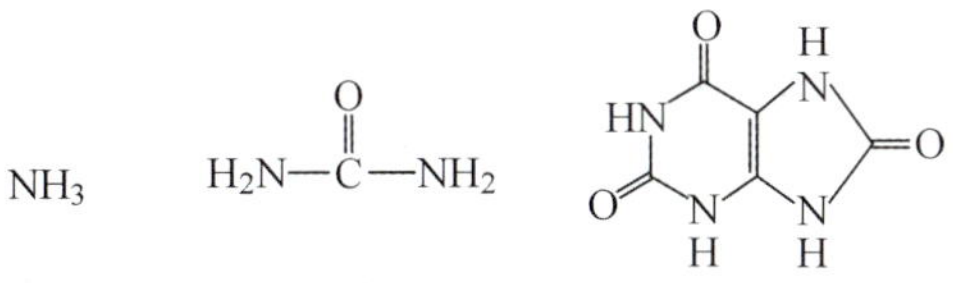

氨　　尿素　　尿酸

这里重点讨论由氨转变为尿素的反应途径——尿素循环(urea cycle)。尿素循环是第一个被发现的环式代谢途径,由 Hans Krebs 和 Kurt Henseleit 于 1932 年提出。

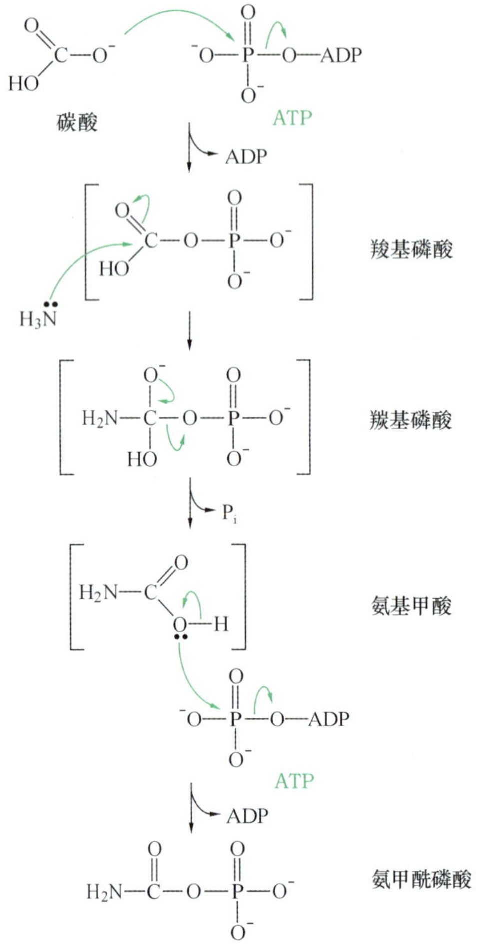

图 13-5　氨甲酰磷酸的合成

尿素循环在肝细胞中进行,一部分发生在细胞质基质,一部分发生在线粒体基质。尿素的第一个氮原子来自氨甲酰磷酸,而氨甲酰磷酸的氮原子来自氨。氨甲酰磷酸的合成由氨甲酰磷酸合成酶(carbarnoyl phosphate synthetase,CPS)催化,底物为氨、碳酸盐 HCO_3^- 和 2 分子 ATP(图 13-5)。

首先第 1 个 ATP 的 γ-磷酸基团转移给碳酸,生成羧基磷酸,释放出 ADP;接着 NH_3 的氮原子攻击羧基磷酸的碳原子,历经一个四面体中间体生成氨基甲酸;伴随第 2 个 ATP 参与反应,最后生成氨甲酰磷酸。

尿素的第 2 个氮原子来自天冬氨酸,反应需要鸟氨酸作为载体。尿素循环简单表示如图 13-6 所示:

首先,在鸟氨酸转氨甲酰酶(ornithine transcarbamylase)作用下,氨甲酰磷酸的氨甲酰基转移到鸟氨酸上形成瓜氨酸。其次,精氨基琥珀酸合成酶(argininosuccinase synthetase)催化瓜氨酸和天冬氨酸缩合为精氨基琥珀酸。这步反应有 ATP 参与,消耗 2 个高能键。再次,精氨基琥珀酸酶将精氨基琥珀酸裂解为精氨酸,释放出延胡索酸。最后,精氨酸被精氨酸酶(arginase)水解为尿素和鸟氨酸。至此完成一个循环。

尿素循环反应比较复杂,氨甲酰磷酸的合成以及瓜氨酸的形成是在线粒体基质中发生的,随后的 3 个反应在细胞质基质中进行。从尿素循环可知,所合成的尿素分子中,1 个氮原子来自氨,另 1 个氮原子来自天冬氨酸,而碳原子则是由 CO_2 衍生而来。鸟氨酸的作用是作为这些碳、氮原子的载体,鉴于鸟氨酸在反应过程中的重要作用,尿素循环也称为鸟氨酸循环。整个尿素循环中有两步耗能反应:一是氨活化为氨甲酰磷酸消耗 2 分子 ATP(图 13-5),二是天冬氨酸和瓜氨酸缩合生成精氨基琥珀酸消耗 1 分子 ATP 产生 1 分子 AMP,实际消耗 2 个高能磷酸键,因此,生成 1 分子尿素需消耗 3 分子 ATP 或 4 个高能磷酸键。

尿素循环的总反应式为:

$$NH_3 + HCO_3^- + \text{天冬氨酸} + 3ATP \longrightarrow \text{尿素} + \text{延胡索酸} + 2ADP + 2P_i + AMP + PP_i$$

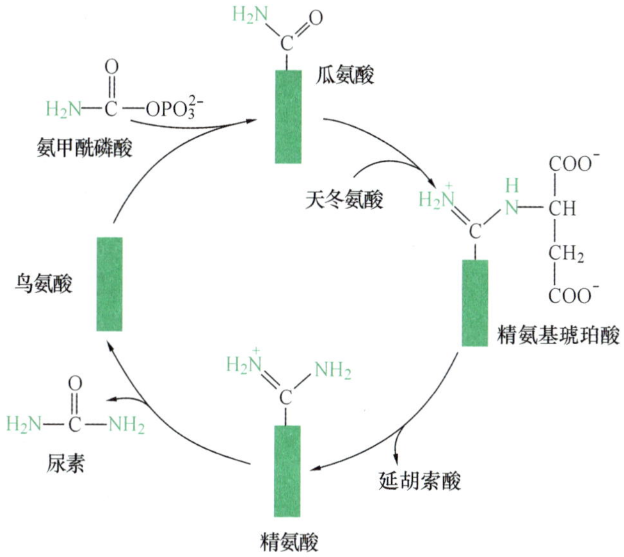

图 13-6　尿素循环

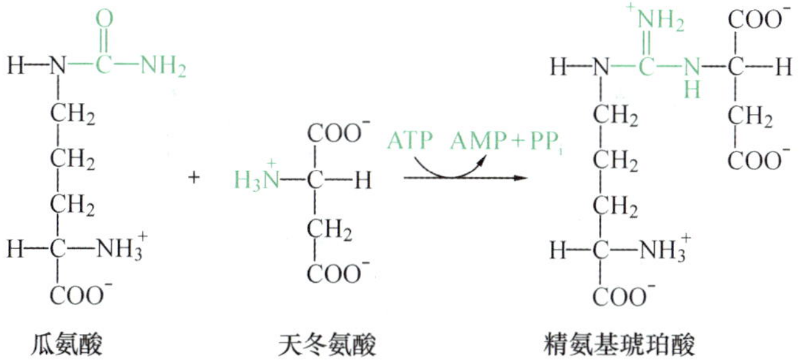

尿素循环不仅将 NH_4^+ 和 CO_2 合成为尿素，而且生成 1 分子延胡索酸，使尿素循环和柠檬酸循环联系起来。换句话说，尿素循环和柠檬酸循环的联系是基于精氨基琥珀酸裂解为延胡索酸实现的。

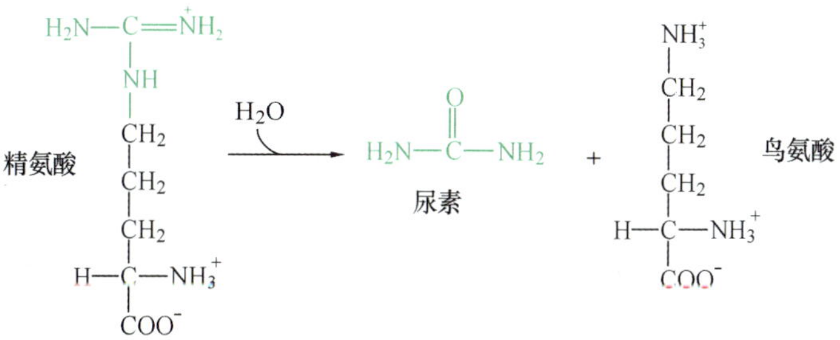

肝脏中尿素的合成是除去氨的主要途径，尿素循环的任何一个步骤出问题都有可能产生疾病。如果完全缺乏尿素循环中的某一个酶，婴儿在出生不久就会昏迷和死亡；如果是部分缺乏，则会引起智力发育迟滞、嗜睡和经常呕吐。在临床实践中，常通过减少蛋白质摄入量来缓解轻微的高氨血遗传性疾病患者症状，原因就是减少了游离氨的来源。

植物体内也存在尿素循环，但运转活性低，其意义仅在于合成精氨酸。个别植物也可产生尿素，在脲酶作用下分解产生氨，用以合成其他含氮化合物，包括核酸、激素、叶绿素和血红素、胺、生物碱等。

三、葡萄糖-丙氨酸循环

对于哺乳动物而言，尽管氨基酸的氨基转移反应主要发生在肝脏，但在肌肉中也可以进行。糖酵解是肌肉运动的主要能量来源。如图 13-7 所示，在肌肉中，葡萄糖发生糖酵解产生丙酮酸，丙酮酸除了形成乳酸外，还通过 α-氨基酸的转氨基作用接受来自谷氨酸的氨基生成丙氨酸和 α-酮戊二酸，丙氨酸随着血液进入肝脏；在肝细胞中，丙氨酸又通过转氨基作用将氨基转给 α-酮戊二酸生成谷氨酸和丙酮酸，谷氨酸经脱氨基作用脱掉的 NH_4^+ 经尿素循环排出，丙酮酸则被糖异生途径重新利用转化为葡萄糖；葡萄糖再经血液循环转运至肌肉，重新分解产生丙酮酸。葡萄糖和丙氨酸在肝脏和肌肉之间的这种交换，称为葡萄糖-丙氨酸循环（glucose-alanine cycle）。这一循环将肌肉中的丙酮酸转化为丙氨酸，促进了蛋白质分解所产生的氨基酸的利用，肝脏中丙氨酸转化为葡萄糖为肌肉提供了能量。葡萄糖-丙氨酸循环为持续的肌肉收缩提供了可持续的能量供应。

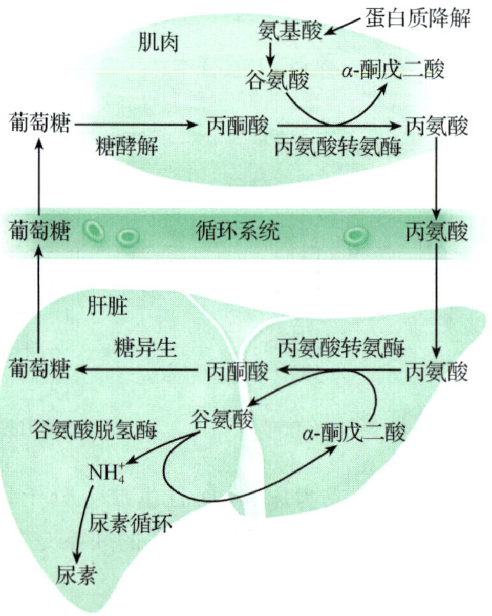

图 13-7　葡萄糖-丙氨酸循环

四、碳骨架的去路

α-氨基酸脱氨后余下的 α-酮酸称为氨基酸的碳骨架。氨基酸的碳骨架通过反应可转化为丙酮酸、乙酰乙酸、乙酰-CoA，或柠檬酸循环的中间物——α-酮戊二酸、草酰乙酸、琥珀酰-CoA 以及延胡索酸（图 13-8）。

下面简述几种碳骨架的转化：

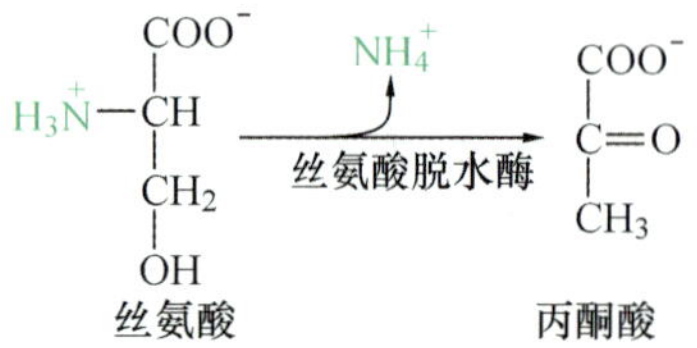

（一）转化为丙酮酸

丙氨酸、苏氨酸、甘氨酸、丝氨酸、半胱氨酸和色氨酸的碳骨架可以转化为丙酮酸。不同氨基酸转化途径不同，例如，丙氨酸通过转氨基作用直接产生丙酮酸；丝氨酸则

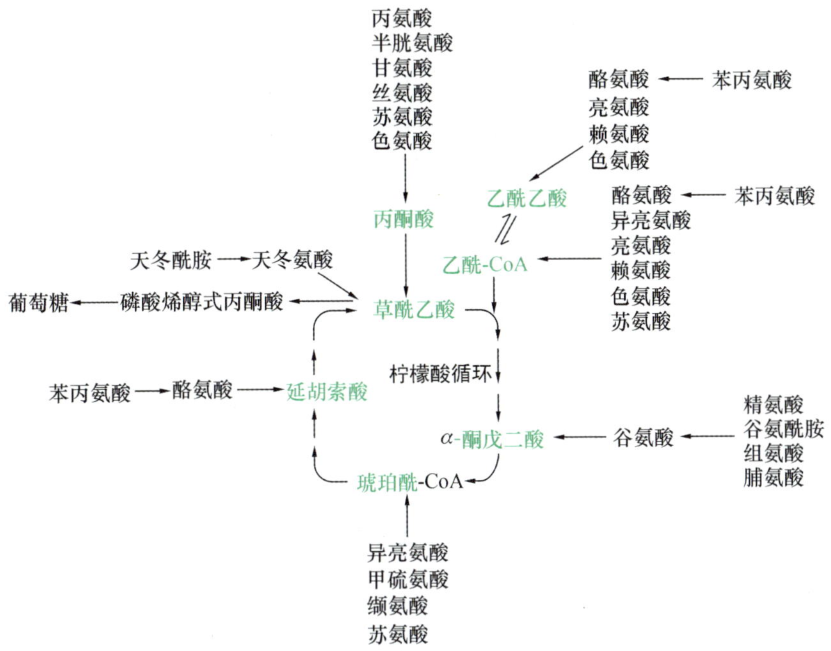

图 13-8　氨基酸碳骨架的代谢去向

需要丝氨酸脱水酶催化脱氨转变为丙酮酸；色氨酸经过一系列反应生成乙酰乙酰-CoA 和丙氨酸，丙氨酸可转化为丙酮酸。上述 6 种氨基酸形成丙酮酸后，就可以进一步转化为乙酰-CoA，进入柠檬酸循环。

(二)转化为草酰乙酸

天冬酰胺在天冬酰胺酶作用下，水解去掉酰胺基团的氨基，形成天冬氨酸；天冬氨酸在天冬氨酸转氨酶催化下，将 α-氨基转移给 α-酮戊二酸，碳骨架转化为草酰乙酸。

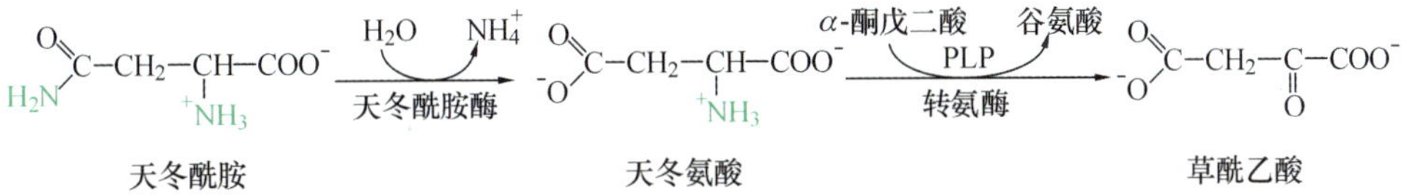

(三)转化为 α-酮戊二酸

精氨酸、组氨酸、脯氨酸和谷氨酰胺先生成谷氨酸再转化为 α-酮戊二酸。精氨酸、组氨酸和脯氨酸均含 5 个碳原子，它们通过不同途径均可转化为谷氨酸(图 13-9)。谷氨酰胺的酰胺基水解生成谷氨酸。谷氨酸经氧化脱氨，最后形成 α-酮戊二酸。

谷氨酰胺也含 5 个碳原子，它转化为谷氨酸的反应性质与天冬酰胺向天冬氨酸的转化相同。

(四)转化为琥珀酰-CoA

甲硫氨酸、异亮氨酸、缬氨酸和苏氨酸在发生降解反应时，先形成丙酰-CoA。丙酰-CoA 再转化成琥珀酰-CoA(详见第十二章)。例如，甲硫氨酸经由 S-腺苷甲硫氨酸、S-腺苷高半胱氨酸、高半胱氨酸、胱硫醚、α-酮丁酸降解生成丙酰-CoA 的反应如图 13-10 所示。反应需要 ATP，并有 PLP 和 $NADP^+$ 参与。

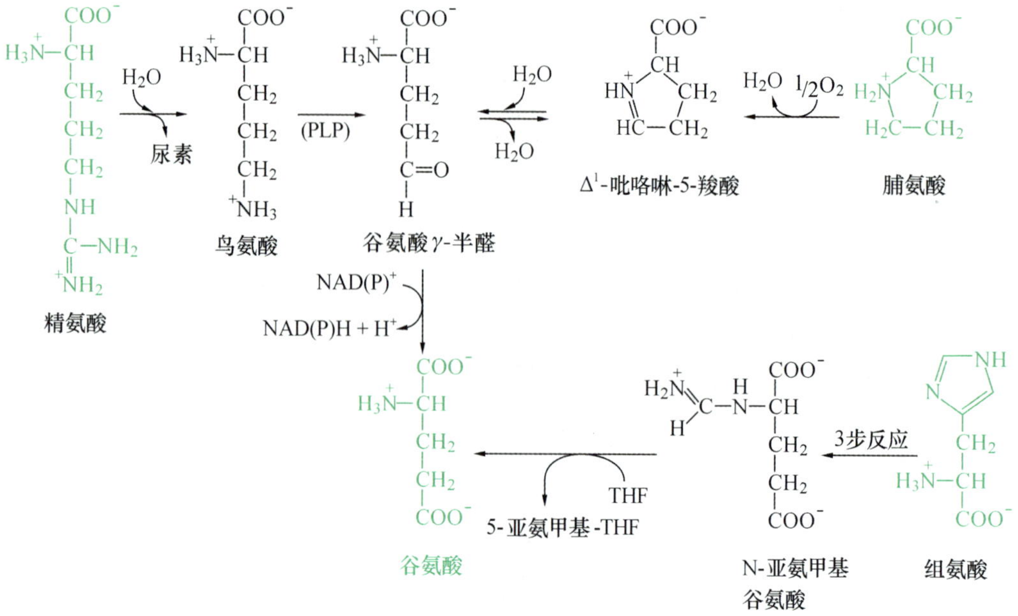

图 13-9 精氨酸、组氨酸和脯氨酸降解为谷氨酸的基本途径

(五)降解为乙酰-CoA 和乙酰乙酸

苏氨酸、色氨酸、赖氨酸和异亮氨酸可以通过多步反应转化为乙酰-CoA；苯丙氨酸和酪氨酸能够转化为乙酰乙酸，亮氨酸代谢可以产生乙酰-CoA 和乙酰乙酸；乙酰乙酸能够进一步转化为乙酰乙酰-CoA，最终硫解产生乙酰-CoA。例如，亮氨酸经转氨基作用先变为 α-酮异己酸，再发生氧化脱羧形成异戊酰-CoA(图 13-10)。

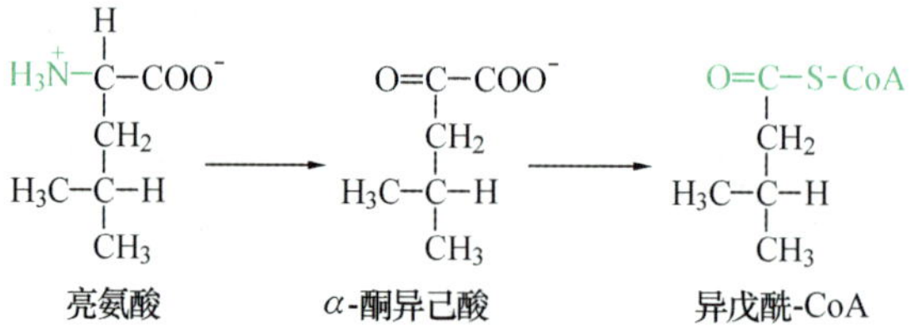

异戊酰-CoA 在其脱氢酶(辅基为 FAD)的催化下脱氢产生 β-甲基巴豆酰-CoA，接着消耗 1 个 ATP 而羧化成 β-甲基戊烯二酰-CoA。

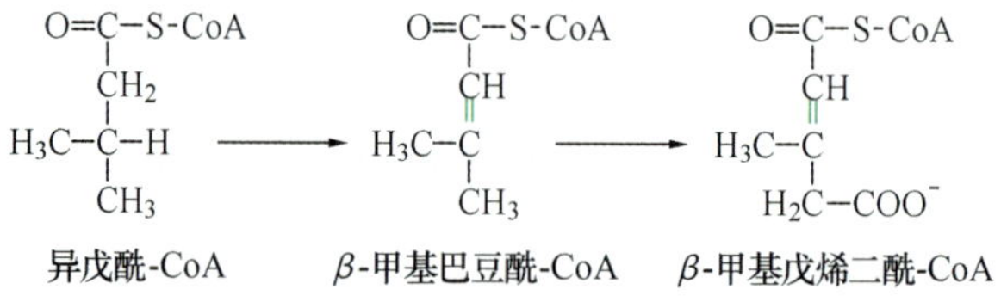

最后 β-甲基戊烯二酰-CoA 被水化，形成 β-羟基-β-甲基戊二酰-CoA，它再被裂解为乙酰-CoA 和乙酰乙酸。

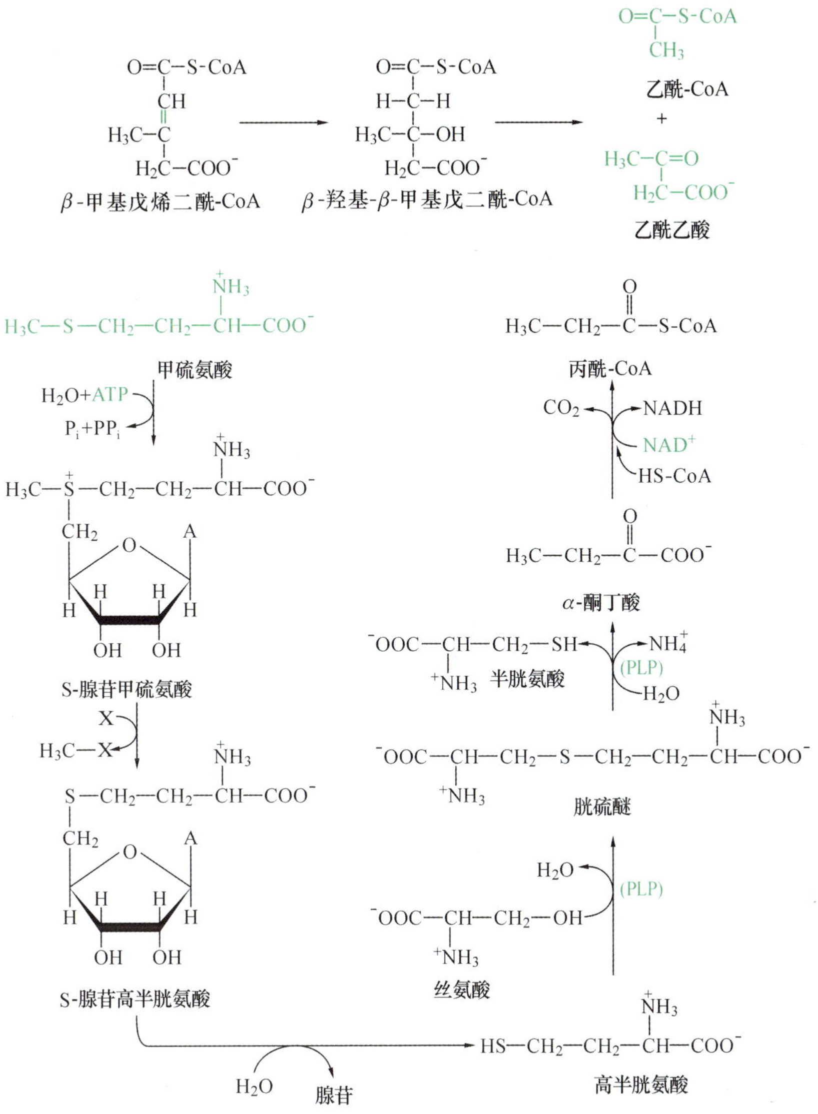

图 13-10　甲硫氨酸转变为丙酰-CoA

许多辅酶参与亮氨酸降解为乙酰-CoA 和乙酰乙酸的反应，其中 CoA 是这些反应中的酰基载体。苏氨酸在脱氢酶的催化下生成 2-氨基-3-酮丁酸，后者与 HS-CoA 反应生成乙酰-CoA 和甘氨酸；赖氨酸、色氨酸可以经过 α-酮己二酸、戊二酸单酰-CoA 代谢产生乙酰乙酰-CoA，进而生成乙酰-CoA。

异亮氨酸和缬氨酸的降解途径与亮氨酸类似。当这 3 种氨基酸的氧化脱羧被阻断后，会导致先天性代谢缺陷病——枫糖尿病(maple syrup urine disease)。其特点是患者尿中存在由缬氨酸、亮氨酸和异亮氨酸等产生的酮酸。这种病人须在婴幼儿期就开始食用缬氨酸、亮氨酸和异亮氨酸含量低的食品，否则会引起死亡。

(六)降解为延胡索酸

苯丙氨酸和酪氨酸降解能够产生延胡索酸和乙酰乙酸(图 13-11)，乙酰乙酸代谢生成乙酰-CoA。

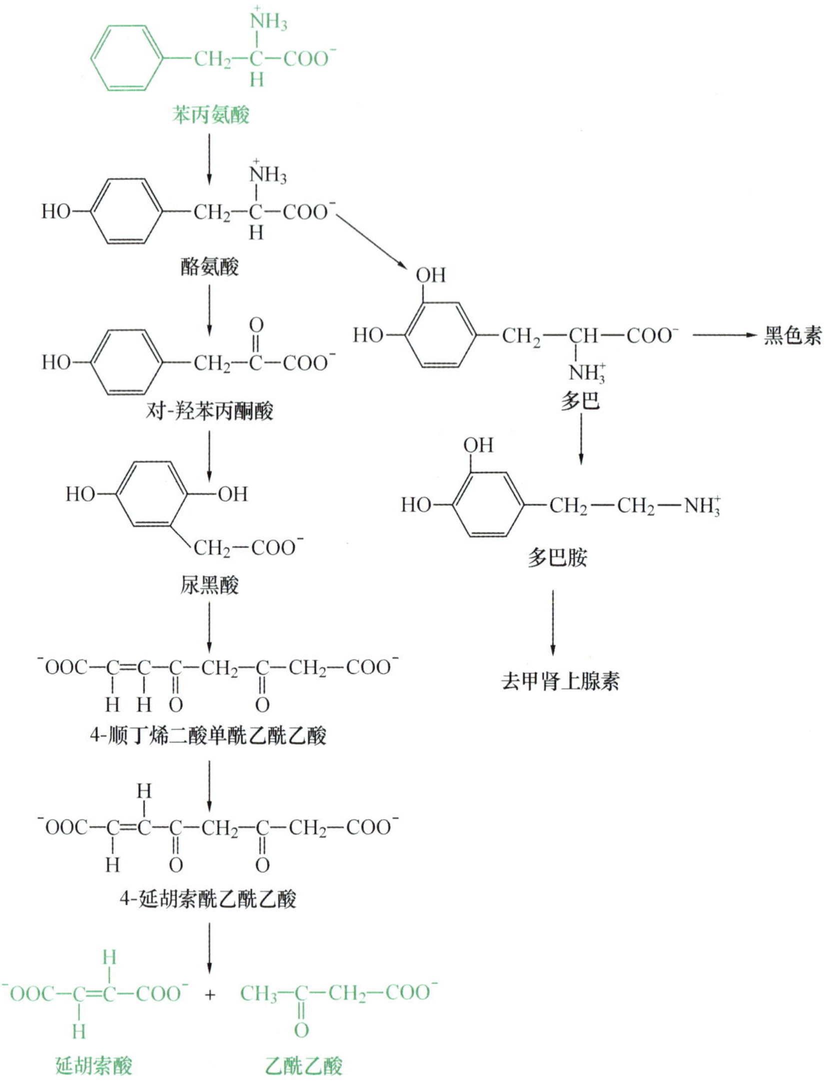

图 13-11　苯丙氨酸和酪氨酸降解途径

苯丙氨酸经苯丙氨酸羟化酶(phenylalanine hydroxylase)变为酪氨酸,经转氨酶、对-羟苯丙酮酸羟化酶(又叫双加氧酶)转变为尿黑酸,然后经尿黑酸 1,2-二加氧酶(homogentisate 1,2-dioxygenase)进一步降解为延胡索酸和乙酰乙酸。如果体内缺少尿黑酸 1,2-二加氧酶,尿黑酸就会积累起来并在尿中排出,导致尿黑酸尿症(alkaptonuria)。如果苯丙氨酸羟化酶缺失或缺少,则会引起苯丙酮尿症(phenyketonuria,PKU),患者在智力发育上严重迟滞。精神病院中的病人约有 1%有苯丙酮尿症。苯丙酮尿症的疗法是低苯丙氨酸饮食,必须在出生后不久就开始食用,以防止对脑的不可逆伤害。

酪氨酸在酪氨酸酶(tyrosinase)的催化下还可转变为 3,4-二羟苯丙氨酸,即多巴(dopa)。多巴在人类黑色素细胞中进一步氧化、脱羧,生成吲哚醌。人皮肤的黑色素就是吲哚醌的聚合物。先天性缺乏酪氨酸酶会引起“白化病”(albinism),患者皮肤及毛发呈白色。多巴进一步代谢可生成多巴胺(dopamine)、去甲肾上腺素和肾上腺素,三者统称为儿茶酚胺(catecholamine)类物质，它们属于神经递质或激素，代谢异常时会造成神经系统功能障碍，这是造成帕金森病的原因之一。

（七）提供一碳单位

一些氨基酸在代谢过程中可分解生成含一个碳原子的基团（不包括羧基），称为“一碳基团”（one carbon group）或称“一碳单位”（one carbon unit）。常见一碳单位有甲基、亚甲基、甲酰基、羟甲基等。

一碳单位从氨基酸释放出来以后，不能自由存在，需要与载体结合，再参与一碳单位的代谢。一碳单位的载体主要有 2 种：四氢叶酸和 S-腺苷甲硫氨酸。一碳单位主要来源于丝氨酸、甲硫氨酸、甘氨酸、组氨酸及色氨酸等。

例如，丝氨酸与四氢叶酸（FH_4）反应，丝氨酸的羟甲基先与四氢叶酸结合生成 N^{10}-CH_2-$OHFH_4$，同时生成甘氨酸；N^{10}-CH_2OHFH_4 发生脱水反应，最后形成 N^5，N^{10}-亚甲基四氢叶酸（N^5，N^{10}-CH_2FH_4）。N^5，N^{10}-亚甲基四氢叶酸中的亚甲基非常活跃，可转移给甲基受体。四氢叶酸是一类辅酶（详见第六章），由叶酸还原而来，反应需要二氢叶酸还原酶、维生素 C 以及 NADPH。

一碳单位的主要生理功能是作为合成嘌呤和嘧啶的原料，故在核酸生物合成中占有重要位置（详见第十五章）。氨基酸降解代谢产生一碳单位是蛋白质和核酸代谢相互联系的重要途径。此外，一碳单位还参与其他许多重要化合物的合成，如合成肌酸、胆碱的甲基都由活化的甲硫氨酸即 S-腺苷甲硫氨酸直接提供（参见下一节）。如果一碳单位代谢出现紊乱，就会影响正常生命活动。根据这一原理，人们设计、生产出一些抗癌药物，如甲氨蝶呤，它可以作为二氢叶酸还原酶的竞争性抑制剂，有效阻止 FH_4 的合成，从而干扰癌细胞的增殖。

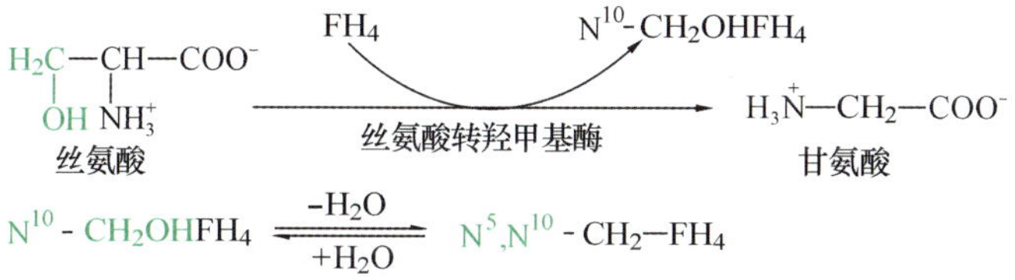

总之，氨基酸碳骨架的去向是多方面的，除了彻底氧化为 CO_2 和 H_2O 外，还可以转化为其他物质。我们把能生成丙酮酸和柠檬酸循环中间物的氨基酸称为生糖氨基酸（glucogenic amino acids），因为它们的骨架可进入糖异生途径；凡是能生成乙酰-CoA 或乙酰乙酸的氨基酸称为生酮氨基酸（ketogenic amino acid），因为它们能转化为酮体；有些氨基酸碳骨架的不同部分可形成不同中间物，既能生糖又能生酮。区分氨基酸是生糖还是生酮对动物很有意义，因为氨基酸是它们食物中的重要燃料代谢物。动物缺乏有效途径直接将乙酰-CoA 转化为糖，乙酰-CoA 过量时会刺激细胞生成酮体。对植物、细菌和真菌的氨基酸而言，区分生糖、生酮意义不大，因为这些生物可以利用乙醛酸循环将乙酰-CoA 转化成琥珀酸，由琥珀酸再生成草酰乙酸而进入生糖途径。

第三节 氨基酸的生物合成

氨基酸的氮原子来源有 2 个：大气氮（N_2）和土壤硝态氮（NO_3^-，NO_2^-）。土壤硝态氮是大气 N_2 在高压、雷电等自然条件下衍生而来，或者为工业固氮（化肥），因此，实际上大气 N_2 是生物氮的最初来源。

大多数生物不能直接把 N_2 转变为有机形式，要靠固氮微生物和一些藻类通过共生固氮或自生固氮将氮气转变为可溶性氨。据统计，地球上每年生物固氮达 10^{15} t。硝态氮也要转化为氨的形式，才能进入代谢途径，借助谷氨酸、谷氨酰胺和氨甲酰磷酸掺入氨基酸、核苷酸、磷脂等分子中。有机氮随着机体排泄或尸腐，还可以反向转化为无机氮。氮素从 N_2 到硝态氮、氨以及含氮生物分子，再返回 N_2 的循环称为氮素循环(nitrogen cycle)，如图 13-12 所示。

本节先简单介绍生物固氮途径，然后重点讨论氨基酸的生物合成途径。

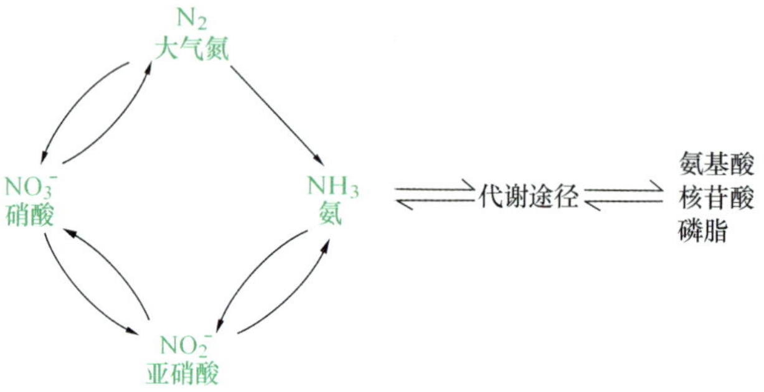

图 13-12　氮素循环

一、生物固氮

N_2 化学性质非常稳定，直接还原为氨需要高温、高压和催化剂。在某些生物体内(如固氮菌)含有特有的固氮酶(nitrogenase)，能够催化 N_2 还原为氨，即氮固定(nitrogen fixation)。固氮酶是一个结构复杂的酶复合体。图 13-13 显示了棕色固氮菌(*Azotobacter vinelandii*)的固氮酶结构，由 2 种蛋白质组分构成：一种是还原酶，也称为铁蛋白(Fe protein)，含 2 个相同亚基(绿色部分)，每个亚基含有 1 个[4Fe-4S]中心和 2 个 ATP 结合位点，它的作用是为反应提供具有高还原势的电子；另一种是固氮酶，也称钼铁蛋白(MoFe protein)，由 2 个 α 亚基和 2 个 β 亚基组成(蓝色和粉色部分)，每个钼铁蛋白含有 4 个氧化还原中心：2 个 P-簇和 2 个 MoFe 辅因子，P-簇中包含[8Fe-7S]中心，MoFe 辅因子中含有[Mo-7Fe-9S]中心，是 N_2 结合的位点，在此，钼铁蛋白利用铁蛋白提供的高能电子还原 N_2 成为可溶性 NH_4^+。

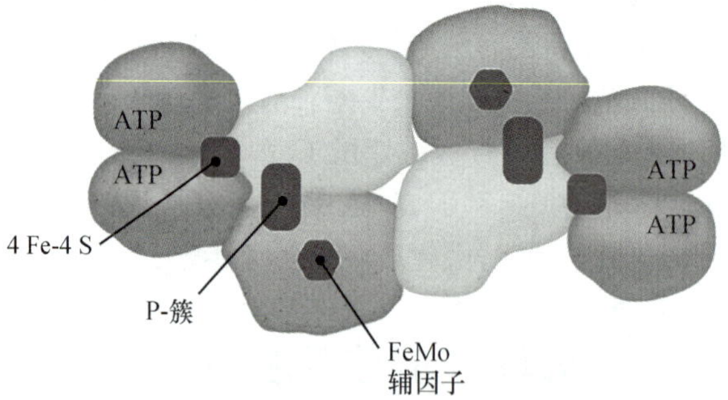

图 13-13　棕色固氮菌的固氮酶结构

图 13-13 彩图

生物固氮的总反应为：

$$N_2 + 8e^- + 8H^+ + 16ATP + 16H_2O \longrightarrow 2NH_3 + H_2 + 16ADP + 16P_i$$

生物固氮机制存在许多未知，目前比较清楚的是：①反应需要 ATP。固氮消耗的能量非常多，共有 16 个 ATP 被水解。②需要强还原剂。高还原势电子主要来自还原型铁氧还蛋白。铁氧还蛋白(ferredoxin)含有 1 个[4Fe-4S]中心，接受光合作用或氧化反应提供的电子成为还原型铁氧还蛋白，然后再将电子顺序传递至固氮酶中的铁蛋白和钼铁蛋白，最终将 N_2 还原成 NH_3(图 13-14)。固氮酶催化 1 分子 N_2 生成 2 分子 NH_3 共需 8 个 e^-，其中 6 个用于 N_2 的还原，2 个用于 H_2 的生成。③需要厌氧环境。固氮酶对氧十分敏感，只有在严格的厌氧条件下才有活性。④固氮过程常伴随氢代谢，包括放氢反应和吸氢反应。许多固氮生物含有氢酶，它既可催化氢上的电子传给铁氧还蛋白，作为还原 N_2 的电子供体，又可催化 H^+ 接受还原型铁氧还蛋白的电子形成氢，以消除过剩的还原力。

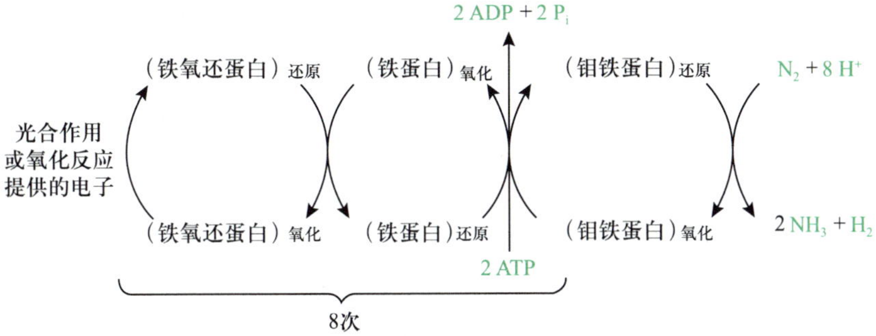

图 13-14 固氮酶催化的固氮反应

知识拓展框

改写教科书的发现——第一种可以固氮的真核生物

现代生物学普遍认为，生物固氮是原核生物的专属技能，只发生在某些细菌和古细菌中，真核生物不具备固氮能力，只能通过与原核生物共生固氮，或者直接从土壤中吸收来获得氮源。然而，2024 年 4 月 11 日，美国加利福尼亚大学圣克鲁斯分校的海洋生态学家 Jonathan Zehr 和同事发表在 *Science* 杂志上的研究成果却颠覆了这一认知。

Jonathan 团队早在十几年前就发现贝氏不拉藻(*Braarudosphaera bigelowii*，一种单细胞真核藻类)与一种固氮蓝细菌 UCYN-A(*Atelocyanobacterium thalassa*)“共生”，因而推测 UCYN-A 将氮气转化为氨提供给贝氏不拉藻，而贝氏不拉藻为 UCYN-A 提供碳源，二者被认为是内共生关系。历经多年研究，该团队在最新发表的题为“Nitrogen-fixing organelle in a marine alga”文章中更新了贝氏不拉藻和 UCYN-A 的关系，指出 UCYN-A 不是一个单独的生物体，而是贝氏不拉藻内部的一个细胞器，并将其命名为“硝质体(nitroplast)”。

为什么 UCYN-A 摇身一变成为细胞器了呢？研究人员给出了两个判断标准：一是硝质体能够跟随宿主细胞同步复制和遗传，通过对数十个处于不同分裂时期的宿主细胞成像，发现硝质体在整个宿主细胞分裂之前便已一分为二，并传递给子代细胞；二是硝质体部分依赖宿主细胞的基因组进行蛋白质合成，蛋白质组学分析结果显示宿主细胞在合成蛋白质时，会用特定的氨基酸序列标记一些蛋白质，并指导它们输送到硝质体中供其利用，也就是说硝质体必须从宿主细胞中获得生长所需的蛋白质。这些证据足以表明 UCYN-A 已经超越了内共生体角色，完全具备了细胞器的特征。

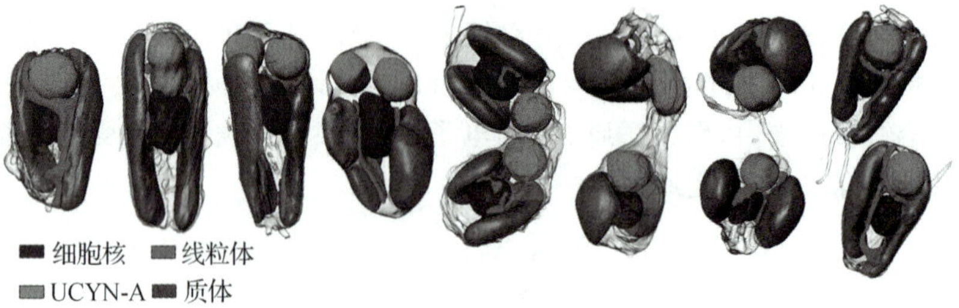

彩图

这一突破性工作不仅使贝氏不拉藻成为首个被发现能从空气中固氮的真核生物，同时意味着贝氏不拉藻集齐了三大细胞器——叶绿体、线粒体和硝质体，集碳同化、能量转化和氮同化于一身，碳同化合成六碳糖，六碳糖分解为线粒体呼吸链提供底物合成 ATP，ATP 又驱动硝质体进行固氮反应，实现了碳、能量和氮的自主循环。

对于很多作物而言，氮限制是产量受限的主要原因，未来如果能够利用基因工程、合成生物学等技术把硝质体整合进植物，设计出能够自主固氮的作物，对于提高作物产量，减少化肥依赖和减轻环境压力具有重大意义。尽管这一过程充满挑战，但固氮细胞器的发现为此目标的实现奠定了理论基础，也必将成为教科书上宝贵的一笔，改写我们对固氮机制的认知。

Coale T H，Loconte V，Turk-Kubo K A，et al. Nitrogen-fixing organelle in a marine alga. Science，2024，384：217-222.

二、植物依赖硝酸盐还原作用将土壤硝态氮转变为氨

植物体所需要的氮素营养除了生物固氮外，绝大部分来源于土壤中的硝酸盐（NO_3^-）、亚硝酸盐（NO_2^-）。植物最易吸收的是硝态氮，然而硝态氮不能直接用于合成氨基酸，必须先还原为氨态氮。

$$NO_3^- \longrightarrow NO_2^- \longrightarrow NH_3$$

反应分为两步，先由硝酸盐还原酶（nitrate reductase）将 NO_3^- 还原为 NO_2^-；在正常情况下，NO_2^- 很少在植物中积累，它很快由亚硝酸盐还原酶（nitrite reduactase）进一步还原为 NH_3。

三、氨的同化

将无机氨掺入生物分子称为氨的同化（ammonia assimilation）。在将氨引入氨基酸分子时，多以谷氨酸和谷氨酰胺为中介完成。换句话说，生物中最重要的同化氨的途径是谷氨酰胺合成酶（glutamine synthetase）途径。

(一)氨掺入谷氨酸和谷氨酰胺

谷氨酰胺合成酶催化谷氨酸和氨形成谷氨酰胺。反应需要 ATP 提供能量。

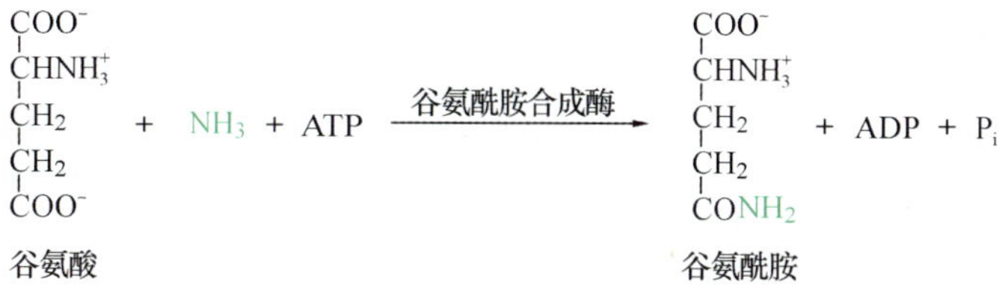

由此形成的谷氨酰胺作为氨的供体，在谷氨酸合酶(glutamate synthase) 作用下，借助 α-酮戊二酸合成 2 分子谷氨酸。

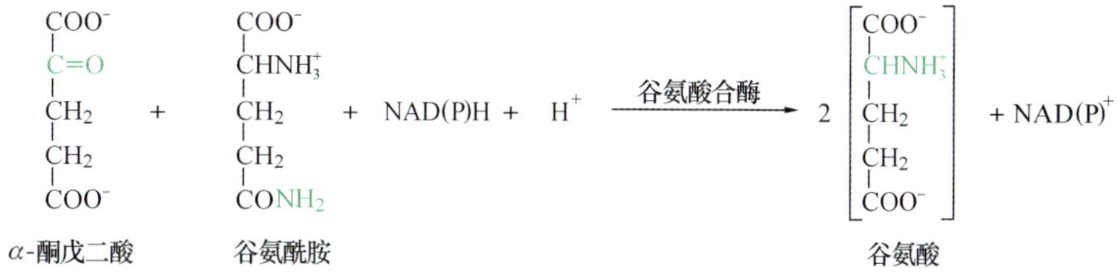

从上述两个反应可以看出，1 分子氨和 1 分子 α-酮戊二酸被净合成为 1 分子谷氨酸。通过转氨基作用，谷氨酸提供氨基给其他 α-酮酸，从而形成许多其他氨基酸。可见，谷氨酸是 NH_3 同化的重要形式，是重要的氨基载体。

谷氨酰胺合成酶对哺乳动物机体还有重要作用，它可以将有害的游离氨转变为无毒的谷氨酰胺在血液中运输。

(二)氨消耗 ATP 形成氨甲酰磷酸

同化氨的另一途径是氨甲酰磷酸的形成。有 2 种酶参与反应：

①氨甲酰磷酸合成酶催化的反应：

生物体内的氨甲酰磷酸合成酶(carbamoyl phosphate synthetase, CPS)有 3 种类型：Ⅰ型、Ⅱ型和Ⅲ型。CPSⅠ分布于动物肝脏和肾脏线粒体中，催化 NH_4^+ 和 HCO_3^- 生成氨甲酰磷酸进入尿素循环，参与的是氨的排出过程，NH_4^+ 作为氨基供体直接参与反应。CPSⅡ分布于脊椎动物、真菌和细菌等生物体的细胞质中，催化 *L*-谷氨酰胺、2 分子 Mg^{2+}-ATP 和 HCO_3^- 生成氨甲酰磷酸用于嘧啶核苷酸的合成(详见第十四章)，参与的是氨的利用过程，其氨基供体是谷氨酰胺。细菌 CPSⅡ催化生成的氨甲酰磷酸还参与精氨酸的合成。CPSⅢ分布于非脊椎动物与鱼类。此外，一些厌氧细菌还拥有氨基甲酸激酶，催化氨甲酰磷酸的合成。

②氨基甲酸激酶(carbamate kinase, CK)催化的反应：

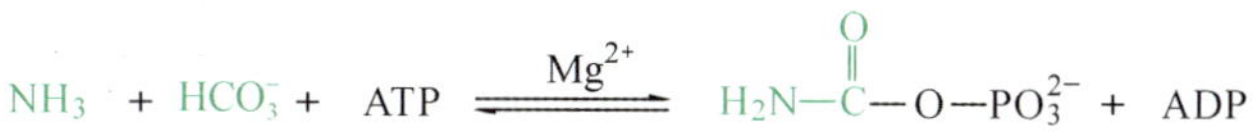

厌氧细菌中的 CK 是由约 33KD 的亚基组成的同源二聚体，可以催化 ATP、HCO_3^- 和 NH_4^+ 生成氨甲酰磷酸。CK 是一种可以在微生物细胞中替代 CPSⅡ的酶。

四、氨基酸的合成

生物合成氨基酸不仅需要氨基，还需要碳骨架。碳骨架来源很丰富，与糖酵解、糖合成途径以及柠檬酸循环相联系（图 13-15）。

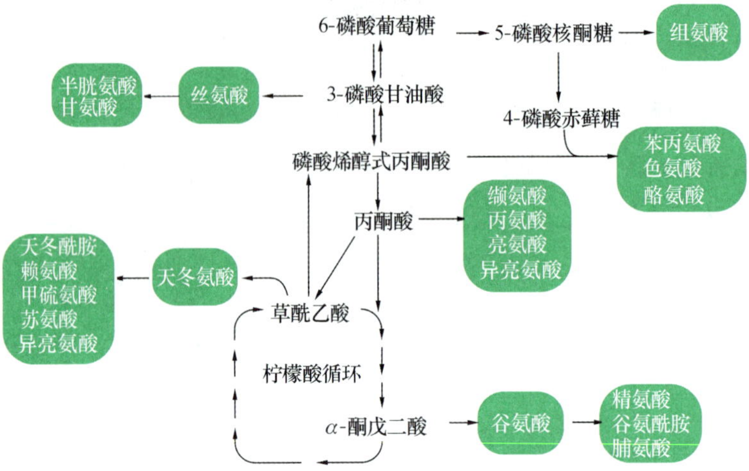

图 13-15　氨基酸的生物合成与糖酵解、糖合成途径以及柠檬酸循环相联系

按照 20 种氨基酸碳骨架来源的不同，可将氨基酸分为 6 个族：丙氨酸族、丝氨酸族、天冬氨酸族、谷氨酸族、芳香族和组氨酸族。下面概要叙述主要氨基酸的合成途径：

1. 丙氨酸族

包括缬氨酸、丙氨酸、异亮氨酸和亮氨酸。它们的共同碳骨架来源是糖酵解生成的丙酮酸，基本合成途径如图 13-16 所示。

2. 丝氨酸族

包括丝氨酸、甘氨酸和半胱氨酸。糖酵解中间产物 3-磷酸甘油酸是合成这些氨基酸的起始物。3-磷酸甘油酸在 3 种酶相继作用下经 3-磷酸羟基丙酮酸和 3-磷酸丝氨酸生成丝氨酸。丝氨酸在转羟甲基酶作用下直接生成甘氨酸，在酰基转移酶等作用下则生成半胱氨酸。

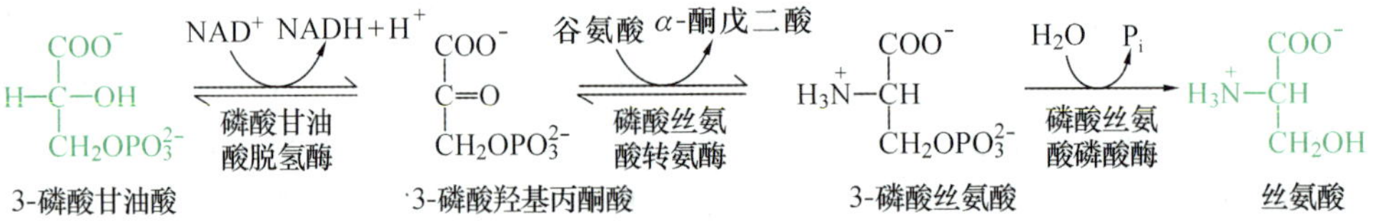

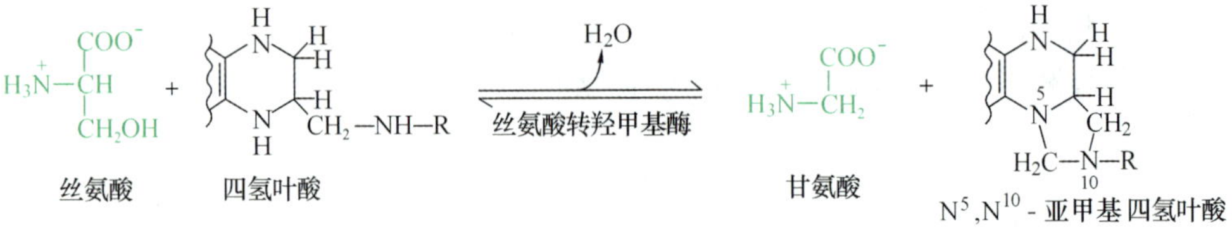

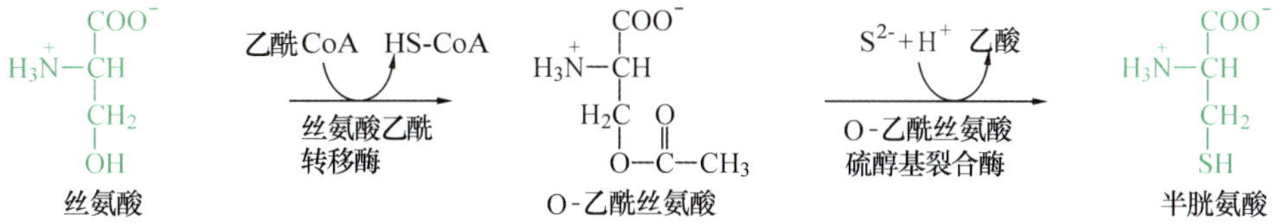

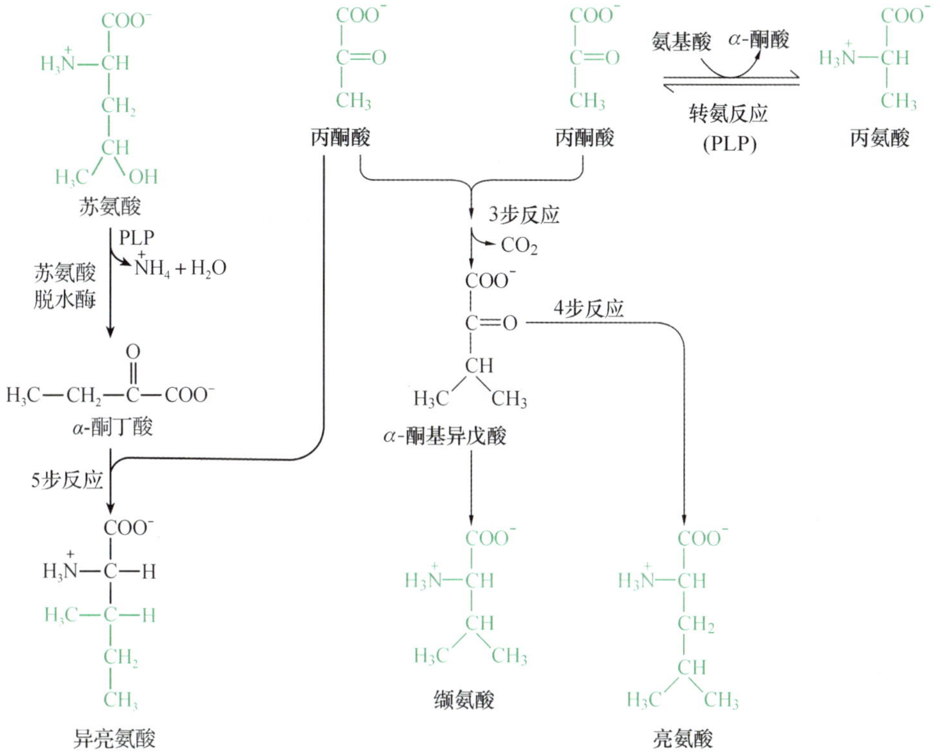

图 13-16　合成丙氨酸、缬氨酸、异亮氨酸和亮氨酸的碳骨架来自丙酮酸

需要说明的是，上述半胱氨酸的合成反应中有无机硫的掺入，这仅限于微生物和植物。动物不具备从外界摄取硫的能力，需要靠摄食获得甲硫氨酸，利用甲硫氨酸中的有机硫，经多个酶促反应合成半胱氨酸。

3. 天冬氨酸族

包括天冬氨酸、天冬酰胺、赖氨酸、苏氨酸、甲硫氨酸和异亮氨酸，它们的碳骨架为草酰乙酸。草酰乙酸经转氨基作用生成天冬氨酸。

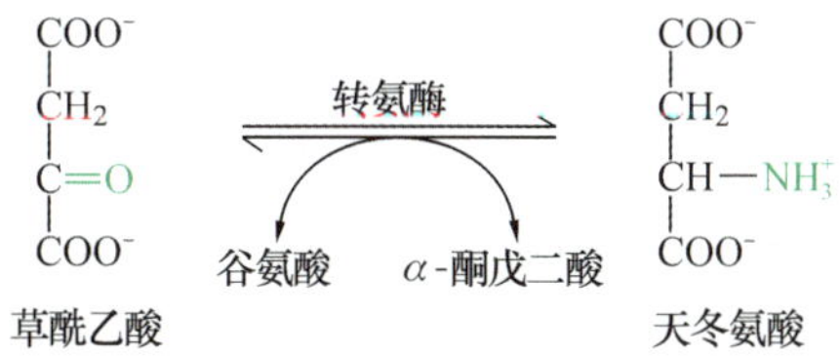

由天冬氨酸形成天冬酰胺有不同途径。在微生物体内，天冬酰胺合成酶催化天冬氨酸酰胺化，生成天冬酰胺。在某些高等植物中，天冬酰胺合成酶以谷氨酰胺为氨基供体，由天冬氨酸合成天冬酰胺。

在不同酶的作用下，天冬氨酸历经天冬氨酸-β-半醛，分别以不同的分支途径合成赖氨酸、甲硫氨酸和苏氨酸(图 13-17)。但这并不意味着这 3 个分支产物以等比例合成，细胞能通过调节措施以准确比例合成所需氨基酸。

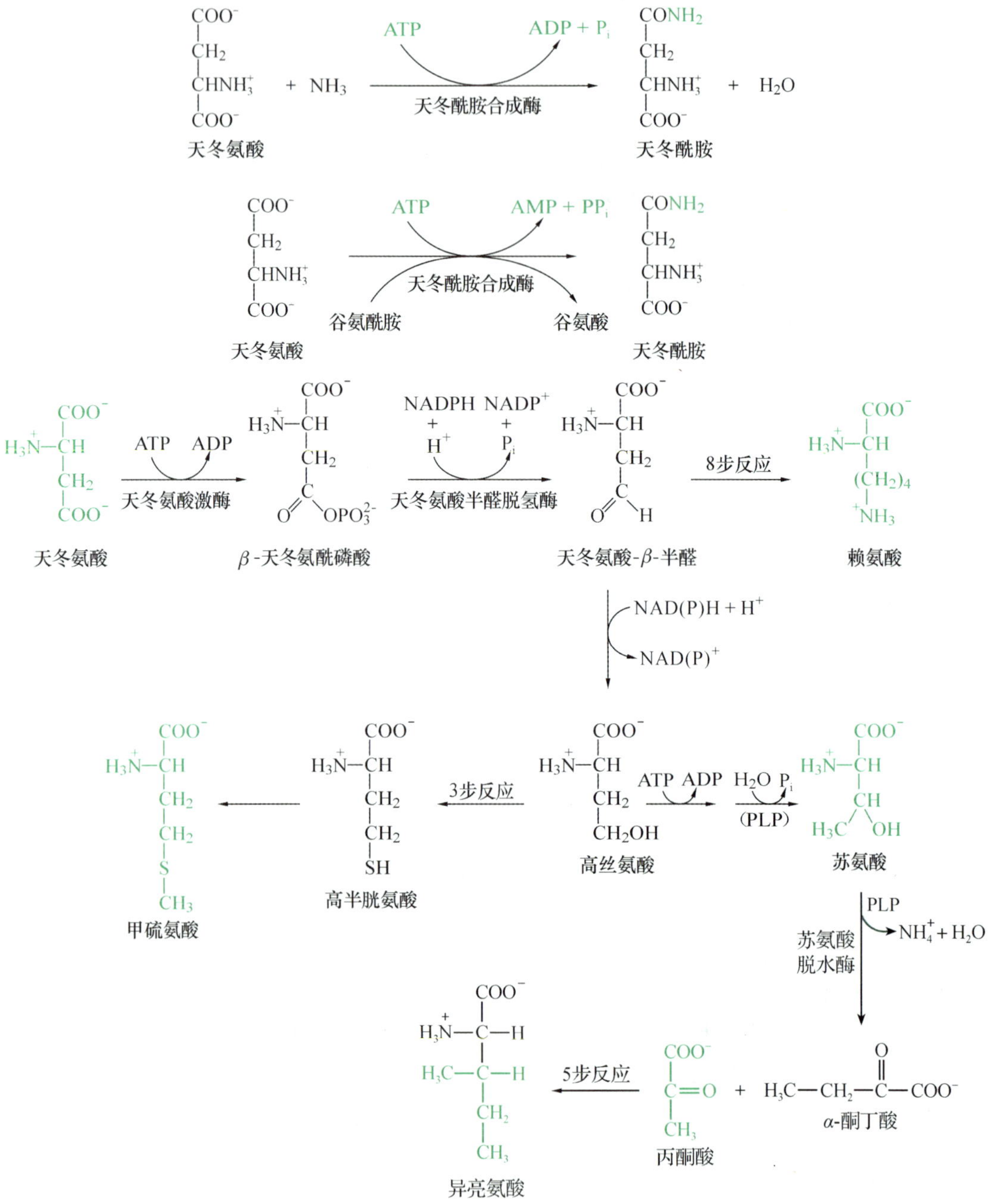

图 13-17　赖氨酸、甲硫氨酸、苏氨酸和异亮氨酸的合成途径

值得注意的是异亮氨酸的合成，前面讲过异亮氨酸的合成前体是丙酮酸，其实异亮氨酸合成过程中还需要来自苏氨酸代谢产生的 α-酮丁酸(图 13-16 和图 13-17)。因此，异亮氨酸合成的前体是草酰乙酸和丙酮酸。

4. 谷氨酸族

包括谷氨酸、谷氨酰胺、脯氨酸和精氨酸，它们的共同碳骨架是柠檬酸循环中间物 α-酮戊二酸。α-酮戊二酸经转氨基反应直接生成谷氨酸，谷氨酸接受一个氨基生成谷氨酰胺。脯氨酸和精氨酸则通过谷氨酸合成，其中谷氨酸转化为精氨酸的途径如图 13-18 所示。

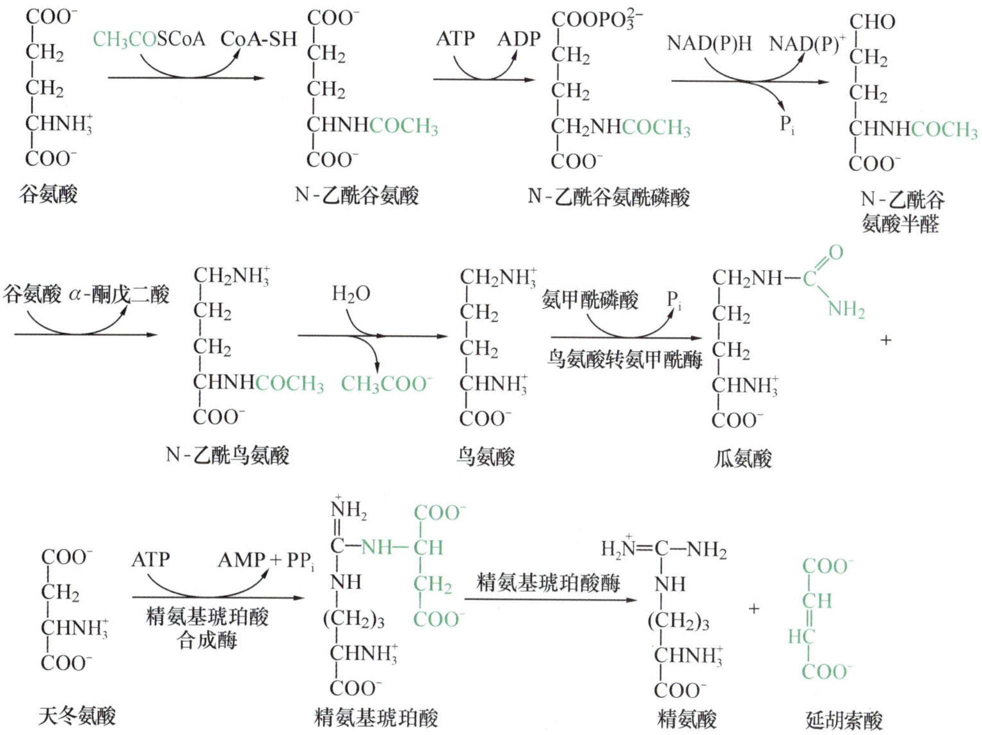

图 13-18 精氨酸的合成

5. 芳香族

包括酪氨酸、色氨酸和苯丙氨酸，它们的碳架为磷酸烯醇式丙酮酸和 4-磷酸赤藓糖。磷酸烯醇式丙酮酸为糖酵解中间物，而 4-磷酸赤藓糖可来自磷酸戊糖途径。磷酸烯醇式丙酮酸和 4-磷酸赤藓糖先经 4 步反应生成莽草酸（shikimate），莽草酸再经 2 步反应衍生为分支酸（chorismate）（图 13-19）。

分支酸通过不同途径合成酪氨酸、色氨酸和苯丙氨酸（图 13-20）。分支酸是合成芳香族氨基酸的分支点。动物因没有合成分支酸的酶，不能合成分支酸，因而也就无法合成芳香族氨基酸。

6. 组氨酸合成

细菌组氨酸的合成需要 10 步反应。首先，ATP 中腺嘌呤的吡啶环与核糖的衍生物——5-磷酸核糖-1-焦磷酸（phosphoribosyl pyrophosphate，PRPP）缩合（图 13-21），腺嘌呤六元环断裂，谷氨酸提供 1 个氮原子，借助环化掺入产物——咪唑甘油磷酸的咪唑环中。ATP 的其余大部分碳和氮原子以 5-氨基咪唑-4-氨甲酰核苷酸形式释放出来，用以嘌呤合成（详见第十四章）。咪唑甘油磷酸通过脱水、谷氨酸转氨以及水解除去磷酸基团，再经氧化和 NAD^+ 依赖的反应，最后生成组氨酸。

由以上叙述可以看出，氨基酸生物合成途径是多样化的。非常奇特的是，细胞能根据需要按一定比例合成各种氨基酸。换句话说，氨基酸的合成是受到严格调节的。调节有不同层次，

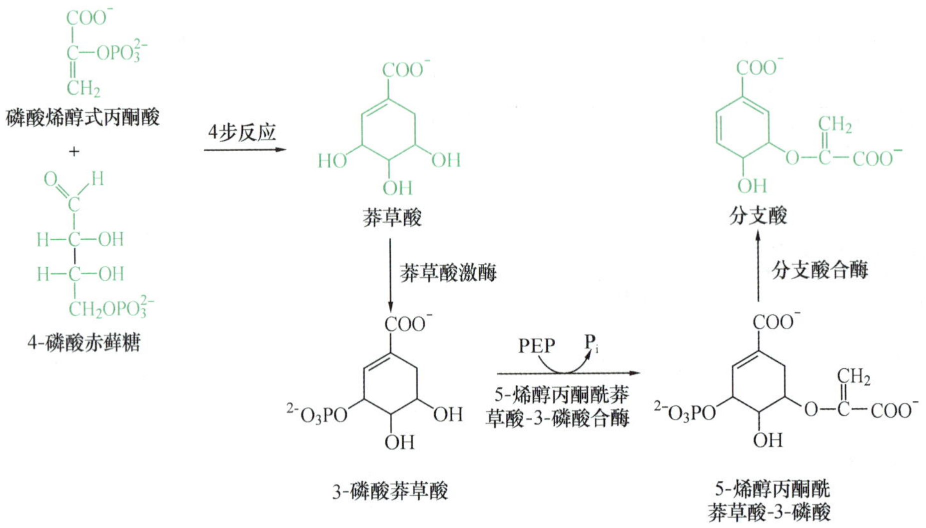

图 13-19　分支酸的合成

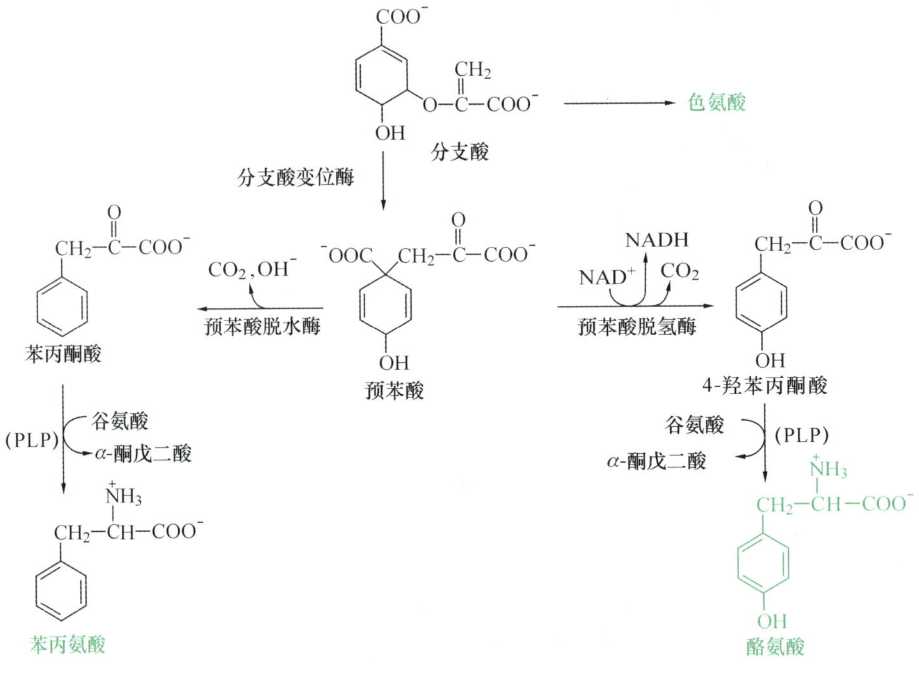

图 13-20　芳香族氨基酸的合成途径

有单个氨基酸的合成调节，也有各种氨基酸之间的协同调节。调节机制多种多样，包括同工酶调节、酶活性调节以及终产物的反馈调节等。

五、氨基酸是许多生物分子的合成前体

氨基酸的首要任务是作为蛋白质合成的材料，执行此任务时，氨基酸需要经过活化、共价连接到 tRNA 分子上，形成氨酰-tRNA，然后在 mRNA 指导下合成具有特定序列的蛋白质（详见第十七章）。氨基酸还有一个重要任务就是作为许多重要活性分子合成的前体。

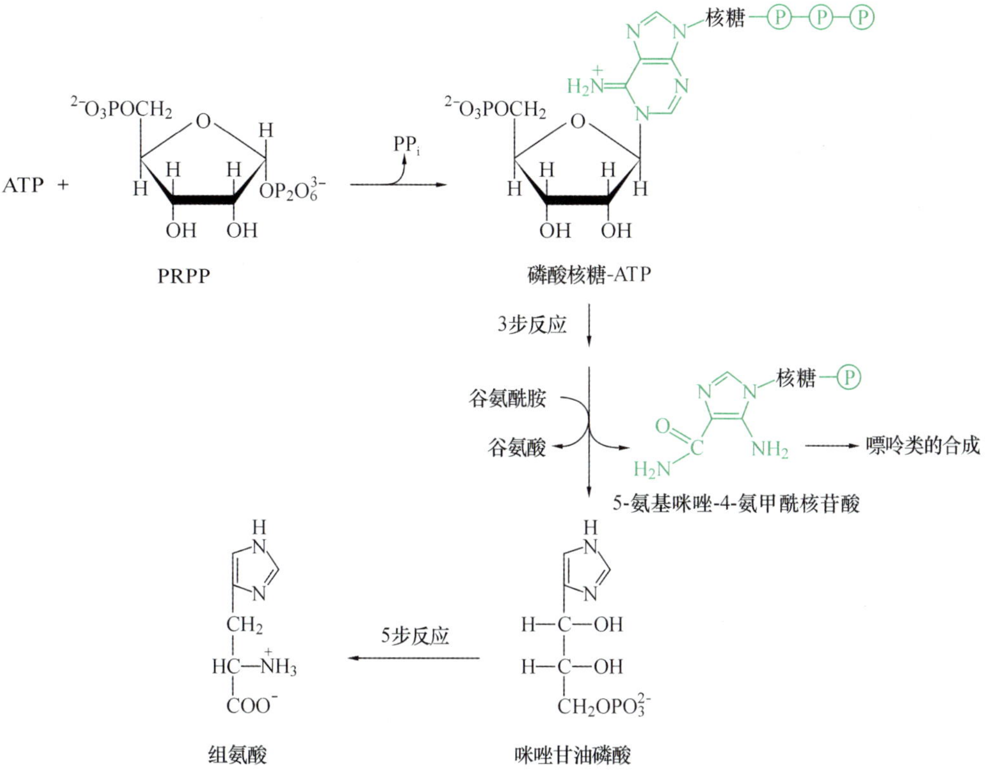

图 13-21 PRPP 与 ATP 合成组氨酸

(一)谷胱甘肽的生物合成

谷胱甘肽是机体中重要的巯基缓冲剂和氧化还原缓冲剂(详见第三章)。谷氨酸和半胱氨酸可用于合成谷胱甘肽(图 13-22)。首先谷氨酸的 γ-羧基被 ATP 活化,生成 γ-谷氨酰磷酸;之后与半胱氨酸的氨基发生缩合反应,生成 γ-谷氨酰半胱氨酸;继续由 ATP 提供能量和磷酸基团,使 α-羧基活化;最后与甘氨酸的氨基发生缩合,生成谷胱甘肽。

(二)肌酸的生物合成

肌酸是磷酸肌酸的前体,在肌肉和神经的储能中占有重要位置。肌酸合成的第一步由转脒基酶(amidinotransferase)催化,精氨酸提供胍基给甘氨酸,合成胍基乙酸;然后由甲基转移酶催化,S-腺苷甲硫氨酸提供甲基给胍基乙酸,最终生成肌酸(图 13-23)。

(三)由精氨酸合成一氧化氮

精氨酸在一氧化氮合酶作用下生成瓜氨酸和一氧化氮(NO)。反应需要多个辅助因子,如 NADPH。

NO(·N ═O)是氮的一种不稳定性气态衍生物,携带自由电子,反应活性极高,但寿命很短,只存在几秒钟。它可以快速扩散进入细胞,在水溶液中与氧气和水反应生成硝

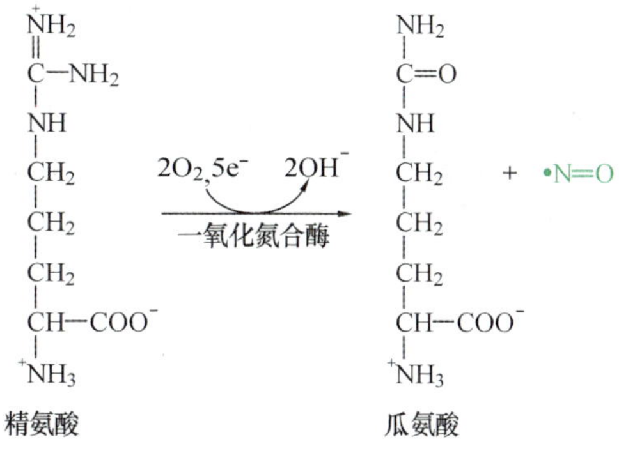

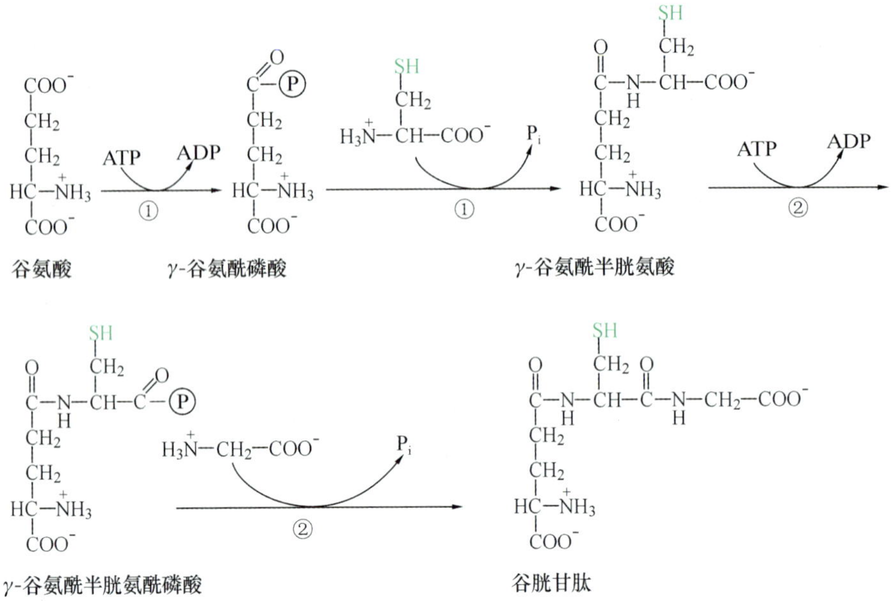

①γ-谷氨酰半胱氨酸合成酶；②谷胱甘肽合成酶

图 13-22　谷胱甘肽的生物合成

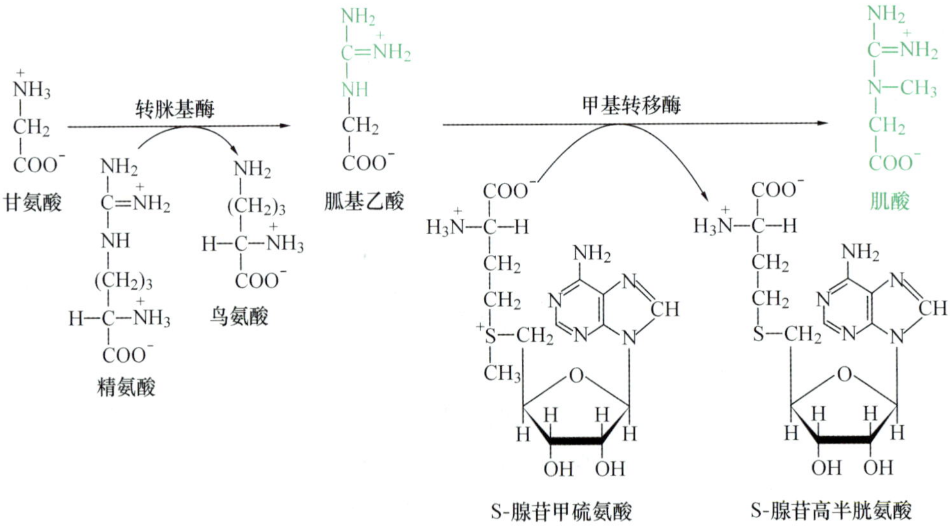

图 13-23　肌酸的生物合成

酸和亚硝酸。尽管 NO 具有潜在的毒性，但其生理意义重大。它是一类新发现的信号分子，能与鸟苷酸环化酶结合，刺激生成 cGMP，参与许多生理过程，如帮助巨噬细胞吞噬细菌和肿瘤细胞；引起血管放松，降低血压；与超氧阴离子（$\cdot O_2^-$）结合成毒性更大的反应活性物质，参与细胞凋亡；等等。

知识拓展框

丝氨酸-甘氨酸平衡对肝脏健康的影响

代谢功能障碍相关的脂肪肝病(metabolic dysfunction-associated steatotic liver disease, MASLD),旧称非酒精性脂肪性肝病(non-alcoholic fatty liver disease,NAFLD),是全球最常见的慢性肝脏疾病之一,影响着全球 1/3 的人口。虽然早期的肝脂肪变性是可逆的,但是 MASLD 可能会发展为更严重的疾病,如代谢功能障碍相关性脂肪性肝炎(MASH),这一过程伴随着肝细胞损伤、炎症反应的加剧,最终可能导致肝纤维化、肝硬化乃至肝癌的发生。

代谢异常在 MASLD 发展和恶化中扮演重要角色,除了与 MASLD 相关的脂肪酸和碳水化合物代谢途径的变化外,氨基酸代谢变化已成为其发病机制的一个新特征。大量流行病学研究证据表明,低水平的血液循环甘氨酸与 MASLD、心脏代谢和代谢综合征密切相关。那么,为什么 MASLD 肝脏中甘氨酸水平会出现特征性下降呢? 2024 年 1 月,以色列理工学院的 Eyal Gottlieb 与合作者在 *Cell Metabolism* 上发表的题为"Serine synthesis via reversed SHMT2 activity drives glycine depletion and acetaminophen hepatotoxicity in MASLD"的文章揭示了背后的原因。

该研究利用非靶向代谢组学,对比了饲喂高脂高糖食物诱发 MASLD 的 WD(Western diet)小鼠与标准饮食喂养的 CD(standard chow diet)小鼠之间的代谢变化,发现 WD 小鼠中较 CD 小鼠显著降低的代谢物主要富集在丝氨酸和甘氨酸以及甲基化循环途径。肝脏是一碳代谢的主要器官,丝氨酸羟甲基转移酶(serine hydroxymethyltransferase, SHMT)可介导丝氨酸和甘氨酸相互转化,同时发生四氢叶酸甲基的转移(相关反应详见本章丝氨酸族氨基酸合成);此外甘氨酸还作为甘氨酸 N-甲基转移酶(GNMT)的甲基受体,产生单甲基甘氨酸(肌氨酸)。与 CD 小鼠相比,WD 小鼠的甘氨酸、肌氨酸含量均显著降低。进一步使用稳定同位素标记技术追踪血浆和肝脏中的甘氨酸及相关代谢物水平变化,发现 WD 小鼠血浆中丝氨酸水平显著升高。据此,作者推测 MASLD 肝脏中甘氨酸减少的原因可能是 SHMT 的反向活性增加,导致甘氨酸消耗增加,用于合成了更多的丝氨酸。后续的 SHMT2 敲除小鼠在饲喂高脂高糖后甘氨酸水平显著增加的实验结果证实了这一推测。

此外,研究还探讨了甘氨酸水平降低对肝脏解毒能力的影响。谷胱甘肽(GSH)是由甘氨酸、谷氨酸和半胱氨酸组成的三肽,在肝脏应对氧化应激及解毒过程中发挥重要作用。低水平的甘氨酸会导致 GSH 合成减少,在 WD 小鼠中也出现了 GSH 含量减少的现象。接下来作者发现肝细胞中甘氨酸水平降低会增强细胞对外源性氧化应激(乙酰氨基酚处理)的敏感性,而补充甘氨酸可提高肝脏 GSH 水平,缓解这种氧化应激。与对照组相比,SHMT2 敲除小鼠的肝脏甘氨酸和 GSH 水平显著升高,氧化应激、DNA 损伤程度显著降低。

综上所述,这项研究揭示了 MASLD 肝脏中甘氨酸减少的根本原因是甘氨酸向丝氨酸的转化增加,导致了甘氨酸的过度消耗所致,甘氨酸减少会降低谷胱甘肽的合成,使肝脏对乙酰氨基酚诱导的损伤更为敏感。同时，研究也指出了外源补充甘氨酸对于提高谷胱甘肽合成，以及减少肝脏脂肪病变中乙酰氨基酚的毒性方面的重要作用。研究结果为更好地理解 MASLD 的发生机制以及预防和治疗提供了新的思路和方法。

Ghrayeb A, Finney A C, Agranovich B, et al. Serine synthesis via reversed SHMT2 activity drives glycine depletion and acetaminophen hepatotoxicity in MASLD. Cell Metabolism, 2024, 36: 116-127.

二维码 13-1
天冬酰胺酶和
急性白血病

二维码 13-2
S-腺苷甲硫氨酸
与肌萎缩性脊髓
侧索硬化症

第十三章思考题

第十四章　核苷酸代谢

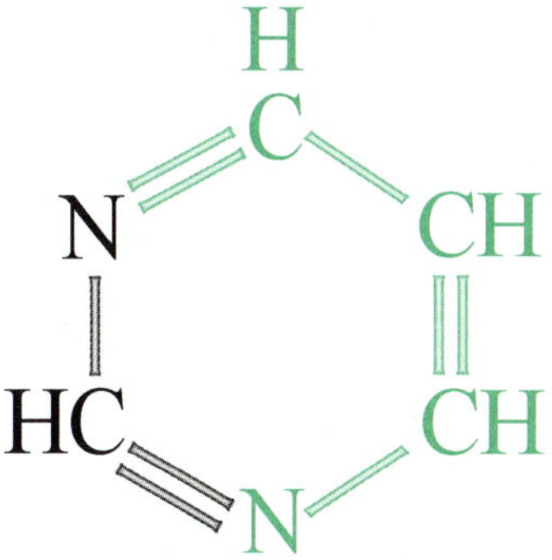

核苷酸不仅是构成 DNA 和 RNA 的基本单元，还以游离或掺入辅因子的形式参与细胞各种活动。细胞中核苷酸的适时合成和降解是细胞正常活动所必需的。所有生物和细胞都能合成嘌呤核苷酸和嘧啶核苷酸。间期细胞合成核苷酸主要用于 RNA 和各种核苷酸辅因子的合成；分裂细胞合成脱氧核苷酸主要用于 DNA 合成。核苷酸生物合成有两条基本途径：从头合成途径（*de novo* pathways）和补救途径（salvage pathways）。从头合成途径是指以氨基酸、CO_2 等小分子前体为原料，通过依次获取氮原子和碳原子先合成碱基环、再合成核苷酸的过程。从头合成是高耗能过程，补救途径则是直接利用核酸降解产物——碱基或核苷合成核苷酸，可大幅度减少能量消耗。

由于脱氧核苷酸合成与细胞分裂密切相关，而癌症又是细胞分裂失控的结果，有关脱氧核苷酸合成的调控研究对现代医学的发展有重要意义。对核苷酸降解的研究也很重要，核苷酸代谢异常会导致机体出现病态。本章将重点介绍嘌呤和嘧啶核苷酸的从头合成途径，简单介绍补救途径以及核糖核苷酸如何还原为 2′-脱氧核糖核苷酸，最后讨论核苷酸的分解代谢。

第一节　嘌呤核苷酸的生物合成

一、嘌呤核苷酸的从头合成

早先认为嘌呤核苷酸是以嘌呤碱、核糖、磷酸为底物合成的，后来借助同位素标记（如 $^{14}CO_2$ 等）技术对鸟类氮素代谢终端产物进行分析，证实嘌呤环上的碳原子和氮原子分别来源于甘氨酸、天冬氨酸、谷氨酰胺、CO_2 和一碳单位（N^{10}-甲酰四氢叶酸）（图 14-1）。嘌呤核苷酸从头合成的最初底物是 5-磷酸核糖-1-焦磷酸（5-phosphoribosyl-1-pyrophosphate，PRPP），它提供核糖和磷酸骨架，在此基础上，经过一系列酶促反应逐步合成嘌呤环，最初合成的是次黄嘌呤核苷酸（inosine 5-monophosphate，IMP），随后，IMP 经过不同的代谢途径再转化为腺嘌呤核苷酸（AMP）或鸟嘌呤核苷酸（GMP）。

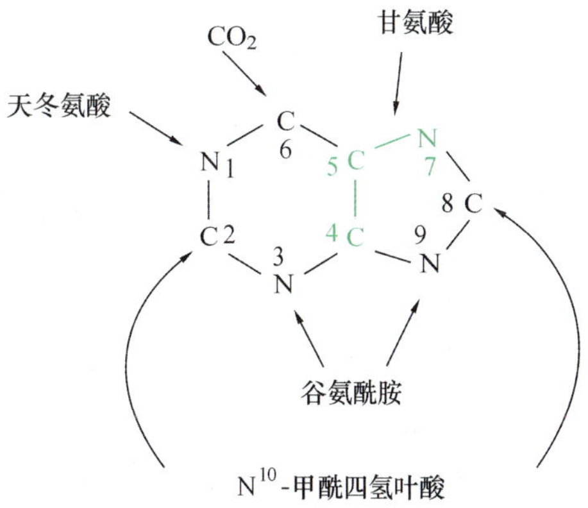

图 14-1　嘌呤环原子的来源

PRPP 在核糖环的 C_5 位有一个磷酸基团，在 C_1 位有一个焦磷酸基团。合成 PRPP 需要 PRPP 合成酶，底物为 5-磷酸核糖。如图 14-2 所示，5-磷酸核糖 C_1 位的羟基亲核攻击 ATP 的 β 位磷原子，ATP 的焦磷酸根转移到 5-磷酸核糖的 C_1，形成 PRPP（图 14-2）。

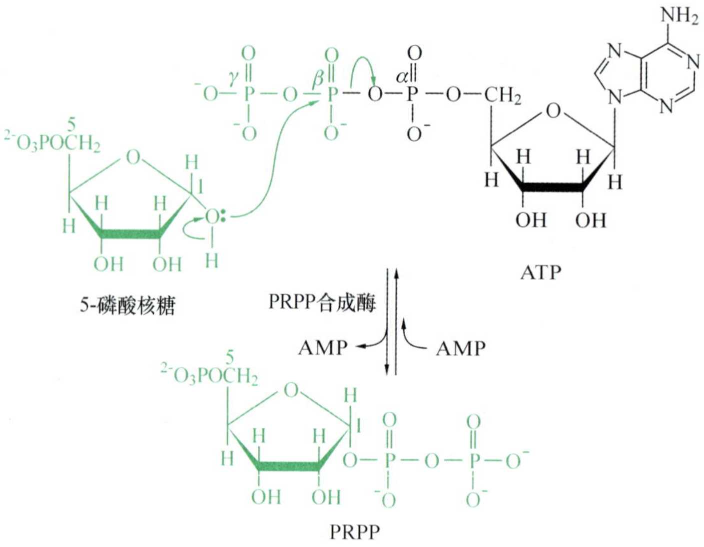

图 14-2　PRPP 的合成

从 PRPP 开始到 IMP 合成，共需要 10 步反应（图 14-3）。反应第一步是谷氨酰胺的掺入，PRPP 水解失去焦磷酸基团，将 5-磷酸核糖基提供出来，接受谷氨酰胺的氨基，生成 5-磷酸核糖胺，催化这步反应的酶是谷氨酰胺-PRPP 转酰胺酶。需要指出的是，在氨基替代焦磷酸根的同时，核糖的异头体发生了变化，由 α-型变为 β-型。之后经过甘氨酸骨架的掺入，甲酰基（供体为 N^{10}-甲酰四氢叶酸，即 N^{10}-甲酰-THF）和另 1 分子谷氨酰胺氨基的掺入，以及相继发生羧化反应、天冬氨酸氨基掺入和又一甲酰基的贡献，最后生成 IMP。至此，一个由 9 个原子组成的嘌呤环合成完成。

简单看来，IMP 的合成就是在 PRPP 贡献的磷酸核糖“基底”上依次构建嘌呤环，构建过程中除需要 2 分子谷氨酰胺、1 分子甘氨酸、1 分子天冬氨酸、2 分子 N^{10}-甲酰四氢叶酸和 1 分子碳酸（HCO_3^-，CO_2 的水合形式）外，还需要 5 分子 ATP，说明嘌呤环的合成高度耗能。

有了 IMP，其他嘌呤核苷酸的合成才有了基础。以 IMP 作为前体，经过“两步”反应可转变成腺嘌呤核苷酸（AMP）或鸟嘌呤核苷酸（GMP）（图 14-4）。

“两步”反应的实质是嘌呤环的修饰，反应也需要能量。从 IMP 生成 AMP，第一步反应由腺苷酸琥珀酸合成酶催化，由天冬氨酸提供氨基修饰嘌呤环，由 GTP 水解供能；生成的腺苷酸琥珀酸在裂解酶作用下裂解出延胡索酸，释放出 AMP。从 IMP 转化为 GMP，第一个酶是 IMP 脱氢酶，在 NAD^+ 参与下，先氧化生成黄嘌呤核苷酸（xanthosine monophosphate，XMP），再由谷氨酰胺提供一个氨基，转变成 GMP；能量来自 ATP 的焦磷酸解。从上述反应式还可以看出，黄嘌呤环是次黄嘌呤环的氧化物，在 C_2 位多一个羰基氧。值得一提的是，IMP 转变为 AMP 的过程由 GTP 提供能量，IMP 转变为 GMP 由 ATP 提供能量，这种安排有助于维持 ATP 和 GTP 之间的浓度平衡，当其中一种核苷酸的浓度较高时，可以通过促进相应的合成反应来消耗它，从而避免能量的浪费和过度积累。

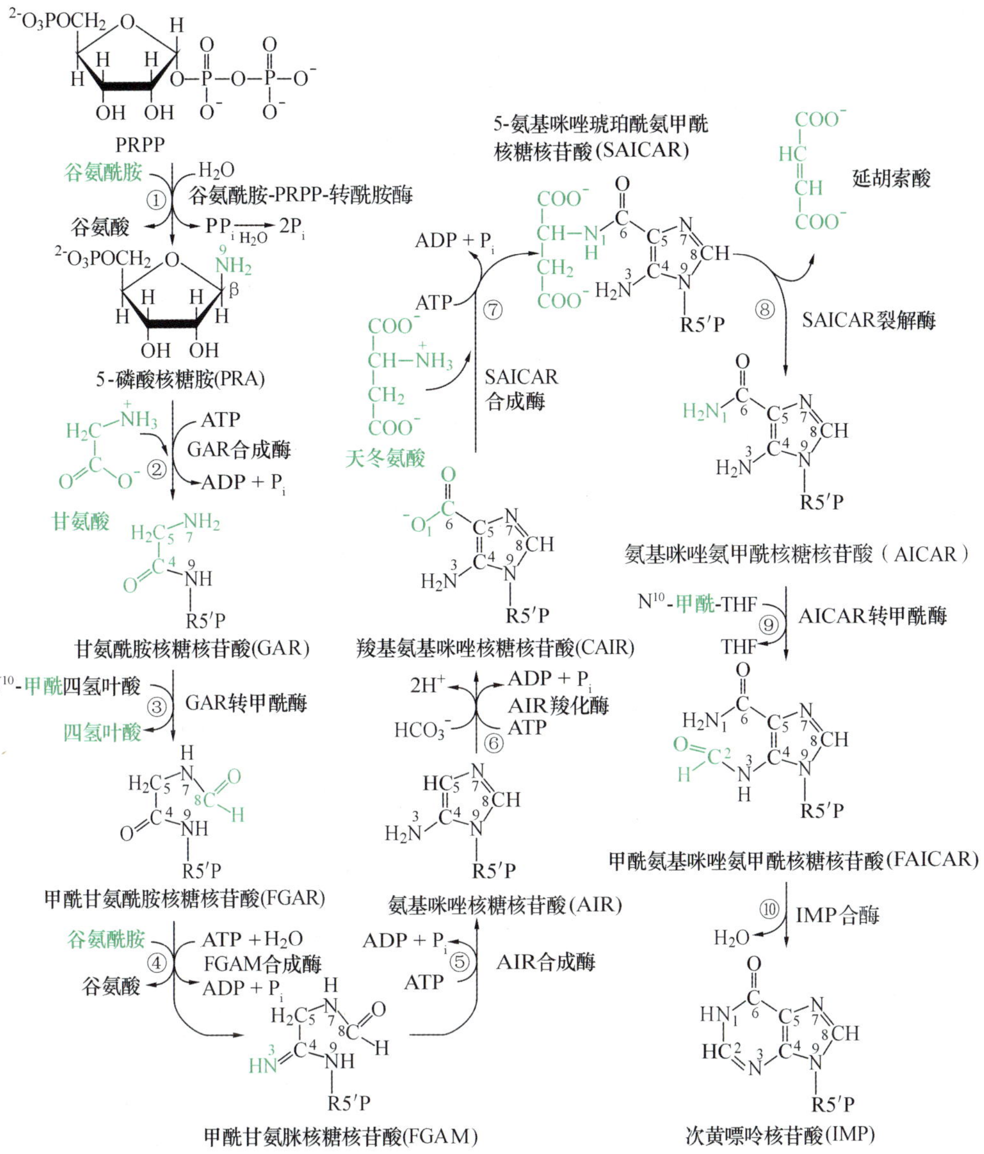

图 14-3 次黄嘌呤核苷酸的合成途径

总之，嘌呤核苷酸的从头合成分为两个阶段：第一阶段由 PRPP 提供磷酸核糖部分，并在其上完成嘌呤环各原子的依次加入以及环化成 IMP；第二阶段是 IMP 转变为其他嘌呤核苷酸。嘌呤核苷酸的从头合成是一个耗能量的过程。

二、嘌呤核苷酸合成的调节

嘌呤核苷酸的生物合成受到精细调节，调节方式主要为反馈抑制，有 3 个控制点（图 14-5）：

①PRPP 合成酶。该酶的催化产物是 PRPP——嘌呤核苷酸合成途径的最初底物，其活性受到 ADP 和 GDP 的抑制，此处的反馈抑制可防止 5-磷酸核糖生成 PRPP 时 2 个高能磷酸键的消耗，避免能量浪费。不过由于 PRPP 还参与其他 10 多种反应，PRPP 合成酶在嘌呤合

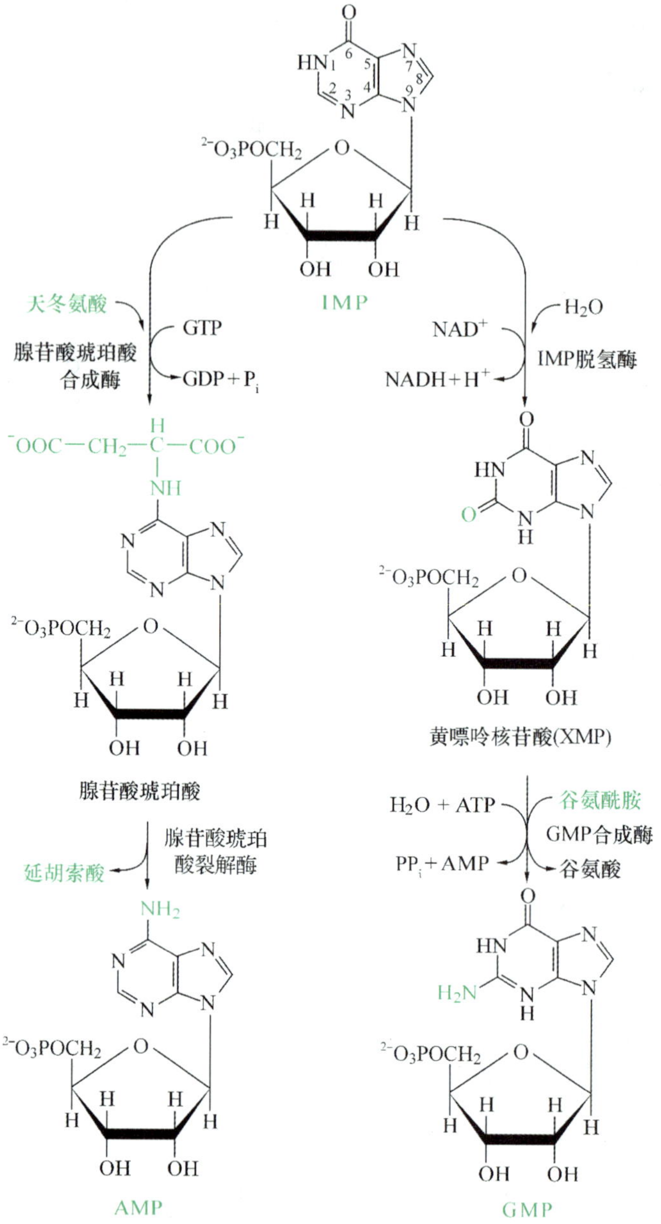

图 14-4　IMP 转化为 AMP 和 GMP 的途径

成中的调节作用处于次要地位。

②谷氨酰胺-PRPP 转酰胺酶。该酶催化的是嘌呤核苷酸合成的第一步反应，为别构酶，可被终产物 AMP、GMP 和 IMP 所抑制，无论 AMP 或 GMP 积累过量都可以在这一步起到部分抑制的作用。谷氨酰胺-PRPP 转酰胺酶是嘌呤核苷酸从头合成的关键调节部位。

③从 IMP 到 AMP 或 GMP 两个分支途径的第一步反应的酶。AMP 抑制腺苷酸琥珀酸合成酶活性，GMP 抑制 IMP 脱氢酶活性。两个分支途径的单独调节有利于其中一个产物过量受到抑制时而不影响另一个。

常用于抑制嘌呤核苷酸合成的抗代谢药物通常是嘌呤、氨基酸或叶酸的类似物，它们通过

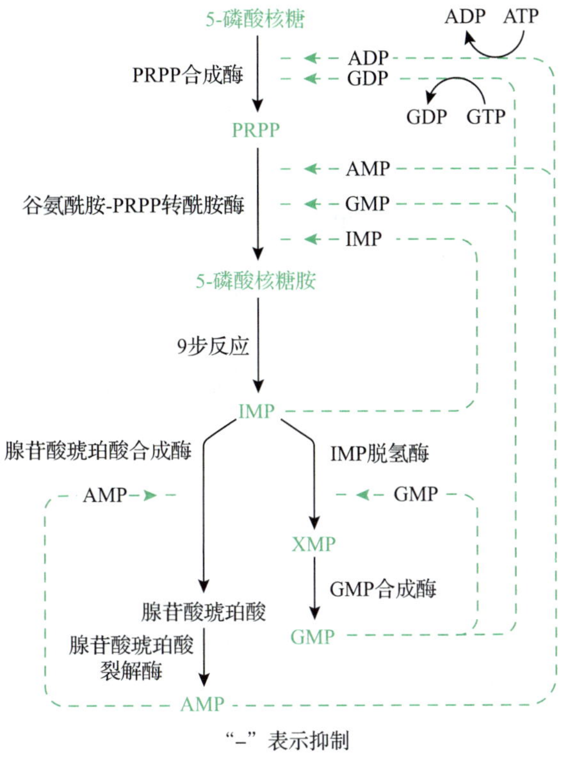

图 14-5　嘌呤核苷酸生物合成的反馈调节

对酶的竞争性抑制作用，干扰或抑制嘌呤核苷酸的合成。在临床上广泛应用的 6-巯基嘌呤(6-MP)，其化学结构与次黄嘌呤类似，可以抑制 IMP 转变为 AMP 或 GMP，因而具有抗肿瘤作用。

三、嘌呤核苷酸合成的补救途径

在细胞正常代谢过程中，核酸经相关核酸酶、核苷酸酶、核苷酶等的催化作用，降解为单核苷酸、核苷和碱基。由此形成的嘌呤碱和嘧啶碱有两种命运：或发生进一步降解(如嘌呤碱转变为尿酸，详见本章第四节)，或通过补救途径直接转化为核苷酸。通常由食物消化产生的碱基发生进一步降解，而细胞内核酸降解产生的碱基多用于补救途径。补救途径有利于细胞节省能量。

嘌呤核苷酸合成的补救途径主要有：

①由嘌呤碱与 1-磷酸核糖(R-1-P)合成嘌呤核苷酸。首先在核苷磷酸化酶催化下生成嘌呤核苷，再由核苷激酶催化生成嘌呤核苷酸。

$$\text{嘌呤碱} + \text{R-1-P} \longrightarrow \text{嘌呤核苷} \longrightarrow \text{嘌呤核苷酸}$$

②由嘌呤碱与 PRPP 合成嘌呤核苷酸。在磷酸核糖基转移酶催化下，PRPP 水解释放焦磷酸，将磷酸核糖贡献出来，与碱基共价连接形成核苷酸。磷酸核糖基转移酶具有针对嘌呤碱的专一性，如腺嘌呤磷酸核糖基转移酶催化腺嘌呤和 PRPP 合成 AMP，次黄嘌呤-鸟嘌呤磷酸核糖基转移酶催化 IMP 和 GMP 的合成。

$$\text{嘌呤碱} + \text{PRPP} \longrightarrow \text{嘌呤核苷酸} + \text{PP}_i$$

次黄嘌呤-鸟嘌呤磷酸核糖基转移酶在人体嘌呤核苷酸补救途径中发挥重要作用。先天性缺乏该酶的个体将患莱施-奈恩综合征(Lesch-Nyhan syndrome)。患者因次黄嘌呤、鸟嘌呤无法转化为 IMP 和 GMP,只能降解为尿酸,致体内尿酸水平增高,PRPP 水平也高,产生痛风和自残倾向。

第二节　嘧啶核苷酸的生物合成

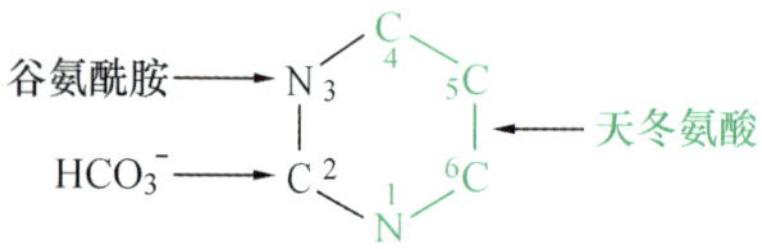

图 14-6　嘧啶环原子的来源

嘧啶碱的生物合成比嘌呤碱容易,消耗 ATP 也少。同位素标记实验证实,嘧啶环的 C_2 原子来自 HCO_3^-,N_3 原子来自谷氨酰胺,天冬氨酸贡献其他 4 个原子(图 14-6)。

一、嘧啶核苷酸的从头合成

尿嘧啶核苷一磷酸(UMP)是合成其他嘧啶核苷酸的前体。嘧啶核苷酸的从头合成首先是 UMP 的合成。UMP 从头合成共有 6 步反应(图 14-7)。

第一步是氨甲酰磷酸的合成。在氨甲酰磷酸合成酶(carbamoyl phosphate synthetase, CPS)催化下,谷氨酰胺作为氨基供体,与 HCO_3^- 和 ATP 反应,生成氨甲酰磷酸。每合成 1 分子氨甲酰磷酸消耗 2 分子 ATP。真核生物氨甲酰磷酸合成酶包括在尿素循环中发挥作用的Ⅰ型 CPS(存在于线粒体中)和在嘧啶核苷酸合成中发挥作用的Ⅱ型 CPS(存在于细胞液中)。细菌只含一种氨甲酰磷酸合成酶,属于Ⅱ型 CPS。

氨甲酰磷酸与天冬氨酸反应生成氨甲酰天冬氨酸,再闭环成二氢乳清酸(dihydroorotate),最后脱氢氧化成乳清酸。催化这 3 步反应的酶分别是天冬氨酸转氨甲酰酶(aspartatetranscarbamoylase, ATCase)、二氢乳清酸酶(dihydroorotase)和二氢乳清酸脱氢酶(dihydroorotate dehydrogenase)。乳清酸是合成尿嘧啶核苷酸的重要中间产物,至此已形成嘧啶环。

而后,乳清酸与 PRPP 连接生成乳清苷酸(orotidine monophosphate, OMP),再经脱羧生成 UMP。催化这两步反应的酶分别是乳清酸磷酸核糖基转移酶和乳清苷酸脱羧酶。

无论是原核细胞还是真核细胞,嘧啶核苷酸合成的 6 个基本步骤是一致的,只是酶的组织方式不同。在 *E. coli* 中,各个酶分别起催化作用。在真核细胞质中,催化前 3 步反应的酶形成多功能蛋白——二氢乳清酸合酶(dihydroorotate synthase),乳清苷酸核糖磷酸转移酶和乳清苷酸脱羧酶则融合为多功能酶——UMP 合酶。多功能酶可使代谢中间产物直接从酶的一个活性位点到达下一个活性位点,有利于限制中间产物的扩散,提高酶催化效率。

通过上述途径生成的 UMP,在激酶作用下发生磷酸化,再转化为胞嘧啶核苷三磷酸(CTP)。从 UMP 转化成 CTP 需要 3 步反应。前 2 步是 ATP 依赖的转化反应,即 UMP 激酶催化 ATP 的 γ-磷酸基团转移给 UMP,生成 UDP;核苷二磷酸激酶催化另 1 分子 ATP 的 γ-磷酸基团转移给 UDP,生成 UTP。

$$\text{UMP} \longrightarrow \text{UDP} \longrightarrow \text{UTP}$$

核苷单磷酸转变成核苷三磷酸是所有生物共有的途径。细胞中存在着一系列激酶能将核苷单磷酸转变成相应的核苷二磷酸和核苷三磷酸。

$$\text{NMP} \longrightarrow \text{NDP} \longrightarrow \text{NTP}$$

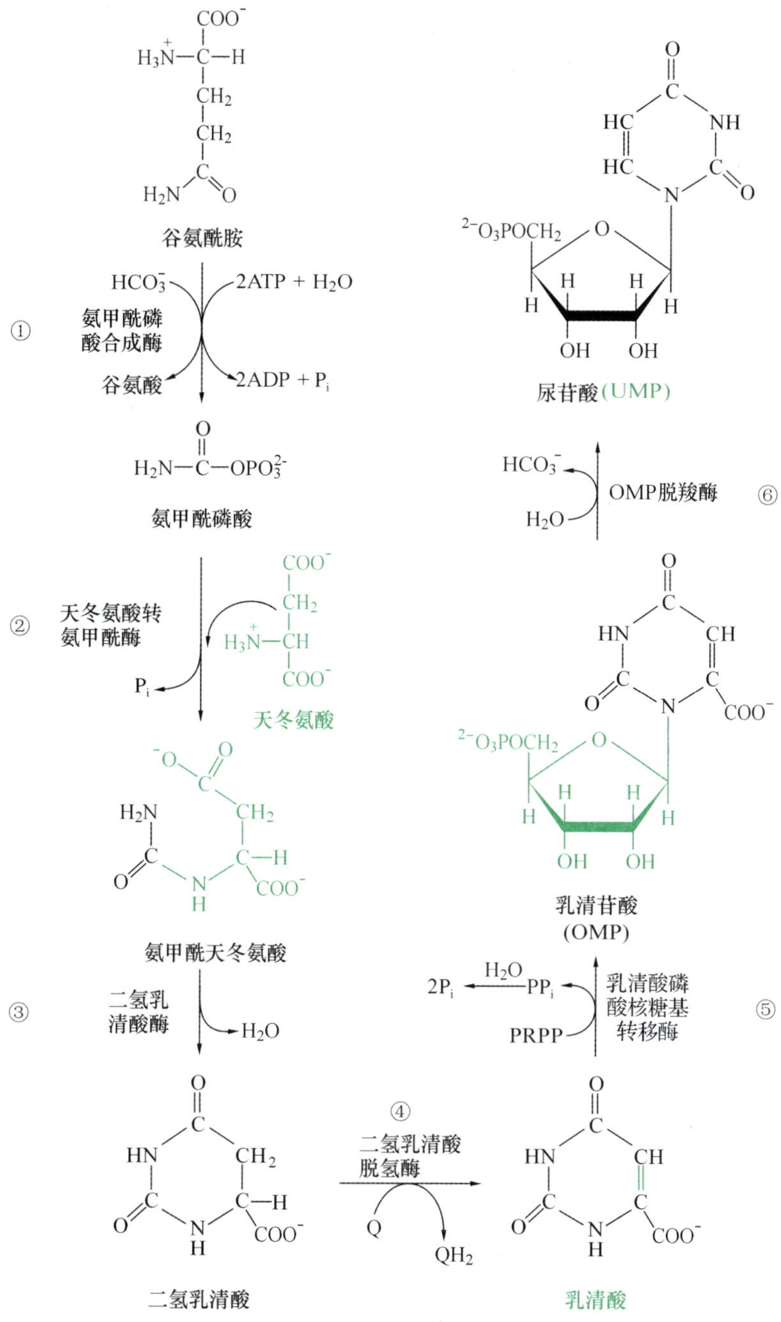

图 14-7　尿苷酸的生物合成

最后一步反应是在 CTP 合成酶催化下完成的。谷氨酰胺的酰胺基团中氨基依赖于 ATP 水解并转移至 UTP 的 C_4 上，生成 CTP(图 14-8)。

二、嘧啶核苷酸合成的调节

E. coli 嘧啶核苷酸的合成调节如图 14-9 所示，UMP 合成的关键酶是天冬氨酸转氨甲酰酶(ATCase)，属于别构酶(详见第五章)，被终产物 CTP 抑制，受 ATP 激活。真核细胞嘧啶核苷酸从头合成途径的调节方式比较复杂，关键酶是氨甲酰磷酸合成酶Ⅱ和 CTP 合成酶。

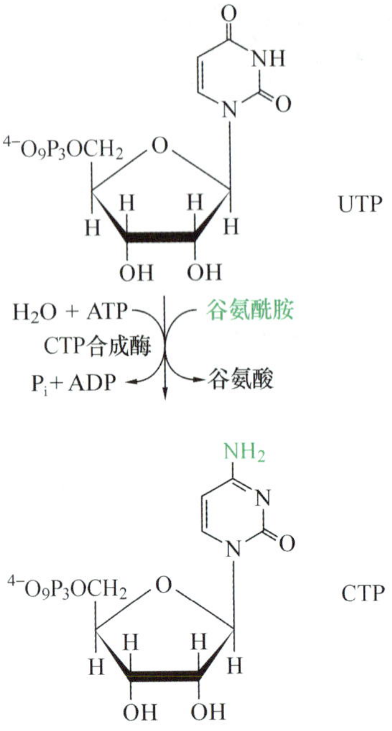

图 14-8　CTP 合成酶催化 UTP 转化为 CTP

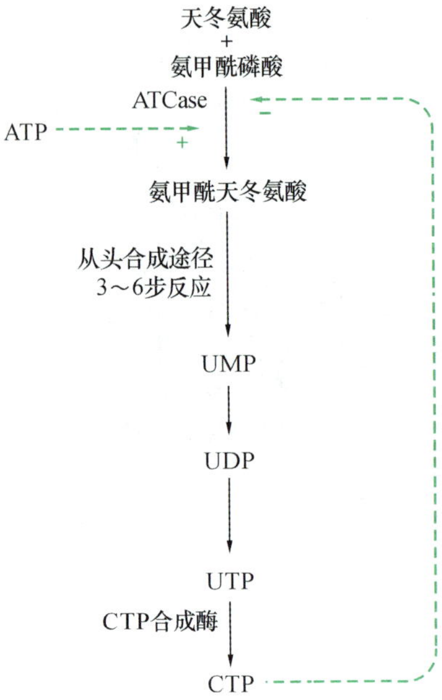

“＋”表示激活；“－”表示抑制

图 14-9　*E. coli* 嘧啶核苷酸生物合成的调节部位

三、嘧啶核苷酸合成的补救途径

游离的尿嘧啶可直接接受 PRPP 提供的磷酸核糖基，在嘧啶磷酸核糖基转移酶催化下生成 UMP；也可与 1-磷酸核糖反应生成尿嘧啶核苷，之后在尿苷激酶催化下生成 UMP。

$$\text{U}+\text{PRPP}\xrightarrow{\text{嘧啶磷酸核糖基转移酶}}\text{UMP}+\text{PP}_i$$

$$\text{尿嘧啶核苷}+\text{ATP}\xrightarrow{\text{尿苷激酶}}\text{UMP}+\text{ADP}$$

与尿嘧啶不同，胞嘧啶碱基不能直接与 PRPP 反应生成 CMP。

知识拓展框

磷脂合成调控核苷酸代谢的作用机制

生物体中核苷酸的合成、分解和转化受到严格调控，其意义在于维持细胞内核苷酸库的平衡，以满足细胞生长和增殖的生理需求。在面对外界或体内环境变化时，细胞通过调节核苷酸合成和分解以应对不利环境。这里介绍一种最新阐明的细胞整合磷脂合成和嘧啶核苷酸合成的代谢调节机制及其可能的生理意义。

磷脂是细胞膜的主要组成成分，由极性的磷脂酰基头部和非极性的脂肪酸尾部组成，其中，磷脂酰乙醇胺（PE）和磷脂酰胆碱（PC）是两种主要的磷脂类型。PE 和 PC 的合成起始于胆碱和乙醇胺与 ATP 反应生成的活化前体——磷酸胆碱和磷酸乙醇胺，随后前体与 CTP（胞苷三磷酸）在相应转移酶的作用下生成 CDP-胆碱或 CDP-乙醇胺，进而与甘油二酯（DAG）缩合释放出 CMP 而生成 PE 和 PC。这条途径是生物体内合成磷脂的主要代谢途径，因生物化学家 Eugene P. Kennedy 的贡献而被称为 Kennedy 途径。Kennedy 途径对于维持细胞膜的结构和功能至关重要，其活性受到营养状态、细胞生长阶段和环境等多种因素的调控。Kennedy 途径的失调与多种疾病有关，包括心血管疾病、肝脏疾病和神经退行性疾病等。

2024 年 7 月，浙江大学生命科学学院叶存奇团队在 *Nature Chemical Biology* 上，以"Phospholipid biosynthesis modulates nucleotide metabolism and reductive capacity"为题发表了研究论文，论文以真核模式生物酿酒酵母为研究模型，阐述了 Kennedy 途径对核苷酸代谢以及细胞还原能力的影响。

研究发现，当 Kennedy 途径受到阻断时，多种核苷酸代谢物的水平会升高，包括核苷单磷酸（NMP）、核苷二磷酸（NDP）和核苷三磷酸（NTP），特别是 CMP（胞苷单磷酸）的水平显著增加。同位素示踪实验结果显示，在 Kennedy 途径缺陷的细胞中，从头合成的 CMP 水平显著增加，CMP 的周转率降低，两者可能是导致 CMP 在细胞内积累的原因。这些结果表明 Kennedy 途径的缺陷导致核苷酸再利用受限，细胞可能会更多地依赖于核苷酸的从头合成途径来满足核苷酸的需求。同时，细胞内 5-磷酸核糖（R5P）在 Kennedy 途径受阻时显著增加，而磷酸戊糖途径（PPP）是产生 R5P 的主要途径，表明 Kennedy 途径的缺陷可能通过激活磷酸戊糖途径来增加核苷酸从头合成时对 R5P 的需求。PPP 活性的增强产生了更多的 NADPH，同时促进了谷胱甘肽（GSH）的合成，这对于维持细胞的还原状态和对抗氧化应激至关重要。

在细胞复制老化过程中，作者观察到 Kennedy 途径的活性降低。基于以上研究结果，作者认为通过整合磷脂合成和核苷酸代谢途径，以增强 PPP 和抗氧化剂的产生来对抗老化过程中增加的氧化应激，这可能是衰老过程中细胞的一种自我保护机制。另外，鉴于磷脂和核苷酸代谢失调与多种疾病状态有关，这项研究可能为相关疾病的治疗提供新的靶点。

Zhu Y B, Tong X M, Xue J Y, et al. Phospholipid biosynthesis modulates nucleotide metabolism and reductive capacity. Nature Chemical Biology, 2025, 21(1): 35-46.

第三节　脱氧核糖核苷酸的合成

一、核糖核苷酸还原为脱氧核糖核苷酸

脱氧核糖核苷酸通常是由相应的核糖核苷二磷酸（NDP）还原生成的。在生物体内，4 种核糖核苷二磷酸（ADP、GDP、CDP 和 UDP）均可被还原转化为相应的脱氧核糖核苷二磷酸。在一个由多组分组成的还原系统的作用下，核糖核苷二磷酸在核糖 C_2 羟基上发生脱氧反应，还原力的最初供体是 NADPH（图 14-10），产物是 H_2O 和 4 种脱氧核糖核苷酸（dADP、dGDP、dCDP 和 dUDP）。

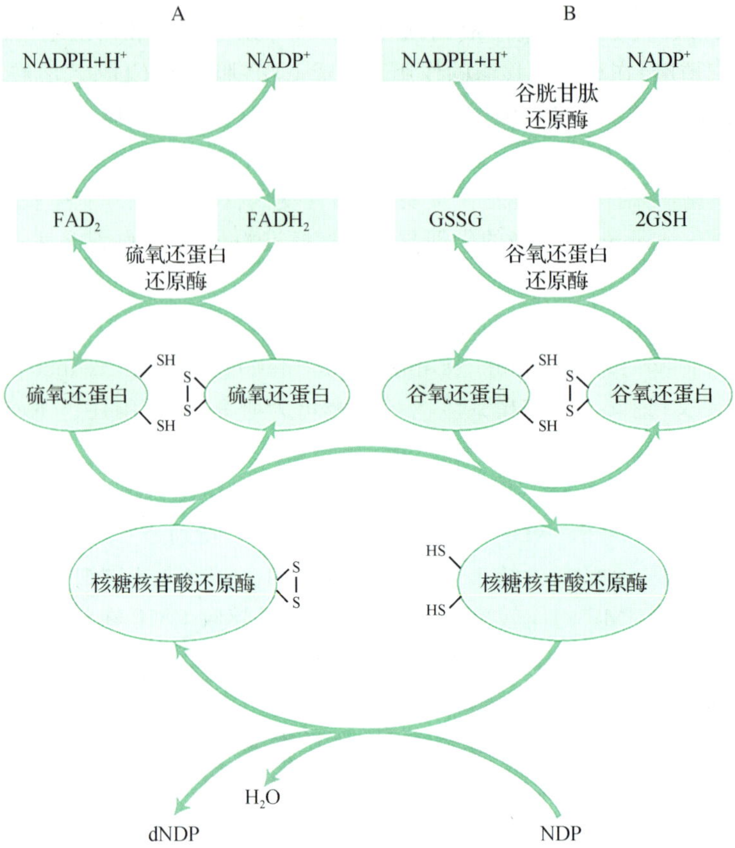

图 14-10　核糖核苷二磷酸的还原

核糖核苷二磷酸还原系统涉及 3 种蛋白质：硫氧还蛋白还原酶（thioredoxin reductase）、硫氧还蛋白（thioredoxin）和核糖核苷酸还原酶（ribonucleotide reductase），它们在活性部位有一个共同特点，即都能通过二硫键和一对巯基的转化发生可逆氧化还原反应。其中硫氧还蛋白的作用是作为氢的传递体。硫氧还蛋白还原酶的活性部位在不同生物中略有不同，此酶在哺乳动物中属于硒蛋白家族成员，其活性中心包含一个半胱氨酸巯基和一个硒代半胱氨酸巯基。核糖核苷酸还原酶有多种类型，为别构酶。

如图 14-10A 所示，核糖核苷二磷酸还原系统的催化过程最初由 NADPH 提供氢和电子，首先经 FAD 传递至硫氧还蛋白还原酶，后者将其二硫键还原，接着硫氧还蛋白接受电子从氧化态转变为还原态，继而又将电子传递给核糖核苷酸还原酶活性中心的二硫键，该酶接受电子从无活性转变为活性形式，进而催化核糖核苷二磷酸在 2′位脱氧生成脱氧核糖核苷二磷酸。

此外，生物体还存在另一类核糖核苷酸还原系统，由谷胱甘肽还原酶（glutathione reductase）、谷氧还蛋白还原酶（glutaredoxin reductase）、谷氧还蛋白（glutaredoxin）和核糖核苷酸还原酶组成（图 14-10B）。该催化系统是在谷胱甘肽还原酶的催化下由还原性谷胱甘肽接受来自 NADPH 的氢和电子，再经谷氧还蛋白还原酶、谷氧还蛋白传递至核糖核苷酸还原酶（图 14-10B），催化 NDP 转化为 dNDP 的反应。

需要指出的是，绝大多数生物中的核糖核苷酸还原酶以 NDP 为底物，因此脱氧核糖核苷酸的合成通常在核糖核苷二磷酸水平完成，但也有例外。目前已发现在某些厌氧细菌或古菌中的核糖核苷酸还原酶以 NTP 作为底物。

核糖核苷酸还原反应极为重要，催化该反应的核糖核苷酸还原酶受到两方面的精确调节：一是核糖核苷酸和脱氧核糖核苷酸供求关系的调节；二是 4 种脱氧核糖核苷酸之间维持平衡的需求。

以大肠杆菌核糖核苷酸还原酶为例，该酶由 2 个 α 亚基（也称为 R_1）和 2 个 β 亚基（也称为 R_2）组成，α 亚基和 β 亚基之间的空隙是酶的活性中心，催化底物转化为产物（图 14-11）。每一个 α 亚基上含有一个酶活性调节位点（primary regulation site）和一个底物特异性位点（substrate specificity site），前者是酶活性的"开关"位点，与 ATP 结合开启酶活性，与 dATP 结合关闭酶活性；后者可与 ATP、dATP、dGTP、dTTP 结合，通过别构调节决定哪种底物 NDP 进入酶的活性中心。

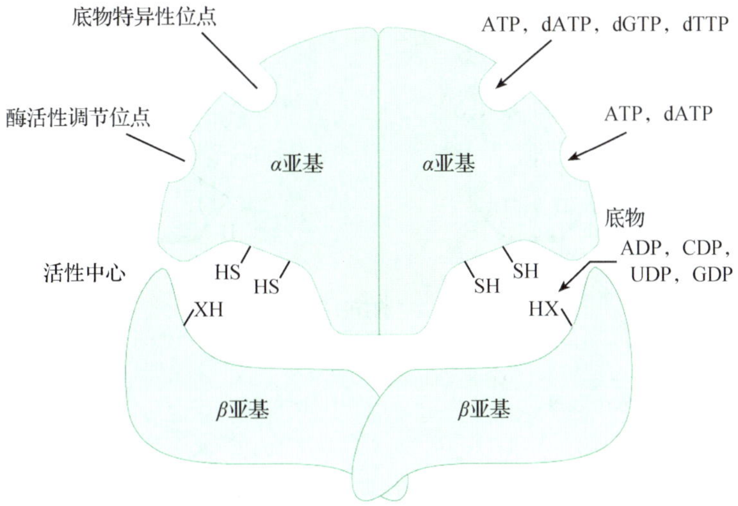

图 14-11 *E. coli* 核糖核苷酸还原酶

当细胞内 ATP 水平高时，ATP 结合在核糖核苷酸还原酶的活性调节位点，开启酶活性，同时 ATP 进入酶的底物特异性位点，进而促进 UDP 和 CDP 优先结合在酶的活性中心并被还原为 dUDP 和 dCDP。dUDP 经历几步反应转化为 dTTP，导致细胞内 dTTP 水平升高，dTTP 进而与底物特异性位点结合，促进 GDP 进入活性中心被还原为 dGDP，同时还原 UDP 和 CDP 的活性降低。dGDP 转化为 dGTP 后，又可与底物特异性位点结合，促进 ADP 还原为 dADP，而 GDP、UDP 和 CDP 的还原活性降低（图 14-12）。随着 dADP 转化为 dATP，细胞内 dATP 的水平升高，dATP 替换掉原来的 ATP，与酶的调节位点结合，从而关闭酶活性。利用这种复杂而精细的反馈调节机制，细胞有效地

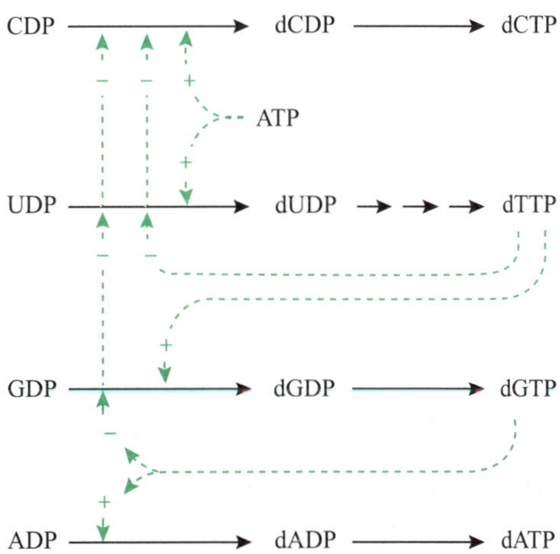

图 14-12 核糖核苷二磷酸（NDP）转化为脱氧核糖核苷三磷酸（dNTP）的调节

维持了4种脱氧核糖核苷酸的水平均衡，对保证DNA复制的准确性有一定贡献（详见第十五章）。

如图14-12所示，dADP、dGDP和dCDP一旦形成，它们便可在相应的核苷二磷酸激酶作用下经一步反应即可转化为三磷酸水平（dATP、dGTP和dCTP）。而脱氧胸苷酸（dTMP、dTDP和dTTP）则需要经由特殊的中间体才能形成。

二、脱氧胸苷酸的生物合成

细胞中用于脱氧胸苷酸合成的中间体是dUMP，有两个来源：dCMP脱氨或dUTP水解。dUMP的碱基发生甲基化生成dTMP（图14-13）。

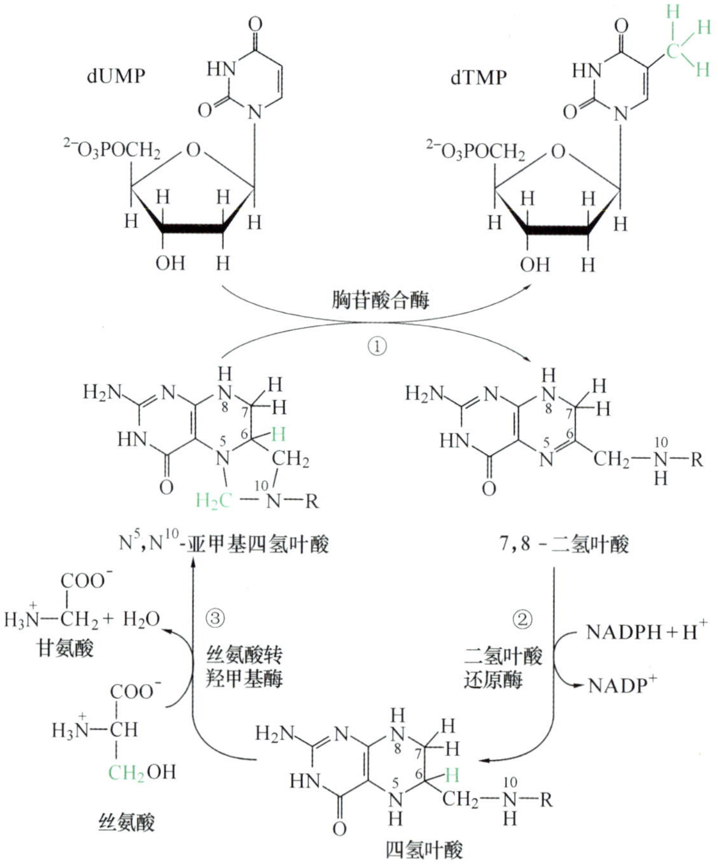

图14-13　dTMP的合成过程

催化这一反应的酶是胸苷酸合酶（thymidylate synthase），甲基供体是N^5，N^{10}-亚甲基四氢叶酸。四氢叶酸是一碳单位的载体，在嘌呤和嘧啶核苷酸合成中均起重要作用。由于四氢叶酸在细胞中含量很低，需要随时再生，再生反应涉及二氢叶酸还原酶和丝氨酸转羟甲基酶，也需要丝氨酸的参与。

胸苷酸合酶、二氢叶酸还原酶常被选作设计抗肿瘤药物的靶点。有一种抗癌药物——5-氟尿嘧啶（5-FU），在体内可转变为氟脱氧尿苷酸（F-dUMP），其结构与dUMP相似，可竞争性抑制胸苷酸合酶的活性，从而抑制胸苷酸的合成，干扰DNA的合成和细胞的快速分裂。

第四节　核苷酸的降解

动物和异养微生物能分泌核酸酶用于水解食物核酸、外界入侵核酸或胞内无用核酸。核酸酶有多种(详见第八章)。其中核酸外切酶是一类从核酸(包括 DNA 和 RNA)分子的一端逐一把核苷酸顺次水解下来的核酸水解酶,它们是碱基非特异性的磷酸二酯酶。不同外切酶作用方向有差别,如蛇毒磷酸二酯酶,是从 RNA 或 DNA 的游离 3′端开始水解,依次产生 5′-核苷酸;牛脾磷酸二酯酶则相反,是从游离 5′端开始水解,逐个水解生成 3′-核苷酸。牛胰核糖核酸酶(RNase A)是一种核酸内切酶,专一性地水解 RNA 链中的嘧啶核苷酸参与形成的磷酸二酯键,产生 3′-嘧啶核苷酸和以 3′端为嘧啶核苷酸的寡核苷酸。核酸水解产物可产生单核苷酸,单核苷酸可被细胞直接利用,也可发生进一步降解。

核苷酸在核苷酸酶(nucleotidase)催化下水解为核苷和无机磷酸。不同核苷酸酶专一性不同。3′-核苷酸酶只水解 3′-核苷酸的磷酸基团,5′-核苷酸酶只水解 5′-核苷酸的磷酸基团。非专一性磷酸酶也能催化核苷酸水解出磷酸基团。

核苷在核苷酶(nucleosidase)作用下,继续水解为碱基和戊糖。核苷酶有两类:一类为核苷磷酸化酶(nucleoside phosphorylase),广泛存在于生物体内,催化可逆反应;另一类为核苷水解酶(nucleosidehydrolase),只存在于植物和微生物体内,催化不可逆反应。

$$\text{核苷} + P_i \xrightleftharpoons{\text{核苷磷酸化酶}} \text{碱基} + \text{戊糖-1-磷酸}$$

$$\text{核苷} + H_2O \xrightarrow{\text{核苷水解酶}} \text{碱基} + \text{戊糖}$$

核苷酸分解产生的戊糖可进入糖分解代谢产生能量,不同生物嘌呤碱通常降解为不同化合物,分泌到体外,而嘧啶碱基被彻底代谢。

一、嘌呤碱的降解

嘌呤核苷酸在降解过程中产生的嘌呤碱基经氧化、脱氢或脱氨都能转化为黄嘌呤,黄嘌呤发生氧化生成尿酸(uric acid)。从图 14-14 可以看出,黄嘌呤在黄嘌呤氧化酶催化的反应中,将电子传递给 O_2 形成过氧化氢(H_2O_2),H_2O_2 能在过氧化氢酶作用下转化为 H_2O 和 O_2,黄嘌呤则被氧化为尿酸。还有一条途径,就是黄嘌呤在黄嘌呤脱氢酶作用下,将电子和氢传递给 NAD^+,形成 $NADH+H^+$ 和尿酸。

不同生物对嘌呤碱的降解终产物不同。鸟类、部分爬行类和灵长类(包括人类)能将嘌呤碱降解为尿酸排出体外(图 14-15)。血液中尿酸浓度过高会引发痛风。别嘌呤醇能治疗痛风,因为它的氧化产物能与黄嘌呤氧化酶活性中心紧密结合,强烈抑制该酶活性,可以防止尿酸的大量形成和尿酸钠的沉积。

在大多数生物中,尿酸被进一步氧化(图 14-15)。尿酸氧化酶催化尿酸氧化为尿囊素(allantoin)、H_2O_2 和 CO_2,反应具有氧依赖性。在此过程中,尿酸的嘧啶环打开。尿囊素是除人及猿类以外的大多数哺乳动物的嘌呤降解终产物。其他多数生物因含有尿囊素酶(allantoinase),可以水解尿囊素生成尿囊酸(allantoate)。尿囊酸是某些硬骨鱼嘌呤碱代谢的排泄物。在大多数鱼类、两栖类动物中,尿囊酸在尿囊酸酶(allantoicase)作用下进一步分解成

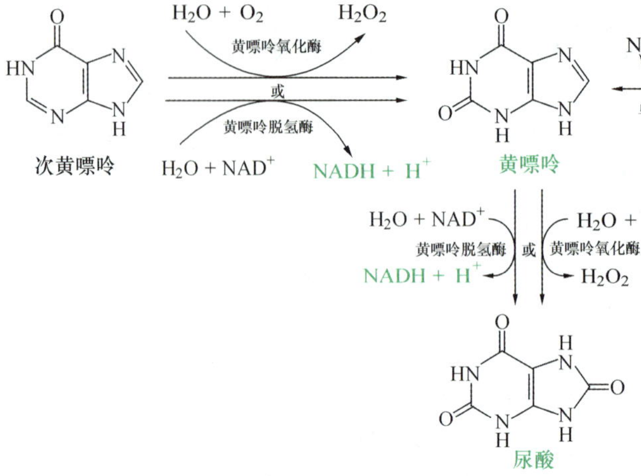

图 14-14 嘌呤碱氧化降解为尿酸

尿素。某些低等动物(如海生无脊椎动物和甲壳动物)还能将尿素分解成氨和二氧化碳再排出体外。

植物和微生物体内嘌呤碱的降解途径与动物相似。植物广泛存在尿囊素酶、尿囊酸酶和脲酶等,嘌呤分解主要发生在衰老叶片和储存胚乳的组织内。微生物分解嘌呤碱最终生成氨、CO_2 以及一些有机酸,如甲酸、乙酸、乳酸等。

二、嘧啶碱的降解

尿嘧啶和胸腺嘧啶经还原发生嘧啶环断裂,再经 2 次水解,分别生成 β-丙氨酸和 β-氨基异丁酸(图 14-16)。

在嘧啶碱降解过程中,它们的二氢衍生物的生成是由二氢嘧啶脱氢酶催化的。在哺乳动物肝脏中,尿嘧啶脱氢酶和胸腺嘧啶脱氢酶以 NADPH 作为供氢体,细菌中这两种酶利用 NADH 作为供氢体。至于胞嘧啶,需要先脱氨生成尿嘧啶,再进入尿嘧啶降解途径。

嘧啶碱降解的终产物 β-丙氨酸先转变成乙酸,进入乙酸代谢,最终生成乙酰-CoA;β-氨基异丁酸经转氨等多步反应转变成琥珀酰-CoA。乙酰-CoA 和琥珀酰-CoA 是柠檬酸循环的重要中间物,它们进入柠檬酸循环进行彻底降解。

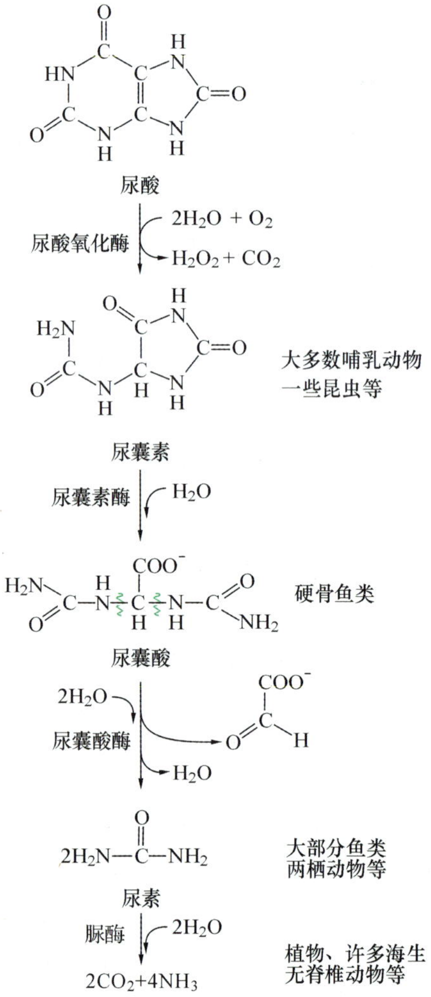

图 14-15 不同生物尿酸的降解产物

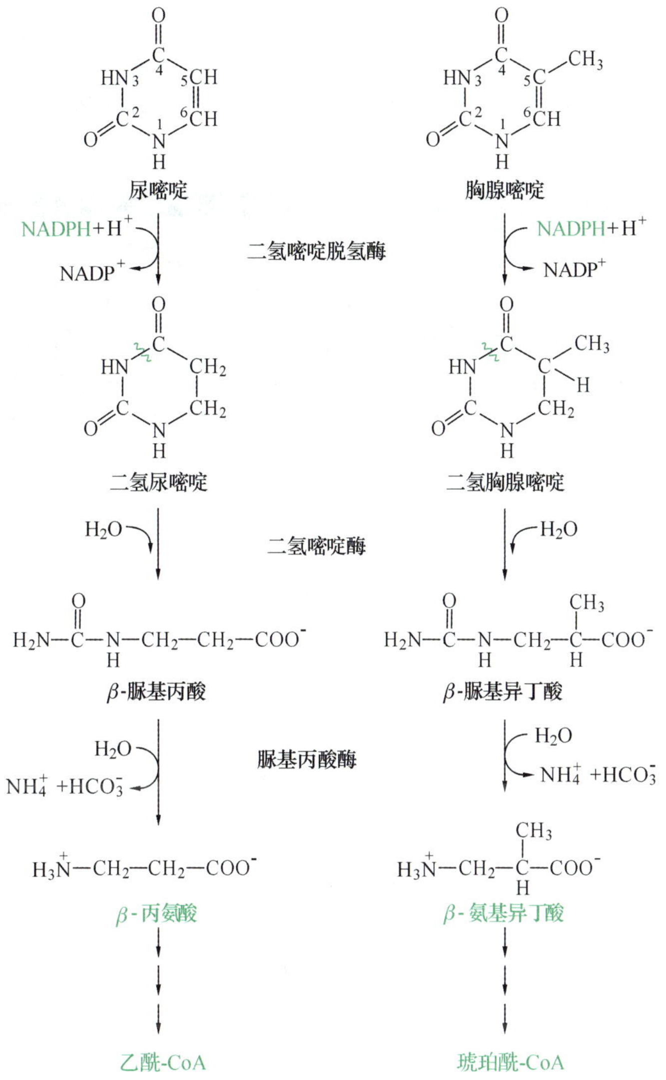

图 14-16　嘧啶碱的降解

二维码 14-1
遗传性乳清酸尿症与
嘧啶代谢异常

二维码 14-2
高尿酸血症与
嘌呤代谢异常

第十四章思考题

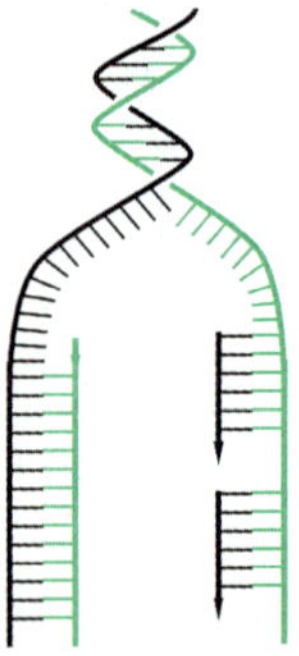

第十五章　DNA 合成

DNA 是生物遗传的主要物质基础，了解遗传信息流的方向和分子机理对深入揭示生物遗传的本质和生物多样性具有重要的科学意义。生物遗传信息以密码形式编码在 DNA 分子上，表现为特定的核苷酸排列顺序。著名的“中心法则”很好地解释了生物遗传信息的流向（图 15-1）。

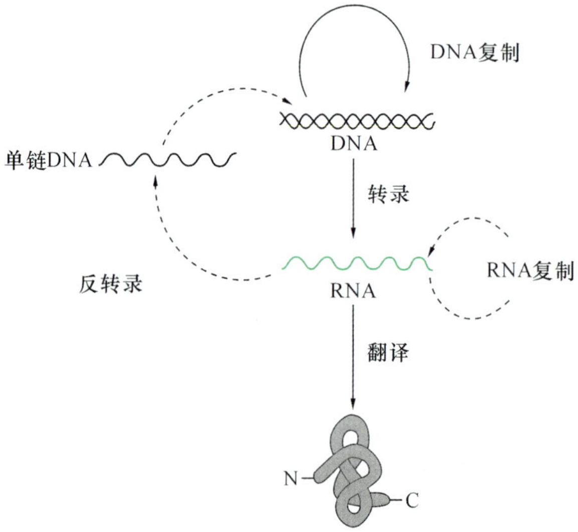

图 15-1　中心法则

“中心法则”告诉我们：生物体通过 DNA 复制（DNA replication）使遗传信息从亲代传递给子代；通过以 DNA 为模板合成 RNA 的转录过程（transcription），以及以 RNA 为模板合成蛋白质的翻译过程（translation），使遗传信息在个体内得以表达。对于以 RNA 为遗传物质的生物体，其 RNA 可自我复制，也可以 RNA 为模板进行逆转录（reverse transcription，或称反转录），使遗传信息在亲代和子代之间传递。RNA 复制和逆转录过程的发现使中心法则得以补充和完善。

DNA 复制、转录和蛋白质生物合成将分章进行讨论。本章重点介绍 DNA 的复制。1953 年，DNA 双螺旋结构模型的建立预示了 DNA 的复制方式。Waston 和 Crick 推测，DNA 复制时双螺旋解开，细胞分别以两条亲代单链 DNA 为模板合成新的互补子代 DNA 链。通过这种方式一个双链 DNA 分子可以复制为两个相同的双链 DNA 分子；每一个 DNA 分子中，一条链来自亲代，另一条互补链是新合成的子代链。这种 DNA 的合成方式被称为 DNA 的半保留复制（semiconservative replication）。1958 年，M. Meselson 和 F. Stahl 以大肠杆菌为材料，利用 ^{15}N 和 ^{14}N 的同位素掺入实验证实了 Waston 和 Crick 的推测。同一年，A. Kornberg 纯化了第一个 DNA 聚合酶。1968 年，日本科学家冈崎令治等发现在大肠杆菌 DNA 复制过程中存在长度为 1 000～2 000 nt 的 DNA 片段，后被称作冈崎片段(Okazaki fragment)。1978 年，B. Olivera 提出了 DNA 复制的半不连续性(semidiscontinuity)。1970 年，H. Temin 和 D. Baltimore 从禽类肉瘤病毒中发现了能够催化以 RNA 为模板合成 DNA 的逆转录酶，观察到 DNA 的逆转录合成过程。

总之，DNA 的合成按模板分为两类：以 DNA 为模板合成 DNA，即 DNA 复制；以 RNA 为模板合成 DNA，即逆转录。发生在细胞内的这两类 DNA 合成都属于 DNA 的生物合成。另外，当 DNA 受到损伤时，生物体内还会启动修复机制。本章从这几个方面对 DNA 合成进行介绍。

第一节　DNA 复制

DNA 复制是 DNA 生物合成的基本内容。DNA 复制除了需要底物、DNA 模板外，还需要一套完整的酶体系。

一、DNA 复制特点

(一)DNA 复制为半保留复制

DNA 的双螺旋结构及两条单链碱基间的互补关系，暗示了 DNA 的复制机制是解开双链后，利用原有 DNA 为模板合成新的 DNA。但由于新合成的 DNA 双链可以有 3 种不同组成形式，DNA 复制的具体方式也就存在 3 种可能的模型：①保守复制(conservative replication)，即复制后原始 DNA 不变，新的 DNA 完全由两条新合成的 DNA 链组成；②半保留复制(semiconservative replication)，即在复制过程中，DNA 双链解开，每一条单链都作为新合成 DNA 的模板，最终产生的两个 DNA 分子均含有一条原始链和一条新链；③分散复制(dispersive replication)，在这个模型中，DNA 复制产生的两个 DNA 分子中的每一条单链都是由原始 DNA 和新 DNA 混合拼凑组成的。那么真实的复制机制是哪一种呢？1958 年 M. Meselson 和 F. Stahl 利用同位素标记 DNA 分子的实验，非常巧妙地揭示了这一问题的答案。

Meselson 和 Stahl 将大肠杆菌先培养在只含有 $^{15}NH_4Cl$ 氮源的培养基上，经过多代培养直至细菌 DNA 的 N 原子全部由 ^{15}N 同位素取代。而后，将细菌转移到只含有 $^{14}NH_4Cl$ 氮源的培养基中，培养一代、两代和多代后分别取样，利用氯化铯密度梯度离心对样品 DNA 进行分析。结果发现：在转移培养前的细菌 DNA 样品中，只检测到 ^{15}N 的条带(图 15-2A)；在培养一代后的样品 DNA 中检测到一条新带，所处位置相当于 ^{15}N 和 ^{14}N 杂交带的位置(图 15-2B)；培养两代后的样品 DNA 含有 ^{15}N 和 $^{15}N/^{14}N$ 两种条带(图 15-2C)；继续培养多代，伴随培养代数的增加含 ^{15}N 条带减弱，而只含 ^{14}N 的 DNA 条带增强。这些结果充分说明 DNA 复制具有半保留特性。DNA 半保留复制方式保证了生物遗传的稳定性。

(二)DNA 合成方向是 5′→3′

DNA 合成不仅是在单条模板链上进行的，而且是发生在特定区域。DNA 双链在特定区域打开，产生一个类似于“眼”的结构，称为复制眼(replication eye)；“眼”角处形成类似于“叉”的结构，称为复制叉(replication fork)(图 15-3)。DNA 复制可以沿复制叉进行双向复制(bidirectional replication)，也可以单向复制(unidirectional replication)。很多生物为双向复制。

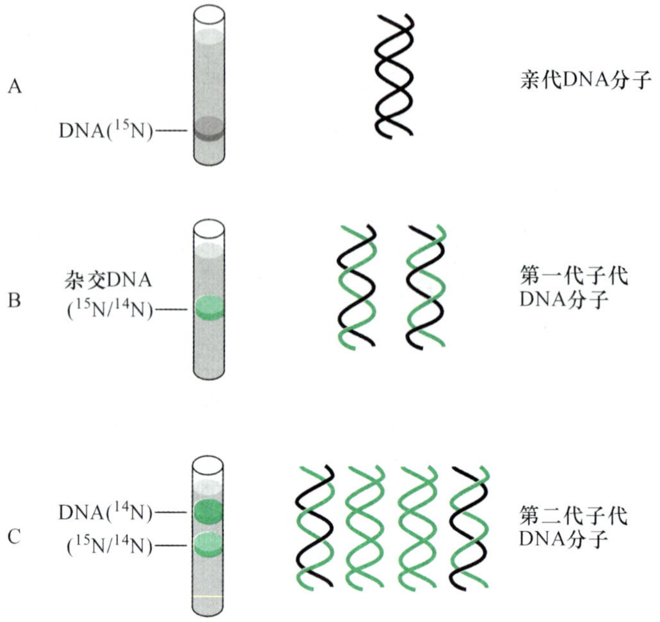

图 15-2　DNA 半保留复制实验

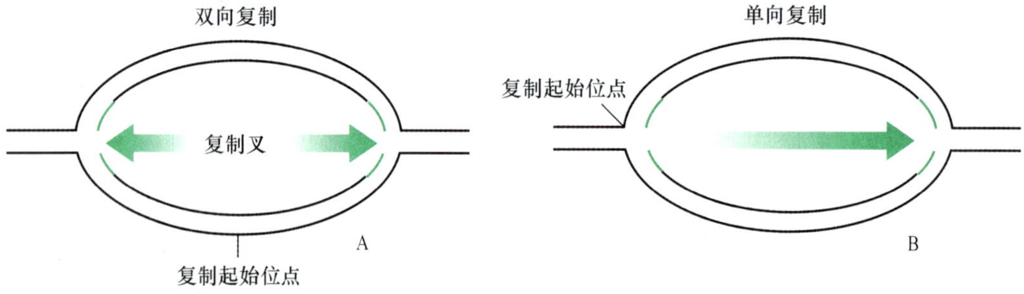

图 15-3　复制叉

无论单向复制还是双向复制，DNA 合成反应实际上是脱氧核糖核苷酸的聚合反应。DNA 聚合酶(DNA polymerase)不仅严格按照模板链的碱基顺序，以 4 种脱氧核糖核苷三磷酸(dNTP：dATP、dTTP、dCTP、dGTP)为底物合成延长互补链 DNA，而且它总是沿模板链的 $3' \to 5'$ 方向移动，向新合成 DNA 链的 3′-OH 添加脱氧核糖核苷酸。图 15-4 显示了 dTTP 向 DNA 合成链 3′-OH 的添加反应。由此合成的互补 DNA 链方向一定为 $5' \to 3'$。

(三)DNA 复制具有半不连续性

双链 DNA 复制时，其中一条链的互补链为连续合成，而另一条链的互补链为不连续合成(详见本章第二节)。这种复制方式被称作 DNA 的半不连续复制。

二、DNA 复制体系

无论是原核生物还是真核生物，DNA 复制过程都需要许多酶和蛋白质因子参与。下面介绍大肠杆菌 DNA 复制体系。

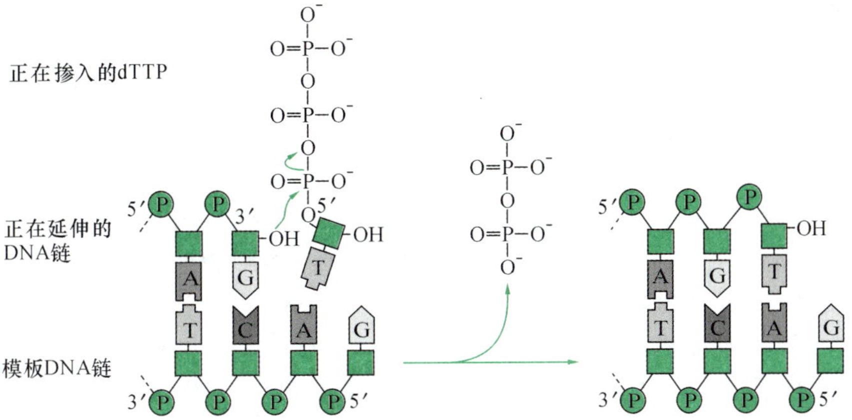

图 15-4　原核生物 DNA 复制方向

(一)拓扑异构酶和解旋酶

DNA 在生物体内以染色体的形式存在。复制时,DNA 双链必须打开形成可供复制的单链模板。虽然天然染色体都是以负超螺旋 DNA 形式存在,便于 DNA 的解旋,但是在 DNA 复制过程中,复制叉沿 DNA 双链的快速移动会造成复制叉前方产生新的正超螺旋,因此 DNA 整个复制过程都必须有拓扑异构酶的参与。细菌和真核生物中均有两种类型的拓扑异构酶:Ⅰ型和Ⅱ型(详见第八章)。细菌细胞至少有 4 种拓扑异构酶,其中拓扑异构酶Ⅱ属于Ⅱ型,也被称作 DNA 旋转酶(DNA gyrase),它在 DNA 复制时不断在复制叉前方引入负超螺旋,从而消除复制叉移动产生的扭曲张力(正超螺旋),促使 DNA 双链成功解链。细菌中的拓扑异构酶Ⅰ与拓扑异构酶Ⅱ作用相反,只能消除负超螺旋,细胞通过严格控制两者的数量来保持 DNA 适宜的超螺旋状态。真核生物中的拓扑异构酶Ⅰ(型)既能消除负超螺旋又能消除正超螺旋,而拓扑异构酶Ⅱ只能消除负超螺旋,且活性较弱。

DNA 双螺旋的解链由解旋酶(helicase)催化完成。DNA 复制起始时,解旋酶与一条 DNA 链结合,沿 DNA 链进行滑动,解开 DNA 双螺旋。所有生物体内都含有解旋酶,不同解旋酶功能不同。大肠杆菌含有 12 种解旋酶,其中 DnaB 在 DNA 复制中起主要作用,它的分子量为 50 000,为同型六聚体蛋白,在 DNA 复制过程中沿 5′→3′方向模板链滑动解开双螺旋,能量由 ATP 或 GTP、CTP 提供。Rep 解旋酶和 PriA 解旋酶相对分子质量分别为 68 000 和 70 000,都是单亚基蛋白质,两者都是沿 DNA 模板链 3′→5′方向滑动解开双螺旋。Rep 解旋酶的存在对于大肠杆菌 DNA 复制不是必需的,但是该蛋白突变体的 DNA 复制叉移动速度是正常野生型的 1/3。

(二)单链 DNA 结合蛋白

DNA 双链解开以后,如果单链 DNA 得不到保护,便很容易复性重新形成双链。有一类单链 DNA 结合蛋白(single-stranded DNA binding protein,SSB)专门与单链 DNA 结合,可以起到很好的保护作用。大肠杆菌 SSB 蛋白分子量是 75 600,为四聚体,它结合在单链上后可以覆盖长约 32 nt 的片段,这不仅能阻止 DNA 复性形成双链,阻止单链 DNA 本身产生部分双螺旋,而且还能保护单链 DNA 不被核酸酶水解。SSB 蛋白在与单链 DNA 结合时具有正协同效应。

（三）引物酶与引发体

DNA 复制时，第一个脱氧核糖核苷酸的掺入具有特殊要求，就是在 DNA 聚合酶催化下与一小段 RNA 短链的 3′—OH 形成 3′,5′-磷酸二酯键。这一小段 RNA 链称为 RNA 引物(primer)，它与相应的 DNA 序列具有碱基互补性。大肠杆菌有两种合成 RNA 的酶：一种依赖 DNA 模板合成一小段 RNA 引物，称为引物酶(primase)，它的分子量为 60 000，是单体，合成 10～60 nt 长度的 RNA 引物，其编码基因为 *DnaG*，因此该酶表示为 DnaG；另一种为多亚基 RNA 聚合酶，它的作用是合成长链 RNA，而不是引物 RNA(详见第十六章)。

DNA 复制时两条亲代 DNA 链都能作为模板。以 3′→5′方向亲代 DNA 链为模板合成的子代链是连续的，因此需要合成引物的次数很少；以 5′→3′方向亲代 DNA 链为模板合成的子代链是不连续的，引物合成次数多。实际上，引物合成过程比较复杂，除引物酶和解旋酶外，还需要一些蛋白质共同组成复合体来完成，这类复合体被称为引发体(primosome)。

（四）DNA 聚合酶

DNA 聚合酶是一类以 DNA 为模板、催化合成互补链 DNA 的酶。1957 年，A. Kornberg 首先发现了 DNA 聚合酶，后被命名为 DNA 聚合酶Ⅰ(简称 DNA PolⅠ)。大肠杆菌至少含有 5 种 DNA 聚合酶：Ⅰ、Ⅱ、Ⅲ、Ⅳ、Ⅴ，其中 DNA 聚合酶Ⅲ主要参与 DNA 复制，也被称为复制酶(replicase)；其他几种酶与 DNA 修复有关：DNA 聚合酶Ⅰ是主要的修复酶，同时也参与 DNA 复制；DNA 聚合酶Ⅱ参与损伤 DNA 的修复过程；DNA 聚合酶Ⅳ和Ⅴ参与 SOS 修复(详见本章第三节)。

DNA 聚合酶Ⅲ(图 15-5)的分子量为 1 065 400，全酶由 α、ε、θ、τ、β、δ、δ'、χ 和 ψ 9 种亚基组成。α、ε 和 θ 组成聚合酶的核心酶，其中 α 亚基具有 5′→3′聚合酶活性，在 DNA 复制过程中起着延长 DNA 链的作用，ε 亚基具 3′→5′核酸外切酶活性，能够使 DNA 合成过程中错配碱基及时被切除，从而保证 DNA 合成的忠实性；θ 具有稳定 ε 亚基的功能。β 亚基为二聚体，也被称作 β 滑动夹子(β sliding clamp)，负责将核心酶连接在 DNA 模板上，保持 DNA 合成连续进行。γ 复合体，也叫夹子装载复合体(clamp-loading complex)，包含 τ_3(τ 三聚体)、δ 和 δ' 这 3 种不同类型的 5 个亚基，它是 β 夹子的载体，可通过水解 ATP 将 β 夹子加载到 DNA 模板上

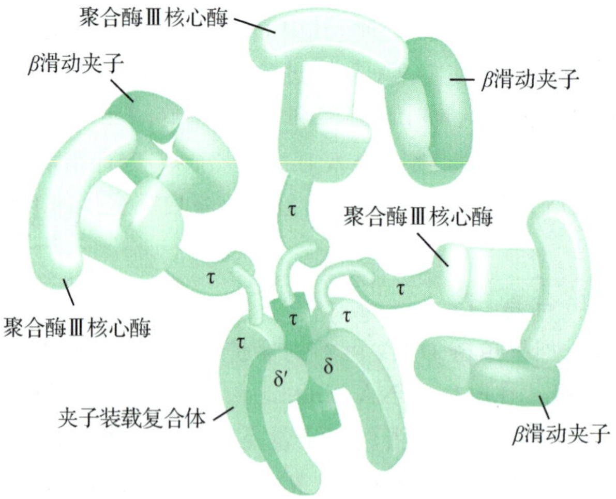

图 15-5 大肠杆菌 DNA 聚合酶Ⅲ的亚基组成与排布方式模式图

(引自：Nelson and Cox，2021)

或卸载下来。τ 亚基负责将核心酶与 γ 复合体连接在一起。为保证 DNA 双链复制的效率和连续性，一个 γ 复合体通常连接 3 个 τ 亚基和核心酶，一组负责前导链的复制，另外两组负责后随链的复制。从与模板结合到解离过程中，DNA 聚合酶一次性聚合连接的 dNTP 的平均数目能够反映该酶的持续性(processivity)。不同 DNA 聚合酶的持续性存在较大差异。DNA 聚合酶Ⅲ主要负责未受损 DNA 的复制，聚合反应速率在 250～1 000 nt/s，模板结合后单次扩增长度≥500 000 个核苷酸。

DNA 聚合酶Ⅰ由一条多肽链组成，分子量为 103 000。用蛋白酶处理该多肽链后可得到分子量为 68 000 的一个 C 端大片段和分子量为 3 500 的 N 端小片段。通常大片段被称为 Klenow 片段，该片段具有 5′→3′方向的聚合酶活性和 3′→5′方向的核酸外切酶活性；N 端小片段，约占肽链长度的 1/3，具有 5′→3′方向核酸外切酶活性。在 DNA 复制过程中，DNA 聚合酶Ⅰ负责 RNA 引物的切除和引物切除后空隙的填补，聚合反应速率为 10～20 nt/s，模板结合后单次扩增长度为 3～200 个核苷酸。

所有的 DNA 聚合酶都具有一些共同的结构特征(图 15-6A)。以人的手作比喻，其结构包括手掌区、手指区和拇指区。手掌区主要提供酶的催化位点；手指区指导 DNA 模板与催化位点的正确定位；拇指区提供新合成 DNA 离开酶活性中心时结合 DNA 的位点。这样的结构保证了 3 个主要区域的保守序列聚在一起形成 DNA 聚合酶的活性中心。DNA 聚合酶中核酸外切酶活性中心是独立存在的。DNA 聚合酶结构中手掌区序列最保守，而手指区和拇指区序列各有差异。DNA 聚合酶有两个活性位点，即将到来的核苷酸最初被定位在插入位点(insertion site)，一旦形成磷酸二酯键，聚合酶就会在 DNA 上向前滑动，新的碱基对被定位在后插入位点(postinsertion site)。这两个位点位于一个类似于手掌的口袋中(图 15-6B)。

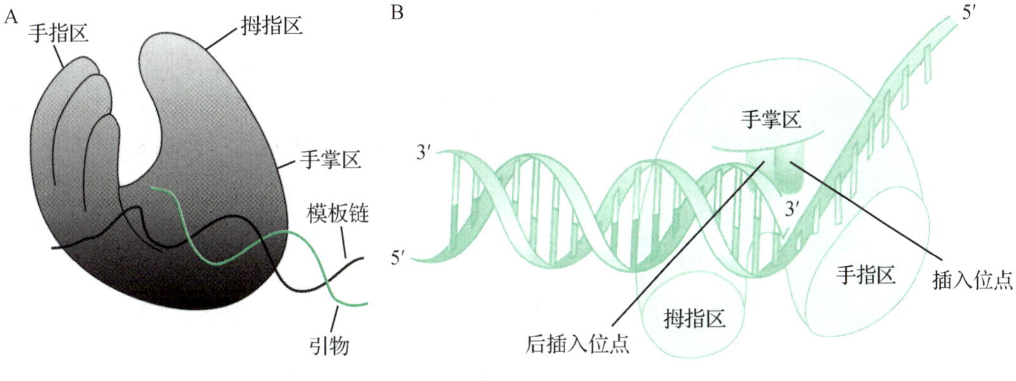

图 15-6　大肠杆菌 DNA 聚合酶结构及活性位点示意图

(引自：Nelson and Cox，2021)

迄今为止，已知的所有 DNA 聚合酶在催化过程中都需要两个二价金属离子。如图 15-7 所示，DNA 聚合酶的活性位点中需要的二价金属离子通常为 Mg^{2+}。一个 Mg^{2+} 同时结合 dNTP 和引物的 3′-OH，而另一个 Mg^{2+} 只与 dNTP 相互作用。这两个 Mg^{2+} 由聚合酶的手掌结构中的两个 Asp 残基的—COO^- 桥接。这些侧链将 Mg^{2+} 保持在适当的位置和方向。结合引物的 Mg^{2+} 激活引物的 3′-OH，促进其对活性位点中 dNTP 底物的 α-磷酸基团中磷的攻击。两个金属离子共同稳定在五价配位过渡态上积累的负电荷。有些 DNA 聚合酶可能需要第三个 Mg^{2+} 来促进反应后焦磷酸的释放。除了 Mg^{2+}，Mn^{2+}、Co^{2+} 等二价金属离子也能够协助 DNA 聚合酶完成催化反应，甚至合成的速率可能高于 Mg^{2+}，但是存在增加错配的风险。

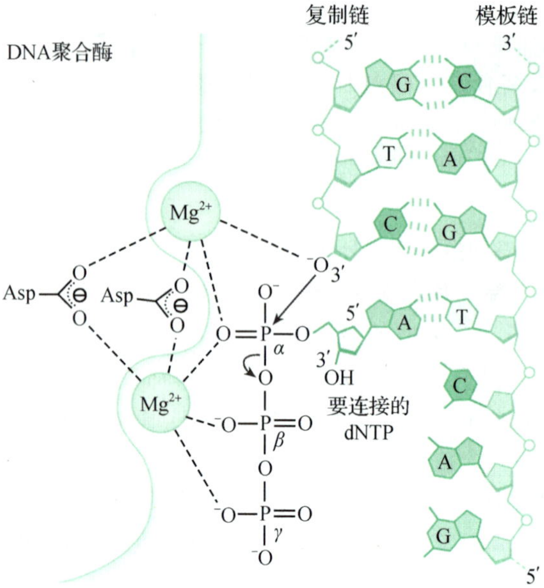

图 15-7　DNA 聚合酶需要 Mg^{2+} 辅助催化反应

（引自：Nelson and Cox，2021）

（五）DNA 连接酶

DNA 连接酶能够利用能量连接双链 DNA 中一条单链 DNA 上存在的切口。原核生物与真核生物连接过程相同，只是参与反应的辅因子不同。大肠杆菌利用 NAD^+ 作为辅因子，而真核生物利用 ATP 作为辅因子。具体连接过程如图 15-8 所示。

DNA 连接酶的赖氨酸侧链 ε-氨基进攻 NAD^+ 中的磷酸基团的磷原子，产生腺苷磷酸酶复合物，同时释放烟酰胺单核苷酸（NMN^+）；随即酶催化腺苷磷酸与单链 DNA 切口 5′端的连接反应，之后单链 DNA 切口 3′端羟基进攻 5′端的焦磷酸基团生成 3′，5′-磷酸二酯键，释放 AMP，完成连接反应。

三、大肠杆菌 DNA 的复制过程

大肠杆菌 DNA 复制包括起始、延伸和终止 3 个阶段。

（一）起始

DNA 复制是在特定位置开始的，这个特定位置即复制起点（origin of replication），用“*ori*”表示。大肠杆菌 DNA 为环状，其上存在一段与 DNA 复制起始相关的特定序列，即 *oriC*。该序列含有 245 个核苷酸，其中 3 个由 13 nt 组成保守重复序列，即 GATCTNTTNTTTT 同向排列，序列中富含 T；另外还有 5 个长度为 9 nt 的保守重复序列，即 TT(A/T)TNCACC，如图 15-9 所示。

复制起始过程需要多种蛋白质，即 DnaA、DnaB、DnaC、HU、整合寄主因子（intergration hostfactor，IHF）、拓扑异构酶以及 SSB，它们各自的功能如表 15-1 所示。

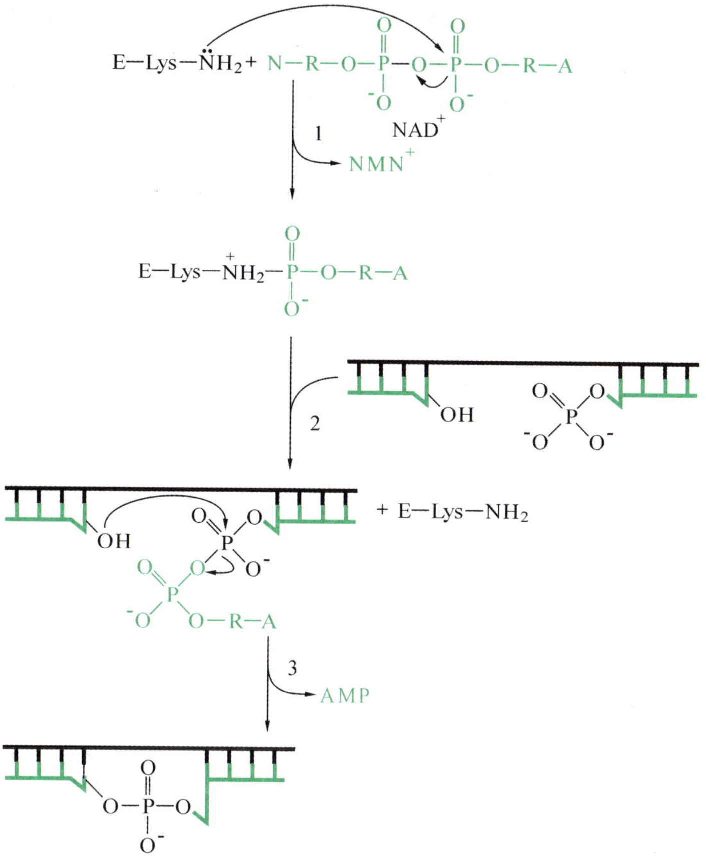

图 15-8　大肠杆菌 DNA 连接酶的连接切口的反应过程

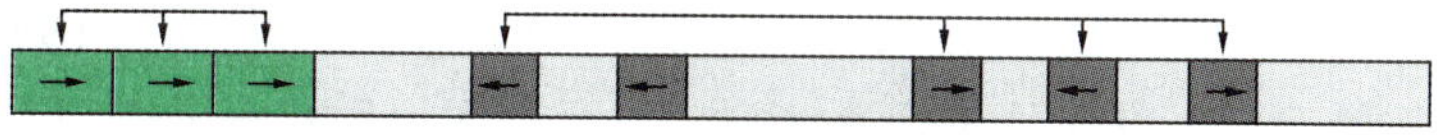

图 15-9　大肠杆菌 DNA 复制起始序列

表 15-1　参与大肠杆菌 DNA 复制起始过程的蛋白质

蛋白质	功　能
DnaA	识别起始 DNA 序列，并在特定位点打开 DNA 双螺旋
DnaB	解旋酶，不断使双链 DNA 解链
DnaC	装载 DnaB，帮助其与起始位点结合
HU	组蛋白相似蛋白，DNA 结合蛋白，刺激 DNA 复制起始
IHF	诱导 DNA 弯曲，刺激 DNA 复制起始
拓扑异构酶	消除 DNA 解链过程中产生的超螺旋
SSB	单链 DNA 结合蛋白，保护 DNA 单链
DnaG	引物酶，合成 RNA 引物

复制起始过程如图 15-10 所示。超螺旋解开后，首先 DnaA 与 ATP、HU 和 IHF 结合，随后 DnaA 识别 *oriC* 序列中的 9 核苷酸保守序列并与之结合；在 IHF 的帮助下 DNA 链弯曲，便于 DnaA 在 *oriC* 序列中 13 核苷酸保守序列处打开双链 DNA，富含 T 的 *oriC* 序列特征有利于解链。DnaA 募集 DnaB、DnaC，由 DnaC 和 ATP 促使 DnaB 与解链的双链 DNA 两端单链 DNA 结合。在上述蛋白的作用下 DNA 双螺旋解链完成。之后 SSB 蛋白、拓扑异构酶与解链的 DNA 相连，引物酶随即加入，开始合成引物，引物长度为十多个核苷酸和数十个核苷酸不等。

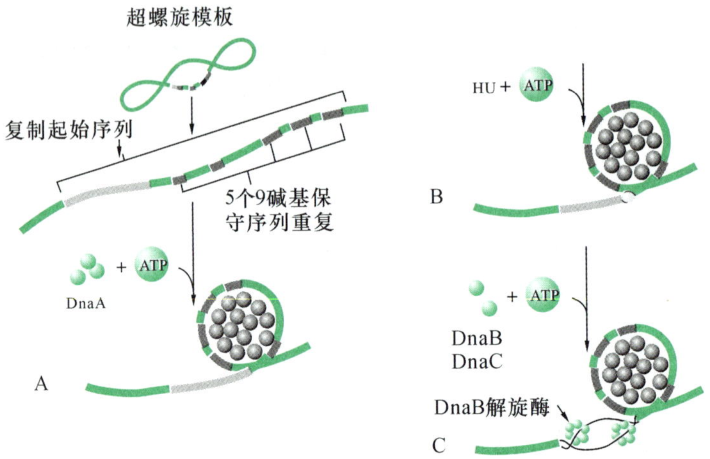

图 15-10　大肠杆菌 DNA 复制起始过程

(二)延伸

DNA 链的延伸是在 DNA 聚合酶催化下，以 4 种 dNTP 为原料进行的聚合反应。DNA 聚合酶Ⅲ在 DNA 复制中起主要作用，它将 dNTP 加到引物 RNA 的 3′末端，按照 5′→3′方向催化 DNA 链的延长。由于亲代两条 DNA 链同时都可以作为模板，而且 DNA 聚合酶Ⅲ又只能催化 DNA 链按照 5′→3′方向延长合成，因此，只有以 3′→5′方向亲代 DNA 链为模板的子代 DNA 链可以连续合成，这条新合成的子代 DNA 链被称作前导链或者先导链(leading strand)，以 5′→3′方向亲代 DNA 链为模板的子代 DNA 链合成是如何进行的呢？20 世纪 60 年代，日本科学家 Reiji Okasaki 利用^{3}H-胸腺嘧啶脱氧核糖核苷标记实验研究 DNA 复制过程，结果发现了长约 1 000 nt 的 DNA 放射性标记短片段，后被称为冈崎片段。他们推测，DNA 复制过程中至少有一条新合成的子代 DNA 链是不连续合成的，这条不连续合成的子代 DNA 链是由 DNA 连接酶连接短的 DNA 片段产生的。真核生物的冈崎片段长度为 100～200 nt，远短于原核生物。

如图 15-11 所示，DNA 聚合酶Ⅲ能以 5′→3′方向合成新的多核苷酸链，因此在 3′→5′方向模板链上(黑色链)能够连续合成新链。而另一条 5′→3′方向的 DNA 模板链(绿色链)随着复制叉的前移，只能提供 3′→5′方向的短 DNA 片段模板，因此新合成的互补 DNA 链必然是不连续的冈崎片段。随后在 DNA 聚合酶Ⅰ和 DNA 连接酶的作用下，切除引物填补空隙，连接 DNA 片段形成完整子代 DNA 链。这条以 5′→3′方向 DNA 为模板的不连续合成的子代 DNA 链，被称为后随链(lagging strand)。

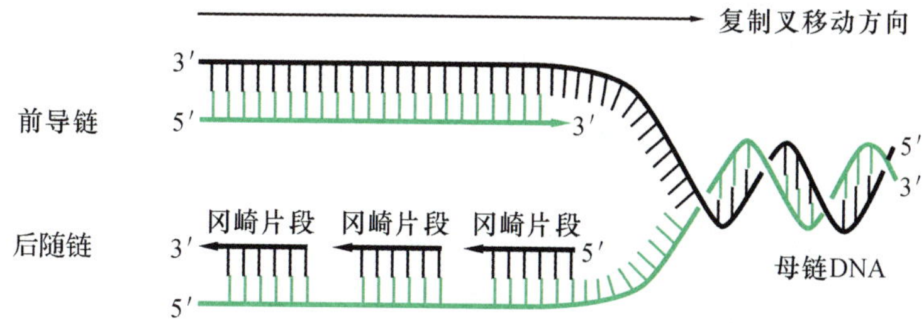

图 15-11 大肠杆菌 DNA 前导链和后随链的合成过程

在 DNA 复制时，参与前导链和后随链 DNA 合成的 DNA 聚合酶核心酶不同，由于前导链和后随链模板方向不同，而 DNA 聚合酶合成 DNA 的方向又是 5′→3′方向，这就意味着 DNA 聚合酶中不同核心酶移动方向可能不同，那么位于同一个 DNA 聚合酶分子中的不同核心酶如何移动才能实现同时合成前导链和后随链的目的呢？

研究者针对大肠杆菌 DNA 合成过程提出了复制体（replisome）概念，所谓复制体是指位于复制叉前催化 DNA 合成的多蛋白复合体，也有研究者称其为复制机器（replication machine）。在复制叉的前端，DNA 解旋酶打开 DNA 双螺旋；DNA 聚合酶Ⅲ的不同核心酶，一个核心酶催化前导链的连续合成，两个参与后随链合成，后随链模板上的 DNA 聚合酶核心酶在短间隔期内交替工作，在引物酶合成的 RNA 引物上开始合成每个冈崎片段。当负责后随链合成的一个核心酶遇到前一个冈崎片段的 RNA 引物时，该核心酶以及与之连接的 β-夹子脱离后随链模板与后随链模板在下一个引物 RNA 处重新结合，合成下一个冈崎片段。由此可见，核心酶和与之相连的 β-夹子与后随链模板的结合是不完全连续的。DNA 聚合酶Ⅲ的 γ 复合体协助核心酶和 β-夹子的装载。后随链模板回折的方式有助于保持脱离后随链模板的 DNA 聚合酶Ⅲ核心酶和与之相连的 β-夹子仍然位于复制叉处。参与复制的多个蛋白紧密关联，使得 DNA 能够在复制叉的两侧以协调和高效的方式合成（图 15-12）。

（三）终止

大肠杆菌的 DNA 复制起始于环状 DNA 的 *oriC* 区域，进行双向复制，复制完成后终止于含有多个 20 bp 终止序列拷贝的区域，即终止区（termination region，*ter*）。终止区至少含有 10 个终止序列，富含 GT，其中 *TerH*、*TerI*、*TerE*、*TerD* 和 *TerA* 组成一组，*TerJ*、*TerG*、*TerF*、*TerB* 和 *TerC* 组成另一组（图 15-13）。前一组负责逆时针方向复制叉的终止，后一组负责顺时针方向复制叉的终止。与 *ter* 位点结合的蛋白质称为 Tus（termination utilization substance），它是解旋酶的抑制剂，含 309 个氨基酸残基，为单体蛋白质。Tus 通过与 *ter* 位点专一性结合，使 DnaB 无法解开 DNA 双螺旋，结果导致复制叉停止移动，从而终止复制。

四、DNA 复制的准确性

DNA 遗传信息准确传递对维持物种稳定性非常重要。DNA 复制的误差一般在 10^{-10}～10^{-8}。大肠杆菌保持 DNA 复制准确性（忠实性）的可能因素有：

（1）核糖核苷酸还原酶的调节作用　通过核糖核苷酸还原酶的调节作用（详见第十四章），可以维持细胞内 4 种 dNTP 合成的均衡，这有利于极大降低 dNTP 掺入新合成 DNA 的错误概率。

（2）DNA 聚合酶的构象变化　dNTP 通过碱基配对与模板 DNA 结合，此时 DNA 聚合酶

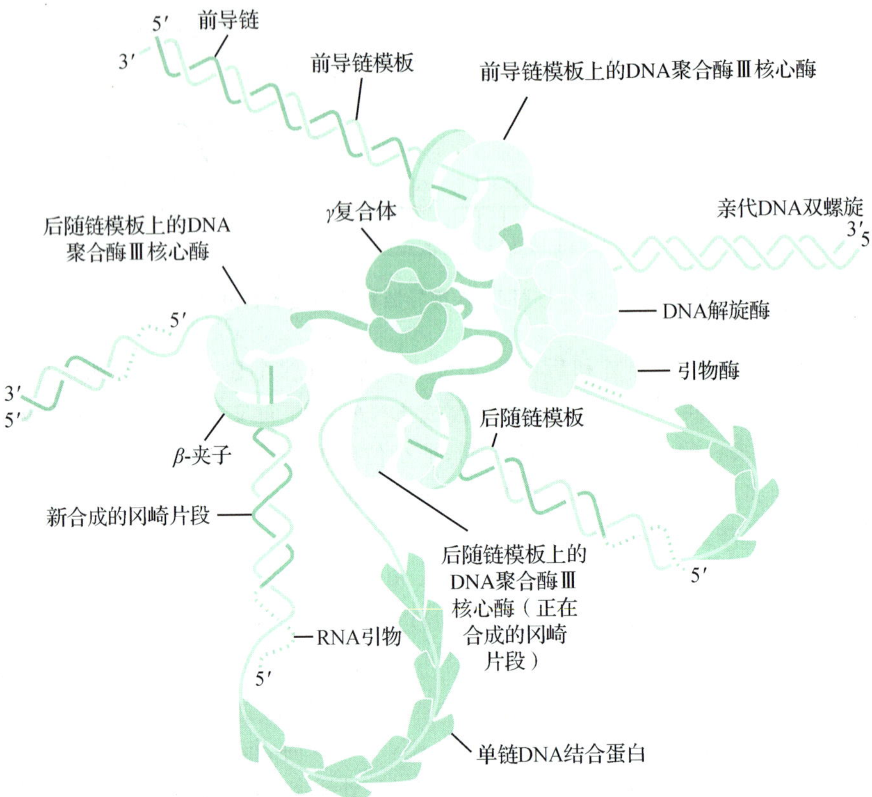

图 15-12　位于大肠杆菌复制叉处的复制机器

（引自：Albert et al. ，2022）

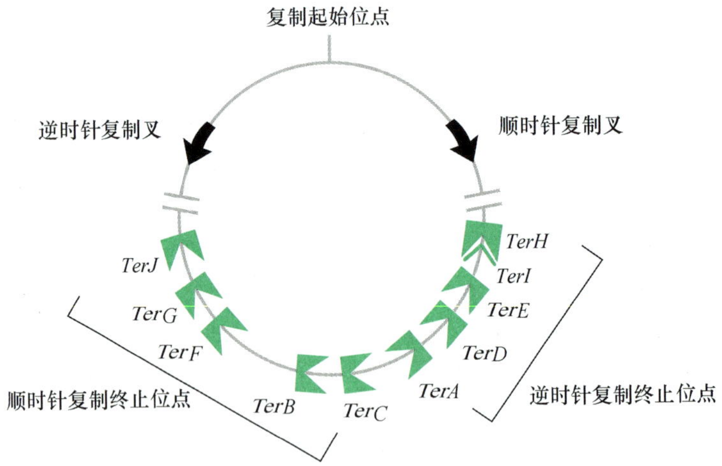

图 15-13　大肠杆菌 DNA 复制终止区域

处于开放构象，不能催化聚合反应；当掺入的 dNTP 与模板正确配对后，才能够诱导 DNA 聚合酶从开放构象转化为关闭构象，此时 DNA 聚合酶催化聚合反应。DNA 聚合酶构象变化使 dNTP 掺入的正确性得到了检验。

(3)DNA 聚合酶Ⅰ和 DNA 聚合酶Ⅲ的 3′→5′核酸外切酶活性　这些酶在合成 DNA 新

链的同时，可以切除错误掺入的 dNTP。

(4)借助 RNA 引物　DNA 复制最初进行碱基配对时，易出现非 Waston-Crick 的错误配对。DNA 合成之初借助 RNA 引物，合成之后切除 RNA 引物，从而避免了易产生的错误。借助引物复制也有助于保证 DNA 复制的准确性。

(5)修复酶的作用　细菌细胞中还存在一系列修复酶，可以修复 DNA 复制中产生的错误以及损伤的 DNA(详见本章第四节)。

此外，参与 DNA 复制的 20 多种蛋白质之间相互协作的精确性也是保证 DNA 复制准确性的重要因素。

五、真核生物 DNA 复制特点

真核生物与原核生物 DNA 复制机理相似，但前者更为复杂，这里简单介绍两者的主要差别。

(一)真核生物的 5 种 DNA 聚合酶

参与真核生物 DNA 复制的酶有 5 种，分别是 DNA 聚合酶 α、DNA 聚合酶 β、DNA 聚合酶 γ、DNA 聚合酶 δ 和 DNA 聚合酶 ε。它们存在的细胞区域和执行的功能各不相同(表 15-2)。

表 15-2　参与真核生物 DNA 复制的 DNA 聚合酶

DNA 聚合酶	存在区域	活性	持续合成能力	在复制中的作用
DNA 聚合酶 α	细胞核	DNA 聚合酶活性/引物酶活性	低	引物合成
DNA 聚合酶 β	细胞核	聚合活性	低	DNA 修复
DNA 聚合酶 γ	线粒体	聚合活性 3′→5′外切酶活性	高	线粒体 DNA 复制
DNA 聚合酶 δ	细胞核	聚合活性 3′→5′外切酶活性	高	后随链合成
DNA 聚合酶 ε	细胞核	聚合活性 3′→5′外切酶活性	高	前导链合成

从表 15-2 中可知 DNA 聚合酶 δ、ε 和 α 主要负责真核生物 DNA 的合成，其中 DNA 聚合酶 δ、ε 与原核生物 DNA 聚合酶Ⅲ功能相似，DNA 聚合酶 δ 负责后随链合成，DNA 聚合酶 ε 负责合成前导链。DNA 聚合酶 α 相当于原核生物的引物酶，所不同的是，它不仅能合成 RNA，也有 DNA 聚合酶活性，所合成的引物长度 50～100 nt，包括 RNA 和 DNA 两部分。

(二)真核生物 DNA 复制包括多个复制子

从复制起点到复制终点的一段 DNA 序列称为复制子(replicon)。真核生物染色体 DNA 远远大于原核生物，具有多个复制子。不同物种或同一物种的不同组织甚至不同发育时期，复制起点数目不同，每 3～300 kb 可出现一个复制起点。不同复制子的复制并不同时进行，通常 20～80 个相邻的复制子为一组，而且复制速度比较慢，每秒约合成 50 nt。整个细胞周期真核细胞染色体 DNA 只复制一次。

(三)真核生物 DNA 复制起始复合物的组装和激活分属于不同细胞周期

真核生物 DNA 复制的起始复合物组装分为两个阶段：第一阶段，在细胞周期 G_1 期组装形成前复制复合物(pre-replicative complex,pre-RC),该复合物不能启动 DNA 复制的起始过程;第二阶段,在细胞周期 S 期,由 DNA 聚合酶 α、DNA 聚合酶 ε 和一些只有细胞周期 S 期才存在的蛋白质如 Cdk(cyclin-dependent kinase)等参与下,启动 DNA 复制的起始过程。起始复合物的组装和激活分属于细胞周期的两个时期,这种方式是保证整个细胞周期染色体 DNA 只复制一次的重要因素。

(四)RNase H1 和 Flap 内切酶-1 参与真核生物 DNA 复制过程中引物的切除

真核生物 DNA 复制过程中冈崎片段前端的引物由 RNase H1 和 Flap 内切酶-1(flapendonuclease-1,FEN1)共同切除。RNase H1 切除引物的 RNA 部分,只剩余冈崎片段 5′前端一个核糖核苷酸;剩余的一个核糖核苷酸和 DNA 部分由 Flap 内切酶-1 切除。

(五)真核生物染色体 DNA 复制起始和终止序列

真核生物染色体 DNA 复制起始位点有多个,但是不同物种、同一物种在不同发育时期差别很大。真核生物染色体 DNA 似乎缺乏复制终止序列,也不存在像原核生物那样参与复制终止的 Tus 蛋白质,每个复制叉都双向移动,遇到相向移动的复制叉后 DNA 复制结束。

第二节 逆转录

1962 年,H. Temin 首先提出逆转录酶。1970 年,H. Temin 和 D. Baltimore 分别独立证实了逆转录酶的存在。一些以 RNA 为遗传物质的病毒含有逆转录酶。逆转录酶以单链 RNA 为模板合成双链 DNA 的具体过程如图 15-14 所示。

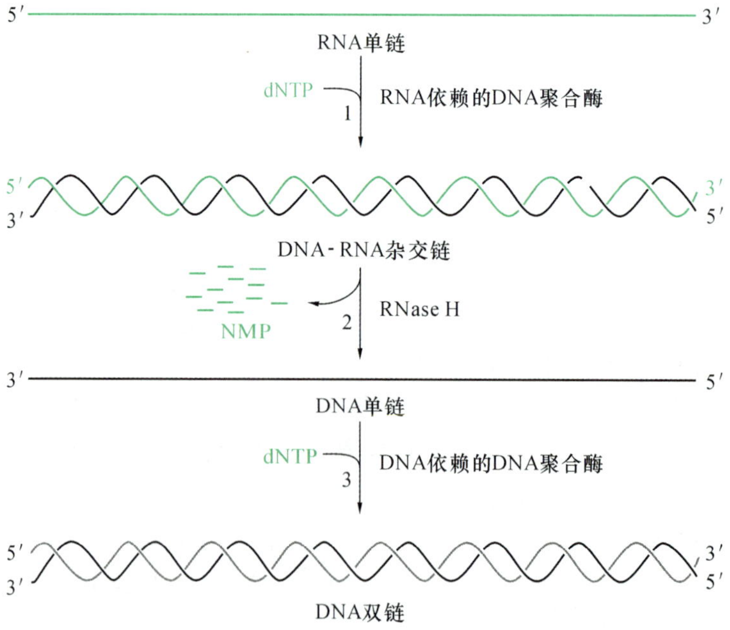

图 15-14 逆转录酶催化的反应

逆转录酶首先以病毒基因组 RNA 为模板,催化合成一条互补单链 DNA,产生 DNA-RNA 杂交链;然后将 RNA 模板链水解;再以单链 DNA 为模板,合成互补链 DNA。可见,逆转录酶具有多种功能:①具有 RNA 指导的 DNA 聚合酶活性,能以 RNA 为模板合成

DNA；②具有核酸酶 H（RNase H）活性，可以从 5′→3′和 3′→5′两个方向专一催化 RNA-DNA 杂交链中 RNA 的降解；③具有 DNA 指导的 DNA 聚合酶活性，能以 DNA-RNA 杂交链中的 DNA 链为模板，合成其互补 DNA。

由病毒单链 RNA 为模板合成的双链 DNA，能够整合到寄主细胞的基因组 DNA 中，这段双链 DNA 序列叫作原病毒或前病毒（provirus）。当寄主细胞分裂后，原病毒 DNA 借助宿主的 RNA 聚合酶进行转录产生大量新的病毒 RNA，病毒 RNA 翻译产生病毒蛋白。病毒 RNA 和病毒蛋白结合组装形成新的病毒颗粒并与细胞膜结合，以出芽（budding）的方式从细胞中释放出来。

逆转录作用的发现，不仅丰富了中心法则，拓宽了人们对 RNA 病毒致病机理的认识，而且利用逆转录酶和体外逆转录反应，研究者们还能很容易地以真核细胞 RNA 为模板制备互补 DNA（complementary DNA，cDNA），用于测序和基因克隆等。

第三节　DNA 损伤修复

DNA 在正常复制过程中可能会产生碱基错配，但概率很小，当遇到不利因素时，DNA 结构将受到不同程度的破坏而出现损伤。损伤有多种形式，有些是碱基脱落、碱基修饰、核苷酸插入或缺失，有些甚至是 3′，5′-磷酸二酯键的断裂。

造成 DNA 损伤的因素很多，有物理因素、化学因素，还有生物因素。紫外线可导致同一条链两个相邻胸腺嘧啶碱基之间形成嘧啶二聚体（pyrimidine dimer）（图 15-15）。电离辐射（如 X 射线、γ 射线）作用比较复杂，除射线直接效应外，还可以通过水在电离时所形成的自由基起作用。高温易引起糖苷键的断裂而导致碱基脱落，据估计哺乳动物每天约失去 10 000 个嘌呤碱基和几百个嘧啶碱基。化学因素如烷基化试剂——乙基甲烷磺酸，能使碱基的氮原子烷基化；化学诱变剂——亚硝酸盐能使胞嘧啶脱氨形成尿嘧啶；DNA 嵌入性荧光染料溴化乙锭（EB）能撑大 DNA 碱基对之间的距离，使新合成的 DNA 链缺失或增加核苷酸，造成移码突变。生物因素如病毒侵入，病毒基因整合到寄主基因组后会改变后者 DNA 的功能，甚至导致

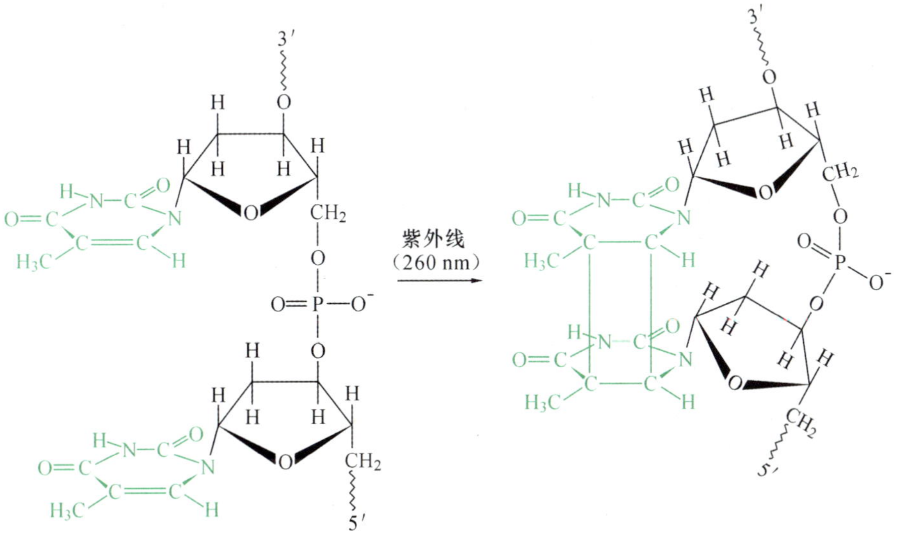

图 15-15　胸腺嘧啶二聚体的形成

寄主死亡。然而在一定条件下，生物机体能使 DNA 损伤得到修复。DNA 是唯一能在损伤或改变后进行修复的生物大分子。常见的 DNA 修复机制有如下几种。

一、直接修复

直接修复(direct repair)指直接将受损伤的 DNA 碱基恢复为正常碱基。对于嘧啶二聚体或因碱基烷基化形成的损伤，生物体可以通过光活化和酶催化直接修复。例如，嘧啶二聚体可被光裂合酶直接切开，也可被可见光(300～600 nm)的光解作用恢复为单体形式。又如，碱基上非正常添加的甲基，它能被甲基转移酶直接切下、转移到酶活性中心半胱氨酸残基上，使碱基损伤得到直接修复(图 15-16)。

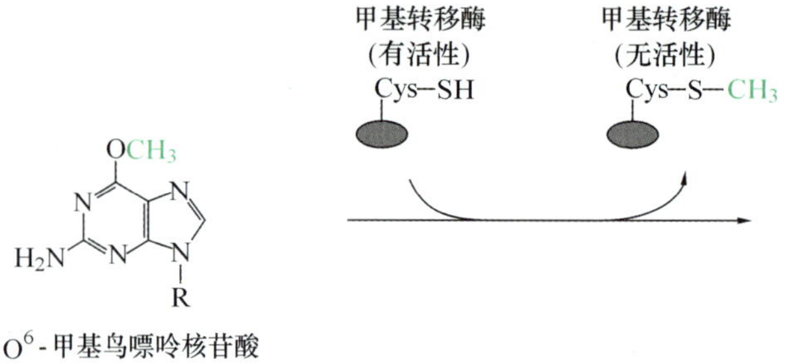

图 15-16　DNA 直接修复

二、切除修复

切除修复(excise repair)是指在一系列酶的作用下，将 DNA 受损部分切除掉，然后以另一条正常链为模板合成出正确的 DNA 链。损伤片段、嘧啶二聚体和单个碱基发生的错误等都能够通过切除修复而得以恢复。切除修复是比较普遍的修复方式。

切除修复主要包括以下 3 个过程：首先由核酸内切酶在损伤部位两端切断磷酸二酯键，留下两个切口；其次由解旋酶催化损伤部位解开双链，使损伤的 DNA 单链释放，DNA 聚合酶以完好的 DNA 单链为模板合成互补链；最后由 DNA 连接酶催化切口连接。切除修复有核苷酸切除和碱基切除两个类型，下面以胸腺嘧啶二聚体以及胞嘧啶脱氨产生的损伤为例分别加以说明。

在大肠杆菌中，担任切除功能的是 UvrABC 核酸内切酶，该酶能够识别 DNA 中的嘧啶二聚体，并在其 5′端一侧 8 个核苷酸处以及 3′端一侧 5 个核苷酸处切断磷酸二酯键，释放含有胸腺嘧啶二聚体的 DNA 损伤片段，然后由 DNA 聚合酶 Ⅰ 和 DNA 连接酶填补空隙和封闭切口(图 15-17)。

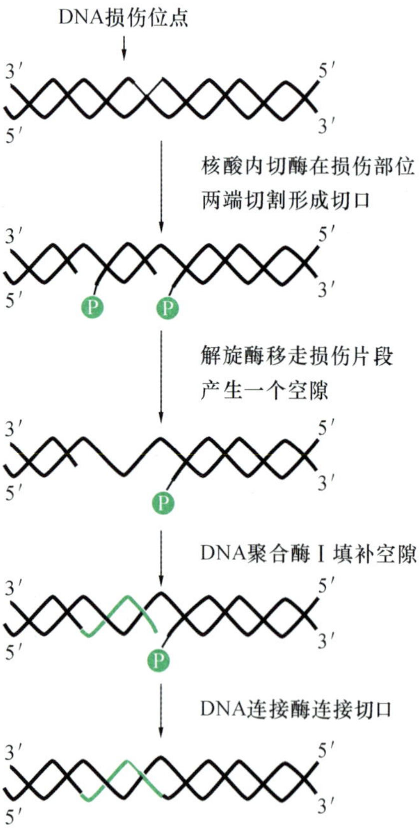

图 15-17　DNA 损伤片段的切除修复

生物体内存在着 DNA 糖基化酶(DNA glycosylase),该酶能够切断核苷酸的糖苷键,除去被修饰的碱基,使原核苷酸位点成为无嘌呤、无嘧啶的脱氧核糖磷酸骨架,该 DNA 部位被标记为 AP 位点(apurinic site,apyrimidinic site),即无嘌呤、无嘧啶位点。一旦 DNA 糖苷酶参与,产生了 AP 位点,则修复开始。修复不是简单地插入一个新碱基然后形成 N-糖苷键,而是除去留下的脱氧核糖磷酸基团,用新的核苷酸替换。首先,一种 AP 内切酶(AP endonuclease)切断 AP 位点附近的磷酸酯键,切割的位置取决于 AP 内切酶的类型;其次,DNA 聚合酶 Ⅰ 从切口的游离 3′-OH 开始,利用其 5′→3′外切酶活性和 5′→3′聚合活性及 3′→5′外切酶活性去除并替换部分受损 DNA 链,最后,由 DNA 连接酶封闭切口完成修复过程(图 15-18)。

人类有一种称为着色性干皮病(xeroderma pigmentosum)的遗传性疾病。当患者皮肤暴露在紫外线下时,细胞内 DNA 便产生损伤,形成胸腺嘧啶二聚体。由于体内缺乏一种与切除修复相关的核酸内切酶,所以无法修复损伤,结果患者皮肤细胞不断死亡,表现出皮肤干燥、雀斑,甚至发展成皮肤癌。

三、错配修复

虽然 DNA 聚合酶具有 3′→5′核酸外切酶活性,在 DNA 复制中具有校正的功能,但是这并不能保证 DNA 复制的绝对正确,难免有 dNTP 错误掺入的现象。细胞可以通过错配修复(mismatch repair)机制修复单个 dNTP 的错误掺入。

错配修复的关键在于如何区分模板链和新合成链。细菌借助半甲基化 DNA 区分"旧链"和"新链"。细菌有一类 DNA 腺嘌呤甲基化酶(DNA adenine methylase),简称 Dam 甲基化酶,它能使 DNA 的 GATC 序列中的腺嘌呤 N^6 位甲基化,甲基化普遍存在于细菌细胞 DNA 分子中。甲基化的 DNA 双链复制时,新链在合成后的短时间内(数秒或数分钟)还没有来得及甲基化,因此新形成的 DNA 双链为半甲基化状态。当新链中出现错配碱基时,半甲基化位点作为识别标记,由错配修复系统将未甲基化链的一段核苷酸链切除,并以甲基化链为模板修复。一般 GATC 与错配碱基之间距离为 1 kb 或略多时,错配碱基最易被修复。

大肠杆菌的错配修复系统包括多种蛋白质成分,它们有的参与识别过程,有的参与修复过程。具体过程如图 15-19 所示,首先,MutS 蛋白扫描 DNA 链,发现错配碱基并与之结合;其次,MutL 蛋白、MutH 与 MutS 蛋白结合形成复合物 MutHLS,在 ATP 供应能量的条件下,该复合物使 DNA 在 GATC 序列附近形成一个突环;再次,MutH 核酸内切酶在未甲基化链 GATC 位点的 5′端切开磷酸酯键;紧接着,解旋酶和核酸外切酶共同作用切除带有错配碱基的 DNA 片段;最后,在 SSB、DNA 聚合酶Ⅲ以及 DNA 连接酶等作用下完成错配修复。错配修复机制能够使 DNA 的复制准确率提升几百倍,甚至上千倍。

四、重组修复

有些单链 DNA 损伤(如胸腺嘧啶二聚体、烷基化引起的交联等)在复制前没能完成修复,或者 DNA 双链模板链发生断裂,这类 DNA 损伤可以通过同源 DNA 重组的方式进行修复。以大肠杆菌染色体双链 DNA 单链上存在胸腺嘧啶二聚体为例,假设二聚体损伤出现在后随链模板上,DNA 损伤的修复过程如图 15-20 所示。

当复制体遇到胸腺嘧啶二聚体时,复制体继续前导链的合成,而后随链合成停滞。此时,大肠杆菌 RecA 蛋白及其他相关蛋白共同启动了重组过程。与胸腺嘧啶二聚体互补的前导链模板相应区段入侵与后随链模板链中胸腺嘧啶二聚体 3′端附近区段互补配对,形成的分支向

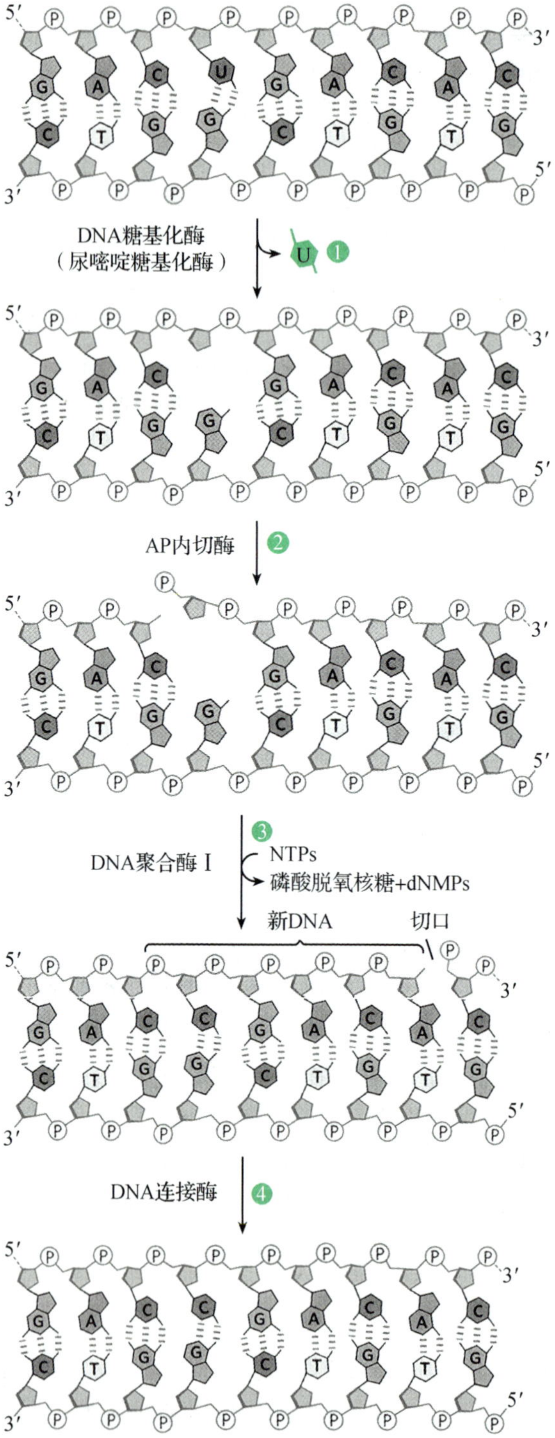

图 15-18 AP 核酸内切酶参与的切除修复

后随链模板 5′端移动，填补由于后随链合成受阻产生的空隙。而前导链模板上的空隙则由 DNA 聚合酶以前导链为模板填补，由 DNA 连接酶连接。这类损伤修复因为发生过遗传信息的重新组合，故称为重组修复(recombination repair)。

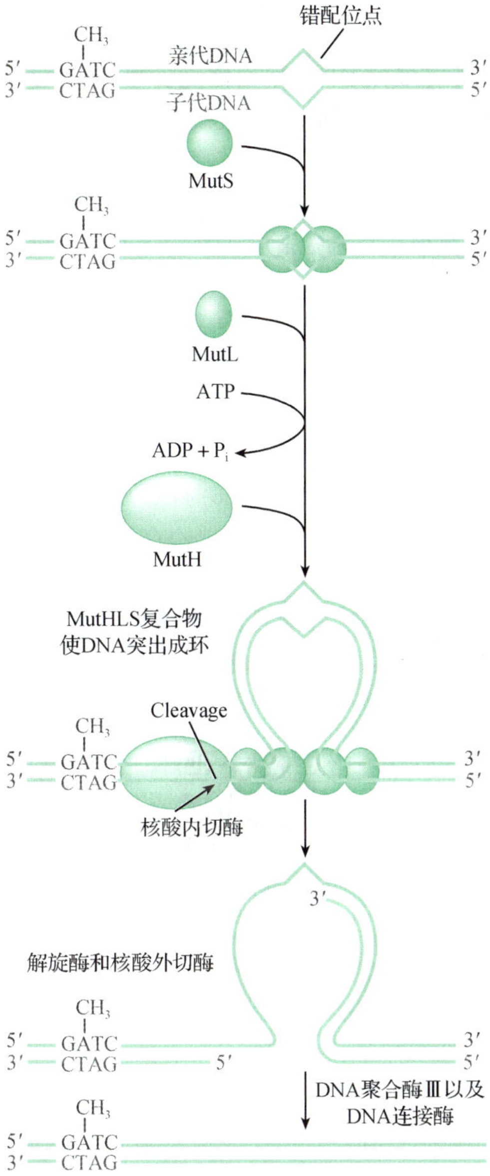

15-19　错配修复

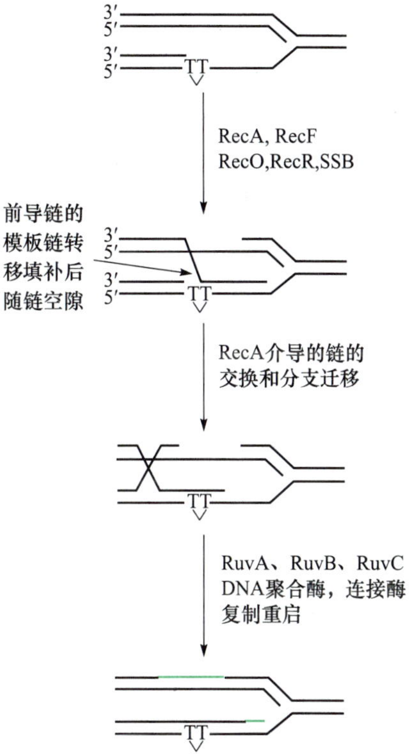

图 15-20　DNA 重组修复

与其他修复方式相比，重组修复发生在复制之后，因此，又称为复制后修复。虽然重组修复并未除去原初损伤，但是细胞还可以通过其他方式对损伤进行修复。

五、应急反应

前面介绍的 DNA 修复方式大多是以损伤 DNA 链的互补链为模板进行修复的，因此，修复结果是正确的。但是当生物处于极度逆境下，DNA 链受到严重损伤时，细胞通常会应急产生一系列复杂的诱导效应，称为应急反应或 SOS 应答(SOS response)。应急反应能诱导产生大量切除修复和重组修复的酶类和蛋白质，用以加强切除修复和重组修复，这可以使细胞适应逆境而避免死亡。由于应急产生的修复酶类往往自身功能不健全，所以在修复过程中时常向新合成 DNA 中引入错配碱基。换句话说，SOS 应答诱导的修复有些为免错修复(error free repair)，有些则为易错修复(error prone repair)。

虽然 DNA 聚合酶具有校对功能，细胞也具有多种 DNA 损伤修复机制，但是复制产生的错误一旦不能被检出、修正，则会导致 DNA 的永久改变，即 DNA 突变(mutation)。由单一碱基变化产生的突变称为点突变(point mutation)。如果某一个碱基被同类碱基置换，如鸟嘌呤改变成腺嘌呤，或者胞嘧啶改变成胸腺嘧啶，这种变化称为转换(transition)；如果某一个碱基发生了嘌呤向嘧啶的置换或者相反，则称为颠换(transversion)。DNA 分子上如果发生插入或者缺失一个以上碱基的变化，则称为插入 (insertion)突变或者缺失(deletion)突变。碱基的插入和缺失会引起蛋白质读码框的改变，因此，也被称为移码突变(frameshift mutation)。移码突变造成的 DNA 损伤一般远大于点突变。

在自然条件下随机产生的自发突变(spontaneous mutation)频率一般很低。大肠杆菌和果蝇的突变率都在 10^{-10} 左右。利用物理因素或化学诱变剂(mutagen)对 DNA 进行人为诱变，可以大大提高突变率。化学诱变剂大多是碱基的类似物或修饰剂，如 5-溴尿嘧啶是胸腺嘧啶的类似物，当它以酮式结构存在时能与腺嘌呤配对，以烯醇式结构存在时能与鸟嘌呤配对。5-溴尿嘧啶的掺入可以导致 DNA 双螺旋中的 AT 对转变为 GC 对。又如亚硝酸，属于碱基的修饰剂，能使腺嘌呤脱氨形成次黄嘌呤，后者适宜与 C 配对，从而引发突变。DNA 诱变在动物、植物分子育种以及基因功能研究中已成为常见的技术手段。

二维码 15-1 原核生物 DNA 复制

第十五章思考题

第十六章 RNA 的合成与加工

储存于 DNA 的遗传信息需通过转录和翻译得到表达(expression)。基因表达产物既有蛋白质,也有功能 RNA 分子。以 DNA 为模板先转录成 RNA,再翻译为蛋白质,或者以 DNA 为模板直接合成功能 RNA 分子,两者都属于基因表达。

基因进行转录时,DNA 两条链中只有一条链作为模板,这条 DNA 链称为模板链;与模板链互补的 DNA 链为非模板链。显然,新转录的 RNA 序列与模板链互补,而与非模板链完全一致,只是用 U 代替了 T。由于蛋白质是依据 RNA 编码生成的,非模板 DNA 链又称为编码链(coding strand)、正链(+)或者有意义链(sense strand);而模板链则称为非编码链、负链(—)或无意义链(antisense strand)。与 DNA 复制不同,基因转录是有选择的。同一条 DNA 分子上的基因,在某一特定时间,可能只有一个基因在转录,也可能有一组基因在转录;有些基因转录以 DNA 双链中的一条为模板链,而另一些则以另一条为模板链。也就是说,对于双链的 DNA 分子,其中任何一条链都可以作为模板进行转录,转录是不对称的。

在 DNA 指导下合成的 RNA 主要有 rRNA、tRNA 和 mRNA 3 类。RNA 链的转录起始于 DNA 模板的特定起点,并在下游终点处终止。从转录启动子开始到终止序列之间的 DNA 片段称为一个转录单位。转录主要由依赖于 DNA 的 RNA 聚合酶(DNA-dependent RNA polymerase)完成。所有生物的 RNA 聚合酶都是由多亚基组成的寡聚蛋白,但具体结构不同。RNA 的转录是核糖核苷酸的聚合反应。RNA 聚合酶在催化反应时,需要 DNA 模板,二价金属离子(Mg^{2+}),但不需要引物,底物为 4 种核糖核苷三磷酸(NTP:ATP,GTP,UTP 和 CTP)。RNA 链的合成方向为 5′→3′。前一个核苷酸带有 3′羟基,每加一个核苷三磷酸会脱去一个焦磷酸,形成 3′,5′-磷酸二酯键。焦磷酸继续水解为单个磷酸释放能量,有利于推动聚合反应。

本章重点讨论原核生物的 RNA 转录,同时对真核生物的 RNA 转录要点进行简要介绍。另外,由于许多 RNA 转录的初级产物没有生物功能,需要进行转录后加工(processing)或称修饰(modification),在本章中也将一并给予介绍。

第一节 原核生物 RNA 的合成与加工

一、原核生物 RNA 聚合酶

大肠杆菌 RNA 聚合酶全酶(holoenzyme)的分子量为 500 000,以 DNA 为模板,按 5′→3′方向催化合成 RNA。RNA 聚合酶全酶含有 5 种亚基(图 16-1),各亚基以非共价键聚合在一起($\alpha_2\beta\beta'\omega\sigma$),其中 $\alpha_2\beta\beta'\omega$ 构成核心酶(core enzyme)。在 RNA 聚合酶核心酶中,各亚基分工合作,其中 α 亚基由柔性多肽连接两个结构域(N-terminal 和 C-terminal,NTD 和 CTD)组成,是全酶中最先组装的亚基,参与核心酶的组装;β 和 β' 是全酶中最大的两个亚基,在 β 和 β' 中各存在一个 DPBB 结构域(double-psi beta-barrel),分别结合 4 种 NTP 和 Mg^{2+},这两个亚基互作形成蟹钳状的二聚体,是 RNA 聚合酶结合 DNA 模板和催化 RNA 合成的中心;ω 亚基最小,其功能与全酶组装相关。所有生物的 RNA 聚合酶核心酶的亚基序列、结构和功能都是保守的。

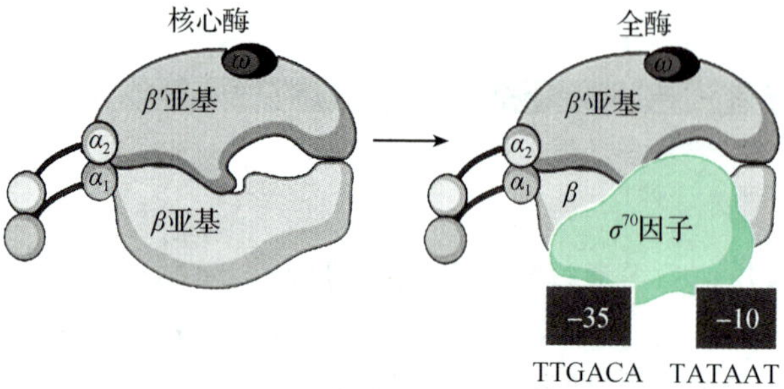

图 16-1 大肠杆菌 RNA 聚合酶

σ 亚基的作用是介导 RNA 聚合酶识别启动子序列。σ 亚基组装到 RNA 聚合酶核心酶上便能够与 DNA 模板结合,并识别特定的启动子序列,引发目标 RNA 转录的起始。σ 亚基在 RNA 合成了 9～10 个核糖核苷酸(nucleotide,nt)后会从核心酶上脱落下来,再与其他的核心酶结合介导新的启动子识别过程。大肠杆菌中有 7 种 σ 亚基,每一种负责识别的启动子序列不同。σ^{70} 在正常条件下是大肠杆菌中含量最多的 σ 亚基,负责识别常规表达的持家基因(housekeeping gene)的启动子;其余 6 种 σ 亚基则只调控特定类型基因的表达,如 σ^{28} 识别鞭毛蛋白基因的启动子,σ^{fecl} 识别铁转运蛋白的启动子,而 σ^{54} 和 σ^{32} 亚基则分别在氮营养缺乏和高温条件下发挥启动相关响应基因转录的功能。

自然界中存在一些化合物能够抑制 RNA 聚合酶的活性,阻断基因表达。利福霉素和利链霉素是细菌 RNA 聚合酶的抑制剂。利福霉素可作为抗生素应用于人类结核病及麻风病等的治疗。

二、原核生物启动子

启动子(promoter)是 DNA 分子上控制基因转录的一段特定序列,它能被 RNA 聚合酶识别、结合而启动转录。足迹法(footprinting)是最常见的鉴定启动子序列的方法之一。在溶液中加入 RNA 聚合酶和包含启动子区域的 DNA 片段,RNA 聚合酶将与启动子特异性结合,利用 DNA 内切酶(DNase Ⅰ)对 DNA 片段进行部分酶切。由于启动子区域与 RNA 聚合酶结合而不能被酶解,并可随蛋白质从溶液中移除。利用核酸凝胶电泳分离酶解的 DNA 片段,对比出未加 RNA 聚合酶样品,缺失的片段即为启动子部分,结合 DNA 测序可得到启动子序列(图 16-2)。

原核生物的启动子包括转录起始位点、−10 区(−10 region)、−35 区(−35 region)以及两个区之间的序列(图 16-3)。比较原核生物 10 个启动子可知,转录起始位点多为腺苷酸(A)。习惯上将起始位点标注为+1(不设零);起始位点之前的序列视为上游(upstream),碱基位置标注为负数;起始位点之后的序列视为下游(downstream),碱基位置标以正数。原核生物启动子含有两段共有序列(consensus sequence):TTGACA 和 TATAAT。TTGACA 位于−35 区;TATAAT 位于−10 区,富含 A/T,又称 Pribnow 盒(Pribnow box)。−35 区序列是 RNA 聚合酶的识别信号,而−10 区序列协助 DNA 双链解链。不同基因启动子共有序列变化很小,一般只有 1～2 个核苷酸差异。实际上,不同启动子中的共有序列在具体位置上是有变动的,这种变动也是一种信号。

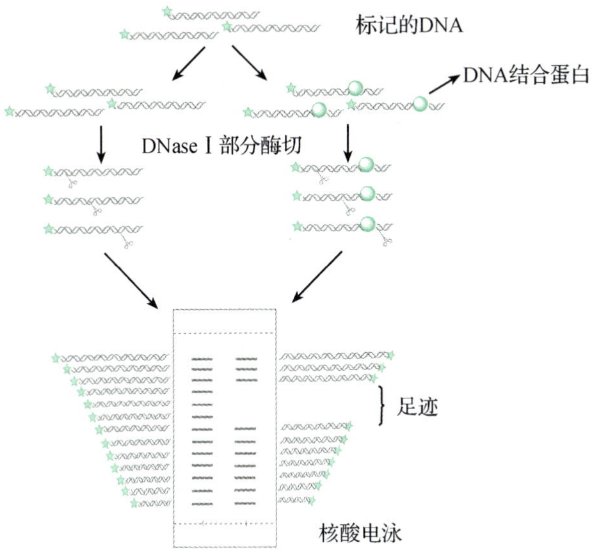

图 16-2　足迹法鉴定启动子

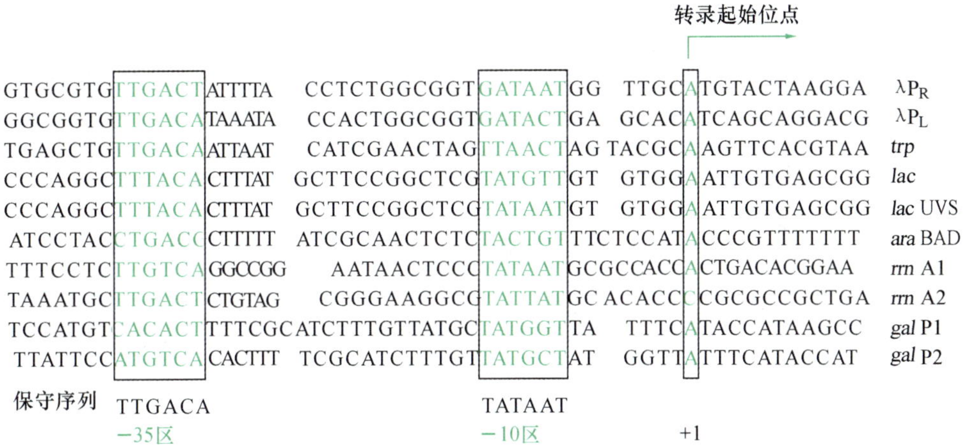

图 16-3　10 种原核生物启动子序列比较

三、原核生物的转录过程

转录过程分为 3 个阶段：起始（initiation）、延伸（elongation）和终止（termination）。下面以大肠杆菌为例进行介绍：

（一）起始

转录起始是 RNA 聚合酶与启动子相互识别并形成转录起始复合物的过程，可分为两步（图 16-4）：

第一步，RNA 聚合酶全酶与 DNA 分子非特异结合，并沿 DNA 分子滑动搜索启动子序列；当 σ 因子识别出启动子后，引导 RNA 聚合酶与 DNA 分子特异结合形成转录起始复合物。刚结合时，DNA 分子尚未解链，所形成的转录起始复合物称为闭合复合物（closed complex）；随着 RNA 聚合酶构象发生变化，启动子在 −10 区解链，闭合复合物随即转化为开放复合物

(open complex)。

第二步，转录起始位点暴露，RNA 聚合酶开始沿模板转录；当转录长度大约为 10 nt 时，σ 因子从复合物上脱落下来，核心酶沿模板前行，启动子清空(promoter clearance)。

(二)延伸

转录起始完成后，RNA 聚合酶核心酶沿 DNA 模板链 $3' \rightarrow 5'$ 方向滑行，一边使双股 DNA 解旋，一边以 NTP 为底物、按照 $5' \rightarrow 3'$ 方向合成 RNA，使 RNA 链不断延伸。新合成的 RNA 片段暂时与模板链以 RNA-DNA 杂交链形式存在，当长度超过 12 nt 后，RNA 链和 DNA 链之间的结合力因不足以维持杂交链的存在，RNA 单链便游离下来；已完成任务并被清空的 DNA 模板链随后与编码链互补，恢复双螺旋结构。

RNA 转录延伸不仅速度快(每秒添加 50～90 个 nt)，而且准确性高(每掺入 $10^4 \sim 10^5$ 个 nt 才可能出现一次错误)。另外，RNA 转录延伸还有一个特点，即核心酶在整个转录过程中沿模板链移动具有连续性。

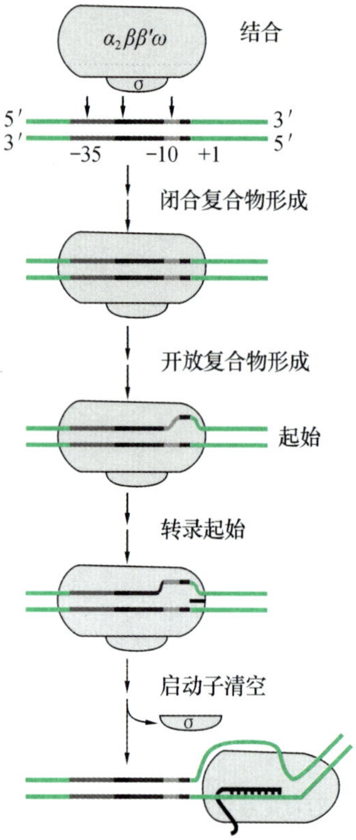

图 16-4 大肠杆菌 RNA 的转录起始过程

(三)终止

RNA 聚合酶核心酶在 DNA 模板上遇到终止序列后便停止前进，转录产物从转录复合物上释放下来，即为转录终止。终止序列称为终止子(terminator)。依据 RNA 聚合酶在终止转录时是否需要其他蛋白质协助，转录终止分为以下两种方式：

1. 内部转录终止

内部转录终止，即 RNA 聚合酶依据自身结构终止转录，不需要其他蛋白质的参与，我们也把它称为不依赖 rho 因子的终止。如图 16-5 所示，内部转录终止取决于 DNA 模板上终止子的两个特征：具有富含 G-C 的序列；在 GC 序列下游有一段 polyA。由此转录得到的 RNA 产物，因在相应序列也富含 G-C，很容易回折，自身形成发夹结构或茎环结构，这会迫使 RNA 聚合酶停止移动；DNA-RNA 杂交链的末端因富含 AU 配对，很容易解链释放出 RNA，导致转录终止。

2. 依赖 rho 因子的转录终止

rho(ρ)因子是一种由 6 个相同亚基组成的寡聚蛋白质，属于 ATP 依赖的解旋酶，亚基上含有 RNA 结合结构域和 ATP 水解结构域，参与转录终止反应。rho 因子的特异识别序列存在于转录产物 RNA 上，长度为 80～100 nt，富含 C 而缺乏 U。

如图 16-6 所示，在 RNA 转录过程中，当 rho 因子的识别序列被转录出现以后，rho 因子便与之结合，利用水解 ATP 产生的能量沿新生 RNA 链 $5' \rightarrow 3'$ 方向移动，到达 DNA-RNA 杂交链区域后，rho 因子发挥解旋酶作用打开杂交链的氢键，释放 RNA 链，当 rho 因子追上 RNA 聚合酶并与之互作，在 NusA 等其他蛋白的参与下，RNA 聚合酶核心酶构象发生变化，从模板上脱落下来，结束转录。

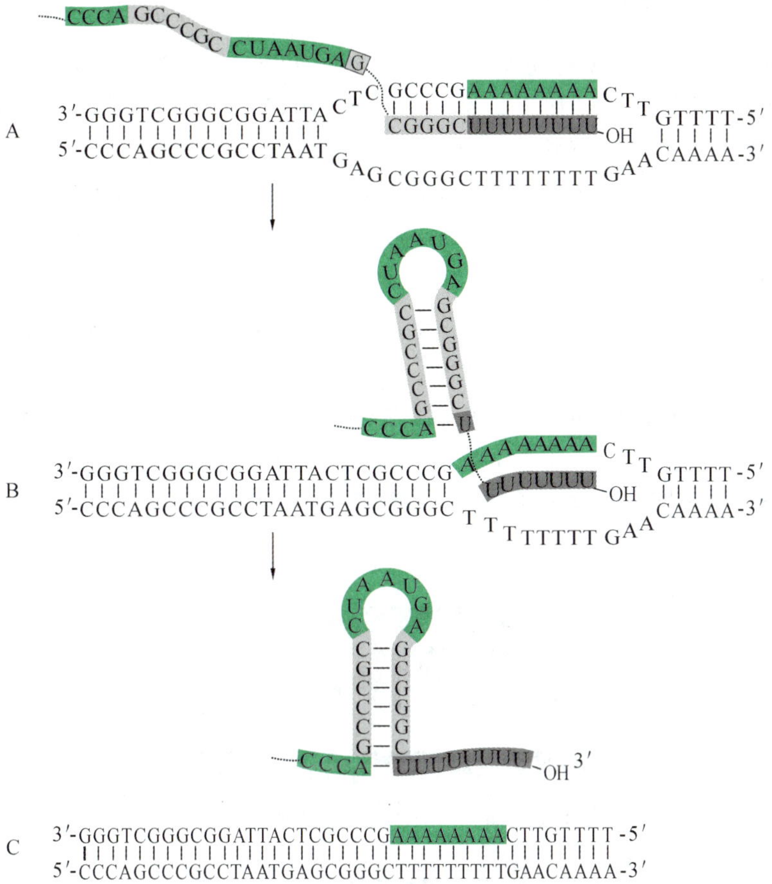

图 16-5 大肠杆菌不依赖 rho 因子的转录终止

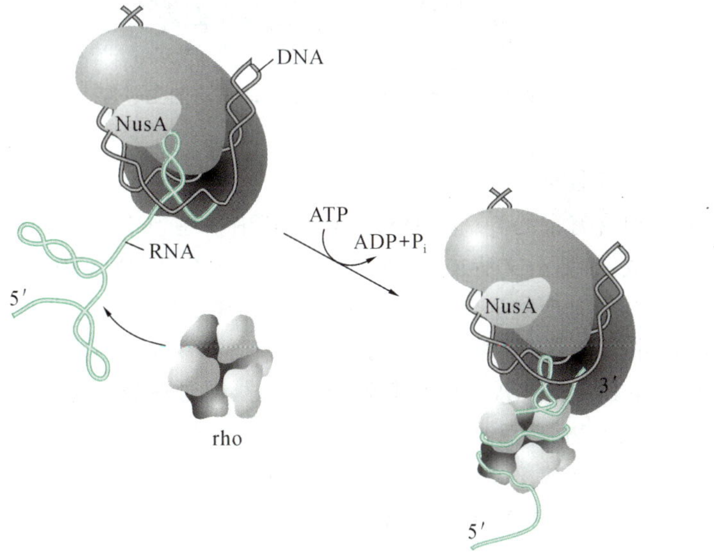

图 16-6 大肠杆菌依赖 rho 因子的转录终止过程

四、原核生物 RNA 转录后加工

原核生物合成的 mRNA 是功能分子，实际上在转录过程还没有结束之前就作为模板用于蛋白质的合成，因此不需要加工。而 rRNA 和 tRNA 的最初转录产物大多为不成熟的 RNA 前体，需要经过加工才有功能。对 RNA 前体进行加工的过程称为 RNA 转录后加工(post transcriptional processing)。RNA 转录后加工有多种类型，如剪接(splicing)、末端切除、碱基修饰和核糖修饰等。下面以大肠杆菌为例介绍 rRNA 和 tRNA 的转录后加工过程。

(一)rRNA 转录后加工

大肠杆菌有 16S、23S 和 5S 3 种成熟 rRNA 分子，它们的最初转录产物均来自同一个 30S 前体(图 16-7)，前体中还包括一个 4S tRNA。加工时，首先在甲基化酶的作用下，通过定点甲基化，将拟切除的片段进行标记；而后在核酸内切酶 RNase Ⅲ、RNase P 和 RNase E 的催化下切除部分片段，切割位点如图 16-7 中数字 1、2 和 3 标记的位点，产生中间产物 17S、25S、5S rRNA 以及 tRNA；中间产物分别在专一性的核酸内切酶的作用下进行末端修剪，最终形成 3 种成熟的 rRNA 和 1 分子 tRNA。

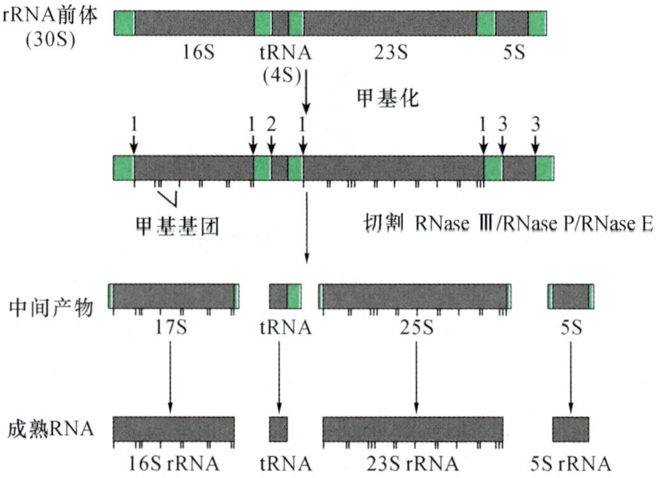

图 16-7 大肠杆菌 rRNA 的转录后加工过程

(二)tRNA 转录后加工

大肠杆菌基因组含有大约 60 个 tRNA 基因，其中一些 tRNA 随着核糖体 rRNA 的转录和转录后加工一起成熟，如上文所述；另外一些散落在基因组 DNA 中，或成簇排列，成簇排列的 tRNA 基因的最初转录产物通常是几个种类不同和拷贝数不同的 tRNA 前体。tRNA 转录后加工主要有：切除多余核苷酸序列、添加所需核苷酸序列和特定碱基的共价修饰等。如图 16-8 所示，RNase P 在 tRNA 5′端切断磷酸二酯键，同时核酸内切酶在另一侧切割，得到最初的单个 tRNA 转录产物；然后由 RNase D 修剪掉 tRNA 3′端多余核苷酸，并由 tRNA 核苷酸转移酶将“CCA”加上形成氨基酸接受臂。另外，tRNA 共价修饰比其他 RNA 要丰富得多，在一个约 80 个核苷酸的 tRNA 分子中，被共价修饰的核苷酸有 26～30 个。

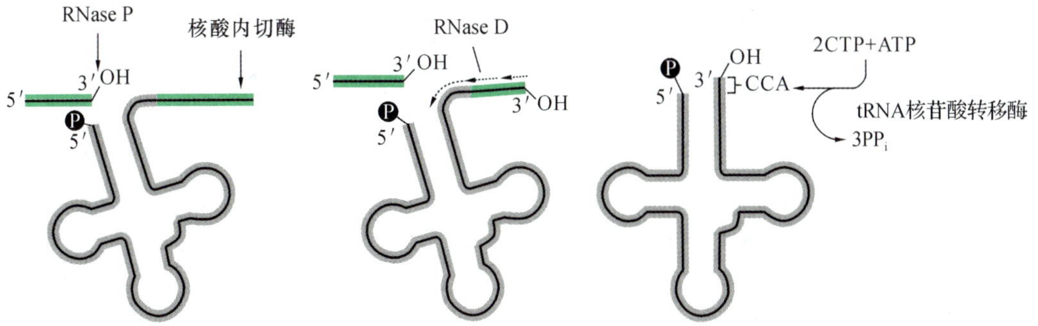

图 16-8　大肠杆菌 tRNA 的转录后加工过程

第二节　真核生物 RNA 的合成与加工

真核生物 RNA 转录过程远比原核生物复杂，这里主要以 RNA 聚合酶Ⅱ为例进行简单介绍，此外真核生物转录后加工也很有特点，有关内容将是本章的重点内容。

一、真核生物 RNA 聚合酶

原核生物的 RNA 聚合酶只有 1 种，而典型真核细胞的细胞核中含有 3 种不同的 RNA 聚合酶，即 RNA 聚合酶Ⅰ、Ⅱ、Ⅲ，三者在细胞核中的位置和功能有所不同。这些聚合酶都含有 8～14 个亚基，平均分子量大于 500 000。RNA 聚合酶Ⅰ位于细胞核的核仁中，负责合成 5.8S、18S 和 28S rRNA 的前体；RNA 聚合酶Ⅱ位于细胞核的核质中，负责合成 mRNA 前体以及绝大多数的 microRNA 和有帽子结构的核小 RNA(small nuclear RNA，snRNA)；RNA 聚合酶Ⅲ也位于核质中，负责合成 tRNA、5S rRNA、7S RNA、核仁小 RNA(small nucleolar RNA，snoRNA)、无帽子结构的 snRNA 和某些病毒的 mRNA。

α-鹅膏素(*α*-amanitin)是一种八肽化合物，对真核生物 RNA 聚合酶有选择性抑制作用。对于该抑制剂，RNA 聚合酶Ⅰ不敏感，RNA 聚合酶Ⅱ非常敏感，RNA 聚合酶Ⅲ被高浓度 *α*-鹅膏素所抑制。另一种药物放线菌素 D 是常见的抗生素，它能够插入 DNA 模板，阻止所有种类 RNA 聚合酶的移动，因而对真核生物和原核生物的转录都有抑制作用。

二、真核生物启动子

真核生物启动子一般更长，含有更多长度为 6～8 bp 的保守小片段，这些小片段称为“元件”(element)。不同基因启动子中的元件数量、排序和方向不同，各元件在基因表达中的作用也不同。

真核生物 RNA 聚合酶Ⅰ、Ⅱ、Ⅲ识别的启动子各具特点(图 16-9)。核糖体 DNA(rDNA)在基因组中高度重复，几百个重复成串排列，每个重复都包含 3 种 rRNA 的基因。RNA 聚合酶Ⅰ所识别的启动子序列就位于分隔基因的 DNA 片段中，在转录起始位点处，有一个核糖体起始元件(ribosomal initiator element，rInr)类似 TATA 的序列，在－150～－200 bp 处有一上游启动子元件(upstream promoter element，UPE)，这两个元件通过结合能够招募 RNA 聚合酶Ⅰ的蛋白质来起始转录。

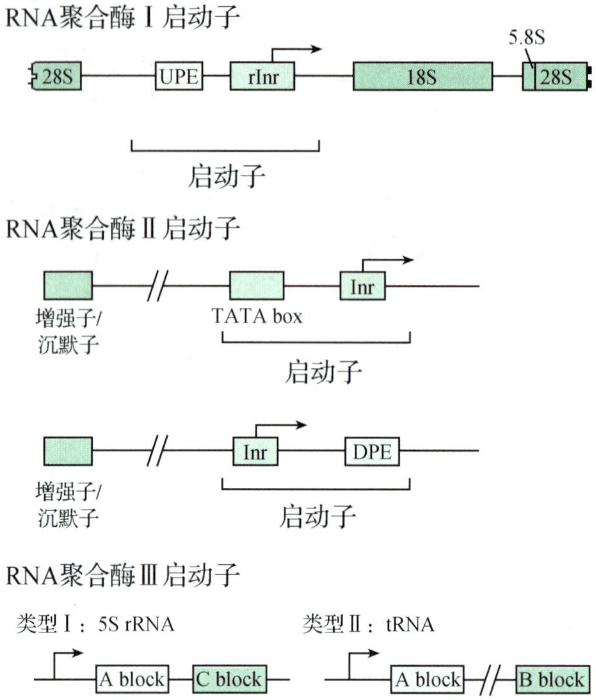

图 16-9　真核生物三种 RNA 聚合酶识别的启动子

RNA 聚合酶Ⅱ所识别的启动子包含 5 类控制元件：TATA 盒（TATAbox）、起始子（initiator）、上游元件（CAAT box 或 GC box）、下游元件（downstream core promoter element，DPE）以及应答元件（response element）。TATA 盒即“TATAAA”，位于－25 区，序列中全为 A-T 对，仅少数启动子含有 C-G 对。起始子位于－3～＋5 bp 之间，是转录的起始点。上游元件位于－40～－150 bp 区，而下游元件位于下游＋28～＋32 bp 之间的位置，通常存在于缺少 TATA 盒的启动子中。应答元件是一类随外界信号（如高温、冷害、创伤、低磷等）进行转录调控的特殊序列。各种元件的不同组合，再加上其他序列的变化，构成了种类庞大的启动子家族。真核生物启动子不仅变化比较大，整个序列也可以很长，通常将能够准确进行转录的最小序列称为核心启动子，包括 TATA 盒和起始子。有些启动子无 TATA 盒，核心启动子由起始子和下游元件（AGAC）组成；有些启动子无 TATA 盒和起始子，上游元件将发挥关键作用。

RNA 聚合酶Ⅲ主要识别的启动子不是位于转录起始位点的上游，而是位于所转录基因序列的中间。RNA 聚合酶Ⅲ识别两种典型的基因间启动子。类型Ⅰ启动子位于 5S rRNA 基因中，包含两个短的保守序列，分别称为 A 区块（A block）和 C 区块（C block）。类型Ⅱ启动子位于 tRNA 基因中，由两个 11 个碱基对的序列组成，分别称为 A 区块和 B 区块（B block），位于基因的两端距离约 15 个碱基对的位置。除以上两种启动子之外，RNA 聚合酶Ⅲ也识别一类完全位于起始位点上游的启动子，负责几种核小 RNA 如 U6 snRNA、7SL RNA 和 7SK RNA 等基因的转录。

除启动子外，真核生物的 DNA 中还存在其他调控转录的元件。增强子（enhancer）是一类顺式作用元件，可以位于基因的上游、下游甚至中间，甚至距离起始位点几千个碱基，增强子通过与激活因子（activator）结合加强转录的活性。沉默子（silencer）的作用与增强子相反，沉默子与阻遏蛋白（repressor）相结合，抑制基因的转录。

三、真核生物转录过程

真核生物的转录过程与原核生物相似，主要区别有：

(一)真核生物在转录起始前有一个装配过程

与细菌转录起始不同，真核生物 RNA 聚合酶必须借助其他因子的装配才能选择性地结合到启动子上，因此转录反应分为 4 个阶段：装配、起始、延伸和终止。

(二)真核生物由转录因子识别启动子

在真核生物中，转录因子(transcription factor，TF)是一类独立于 RNA 聚合酶参与转录调控的关键蛋白质。根据功能可分为通用转录因子和特异性转录因子，前者为 RNA 聚合酶Ⅱ(Pol Ⅱ)介导的基础转录所必需。Pol Ⅱ的转录起始依赖于多种通用转录因子的协同作用，包括 TATA 结合蛋白(TATA-binding protein，TBP)、TFⅡA、TFⅡB、TFⅡD、TFⅡE、TFⅡF 和 TFⅡH。其中，TFⅡD 复合体由 TBP 及其结合的 TAF(TBP-associated factor)共同组成，是启动子识别的核心：TBP 直接结合 TATA 盒或通过 TAF(如 TAF1、TAF2、TAF6 等)识别非经典启动子(如起始子 Inr 或下游启动子元件 DPE)，并诱导 DNA 弯曲以募集其他因子；TFⅡA 则通过稳定 TBP 与 DNA 的相互作用，防止抑制因子干扰，并增强复合体对启动子的亲和力。而最大且最复杂的因子 TFⅡH 包含 9 个亚基，兼具 ATP 酶、解旋酶和激酶活性，负责解链 DNA 形成“转录鼓泡”并磷酸化 Pol Ⅱ的 C 端结构域，推动转录从起始向延伸阶段过渡。

转录起始前复合物(pre-initiation complex，PIC)的组装是一个动态有序的过程：首先，TFⅡD-TFⅡA 复合体识别并结合启动子，随后 TFⅡB 桥接 TBP 与 Pol Ⅱ-TFⅡF 复合物，形成核心起始复合物；接着，TFⅡE 与 TFⅡH 依次被招募，最终在 NTP 存在下，TFⅡH 的解旋酶活性解开 DNA 双链，形成开放的转录复合物，使模板链进入 Pol Ⅱ活性中心启动 RNA 合成。尽管 Pol Ⅰ和 Pol Ⅲ系统同样依赖 TBP 及同源因子，但其启动子结构和复合物组成更为精简。通用转录因子多具有模块化结构，通过柔性连接区域在 Pol Ⅱ表面折叠定位，从而在 PIC 组装中精准发挥功能。这一多层次协作机制确保了基因转录的特异性与可调控性，为细胞应对复杂生理需求提供了分子基础。

(三)RNA 聚合酶在转录过程中发生翻译后修饰

RNA 聚合酶Ⅱ大亚基与大肠杆菌 RNA 聚合酶 β' 亚基同源。在转录起始及 RNA 合成延伸的过程中，大亚基的 C 末端区域(carboxyl-terminal domain，CTD)会发生多种翻译后修饰，如磷酸化、乙酰葡萄糖胺化、甲基化、乙酰化等，这些修饰在调节聚合酶的转录活性，稳定 mRNA 前体，染色质重构等方面十分重要。CTD 的磷酸化修饰在所有物种中都是保守的，CTD 重复序列“$Y^1S^2P^3T^4S^5P^6S^7$”中的 Ser、Thr 和 Tyr 会被 TFⅡH 中的激酶亚基磷酸化。S^2 和 S^5 磷酸化后 RNA 聚合酶Ⅱ才继续 RNA 的延伸，当转录终止时，这两个位点会发生去磷酸化反应，RNA 聚合酶Ⅱ丧失转录活性，从 DNA 模板上解离下来。

四、真核生物 RNA 转录后加工

真核生物 RNA 最初的合成产物是完全没有活性的前体，被称为初级转录本(primary transcript)。初级转录本经过各种加工、修饰，产生成熟的 mRNA、rRNA 和 tRNA。下面重点讨论 mRNA 前体的加工，简单介绍 rRNA 和 tRNA 前体加工。

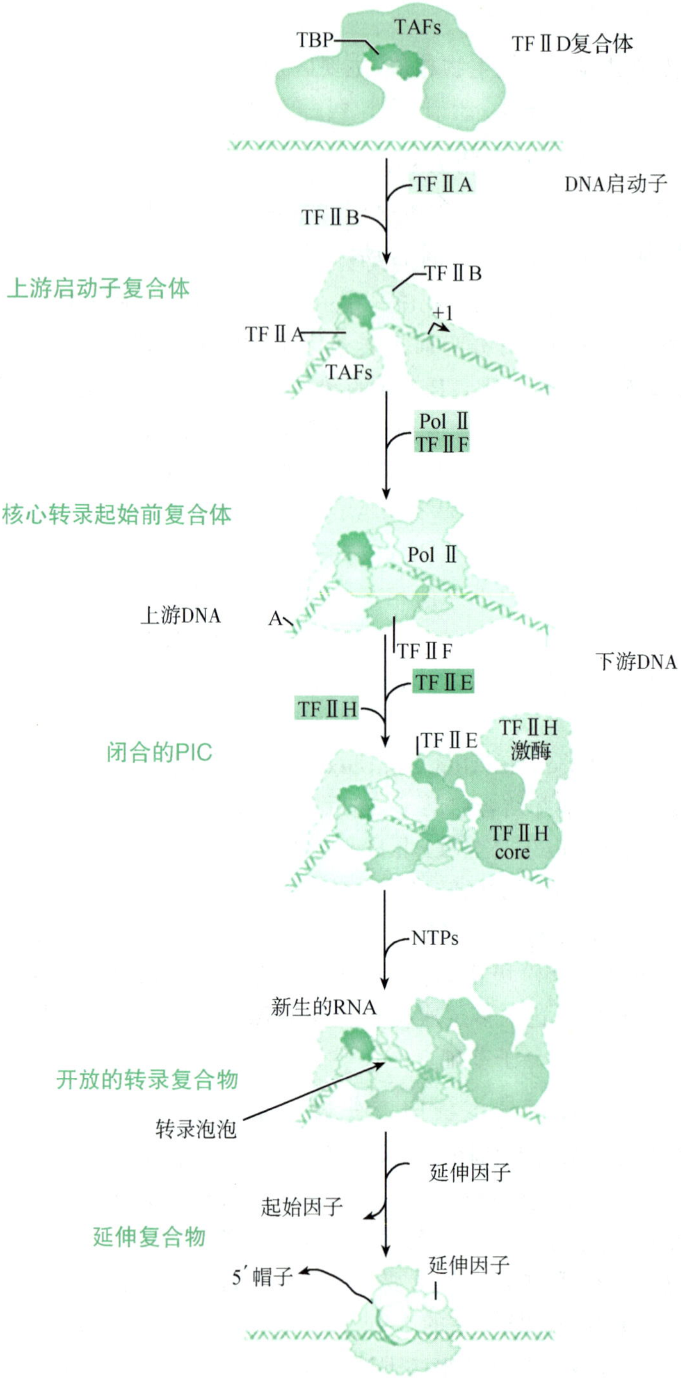

图 16-10 真核生物 RNA 聚合酶Ⅱ通用转录因子的装配

(一)mRNA 前体的加工

由于细胞核结构将转录和翻译过程隔开,mRNA 前体在核中需经过一系列加工过程并转移到细胞质中才能表现出功能。mRNA 前体在核内加工过程中形成分子大小不等的中间物,称为核内不均一 RNA(heterogeneous nuclear RNA,hnRNA)。hnRNA 大小极不均一,有的几个 S，有的可达 100S；hnRNA 中大约有 1/4 的序列经过加工成为成熟 mRNA；hnRNA 周转率极高，它们在核内迅速合成，也迅速降解，比细胞质 mRNA 更不稳定。

由 hnRNA 转变成 mRNA 的加工过程包括：①5′端形成特殊的帽子结构（$m^7G5'ppp5'NmpNp$-），即加帽（capping）；②在 3′端加多聚腺苷酸（polyA）尾巴；③通过剪接除去内含子序列；④链内部核苷酸甲基化修饰。下面分别进行讨论。

1. 5′端加帽

真核生物 mRNA 的转录和加工可以同时进行。mRNA 在合成不到 20 nt 长度时，就开始进行 5′端加帽反应。反应由磷酸酶和甲基化酶参与，具体过程如图 16-11 所示。

①首先磷酸酶将 mRNA 的 5′端第一个核苷酸的 γ-磷酸基团水解掉；②暴露出的 β-磷酸基团的氧亲核进攻 GTP 的 α-磷酸基团，释放焦磷酸，GMP 转移到 mRNA 的 5′端；③在甲基化酶作用下，GMP 鸟嘌呤 N_7 被甲基化，形成 O 型帽子；④如果原来第一个核苷酸核糖 2′-羟基继续发生甲基化，则形成Ⅰ型帽子；⑤如果 mRNA 的 5′端原第一、第二个核苷酸核糖 2′-羟基都被甲基化，则形成Ⅱ型帽子。在多细胞生物中Ⅰ型帽子占优势，在单细胞真核生物中 O 型帽子占优势。mRNA 的 5′帽子结构能够保护 mRNA 不被核酸酶降解，并有助于 mRNA 在核糖体上正确定位，提高 mRNA 的可翻译性。此外 5′帽子结构对于 mRNA 的剪接，以及从细胞核到细胞质的运输也有积极意义。

2. 3′端加 polyA 尾巴

真核生物 mRNA 合成后由多聚腺苷酸聚合酶（polyA 聚合酶）在 mRNA 3′端连续加上大量腺苷酸，可多达 250 个腺苷酸，形成所谓的多聚腺苷酸尾巴（polyA）。如高等真核细胞 mRNA 在靠近 3′端有一段保守序列 AAUAAA 作为发生多聚腺苷酸化的信号（图 16-12），当该序列被转录出现以后，一种专一性因子 CPSF（cleavage and polyadenylation specificity factor）与之特异性结合，并与核酸内切酶、polyA 聚合酶相互作用，由核酸内切酶将 mRNA 链从保守序列处切断，由 polyA 聚合酶以 ATP 为底物沿 mRNA 链的 3′端连续加入腺苷酸，释放出焦磷酸。polyA 尾巴具有保护 mRNA 的 3′端不会被核酸酶降解，并有助于 mRNA 从细胞核向细胞质中转移的功能。

3. 外显子剪接

大多数真核生物的基因是断裂基因，断裂基因在转录时外显子和内含子同时被转录，先形成非功能性的初级转录本，其中与 DNA 上的外显子和内含子的对应序列，也被称为外显子和内含子。断裂基因的初级转录本需通过剪接，去除内含子，使外显子成为连续序列。内含子多种多样，剪接机制也不同，有些需要在剪接体（spliceosome）作用下才能完成。

剪接体是一个大的 RNA-蛋白质复合体，复合体中 RNA 分子称为核内小 RNA（small nuclear RNA，snRNA）。snRNA 种类很多，其中 U 系列（U1、U2 等）的共性是富含尿嘧啶，分子小，而且内部存在大量配对螺旋区。snRNA 与数个或十多个蛋白质结合形成核内小核糖核蛋白（small nuclear ribonucleoprotein，snRNP）。由于 snRNA 具有酶活性，整个剪接体可以看成是核酶的复合物。

真核生物核基因有不同类型内含子，其中一类内含子在左端（5′端）均为 GT，右端（3′端）均为 AG，此称为 GT-AG 规则（对应于 RNA 为 GU-AG）。图 16-13 显示出脊椎动物内含子剪切位点及保守序列，其内含子的 5′端和 3′端各有一个剪接位点（绿色箭头），在剪接位点附近有保守序列存在，另外内含子中还有一个保守的分支位点（branch site）“YNYURAY”，其中“A”在剪接过程中发挥重要作用。

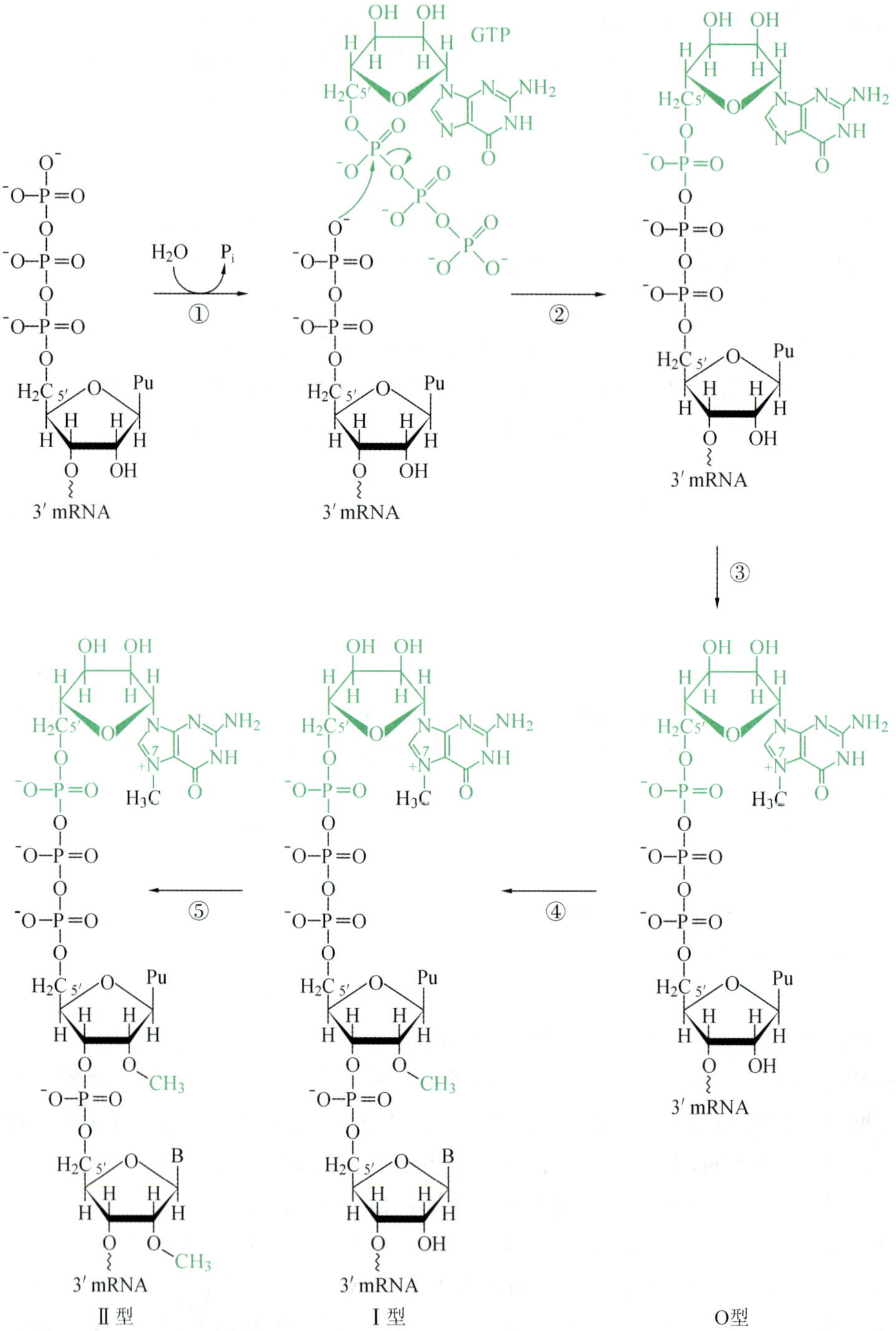

图 16-11　真核生物 mRNA 5′ 帽子的形成过程

由剪接体催化的 mRNA 前体加工过程如图 16-14 所示。剪接体通过 snRNA 和初级转录本碱基互补来识别剪接位点，同时将分支位点置于恰当位置进行剪接。具体过程比较复杂，下面只简单介绍内含子剪接的两个基本反应：连接外显子；切除内含子形成套索状（lariat-shaped）。

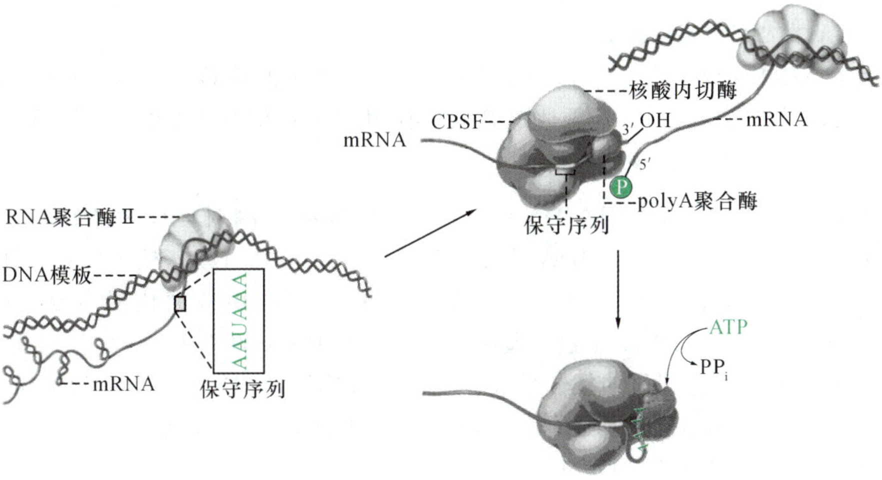

图 16-12 真核生物 mRNA 的 polyA 形成过程

（引自：Moran et al.，2014）

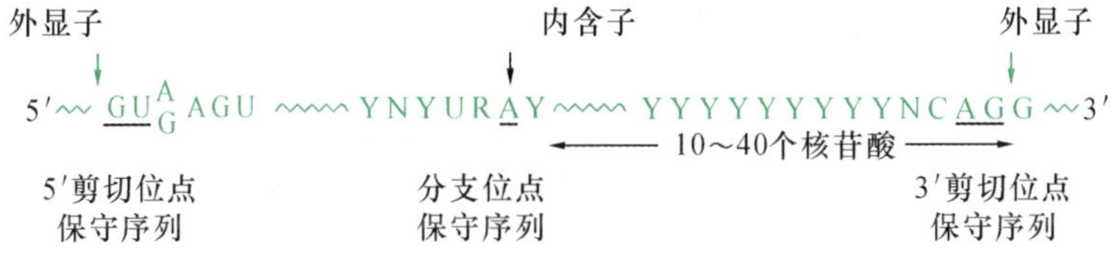

Y代表任意嘧啶（U或C）；R代表任意嘌呤（A或G）；N代表任意核苷酸

图 16-13 脊椎动物内含子剪切位点保守序列

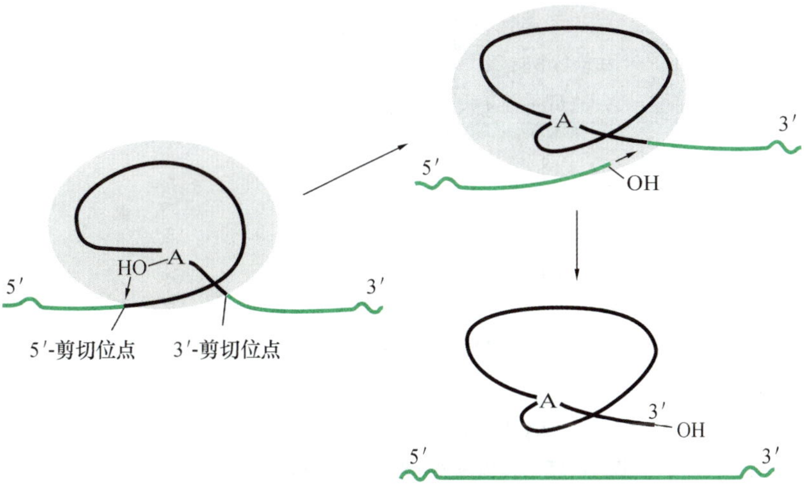

图 16-14 mRNA 前体内含子序列的剪切过程

反应开始，首先由分支位点腺苷酸的 2′-OH 进攻内含子 5′剪切位点，内含子 5′端断离，在外显子断裂处随即产生 3′-OH；该 3′-OH 进攻原内含子的 3′剪切位点，内含子 3′端断离，以套索状形式存在；两个被间隔的外显子相连，形成成熟 mRNA 分子。由于真核 mRNA 前体的剪接过程与某些内含子的自我剪接相似，推测 snRNA 可能是从内含子演化而来的。

4. mRNA 的内部甲基化修饰

真核生物 mRNA 除了在 5′端帽子结构中有 1～3 个甲基化核苷酸外，分子内部尚含有 1～2 个 m^6A，它们都是在 mRNA 前体的剪接之前，由特异的甲基化酶催化修饰后产生的。

（二）rRNA 前体的加工

真核生物大多数 rRNA 基因在 DNA 分子上成簇排列。在核仁中，它们作为一个多顺反子由 RNA 聚合酶Ⅰ催化转录。rRNA 的最初转录本是 45S，通过核糖核蛋白复合体（ribonucleoprotein complexe）进行加工。加工时，首先在特定位置，由核糖核蛋白复合体的组分 snoRNA（small nucleolar RNA）通过碱基配对引导修饰 RNA 的酶在特定的位点将尿嘧啶转化为假尿嘧啶或者甲基化其他的核苷酸残基；其次，被修饰的 RNA 分子在 RNase P 样核酶（RNase P-like ribozyme ）催化下逐步产生 41S、36S 和 32S 的 RNA 转录本，最终生成了 3 种成熟的 18S、5.8S 和 28S rRNA（图 16-15）。

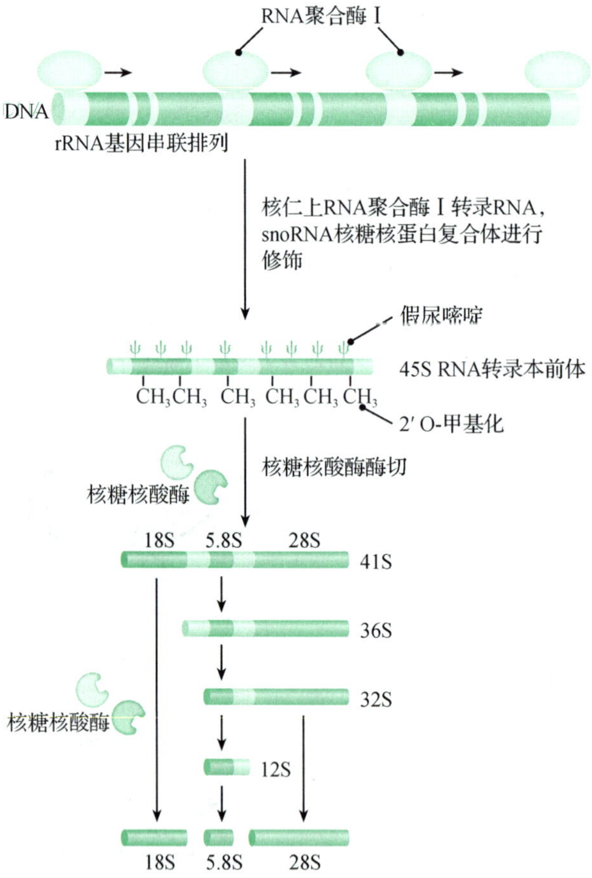

图 16-15 真核生物 rRNA 的转录后加工过程

真核生物的另一种 5S rRNA 情况则不同，它单独作为一个顺反子由 RNA 聚合酶Ⅲ催化转录，基本不需要加工。还有一些 rRNA 前体，如四膜虫细胞有一种长度为 6 400 nt 的核酸前体，能进行自我剪接（详见第八章）。

(三)tRNA 前体的加工

真核生物 tRNA 前体的主要加工形式有:剪切 5′端多余序列、在 3′端添加 CCA、碱基化学修饰以及内含子剪接等。前三种形式的基本过程与原核生物相似,tRNA 前体内含子剪接是真核生物特有的。真核细胞含有几百到几千个 tRNA 基因,许多初级转录本含有内含子,需要由核酸内切酶切除内含子,再由连接酶将外显子连接起来,形成成熟 tRNA。

无论哪一种 RNA 剪接,都需要耗费能量。非常有趣的是,真核生物为什么要先转录内含子,然后再将其切除呢?RNA 剪接是生物进化的结果,有着重要的生物学意义。剪接可使不同基因“模块”重新组合而产成新基因和新的转录产物,这不仅有利于加快进化速度,而且是基因表达调节的重要环节。

二维码 16-1 原核生物 RNA 转录

第十六章思考题

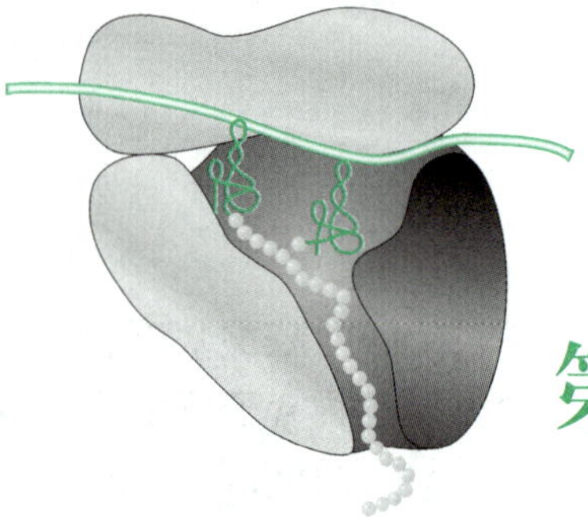

第十七章　蛋白质生物合成

蛋白质生物合成在细胞代谢中占有十分重要的地位。一个典型的细胞需要数千种蛋白质来担负其各类功能。为满足这种需求，细胞必须不断地合成蛋白质，并把它们定向转运到特定的亚细胞位置或运输到胞外才能发挥其相应活性。以大肠杆菌为例，其蛋白质约占细胞干重的 50%，包括大约 3 000 种不同蛋白质分子，每种分子的数目保持在一定范围，以维持细胞各种生命活动；在适宜的培养条件下，细胞分裂周期仅为 20 min，一个含有 100 个氨基酸残基的肽链合成仅需 5 s。可见，蛋白质的生物合成是何等快速。

蛋白质生物合成机理研究的重要进展几乎都与核酸代谢研究进展紧密地联系在一起。1952—1954 年，P. C. Zamecnik 等发现了核糖体，证明它们是蛋白质合成的场所。1955 年，M. B. Hoagland 建立了无细胞蛋白质生物合成体系。1956—1957 年，P. C. Zamecnik 和 M. L. Stephanson 等分离出 tRNA，并对它们的功能提出假设。1961 年，F. Jacob 和 J. Monod 提出了信使 RNA 的概念。1961—1965 年，M. Nirenberg 和 H. G. Khorana 建立了三联体遗传密码系统。

蛋白质生物合成是生物体按照从 DNA 转录得到的信使 RNA 上的遗传信息合成蛋白质的过程，该过程也被称为翻译(translation)，它将 mRNA 分子中的碱基排列顺序转变为蛋白质或多肽链中的氨基酸排列顺序。蛋白质生物合成过程十分复杂，涉及的成分至少有 200 种，主要有 mRNA、tRNA、核糖核蛋白体以及相关的酶和蛋白质因子，同时该过程需要大量的 ATP 与 GTP 提供能量。

第一节　遗传密码

mRNA 是遗传信息的传递者，是蛋白质生物合成过程中直接指令氨基酸掺入的模板。DNA(或 mRNA)中碱基的排列顺序决定多肽链中氨基酸顺序的对应关系称为遗传密码(genetic code)。

一、遗传密码的解读

1954 年，俄罗斯裔美国物理学家 G. Gamo 首先对遗传密码进行了探讨。核酸分子中只有 4 种碱基，需要编码组成蛋白质分子的 20 种氨基酸。若由 1 个碱基编码一种氨基酸，那么，4 种碱基只能决定 4 种氨基酸；若由 2 个碱基编码一种氨基酸，只能编码 $4^2=16$ 种氨基酸。若由 3 个碱基作为一组，则有 $4^3=64$ 种排列方式，可满足编码 20 种氨基酸的需要，因此，推测密码子(codon)应是三联体(triplet)。1961 年，F. H. C. Crick 及其同事以 T4 噬菌体作为主要研究材料，研究其中某个基因的碱基的增加或减少对编码蛋白质的影响，用实验证明了三联体密码子学说是正确的。至此，许多科学家对破译遗传密码展现出浓厚的兴趣。

同年，M. W. Nirenberg 和 J. H. Matthaei 开始用人工合成的 mRNA 在大肠杆菌无细胞蛋白质合成系统中寻找氨基酸与三联体密码子的对应关系。用人工合成 polyU 作为模板，外加 20 种标记的氨基酸混合物，在试管中保温后，意外发现反应产物为多聚苯丙氨酸，从而推算出 UUU 是编码苯丙氨酸的密码子。以此为突破口，Nirenberg 用同样的方法证明 CCC 是编码脯氨酸的密码子，AAA 是编码赖氨酸的密码子。

此后，M. W. Nirenberg 和 S. Ochoa 等进一步用两种核苷酸的共聚物，如 polyUG、polyAC 等作为模板重复上述实验，结果表明标记氨基酸掺入新合成多肽的频率与按统计学方法推算出的三联体密码的出现频率相符合。为了进一步解决密码子中 3 个碱基的排列顺序问题，Nirenberg 等于 1964 年建立了核糖体结合技术。他们将大肠杆菌核糖体与人工合成的三核苷酸、Mg^{2+} 及 ^{14}C-氨酰-tRNA 一起保温，无须酶催化，特定的氨酰-tRNA 就可与带有特定三核苷酸的核糖体结合，同时证明密码子的解读有方向性，如 pGpUpU 对 Val 专一，而 pUpUpG 却对 Leu 专一。在无 GTP 存在时，三核苷酸可促进与其对应的氨酰-tRNA 结合到核糖体上而不形成肽键，这样，利用“氨酰-tRNA-三核苷酸-核糖体”复合物可被硝酸纤维滤膜吸附，而未被核糖体结合的 tRNA 则不被吸附的性质，特定 tRNA 能够被分离。由于三核苷酸模板只能与特定 tRNA 对应，而一定的 tRNA 又只与特定的氨基酸结合，所以只要带标记的氨基酸被滤膜吸附，通过确定氨基酸的种类就可确定所加三联体是什么氨基酸的密码子。例如，加入 AUG 时，只有被标记的 Met 留在滤膜上，因此可确定 AUG 是 Met 的密码子。利用这种简便的技术，Nirenberg 等很快破译了 64 个密码子中的 54 个。

然而，某些密码子不能促进氨酰-tRNA 的结合，而某些密码子的存在会促进核糖体与氨酰-tRNA 的非特异性结合。因此，需要另外的方法进一步完善和确定全部遗传密码。H. G. Khorana 及其同事合成了由 2～4 个核苷酸重复序列的多核苷酸，以此特定顺序的共聚物作为模板，在体外无细胞翻译体系中进行翻译，再对翻译产物加以分析，所得结果与 Nirenberg 等用随机多核苷酸为模板所得到的信息相互印证，破译了其他密码子。其中有 3 个密码子是终止密码子，不对应任何一个氨酰-tRNA；AUG 既是 Met 的密码子，又是起始密码子。

得益于这一系列出色的生物化学和遗传学实验，经过 5 年的努力，科学家们终于在 1966 年完全确定了编码 20 种氨基酸的密码子，编排出遗传密码字典(表 17-1)，并通过体内实验得以证实。

遗传密码的破译是 DNA 双螺旋模型提出以后生命科学史上又一重大突破，它不仅成为阐明蛋白质生物合成过程的基础，而且为确立分子遗传的中心法则提供了有力证据。由于在破译遗传密码研究工作中的重大贡献，Nirenberg 和 Khorana 二人与首次对 tRNA 进行了分离鉴定并阐明了其序列与大致结构的 R. W. Holley 共同获得了 1968 年诺贝尔生理学或医学奖。

在 64 个密码子中，61 个编码氨基酸，另外 3 个(UAA、UAG 和 UGA)用作翻译的终止信号，称为终止密码子(termination codon)；AUG 除了编码甲硫氨酸外，还作为起始密码子(initiation codon)，是肽链合成的起始信号。在有些生物细胞中，起始密码子不是 AUG 而是编码缬氨酸的 GUG，不过使用最为普遍的起始密码子还是 AUG。

表 17-1 遗传密码字典*

第一个碱基（5′端）	中间碱基				第三个碱基（3′端）
	U	C	A	G	
U	Phe	Ser	Tyr	Cys	U
	Phe	Ser	Tyr	Cys	C
	Leu	Ser	终止密码	终止密码	A
	Leu	Ser	终止密码	Trp	G
C	Leu	Pro	His	Arg	U
	Leu	Pro	His	Arg	C
	Leu	Pro	Gln	Arg	A
	Leu	Pro	Gln	Arg	G
A	Ile	Thr	Asn	Ser	U
	Ile	Thr	Asn	Ser	C
	Ile	Thr	Lys	Arg	A
	Met**	Thr	Lys	Arg	G
G	Val	Ala	Asp	Gly	U
	Val	Ala	Asp	Gly	C
	Val	Ala	Glu	Gly	A
	Val	Ala	Glu	Gly	G

* 密码子的阅读方向 5′→3′；** AUG 兼作起始密码子。

知识拓展框

扩大遗传字母表的梦想

地球上所有的生命形式都是以 A、T、C、G 4 种碱基为遗传字母来编码 20 种基本氨基酸，并以氨基酸为构件分子形成千差万别的蛋白质。科学家们一直梦想“扩大遗传字母表”，从而改写生命。如果我们能在 DNA 中引入更多不同的碱基，就能产生更多的密码子。我们也可以通过改造已有的密码子，让其编码其他非天然氨基酸。这两种策略都可以将更多不同性质的氨基酸整合进蛋白质里，从而改变蛋白质的生物特性。

2014 年，美国加州 Scripps 研究所取得了一项突破成果。他们在大肠杆菌 DNA 中插入额外的碱基对 X 和 Y，这种改造的大肠杆菌 DNA 携带非天然碱基对 X-Y，不过大肠杆菌细胞分裂缓慢，而且随着时间的推移，细胞还会失去携带“外来碱基”的 DNA。

2017 年，*Nature* 报道科学家们获得了使用外来 DNA 合成蛋白质的健康细胞。为了让细胞能够使用这些非天然的碱基，他们创建了一种修改版的 tRNAs（用非典型氨基酸对 tRNA 进行氨基酰化修饰），成功将两种非天然存在的氨基酸——PrK 和 pAzF 整合到绿色荧光蛋白中。

近年来,科学家们通过基因编辑技术,特别是 CRISPR/Cas9 系统,成功地在 DNA 中引入了新的碱基对。这些新的碱基对不仅能够被细胞的转录和翻译机制识别,还能编码非天然氨基酸,从而赋予蛋白质新的功能和特性。例如,剑桥大学的研究团队利用 CRISPR/Cas9 技术,将部分编码丝氨酸的密码子替换为新的密码子,使得这些新的密码子能够编码非天然氨基酸,从而成功地将非天然氨基酸引入蛋白质中。

此外,科学家们还探索了将终止密码子重新编程为可以编码非天然氨基酸的密码子。这一技术使得在蛋白质合成过程中,可以在特定位置引入具有独特化学性质的非天然氨基酸,从而创造出具有新功能的蛋白质。例如,通过在抗生素和抗肿瘤药物中引入非天然氨基酸,可以显著提高其疗效和特异性。

我国科学家们最近提出了一种名为"稀有密码子重编码"(rare codon recoding,RCR)的新技术。该技术通过利用稀有密码子代替空白密码子(终止密码子),实现了高效的非天然氨基酸编码。浙江大学的研究团队通过系统的工程改造和大数据模型预测,在哺乳动物细胞中成功合成了带有多个非天然氨基酸的功能蛋白质。这一突破不仅提高了非天然氨基酸的编码效率,还为设计和合成具有新功能的蛋白质提供了新的方法。

那么,"非天然氨基酸"究竟能用来做什么呢?它们可以极大扩展蛋白质的化学多样性,在生物医药领域展现出巨大的应用潜力,为开发新型药物提供了新的途径。近期,我国科学家将一种具有活性的非天然氨基酸氟硫酸盐-*L*-酪氨酸(FSY)掺入人程序性细胞死亡蛋白(PD-1,一种免疫检查点蛋白,有助于控制身体的免疫反应)中。FSY 这种非天然氨基酸的引入,赋予改造后的蛋白质与其靶蛋白建立更稳定的相互作用。改造后的 PD-1 可以调节 T 细胞的活性,有望用于抗肿瘤治疗。今后,密码子拓展技术的发展有望让我们更加高效合成具有特定功能的蛋白质,从而推动生物技术和医药产业的发展。

[1] Malyshev D A,Dhami K, Lavergne T, et al. A semi-synthetic organism with an expanded genetic alphabet. Nature,2014,509(7500):385-388.

[2] Zhang Y, Ptacin J L, Fischer E C, et al. A semi-synthetic organism that stores and retrieves increased genetic information. Nature,2017,551(7682):644-647.

[3] Fredens J, Wang K, de la Torre D, et al. Total synthesis of *Escherichia coli* with a recoded genome. Nature,2019,569(7757):514-518.

[4] Ding W, Yu W, Chen Y, et al. Rare codon recoding for efficient noncanonical amino acid incorporation in mammalian cells. Science,2024,384(6700):1134-1142.

[5] Li Q, Chen Q, Klauser P C, et al. Developing covalent protein drugs via proximity-enabled reactive therapeutics. Cell,2020,182(1):85-97.

二、密码子的基本性质

1. 通用性

密码子的通用性(universality)是指所有生物可共用同一套密码。密码子的通用性为进化论提供了强有力的支持,充分说明所有生物都有共同的起源。

然而,个别密码子在不同物种中也具有不同的含义,即密码子通用性存在例外。例如,

AUA 在通用密码中编码异亮氨酸，但在果蝇、酵母等物种的线粒体中表示甲硫氨酸；原核生物支原体中，UGA 表示色氨酸，而作为通用密码 UGA 则表示终止信号。

2. 连续性

在 mRNA 链上，从起始信号到终止信号，密码子的排列是连续的，密码子之间既没有重叠也不存在间隔，即无标点（commaless）。翻译时必须正确选择阅读起点，依次译读，这样由起始密码子至终止密码子组成的一个区域叫阅读框架（reading frame），简称阅读框。如果阅读框中缺失 1 个或 2 个核苷酸，或者跳越 1～2 个核苷酸，所有后续密码子将发生连续改变即移码（frameshift），从而产生错义的蛋白质。因此移码突变（frameshift mutation）通常会产生严重后果。

一般来说，一个阅读框编码一种蛋白质，基因是不重叠的，但在一些病毒中，同一 DNA 碱基顺序可以编码出两条不同的多肽链，这是由于有些基因可以完全埋藏在另一个基因之内或呈现部分重叠。例如，1976 年 Barrel 等发现，噬菌体 ΦX174 环型单链 DNA 为 5 386 nt，编码 9 种蛋白质，其中 *E* 基因的 237 nt 序列完全包含在长度为 456 nt 的 *D* 基因之内，但它们的阅读框不同。1977 年，Sanger 又发现 *B* 基因的 260 nt 完全位于长度为 1 546 nt 的 *A* 基因之内。此外，又发现另一个 *K* 基因跨越在 *A* 和 *C* 基因之间，基因 *E* 与 *D* 共用一段相同的碱基顺序，但阅读框不同（图 17-1）。

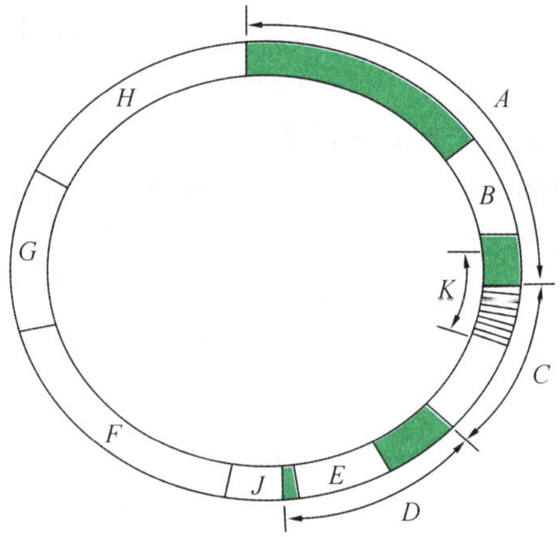

B 基因在 *A* 基因序列内；*E* 基因在 *D* 基因序列内；*K* 基因跨越 *A* 基因和 *C* 基因序列

图 17-1　噬菌体 ΦX174 环型 DNA 的基因序列

迄今为止，只有在噬菌体和病毒中发现基因重叠现象，这可能是因为在进化过程中，它们的基因组很小，而又必须有多种基因产物，这种压力导致了基因重叠现象的发生。

3. 简并性

密码子简并性（degeneracy）是指由几种密码子编码同一种氨基酸的现象。编码同一种氨基酸的一组密码子互称同义密码子（synonymous codon）。20 种氨基酸中除甲硫氨酸和色氨酸只有 1 个密码子外，其余都有 2 个或 2 个以上同义密码子。相反，没有哪个密码子能编码一个以上氨基酸。

密码子的简并性往往表现在第 3 位碱基上。如编码甘氨酸的 4 个密码子（GGU、GGC、GGA 和 GGG）中，前 2 个碱基完全相同，只有第 3 位碱基不同，说明密码子的专一性主要取决于前 2 位碱基，第 3 位碱基作用有限。密码子的简并性具有重要意义，它增加了密码子中碱基改变仍然编码原来氨基酸的可能性，减少了因碱基突变造成的可能危害，有利于生物遗传与进化的统一。

既然一些氨基酸有多个密码子编码，那么同义密码子的使用频率是否相同呢？研究者发现，不同物种都有自己优先使用的密码子。表 17-2 显示了大肠杆菌和人类 1 000 个基因中 3 组同义密码子的使用频率。可以看出，亮氨酸密码子（CUU 和 UUG）以及丙氨酸密码子（GCA）在 2 种生物中出现频率基本相同，但是亮氨酸密码子（CUC）、脯氨酸密码子（CCA、CCC、CCG、CCU）以及丙氨酸密码子（GCG）在 2 个物种中的使用频率相差很大，表明不同物种在使用通用密码子时存在偏好性。

表 17-2　3 组同义密码子在大肠杆菌和人类基因中的使用频率比较

氨基酸	密码子	大肠杆菌 基因频率（$\times 10^3$）	人类 基因频率（$\times 10^3$）
Leu	CUA	3.2	6.1
	CUC	9.9	20.1
	CUG	54.6	42.1
	CUU	10.2	10.8
	UUA	10.9	5.4
	UUG	11.5	11.1
Pro	CCA	8.2	15.4
	CCC	4.3	20.6
	CCG	23.8	6.8
	CCU	6.6	16.1
Ala	GCA	15.6	14.4
	GCC	34.4	29.7
	GCG	32.9	7.2
	GCU	13.4	18.9

4. 变偶性

tRNA 和 mRNA 的识别是通过反密码子与密码子的反向碱基配对来实现的（图 17-2），即密码子的第 1 位碱基（5′端）与反密码子的第 3 位碱基（3′端）等依次配对。

mRNA 上的密码子与 tRNA 的反密码子在进行碱基配对时，前两对碱基严格遵循 A-U、G-C 间的配对原则，但最后一对可以有一定变动，Crick 称这种现象为变偶性（wobble），或称“摆动”性。从表 17-3 可以看出，tRNA 反密码子第 1 个核苷酸碱基为 I（次黄嘌呤）时，可以与密码子第 3 个碱基 U、C 或 A 配对。反密码子 5′端碱基和密码子 3′端碱基被定义为变偶碱基（wobble base）。tRNA 反密码子的变偶碱基常为修饰碱基，次黄嘌呤出现的频率比较高。

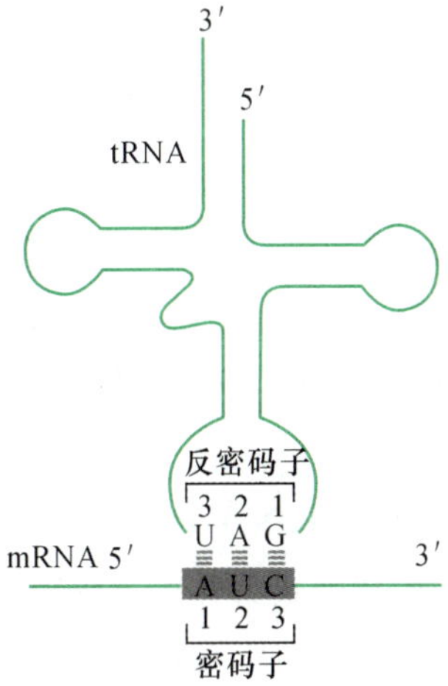

图 17-2　密码子与反密码子的反向互补识别

因为 tRNA 分子上的反密码子与密码子配对具有变偶性，所以一种 tRNA 分子常常能够识别一种以上的同义密码子。由于变偶性的存在，理论上细胞中只需要 32 种 tRNA 就能识别 61 个编码氨基酸的密码子。配对的变偶性源于 tRNA 反密码子环的空间结构特点。反密码子 5′端碱基处于“L”形 tRNA 的顶端，受到的碱基堆积力束缚较小，有较大的自由度，故配对适应性强。

表 17-3　密码子与反密码子第 3 对碱基配对的“摆动”规则

反密码子 5′碱基	C	A	U	G	I
密码子 3′碱基	G	U	A 或 G	C 或 U	U、C 或 A

第二节　蛋白质合成体系

蛋白质合成是一个非常复杂的过程。20 世纪 70 年代，研究人员基于：①核糖体是蛋白质的合成场所，②蛋白质新生肽链合成的起始过程中存在氨酰-tRNA 与 mRNA 的相互作用，③蛋白质肽链延伸以及终止过程中核糖体组分的确定这 3 项研究结果，基本明确了蛋白质肽链合成的生物化学机制。蛋白质合成体系包括 mRNA、tRNA、核糖体以及诸多蛋白质辅助因子。

一、mRNA 是合成蛋白质的模板

作为蛋白质合成模板，mRNA 是如何与核糖体发生相互作用的呢？mRNA 起始密码子上游存在核糖体结合位点（ribosome binding site，RBS）。Shine 和 Dalgarno 发现原核生物 mRNA 5′端起始密码子前存在一段富含嘌呤的核苷酸序列，长度为 4～9 nt，它能与核糖体小亚基 16S rRNA 的 3′端序列互补，被称为 SD 序列（Shine-Dalgarno sequence）（图 17-3）。mRNA 通过自身的 SD 序列与核糖体小亚基识别，促进蛋白质合成起始复合物的组装。

图 17-3　大肠杆菌 mRNA 的 SD 序列负责与核糖体的识别

二、tRNA 是转运氨基酸的工具

转运 RNA（transfer RNA，tRNA）是一种由 76～90 个核苷酸组成的 RNA 分子。在蛋白质合成过程中，tRNA 携带特定氨基酸，并按照 mRNA 的指令将其转运到核糖体上（tRNA 结构详见第八章）。

（一）tRNA 与氨基酸以酯键相连

原核细胞约有 60 种不同的 tRNA，真核细胞有 100～120 种 tRNA。绝大多数氨基酸需要一种以上的 tRNA 作为转运工具。运输同一种氨基酸的不同 tRNA 称为同工 tRNA（isoacceptor tRNA）。在书写时为了区分不同 tRNA，通常将所转运氨基酸的三字母简写符号标在 tRNA 右上角。如 $tRNA^{Cys}$，表示专门转运半胱氨酸的 tRNA。除 20 种组成蛋白质的常见氨基酸外，还有少数氨基酸也有相应的密码子和 tRNA，如第 21 种氨基酸——硒代半胱氨酸(Sec，SeCys)由 $tRNA^{Sec}$ 携带。

所有 tRNA 在 3′端都有相似的氨基酸接受位点 CCA。氨基酸的连接由氨酰-tRNA 合成酶(aminoacyl-tRNA synthetase)催化，反应分两步(图 17-4)：首先，氨基酸的 α-羧基与 ATP 的 α-磷酸基团形成酯键，生成氨酰腺苷酸，释放出的焦磷酸继续水解为无机磷；然后，tRNA CCA 的末端 3′-OH 上的氧亲核进攻氨酰腺苷酸的羰基碳，等换掉 AMP，与氨基酸以酯键相连形成氨酰-tRNA。

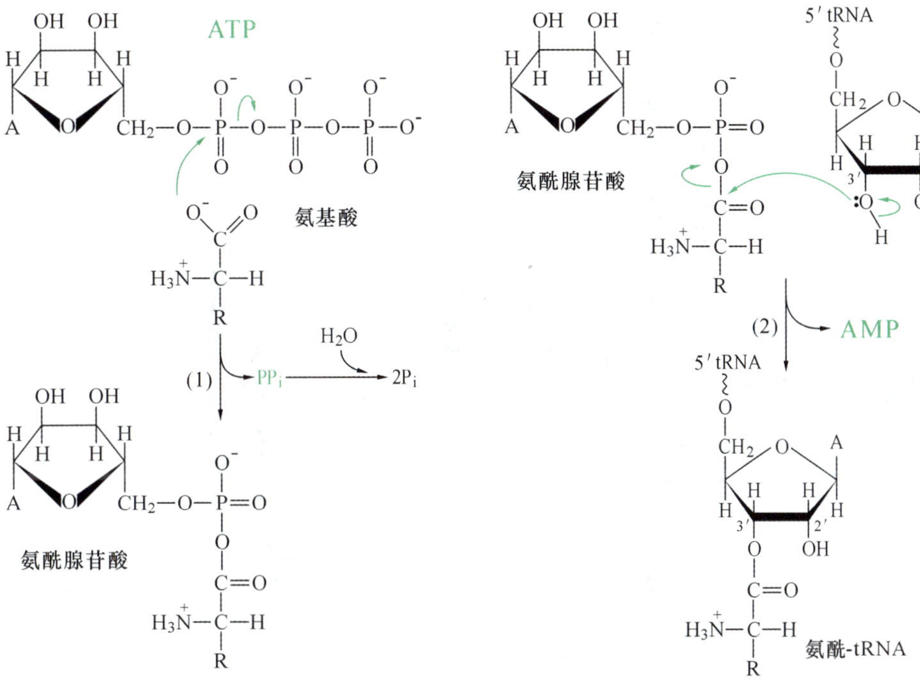

图 17-4　tRNA 负载氨基酸的两步反应

氨酰-tRNA 习惯写法是在 tRNA 前加氨基酸的三字母缩写符号和连接线，如 Ala-$tRNA^{Ala}$，可简写为 Ala-tRNA。

氨基酸连接到 tRNA 上的反应称为氨基酸的活化。只有活化后的氨基酸才能参与蛋白质合成。氨基酸的活化实际消耗了 2 个高能键。氨基酸活化反应可以简写为：

$$\text{氨基酸}+\text{tRNA}+\text{ATP}\longrightarrow\text{氨酰-tRNA}+\text{AMP}+2P_i$$

(二)氨酰-tRNA 合成酶催化氨基酸与 tRNA 的连接

上述氨酰-tRNA 的产生是在氨酰-tRNA 合成酶催化下完成的。由于同工 tRNA 的存在，氨基酸与相应的 tRNA 之间不完全是一一对应关系，而是一种氨基酸对应多种 tRNA。那么，催化氨基酸与其同工 tRNA 之间连接的氨酰-tRNA 合成酶是同一种，还是有很多种呢？有关研究证实，绝大多数生物都含有 20 种氨酰-tRNA 合成酶，即每种氨基酸与其 tRNA 的连接都是由同一种酶催化完成的。不过也有例外，比如，有些细菌就缺乏催化谷氨酰胺的氨酰-tRNA 合成酶，Gln-tRNA 的合成是由谷氨酸氨酰-tRNA 合成酶首先催化谷氨酸与 $tRNA^{Gln}$ 连接，产生 Glu-$tRNA^{Gln}$，再由其他酶将其中的谷氨酸转化为谷氨酰胺，形成 Gln-$tRNA^{Gln}$。

氨酰-tRNA合成酶具有高度专一性,能准确挑选tRNA。在tRNA的氨基酸接受臂上有重要的决定簇(determinant)被酶特异识别。在某些情况下,只要保留决定簇中某个碱基对,即使tRNA结构有较大变动,氨酰-tRNA合成酶也能识别它。图17-5A是$tRNA^{Ala}$三叶草结构,氨基酸接受臂上的G·U对是丙氨酸氨酰-tRNA合成酶识别的特异位点;对$tRNA^{Ala}$进行人工修饰(图17-5B),删除13~66位核苷酸,只保留氨基酸接受臂的部分,此时的tRNA仍然能被丙氨酸氨酰-tRNA合成酶特异识别。氨酰-tRNA合成酶与tRNA的特异识别,大大提高了氨基酸负载的准确性,被称为“第二遗传密码”(second genetic code)。

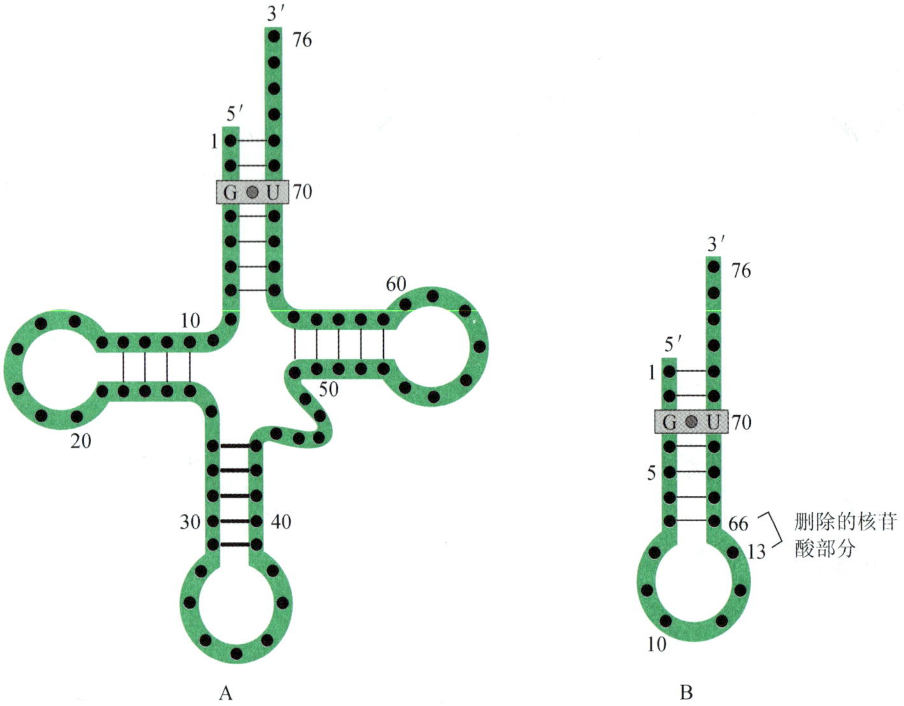

图17-5 丙氨酸氨酰-tRNA合成酶特异识别位点

氨酰-tRNA合成酶对氨基酸具有高度专一性,不仅能够通过区分氨基酸的化学基团、大小、形状等特征对氨基酸实施正确负载,还有校对活性(editing activity)。以异亮氨酸氨酰-tRNA合成酶为例。Ile与Val只差一个甲基,异亮氨酸氨酰-tRNA合成酶对Ile的亲和力是Val的100倍,实际反应产物中$Ile\text{-}tRNA^{Ile}$是$Val\text{-}tRNA^{Ile}$的上万倍。另外,和大多数氨酰-tRNA合成酶一样,异亮氨酸氨酰-tRNA合成酶不仅存在催化氨基酸负载的活性位点,还存在氨酰-tRNA的校对位点(editing site)。氨基酸负载反应完成后,氨酰-tRNA从酶的活性位点进入校对位点,如果负载的是Ile,产生的$Ile\text{-}tRNA^{Ile}$便离开酶,进入核糖体参与蛋白质合成;如果负载的是Val,由于Val结构略小,便落入酶的校对位点被水解下来,产生空载$tRNA^{Ile}$和游离Val,所以,阻止了$Val\text{-}tRNA^{Ile}$生成。

三、核糖体是蛋白质合成的场所

早在1950年就有研究者将放射性同位素标记的氨基酸注入小鼠体内,经短时间后,分离各亚细胞组分,再分别测定放射性活度,结果表明放射性主要集中于核糖体,从而证明核糖体是蛋白质生物合成的场所。在其他蛋白质因子和酶的参与下,细胞在核糖体上按mRNA的指令将 tRNA 转运的氨基酸合成为蛋白质。

(一)核糖体组成与结构

每个细菌中平均约有 2 000 个核糖体，它们或以游离状态存在，或在蛋白质的合成过程中与 mRNA 结合。每个真核细胞含 10^6～10^7 个核糖体，其中一部分与内质网结合，形成粗糙内质网，其余存在于细胞质。此外，线粒体和叶绿体内也有自己的核糖体。

核糖体是一个高度复杂的超分子复合物，形似一个椭球体，包括大、小两个亚基，分别由几十种蛋白质和 rRNA 组成(图 17-6)。各种组分基本上都是单拷贝，其活性只有在组装成核糖体后才能表现出来。不同来源的核糖体在组成上的复杂程度有所不同。大肠杆菌核糖体分子量为 2.5×10^6，沉降系数为 70S；小亚基为 30S，包括 16S rRNA 和 21 种蛋白质，其中 RNA 部分占 60％，蛋白质部分占 40％；大亚基为 50S，包括 23S、5SrRNA 和 31 种蛋白质，其中 RNA 部分占 70％，蛋白质部分占 30％。真核生物的核糖体沉降系数为 80S，其中小亚基 40S，大亚基 60S；rRNA 包括 28S、18S、5.8S 和 5S 4 种，所含蛋白质种类更多。

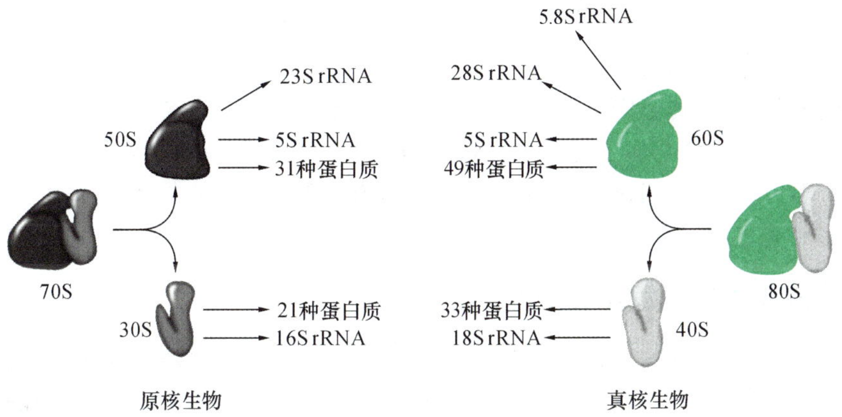

图 17-6　原核生物与真核生物核糖体组成比较

核糖体在细胞中以多种状态出现，除了亚基和完整核糖体外，无论是原核生物，还是真核生物，在蛋白质合成活跃的细胞中，都存在串联有 10～100 个核糖体的 mRNA，这些成串排列的核糖体被称为多聚核糖体(polyribosome)。一条 mRNA 链上的核糖体数量依其长度而异，一般间隔 40 个核苷酸连接一个核糖体。一个 mRNA 分子被多个核糖体连续进行翻译，这种方式可以大大提高 mRNA 的使用效率。原核细胞转录和翻译紧密偶联，当 RNA 聚合酶沿 DNA 5′→3′方向转录 mRNA 时，未转录完成的 mRNA 就能够结合核糖体进行蛋白质翻译，这样在多聚核糖体上，离 mRNA 5′端越近的核糖体，其翻译开始越晚，合成多肽链长度也就越短。

(二)核糖体功能位点

应用核糖体重组技术并结合化学修饰、荧光标记、三维构象等分析，发现原核生物核糖体大小亚基之间有一个裂缝(或称通道)，裂缝附近存在多个活性位点(图 17-7)，包括：①A 位点(aminoacyl-tRNA site)，即氨酰-tRNA 位点，专门结合新掺入的氨酰-tRNA；②P 位点(peptidyl site)，即肽酰-tRNA 位点，是起始 tRNA 的结合位点，也能结合延伸中的肽酰-tRNA；③E 位点(exit site)，即空载 tRNA 离去位点。这 3 个位点都是分别部分占据大亚基，同时部分占有小亚基。

此外，在核糖体上还存在 mRNA 结合位点和众多蛋白质辅助因子的结合位点。

四、翻译辅助因子

蛋白质合成体系还需要一系列蛋白质辅助因子，包括起始因子（initiation factor，IF）、延伸因子（elongation factor，EF）和终止因子（release factor，RF）三大类，它们分别在肽链合成起始、延伸以及释放过程中发挥作用（详见下文）。另外，GTP、ATP 和 Mg^{2+} 等也参与蛋白质合成。

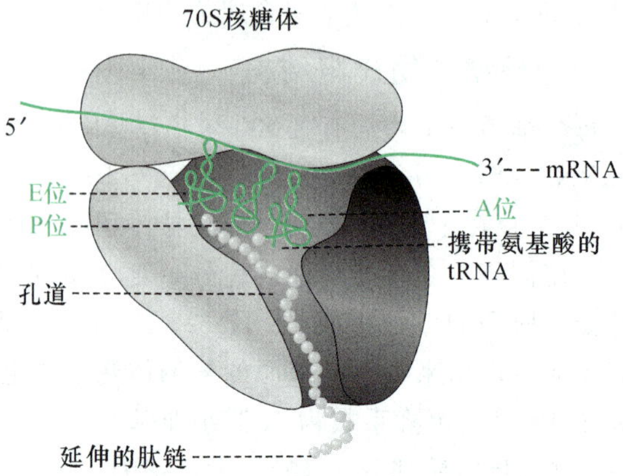

图 17-7　大肠杆菌核糖体功能位点

第三节　蛋白质合成过程

成熟蛋白质生物合成通常分为 5 个步骤：氨酰-tRNA 的合成、多肽链合成的起始、延伸、终止，以及多肽链的折叠与加工等。有关氨酰-tRNA 的合成上一节已经提到，而多肽链的折叠与加工等将在下一节专门讨论，本节以大肠杆菌为例重点介绍原核生物新生多肽链合成的起始、延伸和终止过程。

一、原核生物多肽链合成的起始

多肽链合成的起始是指 mRNA、核糖体和第一个氨酰-tRNA 三者相互识别并结合为复合物的过程。用于合成多肽链的第一个氨基酸称为起始氨基酸。起始氨基酸装载到 tRNA 上不仅需要特殊的酶，也需要特定的 tRNA。

（一）起始氨基酸

绝大多数多肽链的合成都以甲硫氨酸作为 N 端的起始氨基酸，但在翻译后的加工过程中有些被保留，有些则被删除。原核生物合成蛋白质的起始氨基酸是被甲酰化了的甲硫氨酸，即 N-甲酰甲硫氨酸（N-formylmethionine，fMet）。fMet 的 α-氨基被甲酰基封闭，不能参与肽链的延伸，只能作为起始氨基酸。

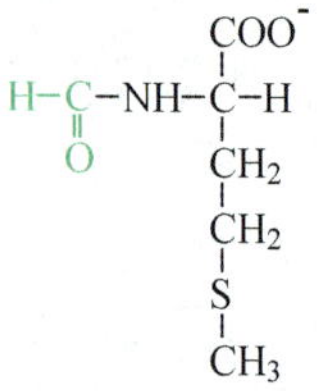

N-甲酰甲硫氨酸

有趣的是，甲硫氨酸并非先形成 N-甲酰甲硫氨酸再被 tRNA 转运，而是先在氨酰-tRNA 合成酶催化下与 tRNA 共价连接为 Met-tRNA，再经甲酰化酶作用形成 N-甲酰甲硫氨酸-tRNA（fMet-tRNA）。那么，用于携带起始甲硫氨酸和肽链内甲硫氨酸的 tRNA 是否相同呢？答案是否定的。甲硫氨酸的 tRNA 有两种：$tRNA_f^{Met}$ 识别起始密码子 AUG，携带 Met，并随后被甲酰化形成 fMet-$tRNA_f^{Met}$；$tRNA^{Met}$ 为肽链延长过程中甲硫氨酰-tRNA，只携带 Met。

（二）起始复合物的组装

起始复合物的组装需要 30S 小亚基、50S 大亚基、mRNA、fMet-$tRNA_f^{Met}$、3 个起始因子（IF1、IF2 和 IF3）、GTP 和 Mg^{2+} 等。起始复合物的组装不是一次完成的，而是分两步进行：先形成 30S 起始复合物，再形成 70S 起始复合物(图 17-8)。

核糖体在完成上一轮蛋白质合成后通常解离为大、小两个亚基(图 17-8A)，此时，IF3 与小亚基 E 位结合，从而阻止大、小亚基的无效结合(图 17-8B)。组装时，IF2(也是一种 GTP 酶)首先与 IF1、GTP 结合，进入核糖体小亚基的 A 位(图 17-8C)；mRNA 在 5′端的 SD 序列处与核糖体小亚基 16S rRNA 识别、结合；fMet-tRNA$_f^{Met}$ 进入小亚基 P 位，并与 IF2 结合；mRNA 起始密码子 AUG 与 fMet-tRNA$_f^{Met}$ 的反密码子识别，30S 起始复合物形成。mRNA 和起始氨酰-tRNA 与核糖体是独立且任意顺序结合(图 17-8D)。

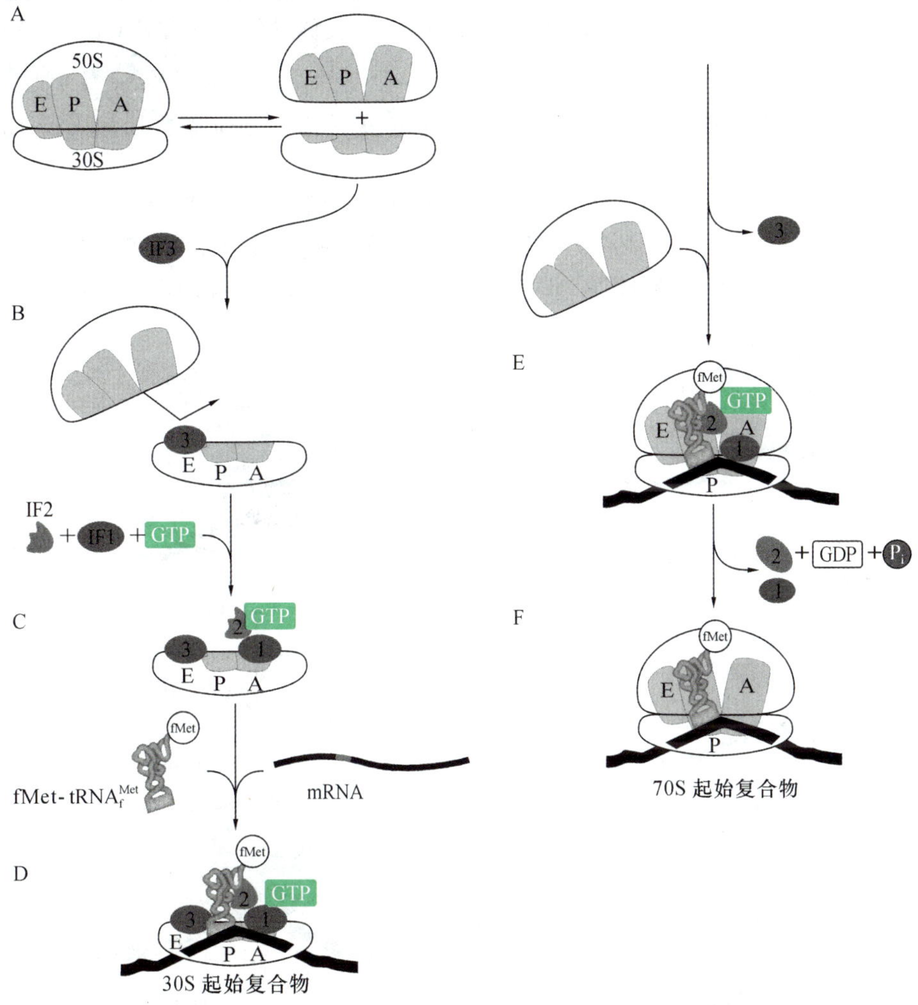

图 17-8 原核生物蛋白质新生肽链合成的起始过程

30S 起始复合物形成后，密码子与反密码子的正确识别导致核糖体小亚基构象发生变化，IF3 释放。此时，核糖体大亚基易于与小亚基结合，形成 70S 起始复合物前体(图 17-9E)。核糖体大、小亚基的结合激发了 IF2 的酶活性，IF2 水解 GTP 产生 IF2、GDP。IF2、GDP 与核糖体和起始氨酰-tRNA 的亲和力大大降低，IF2、GDP 和 IF1 相继离开核糖体，70S 起始复合物组装完毕。

真核生物多肽链合成的起始与原核生物存在较大差异。主要区别为：①真核生物起始氨基酸不被甲酰化；②真核生物起始因子有 10 多个，而不是 3 个；③真核生物 mRNA 没有 SD

序列，核糖体结合位点（ribosome binding site，RBS）在起始密码子附近，典型序列有 GCCAGCCAUGG。

二、多肽链合成的延伸

70S 起始复合物组装完成后，便进入肽链延伸阶段。在 N-甲酰甲硫氨酸的羧基端延伸一个氨基酸残基，形成二肽；在二肽的羧基端继续延伸便形成更长的肽链。在整个合成过程中，肽链一直连接在 tRNA 上，即以肽基-tRNA（或称肽酰-tRNA）形式出现。蛋白质翻译方向是从 mRNA 的 5′端向 3′端进行，多肽链合成则是从 N 端向 C 端延伸。每延伸一个氨基酸都要经历进位、转肽（transpeptidation）和移位（translocation，又称易位）3 个步骤（图 17-9）。

（一）进位

进位是指新的氨酰-tRNA 进入核糖体复合物的 A 位点。进位需要延伸因子 EF-Tu 引导，而且有 GTP 消耗。

如图 17-10 所示，在新氨酰-tRNA 进入 A 位点之前，P 位点由肽基-tRNA（第一个肽键合成时为 fMet-$tRNA_f^{Met}$）占据。EF-Tu 与 IF2 相似，也是一种 GTP 酶。EF-Tu 首先与 GTP 结合形成 EF-Tu-GTP，再与氨酰-tRNA 的 3′端结合形成三元复合物，使 tRNA 携带的氨基酸暂

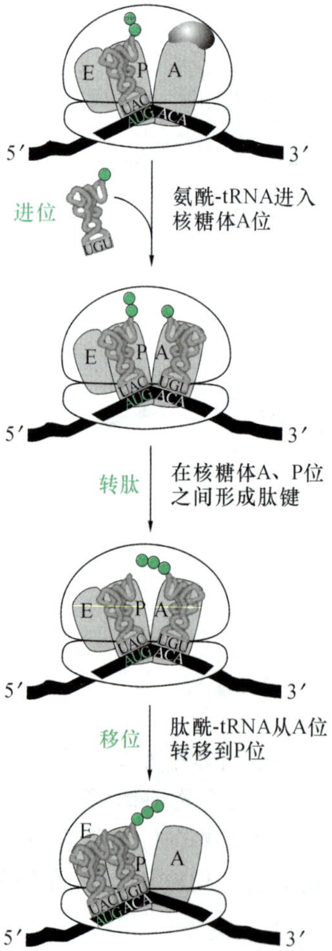

图 17-9　多肽链延伸 3 个步骤

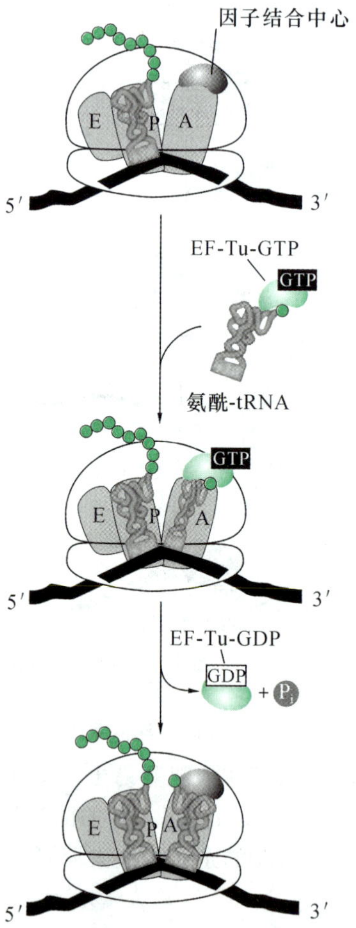

图 17-10　EF-Tu-GTP 引导氨酰-tRNA 进位

时被包裹起来，无法参与肽键形成。三元复合物借助 EF-Tu-GTP 与核糖体大亚基 A 位点附近的“因子结合中心”(factor binding center)结合，将氨酰-tRNA 带入 A 位点，tRNA 的反密码子与 mRNA 上的密码子配对，碱基正确配对触发核糖体构象改变，导致氨酰-tRNA 结合变得稳定；同时“因子结合中心”激活 EF-Tu 的 GTP 酶活性，GTP 发生水解，由此产生的 EF-Tu-GDP 离开核糖体，使氨酰-tRNA 携带的氨基酸暴露出来，便于未来的肽键形成。

至此，氨酰-tRNA 的进位完成。需要指出的是，每延伸一个氨基酸都需要消耗 1 分子 EF-Tu-GTP，它的及时更新是必需的。细胞进化出另一个延伸因子 EF-Ts，专门用来帮助无活性的 EF-Tu-GDP 转化为有活性的 EF-Tu-GTP，EF-Ts 又被称为 GTP 交换因子(GTP exchange factor)。

(二)转肽

当氨酰-tRNA 进入 A 位点、反密码子与密码子正确配对后，tRNA 所携带的氨基酸正好落在 50S 大亚基的肽酰转移酶活性中心，引发催化反应。在 A 位点上，新加入氨基酸的 α-氨基作为亲核基团攻击 P 位点肽基-tRNA 上的羰基碳，形成肽键(图 17-11)。换句话说，P 位点肽基从肽基-tRNA 上转移到 A 位点的氨酰-tRNA 的氨基上，即所谓转肽。

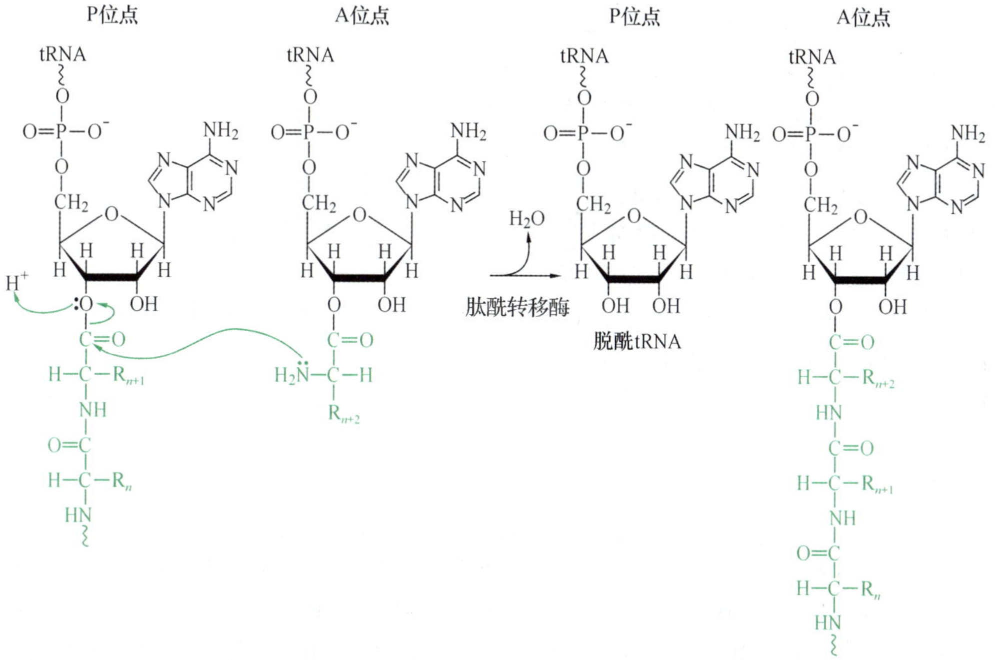

图 17-11　肽键的形成

转肽反应的实质是使肽基的酯键变成肽键。肽酰转移酶是由核糖体大亚基 23S rRNA 提供活性的，属于核酶。由此形成的肽链延伸方向是从 N 端到 C 端。此时，A 位点上的 tRNA 携带的是肽基-tRNA，脱去负载的 tRNA 依然留在 P 位点。

(三)移位

移位是指核糖体沿 mRNA 由 5′→3′方向移动一个密码子。移位反应需要延伸因子 EF-G 和 GTP。

如图 17-12 所示，EF-G 首先与 GTP 形成 EF-G-GTP 复合物，此时核糖体大亚基“因子结合中心”已经暴露出来，EF-G-GTP 便与大亚基 A 位结合并与“因子结合中心”互作，触发 GTP 水解，产生 EF-G-GDP。可见 EF-G 也是一个 GTP 酶。GTP 水解产生的能量先引起 EF-G 的构象改变，进而引起核糖体构象改变，促使 EF-G-GDP 进入核糖体小亚基 A 位点，迫使 A 位点的肽基-tRNA 发生移位，进入 P 位点，结果促使整个核糖体向前移动 3 个核苷酸。EF-G-GDP 释放后 A 位空出，肽基-tRNA 恰好处于核糖体 P 位点，原 P 位点上的脱酰 tRNA 进入 E 位并脱离核糖体。这样，每移动一次，相当于核糖体沿 mRNA 的 5′→3′方向移动 1 个密码子的位置。

肽链从 N-端向 C-端的延伸阶段，不断重复进位、转肽、移位 3 步反应。每循环一次，前面一个肽酰基的羧基与新进位的氨基酸的氨基形成肽键，肽链增加 1 个氨基酸残基。每掺入 1 个氨基酸残基，有 2 个 GTP 水解成 GDP，以提供能量。在 37 ℃下，大肠杆菌合成蛋白质的速度约为每秒 17 个氨基酸。

真核生物多肽链合成的延伸循环与原核生物十分相似，3 个延伸因子分别称为 eEF1A、eEF1B 和 eEF2。eEF1A 和 eEF1B 相当于原核生物的 EF-Tu 和 EF-Ts，eEF2 相当于 EF-G。

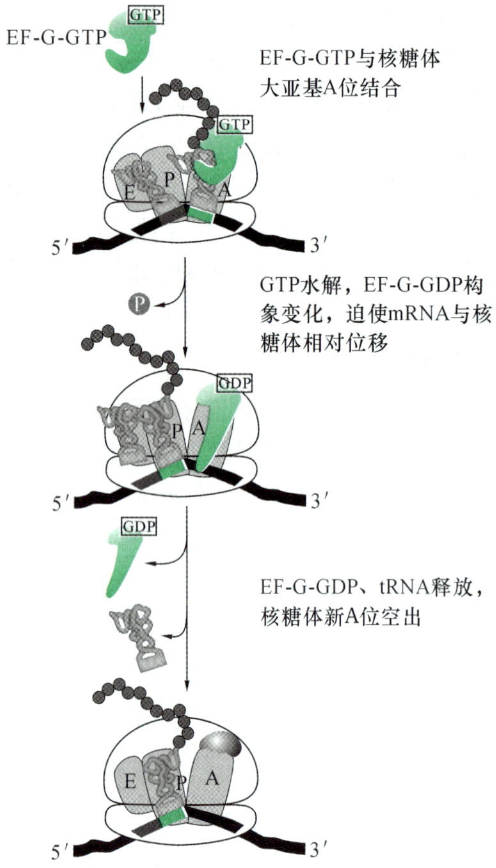

图 17-12　EF-G 参与的核糖体移位过程

三、多肽链合成的终止

当 mRNA 的 3 个终止密码子中任意一个进入核糖体 A 位点时，翻译进入终止(termination)阶段。没有一个 tRNA 能识别终止密码子，终止作用是由终止因子或叫释放因子(release factor，RF)的蛋白质促成的。大肠杆菌有 3 个终止因子：RF1、RF2 和 RF3。RF1 和 RF2 分别识别终止密码子 UAG 和 UGA，但都能识别终止密码子 UAA；RF3 的作用是参与 RF1、RF2 的释放。

所有释放因子都是蛋白质，那么，它们是如何识别终止密码子并终止翻译过程的呢?

RF1 和 RF2 在氨基酸序列上具有 39%的一致性，二者在三级结构上十分类似于 tRNA。如果将 RF1 的保守序列 Pro-Ala/Val-Thr[P(A/V)T]与 RF2 的保守序列 Ser-Pro-Phe(SPF)进行交换，二者识别 mRNA 终止密码子的特异性将会发生交换，说明这些区域有类似于 tRNA 反密码子的作用，故称为肽反密码子(peptide anticodon)。另外，RF1 和 RF2 还含有一个重要保守序列，即 GGQ 基序(glycine glycine glutamine motif)。

如图 17-13 所示，当 RF1(或 RF2)通过肽反密码子与 mRNA 终止密码子识别并与核糖体结合后，GGQ 基序靠近 P 位点肽基-tRNA 3′端，该基序参与或者介导了肽基 tRNA 上肽链的水解。此时，多肽链的延伸反应发生改变，肽基被转移到水分子上，即多肽链被水解下来，导致蛋白质新生肽链合成的终止；另一个释放因子 RF3 与 GDP 的复合物（RF3-GDP）与核糖体结合，在 RF1 的刺激下发生 GDP-GTP 交换，使 RF3 与核糖体结合更紧密，RF1 解离下来；RF3-GTP 进入核糖体因子结合中心，RF3 的 GTP 酶活性被激活，GTP 发生水解，RF3-GDP 和 P_i 脱离核糖体。

在真核生物中，只有一种终止因子，即 eRF，它可识别 3 个终止密码子。eRF 需要 GTP 与之结合才能结合核糖体，GTP 在终止反应后被水解，这一作用可能与 eRF 促进核糖体解离有关。终止过程同样需要肽基转移，由于终止因子的作用，肽基转移到水分子上，而不是形成新的肽键。

四、核糖体的重新利用

当蛋白质新生肽链合成完成后，RF1（或 RF2）以及 RF3 从核糖体上解离，核糖体发生解聚以备重新利用。这个过程由核糖体循环因子 RRF（ribosome recycling factor）、EF-G 以及 IF-3 共同完成（图 17-14）。

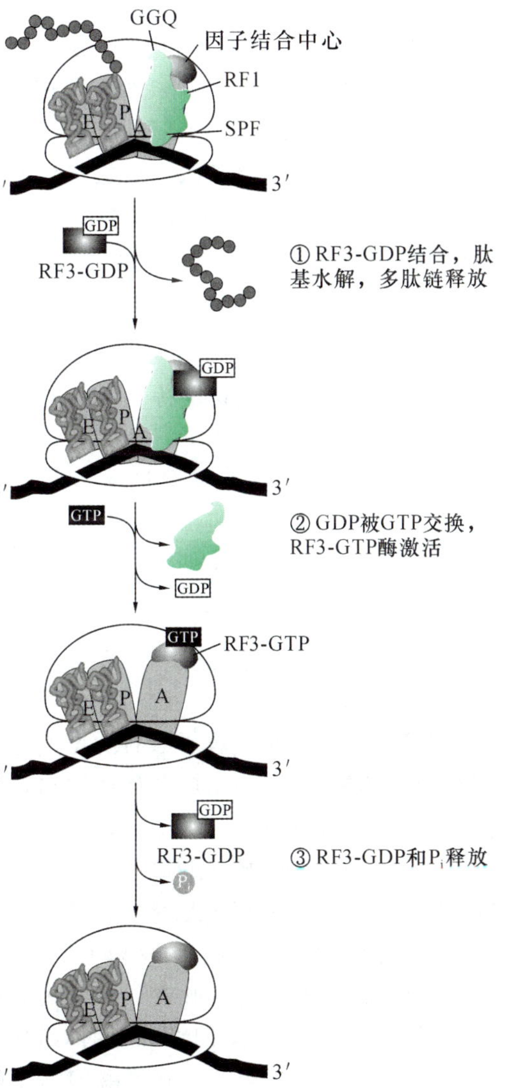

图 17-13　RF-3 参与的多肽链释放过程

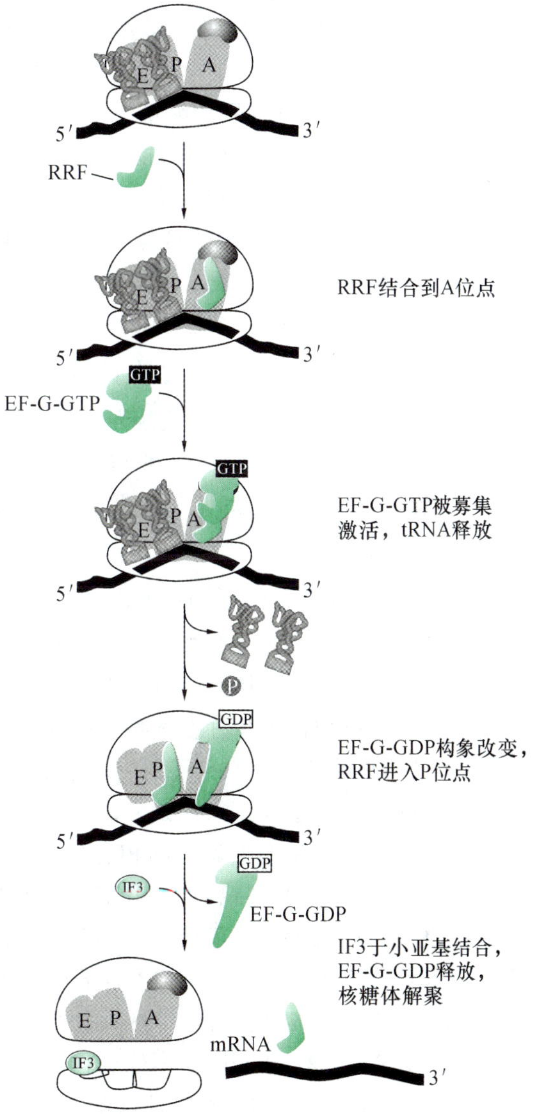

图 17-14　RRF 参与核糖体解聚

RRF 的结构类似于 tRNA，在各释放因子从核糖体上解离后，RRF 结合到核糖体空出的 A 位点，并募集 EF-G-GTP；EF-G 被激活，水解 GTP，促使 E、P 两个位点上的空载 tRNA 从核糖体上离去，同时 RRF 进入核糖体 P 位点。当空载的 tRNA 离去后，RRF 和 EF-G-GDP 也随即离开核糖体，此时，IF3 进入与核糖体小亚基结合，导致核糖体解聚。解聚的核糖体大、小亚基能够进入下一轮蛋白质肽链的合成过程。

五、蛋白质合成的忠实性

蛋白质合成过程是遗传信息的表达过程，蛋白质合成如此复杂而高效，那么，表达遗传信息的忠实性(正确性)是如何实现的呢？

(一)高能耗有利于提高蛋白质合成的忠实性

蛋白质合成是一个高能耗过程，细胞中的 ATP 类物质有相当部分用于蛋白质合成。多肽链每延伸一个氨基酸残基，需要消耗 4 个高能磷酸键：氨基酸活化消耗 1 分子 ATP，实际为 2 个高能磷酸键；肽链延伸过程需要 2 个 GTP。值得一提的是，GTP 水解为 GDP+P_i，不仅为蛋白质合成提供能量，还参与核糖体组分构象变化，从这个角度来讲，GTP 和 GDP 还起到别构调节作用，不过和其他别构调节不同，蛋白质生物合成中的别构调节需要消耗很多能量。

4 个高能磷酸键的水解自由能(−122 kJ/mol)远远高于 1 个肽键(−21 kJ/mol)的能量，额外消耗的能量绝大部分用于蛋白质合成中的熵减过程。20 种游离氨基酸经过生物合成按照特定顺序形成多肽链，这显然是一个熵减过程。蛋白质是一个含有信息的多聚体，肽键的形成不是一个简单的随机过程，而是按照特定的氨基酸顺序，多付出的能量有利于 mRNA 的信息正确转译为蛋白质氨基酸序列。

(二)氨酰-tRNA 合成酶的贡献

如前所述，氨酰-tRNA 合成酶专一性非常强，既能分辨氨基酸，又能识别特异 tRNA，而且具有校对活性，可以使选择氨基酸和 tRNA 的错误率降低到万分之一以下。

在氨酰-tRNA 合成酶作用下形成正确的氨酰-tRNA，氨酰-tRNA 再通过反密码子与 mRNA 密码子配对，是正确合成蛋白质的关键因素。

(三)核糖体提供更多保障机制

核糖体具有独特的结构组成，有多个功能位点，不仅方便氨酰-tRNA 与 mRNA 之间的碱基配对，它还能识别配对是否正确，在多种蛋白质因子协助下使错配氨酰-tRNA 在多个步骤上脱离下来。核糖体至少存在 3 种机制保障蛋白质合成的忠实性。

(1)核糖体小亚基　16S rRNA 促进氨酰-tRNA 与核糖体的正确结合 16S rRNA 上有两个相邻的腺嘌呤碱基(AA)，如果密码子与反密码子形成正确配对，这两个碱基便能够与密码子的 5′端前两个碱基产生紧密的相互作用，使氨酰-tRNA 与核糖体结合比较紧密；如果配对错误，这种相互作用便被减弱，氨酰-tRNA 与核糖体的结合比较松弛，易解离(图 17-15)。

(2)核糖体大亚基“因子结合中心”的作用　如果配对正确，氨酰-tRNA 携带的氨基酸便进入核糖体大亚基 A 位点，并与“因子结合中心”靠近；此时，EF-Tu 被激活，水解 GTP，EF-Tu-GDP 离开核糖体，使氨酰-tRNA 携带的氨基酸暴露出来易于肽键的形成。如果配对错误，氨酰-tRNA 虽然可以进入 A 位点，但是无法与“因子结合中心”靠近，EF-Tu 上的 GTP 不能水解，EF-Tu-GTP 连同氨酰-tRNA 一起离开核糖体，A 位点空出，等待正确氨酰-tRNA 的进入(图 17-16)。

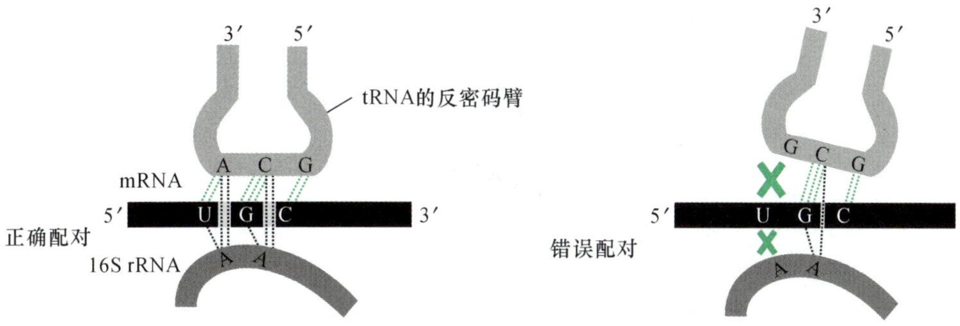

图 17-15　16S rRNA 与密码子 5′端前两个碱基的相互作用

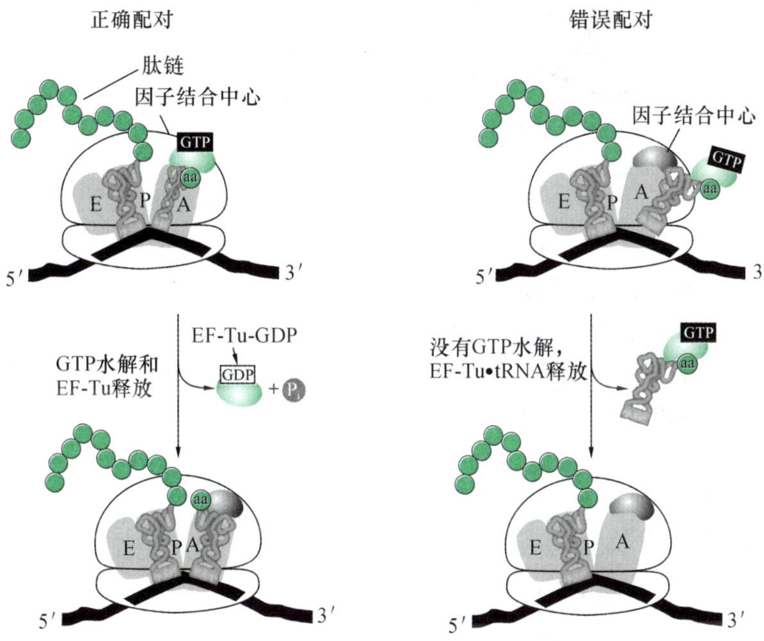

图 17-16　密码子与反密码子配对与 EF-Tu-GTP 的水解

(3)核糖体构象变化促使氨酰-tRNA 旋转　只有产生正确配对的氨酰-tRNA 才能促使核糖体发生正确构象变化，继而使处于 A 位点的氨酰基旋转，使氨基酸进入肽酰转移酶的肽键形成位点，等待酶催化肽键形成；误入的氨酰-tRNA 将被排出核糖体外(图 17-17)。

正是由于细胞中存在多种保证肽链合成正确性的机制，才使得蛋白质的翻译错误率低至 10^{-5}～10^{-4} 的水平，保证生物体的正常生长和发育。

六、蛋白质合成抑制剂

蛋白质合成是细胞的一项中心功能，如果蛋白质合成受到抑制，细胞将失去正常活动而死亡。

常用抗生素中有许多是蛋白质合成的抑制剂，它们不仅可用来研究蛋白质合成的生物化学机制，作为抗菌剂用于实验室研究，还可以临床应用。抗生素种类不同，作用特点不同。四环素(tetracycline)抑制原核生物氨酰-tRNA 与核糖体 A 位点的结合；链霉素(streptomycin)导致原核生物 mRNA 的错读，抑制肽链合成起始过程；氯霉素(chloramphenicol)抑制原核生

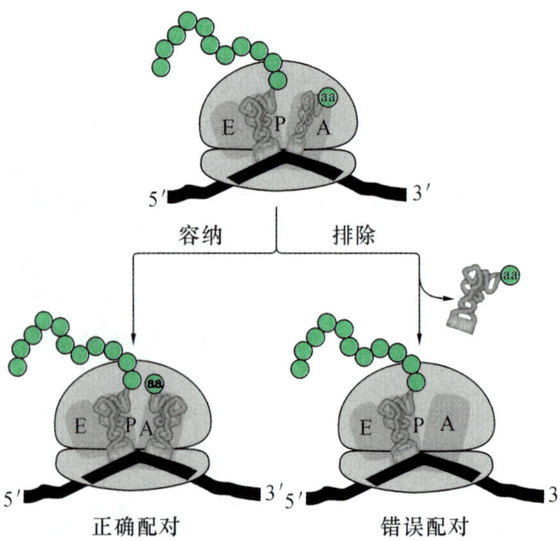

图 17-17 氨酰-tRNA 旋转

物核糖体大亚基肽酰转移酶的活性。嘌呤霉素(puromycin)是氨酰-tRNA 类似物,确切地说是酪氨酰-tRNA 的类似物,它可以造成原核生物和真核生物肽链合成提前终止。如图 17-18 所示,当它与核糖体 A 位结合后,经转肽作用,生成肽酰嘌呤霉素,由于嘌呤霉素的结构比氨酰-tRNA 小,它虽然能够与核糖体大亚基 A 位点结合,但肽酰嘌呤霉素不能结合 P 位,于是从核糖体上解离下来,导致肽链合成终止。

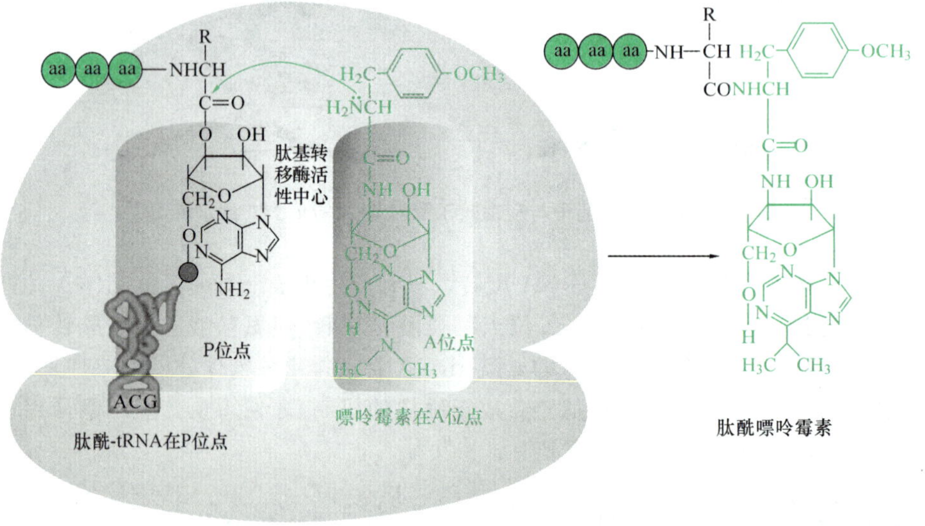

图 17-18 嘌呤霉素进入核糖体 A 位点终止肽链合成

有些毒素也是蛋白质合成抑制剂。例如白喉毒素(diphtheria toxin),它是一个由两条多肽链组成的分子量为 65 000 的毒蛋白,它不抑制细菌蛋白质的合成,而是催化真核细胞 eEF2 与 ADP-核糖连接并促使延长因子失活,导致蛋白质合成受到抑制。蓖麻毒蛋白(ricin)也是两条多肽链组成的一种植物毒蛋白,它通过使 60S 亚基失活而抑制真核生物的蛋白质合成,因其对癌细胞的毒性比正常细胞更大些而被用于癌症治疗。

第四节　多肽链的折叠、修饰与转运

新合成的多肽链没有生物活性，需要进行正确折叠和适当加工，具有特殊定位的蛋白质还需要定向运输。本节简要介绍蛋白质多肽链的折叠、修饰及转运。

一、多肽链的折叠

在新生肽链合成过程中，先合成的一段通常含有较多疏水氨基酸残基，它们借助疏水作用自发向内折叠；随着多肽链的延长，氨基酸残基之间不断形成各种次级键，最后折叠为成熟蛋白质的天然构象，完成从线性 mRNA 遗传信息转变为三维构象蛋白质的过程。

有些新生肽链尤其是较大蛋白质的多肽链不能自发折叠为正确构象，需要特殊因子协助。在这些因子中，有一类属于酶，如蛋白质二硫键异构酶（protein disulfide isomerase）、肽酰脯氨酸顺反异构酶（peptidylprolyl cis-trans isomerase）等；另一类称为分子伴侣（molecular chaperone），即帮助新生肽正确折叠而自身并不参与成熟蛋白质组成的一类蛋白质。分子伴侣种类很多，有些为 ATP 酶。分子伴侣通过与多肽链疏水区反复结合、解离，一方面促进正确折叠，另一方面还可以逆转错误折叠。

二、蛋白质的转运

真核细胞具有特定的亚细胞结构，蛋白质在核糖体上合成以后，有些留在细胞质中，有些需要被转运、锚定（targeting）到特定细胞器中。需要转运的蛋白质都含有一段特殊的氨基酸序列，称为信号肽（signal peptide）或导肽序列（leader sequence），可以视为蛋白质的“地址标签”，引导新合成的蛋白质分子到达细胞内恰当的地点，发挥其生理功能。信号肽多位于多肽链 N 端，长 13～36 个氨基酸残基，其氨基端至少含有一个碱性氨基酸，中间部分是由 10～15 个疏水氨基酸残基构成的疏水肽段。信号肽假说由美国科学家 Gunter Blobel 于 1972 年提出，在其领导下，大量实验陆续证实了这一假说。蛋白质的定向转运对于理解蛋白质功能具有重要意义，是生物学和医学领域的基础性重要进展，Gunter Blobel 因此被授予 1999 年诺贝尔生理学或医学奖。

蛋白质的分拣（sorting）和具体转运机制随蛋白质的种类和锚定地点不同而具有很大差异。真核细胞多肽链在信号肽指导下对内质网膜的跨膜运输是边翻译边转运，或称共翻译转运（cotranslational translocation）。下面以分泌性蛋白为例讨论共翻译转运是如何进行的。

蛋白质的转运过程有信号识别颗粒（signal recognition particle，SRP）参与。SRP 是一个核蛋白，含有 4 个蛋白质亚基和 1 个 300 nt 的 RNA。转运过程如图 17-19 所示：信号肽一旦从核糖体露出，SRP 立即与之结合，蛋白质合成随即停止；SRP 带领核糖体至内质网转运装置（translocation machinery），即由“SRP 受体-核糖体结合蛋白-信号肽酶”组成的膜通道复合物，SRP 与 SRP 受体结合，使信号肽正确定位于由核糖体结合蛋白形成的孔道。一旦 SRP-核糖体锚定，暂时中断的翻译过程便恢复，SRP 借助一个偶联 GTP 水解的反应从核糖体上解离下来，核糖体进一步靠近镶嵌在脂双层中的信号肽酶（signal peptidase）；在信号肽酶作用下，信号肽在特定位点发生断裂，后进入内质网腔。此时，多肽链不断合成延伸，不断导入内质网中，进行折叠、修饰和进一步定向转运。当众多核糖体边合成蛋白质边将多肽链转运至内质网时，

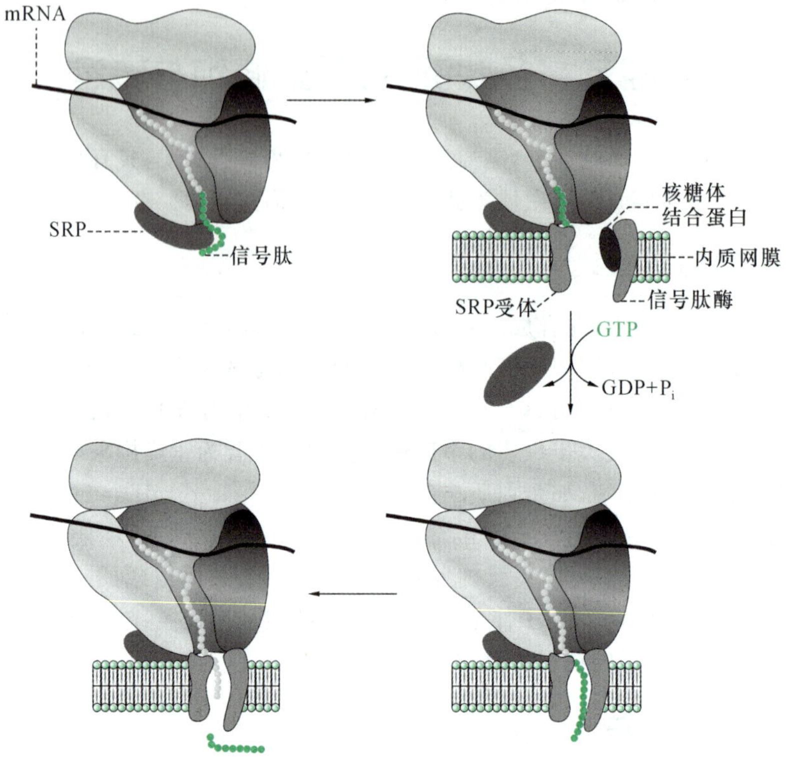

图 17-19　信号肽介导的蛋白质跨膜转运

（引自：Moran et al.，2014）

光滑内质网（smooth ER）转变为粗面内质网（rough ER）。

如果被转运的多肽链为膜蛋白，膜蛋白 C 端通常有 11～25 个疏水氨基酸残基，紧接着是一些碱性氨基酸残基，这些氨基酸会引起核糖体受体及孔道的解聚，因此，膜蛋白被锚定在内质网上。

原核细胞需要转运的新生肽链也存在信号肽，除了共翻译转运，还存在翻译后转运（post-translational translocation），转运装置的结构和具体转运过程等与真核细胞有很大差别。

三、多肽链翻译后修饰

大多数翻译产物需要经过一定修饰才具备活性。修饰方式有多种，如部分肽段的水解切除、二硫键的形成、氨基酸共价修饰以及辅基加入等。

原核细胞所有新合成的多肽链都从 N-甲酰甲硫氨酸开始，真核细胞则是从甲硫氨酸开始，然而起始氨基酸在翻译后通常要被酶切除。酶原激活也可以看成是蛋白质的翻译后修饰（详见第五章）。

蛋白质翻译后共价修饰是细胞中调节蛋白质结构、功能和相互作用的关键机制。在蛋白质分子的特定位置进行的化学修饰可以影响蛋白质的活性、稳定性和亚细胞定位。常见的蛋白质翻译后共价修饰包括磷酸化、甲基化、乙酰化、泛素化、糖基化等，这些修饰通常由专门的酶类催化，具有高度特异性和定向性。以磷酸化和泛素化这两种常见的共价修饰为例，我们深入了解一下共价修饰对蛋白质功能的重要影响。

蛋白质磷酸化：磷酸化修饰是指磷酸基团（PO_4^{3-}）共价结合到蛋白质中的氨基酸残基上。主要发生在丝氨酸（Ser）、苏氨酸（Thr）和酪氨酸（Tyr）残基上。这一修饰过程通常由蛋白激酶家族催化，而磷酸酶则可以去除磷酸基团，因此是一种可逆的修饰。由于在蛋白质可逆磷酸化研究方面的贡献，1992 年诺贝尔生理学或医学奖授予了美国两位生物化学家 Edwin Krebs 和 Edmon Fisher。

蛋白质可逆磷酸化修饰几乎包含在所有的细胞反应中，在细胞周期、生长、凋亡和信号传导等过程中起着重要的调控作用，深刻影响着生物体的健康。在蛋白水平进行可逆的磷酸化调控可以让生物体快速应对外界环境以及内源信号。磷酸化可以激活或抑制特定蛋白质，从而启动下游信号级联反应。磷酸化也可以改变蛋白质的空间结构，影响其定位及与其他蛋白的互作。例如，磷酸化可以导致蛋白质从细胞质转移到细胞核，或者促使蛋白质与其他蛋白质相互作用。磷酸化还可以改变目标蛋白质的稳定性，从而调控某个信号的时空强度，影响细胞生理反应。总之，磷酸化修饰对细胞信号传导具有多方面的影响，帮助维持细胞内平衡并确保适当的生物学响应。

蛋白质泛素化广泛存在于真核细胞中，包括单泛素化和多泛素化等。蛋白质被初始单泛素化之后，一般会多次重复该过程对靶蛋白进行多次泛素化形成泛素聚合物，然后该多聚泛素化蛋白被 26S 蛋白酶体识别降解，泛素被释放再循环。泛素化对蛋白质最直接的影响便是蛋白质的稳定性，该过程对于维持细胞稳态十分重要，若发生异常，会导致细胞内非必要或错误折叠的蛋白质积累，从而造成多种疾病。例如心脏病、癌症、神经退行性疾病和糖尿病等的发生都和蛋白质泛素化异常有密切的关系。由于泛素化的重要作用，2004 年诺贝尔化学奖授予了美国生物化学家 Irwin Allan Rose 与以色列科学家 Aaron Ciechanover、Avram Hershko，以表彰他们在发现并解析泛素调节的蛋白质降解过程中的卓越贡献。

知识拓展框

蛋白质翻译后修饰与人类疾病靶向药物研发

蛋白质翻译后修饰在蛋白质层面极大增强了遗传信息的多样性，拓展了蛋白质功能的丰富性。许多人类严重疾病的发生都与蛋白质翻译后修饰的异常有关，因此解析和深入了解蛋白质翻译后修饰的分子机制，有助于开发更加特异性的药物来治疗相关疾病。

大家熟悉的激酶抑制剂（kinase inhibitor），又称受体阻断剂，抑制的是蛋白激酶的磷酸化过程，而不是蛋白质的表达过程。例如，因为电影《我不是药神》而被大家熟知的白血病治疗药物伊马替尼（格列卫，Gleevec），就是一种酪氨酸激酶抑制剂（tyrosine kinase inhibitor）。科学家 Tony Hunter 于 1979 年发现了酪氨酸的磷酸化修饰，并发现揭示酪氨酸的过度磷酸化是癌细胞异常生长的原因，对信号传导的生化调控做出了重大贡献。他的研究直接推动了酪氨酸激酶抑制剂的研发，其中就包括格列卫。

又如罗氏的特罗凯（Tarceva，erlotinib，埃罗替尼），是一种高效、高特异性、可逆的表皮生长因子受体（epidermal growth factor receptor，EGFR）酪氨酸激酶抑制剂。它通过抑制 EGFR（HER1）自身磷酸化，从而抑制下游信号传导与细胞增殖。在头颈部鳞状细胞癌与非小细胞肺癌的肿瘤体外移植瘤模型中，特罗凯通过抑制肿瘤细胞生长或促进肿瘤细胞凋亡达到抗肿瘤作用。特罗凯被证实对各类别非小细胞肺癌患者均有效，且耐受性好，无骨髓抑制和神经毒性，能显著延长生存期，改善患者生活质量。

此外，基于对蛋白质泛素化过程的认识，科学家开发了一种靶向治疗多发性骨髓瘤和套细胞淋巴瘤等恶性肿瘤的药物——万珂（Velcade）。它是一种靶向蛋白酶体的抗癌药物，其主要成分是硼替佐米（bortezomib）。硼替佐米是哺乳动物细胞中 26S 蛋白酶体糜蛋白酶样活性的可逆抑制剂，通过阻滞肿瘤细胞内的蛋白酶体降解途径，影响癌细胞的生长和存活。

这些只是近年来一些著名靶向治疗癌症药物开发的例子。随着我们对疾病发生分子机制的进一步认识，相信会有更多药物不断被开发出来。

[1] Sharma B S, Prabhakaran V, Desai A P, et al. Post-translational modifications (PTMs), from a cancer perspective: An overview. Oncogen, 2019, 2(3): 12.

[2] Pan S, Chen R. Pathological implication of protein post-translational modifications in cancer. Molecular aspects of medicine, 2022, 86: 101097.

[3] Dunphy K, Dowling P, Bazou D, et al. Current methods of post-translational modification analysis and their applications in blood cancers. Cancers, 2021, 13(8): 1930.

二维码 17-1 原核生物蛋白质翻译

第十七章思考题

第十八章　代谢调节

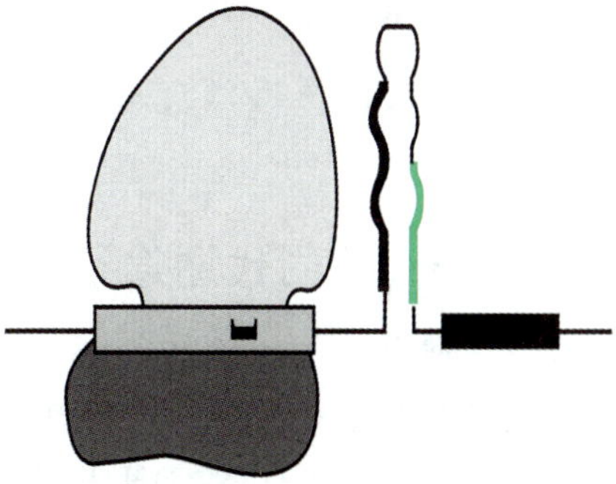

新陈代谢是生物体的基本特征之一。各种生物虽然结构特征和生活方式不同,但其新陈代谢都有着共同的规律。细胞从环境中获得物质和能量,用于构建自身结构;同时分解已有成分,加以利用,并将废物排出胞外。细胞代谢的高效、有序进行,离不开各种生物大分子的功能,离不开各类物质代谢途径的定向运行,也离不开各条代谢途径之间的联络和协调统一。代谢调节可在不同层面上进行,但最终都要进入到分子水平。本章首先概要总结各类代谢途径之间的相互联系,然后讨论代谢调节类型,重点分析原核生物基因表达调控的分子机制。

第一节　代谢途径的相互联系

细胞中生物分子成千上万,但它们最终都与几类基本代谢相联系。糖、脂肪、蛋白质和核酸四大代谢途径交叉形成网络,通过交叉点上关键中间代谢物而相互作用和相互转化。由于核酸类物质很少参与能量代谢,下面以糖、蛋白质和脂肪代谢网络为主(图 18-1)进行讨论。

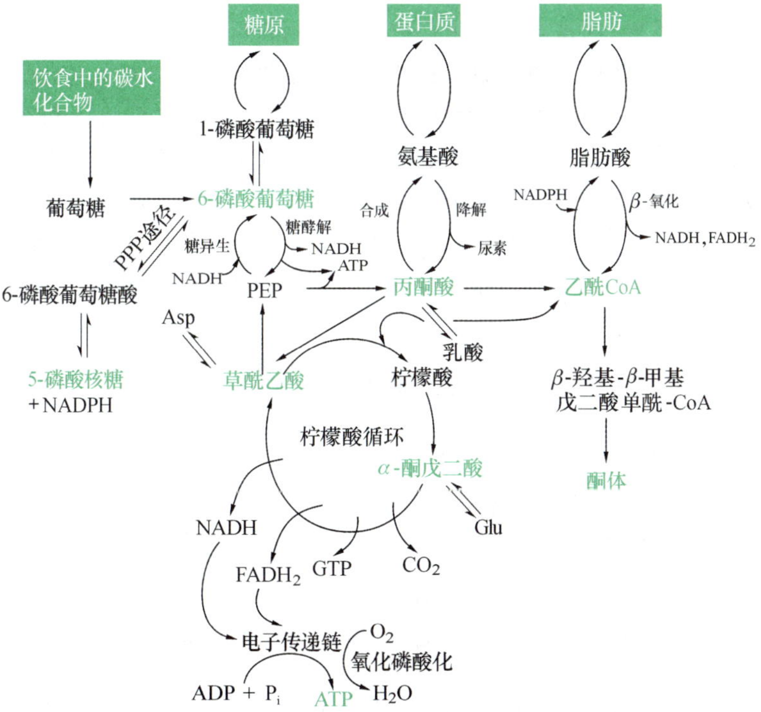

图 18-1　糖、脂肪和蛋白质代谢网络示意图

一、不同代谢途径通过代谢共同的中间产物形成代谢网络

糖、蛋白质和脂肪 3 种物质代谢途径相互交叉，通过交叉点上的共同中间代谢物得以沟通。其中，6-磷酸葡萄糖、丙酮酸、乙酰-CoA、草酰乙酸、α-酮戊二酸等是联通各代谢的关键中间代谢物。另外，NADH、$FADH_2$ 在能量代谢上的联系也是显而易见的。

代谢网络关系并非只存在于四大物质代谢之间，各类物质代谢内部的不同途径之间也存在密切关系。例如，在糖代谢中，6-磷酸葡萄糖既联系糖酵解，又联系磷酸戊糖途径和葡萄糖异生途径。此外，6-磷酸葡萄糖还能够通过变位生成 1-磷酸葡萄糖而参与糖原合成和降解(图 18-2)。可见，6-磷酸葡萄糖是糖原合成、糖原降解、糖酵解和磷酸戊糖途径以及葡萄糖异生途径的交叉点。

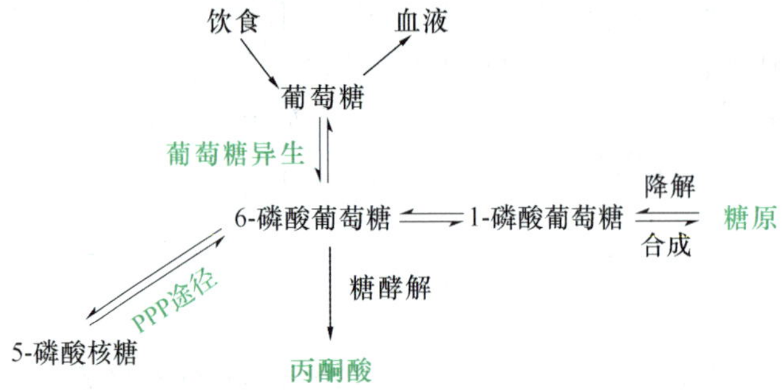

图 18-2　6-磷酸葡萄糖是多条糖代谢途径的交叉点

二、糖和脂可以相互转变

多吃糖容易使人发胖，用富含碳水化合物的各类饲料可育肥禽类和肉用家畜，萌发的花生种子脂肪减少并变甜，这些例子说明糖和脂类物质在生物体内可以相互转化。

丙酮酸、磷酸二羟丙酮不仅参与了糖代谢中的糖酵解、磷酸戊糖途径和葡萄糖异生途径，而且是联系糖代谢与脂类代谢的重要中间化合物(图 18-3)。磷酸二羟丙酮在磷酸甘油脱氢酶的作用下生成 3-磷酸甘油，而 3-磷酸甘油是合成脂肪的前体物质，也是磷脂合成的重要前体。丙酮酸通过丙酮酸脱氢酶复合体催化生成乙酰-CoA，乙酰-CoA 是脂肪酸链合成的前体物质，同时也是胆固醇和酮体合成的前体。而且，糖代谢中的磷酸戊糖途径能够生成大量的 NADPH，为脂肪酸合成提供还原力。

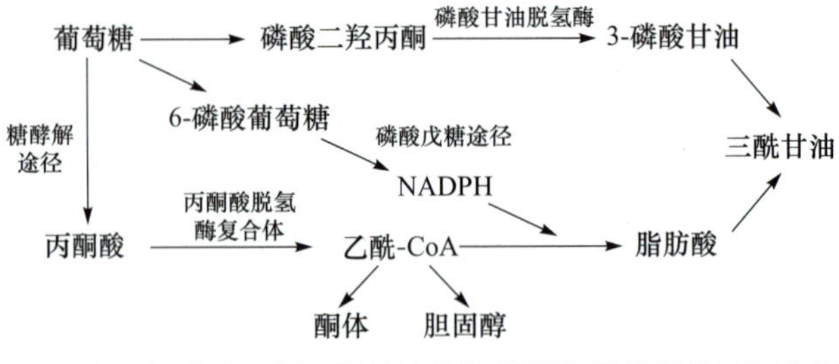

图 18-3　丙酮酸、磷酸二羟丙酮是连接糖代谢和脂代谢的重要中间产物

脂肪在体内能转化成糖，这种转化随生物种类而有所区别。在动物体内，脂肪的降解产物甘油可经先磷酸化，后脱氢生成磷酸二羟丙酮，再通过糖异生作用转变为糖，但脂肪酸则进入

β-氧化途径产生能量或者进入胆固醇、酮体等代谢途径，不能净合成糖。植物和微生物存在乙醛酸循环，脂肪降解产生的乙酰-CoA 可以转化为琥珀酸，再转变成草酰乙酸进入糖异生途径。

三、氨基酸可转变为脂肪，而脂肪酸只能有限合成蛋白质

在动物体内，生酮氨基酸及生酮兼生糖氨基酸能生成乙酰乙酸（酮体）、乙酰-CoA，或者同时生成两者，之后乙酰-CoA 可进一步合成脂肪酸。生糖氨基酸通过直接或间接生成丙酮酸，后者可以转变为甘油，也可以在氧化脱羧后转变为乙酰-CoA，用于脂肪酸或胆固醇等脂类物质合成。丝氨酸脱羧可以转变为乙醇胺，乙醇胺在接受 S-腺苷甲硫氨酸给出的甲基后，即形成胆碱（详见第十三章）。乙醇胺是脑磷脂的组成成分，胆碱是卵磷脂的组成成分。

由脂肪合成蛋白质的可能性是有限的。实际上，当乙酰-CoA 进入柠檬酸循环从而形成 α-酮酸即氨基酸的碳骨架时，需要先与草酰乙酸缩合，后经多步反应转变成 α-酮戊二酸。α-酮戊二酸可经转氨基作用生成谷氨酸，如无其他来源的草酰乙酸补充，反应便不能进行。在植物和微生物中，存在乙醛酸循环，细胞通过合成琥珀酸回补了柠檬酸循环中的草酰乙酸，从而促进脂肪酸合成氨基酸。含有大量油脂的植物种子在萌发时，由脂肪酸和铵盐形成氨基酸的过程进行得极为活跃。微生物利用乙酸或石油烃类物质发酵生产氨基酸可能也是通过这条途径。动物体内不存在乙醛酸循环，不易利用脂肪酸合成氨基酸。

四、糖代谢与蛋白质代谢通过柠檬酸循环相互沟通

糖可转变成各种氨基酸的碳骨架。丙酮酸是糖代谢的重要中间产物，它经柠檬酸循环转变为 α-酮戊二酸和草酰乙酸，这 3 种 α-酮酸经一步转氨基作用分别生成丙氨酸、谷氨酸和天冬氨酸。柠檬酸循环中的其他中间产物以及磷酸戊糖途径中的一些中间化合物转化成 α-酮酸后，都能为各种氨基酸的合成提供碳骨架，再经转氨基作用形成氨基酸，进而合成蛋白质。此外，糖降解还可为氨基酸和蛋白质合成提供能量。

蛋白质转化为糖之前，首先要水解产生氨基酸。动物体中除亮氨酸和赖氨酸外，其余氨基酸通过脱氨基作用生成相应的 α-酮酸。丙氨酸、谷氨酸和天冬氨酸脱氨基后分别转变为糖酵解途径中的丙酮酸以及柠檬酸循环中间产物——α-酮戊二酸和草酰乙酸，这些物质经糖异生作用即可生成葡萄糖。

五、柠檬酸循环是三大物质彻底降解所经历的共同途径

从图 18-1 还可以看出，无论是细胞自身的糖原，还是饮食中的碳水化合物，都可经葡萄糖进入降解代谢。糖、脂肪通过降解生成乙酰-CoA，然后进入柠檬酸循环彻底氧化产生二氧化碳和水。蛋白质降解产生氨基酸，再通过脱氨基产生相应的酮酸，如丙酮酸、草酰乙酸和 α-酮戊二酸等，通过柠檬酸循环彻底氧化，多余的氨通过尿素循环排出体外。

六、核酸代谢与其他代谢途径的关系

核酸除了作为遗传物质外，其构件分子核苷酸及其衍生物在糖、脂和蛋白质代谢过程中同样起重要作用。例如，ATP 是能量通用货币；$NAD(P)^+$、FAD 作为诸多氧化还原酶的辅因子参与各类代谢；ADPG、UDPG 参与淀粉和糖原的合成代谢；CTP 参与磷脂分子的合成；ATP、GTP 参与蛋白质的合成；核苷酸衍生物 cAMP、cGMP 还可以作为代谢调节物质。此外，核苷酸降解产物如乙酰-CoA、琥珀酰-CoA 也可以通过柠檬酸循环彻底氧化。其他代谢途径的中

间产物也参与核苷酸的生物合成，例如：蛋白质的构件分子（如甘氨酸、天冬氨酸、谷氨酰胺等）参与了嘌呤和嘧啶核苷酸的合成；谷胱甘肽参与了核糖核苷二磷酸向脱氧核糖核苷二磷酸转化的代谢过程；糖代谢中磷酸戊糖途径的产物 5-磷酸核糖参与了核苷酸的合成过程；等等。由此可见，核苷酸及其衍生物与其他物质代谢也有着密切的关系。因此，核酸虽然不是重要的能源和碳源物质，但是它在物质代谢中发挥着不可替代的作用。

综上所述，糖、脂肪、蛋白质以及核酸在代谢过程中形成网络，密切相关，相互转化，相互制约。柠檬酸循环不仅是降解代谢的共同途径，也是合成代谢所必需的。柠檬酸循环是各类物质代谢之间相互联系的枢纽。

第二节　代谢整合

对于单细胞生物而言，各代谢途径都在一个细胞中相互联系、相互作用。对于多细胞生物，特别是机体结构复杂的哺乳动物，不同器官的代谢需要进行整合，以保证生物个体处于物质和能量代谢的动态平衡之中。

一、哺乳动物主要器官的代谢轮廓

从表 18-1 可以看出，在脑、骨骼肌、心肌、肝脏及脂肪组织中，燃料的贮存、使用和输出各不相同，这说明它们的代谢存在较大差别，这些差别是与它们的功能相适应的。

表 18-1　哺乳动物主要器官的代谢轮廓

组织	燃料储存	燃料使用	燃料分子输出
脑	少量糖原	葡萄糖、酮体	无
骨骼肌（休息）	糖原	脂肪酸、葡萄糖	无
骨骼肌（运动）	无	葡萄糖、脂肪酸、酮体	乳酸、氨基酸
心肌	无	脂肪酸、葡萄糖、乳酸、酮体	无
肝脏	糖原、三酰甘油	葡萄糖、脂肪酸、乳酸、氨基酸、甘油	葡萄糖、脂肪酸、酮体
脂肪组织	三酰甘油	脂肪酸、葡萄糖	脂肪酸、甘油

脑组织是动物个体的指挥系统，它不输出燃料分子，是利用血液中葡萄糖的供给实施其功能。不过，研究表明在大脑灰质和白质的星形胶质细胞中有少量糖原的储存，可为邻近的神经元提供能量。当血液中葡萄糖不足时，也可以利用部分酮体物质进行代谢。正常人大脑每日葡萄糖需要量大约是 120 g，占葡萄糖总需要量的 60%，当因长期禁食或者过度酒精消耗导致血糖浓度低于 40 mg/dL 时，该人类个体将面临嗜眠、昏迷和死亡。

肝脏的主要功能是为其他组织和器官提供燃料分子，包括葡萄糖、脂肪酸和酮体等；另外的功能是维持血糖稳定。作为物质代谢的中心，肝脏中进行着活跃的糖、脂和蛋白质代谢，它们的代谢为肝脏维持血糖的稳定起到重要的作用。为了维持稳定的血糖浓度，肝脏必须在血液葡萄糖浓度高的时候贮存葡萄糖，而在血液葡萄糖浓度低的时候，通过降解糖原和进行葡萄糖异生作用合成葡萄糖，并将葡萄糖输出到血液中。因此，肝脏能够贮存糖原、三酰甘油，利用葡萄糖、脂肪酸、乳酸、氨基酸、甘油合成葡萄糖，并为肝外组织输出葡萄糖。

脂肪组织是动物个体的能量贮存组织，它能够贮存脂肪作为燃料库。脂肪细胞以脂肪酸和葡萄糖为底物，代谢产生细胞所需要的能量，同时能够输出燃料分子脂肪酸、甘油。此外，脂肪组织还是一个内分泌器官，它能够分泌激素，如肽类激素脂联素（adipokine），该物质能够调节代谢稳态，是调节代谢、控制免疫、神经和发育功能的重要调节因子。

心脏的功能是维持机体血液循环，它既不贮存也不输出燃料分子，它能够利用脂肪酸、酮体等各种燃料分子维持代谢，保持心脏跳动的稳定。正常人每日心跳大约 100 000 次，需要大量的能量。

骨骼肌的功能是收缩运动，有一定量的肌糖原储备。当骨骼肌处于休息状态时，它利用葡萄糖和脂肪酸维持基础代谢；当骨骼肌处于运动状态时，它利用糖原甚至酮体分子维持细胞功能，同时排出乳酸和丙氨酸从而维持细胞对葡萄糖的需求。

综上所述，不同器官有不同功能和与之相适应的代谢过程。即使相同的组织细胞，其代谢也依赖不同情况发生变化。

二、代谢途径的整合

不同器官、组织间在代谢物质上存在密切联系。例如，哺乳动物的肝脏能够通过血液运输葡萄糖供给骨骼肌，还能够为心脏和脂肪组织提供脂肪酸，也可以为骨骼肌、心肌和脑提供酮体燃料。

不同器官、组织通过代谢途径的整合（integration）实现密切联系。如可立氏循环（详见第十一章），它在肝脏和骨骼肌代谢整合中发挥着重要作用。当骨骼肌处于剧烈运动时，肌肉细胞中的葡萄糖不能被彻底氧化，而是酵解产生乳酸，乳酸随血液流入肝脏，肝脏细胞再利用脂肪酸氧化产生的能量，以乳酸为底物经过葡萄糖异生作用合成葡萄糖，葡萄糖再从肝脏进入血液转移到肌肉中。该循环的存在保证了肌肉能够从肝脏中得到足够的葡萄糖，保证了肌肉功能的正常实施。通过可立氏循环，肌肉中的糖酵解途径与肝脏中的脂肪酸降解途径、糖异生途径发生了跨区域的相互联系。又如葡萄糖-丙氨酸循环（详见第十三章），它的功能是将肌肉中多余的氮素转移进入肝脏，通过肝脏中的尿素循环将多余的氮排出体外。

三、特定环境下机体的代谢适应

生物体处于不同状态时，能够采用不同的代谢模式做出适应性反应。下面以短跑与长跑、糖尿病和长期饥饿为例，说明动物个体代谢模式与状态的适应关系。

（一）短跑与长跑

短跑运动员与长跑运动员在代谢上有很大差别。表 18-2 是两种运动形式的能量消耗与燃料使用情况。从表中可以发现，短跑消耗的能量平均为 200 kJ/min，远远大于马拉松的 84 kJ/min。但是，由于距离短，前者能量的总消耗只有 33 kJ 左右，远小于马拉松运动的 12 000 kJ。不同能量需求导致不同的代谢特点。在短跑比赛时，运动员肌肉主要进行的是无氧呼吸，提供能量的物质首先是磷酸肌酸，其次是葡萄糖；而在马拉松比赛时，运动员的肌肉进行的是有氧代谢，燃料分子主要来自血液葡萄糖、脂肪酸。两种运动导致运动员感到疲劳的原因也不相同，短跑运动员的无氧呼吸导致血液中乳酸和氢离子浓度增加，而马拉松运动员的疲劳则来源于肌糖原的消耗。

表 18-2　人体进行短跑和马拉松运动时的代谢特点

特　征	短跑(100 m)	马拉松(42.2 km)
能量消耗的速率/(kJ/min)	200	84
总能量的消耗/kJ	33	12 000
燃料	无氧代谢 磷酸肌酸和葡萄糖	有氧代谢 葡萄糖、脂肪酸、糖原、三酰甘油
疲劳原因	乳酸浓度增加、氢离子浓度增加	肌糖原的消耗

由此可见，对于不同的运动形式，人体能够采用不同的代谢方式以满足其能量需求。

(二)糖尿病

人体在健康条件下，各代谢途径保持协调，正常运行。当人体处于疾病状态时，代谢过程将发生何种变化来满足病态条件对能量的需求呢？我们以与代谢关系密切的糖尿病(diabete mellitus)为例，介绍病态条件下人体糖、脂代谢的大致过程。

根据人体胰岛素能否正常分泌，糖尿病通常被划分为 1 型和 2 型。所谓 1 型糖尿病是指患者胰岛不能正常分泌胰岛素而导致胰岛素缺乏，也被称作胰岛素依赖型糖尿病。2 型糖尿病，也被称作非胰岛素依赖型糖尿病，它的特点是胰岛素能够被正常分泌，但是胰岛素受体及胰岛素相关信号通路无法正常工作。当血液中葡萄糖浓度升高时，正常人胰岛能够分泌胰岛素，当肝细胞感知激素信号后，大量吸收血液中的葡萄糖进行糖原合成，糖原降解减缓，脂肪酸合成增加，降解减缓。对于糖尿病患者而言，当血液中葡萄糖浓度已经升高时，由于患者胰岛素分泌缺乏或者胰岛素受体缺陷，肝细胞无法感知激素信号，无法吸收血液中的葡萄糖。由于缺乏葡萄糖，肝细胞进行葡萄糖异生、脂肪降解、脂肪酸氧化和酮体代谢等过程，结果导致血液中酮体水平增高，进而产生酮血、酮尿等症状，这样的代谢模式与正常人完全不同。

(三)禁食和饥饿

灰熊是冬眠动物，在冬眠的半年多期间，灰熊不吃喝，不排尿，不排便。研究表明灰熊冬眠时，其代谢的能量主要来自脂肪降解产生的脂肪酸 β-氧化途径。人类虽然不是冬眠动物，但在长期的进化过程中，人类产生了时刻应对食物短缺的代谢适应模式，以保证在饥饿条件下的生存可能。表 18-3 是一个 70 kg 的男性个体在禁食前的代谢燃料储存情况。

表 18-3　70 kg 的男性个体在禁食前的代谢燃料储存情况

燃料类型	组织/器官	重量/kg	能量/cal	存活时间
脂肪	脂肪组织	15	141 000	83 d
蛋白质	骨骼肌	6	24 000	14 d
糖原	骨骼肌	0.15	600	8.4 h
糖原	肝脏	0.07	300	4.2 h
葡萄糖、脂肪酸、脂肪	循环系统	0.023	100	14 h
总计			166 000	98 d

从表 18-3 中不难发现，如果按照每天消耗 1 700 kcal 能量，理论上这位男性体内储存的燃料可以维持其禁食条件下生存 98 d。同时，可以看出，脂肪组织储存的能量最多，可以维持该男性生存 83 d。

糖原、蛋白质、脂肪都是人体的能源物质，禁食开始后，哪些物质将优先被利用呢？人体代谢模式将发生怎样的改变呢？

人体进餐后 2 h，血糖浓度开始下降，组织开始利用肝糖原降解产生的葡萄糖；4 h 后，血糖浓度继续下降，胰高血糖素分泌增加，脂肪组织接受激素信号开始动员。进食后的 12～24 h，肝糖原分解殆尽，脂肪组织脂肪降解产生的甘油和脂肪酸进入血液，大多数组织从利用葡萄糖转变为利用脂肪酸。为了提供大脑葡萄糖，肝脏也会降解一些非必需的蛋白质，通过葡萄糖异生，从肝细胞释放葡萄糖进入血液。

图 18-4 显示的是人体长期禁食后（或者未进行治疗的糖尿病患者）肝细胞的燃料代谢过程。

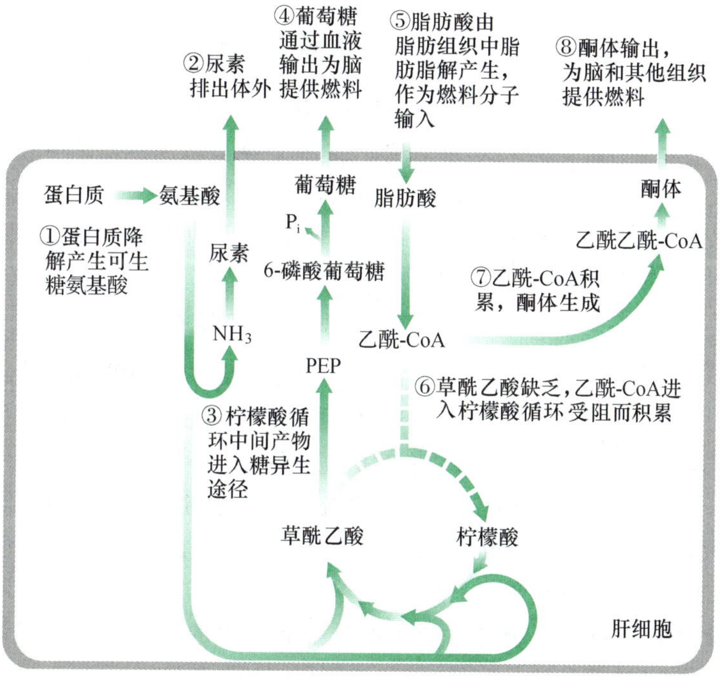

图 18-4 人体长期禁食后（或者未进行治疗的糖尿病患者）肝细胞的燃料代谢过程

在长期禁食条件下，为了满足脑组织对葡萄糖的需求，肝细胞开始降解一些非摄入的，对人体不是非常必要的蛋白质产生氨基酸（图 18-4 中①）；可生糖的氨基酸脱掉的多余氨基以尿素的形式排出体外（图 18-4 中②）；脱氨基后的碳骨架可以转化为丙酮酸或者柠檬酸循环的中间产物，这些中间产物经葡萄糖异生途径产生葡萄糖进入血液，为大脑提供燃料（图 18-4 中③和④）；同时，脂肪动员产生的脂肪酸通过血液进入肝细胞（图 18-4 中⑤），脂肪酸在肝细胞中氧化分解为肝细胞提供大量的能量。柠檬酸循环中间产物进入葡萄糖异生途径而导致草酰乙酸减少，脂肪酸降解产物乙酰-CoA 无法进入柠檬酸循环而彻底氧化，结果乙酰-CoA 积累导致酮体的形成，酮体作为燃料分子通过血液输入其他组织（图 18-4 中⑥、⑦和⑧）。

与正常进食的代谢模式不同，长期禁食有酮体的生成和利用，只有脂肪的动员，没有脂肪的合成代谢；而且，长期禁食会导致脂肪的耗尽，机体只能通过降解人体必需的蛋白质来提供大脑葡萄糖，结果导致心脏、肝脏、肌肉等丧失功能，最终导致死亡。此外，长期禁食还会导致人体缺乏各种维生素辅因子、矿物质以及必需脂肪酸和必需氨基酸等物质，代谢依然无法正常进行。

综上所述，动物个体所处的状态不同，其代谢过程也有所不同，但是整个代谢过程的不同物质代谢都是受到精密调节，协调运行，从而维持机体的能量平衡。

第三节　代谢调节

生物体是靠代谢的正常运转维持的。生物体在有限的空间内同时有那么多复杂的代谢途径在运转，必须有灵巧而精密的调节机制，才能适应外界环境的变化和自身生长发育需要。调节失灵会导致代谢障碍，出现病态甚至危及生命。因此，研究代谢调节机制有着十分重要的理论意义和实用价值。

一、代谢调节在 4 种水平上进行

在漫长的生物进化历程中，机体的结构和生理功能越来越复杂，代谢调节机制也随之变得更为复杂。以高等动物为例，代谢调节在 4 个相互联系、彼此协调又各具特色的层面上进行，即神经水平、激素水平、细胞水平和酶水平（图 18-5）。

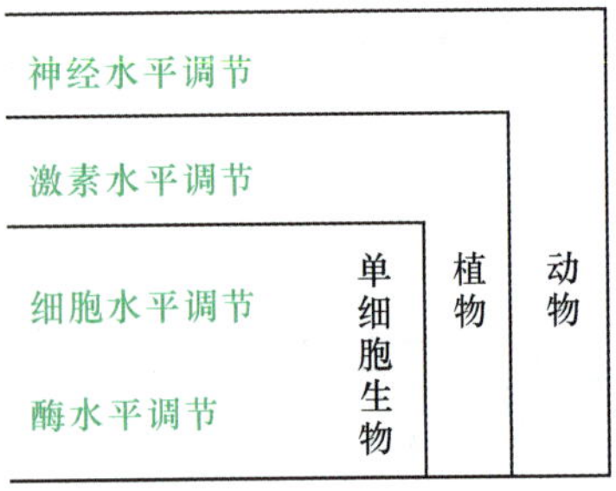

图 18-5　代谢调节的四级水平

（一）神经水平调节

神经调节是最高水平的调节。动物利用感官感知环境变化，通过神经迅速传递到大脑，由大脑对这些信息进行综合分析，再发出指令采取适当的应对措施。例如，一个动物如果感知附近有危险的猎食者，它的大脑立刻通过神经系统直接给肌肉系统发出逃逸指令。神经冲动传递到肌细胞，改变了膜电位，肌浆网（钙库）立刻释放出 Ca^{2+}，Ca^{2+} 含量升高促使 Ca^{2+} 与肌钙蛋白结合，引起原肌球蛋白构象改变，促使肌动蛋白呈启动状态，肌动蛋白与肌球蛋白结合，水解 ATP，肌肉收缩和运动，使动物迅速逃离。神经系统还通过控制激素的分泌实现对代谢和生理功能的调控。

（二）激素水平调节

激素是内分泌细胞产生的一类微量调节物质，通过体液运输，作用于一定组织和细胞（即靶组织和靶细胞），对整体代谢进行综合调节。动物和植物都需要激素调节使不同组织细胞内的代谢彼此协调。在动物激素中，胰岛素、胰高血糖素和肾上腺素在代谢调节中作用最为突出。

胰岛素、胰高血糖素是分别由动物胰岛 β 细胞和 α 细胞分泌的蛋白质性质的激素。胰岛素的功能有：①促进肌肉、肝脏和脂肪组织对葡萄糖的吸收；②促进肝脏和肌肉组织中糖原合成，抑制糖原分解；③促进肝脏和肌肉组织糖酵解过程及乙酰-CoA 的生成；④促进肝脏脂肪酸的合成以及脂肪组织中脂肪的合成。总之，胰岛素是动物个体处于饱食状态的信号。胰高血糖素是动物个体处于饥饿状态的信号，它的功能有：①通过增加肝脏糖原降解，抑制糖原合成，增加肝脏糖异生作用，抑制糖酵解过程，从而增加血液中的血糖浓度；②增加脂肪组织脂肪降解，提供血液脂肪酸；增加酮体生成为其他组织，特别是大脑提供燃料。肾上腺素是由肾上腺分泌的对环境和代谢胁迫产生反应的儿茶酚类激素，它的功能是对碳水化合物代谢和脂肪动员进行调节。下面重点讨论上述几种激素对脂代谢的调节作用（图 18-6）。

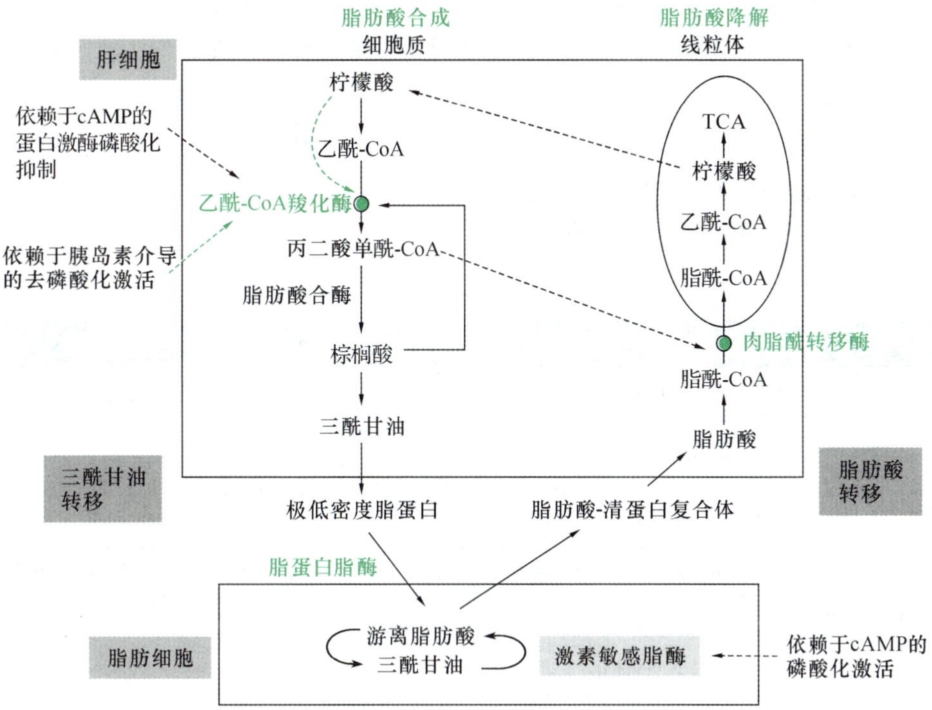

图 18-6　激素对脂代谢的调节

这里所谓的脂代谢只是涉及脂肪的合成与降解，并且主要发生在动物个体的肝脏和脂肪组织。由于涉及两个部位，还存在物质转运的过程。在肝细胞的细胞质中不仅能够进行脂肪酸的合成以及三酰甘油的合成，而且在肝细胞的线粒体中还可以进行脂肪酸的降解反应和 β-氧化过程。以棕榈酸的合成与降解为例，棕榈酸降解过程调节的关键酶是肉碱脂酰转移酶Ⅰ，而合成过程的主要调节酶是乙酰-CoA 羧化酶。而且，柠檬酸是乙酰-CoA 羧化酶的激活剂，棕榈酰-CoA 是酶的抑制剂。更重要的是，乙酰-CoA 羧化酶能够受到依赖于胰岛素的脱磷酸化激活，也能够受到由胰高血糖素、肾上腺素通过 cAMP-激活的蛋白激酶磷酸化抑制。此外，胰高血糖素还可以通过 AMP-激活的蛋白激酶磷酸化抑制乙酰-CoA 羧化酶活性，从而抑制脂肪酸从头合成过程。在脂肪组织细胞中，有一种激素敏感的脂酶，它的功能是降解脂肪产生游离的脂肪酸。脂肪酸可以作为燃料分子供给肝脏和其他组织。与乙酰-CoA 羧化酶不同，这种激素敏感性脂肪酶活性受到 cAMP 依赖的磷酸化激活。

如果动物个体处于饥饿状态，血液中胰高血糖素含量将有所上升，结果肝细胞中乙酰-CoA 羧化酶被磷酸化而失活，脂肪酸合成受阻。同时，乙酰-CoA 羧化酶失活导致其产物丙二酸单酰-CoA 含量降低，由于丙二酸单酰-CoA 对脂酰-CoA 的转运有抑制作用，所以，丙二酸单酰-CoA 含量降低促使更多的脂酰-CoA 进入线粒体，促进了脂肪酸的氧化。在脂肪组织细胞中，血液中胰高血糖素含量增加激活了激素敏感性脂肪酶，结果促使脂肪水解，产生的游离脂肪酸进入血液，游离脂肪酸作为燃料分子为肝细胞和其他组织提供能量应对饥饿状态。肾上腺素与胰高血糖素有相似的作用。

如果动物个体处于饱食状态，则血液中胰岛素含量上升，结果乙酰-CoA 羧化酶去磷酸化被激活，脂肪酸合成增加。同时，丙二酸单酰-CoA 含量增高，抑制脂肪酸的氧化。如此，肝细胞中脂肪酸合成和降解两个过程不能够同时进行，避免了无效的能量消耗。

实际上，神经信号和激素的调节功能最终还要通过细胞水平和酶水平的调节来体现。

(三)细胞水平调节

生物最基本、最原始的调节是细胞水平的调节，是动、植物和单细胞生物所共有。细胞依赖庞大的膜系统进行区域化分割，这可以促使代谢反应所需要的酶、底物等在各类细胞器中得到浓缩(表 18-4)，从而有利于反应高效独立进行。

表 18-4　各代谢途径在真核细胞内的细胞器定位

细胞器	代谢途径或酶
细胞液	糖酵解途径，磷酸戊糖途径，糖原合成、降解，糖异生，脂肪酸合成，氨基酸、核苷酸的合成，核糖体蛋白质生物合成等
线粒体	氧化磷酸化，丙酮酸氧化脱羧，柠檬酸循环，脂肪酸氧化，尿素循环，谷氨酸脱氢酶，少量 DNA、RNA、蛋白质的合成，脂肪酸碳链延长等
内质网	蛋白质的合成、加工，黏多糖、磷脂、糖脂、糖蛋白、胆固醇、胆汁的合成，脂肪酸碳链延长等
高尔基体	核蛋白、多糖、黏液生成；加工、浓缩、包装和运输作用
质膜	ATP 酶、腺苷酸环化酶等
溶酶体	水解酶类(蛋白酶、脂酶、磷脂酶、核酸酶、糖苷酶、磷酸酯酶)

生物膜结构在细胞水平代谢调节中发挥着重要作用。除了局域化作用外，生物膜的其他功能——物质运输、能量转换、信息传递和膜融合等都依赖于膜的结构特性。生物膜的极化特性参与代谢控制，如线粒体内膜可利用质子浓度梯度的势能合成 ATP 和吸收磷酸根等物质，神经肌肉的兴奋传导与跨膜离子流产生膜电位有关等。生物膜对物质的高度选择性以及膜蛋白与膜的可逆结合等，都参与了代谢的精密调节。

(四)酶水平调节

酶水平的调节是通过改变细胞中酶活性和酶含量来实现的。酶活性调节有别构调节、共价修饰、酶原激活等多种类型(详见第五章)，这里不再赘述。改变酶的含量是通过调节其降解速度和合成速度来实现的。细胞能利用蛋白质特异性、非特异性降解途径减少或清除无用的酶(详见第十三章)，通过基因表达合成所需要的新酶。

尽管生物体的代谢调节有不同水平和途径，最根本的还是基因表达调控。生物体在生命周期中，基因组的各基因表达随生长发育有先有后，并受内外环境影响和诱导。例如，植物的成花基因只有在植物个体发育到一定阶段并受光周期诱导时才表达，雌性哺乳动物只有在哺乳期才能启动与产乳、泌乳相关的基因表达。

基因表达调控需要经历包括 DNA 水平的转录调控、mRNA 加工调控、RNA 的稳定性、蛋白质翻译后调控和蛋白质活性调节在内的多个环节的调节方式(图 18-7)，其中基因转录调控是首要的。有机体在生长发育过程中，基因表达可按一定时间程序发生改变即所谓时序调节

(temporal regulation),还可以随内外环境的条件变化加以调整即所谓适应调节(adaptive regulation)。基因由此而分为两类:持家基因(house keeping gene),其表达产物大致以恒定水平始终存在于细胞内,这类基因的表达称为组成型表达(constitutive expression);可调基因(regulated gene),它们的产物只有在细胞需要时才表达,为可调型表达(regulated expression)或称为诱导表达。

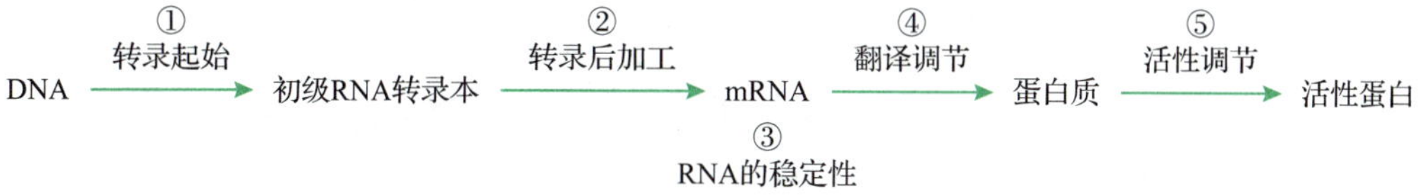

图 18-7 基因表达调控的不同环节

基因表达调控比较复杂,真核生物和原核生物之间存在很大差异,同种生物不同基因的调控机制不同,同一基因在不同条件下的表达调控也不相同。下面重点讨论原核生物基因转录水平的调节机制。

二、原核生物调节蛋白调节基因转录的模式

在原核细胞基因诱导表达中,外界信号与基因之间的沟通是通过调节蛋白实现的。根据功能不同,将调节蛋白分成两种类型:负调节蛋白,又称阻遏蛋白(repressor);正调节蛋白,又称激活蛋白(activator)。

调节蛋白通过与 DNA 的适时结合而行使转录调节功能。转录调节存在 4 种模式,如图 18-8 所示。对于激活蛋白来讲,有些本身没有活性,需要与配基结合、发生构象变化后才与 DNA 结合,从而募集 RNA 聚合酶与启动子结合启动基因转录(图 18-8A);有些本身有活性,直接与 DNA 结合,同时募集 RNA 聚合酶启动转录,但如果有活性的调节蛋白与某一配基结合后失去活性,则无法启动转录(图 18-8B)。对于阻遏蛋白而言,有些本身有活性,通过与 DNA 直接结合来阻止基因转录,但当某一配基与之结合后,该阻遏蛋白失活,基因转录进行,这一配基被称为诱导物(图 18-8C);有些本身没有活性,本不能与 DNA 结合而阻止基因转录,但当与某一配基结合、构象发生改变后却能够与 DNA 结合,从而阻止 RNA 聚合酶与 DNA 模板的结合,结果阻止转录进行(图 18-8D)。辅助无活性阻遏蛋白发挥功能的配基被称为辅阻遏物(co-repressor)。

三、操纵子是原核生物基因表达调控的基本单位

人们对基因表达调控机理的了解,大部分来自对细菌系统的研究。20 世纪初,有人发现将大肠杆菌培养在以乳糖为唯一碳源的培养基上时,2～3 min 内 β-半乳糖苷酶(β-galactosidase)增加到原来的 1 000 倍,占细菌总蛋白的 3%,该酶的作用是水解乳糖成为单糖。若从培养基上除去乳糖,则该酶的合成在 2～3 min 内停止。同时发现,除 β-半乳糖苷酶外,乳糖透过酶(galactoside permearase)和 β-硫代半乳糖苷乙酰转移酶也一起被诱导合成。乳糖透过酶催化乳糖透过大肠杆菌细胞质膜;β-硫代半乳糖苷乙酰转移酶(thiogalactoside transacetylase),可能具有修饰有毒半乳糖苷,并促进其转移出细胞的作用,这三个酶的编码基因分别是 *lacZ*、*lacY* 和 *lacA*,三个酶共同参与细菌乳糖的代谢。以上现象说明三种酶的基因平时是关闭的,当乳糖存在时才被打开得以表达。

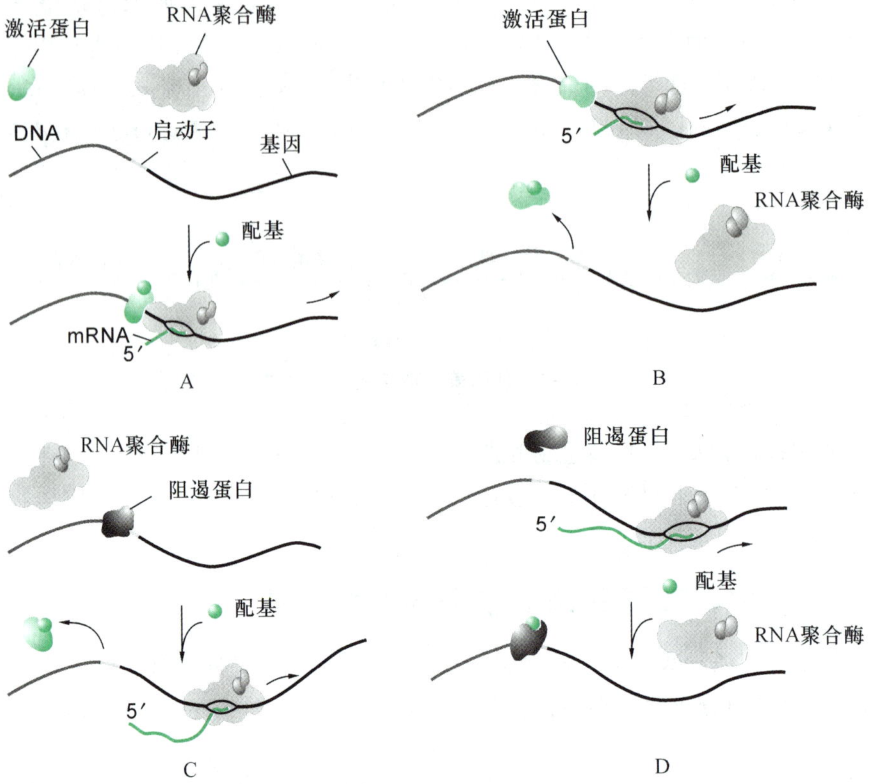

图 18-8 原核生物调节蛋白调节基因转录的模式

1952 年，J. Monod 发现了与上述相反的现象。将大肠杆菌培养在有 NH_4^+ 和单一碳源（如葡萄糖）的培养基中时，可测出色氨酸合成相关的酶，并产生色氨酸；若在培养基中加入色氨酸时，则检测不到色氨酸合成相关的酶，说明色氨酸合成酶基因的表达受到阻遏。

1961 年，J. Monod 和 F. Jacob 基于上述事实提出了操纵子模型（operon model），成功地解释了酶合成的诱导与阻遏现象。这一学说后来被许多实验证实，现已被普遍接受，为此 1965 年他们获得了诺贝尔奖。

（一）乳糖操纵子

操纵子（operon），是指由一个或几个功能相关的结构基因（structural gene）与操纵基因（operator，O）、启动子（promoter，P）等序列组成的调节转录的单位。操纵基因和启动子序列及一些特殊序列组成操纵子的控制区，结构基因组成结构基因区。在操纵子外，通常还有一些能够编码调节蛋白的 DNA 序列，即调节基因。调节蛋白能够通过与操纵子中特定的 DNA 序列结合而调节转录过程。

乳糖操纵子（*lac* operon）结构如图 18-9 所示。在操纵子的控制区有与 RNA 聚合酶结合的启动子序列（*P*）。在启动子上游还有一段 DNA 序列，是 CAP 蛋白（catabolite gene activator protein，降解物基因活化蛋白，也被称作 CRP，cAMP receptor protein）的结合位点。CAP 蛋白是乳糖操纵子的正调节蛋白。此外，邻近转录起始位点，有能够与阻遏蛋白紧密结合的操纵子序列 O（图 18-9），其实是 O_1，事实上乳糖操纵子中还有 O_2 和 O_3 序列（图 18-9 中未显示），两者分别位于操纵子的＋410 bp（*lacZ* 基因序列内）和－90 bp 附近，阻遏蛋白不仅需要

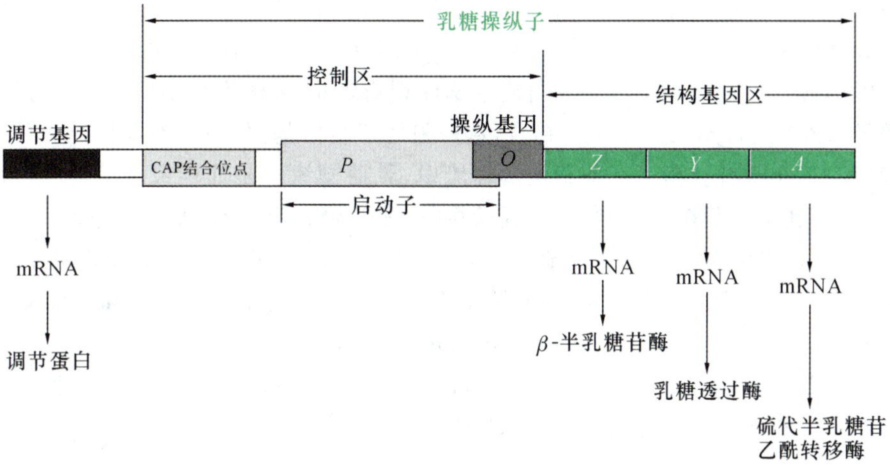

图 18-9　乳糖操纵子结构

与 O_1 结合，而且似乎还需要与 O_2 和 O_3 中至少一个位点结合才能阻止转录起始。

在结构基因区有 *Z*、*Y* 和 *A* 3 个基因，分别编码 β-半乳糖苷酶、乳糖透过酶和 β-硫代半乳糖苷乙酰转移酶，这 3 个酶的协同表达在细菌细胞利用乳糖的代谢中发挥作用。

对于许多启动子而言，如果没有调节蛋白，RNA 聚合酶也能够与其弱结合，使一些基因有一个基础水平的转录。以乳糖操纵子为例（图 18-10），当体系中没有任何调节蛋白时，RNA 聚合酶与启动子弱结合，启动最基础的转录（图 18-10A）；当体系中有阻遏蛋白存在时，由于阻遏蛋白本身有活性，它可以直接和操纵基因结合，从而阻止 RNA 聚合酶与启动子结合而抑制转录（图 18-10B）；当体系中有 CAP 蛋白时，CAP 蛋白通过与配基 cAMP 结合被激活，这时 CAP-cAMP 与启动子序列附近的 CAP 位点结合，募集 RNA 聚合酶与启动子结合，并导致转录起始开放复合物的形成，激活转录（图 18-10C）。其中阻遏蛋白对转录的调控属于乳糖操纵子的负调控，而激活的 CAP-cAMP 蛋白的调控方式属于正调控，与上文刚提到的转录调节模式 A 相同。

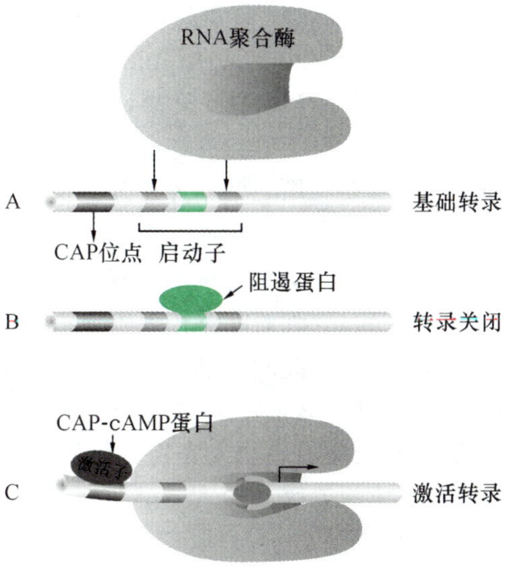

图 18-10　调节蛋白调节乳糖操纵子的转录

乳糖操纵子的表达调控与外界信号相关。当细菌所处的环境没有乳糖时，细菌没有必要产生利用乳糖的酶。此时，乳糖操纵子的调节基因表达，产生具有活性的阻遏蛋白，阻遏蛋白与操纵基因结合。由于操纵基因序列与启动子序列有部分重叠，结果阻遏蛋白与操纵基因的结合阻碍了 RNA 聚合酶与启动子的结合，从而阻碍了结构基因的转录，即操纵子处于关闭状态。当细菌生存在既有乳糖又有葡萄糖的环境中，乳糖操纵子是如何被调节的呢？研究人员发现，细菌首先利用葡萄糖，在葡萄糖消耗殆尽时，才开始利用乳糖，即乳糖操纵子才能正常开启，这种现象被称作葡萄糖效应。葡萄糖效应的存在说明葡萄糖有抑制乳糖操纵子的作用，那么机制是什么呢？实验证据表明，细胞质膜上存在着磷酸烯醇式丙酮酸（PEP）依赖的糖的磷酸转移酶系统（sugar phosphotransferase system，PTS，图 18-11），该系统由 EⅠ、HPr、EⅢ和EⅡ等组分组成。细菌在缺乏葡萄糖供应时，PEP 释放磷酸基团给 PTS，磷酸化的 PTS 能够激活细胞质膜上的腺苷酸环化酶，促进 cAMP 合成。

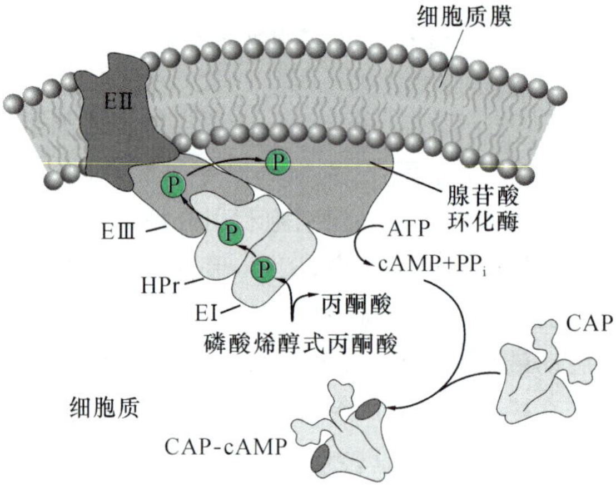

图 18-11　糖磷酸转移酶系统参与 cAMP 的生成

如前所述，cAMP 能够作为配基结合并激活 CAP 蛋白，从而正调控乳糖操纵子。由于环境中葡萄糖的存在，PEP 的磷酸基团转移给进入细胞的葡萄糖，PTS 处于脱磷酸状态，无法激活腺苷酸环化酶，cAMP 不能合成，CAP-cAMP 含量少，乳糖操纵子处于没有正调节的基础转录水平，结构基因转录水平低，细菌细胞几乎不能利用乳糖。当葡萄糖消耗殆尽时，PTS 处于磷酸化的状态，激活腺苷酸环化酶，随即 cAMP 浓度升高，CAP-cAMP 含量增加，乳糖操纵子高效运行，细菌利用乳糖。

只有乳糖而没有葡萄糖时，细菌需要利用乳糖作为碳源生长繁殖。此时，由于细胞乳糖操纵子有基础水平的转录，少量的基因表达产物能够使乳糖进入细胞，少量乳糖在细胞中被转化为别乳糖（allolactose）。别乳糖和乳糖的根本区别在于连键性质不同，前者为（1→6）糖苷键，后者为（1→4）糖苷键。与图 18-8C 一致，别乳糖能够作为诱导物与阻遏蛋白结合，使阻遏蛋白构象改变失去活性，不能与操纵基因结合。此时，操纵子处于开启状态，由于没有葡萄糖的存在，乳糖操纵子处于正调节状态，结构基因大量转录，细菌细胞能够有效利用乳糖。通常，诱导物往往是结构基因编码蛋白（酶）催化反应的底物或底物类似物，异乳糖和异丙基硫代半乳糖苷（IPTG）均可诱导细菌中乳糖操纵子的表达。

（二）色氨酸操纵子

色氨酸操纵子也分为控制区与结构基因区（图 18-12）。与其他操纵子相同，控制区包括启动子和操纵基因；结构基因区包含 5 个结构基因，依次为 *trpE*、*trpD*、*trpC*、*trpB*、*trpA*，它们分别编码参与色氨酸合成的邻氨基苯甲酸合酶Ⅰ和Ⅱ、邻氨基苯甲酸异构酶和吲哚-3-甘油磷酸合酶、色氨酸合酶的 β 和 α 亚基；在结构基因和操纵基因之间有 *trpL* 基因的序列，也被称为前导序列；在操纵子外有编码调节蛋白的调节基因。

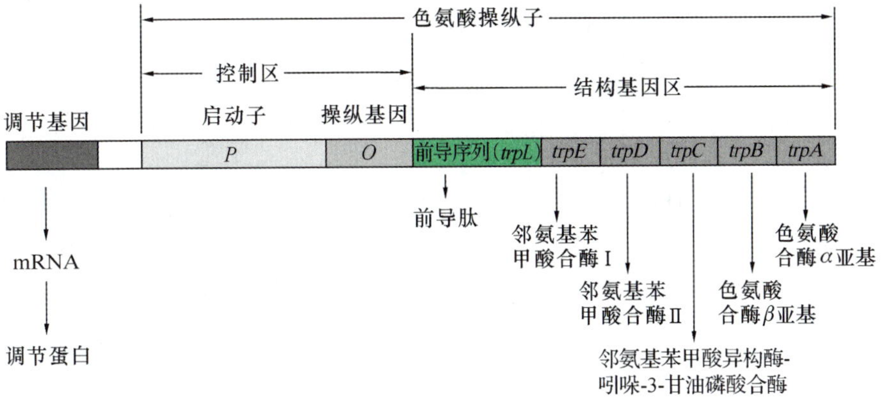

图 18-12　色氨酸操纵子的结构

对于色氨酸操纵子而言，其调节基因编码的调节蛋白是一个负调控蛋白。与乳糖操纵子不同，该调节蛋白被合成后本身没有活性，它需要与一个配基（色氨酸）结合才能够被激活，发挥关闭操纵子的作用。色氨酸就是所谓的辅阻遏物，由色氨酸介导的调控方式是一种负调节，与图 18-8D 模式相同。当细胞内有过量色氨酸时，色氨酸作为辅阻遏物与阻遏蛋白结合激活阻遏蛋白，促使其与操纵基因结合，关闭色氨酸操纵子。此时，细胞不合成色氨酸，而是利用环境中的色氨酸。

除了上述辅阻遏物与阻遏蛋白结合介导的色氨酸操纵子的负调控方式外，细菌还可以通过转录起始后的转录弱化（transcription attenuation）调节，对色氨酸合成进行精细调控。在色氨酸操纵子 *trpE* mRNA 的起始密码子之前 5′端有一段前导区（leader region）（图 18-13），前导区由 162 个核苷酸组成，其中含有 4 个特殊的核苷酸序列。序列 1 编码 14 个氨基酸的前导肽，前导肽中含有 2 个连续的色氨酸密码子；在特定情况下，序列 2 和 3 或者 3 和 4 之间能够进行局部配对，序列 3 和 4 组成的区域被称为弱化子（attenuator），也习惯被称作衰减子，它们之间配对能够形成富含 GC 的茎和环的结构，紧随其后的是一些含 U 核苷酸残基，这个结构的作用是转录终止信号（图 18-14）。

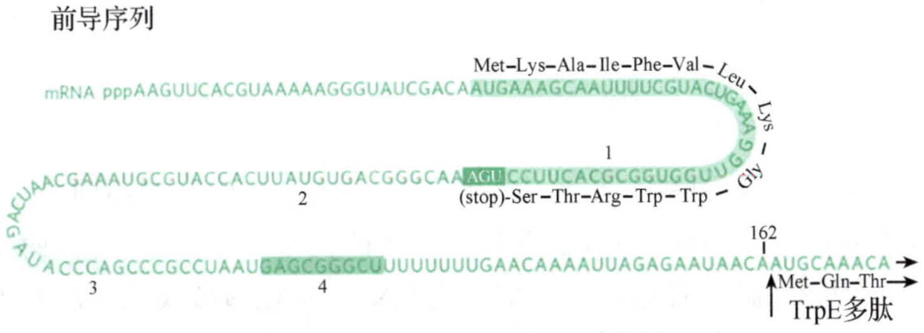

图 18-13　4 个特殊核苷酸序列组成的前导序列

细菌是通过前导肽的合成来感知环境中色氨酸含量的细微变化，通过转录继续与提前终止转录来对环境做出响应。值得一提的是，这种调节是建立在原核生物转录、翻译同时进行的条件下。

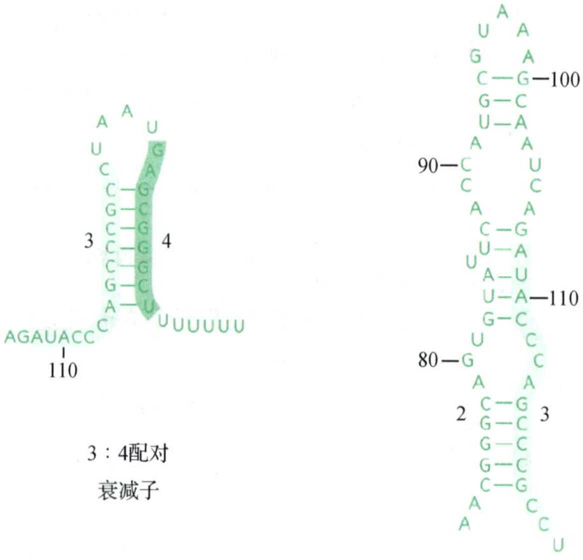

图 18-14 前导序列中的 3：4 和 2：3 序列配对

在色氨酸操纵子处于开放状态时，当 RNA 聚合酶转录产生序列 1，即前导肽的 mRNA，核糖体马上开始翻译前导肽。由于前导肽 mRNA 序列中有两个色氨酸密码子，核糖体在翻译过程中将停留在前导肽 mRNA 连续两个色氨酸密码子所处的位置，等待色氨酸氨酰-$tRNA^{Trp}$，而 RNA 聚合酶则继续转录。此时出现两种情况：①如果环境中的色氨酸浓度足够，则色氨酸氨酰-$tRNA^{Trp}$ 容易获得，那么核糖体将很快移动并覆盖序列 2，RNA 聚合酶转录生成的序列 3 和 4 能够形成茎和环的结构，即转录终止信号，随即 RNA 聚合酶脱离模板，转录终止（图 18-15A）；②如果环境中的色氨酸缺乏，则位于序列 1 的核糖体很难得到合成前导肽所需要的色氨酸氨酰-$tRNA^{Trp}$，此时核糖体停止移动，RNA 聚合酶继续移动合成出序列 3，序列 2 和 3 则先行配对形成茎和环的结构，序列 3 和 4 配对的转录终止信号无法产生。因此，RNA 聚合酶继续转录直至转录完成（图 18-15B）。

通过这样的调节，细菌细胞能够在环境中色氨酸浓度高时终止转录，而色氨酸浓度低时，转录出结构基因。色氨酸操纵子的衰减调节是细菌感受细胞中色氨酸含量，确定外来蛋白质降解产生的色氨酸是否能够满足细胞代谢的需求，从而避免自身从头合成氨基酸的精细调控机制。

除色氨酸外，苯丙氨酸、苏氨酸、亮氨酸、异亮氨酸、缬氨酸和组氨酸合成相关的操纵子中都存在衰减调控机制。

四、真核生物基因表达调控远比原核生物复杂

真核生物由多细胞组成，细胞分化形成不同组织、器官，一生中有不同的生长发育阶段，各阶段及各细胞除有共同的基本代谢外，还有各自特异的代谢，这些专一的代谢是导致细胞分化形成不同类型细胞、组织、器官的基础。细胞分化及组织器官的形成是不同基因表达及相互作用的结果。基因表达除了与发育时间（如不同发育阶段形成不同器官）和空间（不同部位形成不同细胞、组织和器官）有关外，还与环境条件的改变有关。真核生物有比原核生物复杂得多的结构及生命过程，其基因表达调控也更为复杂。

像原核生物的操纵子一样，真核生物也有正调控和负调控之分，但以正调控为主。之所以

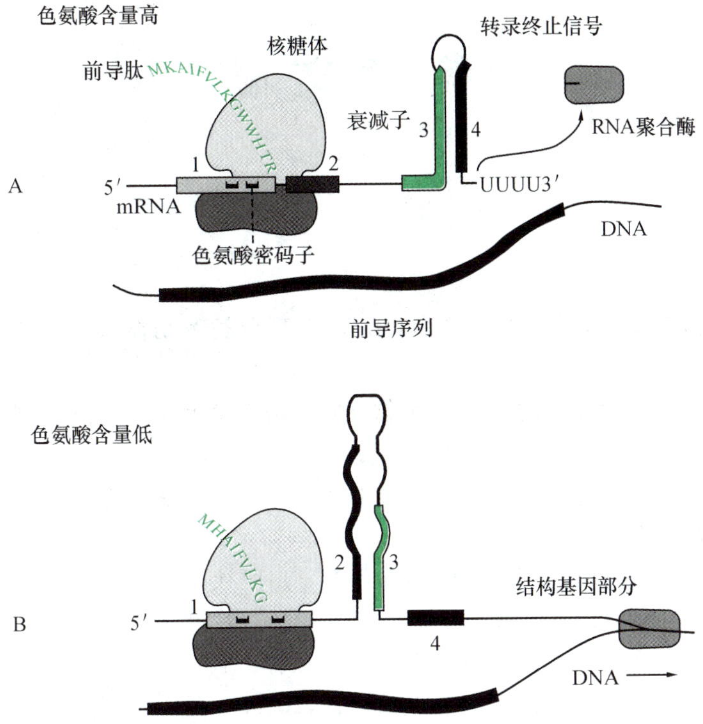

图 18-15　大肠杆菌色氨酸操纵子的衰减机制

如此，究其原因与真核基因组有关。如人的基因组约含 10 万个基因，而在不同细胞中只表达基因组中很少一部分，如果所有基因都采用负调控，那么每个细胞都要合成 10 万多种不同的阻遏蛋白以封阻每个基因的表达，这是十分不经济的；而采用正调控，每个细胞则只需要合成那些需要激活物的蛋白就可以了。

真核生物的启动子有着复杂的结构与作用方式。启动子中有“CAAT 盒”（CAAT box）和 GC 盒”（GC box）等多个保守序列，通常称之为“元件”（element）。DNA 元件和称为“转录因子”（transcription factor）的特异蛋白识别并结合，结果使启动子区构象改变，从而促进 RNA 聚合酶的结合，使基因转录活性得到调节。转录因子有许多种，它们的活性再受其他蛋白质或酶的精细调节。可见，生命是多么神奇！基因表达调控是分子生物学课程的重要内容，也是生命科学研究领域的前沿课题，有许多生命奥秘等待我们去探索。彻底解析所有基因表达调控机制的那一天，也是人类真正认识自己的那一天。

二维码 18-1
乳糖操纵子

第十八章思考题

参 考 文 献

[1] 郭春杰，于亮，李彦锦，等．肌联蛋白：结构、亚型分类及功能调节．生理学报，2023，75(4)：544-554.

[2] 李刚，昌增益．国际生物化学与分子生物学联盟增设第七大类酶：易位酶．中国生物化学与分子生物学报，2018，34(12)：1-2.

[3] 单奇伟，高彩霞．植物基因组编辑及衍生技术最新研究进展．遗传，2015，37：953-975.

[4] 徐有成．超螺旋之异见．生命的化学，2009，29(5)：625-629.

[5] 杨荣武．生物化学原理．3 版．北京：高等教育出版社，2018.

[6] 张译文，林白雪，陶勇．微生物学通报，2019，46(9)：2111-2120.

[7] 郑集，陈均辉. 普通生物化学. 4 版. 北京：高等教育出版社，2007.

[8] 周顺伍. 动物生物化学. 北京：化学工业出版社，2008.

[9] 朱圣庚，徐长法. 生物化学. 4 版. 北京：高等教育出版社，2016.

[10] Albert B, Lewis J, Raff M, et al. Molecular Biology of the Cell. 8th ed. London: W. W. Norton & Company, Inc., 2022.

[11] Azam S, Yang F, Wu X. Finding functional microproteins. Trends in Genetics, 2025, 41(2): 107-118.

[12] Berg J M, Tymoczko J L, Gatto G J, et al. Biochemistry. 10th ed. New York: W. H. Freeman and Company, 2023.

[13] Boyer R. Concepts in Biochemistry. 4th ed. Asia: John Wiley and Sons, Inc, 2006.

[14] de Q Souza G E, Burin G R M, de Muniz G I B, et al. Valorization of feather waste in Brazil: Structure, methods of extraction, and applications of feather keratin. Environmental Science and Pollution Research, 2023, 30: 39558-39567.

[15] Dey B, Thukral S, Krishnan S, et al. DNA-protein interactions: Methods for detection and analysis. Mol Cell Biochem, 2012, 365: 279-299.

[16] Ferraz R, Lopes A, da Silva J, et al. DNA-protein interaction studies: A historical and comparative analysis. Plant Methods, 2021, 17: 82.

[17] Garcia J, Ma S. Polymerase chain reaction: A landmark in the history of gene technology. Critical Care Medicine, 2005, 33: 429-432.

[18] Itoh H, Takahashi A, Adachi K, et al. Mechanically driven ATP synthesisby F_1-ATPase. Nature, 2008, 427: 465-468.

[19] Mattick J S, Amaral P P, Carninci P, et al. Long non-coding RNAs: Definitions, functions, challenges and recommendations. Nat Rev Mol Cell Biol, 2023, 24: 430-447.

[20] Miefeld R L, McEvoy M M. Biochemistry. 2nd ed. New York: W. W. Norton &

Company,2021.

[21] Moran L A, Horton H R, Scrimgeour K G, et al. Principle of Biochemistry. 5th ed. International: Pearson Education Inc (Asia), 2014.

[22] Morris K, Mattick J. The rise of regulatory RNA. Nat Rev Genet, 2014, 15: 423-437.

[23] Nelson D L, Cox M M. Lehninger Principles of Biochemistry. 8th ed. New York: Worth Publishers, 2021.

[24] Nelson D L, Cox M M. Lehninger Principles of Biochemistry. 7th ed. New York: Worth Publishers, 2017.

[25] RaoV B, FeissM. The bacteriophage DNA packaging motor. Annu Rev Genet, 2008, 42: 647-681.

[26] Shang R, Lee S, Senavirathne G, et al. microRNAs in action: Biogenesis, function and regulation. Nat Rev Genet, 2023, 24: 816-833.

[27] Shao C, Sun S, Liu K, et al. The enormous repetitive Antarctic krill genome reveals environmental adaptations and population insights. Cell, 2023, 186: 1279-1294.

[28] Sinsheimer R L. Recombinant DNA. Ann Rev Biochem, 1977, 46: 415-38.

[29] Skene P, Henikoff J, Henikoff S. Targeted in situ genome-wide profiling with high efficiency for low cell numbers. Nat Protoc, 2018, 13: 1006-1019.

[30] Sun Y, Shang L, Zhu Q H, et al. Twenty years of plant genome sequencing: Achievements and challenges. Trends Plant Sci, 2022, 27: 391-401.

[31] Voet D, Voet J G, Pratt C W. Fundamentals of Biochemistry. 6th ed. John Wiley and Sons Inc, 2024.

[32] Watson J D, Baker T A, Bell S P, et al. Molecular Biology of the Gene. 7 th ed. International: Pearson Education Inc, 2014.

[33] Wilson R C, Doudna J A. Molecular mechanisms of RNA interference. Ann Rev Biophys, 2013, 42: 217-239.